全国环境影响评价工程师职业资格考试系列参考教材

环境影响评价技术方法

（2024年版）

生态环境部环境工程评估中心　编

中国环境出版集团·北京

图书在版编目（CIP）数据

环境影响评价技术方法 ：2024 年版 / 生态环境部环境工程评估中心编. -- 16 版. -- 北京 ：中国环境出版集团, 2024.2
全国环境影响评价工程师职业资格考试系列参考教材
ISBN 978-7-5111-5806-2

Ⅰ. ①环… Ⅱ. ①生… Ⅲ. ①环境影响－评价－资格考试－自学参考资料 Ⅳ. ①X820.3

中国国家版本馆 CIP 数据核字(2024)第 039712 号

出 版 人　武德凯
策划编辑　黄晓燕
责任编辑　孔　锦
封面设计　宋　瑞

出版发行　中国环境出版集团
（100062　北京市东城区广渠门内大街 16 号）
网　　址：http://www.cesp.com.cn
电子邮箱：bjgl@cesp.com.cn
联系电话：010-67112765（编辑管理部）
010-67112735（第一分社）
发行热线：010-67125803，010-67113405（传真）
印　　刷　玖龙（天津）印刷有限公司
经　　销　各地新华书店
版　　次　2006 年 2 月第 1 版　2024 年 2 月第 16 版
印　　次　2024 年 2 月第 1 次印刷
开　　本　787×960　1/16
印　　张　33.75
字　　数　680 千字
定　　价　155.00 元

编 写 委 员 会

主　编　谭民强

副主编　孙优娜　苏　艺

主　审　孔繁旭

编　委　（以姓氏拼音排序）

崔志强　顾　睿　韩建华　贾　鹏　贾生元

李秀宇　刘明柱　刘海龙　刘　莉　卢　力

魏志勇　易爱华　张　荣　张　乾　周　俊

前　言

为了满足环境影响评价工程师职业资格考试应试需求，生态环境部环境工程评估中心组织具有多年环境影响评价实践经验的专家于 2005 年编写了第一版环境影响评价工程师职业资格考试系列参考教材。《环境影响评价技术方法》是该套教材中的一册。本教材整理归纳了环境影响评价专业技术人员从事环境影响评价业务必需了解、熟悉、掌握的技术方法。

根据全国统一考试实践和《环境影响评价工程师职业资格考试大纲》的要求，我们于 2006—2022 年多次组织对该册教材进行修订。2024 年年初，结合环境影响评价工作的最新进展以及 2024 年版考试大纲要求，我们再次对教材进行了修订。本版修编人员为：张荣、魏志勇、韩建华、刘明柱、贾鹏、易爱华、孔繁旭、张丽梅、张文武、彭磊、吴瑞、何蕾等。本版教材配套了环境影响评价技术方法相关文件汇编，可在目录页扫码获取。

本书各版编写、修订和统稿人员同为本书作者。书中纰漏之处，恳请读者不吝指正。

编　者

2024 年 2 月于北京

目　录

扫码获取环境影响评价
技术方法相关文件

第一章　概　论

第一节　环境影响评价相关法律法规规定

一、环境影响评价相关法律法规规定

环境影响评价制度是我国的一项基本环境保护法律制度。《中华人民共和国环境影响评价法》给出的环境影响评价的法律定义为：对规划和建设项目实施后可能造成的环境影响进行分析、预测和评估，提出预防或者减轻不良环境影响的对策和措施，进行跟踪监测的方法与制度。

《中华人民共和国环境保护法》第十九条规定：编制有关开发利用规划，建设对环境有影响的项目，应当依法进行环境影响评价。未依法进行环境影响评价的开发利用规划，不得组织实施；未依法进行环境影响评价的建设项目，不得开工建设。《中华人民共和国环境保护法》明确规定开发利用规划和对环境有影响的建设项目必须进行环境影响评价，以降低开发利用规划及建设项目可能对环境产生的影响。

对于规划环境影响评价，《中华人民共和国环境影响评价法》规定：国务院有关部门、设区的市级以上地方人民政府及其有关部门，对其组织编制的土地利用的有关规划，区域、流域、海域的建设、开发利用规划，应当在规划编制过程中组织进行环境影响评价，编写该规划有关环境影响的篇章或者说明；对其组织编制的工业、农业、畜牧业、林业、能源、水利、交通、城市建设、旅游、自然资源开发的有关专项规划，应当在该专项规划草案上报审批前，组织进行环境影响评价，并向审批该专项规划的机关提出环境影响报告书。

对于编制环境影响报告书的规划和编制环境影响篇章或说明的规划的具体范围，国家环境保护总局于 2004 年 7 月 3 日以《关于印发〈编制环境影响报告书的规划的具体范围（试行）〉和〈编制环境影响篇章或说明的规划的具体范围（试行）〉的通知》（环发〔2004〕98 号）文件予以发布。《规划环境影响评价条例》中对规划评价的内容、具体形式及公众参与进行了规范。为实现强化宏观指导、简化微观管理的目标，环境保护部《关于加强规划环境影响评价与建设项目环境影响评价联动工作的意见》（环发〔2015〕178 号）对加强规划环评与项目环评联动工作提出要求。规划环评对建设项目环评具有

指导和约束作用，建设项目环境保护管理中应落实规划环评的成果，切实发挥规划和项目环评预防环境污染和生态破坏的作用。

对于建设项目环境影响评价，《中华人民共和国环境影响评价法》规定：国家根据建设项目对环境的影响程度，对建设项目的环境影响评价分类管理。建设项目可能造成重大环境影响的，应当编制环境影响报告书，对产生的环境影响进行全面评价；建设项目可能造成轻度环境影响的，应当编制环境影响报告表，对产生的环境影响进行分析或者专项评价；对于环境影响很小、不需要进行环境影响评价的，应当填报环境影响登记表。

《中华人民共和国环境保护法》第四十一条要求环境保护措施应“三同时”，即建设项目中防治污染的设施，应当与主体工程同时设计、同时施工、同时投产使用。防治污染的设施应当符合经批准的环境影响评价文件的要求，不得擅自拆除或者闲置。

根据《建设项目环境保护管理条例》（国务院令第682号）和环境保护部发布的《建设项目竣工环境保护验收暂行办法》规定：编制环境影响报告书、环境影响报告表的建设项目竣工后，建设单位应当按照国务院环境保护行政主管部门规定的标准和程序，对配套建设的环境保护设施进行验收，编制验收报告。建设单位是建设项目竣工环境保护验收的责任主体，应当按照本办法规定的程序和标准，组织对配套建设的环境保护设施进行验收，编制验收报告，公开相关信息，接受社会监督，确保建设项目需要配套建设的环境保护设施与主体工程同时投产或者使用。“三同时”制度和环境保护设施竣工验收是对环境影响评价中提出的预防和减轻不良环境影响对策和措施的具体落实和检查，是环境影响评价的延续。从广义上讲，也属环境影响评价范畴。

二、环境影响评价的分类

按照评价对象，环境影响评价可以分为：

◆ 规划环境影响评价；

◆ 建设项目环境影响评价。

按照环境要素和专题，环境影响评价可以分为：

◆ 大气环境影响评价；

◆ 地表水环境影响评价；

◆ 地下水环境影响评价；

◆ 声环境影响评价；

◆ 生态环境影响评价；

◆ 固体废物环境影响评价；

◆ 土壤环境影响评价；

◆ 建设项目环境风险评价。

按照时间顺序，环境影响评价一般分为：

◆ 环境质量现状评价；
◆ 环境影响预测评价；
◆ 规划环境影响跟踪评价；
◆ 建设项目环境影响后评价。

规划环境影响跟踪评价是在规划或开发建设活动实施后，对环境的实际影响程度进行系统调查和评估。检查对减少环境影响的措施落实程度和效果，验证环境影响评价结论的正确可靠性，判断评价提出的环保措施的有效性，对一些评价时尚未认识到的影响进行分析研究，并采取补救措施，消除不利影响。

建设项目环境影响后评价，是指编制环境影响报告书的建设项目在通过环境保护设施竣工验收且稳定运行一定时期后，对其实际产生的环境影响以及污染防治、生态保护和风险防范措施的有效性进行跟踪监测和验证评价，并提出补救方案或者改进措施，提高环境影响评价有效性的方法与制度。

三、环境影响评价应遵循的技术原则

环境影响评价是一种过程，这种过程重点在决策和开发建设活动开始前，体现出环境影响评价的预防功能。决策后或开发建设活动开始后，通过实施环境监测计划和持续性研究，环境影响评价还在延续，不断验证其评价结论，并反馈给决策者和开发者，进一步修改和完善其决策和开发建设活动。为体现实施环评的这种作用，在环境影响评价的组织实施中必须坚持可持续发展战略、清洁生产和循环经济理念，严格遵守国家的有关法律、法规和政策，做到科学、公正和实用，并应遵循以下基本技术原则：

◆ 与拟议规划或拟建项目的特点相结合，规划环评与建设项目环评联动；
◆ 符合“生态环境分区管控”的要求；
◆ 符合国家的产业政策、环保政策和法规；
◆ 符合流域、区域功能区划、生态保护规划和城市发展总体规划，布局合理；
◆ 符合国家有关生物化学、生物多样性等生态保护的法规和政策；
◆ 符合国家土地利用的政策；
◆ 符合污染物达标排放、区域环境质量功能和环境质量改善目标的要求；
◆ 正确识别可能的环境影响；
◆ 选择适当的预测评价技术方法；
◆ 环境敏感目标得到有效保护，不利环境影响最小化；
◆ 替代方案和环境保护措施、技术经济可行。

第二节　建设项目环境影响评价的基本内容和工作程序

一、建设项目环境影响评价的基本内容

1．工程分析

工程分析是环境影响评价中分析项目建设影响环境内在因素的重要环节。

（1）工程分析的原则。工程分析应以清洁生产理念为主线，按各类型建设项目的工程内容及其原辅材料消耗特点，识别生产过程中的全部产污节点，分析可能对环境产生影响的各种因素，采取的环境保护措施应以污染源头预防、过程控制和末端治理的全过程控制为基础。

工程分析的实质是识别项目建设和投产过程的环境影响源（污染源、生态影响源、环境风险源），核算源强（污染源源强即排放浓度、排放速率，生态影响源强则主要是占用不同类型植被的面积、水文情势变化以及施工方式和运行方案，环境风险源则需明确是否为重大风险源），为预测提供基础。当建设项目的规划、可行性研究和设计等技术文件中记载的资料、数据等能够满足工程分析的需要和精度要求时，应先复核校对再引用。对于污染物的排放量等可定量表述的内容，应通过分析、类比等方法给出定量的结果。工程分析应体现建设项目的工程特点，能反映建设项目污染物产生及排放的环节，明确适用的环境保护措施和对环境可能产生影响的途径。

（2）工程分析的对象。工程分析的范围包括主体工程、辅助工程、公用工程、环保工程、储运工程及依托工程等，主要从下列几个方面分析建设项目与环境影响有关的情况：以污染影响为主的建设项目，主要关注工艺过程，资源、能源的储运，交通运输，厂地的开发利用；对建设项目生产运行阶段的开车、停车、检修、一般性事故和泄漏等情况发生时的污染物排放进行分析，找出这类排放的来源、发生的可能性及发生的频率等，同时兼顾生态影响，对于新建项目应结合污染影响进一步深入分析、评价生态影响。对于以生态影响为主的交通运输、水利水电、矿山采选等建设项目，应主要从占地类型、占用不同类型土地及植被的面积、水文情势变化，以及施工方式和运行方案等方面分析评价生态影响，并兼顾污染影响。

（3）工程分析的重点。对于以污染影响为主的建设项目应以工艺过程为重点，包含开工、停工、装置工艺条件剧烈波动等非正常工况下的污染物排放（简称非正常排放）。资源、能源的储运，交通运输及厂地的开发利用是否进行分析及分析的深度，应根据工程、环境的特点及评价工作等级决定。对于以生态影响为主的建设项目，则应重点以施工期、营运期（必要时考虑退役期）对自然保护区等生态保护红线区域、不同类型生态系统、植被及主要植物（特别是生态导则中提及的重要物种）、野生动物（特别是生态导则中提及的重要物种）及其生境、栖息地等进行分析、评价。

（4）建设项目实施过程的阶段划分与工程分析。根据实施过程的不同阶段可将建设项目分为建设过程、生产运行、服务期满后三个阶段进行工程分析。所有建设项目均应分析生产运行阶段所带来的环境影响。生产运行阶段要分析正常工况下的排放和非正常工况下排放两种情况。国家法律、法规规定的部分建设项目在建设阶段和服务期满后的影响不容忽视，应对这类项目的这些阶段进行工程分析。在有必要也有条件时，应进行建设项目的环境风险评价或环境风险分析。

（5）工程分析的方法。目前工程分析采用较多的污染源种类、污染源源强确定的方法有类比分析法，物料平衡计算法，查阅参考资料分析法，借助遥感、遥测或勘测、无人机等信息化手段获取资料进行计算、分析等。工程分析通常以建设项目设计资料为基础，对数据不足部分，污染源源强估算可以参考相关行业污染源源强核算指南、产排污核算系数手册或排污许可申请与核发技术规范等。

2．评价范围环境质量现状调查与评价

环境现状调查是各评价项目（或专题）共有的工作，虽然各专题所要求的调查内容不同，但其调查目的都是掌握环境质量现状或背景，为环境影响预测、评价和累积效应分析以及投产运行期环境管理提供基础数据。

（1）环境现状调查的一般原则。根据建设项目所在地区的环境特点，结合各单项评价的工作等级，确定各环境要素现状调查的范围，筛选出应调查的有关参数。原则上调查范围应大于评价范围，对评价范围边界以外的附近地区，若遇有重要的污染源和生态敏感目标时，调查范围应适当放大。环境现状调查应首先搜集评价范围内及周围区域例行监测点、断面或站位近三年的监测资料或背景调查资料，经过认真分析筛选，择取可用部分。若这些引用资料仍不能满足需要，需进行现场调查或测试。当建设项目排放的 SO_2 和 NO_x 年排放总量较大时，评价因子应增加二次污染物 $PM_{2.5}$，当规划项目排放的 SO_2、NO_x 及 VOCs 年排放总量较大时，评价因子应增加二次污染物 $PM_{2.5}$ 及 O_3。

环境现状调查中，对与评价项目有密切关系的部分应全面、详细，尽量做到定量化；对一般自然和社会环境的调查，若不能用定量数据表达，应做出详细说明，内容也可适当调整。符合相关规划环境影响评价结论及审查意见的建设项目，可引用符合时效的现有资料及相关结论。

（2）环境现状调查的方法。环境现状调查方法主要有搜集资料法、现场调查法和遥感法三种。

3．环境影响预测

（1）预测原则。预测的范围、时段、内容及方法应按相应评价工作等级、工程与环境的特征、当地的环境要求而定，同时应考虑预测范围内，规划的建设项目可能产生的环境影响。

（2）预测方法。通常采用的预测方法有数学模型法、物理模型法、类比调查法和专业判断法。预测时应尽量选用通用、成熟、简便并能满足准确度要求的方法。

（3）预测阶段和时段。建设项目的环境影响通常分三个阶段（建设阶段、生产运营阶段、服务期满或退役阶段），主要考虑两个时段（冬、夏两季或丰、枯水期）。所以预测工作原则上也应与此相应，但对于污染物排放种类多、数量大的大中型项目，除预测正常排放情况下的影响以外，还应预测各种不利条件下的影响（包括事故排放的环境影响）。

（4）预测范围和内容。为全面反映评价区内的环境影响，除了预测点的位置和数量应覆盖现状监测点，还应根据工程和环境特征、环境功能要求和预测结果进行优化调整。预测范围应等于或略小于现状调查的范围。

预测的内容依据评价工作等级、工程与环境特征及当地环保要求而定，既要考虑建设项目对自然环境的影响，也要考虑对社会和经济的影响；既要考虑污染物在环境中的污染途径，也要考虑对人体、生物及资源的危害程度。

4．环境影响评价

评价建设项目的环境影响是关于环境影响资料的鉴别、收集、整理的结构机制，以各种形象化的形式提出各种信息，向决策者和公众表达开发行为对环境影响的范围、程度和性质。

关于环境影响评价的方法有很多，主要方法有：列表清单法、矩阵法、网络法、图形叠置法、组合计算辅助法、指数法、环境影响预测模型、环境影响综合评价模型等。

在这些环境影响评价方法中，应用的原理、需要的设备条件及最后结果的表示方式都不一样。在结果的表述中，有的是定量的数据，有的则是定性的描述。

环境影响评价方法正在不断改进，科学性和实用性不断提高。目前已从孤立地处理单个环境参数发展到综合参数之间的联系，从静态地考虑开发行为对环境生态的影响发展到用动态观点来研究这些影响。

二、建设项目环境影响评价的工作程序

1．工作程序

环境影响评价制度是建设项目的环境准入门槛。建设项目环境影响评价工作一般可分为三个阶段，即调查分析和工作方案制定阶段、分析论证和预测评价阶段、环境影响报告书（表）编制阶段。

第一阶段，在初步研究建设项目工程技术文件的基础上，根据建设项目的工程特点和建设项目的基本情况，依据相关环境保护法规确定环境影响评价文件的类型，结合建设项目所在地区的环境状况，识别可能的环境影响，筛选确定评价因子，按环境影响评价专题确定评价工作等级与范围，选取适宜的评价标准，制定环评工作方案。

第二阶段，在项目所在地区环境调查和深入工程分析的基础上，开展各环境要素和评价专题的影响分析预测。

第三阶段，在总结各评价专题评价结果的基础上，综合给出建设项目环境影响评价

结论，编制环境影响评价文件。

建设项目环境影响评价工作程序见图 1-1。

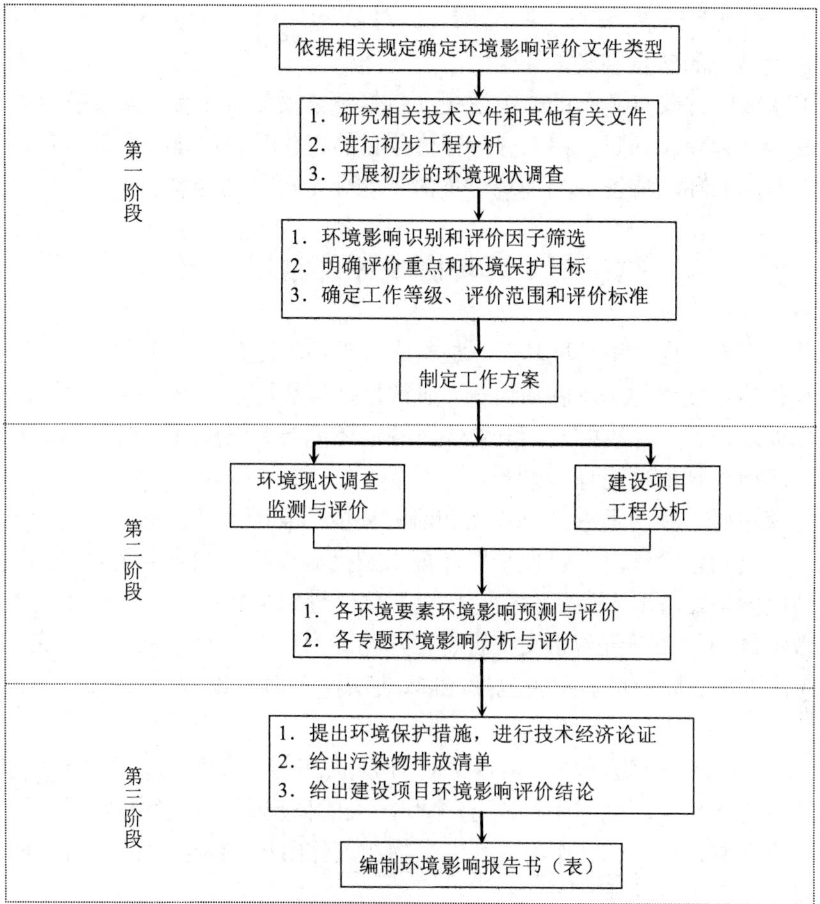

图 1-1 建设项目环境影响评价工作程序

2．工作等级

建设项目各环境要素专项评价原则上应划分工作等级，一般可划分为三级。一级评价对环境影响进行全面、详细、深入评价，二级评价对环境影响进行较为详细、深入评价，三级评价可只进行环境影响分析。

建设项目其他专题评价可根据评价工作需要划分评价等级。

具体的评价工作等级内容要求或工作深度参阅专项环境影响评价技术导则、行业建设项目环境影响评价技术导则的相关规定。

工作等级的划分依据如下：

（1）建设项目的工程特点（工程性质、工程规模、能源及资源的使用量及类型、源项等）。

（2）建设项目所在地区的环境特征（自然环境特点、环境敏感程度、环境质量现状及社会经济状况等）。

（3）建设项目的建设规模。

（4）国家或地方政府颁布的有关法规（包括环境质量标准和污染物排放标准）。

对于某一具体建设项目，在划分各评价项目的工作等级时，根据建设项目对环境的影响、所在地区的环境特征或当地对环境的特殊要求可做适当调整。

第三节　环境影响评价常用术语

（1）环境要素。也称作环境基质，是构成人类环境整体的各个独立的、性质不同的而又服从整体演化规律的基本物质组分。通常是指自然环境要素，包括大气、水、生物、岩石、土壤以及声、光、放射性、电磁辐射等。环境要素组成环境的结构单元，环境结构单元组成环境整体或称为环境系统。

（2）环境遥感。利用遥感技术探测和研究环境污染的空间分布、时间尺度、性质、发展动态、影响和危害程度，以便采取环境保护措施或指定生态环境规划的遥感活动。

（3）环境灾害。由于人类活动引起环境恶化所导致的灾害，是除自然变异因素外的另一重要致灾原因。其中气象水文灾害包括洪涝、暴雨、干旱、霜冻、雪灾、沙尘暴、风暴潮、海水入侵。地质地貌灾害包括地震、崩塌、雪崩、滑坡、泥石流、地下水漏斗、地面沉降。

（4）环境区划。分为环境要素区划、环境状态与功能区划、综合环境区划等。

（5）环境背景值（环境本底值）。在不受污染的情况下，环境组成各要素，如大气、水体、岩石、土壤、植物、农作物、水生生物和人体组织中与环境污染有关的各种化学元素的含量及其基本的化学成分。

（6）环境自净。进入环境的污染物，随着时间的变化不断降解和消除的现象。

（7）水源地保护。为保证饮用水质量对水源区实施的法律与技术措施。

（8）水质布点采样。为了反映水环境质量而确定监测采样点位，采集水样的全过程。

（9）水质监测。采用物理、化学和生物学的分析技术，对地表水、地下水、工业和生活污水、饮用水等水质进行分析测定的分析过程。

（10）水质模型。对水体质量变化规律描述或预测的数学模型。

（11）生态影响评价。是鉴定、量化和评估建设项目对生态系统或其组分直接或间接影响的过程。

（12）生物多样性。生物类群层次结构和功能的多样性，包括遗传多样性、物种多样性、生态系统多样性和景观多样性。

（13）生物监测。利用生物个体、种群或群落对环境质量及其变化所产生的反应和影响来阐明环境污染的性质、程度和范围，即从生物学角度评价环境质量及环境质量的性质、程度和范围的过程。

（14）生态监测。是观测与评价生态系统的自然变化及对人为变化所做出的反应，是对各类生态系统结构和功能的时空格局变量的测定。

（15）背景噪声。被测量噪声源以外的声源发出的环境噪声的总和。

（16）大气污染。由于人类活动或自然过程引起某种物质进入大气或由它转化而成的二次污染达到一定浓度和持续时间，足以对人体健康、动植物、材料、生态或环境要素产生不良影响或效应的现象。

（17）大气样品采样。采集大气中污染物的样品或受污染空气的样品，以获得大气污染的基本数据。

（18）大气质量评价。根据人们对大气质量的具体要求，按照一定的环境标准、评价标准和采用某种评价方法对大气质量进行定性或定量评估。

（19）二次污染物。一次污染物或由固定源、流动源排放出的其他物质，在大气中通过物理或化学反应而生成的污染物。如氮氧化物、碳氢化合物在日光照射下发生光化学反应生成的臭氧等就属于二次污染物。

第二章　工程分析

工程分析是环境影响评价中分析项目建设影响环境内在因素的重要环节。由于建设项目对环境影响的表现不同，可以分为以污染影响为主的污染型建设项目的工程分析和以生态破坏为主的生态影响型建设项目的工程分析。

第一节　污染型项目工程分析

一、工程分析的作用

1. 工程分析是项目决策的重要依据

工程分析是项目决策的重要依据之一。污染型项目工程分析从项目建设性质、原料路线、能源结构、工艺技术、生产规模、设备选型、产品结构、运输方式、技术经济指标、总图布置方案等基础资料入手，确定工程建设和运行过程中的产污环节、污染治理技术、核算污染源源强、计算排放总量、明确排放方式和去向。从环境保护的角度分析技术经济先进性、污染治理措施可行性、总图布置合理性、达标排放可行性。

2. 为各专题预测评价提供基础数据

工程分析专题是环境影响评价的基础，工程分析给出的产污节点、污染源坐标、源强、污染物排放方式和排放去向等技术参数是大气环境、水环境、土壤环境、噪声环境影响预测计算的依据，为定量评价建设项目对环境影响的程度和范围提供可靠的保证，为评价污染防治对策的可行性提出完善改进建议，从而为实现以改善区域环境质量为核心的污染物排放总量控制创造条件。

3. 为环保设计提供优化建议

项目的环境保护设计是在已知生产工艺过程中产生污染物的环节和数量的基础上，采用必要的治理措施，实现达标排放，一般很少考虑对环境质量的影响，对于改扩建项目则更少考虑原有生产装置环保“欠账”问题以及环境承载能力。环境影响评价中的工程分析需要对工艺技术，原料、中间产品、产品储运方案，治理措施进行优化论证，提出满足清洁生产要求的清洁生产方案，使环境质量得以改善或不使环境质量恶化，起到对环保设计优化的作用。

分析所采取的工艺技术、储运方案、污染防治措施的先进性、可靠性，必要时要提出进一步完善、改进工艺技术、储运方案、治理措施的建议，对改扩建项目尚需提出“以新带老”的计划，并反馈到设计当中去予以落实。

4．为环境的科学管理提供依据

工程分析筛选的主要污染因子是项目运营单位和环境管理部门日常管理的对象，所提出的环境保护措施是工程验收的重要依据，为保护环境所核定的污染物排放总量是开发建设活动进行污染控制的目标。

工程分析也是建设项目环境管理的基础，工程分析对建设项目污染物排放情况的核算，将成为排污许可证的主要内容，也是排污许可证申领的基础。我国开始实施的固定污染源环境管理的核心制度——排污许可制，将向企事业单位核发排污许可证，作为生产运营期排污行为的唯一行政许可。根据排污许可证管理的相关要求，排污许可制与环境影响评价制度有机衔接，污染物总量控制由行政区域向企事业单位转变，新建项目申领排污许可证时，环境影响评价文件及批复中与污染物排放相关的主要内容会纳入排污许可证。

二、工程分析的工作内容

建设项目工程分析的工作内容在环境影响评价各工作阶段有所不同。在制定环评工作方案阶段，主要工作内容包括根据项目工艺特点、原料及产品方案，结合实际工程经验，按清洁生产的理念，识别可能的环境影响，进行初步的污染影响因素分析，筛选可能对环境产生较大影响的主要因素，以进行深入分析工作。

在评价专题影响分析预测阶段，工作内容是对筛选的主要环境影响因素进行详细和深入的分析。对于环境影响以污染因素为主的建设项目来说，工程分析的工作内容，原则上是根据建设项目的工程特征，包括建设项目的类型、性质、规模、开发建设方式与强度、能源与资源用量、污染物排放特征以及项目所在地的环境条件来确定。工程分析的主要工作内容是常规污染物和特征污染物排放污染源源强核算，提出污染物排放清单，坚持污染源头预防、过程控制和末端治理的全过程控制理念，客观评价项目产污负荷。对于建设项目可能存在的有毒有害污染物及具有持久性影响的污染物，应分析其产生的环节、污染物转移途径和流向。工程分析的基本工作内容通常包括 6 个部分，详见表 2-1。

1．工程概况

工程分析的范围应包括主体工程、辅助工程、公用工程、环保工程、储运工程及依托工程等。首先对建设项目概况、工程一般特征作简介，通过项目组成分析找出项目建设可能造成的主要环境问题，列出项目组成表（可参照表 2-2），列出建设项目的产品方案（包括主要产品及副产品），为项目产生的环境影响分析和提出合适的污染防治措施奠定基础。在工程概况中应明确项目建设地点、生产工艺、主要生产设备、总平面布置、建设周期、总投资及环境保护投资等内容。根据工程组成和工艺，给出主要原料与辅料的名称、单位产品消耗量、年总耗量和来源（可参照表 2-3），对于含有毒排放标准规定的污染物和有毒有害物质、新污染物清单中物质的原料、辅料应给出组分。另外，还要给出建设项目涉及的原料、辅助材料、产品、中间产品、副产物等主要物料的理化性质、毒理特征等。因此，可以看出“工程概况”是工程分析的重要基础。工程分析最本质的内容就是在交代清楚工程概况的基础上，识别环境影响源，并核算源强。

表 2-1　工程分析基本工作内容

工程分析项目	工作内容
1．工程概况	工程一般特征简介 物料与能源消耗定额 项目组成
2．工艺流程及产污环节分析	工艺流程及污染物产生环节
3．污染源源强分析与核算	污染源分布、污染物种类及污染物源强核算 物料平衡与水平衡 无组织排放源污染物种类、源强统计及分析 非正常排放源污染物种类、源强统计及分析 污染物种类和污染物排放总量建议指标
4．清洁生产分析	从原料、产品、工艺技术、装备水平分析清洁生产情况
5．环保措施方案分析	分析环保措施方案及所选工艺及设备的先进水平和可靠程度 分析与处理工艺有关技术经济参数的合理性 分析环保设施投资构成及其在总投资中占有的比例
6．总图布置方案与外环境关系分析	分析厂区与周围的保护目标区环境污染物的安全性 根据气象、水文等自然条件分析工厂和车间布置的合理性 分析环境敏感点（保护目标）处置措施的可行性

表 2-2　建设项目组成

项目名称			建设规模
主体工程	1		
	2		
	…		
辅助工程	1		
	2		
	…		
公用工程	1		
	2		
	…		
环保工程	1		
	2		
	…		

项目名称			建设规模
办公室及生活设施	1		
	2		
	…		
储运工程	1		
	2		
	…		
依托工程	1		
	2		
	…		

表 2-3 建设项目原料、辅料消耗

序号	名称	单位产品消耗量	年总耗量	来源
1				
2				
3				
…				

对于分期建设项目，则应按不同建设期分别说明建设规模。改扩建及易地搬迁项目应列出现有工程基本情况、污染物排放及达标情况、存在的环境保护问题及拟采取的工程方案等内容，说明与建设项目的依托关系。

2．工艺流程及产污环节分析

一般情况下，工艺流程应在设计单位、建设单位的可研或设计文件基础上，根据工艺过程的描述及同类项目生产的实际情况进行绘制。环境影响评价工艺流程图有别于工程设计工艺流程图，环境影响评价关心的是工艺过程中产生污染物的具体部位、污染物的种类和数量。所以绘制的污染源工艺流程应包括涉及产生污染物的装置和工艺过程，不产生污染物的过程和装置可以简化，有化学反应发生的工序要列出主要化学反应式和副反应式，并在总平面布置图上标出污染源的准确位置，以便为其他专题评价提供可靠的污染源资料。工艺流程的叙述应与工艺流程图相对应，注意产排污节点的编号应一致。在产污环节分析中，应包括主体工程、公用工程、辅助工程、储运等项目组成的内容，说明是否会增加依托工程污染物排放量。对于现有工程回顾性评价，应明确项目污染物排放统计的基准年份。图 2-1 和图 2-2 为工艺流程图，用于说明某化肥厂的生产过程及产污位置，一般可简化为用方块流程图表示。

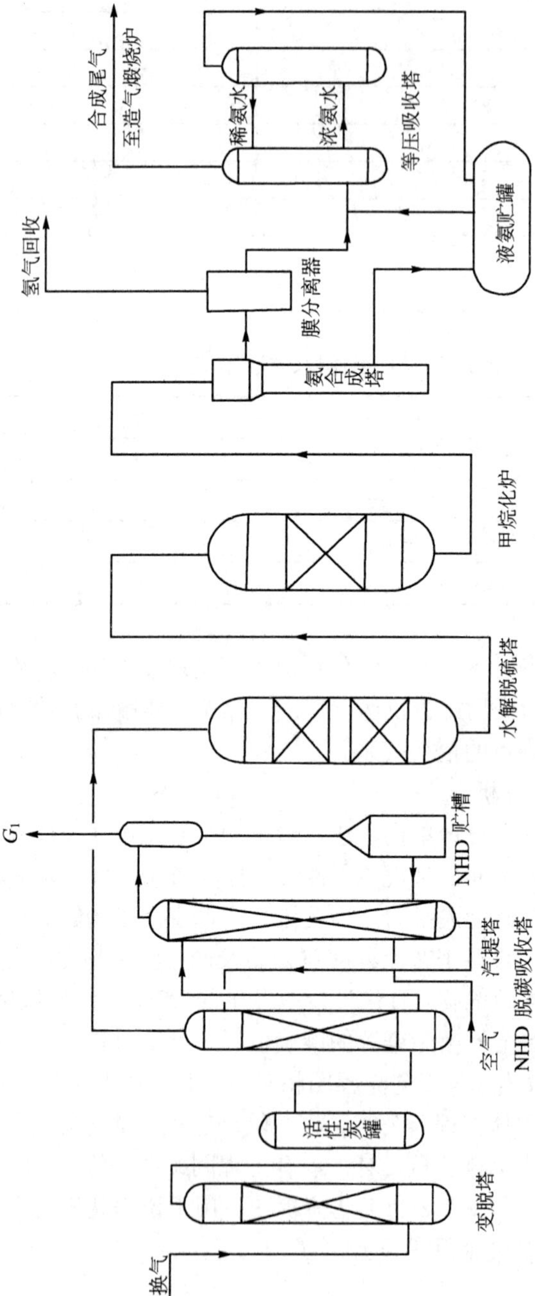

图 2-1 某化肥厂工艺流程及产污位置（脱碳、甲烷化、合成）

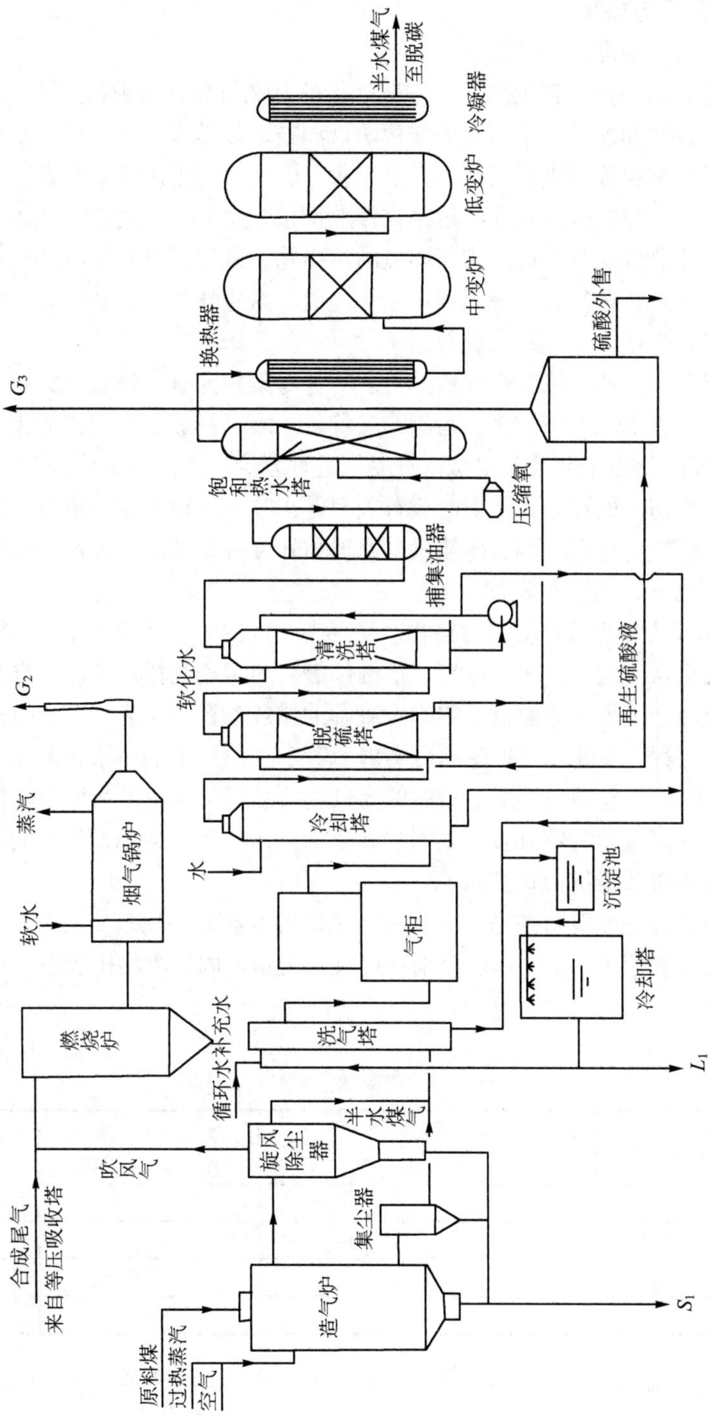

图 2-2 某化肥厂工艺流程及产污位置（造气、脱硫、变换）

3．污染源源强分析与核算

（1）污染源分布及污染源源强核算

污染源分布和污染物种类及排放量是各专题评价的基础资料，必须按建设过程、运营过程两个阶段详细核算和统计。根据相关法律法规和技术规范要求，一些项目还应对服务期满后（退役期）影响源强进行核算，力求完善。因此，对于污染源分布应根据已经绘制的污染源流程图，并按排放点标明污染物排放部位，然后逐点列表统计各种污染物的排放强度、浓度及数量。对于最终排入环境的污染物，确定其是否达标排放，达标排放必须以项目的最大负荷核算。如燃煤锅炉二氧化硫、烟尘排放量，必须要以锅炉在最大负荷时所消耗的燃煤量为基础进行核算。

对于废气可按点源、面源、线源进行核算，说明各污染物源强、排放方式和排放高度及存在的有关问题。废水应说明种类、污染物名称、浓度、排放方式、排放去向。按《中华人民共和国固体废物污染环境防治法》对废物进行分类，废液应说明种类、成分、浓度、是否属于危险废物、处置方式和去向等有关问题；废渣应说明有害成分、溶出物浓度、是否属于危险废物及危废代码、排放量、处理和处置方式及贮存方法。噪声和放射性污染应列表说明源强、剂量及分布。

污染源源强的核算基本要求是根据污染物产生环节、产生方式和治理措施，核算建设项目正常工况和非正常工况（开车、停车、检维修等）的污染物排放量，一方面要确定污染源的主要排放因子；另一方面需要明确污染源的排放参数和位置。对于改扩建项目，需要分别按现有工程、在建、改扩建项目实施后等多种情形下的污染物产生量、排放量及其变化量，明确改扩建项目建成后最终的污染物排放量。对国家和地方限期达标规划及其他相关环境管理规定有特殊要求的时段，包括重污染天气应急预警期间等，应说明建设项目的污染物排放情况的调整措施。

工程分析中污染源源强核算可参考具体行业污染源源强核算指南规定的方法。

污染源源强统计可参照表 2-4 进行，分别列废气、废水、固体废物排放表，噪声源强统计表可单列。

表 2-4　污染源源强

序号	污染源	污染因子	产生量	治理措施	排放量	排放方式	排放去向	达标分析

① 新建项目污染物排放量统计，须按废气和废水污染物分别统计各种污染物排放总量，固体废物按我国规定统计一般固体废物和危险废物。并应算清“两本账”，即生产

过程中的污染物产生量和实现污染防治措施后的污染物削减量，二者之差为污染物最终排放量，参见表 2-5。

表 2-5　新建项目污染物排放量统计

类别	污染物名称	产生量	治理削减量	排放量
废气				
废水				
固体废物				

统计时应以车间或工段为核算单元，对于泄漏和放散量部分，原则上要求实测，实测有困难时，可以利用年均消耗定额的数据进行物料平衡推算。

② 技改扩建项目污染物排放量统计，应算清新老污染源“三本账”，即技改扩建前污染物排放量、技改扩建项目污染物排放量、技改扩建完成后（包括“以新带老”削减量）污染物排放量，可以用表 2-6 的形式列出，其相互的关系可表示为：

技改扩建前排放量－“以新带老”削减量+技改扩建项目排放量＝技改扩建完成后排放量

表 2-6　技改扩建项目污染物排放量统计

类别	污染物	现有工程排放量	拟建项目排放量	“以新带老”削减量	技改工程完成后总排放量	增减变化量
废气						
废水						
固体废物						

（2）物料平衡和水平衡

在环境影响评价进行工程分析时，必须根据不同行业的具体特点，选择若干有代表性的物料，主要是针对有毒有害的物料，进行物料衡算。

水作为工业生产中的原料和载体，在任一用水单元内都存在着水量的平衡关系，也同样可以依据质量守恒定律，进行质量平衡计算，这就是水平衡。工业用水量和排水量的关系见图2-3，水平衡式如下：

$$Q+A=H+P+L \tag{2-1}$$

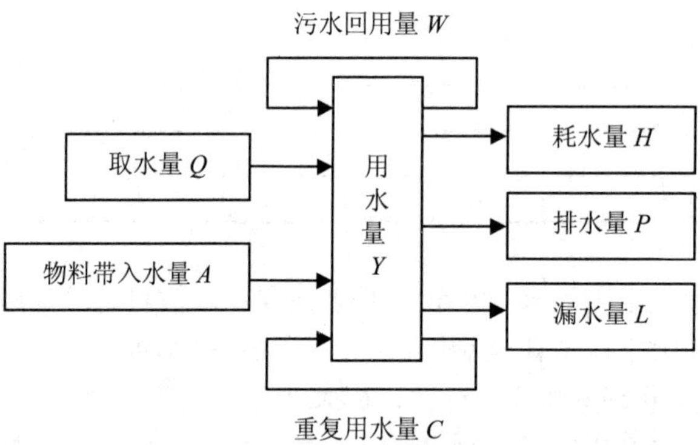

图2-3 工业用水量和排水量的关系

① 取水量：工业用水的取水量是指取自地表水、地下水、自来水、海水、城市污水及其他水源的总水量。建设项目工业取水量包括生产用水和生活用水，主要指建设项目取用的新鲜水量，生产用水又包括间接冷却水、工艺用水和锅炉给水。

工业取水量＝生产用水量+生活用水量

② 重复用水量：指生产厂（建设项目）内部循环使用和循序使用的总水量。

③ 耗水量：指整个工程项目消耗掉的新鲜水量总和，即

$$H=Q_1+Q_2+Q_3+Q_4+Q_5+Q_6 \tag{2-2}$$

式中：Q_1 —— 产品含水，即由产品带走的水；

Q_2 —— 间接冷却水系统补充水量，即循环冷却水系统补充水量；

Q_3 —— 洗涤用水（包括装置和生产区地坪冲洗水）、直接冷却水和其他工艺用水量之和；

Q_4 —— 锅炉运转消耗的水量；

Q_5 —— 水处理用水量，指再生水处理装置所需的用水量；

Q_6 —— 生活用水量。

（3）污染物排放总量控制建议指标

在核算污染物排放量的基础上，按国家对污染物排放总量控制指标的要求，提出工程污染物排放总量控制建议指标，污染物排放总量控制建议指标应包括国家规定的指标和项目的特征污染物，通常污染物总量单位为 t/a，对于排放量较小的污染物总量可用其他适宜的单位。提出的工程污染物排放总量控制建议指标必须满足以下要求：① 满足达标排放的要求；② 符合其他相关环保要求（如特殊控制的区域与河段）；③ 技术上可行。

建设项目污染物排放总量的核算，与排污许可制度紧密衔接，环境质量不达标地区，要通过选择最佳可行技术或最优技术方案、提高排放标准或加严许可排放量等措施，保证污染物达到最低排放强度和排放浓度，并使环境影响可以接受。

（4）无组织排放源的统计

无组织排放是对应于有组织排放而言的，主要针对废气排放，表现为生产工艺过程中产生的污染物没有进入收集和排气系统，而通过厂房天窗或直接弥散到环境中。工程分析中将没有排气筒的排放源定为无组织排放。其确定方法主要有三种：① 物料衡算法。通过全厂物料的投入产出分析，核算无组织排放量。② 类比法。与工艺相同、使用原料相似的同类工厂进行类比，在此基础上，核算本厂无组织排放量。③ 反推法。通过对同类工厂正常生产时无组织监控点进行现场监测，利用面源扩散模式反推，以此确定工厂无组织排放量。

（5）非正常排污的源强统计与分析

非正常排污包括两部分：① 正常开、停车或部分设备检修时排放的污染物。② 其他非正常工况排污，指工艺设备或环保设施达不到设计规定指标运行时的可控排污，因为这种排污不代表长期运行的排污水平，所以列入非正常排污评价。此类异常排污分析都应重点说明异常情况产生的原因、发生频率和处置措施。

（6）污染源参数及排放口类型

根据行业排污许可证管理的要求，建设项目废气排放口通常可划分为主要排放口、一般排放口和特殊排放口，实行分类管理。主要排放口管控许可排放浓度和许可排放量，一般排放口管控许可排放浓度，特殊排放口暂不管控许可排放浓度和许可排放量。在相关行业建设项目环境影响评价中，应按照各排放口污染物排放特点及排放负荷说明排放口的类型。建设项目废水总排放口为主要排放口，通常不区分装置内部的排放口、车间排放口、生产设施排放口。在《排污许可证申请与核发技术规范　化肥工业-氮肥》（HJ 864.1—2017）中，废气污染源、污染物和排放口类型见表 2-7。污染源及排放口类型确定后，污染源及排放口还应给出对应的参数，包括排放口坐标、高度、温度、压力、流量、内径，污染物排放速率、状态、排放规律（连续排放、间断排放、排放频次），无组织排放源的位置及范围等。

表 2-7　氮肥行业废气排放口类型

<table>
<tr><th colspan="4">污染源</th><th>许可排放浓度（速率）污染物项目</th><th>许可排放量污染物项目</th><th>排放口类型</th></tr>
<tr><td rowspan="14">以煤为原料</td><td colspan="2">备煤</td><td>含尘废气收集处理设施排气筒</td><td>颗粒物</td><td>—</td><td>一般排放口</td></tr>
<tr><td rowspan="5">固定床常压煤气化工艺</td><td rowspan="4">原料气制备</td><td>吹风气余热回收系统或“三废”混燃系统烟囱</td><td>颗粒物、二氧化硫、氮氧化物、汞及其化合物[a]、烟气黑度</td><td>颗粒物、二氧化硫、氮氧化物</td><td>主要排放口</td></tr>
<tr><td>造气循环水冷却塔</td><td>—</td><td>—</td><td>其他排放情形</td></tr>
<tr><td>造气废水沉淀池废气收集处理设施排气筒</td><td>—</td><td>—</td><td>其他排放情形</td></tr>
<tr><td>造气炉放空管</td><td>—</td><td>—</td><td>其他排放情形</td></tr>
<tr><td>原料气净化</td><td>脱碳汽提塔废气排气筒</td><td>（硫化氢）、（氨）、非甲烷总烃</td><td>—</td><td>一般排放口</td></tr>
<tr><td rowspan="4">干煤粉气流床气化工艺</td><td rowspan="2">原料气制备</td><td>磨煤干燥系统放空气排气筒</td><td>颗粒物、氮氧化物</td><td>—</td><td>一般排放口</td></tr>
<tr><td>煤粉输送及加压进料系统粉煤仓排气筒</td><td>颗粒物、甲醇[b]、（硫化氢[b]）</td><td>—</td><td>一般排放口</td></tr>
<tr><td rowspan="2">原料气净化</td><td>低温甲醇洗尾气洗涤塔排气筒</td><td>甲醇、（硫化氢）</td><td>—</td><td>一般排放口</td></tr>
<tr><td>硫回收尾气排气筒</td><td>二氧化硫、硫酸雾[c]</td><td>二氧化硫</td><td>主要排放口</td></tr>
<tr><td rowspan="2">水煤浆气流床气化工艺</td><td rowspan="2">原料气净化</td><td>低温甲醇洗尾气洗涤塔排气筒</td><td>甲醇、（硫化氢）</td><td>—</td><td>一般排放口</td></tr>
<tr><td>硫回收尾气排气筒</td><td>二氧化硫、硫酸雾[c]</td><td>二氧化硫</td><td>主要排放口</td></tr>
<tr><td rowspan="2">碎煤固定床加压气化工艺</td><td rowspan="2">原料气净化</td><td>酸性气脱除设施排气筒</td><td>二氧化硫、氮氧化物、甲醇、非甲烷总烃</td><td>二氧化硫、氮氧化物</td><td>主要排放口</td></tr>
<tr><td>硫回收尾气排气筒</td><td>二氧化硫、硫酸雾[c]</td><td>二氧化硫</td><td>主要排放口</td></tr>
<tr><td>以天然气为原料</td><td>蒸汽转化法</td><td>原料气制备</td><td>一段转化炉烟囱</td><td>颗粒物</td><td>颗粒物、氮氧化物</td><td>主要排放口</td></tr>
<tr><td rowspan="2">以焦炉气为原料</td><td rowspan="2">部分转化法</td><td rowspan="2">原料气制备</td><td>脱硫再生槽废气排放口</td><td>硫化氢、氨</td><td>—</td><td>一般排放口</td></tr>
<tr><td>一段转化炉烟囱</td><td>颗粒物</td><td>颗粒物、氮氧化物</td><td>主要排放口</td></tr>
<tr><td rowspan="2">以油为原料</td><td rowspan="2">部分氧化法</td><td rowspan="2">原料气净化</td><td>低温甲醇洗尾气洗涤塔排气筒</td><td>甲醇、（硫化氢）</td><td>—</td><td>一般排放口</td></tr>
<tr><td>硫回收尾气排气筒</td><td>二氧化硫、硫酸雾[c]</td><td>二氧化硫</td><td>主要排放口</td></tr>
</table>

污染源		许可排放浓度（速率）污染物项目	许可排放量污染物项目	排放口类型
尿素	放空气洗涤塔排气筒	（氨）	氨	主要排放口
	造粒塔或造粒机排气筒	颗粒物、（氨）、甲醛[d]	颗粒物、氨	主要排放口
	包装机排气筒	颗粒物		一般排放口
硝酸铵	造粒塔排气筒	颗粒物、（氨）	颗粒物、氨	主要排放口
	包装机排气筒	颗粒物		一般排放口
公用工程	动力锅炉烟囱	颗粒物、二氧化硫、氮氧化物、汞及其化合物[a]、烟气黑度	颗粒物、二氧化硫、氮氧化物	主要排放口
	污水处理厂废气收集处理设施排气筒（以煤或油为原料）	（氨）、（硫化氢）、酚类[e]、非甲烷总烃[e]	—	一般排放口
	火炬[f]	—	—	其他排放情形
厂界		氨、非甲烷总烃、臭气浓度、硫化氢[g]、颗粒物[g]、甲醇[h]、酚类[i]	—	—

注：[a]采用“三废”混燃系统时，应管控汞及其化合物。

[b]干煤粉气流床气化工艺煤粉输送载气采用来自低温甲醇洗脱硫脱碳设施的二氧化碳气时，应管控硫化氢、甲醇。

[c]硫回收生产硫酸时，应管控硫酸雾。

[d]造粒过程使用甲醛时，应管控甲醛。

[e]采用固定床煤气化工艺时，应管控酚类、非甲烷总烃。

[f]指全厂主火炬。

[g]以天然气为原料和燃料的排污单位可不管控硫化氢和颗粒物。

[h]氨醇联产或脱硫脱碳采用低温甲醇洗工艺时，应管控甲醇。

[i]采用固定床煤气化工艺时，应管控酚类。

括号内污染物管控排放速率。

4. 清洁生产分析

清洁生产是我国工业可持续发展的重要战略，也是我国实现污染控制的重要措施，即由末端控制向生产全过程控制转变。清洁生产强调预防污染物的产生，即从源头和生产过程防止污染物的产生。项目实施清洁生产，可以减轻项目末端处理的负担，提高项目建设的环境可行性。

清洁生产分析应考虑生产工艺和装备是否先进可靠，资源和能源的选取、利用和消耗是否合理，产品的设计、产品的寿命、产品报废后的处置等是否合理，对在生产过程中排放出来的废物是否做到尽可能地循环利用和综合利用，从而实现从源头解决环境污染问题。清洁生产提出的环保措施建议，应是从源头围绕生产过程的节能、降耗和减污的清洁生产方案建议。

建设项目工程分析应参考项目可行性研究中工艺技术比选、节能、节水、设备等篇章的内容，分析项目从原料到产品的设计是否符合清洁生产的理念，包括工艺技术来源和技术特点、装备水平、资源能源利用效率、废弃物产生量、产品指标等方面说明。

5．环保措施方案分析

环保措施方案分析包括两个层次，首先对项目可研报告等文件提供的污染防治措施进行技术先进性、经济合理性及运行的可靠性评价，若所提措施不能满足环保要求，则需提出切实可行的改进完善建议，包括替代方案。分析要点如下：

（1）分析建设项目可研阶段或设计阶段环保措施方案的技术经济可行性。根据建设项目产生的污染物特点，充分调查同类企业的现有环保处理方案的经济技术运行指标，分析建设项目所采用的环保设施的技术可行性、经济合理性及运行可靠性，在此基础上提出进一步改进的意见，包括替代方案。

（2）分析项目采用污染处理工艺，排放污染物达标的可靠性。根据现有的同类环保设施的运行技术经济指标，结合建设项目排放污染物的基本特点和所采用污染防治措施的合理性，分析建设项目环保设施运行参数是否合理，有无承受冲击负荷能力，能否稳定运行，确保污染物排放达标的可靠性，并提出进一步改进的意见。

（3）分析环保设施投资构成及其在总投资（或建设投资）中占的比例。汇总建设项目环保设施的各项投资，分析其投资结构，并计算环保投资在总投资（或建设投资）中所占的比例。环保投资一览表可按表 2-8 给出，该表是指导建设项目竣工环境保护验收的重要参照依据。对于技改扩建项目，环保投资一览表中还应包括“以新带老”的环保投资内容。

表 2-8 建设项目环保投资

项目		建设内容	投资
废气治理	1		
	2		
	…		
废水治理	1		
	2		
	…		
噪声治理	1		
	2		
	…		
土壤防控	1		
	2		
	…		

项目		建设内容	投资
环境风险防控	1		
	2		
	…		
固体废物处置	1		
	2		
	…		
厂区绿化			
其他	1		
	2		
	…		

（4）分析依托设施的可行性。对于改扩建项目，原有工程的环保设施有相当一部分是可以利用的，如现有污水处理厂、固体废物填埋场、焚烧炉等。原有环保设施是否能满足改扩建后的要求，需要认真核实，分析依托的可靠性。随着经济的发展，依托公用环保设施已经成为区域环境污染防治的重要组成部分。对于产生的废水，经过简单处理后排入区域或城市污水处理厂进一步处理或排放的项目，除了对其所采用的污染防治技术的可靠性、可行性进行分析评价外，还应对接纳排水的污水处理厂的工艺合理性进行分析，其处理工艺是否与项目排水的水质相容；对于可以进一步利用的废气，要结合所在区域的社会经济特点，分析其集中、收集、净化、利用的可行性；对于固体废物，则要根据项目所在地的环境、社会经济特点，分析综合利用的可能性；对于危险废物，则要分析能否得到妥善的处置。

6．总图布置方案与外环境关系分析

（1）分析厂区与周围的保护目标之间所定的防护距离的可靠性。参考大气导则、国家有关防护距离的规范，分析厂区与周围的保护目标之间所定防护距离的可靠性，合理布置建设项目的各构筑物及生产设施，给出总图布置方案与外环境关系图。该图可参照图 2-4 绘制。图中应标明：① 保护目标与建设项目的方位关系；② 保护目标与建设项目的距离；③ 保护目标（如学校、医院、集中居住区等）的内容与性质。

（2）根据气象、水文等自然条件分析工厂和车间布置的合理性。在充分掌握项目建设地点的气象、水文、工程地质、水文地质等资料的条件下，认真考虑这些因素对污染物污染特性的影响，合理布置工厂和车间，尽可能减少对环境的不利影响。

（3）分析对周围环境敏感点处置措施的可行性。分析项目所产生的污染物的特点及其污染特征，结合现有的有关资料，确定建设项目对附近环境敏感点的影响程度，在此基础上提出切实可行的处置措施（如降低排放源强、设置屏障、加强受体防护、搬迁等）。

（4）在总图上标示建设项目主要污染源的位置。设计文件较详细时，在厂区平面布置图中还可标明主要生产单元及公用工程单元设施名称、位置，有组织废气排放源、废水排放口、雨水排放口位置等。

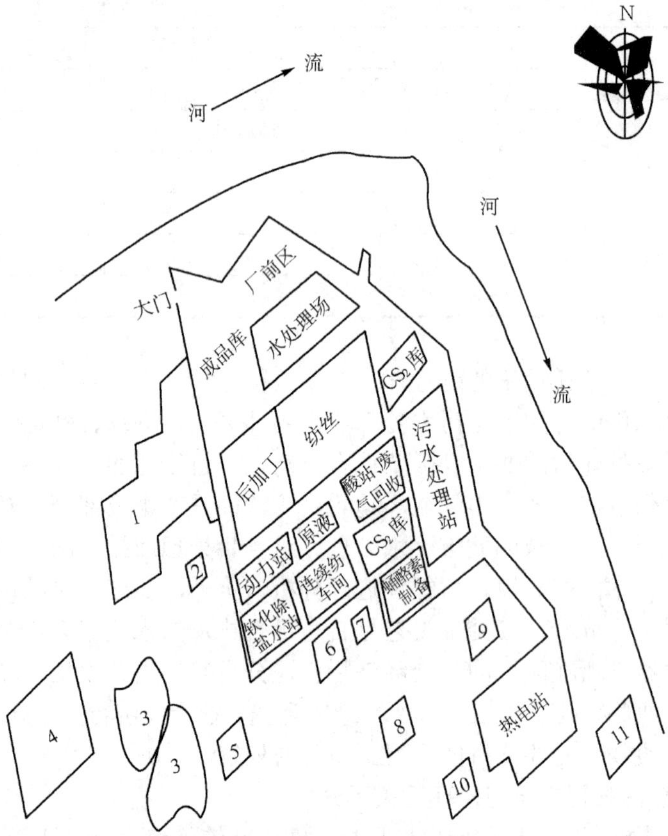

序号	名称	距厂界距离及方位	备 注
1	某公司	西面，相邻	面积 210 亩[①]，约 700 人
2	绿化队苗圃	西面，约 40m	面积 5 亩，约 11 人
3	鱼种场	西面，约 200m	面积 160 亩，约 26 人
4	福利院	西面，约 250m	面积 137 亩，约 180 人
5	民宅	西面，约 70m	
6	小学	南面，约 5m	面积 10 亩，约 520 人
7～11	民宅	南面，10～200m	约 120 户 500 人

注：① 1 亩≈0.066 7 hm^2。

图 2-4　某公司总图布置与外环境关系

7. 二氧化碳排放量核算

《关于加强高耗能、高排放建设项目生态环境源头防控的指导意见》（环环评〔2021〕45 号）将碳排放影响评价纳入环境影响评价体系，在建设项目环境影响评价中要核算建设项目的碳排放量。实施碳排放环境影响评价，推动污染物和碳排放评价管理统筹融合，是促进应对气候变化与环境治理协同增效，实现固定污染源减污降碳源头管控的重要抓手和有效途径。目前，碳排放量核算方法尚未统一，各省（区、市）相关管理部门也颁布实施了相关核算方法，《国家发展改革委、国家统计局、生态环境部印发〈关于加快建立统一规范的碳排放统计核算体系实施方案〉的通知》（发改环资〔2022〕622 号），明确要建立统一的碳排放核算体系。

在建设项目碳排放核算中，应注意碳排放核算的边界，要包括所有可能产生温室气体的生产单元、公用工程及其辅助设施等。按照项目涉及的排放源，核算范围内应包括燃料燃烧排放、火炬（正常火炬、事故异常火炬）排放、工业生产过程排放（制氢、催化、乙烯等各类生产工艺过程排放）、净购电力或热力隐含的碳排放、二氧化碳回收排放等。对各类排放源、温室气体计算的方法、关键参数值及来源，应进行必要的说明。

通常碳排放核算应给出项目碳排放总量、单位产品碳排放量、单位产值碳排放量等指标，项目碳排放源活动数据获取及排放因子取值等碳排放监测情况和监测计划。

在碳排放量核算过程中，可参考的相关部门已颁布的碳排放量核算规范主要有：

GB/T 32150—2015《工业企业温室气体排放核算和报告通则》

GB/T 32151.1—2015《温室气体排放核算与报告要求　第 1 部分：发电企业》

GB/T 32151.2—2015《温室气体排放核算与报告要求　第 2 部分：电网企业》

GB/T 32151.3—2015《温室气体排放核算与报告要求　第 3 部分：镁冶炼企业》

GB/T 32151.4—2015《温室气体排放核算与报告要求　第 4 部分：铝冶炼企业》

GB/T 32151.5—2015《温室气体排放核算与报告要求　第 5 部分：钢铁生产企业》

GB/T 32151.6—2015《温室气体排放核算与报告要求　第 6 部分：民用航空企业》

GB/T 32151.7—2015《温室气体排放核算与报告要求　第 7 部分：平板玻璃生产企业》

GB/T 32151.8—2015《温室气体排放核算与报告要求　第 8 部分：水泥生产企业》

GB/T 32151.9—2015《温室气体排放核算与报告要求　第 9 部分：陶瓷生产企业》

GB/T 32151.10—2015《温室气体排放核算与报告要求　第 10 部分：化工生产企业》

《中国石油和天然气生产企业温室气体排放核算方法与报告指南（试行）》

《中国石油化工企业温室气体排放核算方法与报告指南（试行）》

《中国独立焦化企业温室气体排放核算方法与报告指南（试行）》

《中国煤炭生产企业温室气体排放核算方法与报告指南（试行）》

《中国发电企业温室气体排放核算方法与报告指南（试行）》

《中国电网企业温室气体排放核算方法与报告指南（试行）》

《中国钢铁生产企业温室气体排放核算方法与报告指南（试行）》

《中国化工生产企业温室气体排放核算方法与报告指南（试行）》
《中国电解铝生产企业温室气体排放核算方法与报告指南（试行）》
《中国镁冶炼企业温室气体排放核算方法与报告指南（试行）》
《中国平板玻璃生产企业温室气体排放核算方法与报告指南（试行）》
《中国水泥生产企业温室气体排放核算方法与报告指南（试行）》
《中国陶瓷生产企业温室气体排放核算方法与报告指南（试行）》
《中国民航企业温室气体排放核算方法与报告格式指南（试行）》
《造纸和纸制品生产企业温室气体排放核算方法与报告指南（试行）》
《其他有色金属冶炼和压延加工业企业温室气体排放核算方法与报告指南（试行）》
《电子设备制造企业温室气体排放核算方法与报告指南（试行）》
《机械设备制造企业温室气体排放核算方法与报告指南（试行）》
《矿山企业温室气体排放核算方法与报告指南（试行）》
《食品、烟草及酒、饮料和精制茶企业温室气体排放核算方法与报告指南（试行）》
《公共建筑运营单位（企业）温室气体排放核算方法和报告指南（试行）》
《陆上交通运输企业温室气体排放核算方法与报告指南（试行）》
《氟化工企业温室气体排放核算方法与报告指南（试行）》
《工业其他行业企业温室气体排放核算方法与报告指南（试行）》

第二节 生态影响型项目工程分析

一、工程分析基本要求

1. 《建设项目环境影响评价技术导则 总纲》（HJ 2.1—2016）

《建设项目环境影响评价技术导则 总纲》（HJ 2.1—2016）对生态影响因素分析有如下明确的要求：结合建设项目特点和区域环境特征，分析建设项目建设和运行过程（包括施工方式、施工时序、运行方式、调度调节方式等）对生态环境的作用因素与影响源、影响方式、影响范围和影响程度。重点为影响程度大、范围广、历时长或涉及环境敏感区的作用因素和影响源，关注间接性影响、区域性影响、长期性影响以及累积性影响等特有生态影响因素的分析。

2. 《环境影响评价技术导则 生态影响》（HJ 19—2022）

《环境影响评价技术导则 生态影响》（HJ 19—2022）对工程分析有如下明确的要求：

（1）按照 HJ 2.1 的要求开展工程分析，主要采用工程设计文件的数据和资料以及类比工程的资料，明确建设项目地理位置、建设规模、总平面及施工布置、施工方式、施工时序、建设周期和运行方式，各种工程行为及其发生的地点、时间、方式和持续时间，以及设计方案中的生态保护措施等。

（2）结合建设项目特点和区域生态环境状况，分析项目在施工期、运行期以及服务期满后（可根据项目情况选择）可能产生生态影响的工程行为及其影响方式，判断生态影响性质和影响程度。重点关注影响强度大、范围广、历时长或涉及重要物种、生态敏感区的工程行为。

（3）工程设计文件中包括工程位置、工程规模、平面布局、工程施工及工程运行等不同比选方案的，应对不同方案进行工程分析。现有方案均占用生态敏感区，或明显可能对生态保护目标产生显著不利影响的，还应补充提出基于减缓生态影响考虑的比选方案。

二、工程分析阶段

HJ 19—2022 明确要求，工程分析阶段应涵盖施工期、运行期以及服务期满后（可根据项目情况选择）等不同阶段，即应全过程分析，其中以施工期和运行期为调查分析的重点。在实际工作中，针对各类生态影响型建设项目的影响性质和所处的区域环境特点的差异，其关注的工程行为和重要生态影响会有所侧重，不同阶段有不同阶段的问题需要关注和解决。

施工期时间跨度少则几个月，多则长达十余年。对生态影响来说，施工期和运行期的影响同等重要且各具特点，施工期产生的直接生态影响一般属临时性的，但在一定条件下，其产生的间接影响可能是永久性的。在实际工程中，施工期生态影响注重直接影响的同时，也不应忽略可能造成的间接影响。施工期是生态影响评价必须重点关注的时段。

运行期一般比施工期长得多，在工程可行性（预）研究报告中会有明确的期限要求。由于时间跨度长，该时期的生态和污染影响可能会造成区域性的环境问题，如水库蓄水会使周边区域地下水位抬升，进而可能造成区域土壤盐渍化甚至沼泽化；井工采矿时大量疏干排水可能导致地表沉降和地面植被生长不良甚至荒漠化。运行期是环评必须重点关注的时段。

服务期满后（退役期）不仅包括主体工程的退役，也涉及主要设备和相关配套工程的退役，如矿井（区）闭矿、渣场封闭、设施报废等，可能存在环境影响问题需要解决。

三、工程分析对象

生态影响型建设项目应明确建设地点、开发任务及规模、项目组成、工程布置、施工总布置、施工方式（施工工艺）、施工时序、建设征占地、建设周期和运行方式、移民安置方案、总投资及环境保护投资等。一方面，要求工程组成完整，应包括临时性/永久性、施工期/运行期/服务期满后的所有工程；另一方面，要求重点工程突出，对环境影响范围大、影响时间长的工程和处于环境保护目标附近的工程应重点分析。

工程组成应有完善的项目组成表，一般按主体工程、配套工程和辅助工程分别说明工程位置、规模、施工和运行设计方案、主要技术参数指标和服务年限等主要内容

（表 2-9）。

表 2-9　工程分析对象分类及界定依据

<table>
<tr><th colspan="2">分类</th><th>界定依据</th><th>备注</th></tr>
<tr><td>1</td><td>主体工程</td><td>一般指永久性工程，由项目立项文件确定工程主体</td><td></td></tr>
<tr><td rowspan="4">2</td><td>配套工程</td><td>一般指永久性工程，由项目立项文件确定的主体工程外的其他相关工程</td><td></td></tr>
<tr><td>（1）公用工程</td><td>除服务于本项目外，还服务于其他项目，可以是新建，也可以依托原有工程或改扩建原有工程</td><td>在此不包括公用的环保工程和储运工程，应分别列入环保工程和储运工程</td></tr>
<tr><td>（2）环保工程</td><td>根据环境保护要求，专门新建或依托、改扩建原有工程，其主体功能是生态保护、污染防治、节能、提高资源利用效率和综合利用等</td><td>包括公用的或依托的环保工程</td></tr>
<tr><td>（3）储运工程</td><td>指原辅材料、产品和副产品的储存设施和运输道路</td><td>包括公用的或依托的储运工程</td></tr>
<tr><td>3</td><td>辅助工程</td><td>一般指施工期的临时性工程，项目立项文件中不一定有明确的说明，可通过工程行为分析和类比方法确定</td><td></td></tr>
</table>

重点工程分析既要考虑工程本身的环境影响特点，也要考虑区域环境特点和区域敏感目标。在各评价时段内，应突出该时段存在主要环境影响的工程；区域环境特点不同，同类工程的环境影响范围和程度可能会有明显的差异；同样的环境影响强度，因与区域敏感目标相对位置关系不同，其环境影响敏感性不同。

改扩建及易地搬迁建设项目还应包括现有工程的基本情况、污染物排放及达标情况、存在的环境保护问题及拟采取的整改方案等内容。

四、工程分析内容

1. 工程概况

介绍工程的名称、建设地点、性质、开发任务及规模，给出工程的技术经济指标；介绍工程特性，给出工程特征表；完全交代工程项目组成，包括施工期临时工程，给出项目组成表；阐述工程施工和运行设计方案，给出工程布置平面、剖面及施工总布置示意图；有比选方案时，在上述内容中均应有介绍。

应给出项目地理位置图，工程剖面、平面布置图，施工总平面布置图等工程基本图件。

2. 项目符合性分析

主要从宏观上进行项目法规、政策符合性分析，必要时提出替代或调整方案。项目符合性分析主要包括以下两个方面的内容：

（1）建设项目和法律法规、产业政策、环境政策及相关规划的符合性分析。

（2）建设项目与相关规划和规划环境影响评价的符合性分析。

3. 项目环境合理性分析

主要从生态环境保护角度，对主体工程设计方案比选提出专业指导性意见，共同参与工程设计方案的比选。对于没有比选方案的重要工程设计方案，进行环境合理性分析，供主体工程综合决策，确保推荐的主体工程方案已充分考虑生态环境保护要求。主要包括以下三个方面：

（1）工程选址选线、工程布置及主要设计方案、重要工程特性参数的环境影响比选；例如，公路、铁路、油气输送工程、引调水工程等线性工程的线路方案、站场选址比选，水利、水电工程的坝址、坝型和枢纽布置格局比选，正常蓄水位和装机容量比选等。

（2）施工场地选址及布置［习惯简称为施工“三场”，一般包括料场（土料场、石料场等，部分行业也称为取土场）、渣场（弃渣场、存渣场、转运料场、表土堆存场等，部分行业也称为弃土场）和施工营地（或施工生产生活区）］、施工交通等施工布置方案的环境影响比选或环境合理性分析。

（3）若因工程建设征占地涉及移民搬迁安置，并设有集中移民安置点或新开耕地的，也应对集中移民安置点或新开耕地选址进行环境合理性分析、比选。

4. 影响源识别

应明确建设项目在施工期、运行期和服务期满后（可根据项目情况选择）等不同阶段的各种行为与可能受影响的环境要素间的作用效应关系、影响性质、影响范围、影响程度等，分析建设项目可能产生的生态影响。生态影响型建设项目除了主要产生生态影响外，同样会有不同程度的污染影响，其影响源识别主要从工程自身的影响特点出发，识别可能带来生态影响或污染影响的来源，包括工程行为和污染源。影响源分析时，应尽可能给出定量或半定量数据。

工程行为分析时，应明确给出土地征用量、临时用地量、地表植被破坏面积、取土量、弃渣量、库区淹没面积和移民数量等。

污染源分析时，原则上按污染型建设项目要求进行，从废水、废气、固体废物、噪声与振动、电磁等方面分别考虑，明确污染源位置、属性、产生量、处理处置量和最终排放量。

对于改扩建项目，还应分析原有工程存在的环境问题，识别原有工程影响源和源强。

5. 环境影响识别及评价因子筛选

建设项目环境影响识别一般从社会影响、生态影响和环境污染 3 个环境组成方面考虑，下面又分为若干环境要素和评价因子，在结合项目自身环境影响特点、区域环境特点和具体环境敏感目标的基础上进行识别，环境影响识别应全面，不应遗漏任何受项目影响的环境要素。

应结合建设项目所在区域发展规划、环境保护规划、环境功能区划、生态功能区划、生态保护红线及环境现状，分析可能受建设行为影响的环境影响因素。生态影响型建设项目的生态影响识别，则不仅要识别工程行为造成的直接生态影响，而且要注意污染影响造成的间接生态影响，甚至要求识别工程行为和污染影响在时间上或空间上的累积效应（累积影响），明确各类影响的性质（有利/不利）和属性（可逆/不可逆、临时/长期等）。

在大多数情况下，环境影响识别采用列表清单法进行，因为一个环境要素包括了较多的环境因子，因此有时环境影响识别和评价因子筛选会放在同一个矩阵表中集中表述，下面以水电工程的环境影响识别和评价因子筛选为例，说明列表清单法在生态影响型项目环境影响识别和评价因子筛选中的具体应用［表 2-10，引自《水电工程环境影响评价技术规范》(NB/T 10347—2019)］。主要环境要素包括气候气象、水文情势、水温、地表水质、地下水环境、水生生态、陆生生态、大气环境、声环境、人群健康和景观等，每个环境要素又细分为若干环境因子，工程活动分为枢纽工程施工、枢纽工程运行和移民安置三个大项，每项又细分若干具体的工程活动小项，通过识别、分析每项工程活动对各环境因子的影响性质、影响程度和所占权重，最终得出各环境因子的重要程度，据此筛选出重点评价因子和一般评价因子。

表 2-10　水电工程环境影响识别与评价因子筛选矩阵表

环境要素	环境因子		枢纽工程施工							枢纽工程运行				移民安置				筛选结果
	因子	在区域环境中的权重	施工导流	施工工厂	施工生活	交通运输	施工占地	施工采石取土	施工弃渣	大坝阻隔	水库蓄水	调度运行	电厂运行管理	农村移民	城镇迁建	专业项目处理	库底清理	
气候气象	气温																	
	降水																	
	湿度																	
	风																	
	蒸发																	
水文情势	流量																	
	水位																	
	水深																	
	流速																	
	悬移质																	
	推移质																	
	泥沙淤积																	
	潮汐																	
水温	水温																	

环境要素	环境因子		枢纽工程施工							枢纽工程运行				移民安置				筛选结果
	因子	在区域环境中的权重	施工导流	施工工厂	施工生活	交通运输	施工占地	施工采石取土	施工弃渣	大坝阻隔	水库蓄水	调度运行	电厂运行管理	农村移民	城镇迁建	专业项目处理	库底清理	
地表水质	pH																	
	SS																	
	COD																	
	BOD_5																	
	DO																	
	石油类																	
	总磷																	
	氨氮																	
	高锰酸盐指数																	
	水体营养状况																	
	水域纳污能力																	
	总溶解气体饱和度																	
地下水环境	水位																	
	pH																	
	溶解性总固体																	
	氨氮																	
	高锰酸盐指数																	
水生生态	水生生境适宜性																	
	水生生物多样性																	
	鱼类种类																	
	鱼类资源量																	

环境要素	环境因子		枢纽工程施工							枢纽工程运行				移民安置				筛选结果
	因子	在区域环境中的权重	施工导流	施工工厂	施工生活	交通运输	施工占地	施工采石取土	施工弃渣	大坝阻隔	水库蓄水	调度运行	电厂运行管理	农村移民	城镇迁建	专业项目处理	库底清理	
水生生态	鱼类种群生存力																	
	水生生态系统连通性																	
	水生生态系统结构																	
	水生生态系统功能																	
	保护鱼类与重要经济鱼类																	
	水生生态敏感区																	
陆生生态	土壤结构																	
	土壤理化性状																	
	土壤肥力																	
	植被类型																	
	植被分布																	
	植物多样性																	
	陆生动物多样性																	

环境要素	环境因子		枢纽工程施工							枢纽工程运行				移民安置				筛选结果
	因子	在区域环境中的权重	施工导流	施工工厂	施工生活	交通运输	施工占地	施工采石取土	施工弃渣	大坝阻隔	水库蓄水	调度运行	电厂运行管理	农村移民	城镇迁建	专业项目处理	库底清理	
陆生生态	陆生生态系统类型																	
	陆生生态系统功能																	
	陆生生态系统完整性																	
	保护动植物、狭域种以及古树名木																	
	陆生生态敏感区																	
大气环境	TSP																	
	NO_x																	
	SO_2																	
声环境	噪声																	
人群健康	传染病源																	
景观	景观资源																	
	景观视觉																	

填表说明：

1　影响性质，有利影响用+表示，不利影响用-表示；长期影响用 L 表示，短期影响用 S 表示；可逆影响用 R 表示，不可逆影响用 N 表示；直接影响用 D 表示，间接影响用 I 表示；累积影响用 C 表示。

2　影响程度，无影响用 0 表示，影响小用 1 表示，影响中等用 2 表示，影响大用 3 表示。

3　权重，重要用Ⅲ表示，次要用Ⅱ表示，可忽略用Ⅰ表示。

4　筛选结果，重点评价用★表示、一般评价用☆表示、不做评价用△表示。

由于一个项目的建设涉及的环境要素和影响因子较多，在实际进行环评时没必要将所有环境要素和影响因子视为同等重要，因此需要在影响源识别和环境影响要素识别的基础上，进一步对影响要素所涉及的影响因子进行筛选，选出其中可能存在较大不利影响、长期影响、不可逆影响或具有累积效应的影响因子作为环评的重点评价因子。同时，筛选出的评价因子要具有典型性和代表性，能在很大程度上体现工程特征及区域环境特点。

上面的例子是针对建设项目全方位的影响而言，其中涉及生态的要素和因子，也涉及污染的要素和因子，就具体的生态影响而言，还可以根据生态系统组成的特点进一步深化和细化相关因子，《环境影响评价技术导则　生态影响》（HJ 19—2022）附录B中给出了应用列表清单法进行生态影响评价因子筛选的示范（表2-11）。针对物种、生境、生物群落、生态系统、生物多样性、生态敏感区等不同的受影响对象，也可细分为若干评价因子，根据表后所附的详细注解，识别和分析工程活动对每个因子带来的影响性质与程度，从而筛选出重点评价因子和一般评价因子。

表2-11　生态影响评价因子筛选

受影响对象	评价因子	工程内容及影响方式	影响性质	影响程度
物种	分布范围、种群数量、种群结构、行为等			
生境	生境面积、质量、连通性等			
生物群落	物种组成、群落结构等			
生态系统	植被覆盖度、生产力、生物量、生态系统功能等			
生物多样性	物种丰富度、均匀度、优势度等			
生态敏感区	主要保护对象、生态功能等			
自然景观	景观多样性、完整性等			
自然遗迹	遗迹多样性、完整性等			
……	……	……	……	……

注1：应按施工期、运行期以及服务期满后（可根据项目情况选择）等不同阶段进行工程分析和评价因子筛选。

注2：影响性质主要包括长期与短期、可逆与不可逆生态影响。

注3：影响方式可从直接、间接、累积生态影响的角度进行识别。

a）直接生态影响：临时、永久占地导致生境直接破坏或丧失；工程施工、运行导致个体直接死亡；物种迁徙（或洄游）、扩散、种群交流受到阻隔；施工活动以及运行期噪声、振动、灯光等对野生动物行为产生干扰；工程建设改变河流、湖泊等水体天然状态等；

b）间接生态影响：水文情势变化导致生境条件、水生生态系统发生变化；地下水水位、土壤理化特性变化导致动植物群落发生变化；生境面积和质量下降导致个体死亡、种群数量下降或种群生存能力降低；资源减少及分布变化导致种群结构或种群动态发生变化；因阻隔影响造成种群间基因交流减少，导致小种群灭绝风险增加；

滞后效应（例如，由于关键种的消失使捕食者和被捕食者的关系发生变化）等；

c）累积生态影响：整个区域生境的逐渐丧失和破碎化；在景观尺度上生境的多样性减少；不可逆转的生物多样性下降；生态系统持续退化等。

注 4：影响程度可分为强、中、弱、无四个等级，可依据以下原则进行初步判断。

a）强：生境受到严重破坏，水系开放连通性受到显著影响；野生动植物难以栖息繁衍（或生长繁殖），物种种类明显减少，种群数量显著下降，种群结构明显改变；生物多样性显著下降，生态系统结构和功能受到严重损害，生态系统稳定性难以维持；自然景观、自然遗迹受到永久性破坏；生态修复的难度较大；

b）中：生境受到一定程度破坏，水系开放连通性受到一定程度影响；野生动植物栖息繁衍（或生长繁殖）受到一定程度干扰，物种种类减少，种群数量下降，种群结构改变；生物多样性有所下降，生态系统结构和功能受到一定程度破坏，生态系统稳定性受到一定程度干扰；自然景观、自然遗迹受到暂时性影响；通过采取一定措施上述不利影响可以得到减缓和控制，生态修复难度一般；

c）弱：生境受到暂时性破坏，水系开放连通性变化不大；野生动植物栖息繁衍（或生长繁殖）受到暂时性干扰，物种种类、种群数量、种群结构变化不大；生物多样性、生态系统结构、功能以及生态系统稳定性基本维持现状；自然景观、自然遗迹基本未受到破坏；在干扰消失后可以生态修复或自然恢复；

d）无：生境未受到破坏，水系开放连通性未受到影响；野生动植物栖息繁衍（或生长繁殖）未受到影响；生物多样性、生态系统结构、功能以及生态系统稳定性维持现状；自然景观、自然遗迹未受到破坏。

6. 环境保护方案分析

项目符合性分析和环境合理性分析是从合规性及环境合理性角度上对项目可行性进行分析，环境保护方案分析要求从经济、环境、技术和管理方面来论证环境保护措施和设施的可行性，必须满足达标排放、总量控制、环境规划和环境管理要求，技术先进且与社会经济发展水平相适宜，确保环境保护目标可达性。环境保护方案分析至少应有以下五个方面的内容：

（1）施工和运营方案的合理性分析；

（2）工艺和设施的先进性和可靠性分析；

（3）环境保护措施的有效性分析；

（4）环保设施处理效率的合理性和可靠性分析；

（5）环境保护投资估算及合理性分析。

经过环境保护方案分析，对于不合理的环境保护措施应提出比选方案，进行比选分析后提出推荐方案或替代方案。

对于改扩建工程，应明确“以新带老”环保措施。

7. 其他分析

包括非正常工况类型及源强、风险潜势初判、事故风险识别和源项分析以及防范与应急措施说明。

工程分析的主要内容如表 2-12 所示。

表 2-12　工程分析的主要内容

工程分析项目	工作内容	基本要求
1. 工程概况	一般特征简介 工程特征 项目组成 施工和运行方案 工程布置示意图 比选方案	工程组成全面，突出重点工程
2. 项目符合性分析	法律法规、产业政策、环境政策和相关规划及规划环评符合性 清洁生产和循环经济可行性	从宏观方面进行论证，必要时提出替代或调整方案
3.项目环境合理性分析	工程选址选线环境合理性分析 施工场地布置环境合理性分析 集中移民安置区选址环境合理性分析	对主体工程设计方案比选提出环境保护角度的专业指导性意见，对既有工程布置或施工布置提出环境合理性分析
4. 影响源识别	工程行为识别 污染源识别 重点工程识别 原有工程识别	从工程本身的环境影响特点进行识别，确定项目环境影响的来源和强度
5. 环境影响识别及评价因子筛选	社会影响识别 生态影响识别 环境污染识别 影响性质 影响程度 影响范围 持续时间 是否有累积效应 是否涉及重要物种或环境敏感区	应结合项目自身环境影响特点、区域环境特点和具体环境敏感目标综合考虑； 选出其中可能存在较大不利影响、长期影响、不可逆影响或具有累积效应的影响因子作为环评的重点评价因子
6. 环境保护方案分析	施工和运营方案的合理性 工艺和设施的先进性和可靠性 环境保护措施的有效性 环保设施处理效率的合理性和可靠性 环境保护投资的合理性	从经济、环境、技术和管理方面来论证环境保护方案的可行性
7. 其他分析	非正常工况分析 风险潜势初判 事故风险识别 防范与应急措施	可在工程分析中专门分析，也可纳入其他部分或专题进行分析

五、工程分析技术要点

按《建设项目环境影响评价分类管理名录（2021 年版）》，生态影响型建设项目主要包括农业、林业、采矿业、交通运输业、管道运输业、水利、水力发电等，征租用地面积大，直接生态影响范围较大，影响程度较为严重，多为一级评价或二级评价；海洋工程和输变电工程涉及征租用地面积较大，结合考虑直接生态影响范围或直接影响程度，二级评价较为常见；而其他类建设项目征租用地范围有限，直接生态影响一般局限于征租用地范围，直接影响范围和程度有限，一般为三级评价。

根据项目特点（线型/区域型）和影响方式不同，以下选择公路、管线、航运码头、油气开采和水电项目为代表，明确工程分析技术要求。

1．公路项目

工程分析应涉及施工期和运行期，按环境生态、声环境、水环境、环境空气、固体废物和社会环境等要素识别影响源和影响方式，并估算影响源源强。

施工期是公路工程产生生态破坏和水土流失的主要环节，应重点考虑工程用地、桥隧工程和辅助工程（施工期临时工程）所带来的环境影响和生态破坏。在工程用地分析中说明临时租地和永久征地的类型、数量，特别是占用永久基本农田的位置和数量；桥隧工程要说明位置、规模、施工方式和施工时间计划；辅助工程包括进场道路、施工便道、施工营地、作业场地、各类料场和废弃渣料场等，应说明其位置、临时用地类型和面积及恢复方案，不要忽略表土保存和利用问题。

施工期要注意主体工程行为带来的环境问题，如路基开挖工程涉及弃土利用和运输、路基填筑涉及借方和运输、隧道开挖涉及弃方和爆破、桥梁基础施工涉及底泥清淤弃渣等。

运行期主要考虑交通噪声、管理服务区“三废”、线性工程阻隔和景观等方面的影响，同时根据沿线区域环境特点和可能运输货物的种类，识别运输过程中可能产生的环境污染和风险事故。

2．管线项目

工程分析应包括施工期和运行期，一般管道工程生态影响主要发生在施工期。

施工期工程分析对象应包括施工作业带清理（表土保存和回填）、施工便道、管沟开挖和回填、管道穿越（定向钻和隧道）工程、管道防腐和铺设工程、站场建设和监控工程。重点明确管道防腐、管道铺设、穿越方式、站场建设工程的主要内容和影响源、影响方式，对于重大穿越（如穿越大型河流）工程和处于环境敏感区（如国家公园、自然保护区、水源地等）工程，应重点分析其施工方案和相应的环保措施。施工期工程分析时，应注意管道不同的穿越方式可能造成不同的影响。

① 大开挖方式：管沟回填后多余的土方一般就地平整，不产生弃方问题。

② 悬架穿越方式：不产生弃方和直接环境影响，但存在空间、视觉干扰问题。

③ 定向钻穿越方式：存在施工期泥浆处理处置问题。

④ 隧道穿越方式：除隧道工程弃渣以外，还可能对隧道区域的地下水和坡面植被产生影响；若有施工爆破则产生噪声、振动影响，甚至局部地质灾害。

运行期主要是污染影响和风险事故。工程分析应重点关注增压站的噪声源强、清管站的废水和废渣源强、分输站超压放空的噪声源和排空废气源、站场的生活污水和生活垃圾以及相应的环保措施。风险事故应根据输送物品的理化性质和毒性，一般从管道潜在的各种灾害识别源头，根据事故类型分别估算事故源强。

3. 航运码头项目

工程分析应涉及施工期和运营期，按水环境（或海洋环境）、环境生态、环境空气、声环境和固体废物等环境要素识别影响源和影响方式，并估算影响源源强。

施工期是航运码头工程产生生态破坏和环境污染的主要环节，重点考虑填充造陆工程、航道疏浚工程、护岸工程和码头施工对水域环境和生态系统的影响，说明施工工艺和施工布置方案的合理性，从施工全过程识别和估算影响源。

运行期主要考虑陆域生活污水、运营过程中产生的含油污水、船舶污染物和码头、航道的风险事故。海运船舶污染物（船舶生活污水、含油污水、压载水、垃圾等）的处理处置有相应的法律规定。同时，应特别注意从装卸货物的理化性质及装卸工艺分析，识别可能产生的环境污染和风险事故。

4. 油气开采项目

工程分析涉及施工期、运行期和服务期满后（退役期）三个时段，各时段影响源和主要影响对象存在一定差异。

工程概况中应说明工程开发性质、开发形式、建设内容、产能规划等，项目组成应包括主体工程（井场工程）、配套工程［各类管线、井场道路、监控中心、办公和管理中心、储油（气）设施、注水站、集输站、转运站点、环保设施、供水、供电、通信等］和施工辅助工程，分别给出位置、占地规模、平面布局、污染设施（设备）和使用功能等相关数据和工程总体平面图、主体工程（井位）平面布置图、重要工程平面布置图和土石方、水平衡图等。

施工期土建工程的生态保护应重点关注水土保持、表层保存和回复利用、植被恢复等措施；对钻井工程更应注意钻井泥浆的处理处置、落地油处理处置、钻井套管防渗等措施的有效性，避免土壤、地表水和地下水受到污染。

运行期以污染影响和事故风险分析与识别为主。按环境要素进行分析，重点分析含油废水、废弃泥浆、落地油、油泥的产生点，说明其产生量、处理处置方式和排放量、排放去向。对滚动开发项目，应按“以新带老”要求，分析原有污染源并估算源强。风险事故应考虑因钻井套管破裂、井场和站场漏油（气）、油气罐破损和油气管线破损等产生泄漏、爆炸和火灾的情形。

服务期满后（退役期）主要考虑封井作业。

5. 水电项目

工程分析应涉及施工期和运行期。

施工期工程分析，应在掌握施工内容、施工量、施工时序和施工方案的基础上，识别可能引发的环境问题。

运行期的影响源应包括水库淹没高程及范围、淹没区地表附属物名录和数量、耕地和植被类型与面积、机组发电用水及梯级开发联合调配方案、枢纽建筑布置等方面。

运行期生态影响识别时应注意水库、电站运行方式不同，运营期生态影响也有差异：

◆ 对于引水式电站，厂址间段会出现不同程度的脱水河段，其对水生生态、用水设施和景观影响较大。

◆ 对于日调节水电站，下泄流量、下游河段河水流速和水位在日内变化较大，对下游河道的航运和用水设施影响明显。

◆ 对于年调节电站，水库水温分层相对稳定，下泄河水温度相对较低，对下游水生生物和农灌作物影响较大。

◆ 对于抽水蓄能电站，上水库区域易对区域景观、旅游资源等造成影响。

第三节　污染源源强核算

污染源源强核算是工程分析中的重要工作内容，污染源分析及源强核算的准确性直接影响环境保护措施的选取，直接影响环境影响预测评价的结论。因此污染源源强核算应当依据科学的方法逐步进行。首先，开展污染源识别和污染物确定；其次，进行污染源源强核算方法的选取和相关参数的确定；最后，开展污染源源强的准确核算及结果统计。

建设项目环境影响评价污染源源强核算技术指南体系由准则及行业指南构成。准则规定污染源源强核算的总体要求、核算程序、源强核算原则要求；行业指南指导和规范具体行业的污染源源强核算工作。

一、相关术语

污染源：是指造成环境污染的污染物发生源，通常指向环境排放有害物质或对环境产生有害影响的场所、设备或装置。

源强：是指对产生和排放的污染物强度的度量，包括废气源强、废水源强、噪声源强、振动源强、固体废物源强等。

废气、废水源强：是指单位时间内排出的废气、废水污染物产生有害影响的场所、设备、装置或污染防治（控制）设施的数量。通常包括废气和废水污染源正常排放和非正常排放，不包括事故排放。

噪声源强：是指噪声污染源的强度，即反映噪声辐射强度和特征的指标，通常用辐射噪声的声功率级或确定环境条件下、确定距离的声压级（均含频谱）以及指向性等特征来表示。

振动源强：是指振动污染源的强度，即反映振动源强度的加速度、速度或位移等特征指标，通常用参考点垂直于地面方向的 Z 振级表示。

固体废物源强：是指污染源单位时间内产生的固体废物的数量。

污染物产生量：是指污染源某种污染物生成的数量。

污染物排放量：是指污染源排入环境或其他设施的某种污染物的数量。

非正常工况：是指生产设施或污染防治（控制）设施达不到应有治理效率或同步运转率等情况。

事故排放：是指突发泄漏、火灾、爆炸等情况下污染物的排放。

物料衡算法：是指根据质量守恒定律，利用物料数量或元素数量在输入端与输出端之间的平衡关系，计算确定污染物单位时间产生量或排放量的方法。

类比法：是指对比分析在原辅料及燃料成分、产品、工艺、规模、污染控制措施、管理水平等方面具有相同或类似特征的污染源，利用其相关资料，确定污染物浓度、废气量、废水量等相关参数进而核算污染物单位时间产生量或排放量，或者直接确定污染物单位时间产生量或排放量的方法。

实测法：是指通过现场测定得到的污染物产生或排放相关数据，进而核算出污染物单位时间产生量或排放量的方法，包括自动监测实测法和手工监测实测法。

产污系数法：是指根据不同的原辅料及燃料、产品、工艺、规模，选取相关行业污染源源强核算技术指南给定的产污系数，依据单位时间产品产量计算出污染物产生量，并结合所采用治理措施情况，核算污染物单位时间排放量的方法。

排污系数法：是指根据不同的原辅料及燃料、产品、工艺、规模和治理措施，选取相关行业污染源源强核算技术指南给定的排污系数，结合单位时间产品产量直接计算确定污染物单位时间排放量的方法。

实验法：是指模拟实验确定相关参数，核算污染物单位时间产生量或排放量的方法。

核算时段：是指相关管理规定确定的核算污染物排放量的时间范围，一般以年、小时等为核算时段。

二、源强核算程序

污染源源强核算程序包括污染源识别与污染物确定、核算方法及参数选定、源强核算、核算结果汇总等（图 2-5）。

三、污染源识别与污染物确定

结合工艺流程，识别产生废气、废水、噪声、振动、固体废物等的污染源，确定污染源类型和数量，针对每个污染源识别所有规定的污染物及其治理措施。

污染源的识别应结合行业特点，涵盖所有工艺和装备类型，明确所有可能产生废气、废水、噪声、振动、固体废物等污染物的场所、设备或装置，包括可能对水环境和土壤环境产生不利影响的“跑、冒、滴、漏”等环节。污染源识别过程应分别对废气、废水、噪声、振动等污染源进行分类。

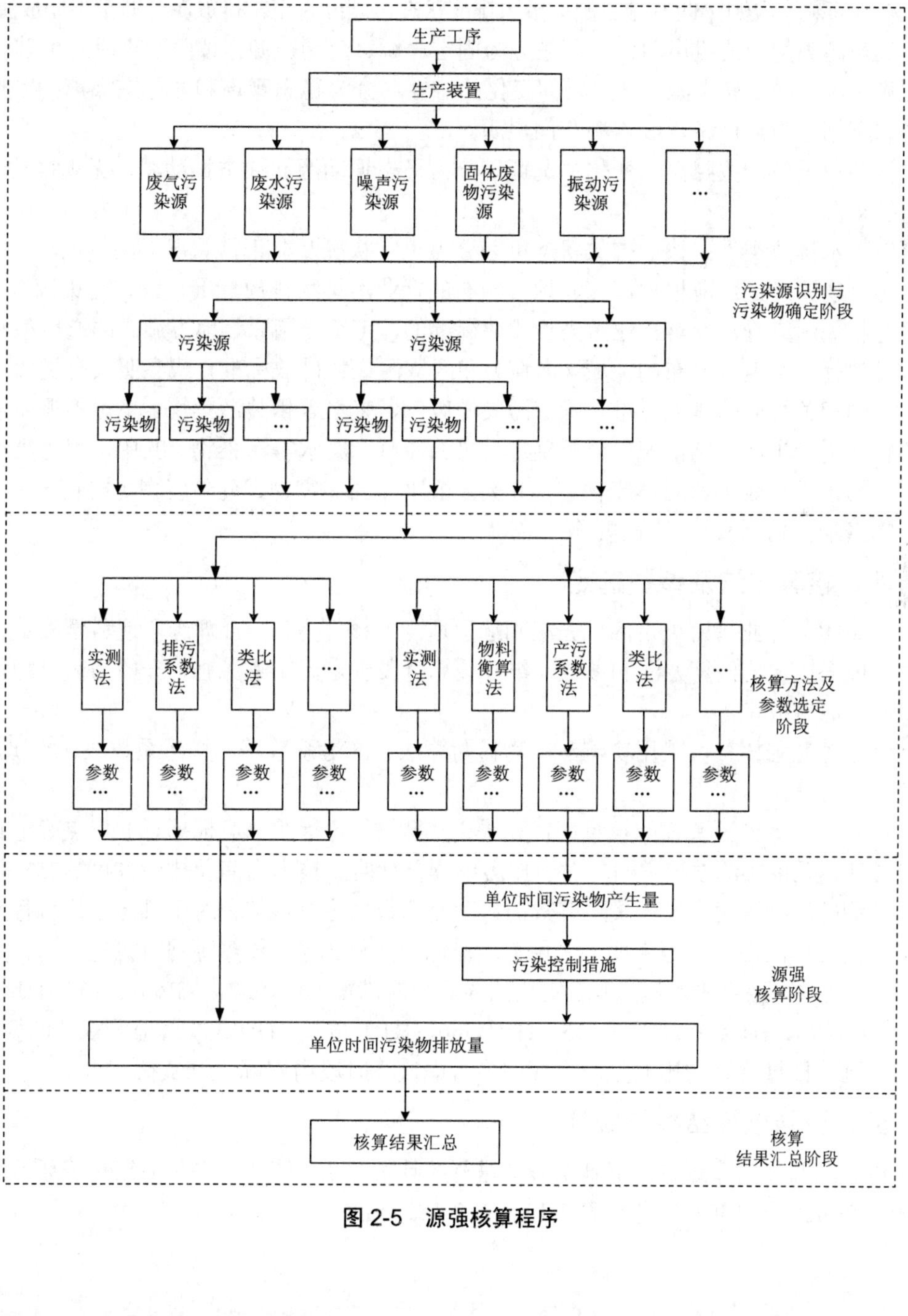

图 2-5　源强核算程序

废气污染源类型：按照污染源形式可划分为点源、面源、线源、体源、网格源；按照排放方式可划分为有组织排放源、无组织排放源；按照排放特性可划分为连续排放源、间歇排放源；按照排放状态可划分为正常排放源、非正常排放源。

废水污染源类型：按照排放形式可划分为点源、非点源；按照排放特性可划分为连续排放源、间歇排放源、偶发排放源；按照排放状态可划分为正常排放源、非正常排放源。

噪声源类型：按照声源位置可划分为固定声源、流动声源；按照发声时间可划分为频发噪声源、偶发噪声源；按照时间变化的特性可分为稳态噪声和非稳态噪声；按照发声形式可划分为点声源、线声源和面声源。

振动源类型：按照振动变化情况可划分为稳态振动源、冲击振动源、无规振动源、轨道振动源。

地下水排放类型：按照排放状态可划分为正常状况及非正常状况下的排放。

污染物的确定：应根据国家、地方颁布的行业污染物排放标准，确定污染源废气、废水等相关污染物。没有行业污染物排放标准的，可结合国家、地方颁布的通用型和综合型排放标准及地方颁布的流域（海域）和区域污染物排放标准，或参照具有类似产排污特性的相关行业的排放标准，确定污染源废气、废水等相关污染物。也可根据原辅料及燃料使用和生产工艺情况，分析确定污染源废气、废水等污染物。其中，固体废物一般按照第Ⅰ类一般工业固体废物、第Ⅱ类一般工业固体废物、危险废物（按照《国家危险废物名录》划分）、生活垃圾等确定。

四、核算方法及参数选定

按照相关行业指南规定的优先级别选取适当的核算方法，合理选取或科学确定相关参数。根据选定的核算方法和参数，结合核算时段确定污染物源强，一般为污染物年排放量和小时排放量等。

污染源源强核算可采用实测法、物料衡算法、产污系数法、排污系数法、类比法、实验法等方法。

现有工程污染源源强的核算应优先采用实测法，各行业也可根据行业特点确定其他核算方法；采用实测法核算时，对于排污单位自行监测技术指南及排污许可等要求采用自动监测的污染因子，仅可采用有效的自动监测数据进行核算；对于排污单位自行监测技术指南及排污许可证等未要求采用自动监测的污染因子，核算源强时优先采用自动监测数据，其次采用手工监测数据。实测法的数据应满足GB 10071、GB/T 16157、HJ 630、HJ 75、HJ 76、HJ/T 91、HJ/T 355、HJ/T 356、HJ/T 373、HJ/T 397等监测规范的要求。采用实测法核算污染物排放量时，应同步考虑核算时段内实际生产负荷。

五、源强核算结果与统计

污染源源强核算结果应清晰明确地进行统计及分析，统计结果是后续竣工环保验收及排污许可工作的重要参考（表2-13～表2-18）。

表 2-13　废气污染源源强核算结果及相关参数

工序/生产线	装置	污染源	污染物	污染物产生				治理措施		污染物排放				排放时间/h
				核算方法	废气产生量/（m^3/h）	产生浓度/（mg/m^3）	产生量/（kg/h）	工艺	效率/%	核算方法	废气排放量/（m^3/h）	排放浓度/（mg/m^3）	排放量/（kg/h）	
名称 1	生产装置 1	排气筒 1	污染物 1											
			污染物 2											
			…											
		排气筒 2	污染物 1											
			污染物 2											
			…											
		…	…											
		无组织排放	污染物 1											
			污染物 2											
			…											
		非正常排放	污染物 1											
			污染物 2											
			…											
	生产装置 2													
名称 2	…													
…														

注：对于新（改、扩）建工程污染源源强核算，应为最大值。

表 2-14　工序/生产线产生废水污染源源强核算结果及相关参数

工序/生产线	装置	污染源	污染物	污染物产生				治理措施		污染物排放				排放时间/h
				核算方法	废水产生量/（m^3/h）	产生浓度/（mg/L）	产生量/（kg/h）	工艺	效率/%	核算方法	废水排放量/（m^3/h）	排放浓度/（mg/L）	排放量/（kg/h）	
名称 1	生产装置 1	废水 1	污染物 1											
			污染物 2											
			…											
		废水 2	污染物 1											
			污染物 2											
			…											
		…	…											
	生产装置 2													
名称 2	…													
…														

注：对于新（改、扩）建工程污染源源强核算，应为最大值。

表 2-15　综合污水处理厂废水污染源源强核算结果及相关参数

工序	污染物	进入厂区综合污水处理厂污染物情况			治理措施		污染物排放				排放时间/h
		废水产生量/（m^3/h）	产生浓度/（mg/L）	产生量/（kg/h）	工艺	综合处理效率/%	核算方法	废水排放量/（m^3/h）	排放浓度/（mg/L）	排放量/（kg/h）	
综合污水处理厂	污染物 1										
	污染物 2										
	…										

注：对于新（改、扩）建工程污染源源强核算，应为最大值。

表 2-16 噪声污染源源强核算结果及相关参数

工序/生产线	装置	噪声源	声源类型（频发、偶发等）	噪声源强		降噪措施		噪声排放值		持续时间/h
				核算方法	噪声值	工艺	降噪效果	核算方法	噪声值	
名称 1	生产装置 1	产噪设备 1								
		产噪设备 2								
		…								
		其他声源								
	生产装置 2	产噪设备 1								
		产噪设备 2								
		…								
		其他声源								
	…									
名称 2										
…										

注：（1）其他声源主要是指撞击噪声等。（2）声源表达量：A 声功率级（L_{Aw}）或中心频率为 63～8 000 Hz 8 个倍频带的声功率级（L_w）；距离声源 r 处的 A 声级［$L_{A(r)}$］或中心频率为 63～8 000 Hz 8 个倍频带的声压级［$L_{P(r)}$］。

表 2-17 振动污染源源强核算结果及相关参数

噪声源	振动类型（稳态振动、冲击振动、无规振动等）	振动产生情况		减振措施		振动排放情况		持续时间/h
		核算方法	铅垂向 Z 振级/dB	工艺	减振效果/dB	核算方法	铅垂向 Z 振级/dB	
振动设备 1								
振动设备 2								
…								

表 2-18　固体废物污染源源强核算结果及相关参数

工序/生产线	装置	固体废物名称	固体废物属性	产生情况		处置措施		最终去向
				核算方法	产生量/（t/a）	工艺	处置量/（t/a）	
名称 1	生产装置 1	固体废物 1						
		固体废物 2						
		…						
	生产装置 2	固体废物 1						
		固体废物 2						
		…						
	…							
名称 2								
…								

注：固体废物属性指第 I 类一般工业固体废物、第 II 类一般工业固体废物、危险废物、生活垃圾等。

第三章　环境现状调查与评价

环境现状调查是环境影响评价的基础，一般情况下应根据建设项目所在地区的环境特点，结合环境要素影响评价的工作等级，确定各环境要素的现状调查范围，并筛选出应调查的有关参数。

环境现状调查中，对环境中与评价项目有密切关系的部分（如大气、地表水、地下水等）应全面、详细调查，对这些部分的环境质量现状应有定量的数据，并做出分析或评价；对一般自然环境与社会环境，应根据评价地区的实际情况进行调查。

环境现状调查的方法主要有收集资料法、现场调查法和遥感三种。

收集资料法应用范围广、收效大，比较节省人力、物力和时间。环境现状调查时，应首先通过此方法获得现有的各种有关资料，但此方法只能获得第二手资料，而且往往不全面，不能完全符合要求，需要其他方法补充。

现场调查法可以根据工作需要，直接获得第一手的数据和资料，以弥补收集资料法的不足。这种方法工作量大，需占用较多的人力、物力和时间，有时还可能受季节、仪器设备条件的限制。

遥感法可从整体上了解一个区域的环境特点，可以弄清人类无法到达地区的地表环境情况（如一些大面积的森林、草原、荒漠、海洋等）。在环境现状调查中，使用此方法时，可判读和分析已有的航空或卫星相片，或利用无人机直接航拍。

环境质量现状调查与评价，应根据建设项目的特点、可能产生的环境影响和项目所在区域特征开展。根据区域环境质量现状调查资料，说明区域环境质量变化趋势，分析区域存在的环境问题及产生原因。区域污染源调查应选择建设项目常规污染因子和特征污染因子作为调查对象。

第一节　自然环境调查

自然环境调查是环境影响评价的组成部分，要清楚项目建设对环境的影响，必须要对项目建设之前，项目建设所在地的自然环境进行调查。调查内容应辨识环境敏感区，确定项目所在地需保护的敏感目标。环境敏感区是指依法设立的各级各类保护区域和对建设项目产生的环境影响特别敏感的区域，主要包括生态保护红线范围内或其外的下列区域：① 国家公园、自然保护区、风景名胜区、世界文化和自然遗产地、海洋特别保护区、饮用水水源保护区；② 永久基本农田、基本草原、自然公园（森林公园、地质公园、海洋公园等）、重要湿地、天然林，重点保护野生动物栖息地，重点保护野生植物生长繁殖地，重要水生生物的自然产卵场、索饵场、越冬场和洄游通道，天然渔场，水土流失重点预防区和重点治理区、沙化土地封禁保护区、封闭及半封闭海域；③ 以居住、医疗卫生、文化教育、科研、行政办公为主要功能的区域，以及文物保护单位。

不开展环境要素专项评价的报告表，根据《建设项目环境影响报告表编制技术指南（生态影响类）（试行）》《建设项目环境影响报告表编制技术指南（污染影响类）（试行）》的要求简化。

一、自然环境调查的基本内容与技术要求

1. 地理位置

应包括建设项目所处的经度、纬度，行政区位置和交通位置，要说明项目所在地与主要城市、车站、码头、港口、机场等的距离和交通条件，并附地理位置图。

2. 地质

一般情况下，只需根据现有资料，选择下述部分或全部内容，概要说明当地的地质状况：当地地层概况，地壳构造的基本形式（岩层、断层及断裂等）以及与其相应的地貌表现，物理与化学风化情况，当地已探明或已开采的矿产资源情况。

若建设项目规模较小且与地质条件无关时，地质现状可不叙述。

评价矿山以及其他与地质条件密切相关的建设项目的环境影响时，对与建设项目有直接关系的地质构造，如断层、断裂、坍塌、地面沉陷等，要进行较为详细的叙述。一些特别有危害的地质现象，如地震，也应加以说明，必要时，应附图辅助说明，若没有现成的地质资料，应做一定的现场调查。

3. 地形地貌

一般情况下，只需根据现有资料，简要说明下述部分或全部内容：建设项目所在地区海拔高度，地形特征（高低起伏状况），周围的地貌类型（山地、平原、沟谷、丘陵、海岸等）以及岩溶地貌、冰川地貌、风成地貌等地貌的情况。崩塌、滑坡、泥石流、冻土等有危害的地貌现象，若不直接或间接威胁到建设项目，可概要说明其发展情况。

若无可查资料，需做一些简单的现场调查。

当地形地貌与建设项目密切相关时，除应比较详细地叙述上述全部或部分内容外，还应附建设项目周围地区的地形图，特别应详细说明可能直接对建设项目有危害或将被项目建设诱发的地貌现象的现状及发展趋势，必要时还应进行一定的现场调查。

4. 气候与气象

应包括建设项目所在地区的主要气候特征，即年平均风速和主导风向，年平均气温，极端气温与月平均气温（最冷月和最热月），年平均相对湿度，平均降水量、降水天数，降水量极值，日照、年均蒸发量，主要的天气特征（如梅雨、寒潮、雹和台风、飓风）等。

如需进行建设项目的大气环境影响评价，除应详细叙述上面全部或部分内容以外，还应按《环境影响评价技术导则 大气环境》（HJ 2.2）中的规定，增加有关内容。

5．地表水环境

如果建设项目不进行地表水环境的单项影响评价，应根据现有资料选择下述部分或全部内容，概要说明地表水状况，即地表水资源的分布及利用情况，地表水各部分（河、湖、库等）之间及其与海湾、地下水的联系，地表水的水文特征及水质现状，以及地表水的污染来源。

如果建设项目建在海边又无须进行海湾的单项影响评价，应根据现有资料选择性叙述以下部分或全部内容，概要说明海湾环境状况，即海洋资源及利用情况，海湾的地理概况，海湾与当地地表水及地下水之间的联系，海湾的水文特征及水质现状，污染来源等。

如需进行建设项目的地表水（包括海湾）环境影响评价，除应详细叙述上面的部分或全部内容以外，还需按《环境影响评价技术导则 地表水环境》（HJ 2.3）中的规定，增加有关内容。

6．地下水环境

当建设项目不进行与地下水直接有关的环境影响评价时，只需根据现有资料，全部或部分地简述下列内容：当地地下水的开采利用情况，地下水埋深，地下水与地面的联系以及水质状况与污染来源。

若需进行地下水环境影响评价，除要比较详细地叙述上述内容以外，还应根据需要，选择以下内容进一步调查：水质的物理、化学特性，污染源情况，水的储量与运动状态，水质的演变与趋势，水源地及其保护区的划分，水文地质方面的蓄水层特性，承压水状况等。当资料不全时，应进行现场采样分析。

7．土壤环境

当建设项目不开展与土壤直接有关的环境影响评价工作时，只需根据现有资料，全部或部分简述下列内容：建设项目周围地区的主要土壤类型及其分布，土壤利用现状及其分布，土壤利用规划及其分布，土壤肥力及土壤营养概况，土壤污染的主要来源及区域土壤环境质量概况，建设项目周围地区的土壤盐化、酸化、碱化现状以及成因等。

当需要开展土壤环境影响评价工作时，除要比较详细地叙述上述全部或部分内容以外，还应根据需要选择以下内容进行进一步调查：土壤理化特性、土壤环境影响源情况，以及评价范围内的土壤环境质量现状；土壤盐化、酸化、碱化的原因及相应的自然要素（包括常年地下水位平均埋深、地下水溶解性总固体、区域的降水量及蒸发量、区域的植被覆盖率）情况等，同时附土壤类型图。

8．动植物与生态

若建设项目不进行生态影响评价，但项目规模较大时，应根据现有资料简述下列部分或全部内容：建设项目所在区域的植被情况（植被类型、覆盖度、生长情况）、重要物种、主要生态系统类型（森林、草原、沼泽、荒漠等）及现状。若建设项目规模较小，又不进行生态影响评价时，这一部分可不叙述。

若需要进行生态影响评价，除应详细地叙述以上全部或部分内容以外，还应根据需要选择以下内容进一步调查：本地区主要的动植物种类，特别是重要物种种类、生境与分布，生态系统的生产力，稳定性状况；生态系统与周围环境的关系以及影响生态系统的主要环境因素。

9．人群健康状况

当建设项目传输某种污染物，或拟排污染物毒性较大时，应进行一定的人群健康调查。调查时，应根据环境中现有污染物及建设项目将排放的污染物的特性选定指标。

二、环境保护目标调查内容

环境现状调查应包括环境保护目标的调查，调查范围应含评价范围以及建设项目可能影响的周边区域，调查评价范围内的环境功能区划，调查主要环境敏感区，详细了解环境保护目标的地理位置、服务功能、四至范围、保护对象和保护要求等。对存在各类环境风险的建设项目，应根据有毒有害物质排放途径确定调查范围，如大气环境、地表水环境、地下水环境、土壤环境、声环境及生态环境，明确可能受影响的环境敏感目标，给出敏感目标区位相对位置图，明确对象、属性、相对方位及距离等数据。

第二节　大气环境现状调查与评价

大气环境现状调查与评价包括大气环境质量现状调查与评价、大气污染源调查和环境空气保护目标调查三个方面。

一、大气环境质量现状调查与评价

1．数据来源

（1）基本污染物环境质量现状数据。项目所在区域达标判定，优先采用国家或地方生态环境主管部门公开发布的评价基准年环境质量公告或环境质量报告中的数据或结论。

采用评价范围内国家或地方环境空气质量监测网中评价基准年连续 1 年的监测数据，或采用生态环境主管部门公开发布的环境空气质量现状数据。

评价范围内没有环境空气质量监测网数据或公开发布的环境空气质量现状数据的，可选择符合《环境空气质量监测点位布设技术规范（试行）》（HJ 664）规定，并且与评价范围地理位置邻近，地形、气候条件相近的环境空气质量城市点或区域点的监测数据。

对于位于环境空气质量一类区的环境空气保护目标或网格点，各污染物环境质量现状浓度可取符合 HJ 664 规定，并且与评价范围地理位置邻近，地形、气候条件相近的环境空气质量区域点或背景点的监测数据。

（2）其他污染物环境质量现状数据。优先采用评价范围内国家或地方环境空气质量监测网中评价基准年连续 1 年的监测数据。

评价范围内没有环境空气质量监测网数据或公开发布的环境空气质量现状数据的，可收集评价范围内近 3 年与项目排放的其他污染物有关的历史监测资料。

（3）在没有以上相关监测数据或监测数据不能满足规定的评价要求时，应按要求进行补充监测。

2．补充监测

（1）监测时段。根据监测因子的污染特征，选择污染较重的季节进行现状监测。补充监测应至少取得 7 d 有效数据。对于部分无法进行连续监测的其他污染物，可监测其一次空气质量浓度，监测时次应满足所用评价标准的取值时间要求。

凡涉及《环境空气质量标准》（GB 3095）中污染物的各类监测资料的统计内容与要求，均应满足该标准中各项污染物数据统计的有效性规定，见表 3-1。其他污染物监测资料的统计内容应符合相关引用标准中数据统计有效性的规定。

表 3-1　GB 3095 中各项污染物数据统计的有效性规定

污染物项目	平均时间	数据有效性规定
二氧化硫（SO_2）、二氧化氮（NO_2）、颗粒物（粒径≤10 μm）、细颗粒物（粒径≤2.5 μm）、氮氧化物（NO_x）	年平均	每年至少有 324 个日平均浓度值 每月至少有 27 个日平均浓度值（2 月至少有 25 个日平均浓度值）
二氧化硫（SO_2）、二氧化氮（NO_2）、一氧化碳（CO）、颗粒物（粒径≤10 μm）、细颗粒物（粒径≤2.5 μm）、氮氧化物（NO_x）	24 h 平均	每日至少有 20 h 平均浓度值或采样时间
臭氧（O_3）	8 h 平均	每 8 h 至少有 6 h 平均浓度值
二氧化硫（SO_2）、二氧化氮（NO_2）、一氧化碳（CO）、臭氧（O_3）、氮氧化物（NO_x）	1 h 平均	每小时至少有 45 min 的采样时间
总悬浮颗粒物（TSP）、苯并［*a*］芘（B*a*P）、铅（Pb）	年平均	每年至少有分布均匀的 60 个日平均浓度值 每月至少有分布均匀的 5 个日平均浓度值
铅（Pb）	季平均	每季至少有分布均匀的 15 个日平均浓度值 每月至少有分布均匀的 5 个日平均浓度值
总悬浮颗粒物（TSP）、苯并［*a*］芘（B*a*P）、铅（Pb）	24 h 平均	每日应有 24 h 的采样时间

（2）监测布点。以近20年统计的当地主导风向为轴向，在厂址及主导风向下风向5 km范围内设置1～2个监测点。如需在一类区进行补充监测，监测点应设置在不受人为活动影响的区域。环境空气质量监测点位置的周边环境应符合相关环境监测技术规范的规定。

（3）监测方法。应选择符合监测因子对应环境质量标准或参考标准所推荐的监测方法，并在评价报告中注明。

凡涉及 GB 3095 中各项污染物的分析方法应符合 GB 3095 对分析方法的规定，对尚未制定环境标准的非常规大气污染物，应尽可能参考ISO等国际组织和国内外相应的监测方法，在环评文件中详细列出监测方法、其适用性及其引用依据。

（4）监测采样。环境空气监测中的采样点、采样环境、采样高度及采样频率，按HJ 664及相关评价标准规定的环境监测技术规范执行。

3．评价方法

（1）项目所在区域达标判断

城市环境空气质量达标情况评价指标为 SO_2、NO_2、PM_{10}、$PM_{2.5}$、CO 和 O_3，6项污染物全部达标即为城市环境空气质量达标。根据国家或地方生态环境主管部门公开发布的城市环境空气质量达标情况，判断项目所在区域是否属于达标区。如项目评价范围涉及多个行政区（县级或以上，下同），需分别评价各行政区的达标情况，若存在不达标行政区，则判定项目所在评价区域为不达标区。

国家或地方生态环境主管部门未发布城市环境空气质量达标情况的，可按照HJ 663中各评价项目的年评价指标进行判定。年评价指标中的年均浓度和相应百分位数 24 h平均或8 h平均质量浓度满足 GB 3095 中浓度限值要求的即为达标。HJ 663中年评价指标规定见表3-2。

表3-2　基本污染物年评价指标要求

评价时段	评价项目及平均时间
年评价	SO_2年平均、SO_2 24 h平均第98百分位数 NO_2年平均、NO_2 24 h平均第98百分位数 PM_{10}年平均、PM_{10} 24 h平均第95百分位数 $PM_{2.5}$年平均、$PM_{2.5}$ 24 h平均第95百分位数 CO 24 h平均第95百分位数 O_3日最大8 h滑动平均值的第90百分位数

（2）各污染物的环境质量现状评价

长期监测数据的现状评价内容，按《环境空气质量评价技术规范》（HJ 663）中的统计方法对各污染物的年评价指标进行环境质量现状评价。环境现状监测结果的数据统计应按照《数值修约规则》（GB/T 8170）中的规则进行修约，浓度单位及保留小数位要求见表3-3。对于超标的污染物，计算其超标倍数和超标率。城市环境质量评价中基本污染物年评价指标统计方法见表3-4，超标倍数、达标率、百分位数计算公式详见式(3-1)、式（3-2）、式（3-4）。

表 3-3 污染物浓度的单位和保留小数位要求

污染物	单位	保留小数位
SO_2、NO_2、PM_{10}、$PM_{2.5}$、O_3、TSP 和 NO_x	μg/m^3	0
CO	mg/m^3	1
Pb	μg/m^3	2
苯并［*a*］芘	μg/m^3	4

表 3-4 基本污染物年评价指标统计方法

评价时段	评价项目	统计方法
年评价	城市 SO_2、NO_2、PM_{10}、$PM_{2.5}$ 的年平均	一个日历年内城市 24 h 平均浓度值的算术平均值
	城市 SO_2、NO_2 24 h 年平均第 98 百分位数	按式（3-4）计算一个日历年内城市日评价项目的相应百分位数浓度
	城市 PM_{10}、$PM_{2.5}$ 24 h 年平均第 95 百分位数	
	城市 CO 24 h 年平均第 95 百分位数	
	城市 O_3 日最大 8 h 平均第 90 百分位数	

补充监测数据的现状评价内容，分别对各监测点位不同污染物的短期浓度进行环境质量现状评价。对于超标的污染物，计算其超标倍数和超标率。

超标倍数。超标项目 i 的超标倍数按式（3-1）计算。

$$B_i=(C_i-S_i)/S_i \tag{3-1}$$

式中：B_i —— 超标项目 i 的超标倍数；

C_i —— 超标项目 i 的浓度值；

S_i —— 超标项目 i 的浓度限值标准，一类区采用一级浓度限值标准，二类区采用二级浓度限值标准。

达标率。评价项目 i 的小时达标率、日达标率按式（3-2）计算。

$$D_i(\%)=(A_i/B_i)\times 100 \tag{3-2}$$

式中：D_i —— 评价项目 i 的达标率；

A_i —— 评价时段内评价项目 i 的达标天（以小时计）数；

B_i —— 评价时段内评价项目 i 的有效监测天（以小时计）数。

百分位数。污染物浓度序列的第 p 百分位数计算方法如下：

① 将污染物浓度序列数值从小到大排序，排序后的浓度序列为$\{X_{(i)}, i=1, 2, \cdots, n\}$。

② 计算第 p 百分位数 m_p 的序数 k，序数 k 按式（3-3）计算。

$$k = 1 + (n-1) \times p\% \tag{3-3}$$

式中：k ——p%位置对应的序数；

n ——污染物浓度序列中的浓度值数量。

③ 第 p 百分位数 m_p 按式（3-4）计算。

$$m_p = X_{(s)} + [X_{(s+1)} - X_{(s)}] \times (k - s) \tag{3-4}$$

式中：s ——k 的整数部分，当 k 为整数时，s 与 k 相等。

（3）环境空气保护目标及网格点环境质量现状浓度

对采用多个长期监测点位数据进行现状评价的，取各污染物相同时刻各监测点位的浓度平均值，作为评价范围内环境空气保护目标及网格点环境质量现状浓度，计算方法见式（3-5）。

$$\rho_{现状(x,y,t)} = \frac{1}{n}\sum_{j=1}^{n}\rho_{现状(j,t)} \tag{3-5}$$

式中：$\rho_{现状(x,y,t)}$ ——环境空气保护目标及网格点（x，y）在 t 时刻环境质量现状浓度，μg/m^3；

$\rho_{现状(j,t)}$ ——第 j 个监测点位在 t 时刻环境质量现状浓度（包括短期浓度和长期浓度），μg/m^3；

n ——长期监测点位数。

对采用补充监测数据进行现状评价的，取各污染物不同评价时段监测浓度的最大值，作为评价范围内环境空气保护目标及网格点环境质量现状浓度。对于有多个监测点位数据的，先计算相同时刻各监测点位平均值，再取各监测时段平均值中的最大值。计算方法见式（3-6）。

$$\rho_{现状(x,y)} = \mathrm{Max}\left[\frac{1}{n}\sum_{j=1}^{n}\rho_{监测(j,t)}\right] \tag{3-6}$$

式中：$\rho_{现状(x,y)}$ ——环境空气保护目标及网格点（x，y）环境质量现状浓度，μg/m^3；

$\rho_{监测(j,t)}$ ——第 j 个监测点位在 t 时刻环境质量现状浓度（包括 1 h 平均、8 h 平均或日平均质量浓度），μg/m^3；

n ——现状补充监测点位数。

二、大气污染源调查

1．大气污染源调查与分析对象

一级评价项目调查本项目不同排放方案有组织及无组织排放源，对于改建、扩建项目还应调查本项目现有污染源。本项目污染源调查包括正常排放和非正常排放，其中非正常排放调查内容包括非正常工况类别、频次、持续时间和排放量。调查本项目所有拟被替代的污染源（如有），包括被替代污染源名称、位置、排放污染物及排放量、拟被替代时间等。调查评价范围内与评价项目排放污染物有关的其他在建项目、已批复环境影响评价文件的拟建项目等污染源。对于编制报告书的工业项目，分析调查受本项目物料及产品运输影响新增的交通运输移动源，包括运输方式、新增交通流量、排放污染物及排放量。

二级评价项目参照一级评价项目要求调查本项目污染源和拟被替代的污染源。

三级评价项目只调查本项目新增污染源和拟被替代的污染源。

对于城市快速路、主干路等城市道路的新建项目，需调查道路交通流量及污染物排放量。

对于采用网格模型预测二次污染物的，需结合空气质量模型及评价要求，开展区域现状污染源排放清单调查。

污染源调查内容及格式要求分点源、面源、体源、线源、火炬源、烟塔合一源、城市道路源、机场源等分别给出。

2．数据来源与要求

新建项目的污染源调查，依据《建设项目环境影响评价技术导则　总纲》(HJ 2.1)、《规划环境影响评价技术导则　总纲》(HJ 130)、《排污许可证申请与核发技术规范　总则》(HJ 942)、行业排污许可证申请与核发技术规范及各污染源源强核算技术指南等，并结合工程分析从严确定污染物排放量。

评价范围内在建和拟建项目的污染源调查，可使用已批准的环境影响评价文件中的资料；改建、扩建项目现状工程的污染源和评价范围内拟被替代的污染源调查，可根据数据的可获得性，依次优先使用项目监督性监测数据、在线监测数据、年度排污许可执行报告、自主验收报告、排污许可证数据、环评数据或补充污染源监测数据等。污染源监测数据应采用满负荷工况下的监测数据或者换算至满负荷工况下的排放数据。

网格模型模拟所需的区域现状污染源排放清单调查按国家发布的清单编制相关技术规范执行。污染源排放清单数据应采用近 3 年内国家或地方生态环境主管部门发布的包含人为源和天然源在内的所有区域污染源清单数据。在国家或地方生态环境主管部门未发布污染源清单之前，可参照污染源清单编制指南自行建立区域污染源清单，并对污染源清单的准确性进行验证分析。

污染源清单调查时，对于估算模型应采用满负荷运行条件下的排放强度及对应的污染源参数；对于进一步预测模型应包括正常排放和非正常排放的排放强度及对应的污染源参数；对于源强排放有周期性变化的，还需根据模型模拟输入污染源周期性排放系数。

点源清单调查内容包含排气筒底部中心坐标（坐标可采用 UTM 坐标或经纬度，下同），以及排气筒底部的海拔高度（m）；排气筒几何高度（m）及排气筒出口内径（m）；烟气出口速度（m/s）；排气筒出口处烟气温度（K）；各主要污染物正常排放量（g/s），排放工况，年排放小时数（h）；毒性较大物质的非正常排放量（g/s），排放工况，年排放小时数（h）等。点源（包括正常排放和非正常排放）参数调查清单见表 3-5。

表 3-5　点源参数调查清单

编号	名称	排气筒底部中心坐标/m		排气筒底部海拔高度/m	排气筒高度/m	排气筒出口内径/m	烟气流速/（m/s）	烟气温度/℃	年排放小时数/h	排放工况	污染物排放速率/（kg/h）		
		X	*Y*								污染物 1	污染物 2	…

面源源强计算清单按矩形面源、多边形面源和近圆形面源进行分类，其内容包括面源起点坐标、面源所在位置的海拔高度（m）、面源有效排放高度（m）、各主要污染物正常排放量（g/s）、排放工况、年排放小时数（h）。各类面源参数调查清单表见表 3-6～表 3-8。

表 3-6　矩形面源参数调查清单

编号	名称	面源起点坐标/m		面源海拔高度/m	面源长度/m	面源宽度/m	与正北向夹角/（°）	面源有效排放高度/m	年排放小时数/h	排放工况	污染物排放速率/（kg/h）		
		X	*Y*								污染物 1	污染物 2	…

表 3-7　多边形面源参数调查清单

编号	名称	面源各顶点坐标/m		面源海拔高度/m	面源有效排放高度/m	年排放小时数/h	排放工况	污染物排放速率/（kg/h）		
		X	*Y*					污染物 1	污染物 2	…

表 3-8　近圆形面源参数调查清单

编号	名称	面源中心点坐标/m		面源海拔高度/m	面源半径/m	顶点数或边数（可选）	面源有效排放高度/m	年排放小时数/h	排放工况	污染物排放速率/（kg/h）		
		X	*Y*							污染物 1	污染物 2	…

体源源强计算清单包括体源中心点坐标，以及体源所在位置的海拔高度（m）；体源高度（m）；体源排放速率（g/s），排放工况，年排放小时数（h）；体源的边长（m）；初始横向扩散参数（m），初始垂直扩散参数（m）。体源初始扩散参数的估算见表 3-9 和表 3-10，体源参数调查清单见表 3-11。

表 3-9　体源初始横向扩散参数的估算

源类型	初始横向扩散参数
单个源	σ_{y0}=边长/4.3
连续划分的体源	σ_{y0}=边长/2.15
间隔划分的体源	σ_{y0}=两个相邻间隔中心点的距离/2.15

表 3-10　体源初始垂直扩散参数的估算

源位置		初始垂直扩散参数
源基底处地形高度（H_0）≈0		σ_{z0}=源的高度/2.15
源基底处地形高度（H_0）＞0	在建筑物上，或邻近建筑物	σ_{z0}=建筑物高度/2.15
	不在建筑物上，或不邻近建筑物	σ_{z0}=源的高度/4.3

表 3-11　体源参数调查清单

编号	名称	体源中心点坐标/m		体源海拔高度/m	体源边长/m	体源有效高度/m	年排放小时数/h	排放工况	初始扩散参数/m		污染物排放速率/（kg/h）		
		X	Y						横向	垂直	污染物1	污染物2	…

线源源强计算清单包含线源几何尺寸（分段坐标），线源距地面高度（m），道路宽度（m），街道街谷高度（m）；各种车型的污染物排放速率［g/（km·s）］；平均车速（km/h），各时段车流量（辆/h）、车型比例。线源参数调查清单见表 3-12。

表 3-12　线源参数调查清单

编号	名称	各段顶点坐标/m		线源宽度/m	线源海拔高度/m	有效排放高度/m	街道街谷高度/m	污染物排放速率/［kg/（km·h）］		
		X	Y					污染物1	污染物2	…

火炬源源强计算清单包括火炬底部中心坐标，以及火炬底部的海拔高度（m）；火炬等效内径 D（m）：

$$D = 9.88 \times 10^{-4} \times \sqrt{\mathrm{HR} \times (1 - \mathrm{HL})} \tag{3-7}$$

式中：HR —— 总热释放速率，cal/s；

HL —— 辐射热损失比例（一般取 0.55）。

火炬的等效高度 h_{eff}（m）：

$$h_{\mathrm{eff}} = H_{\mathrm{s}} + 4.56 \times 10^{-3} \times \mathrm{HR}^{0.479} \tag{3-8}$$

式中：H_s —— 火炬高度，m。

火炬等效烟气排放速度（m/s），默认设置为 20 m/s；排气筒出口处的烟气温度（℃），默认设置为 1 000℃；火炬源排放速率（kg/h），排放工况，年排放小时数（h）。火炬源参数调查清单见表 3-13。

表 3-13　火炬源参数调查清单

编号	名称	坐标/m		底部海拔高度/m	火炬等效高度/m	等效出口内径/m	烟气温度/℃	等效烟气流速/（m/s）	年排放小时数/h	排放工况	燃烧物质及热释放速率			污染物排放速率/（kg/h）		
		X	Y								燃烧物质	燃烧速率/（kg/h）	总热释放速率/（cal/s）	污染物 1	污染物 2	…

烟塔合一排放源源强清单计算内容包括冷却塔底部中心坐标，以及排气筒底部的海拔高度（m）；冷却塔高度（m）及冷却塔出口内径（m）；冷却塔出口烟气流速（m/s）；冷却塔出口烟气温度（℃）；烟气中液态水含量（kg/kg）；烟气相对湿度（%）；各主要污染物排放速率（kg/h），排放工况，年排放小时数（h）。烟塔合一排放源参数调查清单见表 3-14。

表 3-14　烟塔合一排放源参数调查清单

编号	名称	坐标/m		底部海拔高度/m	冷却塔高度/m	冷却塔出口内径/m	烟气流速/（m/s）	烟气温度/℃	烟气液态含水量/（kg/kg）	烟气相对湿度/%	年排放小时数/h	排放工况	污染物排放速率/（kg/h）		
		X	Y										污染物 1	污染物 2	…

城市道路源调查内容包括不同路段交通流量及污染物排放量，见表 3-15。

表 3-15　城市道路交通流量及污染物排放量

路段名称	典型时段	平均车流量 /（辆/ h）			污染物排放速率/［kg/（km·h）］			
		大型车	中型车	小型车	NO_x	NO_2	CO	其他污染物
	近期							
	中期							
	远期							

机场源源强计算清单包括不同飞行阶段的跑道面源排放参数；面源起点坐标；有效

排放高度（m）；面源宽度（m）；面源长度（m）；与正北向夹角（°）；污染物排放速率［kg/（$m^2 \cdot h$）］。跑道面源调查清单见表 3-16。

表 3-16　机场跑道面源参数调查清单

不同飞行阶段	跑道面源起点坐标/m		有效排放高度/m	面源宽度/m	面源长度/m	与正北向夹角/（°）	污染物排放速率/［kg/（$m^2 \cdot h$）］		
	X	*Y*					污染物 1	污染物 2	…

3．污染源调查案例

某热电有限公司扩建规模为 2×300 MW 级燃煤热电机组，配 2 台 1 100 t/h 亚临界固态排渣煤粉炉，采用自然通风冷却系统。同时，扩建工程建成投产后可以替代和关停供热范围内各类中、小锅炉 51 台，总容量为 235.15 t/h，并淘汰拆除现有工程中的某发电机组。扩建工程配套建设石灰石—石膏湿法烟气脱硫装置，脱硫效率达到 95%以上；采用双室五电场静电除尘器加湿法除尘，除尘效率达 99.85%；采用低氮燃烧器+SCR 选择性催化还原技术脱除氮氧化物；新建工程烟囱高 210 m，出口内径 8 m，出口烟速 22 m/s，出口烟温 323 K。扩建工程建煤场 1 座，用地 20 000 m^2、堆高 10 m，储煤约 1.5×10^5 t，扩建原灰渣场，可满足 20 年的库容需要。

此项目的污染源调查包括扩建工程、淘汰工程、现有工程和替代区域的锅炉涉及的污染源，见表 3-17。热电项目排放的污染物主要有 SO_2、NO_2、PM_{10}、$PM_{2.5}$ 和 TSP，其中 SO_2、NO_2、PM_{10}、$PM_{2.5}$ 来自热电厂烟囱的排放，TSP 来自面源煤场、灰渣场的排放。

表 3-17　污染源调查内容

	扩建工程污染源	削减污染源	替代污染源	现状污染源
污染源类型	点源（烟囱）、面源（煤场、渣场）	点源（淘汰机组的烟囱）	点源（51 台中、小锅炉）	点源（现有工程的烟囱）
调查内容	调查清单、年排放量	调查清单、年排放量	调查清单、年排放量	年排放量
目的	预测、总量计算	预测、总量计算	预测、总量计算	总量计算

对于扩建工程通过《火电行业排污许可证申请与核发技术规范》《污染源源强核算技术指南　火电》（HJ 888—2018）进行污染源调查，本例中在评价范围内没有涉及与本项目有关的在建和未建项目，故不对此项污染源进行调查；对于现有项目和改建、扩建项目的现状污染源调查，通过收集监督性监测数据获取。各项项目的点源参数调查清单和面源参数调查清单格式见表 3-5 和表 3-6。

三、环境空气保护目标

调查项目中大气环境评价范围内的主要环境空气保护目标要在带有地理信息的底

图中标注。调查内容包括各环境空气保护目标内主要保护对象的名称、保护内容、所在地区大气环境功能区划，以及与项目厂址的相对距离、方位、坐标等信息。环境空气保护目标调查见表 3-18，其中环境空气保护目标坐标取距离厂址最近点位位置。

表 3-18　环境空气保护目标调查

名称	坐标/m		保护内容	环境功能区	相对厂址方位	相对距离/m
	X	*Y*				

第三节　地表水环境现状调查与评价

一、环境水文与水动力特征

1. 自然界的水循环、径流形成与水体污染

（1）自然界的水循环

地球上的水蒸发为水汽后，经上升、输送、冷却、凝结，在适当条件下降落到地面，这种不断的反复过程称为水循环。如果循环是在海洋与陆地之间进行的，称为大循环；如果循环是在海洋或陆地内部进行的，称为小循环（图 3-1）。人类活动可以影响小循环，如大量砍伐森林会减少枯季径流，而且常常是造成沙漠化的主要原因。

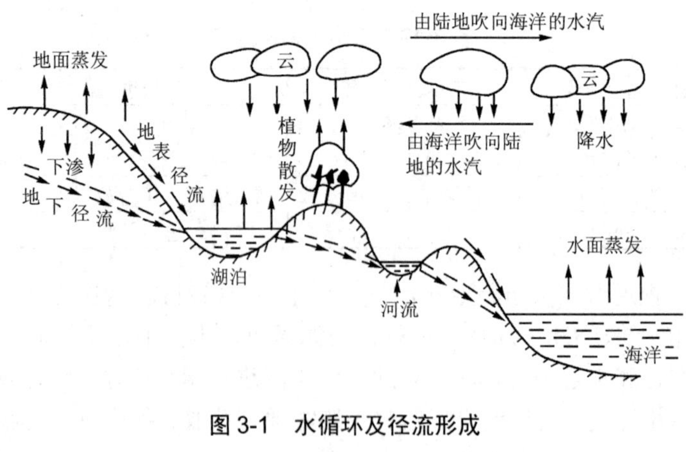

图 3-1　水循环及径流形成

（2）径流形成及河川径流的表示方法

降落的雨、雪、雹等通称为降水。一次较大的降雨经过植物的枝叶截留、填充地面洼地、下渗和蒸发等损失以后，余下的水经坡面漫流（呈片状流动）进入河网，再汇入

江河，最后流入海洋，这部分水流称为地面径流。从地表下渗的水在地下流动，经过一段时间以后有一部分逐渐渗入河道，这部分水流称为地下径流。河川径流包括地面径流与地下径流两部分。

在径流形成过程中，常常将从降雨到径流形成称为产流阶段，把坡面漫流及河网汇流称为汇流阶段。

河流某断面以上区域内，由降水所产生的地面与地下径流均通过该断面流出时，这块区域称作流域或集水区域。显然，流域的周界就是分水线，一般可从地形图上勾绘出来。

在研究河川径流的规律时，常用以下概念表示。

流量 Q：指单位时间通过河流某一断面的水量，单位为 m^3/s。

径流总量 W：指在 T 时段内通过河流某一断面的总水量，即

$$W=Q\cdot T \tag{3-9}$$

常用单位为 m^3、$10^4\,m^3$（万 m^3）、$10^8\,m^3$（亿 m^3）等。

径流深 Y：指将径流总量平铺在全流域面积上的水层厚度，单位为 mm。

若 T 以秒计，T 时段内的平均流量 Q 以 m^3/s 计，流域面积 F 以 km^2 计，则径流深 Y 的计算公式为

$$Y=\frac{QT}{1\,000\,F} \tag{3-10}$$

径流模数 M：指流域出口断面流量与流域面积的比值。常用单位为 L/（$s\cdot km^2$），计算公式为

$$M=\frac{1\,000\,Q}{F} \tag{3-11}$$

径流系数 α：指某一时段内径流深与相应降雨深 P 的比值。计算公式为

$$\alpha=\frac{Y}{P} \tag{3-12}$$

（3）水文现象的变化特点

水文现象是许多因素综合作用的结果，它在时间和空间上都有很大变化。对于河川径流主要有以下的变化。

① 年际变化。一般大江大河多水年比少水年的水量多 1～2 倍甚至更多，而小河流则多达 4～5 倍甚至 10 倍以上。

② 年内变化。一般丰水季比枯水季或多水月比少水月多几倍至几十倍，而最大日流量比最小日流量大几百倍甚至几千倍。

③ 地区变化。我国北方地区雨季短，年降水量少；南方地区雨季长，年降水量多。一般北方地区河川径流在时间上的变化比南方剧烈。

对于湖泊来说，由于它与河流关系密切，所以湖泊水量的变化基本上受河流水量变化的制约。

关于感潮河段的水文现象，一方面受上游来水量的影响，另一方面受潮汐现象的制约，因此它在时间上的变化规律与天然河川径流有较大的差异。

地球上的水文现象虽然变化多端，但它们均服从确定的或随机的两种基本规律。确定规律主要反映的是物理成因关系，例如，地球的公转导致河川径流在一年内呈有规律的季节性交替变化；又如在一个流域内降了一场大暴雨，必然要发生一场大洪水等。有些水文现象主要受随机因素的支配，而现象的产生是随机的，例如，一个河流断面上年最大洪峰流量出现的时间和数量等，它们服从的是统计规律。实际中，绝大多数水文现象两种规律同时存在，只是程度上不同。

针对水文现象所存在的基本规律，构成了三种主要研究途径：成因分析、数理统计与地区综合。

2．河流的基本环境水文与水力学特征

（1）河道水流形态的基本分类

由于河道断面形态、底坡变化、走向各异，上游、下游水边界条件各异等，河道中的水流呈现着不同的流动形态。按不同的标准，可将河道水流分成不同的类型。例如，洪水季节或上游有电站的非恒定泄流或河道位于感潮段等，在河道里的水流均呈非恒定流流态；而非感潮河流枯水期水流（或近似为）恒定时，则呈恒定流流态。恒定流强调水流要素不随时间变化，如沙漠上游的内流河枯水期流量和过水面积随流程减少，但若每个断面流量稳定，仍为恒定流。

当河道断面为棱柱形且底坡均匀时，河道中的恒定流呈均匀流流态，反之为非均匀流。均匀流强调水流要素不随流程变化，过水断面形态不随流程变化。

当河道形态变化不剧烈时，河道中沿程的水流要素变化缓慢，则称为渐变流，反之称为急变流。

随河道底坡的大小变化，大于、等于或小于临界底坡时，又有急流、临界流与缓流之分，即其水流的弗汝德数 F_r 大于、等于或小于 1。

河道为单支时，水流仅顺河道流动，而当河道有汊口或多支河道相连呈河网状时，随汊口形态的不同在汊口处的分流也不相同。一般而言，河网地处沿海地区，往往受到径流或潮流顶托的影响，因而流态更为复杂。

一般而言，计算河道水流只需采用一维恒定或非恒定流方程。但在一些特殊情况，如研究的河段为弯道时，会有螺旋运动出现，在河道的支流入汇处会有局部回流区；研究近岸或近建筑物的局部流场时，流态又往往各异，根据需要选择二维甚至三维模型求解。

① 恒定均匀流。对于非感潮河道，且在平水或枯水期，河道均匀，流动可视为恒定均匀流。这是最简单的河流流动的形态，基本方程为

$$v = C\sqrt{Ri} \tag{3-13}$$

$$Q = v \cdot A \tag{3-14}$$

式中：v —— 断面平均流速，m/s；

R —— 水力半径，即过水断面面积除以湿周，对于宽线型河道，常用断面平均水深 H 直接代替 R，m；

i —— 水面坡降或底坡；

C —— 谢才系数，常用 $\frac{1}{n}R^{1/6}$ 表示，n 为河床糙率；

A —— 过水断面面积，m^2；

Q —— 流量，m^3/s。

按式（3-13）和式（3-14），在测得水面坡降（或河床底坡）、水深，确定了河床糙率值后即可求出过流断面的流速及流量。反之，已知河床底坡、糙率及流量，也可求出水深及流速。

② 非恒定流。河道非恒定流动常用一维圣维南方程描述。河道有侧向入流时，基本方程为

$$\frac{\partial A}{\partial t} + \frac{\partial Q}{\partial x} = q \tag{3-15}$$

$$\frac{\partial Q}{\partial t} + 2\frac{Q}{A}\frac{\partial Q}{\partial x} + \left(gA - \frac{Q^2}{A^2}B\right)\frac{\partial z}{\partial x} = -g \cdot S_{\mathrm{f}} + \frac{Q^2}{A^2}\left.\frac{\partial A}{\partial x}\right|_z + q(v_{\mathrm{q}} - v) \tag{3-16}$$

式中：B —— 河道水面宽度，m；

$\left.\frac{\partial A}{\partial x}\right|_z$ —— 相应于某一高程 z 断面沿程变化；

z —— 河底高程，m；

S_{f} —— 沿程摩阻坡度，通常可表达为 $S_{\mathrm{f}}=n^2v|v|R^{4/3}$ 或 $n^2Q|Q|/（A^2R^{-4/3}）$；

t —— 时间；

q —— 单位河长侧向入流，入流为正，出流为负；

v_{q} —— 侧向入流流速沿主流方向上的分量，m/s。

③ 恒定非均匀流。式（3-15）和式（3-16）中的时间偏导数为零时，构成恒定非均匀流方程。非均匀的来源包括侧向入流（负侧向入流，如下渗）、过流断面的渐变或急变等。

（2）设计年最枯时段流量

枯水流量的选择分为两种情况，一是固定时段选样，二是浮动时段选样。固定时

段选样是指每年选样的起止时间是一定的。例如，某河流最枯水月或季主要出现在 2 月或 1—3 月，则选取历年 2 月或 1—3 月平均流量作为年最枯水月或季径流序列的样本。浮动时段选样是指每年选取样本的时间是不固定的。推求短时段（如 30 d 以下）设计枯水流量时都是按浮动时段选样。例如，要研究某河流断面十年一遇连续 7 d 枯水流量的变化规律，选样时就在水文年鉴中每年找出一个连续 7 d 平均流量的最小值组成一个样本。

年最枯时段流量的设计保证频率一般采用 50%与 75%～95%。

（3）河流断面流速计算

设计断面平均流速是指与设计流量相对应的断面平均流速，工作中计算断面平均流速时会碰到三种情况。

1）实测流量资料较多时，一般如果有 15～20 次或者更多的实测流量资料，就能绘制水位—流量、水位—面积、水位—流速关系曲线。而且当它们均呈单一曲线时，就可根据这组曲线由设计流量推求相应的断面平均流速。

2）由于实测流量资料较少或缺乏，不能获得三条曲线时，可通过水力学公式计算。

3）用公式计算。目前广泛使用的公式有下列两组：

① 有足够实测资料的计算公式。

$$\left.\begin{aligned} v &= \frac{Q}{A} \\ A &= Bh \\ h &= \frac{A}{B} \end{aligned}\right\} \tag{3-17}$$

② 经验公式。

$$\left.\begin{aligned} v &= \alpha\, Q^{\beta} \\ h &= \gamma\, Q^{\delta} \\ B &= \frac{1}{\alpha\gamma} Q^{(1-\beta-\delta)} \end{aligned}\right\} \tag{3-18}$$

式中：v —— 断面平均流速，m/s；

Q —— 流量，m^3/s；

A —— 过水断面面积，m^2；

h —— 平均水深，m；

B —— 河道水面宽度，m；

α，β，γ，δ —— 经验参数，由实测资料确定。α、γ 一般随河床大小而变，β 较为稳定，对于大江大河，当河宽 B 和河床糙率不变时，β=0.4，δ=0.6。

（4）河流水体混合

混合是流动水体单元相互掺混的过程，包括分子扩散、紊动扩散、剪切离散等分散过程及其联合作用。

分子扩散：流体中由于随机分子运动引起的质点分散现象。分子扩散服从费克（Fick）定律：

$$P_{x_i} = -D_{\mathrm{m}} \frac{\partial c}{\partial x_i} \tag{3-19}$$

式中：c——浓度；

P_{x_i}——x_i方向上的分子扩散定量；

D_{m}——分子扩散系数。

紊动扩散：流体中由水流的脉动引起的质点分散现象。紊动扩散通量常表达为

$$P_{x_i} = u'_{x_i} c' = -D_{\mathrm{t}} \frac{\partial \overline{c}}{\partial x_i} \tag{3-20}$$

式中：P_{x_i}——x_i方向上的紊动扩散通量；

$\overline{c}$——脉动平均浓度；

c'——脉动浓度值；

u'_{x_i}——x_i方向上脉动流速值；

D_{t}——紊动扩散系数。

剪切离散：由于脉动平均流速在空间分布不均匀引起的分散现象。

剪切离散通量常表达为

$$P_x = \langle \hat{u}_x \hat{c} \rangle = -D_{\mathrm{L}} \frac{\partial \langle c' \rangle}{\partial x} \tag{3-21}$$

式中：P_x——断面离散通量；

D_{L}——纵向离散系数；

$\hat{u}_x$——断面各点流速与断面均值之差；

$\hat{c}$——断面各点浓度与断面均值之差。

混合：泛指分子扩散、紊动扩散、剪切离散等各类分散过程及其联合产生的过程。在天然河流中，常用横向混合系数（M_y）和纵向离散系数（D_{L}）来描述河流的混合特性。大量的试验表明，天然河流中实测的M_y/hu^*的比值一般在0.4～0.8，通常用下列公式进行估算：

$$M_y=0.6\times(1\pm0.5)\,hu^* \tag{3-22}$$

式中：M_y —— 横向混合系数，m^2/s；

h —— 平均水深，m；

u^* —— 摩阻流速，$u^*=\sqrt{ghi}$，m/s；

i —— 河流比降，m/m。

河道顺直可取 M_y/hu^* 为 0.6，河道扩张可取为 0.9，河道收缩可取为 0.3，弯曲河道可取 0.9 以上。

在考虑河流的纵向混合时，由于分子扩散、紊动扩散的作用远小于由断面流速分布不均匀而引起的剪切离散，一般可将其忽略。由断面流速分布不均引起的混合过程采用纵向离散系数表征。

河流纵向离散系数的估算公式很多，大都是根据具体河流的实验数据整理出来的，少数影响力较大的公式是借助于理论分析及实验得到的半经验公式。

Fischer 公式：

$$D_L=0.011u^2B^2/hu^* \tag{3-23}$$

式中：u —— 断面平均流速，m/s；

B —— 河宽，m。

该式主要考虑了流速在横向分布不均引起的离散，对于天然河流较为适用。

根据早期国外 30 组河流示踪实验数据分析，纵向离散系数可用式（3-24）估算：

$$D_L=\alpha\cdot B\cdot u \tag{3-24}$$

式中：α =0.23～8.3，均值为 2.5，α 与河槽状况有关，河槽越不规则，α 值越大。

3．湖泊、水库的环境水文特征

（1）湖泊、水库的水文情势概述

内陆低洼地区蓄积着停止流动或慢流动而不与海洋直接联系的天然水体称为湖泊。人类为了控制洪水或调节径流，在河流上筑坝，拦蓄河水而形成的水体称为水库，也称为人工湖泊。

湖泊与水库均有深水型与浅水型之分；水面形态有宽阔型的，也有窄条型的。对深水湖泊水库而言，在一定条件下有可能出现温度分层现象。在水库里由于洪水携带泥沙入库等有可能造成异重流现象。

① 湖泊、水库蓄水量的变化。任一时刻湖泊、水库的水量平衡均可写为式（3-25）：

$$W_{入}=W_{出}+W_{损}\pm\Delta W \tag{3-25}$$

式中：$W_{入}$ —— 湖泊、水库的时段来水总量，包括湖、库面降水量，水汽凝结量，入湖、库地表径流与地下径流量；

$W_{出}$——湖泊、水库的时段内出水量，包括出湖、库的地表径流与地下径流量与工农业及生活用水量等；

$W_{损}$——时段内湖泊、水库的水面蒸发与渗漏等损失总量；

ΔW——时段内湖泊、水库蓄水量的增减值。

式（3-25）中各要素是随时间而变的，要研究湖泊、水库蓄水量的变化规律，实质上就是研究式中各要素的变化规律及相互间影响。这些要素与湖泊、水库水环境容量的关系较大，是本节将要讨论的重点。

② 湖泊、水库的动力特征。湖水、水库运动分为振动和前进两种，前者如波动和波漾，后者包括湖流、混合和增减水。在湖泊与水库中水流流动比较缓慢，水流形态主要是受风、太阳辐射、进出水流、地球自转力等外力作用，其中风的影响是至关紧要的。

湖流：指湖、库水在水力坡度力、密度梯度力、风力等作用下产生沿一定方向的流动。按其成因，湖流分为风成流（漂流）、梯度流、惯性流和混合流。湖流经常呈环状流动，分为水平环流与垂直环流两种。此外，还有一种在表层形成的螺旋形流动，称为兰米尔环流。

湖水混合：湖、库水混合的方式分紊动混合与对流混合。前者是由风力和水力坡度作用产生的，后者主要是由湖水密度差异引起的。

波浪：湖泊、水库中的波浪主要是由风引起的，所以又称风浪。风浪的产生和发展与风速、风向、吹程、作用的持续时间、水深和湖盆等因素有关。

波漾：湖、库中水位有节奏的升降变化，称为波漾或定振波，其发生的原因是升力突变（如持续风应力、强气压力、梯度、湖面局部大暴雨及地震作用等）引起的湖、库水整体或局部呈周期性的摆动，而湖、库边水位出现有节奏的升降。

湖、库水运动影响湖、库水温度、化学成分与湖、库中水生生物的变化与分布，影响物质的沉淀与分布，还影响溶解氧进入湖、库水从而影响湖泊、水库的自净能力。

③ 水温。湖泊、水库水温受湖面以上气象条件（主要是气温与风）、湖泊与水库容积和水深以及湖、库盆形态等因素的影响，呈现出具有时间与空间的变化规律，有比较明显的季节性变化与垂直变化。一般容积大、水深深的湖泊、水库，水温常呈垂向分层型。通常水温的垂向分布有三个层次，上层温度较高，下层温度较低，中间为过渡带，称为温跃层。冬季因表面水温不高，可能没有显著的温跃层。夏季的温跃层较为明显。水中溶解氧在温跃层以上比较多甚至可接近饱和，而温跃层以下，大气中溶解进水中的氧很难到达，加之有机污染物被生物降解消耗了水中的氧，因此下层的溶解氧较低，成为缺氧区。对于容积和水深都比较小的湖泊，由于水能充分混合，因此往往不存在垂向分层的问题。

湖泊、水库水温是否分层，区别方法较多，比较简单而常用的是通过湖泊、水库水替换的次数指标α和β经验性标准来判别。

$$\alpha = \text{年总入流量/湖泊、水库总容积}$$

$$\beta = \text{一次洪水总量/湖泊、水库总容积}$$

当$\alpha<10$，认为湖泊、水库为稳定分层型；若$\alpha>20$，认为湖泊、水库为混合型。对于洪水期如按α判别为分层型，而在洪水时实际可能是混合型，因此洪水时以β指标作为第二判别标准，当$\beta<1/2$时，洪水对湖泊水温分层几乎没有影响，若$\beta>1$，认为在大洪水时可能是临时性混合型。另外还有一种最简单的经验判别法，即当湖泊、水库的平均水深 $H>10$ m 时，认为下层水常不受上层影响而保持一定的温度（4～8℃），此种情况为分层型；反之若$H<10$ m，则湖泊、水库可能是混合型。

湖泊、水库的替换次数也是污染物累积性特征的体现，也可用滞留时间 T_R 体现：

$$T_R = V/Q_{出} \tag{3-26}$$

式中：T_R——滞留时间，a 或 d；

V——湖泊、水库的时段平均容积，m^3；

$Q_{出}$——湖泊、水库的时段内出水量，m^3/a 或 m^3/d；

湖泊、水库之间比较，时段一般采用多年平均滞留时间。当水库 $T_R>300$ d，认为属于营养型水体（类似湖泊）；当水库 T_R 在 20～300 d，认为属于（河湖）过渡型水体；当水库 $T_R<20$ d，认为属于过流型水体（类似河流）。单一湖库评价，则可分年计算滞留时间，研究营养物或其他污染物的累积规律。内流河尾闾湖或已退化的全封闭湖泊（年流出水量为零）滞留时间为无穷大，入湖的难降解的保守物质将全部累积在湖内。

（2）湖泊、水库水量

湖泊、水库水量与总容积是随时间而变的，因此在计算时存在标准问题。一般以年水量变化的保证频率为10%时代表多水年，50%时代表中水年，75%～95%时代表少水年。按此标准选择代表年，以代表年的年水量及年平均容积计算α，再以代表年各次洪水的洪流量及平均容积计算β，然后对β进行综合分析。对于水库，由于总库容已定，故只需确定代表的年水量和次洪水的流量，即可计算α与β。

入湖、库径流是指通过各种渠道进入湖泊、水库的水流，它通常由三部分组成：通过干支流水文站或计算断面进入湖泊、水库的径流；集水面积上计算断面没有控制的区间进入湖泊、水库的区间径流；直接降落在湖泊、水库水面上的雨水。

4．河口与近海的基本环境水文及水动力特征

（1）河口、海湾及陆架浅海的环境特点

河口是指入海河流受到潮汐作用的一段河段，又称感潮河段。它与一般河流最显著的区别是受到潮汐的影响。

海湾相对来说有比较明确的形态特征，是海洋凸入陆地的那部分水域。根据海湾的形状、湾口的大小和深浅以及通过湾口与外海的水交换能力可以把海湾划分为闭塞型和开敞型海湾。闭塞型海湾是指湾口的宽度和水深相对窄浅，水交换和水更新能力差的海湾。湾口开阔，水深，形状呈喇叭形，水交换和更新能力强的海湾为开敞型海湾。

陆架浅水区是指位于大陆架上水深 200 m 以下，海底坡度不大的沿岸海域，是大洋与大陆之间的连接部。

河口、海湾与陆架浅海水域是位于陆地与大洋之间，由大气、海底、陆地与外海包围起来的水域，在上述四个边界不断地进行动量、热量、淡水、污染物质等的交换，这一部分海域与人类关系最为密切，具有最剧烈的时空变化。由于这个水域水深较浅，容量小，极易受到通过边界来自外部的影响。复杂的外部影响导致了复杂的环流与混合扩散过程等与环境有关的各种物理过程，并形成不同特性的海洋结构。

① 江河的淡水径流。在河口水域，淡水径流对于盐度、密度的分布起着极为重要的作用。河口区是海水与河流淡水相互汇合和混合之处，一般情况下淡的径流水因密度较海水小，于表层向外海扩展，并通过卷吸和混合过程逐渐与海水混合，而高盐度的海水从底层楔入河口，形成河口盐水楔［图 3-2（a)］。这样的河口楔由底层的入流与表层的出流构成垂向环流来维持。盐水楔溯江而上入侵河口段的深度主要由径流大小决定，径流小入侵就深，径流大入侵就浅。

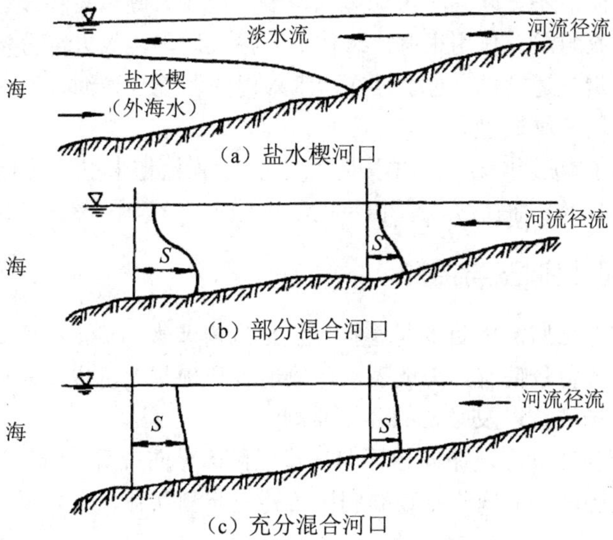

图 3-2 沿着河口段的盐度分布

河口段的水结构并不是只有这一种形式，在潮流发达的河口，或者在秋季、冬季降温期，垂直对流发展，混合增强的情况下盐水楔被破坏，按垂直向的混合程度强弱和盐度分布的特征呈现图 3-2（b）和图 3-2（c）的情况，图 3-2（b）为部分混合型，图 3-2（c）为充分混合型。

在有河流入海的海湾和沿岸海域，于丰水期常常形成表层低盐水层，而且恰好与夏季高温期叠合，因而形成低盐高温的表层水，深度一般在 10 m 左右，它与下层高盐低温海水之间有一强的温、盐跃层相隔，形成界面分明的上下两层结构，从而使流场变得非常复杂。

河流的径流还把大量营养物质带给海洋，使河口区有极高的初级生产力。另外，江河沿岸的工业和城市生活水大量排入，随径流带入沿岸海域，也威胁河口水域的水生生态环境。

② 潮汐与潮流。陆架浅海中的潮汐现象主要来自大洋，本地区产生的潮汐现象是微不足道的。尽管大洋中的潮汐现象也是微弱的，但潮波传入陆架浅水区后，能量迅速集中，潮高变高，潮流流速变大，因此，在大洋边缘，陆架浅海水域出现显著的潮汐现象。在我国沿岸绝大部分海域潮流是主要的流动水流。因此，潮流对于这些海域污染物的输运和扩散、海湾的水交换等起着极为重要的作用。

（2）河口海湾的基本水流形态

水流的动力条件是污染物在河口海湾中得以输移扩散的决定性因素。在河口海湾等近海水域，潮流对污染物的输移和扩散起主要作用。潮流是内外海潮波进入沿岸海域和海湾时变形而形成的浅海特有的潮波运动形态。所以，潮流数值模型实质上是浅海潮波传播模型，这样的模型还可以同时考虑风的影响，构成风潮耦合模型。我国大部分沿岸海湾水深不大，潮流的混合作用很强，水体上下掺混均匀，故大部分情况下采用平面二维模型研究环境容量是适宜的。对于存在盐水入侵的弱混合型河口和夏季层化明显的沿岸海域，应考虑使用三维模型。

有些河口受河道泄流影响较大，尤其是在汛期，上游河道来水对海水的稀释作用及局部流场的影响比较明显，研究时应充分予以重视，必要时需考虑用一维、二维连接模型求解。

二、水环境现状调查与监测

水环境现状调查与监测的目的是掌握评价范围内涉水污染源、水文、水质和水体功能利用等方面的环境背景情况，为地表水环境现状和预测评价提供基础资料。现状调查包括资料收集、现场调查以及必要的环境监测。

环境现状调查与评价应遵循问题导向与管理目标导向统筹、流域（区域）与评价水域兼顾、水质水量协调、常规监测数据利用与补充监测互补、水环境现状与变化分析结合的原则。

应满足建立污染源与受纳水体水质响应关系的需求，符合地表水环境影响预测的要求。

1．调查范围

地表水环境的现状调查范围应覆盖评价范围，应以平面图方式表示，并明确起、止断面的位置及涉及范围。

对于水污染影响型建设项目，除覆盖评价范围外，受纳水体为河流时，在不受回水影响的河流段，排放口上游调查范围宜不小于500 m，受回水影响河段的上游调查范围原则上与下游调查的河段长度相等；受纳水体为湖库时，以排放口为圆心，调查半径在评价范围基础上外延20%～50%。

对于水文要素影响型建设项目，受影响水体为河流、湖库时，除覆盖评价范围外，一级、二级评价时，还应包括库区及支流回水影响区、坝下至下一个梯级或河口、受水区、退水影响区。

对于水污染影响型建设项目，建设项目排放污染物中包括氮、磷或有毒污染物且受纳水体为湖泊、水库时，一级评价的调查范围应包括整个湖泊、水库，二级、三级A评价时，调查范围应包括排放口所在水环境功能区、水功能区或湖（库）湾区。

受纳或受影响水体为入海河口及近岸海域时，调查范围依据《海洋工程环境影响评价技术导则》（GB/T 19485）要求执行。

2. 调查时间

（1）根据当地水文资料初步确定河流、湖库、入海河口、近岸海域的丰水期、平水期、枯水期，同时确定最能代表这三个时期的季节或月份。遇气候异常年份，要根据流量实际变化情况确定。对有水库调节的河流，要注意水库放水或不放水时的水量变化。

（2）评价等级不同，对调查时期的要求也有所不同。对各类水域调查时期的要求详见表3-19。

表3-19　对各类水域调查时期的要求

水域	一级	二级	水污染影响型（三级A）/水文要素影响型（三级）
河流、湖库	丰水期、平水期、枯水期；至少丰水期和枯水期	丰水期和枯水期；至少枯水期	至少枯水期
入海河口（感潮河段）	河流：丰水期、平水期和枯水期。 河口：春季、夏季和秋季；至少丰水期和枯水期，春季和秋季	河流：丰水期和枯水期。 河口：春、秋2个季节；至少枯水期或1个季节	至少枯水期或1个季节
近岸海域	春季、夏季和秋季；至少春、秋2个季节	春季或秋季；至少1个季节	至少1次调查

注1：感潮河段、入海河口、近岸海域在丰、枯水期（或春、夏、秋、冬四季）均应选择大潮期或小潮期中一个潮期开展评价（无特殊要求时，可不考虑一个潮期内高潮期、低潮期的差别）。选择原则为：依据调查监测海域的环境特征，以影响范围较大或影响程度较重为目标，定性判别和选择大潮期或小潮期作为调查潮期。

注2：冰封期较长且作为生活饮用水与食品加工用水的水源或有渔业用水需求的水域，应将冰封期纳入评价时期。

注3：具有季节性排水特点的建设项目，根据建设项目排水期对应的水期或季节确定评价时期。

注4：水文要素影响型建设项目对评价范围内的水生生物生长、繁殖与洄游有明显影响的时期，需将对应的时期作为评价时期。

注5：复合影响型建设项目分别确定评价时期，按照覆盖所有评价时期的原则综合确定。

3. 水文情势及水资源与开发利用状况调查

（1）水文情势调查

① 应尽量收集邻近水文站既有水文年鉴资料和其他相关的有效水文观测资料。当上述资料不足时，应进行现场水文调查与水文测量，水文调查与水文测量宜与水质调查同步。

② 水文调查与水文测量宜在枯水期进行。必要时，可根据水环境影响预测需要、生态环境保护要求，在其他时期（丰水期、平水期、冰封期等）进行。

③ 水文测量的内容应满足拟采用的水环境影响预测模型对水文参数的要求。在采用水环境数学模型时，应根据所选用的预测模型需输入的水文特征值及环境水力学参数决定水文测量内容；在采用物理模型法模拟水环境影响时，水文测量应提供模型制作及模型试验所需的水文特征值及环境水力学参数。

④ 水污染影响型建设项目开展与水质调查同步进行的水文测量，原则上可只在一个时期（水期）内进行。当水文测量的时间、频次和断面与水质调查不完全相同时，应保证满足水环境影响预测所需的水文特征值及环境水力学参数的要求。

水文情势调查内容见表3-20。

表 3-20　水文情势调查内容

水体类型	水污染影响型	水文要素影响型
河流	水文年及水期划分、不利水文条件及特征水文参数、水动力学参数等	水文系列及其特征参数；水文年及水期的划分；河流物理形态参数；河流水沙参数、丰枯水期水流及水位变化特征等
湖库	湖库物理形态参数；水库调节性能与运行调度方式；水文年及水期划分；不利水文条件特征及水文参数；出入湖（库）水量过程；湖流动力学参数；水温分层结构等	
入海河口（感潮河段）	潮汐特征、感潮河段的范围、潮区界与潮流界的划分；潮位及潮流；不利水文条件组合及特征水文参数；水流分层特征等	
近岸海域	水温、盐度、泥沙、潮位、流向、流速、水深等，潮汐性质及类型，潮流、余流性质及类型，海岸线、海床、滩涂、海岸蚀淤变化趋势等	

（2）水资源与开发利用状况调查

水文要素影响型建设项目一级、二级评价时，应开展建设项目所在流域、区域的水资源与开发利用状况调查。

① 水资源现状。调查水资源总量、水资源可利用量、水资源时空分布特征、人类活动对水资源量的影响等。主要涉水工程概况调查，包括数量、等级、位置、规模，主要开发任务、开发方式、运行调度及其对水文情势、水环境的影响。应涵盖大型、中型、小型等各类涉水工程，绘制涉水工程分布示意图。

② 水资源利用状况。调查城市、工业、农业、渔业、水产养殖业、水域景观等各类

用水现状与规划（包括用水时间、取水地点、取用水量等），各类用水的供需关系（包括水权等）、水质要求和渔业、水产养殖业等所需的水面面积。

4．污染源调查

污染源调查应在工程分析基础上，确定水污染物的排放量及进入受纳水体的污染负荷量。

（1）区域水污染源调查。应详细调查与建设项目排放污染物同类的，或有关联关系的已建项目、在建项目、拟建项目（已批复环境影响评价文件，下同）等污染源。

① 一级评价，以收集利用排污许可证登记数据、环评及环保验收数据及既有实测数据为主，并辅以现场调查及现场监测。

② 二级评价，主要收集利用排污许可证登记数据、环评及环保验收数据及既有实测数据，必要时补充现场监测。

③ 水污染影响型三级 A 评价与水文要素影响型三级评价，主要收集利用与建设项目排放口的空间位置和所排污染物的性质关系密切的污染源资料，可不进行现场调查及现场监测。

④ 水污染影响型三级 B 评价，可不开展区域污染源调查，主要调查依托污水处理设施的日处理能力、处理工艺、设计进水水质、处理后的废水稳定达标排放情况，同时应调查依托污水处理设施执行的排放标准是否涵盖建设项目排放的有毒有害的特征水污染物。

（2）一级、二级评价中，建设项目直接导致受纳水体内源污染变化，或存在与建设项目排放污染物同类的且内源污染影响受纳水体水环境质量，应开展内源污染调查，必要时应开展底泥污染补充监测。

（3）具有已审批入河排放口的主要污染物种类及其排放浓度和总量数据，以及国家或地方发布的入河排放口数据的，可不对入河排放口汇水区域的污染源开展调查。

（4）面污染源调查主要采用收集利用既有数据资料的调查方法，可不进行实测。

（5）建设项目的污染物排放指标需要等量替代或减量替代时，还应对替代项目开展污染源调查。

（6）点污染源调查内容，主要包括：

① 基本信息。主要包括污染源名称、排污许可证编号等。

② 排放特点。主要包括排放形式，分散排放或集中排放，连续排放或间歇排放；排放口的平面位置（附污染源平面位置图）及排放方向；排放口在断面上的位置。

③ 排污数据。主要包括污水排放量、排放浓度、主要污染物等数据。

④ 用排水状况。主要调查取水量、用水量、循环水量、重复利用率、排水总量等。

⑤ 污水处理状况主要调查各排污单位生产工艺流程中的产污环节、污水处理工艺、处理效率、处理水量、中水回用量、再生水量、污水处理设施的运转情况等。

⑥ 根据评价等级及评价工作需要，选择上述全部或部分内容进行调查。

（7）面污染源调查内容。按照农村生活污染源、农田污染源、分散式畜禽养殖污染源、城镇地面径流污染源、堆积物污染源、大气沉降源等分类，采用源强系数法、面源模型法等方法，估算面源源强、流失量与入河量等。主要包括：

① 农村生活污染源：调查人口数量、人均用水量指标、供水方式、污水排放方式、去向和排污负荷量等。

② 农田污染源：调查农药和化肥的施用种类、施用量、流失量及入河系数、去向及受纳水体等情况（包括水土流失、农药和化肥流失强度、流失面积、土壤养分含量等调查分析）。

③ 分散式畜禽养殖污染源：调查畜禽养殖的种类、数量、养殖方式、粪便污水收集与处置情况、主要污染物浓度、污水排放方式和排污负荷量、去向及受纳水体等。畜禽粪便污水作为肥水进行农田利用的，需考虑畜禽粪便污水土地承载力。

④ 城镇地面径流污染源：调查城镇土地利用类型及面积、地面径流收集方式与处理情况、主要污染物浓度、排放方式和排污负荷量、去向及受纳水体等。

⑤ 堆积物污染源：调查矿山、冶金、火电、建材、化工等单位的原料、燃料、废料、固体废物（包括生活垃圾）的堆放位置、堆放面积、堆放形式及防护情况、污水收集与处置情况、主要污染物和特征污染物浓度、污水排放方式和排污负荷量、去向及受纳水体等。

⑥ 大气沉降源：调查区域大气沉降（湿沉降、干沉降）的类型、污染物种类、污染物沉降负荷量等。

（8）内源污染。底泥物理指标包括力学性质、质地、含水率、粒径等；化学指标包括水域超标因子、与本建设项目排放污染物相关的因子。

5. 调查因子

地表水环境现状调查因子根据评价范围水环境质量管理要求、建设项目水污染物排放特点与水环境影响预测评价要求等综合分析确定。调查因子应不少于评价因子。

6. 监测布点及采样频次

（1）河流监测断面设置

① 水质监测断面布设。应布设对照断面、控制断面。水污染影响型建设项目在拟建排放口上游应布置对照断面（宜在 500 m 以内），根据受纳水域水环境质量控制管理要求设定控制断面。控制断面可结合水环境功能区或水功能区、水环境控制单元区划情况，直接采用国家及地方确定的水质控制断面。评价范围内不同水质类别区、水环境功能区或水功能区、水环境敏感区及需要进行水质预测的水域，应布设水质监测断面。评价范围以外的调查或预测范围，可以根据预测工作需要增设相应的水质监测断面。

② 水质取样断面上取样垂线的布设。按照《地表水环境质量监测技术规范》（HJ/T 91）的规定执行。

③ 采样频次。每个水期可监测一次，每次同步连续调查取样 3～4 d，每个水质取样

点每天至少取一组水样，在水质变化较大时，每间隔一定时间取样一次。水温观测频次，应每间隔 6 h 观测一次，统计计算日平均水温。

（2）湖库监测点位设置与采样频次

① 水质取样垂线的布设。对于水污染影响型建设项目，水质取样垂线的设置可采用以排放口为中心、沿放射线布设或网格布设的方法，按照下列原则及方法设置：一级评价在评价范围内布设的水质取样垂线数宜不少于 20 条；二级评价在评价范围内布设的水质取样垂线数宜不少于 16 条。评价范围内不同水质类别区、水环境功能区或水功能区、水环境敏感区、排放口和需要进行水质预测的水域，应布设取样垂线。

对于水文要素影响型建设项目，在取水口、主要入湖（库）断面、坝前、湖（库）中心水域、不同水质类别区、水环境敏感区和需要进行水质预测的水域，应布设取样垂线。对于复合影响型建设项目，应兼顾进行取样垂线的布设。

② 水质取样垂线上取样点的布设。按照 HJ/T 91 的规定执行。

③ 采样频次。每个水期可监测一次，每次同步连续取样 2～4 d，每个水质取样点每天至少取一组水样，但在水质变化较大时，每间隔一定时间取样一次。溶解氧和水温监测频次，每间隔 6 h 取样监测一次，在调查取样期内适当监测藻类。

（3）入海河口、近岸海域监测点位设置与采样频次

① 水质取样断面和取样垂线的设置。一级评价可布设 5～7 个取样断面，二级评价可布设 3～5 个取样断面。

② 水质取样点的布设。根据垂向水质分布特点，参照《海洋调查规范》（GB/T 12763）和《近岸海域环境监测规范》（HJ 442）执行。排放口位于感潮河段内的，其上游设置的水质取样断面，应根据实际情况参照河流决定，其下游断面的布设与近岸海域相同。

③ 采样频次。原则上一个水期在一个潮周期内采集水样，明确所采样品所处潮时，必要时对潮周日内的高潮和低潮采样。当上、下层水质变幅较大时，应分层取样。入海河口上游水质取样频次参照感潮河段相关要求执行，下游水质取样频次参照近岸海域相关要求执行。对于近岸海域，一个水期宜在半个太阴月内的大潮期或小潮期分别采样，明确所采样品所处潮时；对所有选取的水质监测因子，在同一潮次取样。

三、水环境现状评价方法

水环境功能区或水功能区、近岸海域环境功能区及水环境控制单元或断面水质达标状况评价方法，参考国家或地方政府相关部门制定的水环境质量评价技术规范、水体达标方案编制指南、水功能区水质达标评价技术规范等。

1. 水质指数法

（1）一般性水质因子（随着浓度增加而水质变差的水质因子）的指数计算公式：

$$S_{i,j} = C_{i,j} / C_{si} \tag{3-27}$$

式中：$S_{i,j}$——评价因子 i 的水质指数，大于 1 表明该水质因子超标；

$C_{i,j}$——评价因子 i 在 j 点的实测统计代表值，mg/L；

C_{si}——评价因子 i 的水质评价标准限值，mg/L。

（2）溶解氧（DO）的标准指数计算公式：

$$S_{\mathrm{DO},j}=\mathrm{DO}_s/\mathrm{DO}_j \qquad \mathrm{DO}_j \leqslant \mathrm{DO}_f \tag{3-28}$$

$$S_{\mathrm{DO},j}=\frac{|\mathrm{DO}_f-\mathrm{DO}_j|}{\mathrm{DO}_f-\mathrm{DO}_s} \qquad \mathrm{DO}_j > \mathrm{DO}_f \tag{3-29}$$

式中：$S_{\mathrm{DO},j}$——溶解氧的标准指数，大于 1 表明该水质因子超标；

DO_j——溶解氧在 j 点的实测统计代表值，mg/L；

DO_s——溶解氧的水质评价标准限值，mg/L；

DO_f——饱和溶解氧浓度，mg/L。对于河流，$\mathrm{DO}_f=468/(31.6+T)$；对于盐度比较高的湖泊、水库及入海河口、近岸海域，$\mathrm{DO}_f=(491-2.65S)/(33.5+T)$；其中，$S$ 为实用盐度，量纲为 1；T 为水温，℃。

（3）pH 的指数计算公式：

$$S_{\mathrm{pH},j}=\frac{7.0-\mathrm{pH}_j}{7.0-\mathrm{pH}_{sd}} \qquad \mathrm{pH}_j \leqslant 7.0 \tag{3-30}$$

$$S_{\mathrm{pH},j}=\frac{\mathrm{pH}_j-7.0}{\mathrm{pH}_{su}-7.0} \qquad \mathrm{pH}_j > 7.0 \tag{3-31}$$

式中：$S_{\mathrm{pH},j}$——pH 的指数，大于 1 表明该水质因子超标；

pH_j——pH 实测统计代表值；

pH_{sd}——评价标准中 pH 的下限值；

pH_{su}——评价标准中 pH 的上限值。

2．底泥污染指数法

（1）底泥污染指数计算公式：

$$P_{i,j}=C_{i,j}/C_{si} \tag{3-32}$$

式中：$P_{i,j}$——底泥污染因子 i 的单项污染指数，大于 1 表明该污染因子超标；

$C_{i,j}$——调查点位污染因子 i 的实测值，mg/L；

C_{si}——污染因子 i 的评价标准值或参考值，mg/L。

（2）底泥污染评价标准值或参考值

可以根据土壤环境质量标准或所在水域的背景值确定底泥污染评价标准值或参考值。

第四节　地下水环境现状调查与评价

地下水是水资源的重要组成部分，在保障我国城乡居民生活、支撑社会经济发展、维持生态平衡等方面具有十分重要的作用。

一、地质学的一些基本概念

地球自形成以来，经历了约46亿年的演化过程，进行过错综复杂的物理、化学变化。在距今200万～300万年前，才开始有了人类出现。人类为了生存和发展，一直在努力适应和改变周围的环境。利用坚硬岩石作为用具和工具，从矿石中提取的铜、铁等金属，在历史上对人类社会的发展产生了划时代的影响。随着社会生产力的发展，人类活动对地球的影响越来越大，地质环境对人类的制约作用也越来越明显。如何合理有效地利用地球资源、维护人类生存的环境，已成为当今世界所共同关注的问题。

1．地质的概念

地质是指地球的物质组成、内部构造、外部特征，以及各层圈之间的相互作用和演变过程。

2．矿物和岩石

在地球的化学成分中，铁的含量最高（约35%），其他元素依次为氧（约30%）、硅（约15%）、镁（约13%）等。如果按地壳中所含元素计算，氧最多（约46%），其他依次为硅（约28%）、铝（约8%）、铁（约6%）、镁（约4%）等。这些元素多形成化合物，少量为单质，它们的天然存在形式即为矿物。

矿物具有确定的或在一定范围内变化的化学成分和物理特征。矿物在地壳中常以集合的形态存在，这种集合体可以由一种，也可以由多种矿物组成，这在地质学中被称为岩石。由此可见，地质学中所说的岩石不仅指我们日常所理解的“石头”，还包括地球表面的松散沉积物——土壤。岩石的特征用岩性来表示。所谓岩性，是指反映岩石特征的一些属性，包括颜色、成分、结构、构造、胶结物质、胶结类型、特殊矿物等。

3．地质构造

地球表层的岩层和岩体，在形成过程中及形成以后，都会受到各种地质作用力的影响，有的大体上保持了形成时的原始状态，有的则产生了形变。它们具有复杂的空间组合形态，即各种地质构造。断裂和褶皱是地质构造的两种最基本形式。

4．地层与地层层序律

地层是以成层的岩石为主体，在长期的地球演化过程中在地球表面低凹处形成的构造，是地质历史的重要纪录。狭义的地层专指已固结的成层的岩石，也包括尚未固结成岩的松散沉积物。依照沉积的先后，早形成的地层居下，晚形成的地层在上，这是地层层序关系的基本原理，称为地层层序律。

二、水文学的一些基本概念

1. 水量平衡

所谓水量平衡，是指任意选择的区域（或水体），在任意时段内，其收入的水量与支出的水量之间的差额必等于该时段区域（或水体）内蓄水的变化量，即水在循环过程中，从总体上说收支平衡。水量平衡概念建立在现今的宇宙背景下。从本质上说，水量平衡是质量守恒原理在水循环过程中的具体体现，也是地球上水循环能够持续不断进行下去的基本前提。一旦水量平衡失控，水循环中某一环节就要发生断裂，整个水循环也将不复存在。反之，如果自然界根本不存在水循环现象，也就无所谓平衡了。因而，两者密切不可分。水循环是地球上客观存在的自然现象，水量平衡是水循环内在的规律。

2. 蒸发

在常温下水由液态变为气态进入大气的过程称为蒸发。空气中的水汽主要来自地表水、地下水、土壤和植物的蒸发。有了蒸发作用，水循环才得以不断进行。

水面蒸发的速度和数量取决于许多因素（气温、气压、湿度、风速等），其中主要取决于气温和绝对湿度的对比关系。气温决定了空气的饱和水汽含量，而绝对湿度则是该温度下空气中实有的水汽含量，这两个水汽含量之差称为饱和差。蒸发速度或强度与饱和差成正比，即饱和差越大，蒸发速度也越大。

风速是影响水面蒸发的另一重要因素。蒸发的水汽容易积聚在水面上而妨碍进一步蒸发，风将水面蒸发出来的水汽不断吹走，蒸发加快，因此，风速越大，蒸发就越强烈。

蒸发包括水面蒸发、土面蒸发、叶面蒸发等。通常用水面蒸发量的大小表征一个地区蒸发的强度。气象部门常用蒸发皿（直径 20 cm 的圆皿）测定某一时期内蒸发水量，以蒸发的水柱高度毫米数表示蒸发量，如北京的多年平均年蒸发量为 1 102 mm。

必须注意，气象部门提供的蒸发量是指水面蒸发量，只能说明蒸发的相对强度，而不代表实际的蒸发水量。因为通常一个地区不全是水面，并且，用小直径的蒸发皿测得的蒸发量比实际的水面蒸发量要偏大许多。

3. 降水

当空气中水汽含量达饱和状态时，超过饱和限度的水汽便凝结，以液态或固态形式降落到地面，这就是降水。空气冷却是导致水汽凝结的主要条件。暖湿气团由于各种原因变冷就可以产生降水。其中最常见的是锋面降水。当暖湿气团与冷气团相遇时，在两者接触的锋面上，水汽大量凝结形成降水。气象部门用雨量计测定降水量，以某一地区某一时期的降水总量平铺于地面得到的水层高度毫米数表示。

降水是水循环的主要环节之一，一个地区降水量的大小，决定了该地区水资源的丰富程度，对地下水资源的形成具有重要影响。

以上介绍了主要气象要素的基本概念，这些气象要素的变化决定了大气的物理状态。在一定地区一定时间内，各种气象因素综合影响所决定的大气物理状态称为天气。而某一区域天气的平均状态（用气象要素多年平均值表征），称为该地区的气候。无论是变化迅速的气象要素，还是变化缓慢的气候因素，对于自然界水文循环过程，以至地下水的时空分布都具有重要影响。

4. 下渗

下渗又称入渗，是指水从地表渗入土壤和地下的运动过程。它不仅影响土壤水和地下水的动态，直接决定壤中流和地下径流的生成，而且影响河川径流的组成。下渗强度指的是单位面积上单位时间内渗入土壤中的水量，用下渗率 f 表示，常用 mm/min 或 mm/h 计。在超渗产流地区，只有当降水强度超过下渗率时才能产生径流。可见，下渗是将地表水与地下水、土壤水联系起来的纽带，是径流形成过程、水循环过程的重要环节。

在天然条件下，下渗过程往往呈现不稳定和不连续性，形成这种情况的原因是多方面的，归纳起来主要有以下 4 个方面。

（1）土壤特性的影响

土壤特性对下渗的影响，主要取决于土壤的透水性能及土壤的前期含水量。其中透水性能又和土壤的质地、孔隙的多少与大小有关。一般来说，土壤颗粒越粗，孔隙直径越大，其透水性能越好，土壤的下渗能力也越大。

（2）降水特性的影响

降水特性包括降水强度、历时、降水时程分配及降水空间分布等。其中降水强度直接影响土壤下渗强度及下渗水量，在降水强度 i 小于下渗率 f 的条件下，降水全部渗入土壤，下渗过程受降水过程制约。在相同土壤水分条件下，下渗率随雨强增大而增大，尤其是在植被覆盖条件下情况更明显。但对裸露的土壤，由于强雨点可将土粒击碎，并充填到土壤的孔隙中，从而可能降低下渗率。此外，降水的时程分布对下渗也有一定的影响，如在相同条件下，连续性降水的下渗量要小于间歇性降水的下渗量。

（3）流域植被、地形条件的影响

通常有植被的地区，由于植被及地面上枯枝落叶具有滞水作用，增加了下渗时间，从而减少了地表径流，增大了下渗量。而地面起伏，切割程度不同，又影响地面漫流的速度和汇流时间。在相同的条件下，地面坡度大、漫流速度快、历时短，下渗量就小。

（4）人类活动的影响

人类活动对下渗的影响，既有增大的一面，也有抑制的一面。例如，各种坡地改梯田、植树造林、蓄水工程均会增加水的滞留时间，从而增大下渗量。反之，砍伐森林、过度放牧、不合理的耕作，则加剧水土流失，从而减少下渗量。在地下水资源不足的地区采用人工回灌，则是有计划、有目的地增加下渗水量；反之，在低洼易涝地区，开挖排水沟渠则是有计划、有目的地控制下渗，控制地下水的活动。从这个意义上说，人们研究水的入渗规律，正是为了有计划、有目的地控制入渗过程，使之朝着人们所期望的方向发展。

5. 径流

径流是水文循环的重要环节和水均衡的基本要素，系指降落到地表的降水在重力作用下沿地表或地下流动的水流。因此，径流可分为地表径流和地下径流，两者具有密切联系，并经常相互转化。据统计，全球大陆地区年平均有 47 000 km^3 的水量通过径流返回海洋，约占陆地降水量的 40%。这部分水量大体上是人类可利用的淡水资源。

地表径流和地下径流均有按系统分布的特点。汇注于某一干流的全部河流的总体构成一个地表径流系统，称为水系。一个水系的全部集水区域，称为该水系的流域。流域范围内的降水均通过各级支流汇注于干流。相邻两个流域之间地形最高点的连线即为分水线，又称分水岭。这些概念同样可用于地下水，但地下水的系统不像地表水系那样明显和易于识别，具有自己的一些特点。

在水文学中常用流量、径流总量、径流深度、径流模数和径流系数等特征值说明地表径流。水文地质学中有时也采用相应的特征值来表征地下径流。

流量（Q）系指单位时间内通过河流某一断面的水量，单位为 m^3/s。流量 Q 等于过水断面面积 A（单位为 m^2）与通过该断面的平均流速 V（单位为 m/s）的乘积，即

$$Q = V \times A \tag{3-33}$$

径流总量（W）系指某一时段 t（单位为 s）内，通过河流某一断面的总水量，单位为 m^3。可由下式求得

$$W = Q \times t \tag{3-34}$$

径流模数（M）系指单位流域面积 F（单位为 km^2）上平均产生的流量，单位为 $L/(s \cdot km^2)$，计算式为

$$M = Q/F \times 10^3 \tag{3-35}$$

径流深度（Y）系指计算时段内的总径流量均匀分布于测站以上整个流域面积上所得到的平均水层厚度，单位为 mm，计算式为

$$Y = W/F \times 10^{-3} \tag{3-36}$$

径流系数（a）为同一时段内流域面积上的径流深度 Y（mm）与降水量 X（mm）的比值 Y/X，以小数或百分数表示。

6. 水文循环

水文循环是发生于大气水、地表水和地壳岩石空隙中的地下水之间的水循环，水文循环的速度较快，途径较短，转换交替比较迅速。

水文循环是在太阳辐射和重力共同作用下，以蒸发、降水和径流等方式周而复始进行的。平均每年有 577 000 km^3 的水通过蒸发进入大气，通过降水又返回海洋和陆地。

地表水、包气带水及饱水带中浅层水通过蒸发和植物蒸腾而变为水蒸气进入大气

圈。水汽随风飘移，在适宜条件下形成降水。落到陆地的降水，部分汇集于江河湖沼形成地表水，部分渗入地下。渗入地下的水，部分滞留于包气带中（其中的土壤水为植物提供了生长所需的水分），其余部分渗入饱水带岩石空隙，成为地下水。地表水与地下水有的重新蒸发返回大气圈，有的通过地表径流或地下径流返回海洋。水文循环的过程参见图 3-3 中的 7～10 及图 3-4。

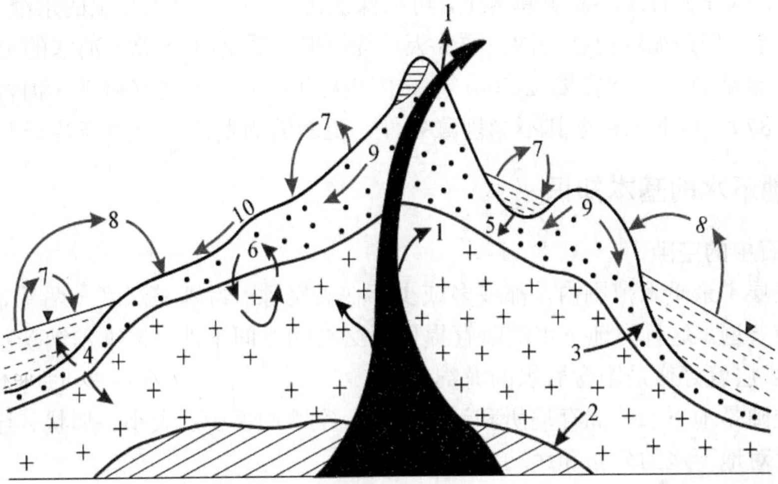

1—来自地幔源的初生水；2—返回地幔的水；3—岩石重结晶脱出水（再生水）；4—沉积成岩时排出的水；5—和沉积物一起形成的埋藏水；6—与热重力和化学对流有关的地内循环；7—蒸发和降水（小循环）；8—蒸发和降水（大循环）；9—地下径流；10—地表径流

图 3-3　自然界的水循环（据阿勃拉夫）

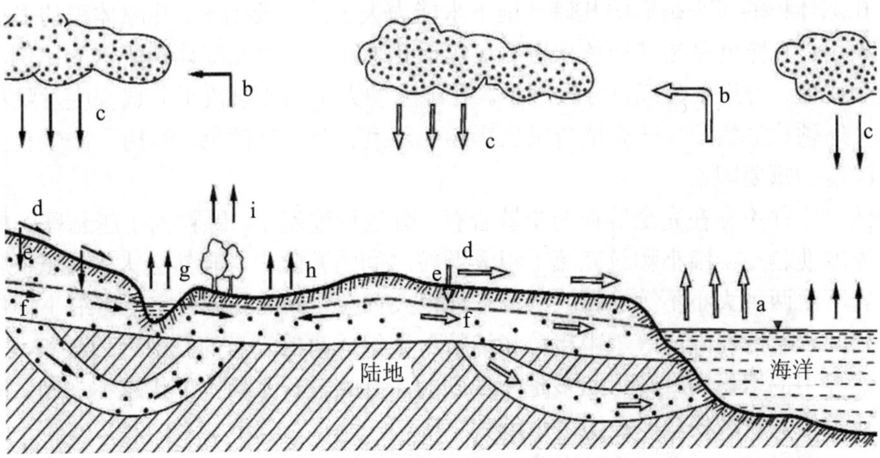

a—海洋蒸发；b—大气中水汽转移；c—降水；d—地表径流；e—入渗；f—地下径流；g—水面蒸发；h—土面蒸发；i—叶面蒸发（蒸腾）

图 3-4　水文循环示意

水文循环分为小循环与大循环。海洋与大陆之间的水分交换为大循环。海洋或大陆内部的水分交换称为小循环。通过调节小循环条件，加强小循环的频率和强度，可以改善局部性的干旱气候。目前人力仍无法改变大循环条件。

地壳浅表部水分如此往复不已地循环转化，乃是维持生命繁衍与人类社会发展的必要前提。一方面，水通过不断转化使水质得以净化；另一方面，水通过不断循环，水量得以更新再生。水作为资源不断更新再生，可以保证在其再生速度水平上的永续利用。大气水总量虽然小，但是循环更新一次只要 8 天，每年平均更换约 45 次。河水的更新期是 16 天。海洋水全部更新一次需要 2 500 年（中国大百科全书 • 大气科学 • 海洋科学 • 水文科学，1987）。地下水根据其不同埋藏条件，更新的周期由几个月到若干万年不等。

三、地下水的基本知识

1. 岩石中的空隙

地壳表层十余千米范围内，都或多或少存在着空隙，特别是深度一两千米以内，空隙分布较为普遍。这就为地下水的赋存提供了必要的空间条件。按维尔纳茨基的形象说法，“地壳表层就好像是饱含着水的海绵”。

岩石空隙是地下水的储存场所和运动通道。空隙的多少、大小、形状、连通情况和分布规律，对地下水的分布和运动具有重要影响。

将岩石空隙作为地下水储存场所和运动通道研究时，可分为三类，即：松散岩石中的孔隙、坚硬岩石中的裂隙和可溶岩石中的溶穴。

（1）孔隙

松散岩石是由大小不等的颗粒组成的。颗粒或颗粒集合体之间的空隙，称为孔隙。岩石中孔隙体积的多少是影响其储容地下水能力大小的重要因素。孔隙体积的多少可用孔隙度表示。孔隙度是指某一体积岩石（包括孔隙在内）中孔隙体积所占的比例。孔隙度是一个比值，可用小数或百分数表示。孔隙度的大小主要取决于分选程度及颗粒排列情况，另外颗粒形状及胶结充填情况也影响孔隙度。对于黏性土，结构及次生孔隙常是影响孔隙度的重要因素。

自然界中并不存在完全等粒的松散岩石。分选程度越差，颗粒大小越悬殊的松散岩石，孔隙度便越小。细小颗粒充填于粗大颗粒之间的孔隙中，自然会大大降低孔隙度。当某种岩石由两种大小不等的颗粒组成，且粗大颗粒之间的孔隙，完全为细小颗粒所充填时，则此岩石的孔隙度等于由粗粒和细粒单独组成时的岩石的孔隙度的乘积。

自然界中的岩石的颗粒形状多是不规则的。组成岩石的颗粒形状越不规则，棱角越明显，通常排列就越松散，孔隙度也越大。

由于松散岩石中并非所有的孔隙都是连通的，于是人们提出了有效孔隙度的概念。有效孔隙度为重力水流动的孔隙体积（不包括结合水占据的空间）与岩石体积之比。显然，有效孔隙度小于孔隙度。

松散岩石中的孔隙分布于颗粒之间，连通良好，分布均匀，在不同方向上，孔隙通道的大小和多少都很接近。赋存于其中的地下水分布与流动都比较均匀。

（2）裂隙

固结的坚硬岩石，包括沉积岩、岩浆岩和变质岩，一般不存在或只保留一部分颗粒之间的孔隙，而主要发育各种应力作用下岩石破裂变形产生的裂隙。按裂隙的成因可分成岩裂隙、构造裂隙和风化裂隙。

成岩裂隙是岩石在成岩过程中由于冷凝收缩（岩浆岩）或固结干缩（沉积岩）而产生的。岩浆岩中成岩裂隙比较发育，尤以玄武岩中柱状节理最有意义。构造裂隙是岩石在构造变动中受力而产生的。这种裂隙具有方向性，大小悬殊（由隐蔽的节理到大断层），分布不均一。风化裂隙是风化营力作用下，岩石破坏产生的裂隙，主要分布在地表附近。

裂隙的多少以裂隙率表示。裂隙率（K_r）是裂隙体积（V_r）与包括裂隙在内的岩石体积（V）的比值，即 $K_r=V_r/V$ 或 $K_r=(V_r/V)\times100\%$。除了这种体积裂隙率，还可用面裂隙率或线裂隙率说明裂隙的多少。野外研究裂隙时，应注意测定裂隙的方向、宽度、延伸长度、充填情况等，因为这些都对地下水的运动具有重要影响。

坚硬基岩的裂隙是宽窄不等、长度有限的线状缝隙，往往具有一定的方向性。只有当不同方向的裂隙相互穿切连通时，才在某一范围内构成彼此连通的裂隙网络。裂隙的连通性远较孔隙差。因此，赋存于裂隙基岩中的地下水相互联系较差。分布与流动往往是不均匀的。

（3）溶穴

可溶的沉积岩，如岩盐、石膏、石灰岩和白云岩等，在地下水溶蚀下会产生空洞，这种空隙称为溶穴（隙）。溶穴的体积（V_k）与包括溶穴在内的岩石体积（V）的比值即为岩溶率（K_k），即 $K_k=V_k/V$ 或 $K_k=(V_k/V)\times100\%$。

溶穴的规模悬殊，大的溶洞可宽达数十米、高数十米乃至百余米、长达几千米至几十千米，而小的溶孔直径仅几毫米。岩溶发育带岩溶率可达百分之几十，而其附近岩石的岩溶率几乎为零。

可溶岩石的溶穴是一部分原有裂隙与原生孔缝溶蚀扩大而成的，空隙大小悬殊且分布极不均匀。因此，赋存于可溶岩石中的地下水分布与流动通常极不均匀。

赋存于不同岩层中的地下水，由于其含水介质特征不同，具有不同的分布与运动特点。

因此，按岩层的空隙类型区分为孔隙水、裂隙水和岩溶水 3 种类型地下水。

2. 岩石中的水

地下水重点研究的对象是岩石空隙中的水（图 3-5）。

（1）结合水

松散岩石的颗粒表面及坚硬岩石空隙壁面均带有电荷，水分子又是偶极体，由于静电吸引，固相表面具有吸附水分子的能力。根据库仑定律，电场强度与距离平方成反比。

因此，离固相表面很近的水分子受到的静电引力很大；随着距离增大，吸引力减弱，而水分子受自身重力的影响就愈显著。受固相表面的引力大于水分子自身重力的那部分水，称为结合水。此部分水束缚于固相表面，不能在自身重力影响下运动。

- 地壳岩石中的水
  - 岩石“骨架”中的水（矿物结合水）
    - 沸石水
    - 结晶水
    - 结构水
  - 岩石空隙中的水
    - 结合水（矿物表面结合水）
      - 强结合水
      - 弱结合水
    - 液态水
      - 重力水
      - 毛细水
    - 固态水
    - 气态水

图 3-5　岩石中的水分类

由于固相表面对水分子的吸引力自内向外逐渐减弱，结合水的物理性质也随之发生变化。因此，将最接近固相表面的结合水称为强结合水，其外层称为弱结合水。

强结合水（又称吸着水）不能流动，但可转化为气态水而移动。

弱结合水（又称薄膜水）处于强结合水的外层，受到固相表面的引力比强结合水弱。弱结合水的外层能被植物吸收利用。

结合水区别于普通液态水的最大特征是具有抗剪强度，即必须施一定的力方能使其发生变形。结合水的抗剪强度由内层向外层减弱。当施加的外力超过其抗剪强度时，外层结合水发生流动，施加的外力越大，发生流动的水层厚度也越大。

（2）重力水

距离固体表面更远的那部分水分子，重力对它的影响大于固体表面对它的吸引力，因而能在自身重力影响下运动，这部分水就是重力水。重力水中靠近固体表面的那一部分，仍然受到固体引力的影响，水分子的排列较为整齐。

这部分水在流动时呈层流状态，而不做紊流运动。远离固体表面的重力水，不受固体引力的影响，只受重力控制。这部分水在流速较大时容易转为紊流运动。

岩土空隙中的重力水能够自由流动。井泉取用的地下水，都属重力水，是地下水研究的主要对象。

（3）毛细水

将一根玻璃毛细管插入水中，毛细管内的水面即会上升到一定高度，这便是发生在固、液、气三相界面上的毛细现象。

松散岩石中细小的孔隙通道构成毛细管，因此在地下水面以上的包气带中广泛存在毛细水。由于毛细力的作用，水从地下水面沿着小孔隙上升到一定高度，形成一个毛细水带，此带中的毛细水下部有地下水面支持，因此称为支持毛细水。

3. 地下水的概念

广义上的地下水是指以各种形式埋藏在地壳空隙中的水，包括包气带和饱水带中的水。地下水也是参与自然界水循环过程中处于地下隐伏径流阶段的循环水。

地下水既然储存和运动于岩石和土壤空隙中，那么必然要受到地质条件的控制。地质条件包括岩石性质、空隙类型与连通性、地质地貌特征、地质历史等。

地下水环境是地质环境的组成部分，它是指地下水的物理性质、化学成分和贮存空间及其由于自然地质作用和人类工程——经济活动作用下所形成的状态总和。

4. 包气带和饱水带

地表以下一定深度，岩石中的空隙被重力水所充满，形成地下水面。地表与潜水面之间的地带称为包气带；地下水面以下，土层或岩层的空隙全部被水充满的地带称为饱水带（图 3-6）。在包气带中，空隙壁面吸附有结合水，细小空隙中含有毛细水，未被液态水占据的空隙包含空气及气态水，空隙中的水超过吸附力和毛细力所能支持的量时，空隙中的水便以重力水的形式向下运动。上述以各种形式存在于包气带中的水统称为包气带水。包气带水来源于大气降水的入渗，地表水体的渗漏，由地下水面通过毛细作用上升输送的水，以及地下水蒸发形成的气态水。

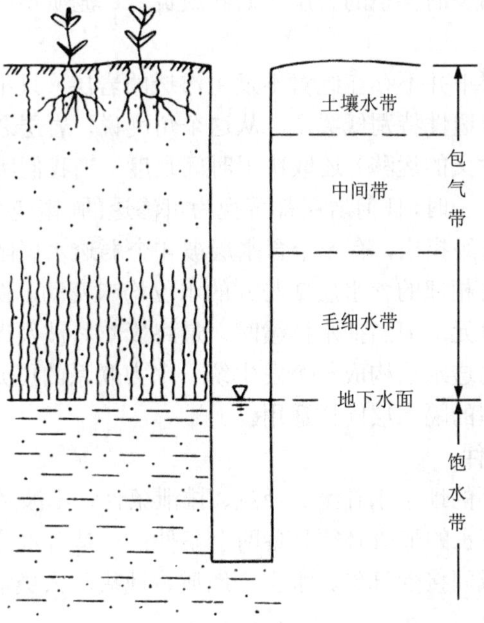

图 3-6　地下水分带

5. 含水层、隔水层与弱透水层

岩石中含有各种状态的地下水，由于各类岩石的水力性质不同，可将各类岩石层划分为含水层、隔水层和弱透水层。

含水层：指能够给出并透过相当数量重力水的岩层或土层。构成含水层的条件，一是岩石中要有空隙存在，并充满足够数量的重力水；二是这些重力水能够在岩石空隙中自由运动。

隔水层：指不能给出并透过水的岩层、土层，如黏土、致密的岩层等。

含水层一般分为承压含水层、潜水含水层。承压含水层是指充满于上下两个隔水层之间的地下水，其承受压力大于大气压力。潜水含水层是指地表以下、第一个稳定隔水层以上具有自由水面的地下水。在承压含水层强抽水形成的漏斗区域，或地形切割严重的区域，有时承压水水头下降至承压含水层的隔水顶板之下，这部分承压水就变成了无压水，通常将这样的含水层称为无压—承压含水层。

含水层和隔水层是相对概念，有些岩层也给出与透过一定数量的水，介于含水层与隔水层之间，于是有人提出了弱透水层（弱含水层）的概念。

弱透水层（弱含水层）：指那些渗透性相当差的岩层，在一般的供排水中它们所能提供的水量微不足道，似乎可以看作隔水层；但是，在发生越流时，由于驱动水流的水力梯度大且发生渗透的过水断面很大（等于弱透水层分布范围），因此，相邻含水层通过弱透水层交换的水量相当大，这时把它称作隔水层就不合适了。松散沉积物中的黏性土，坚硬基岩中裂隙稀少而狭小的岩层（如砂质页岩、泥质粉砂岩等）都可以归入弱透水层之列。

严格地说，自然界中并不存在绝对不发生渗透的岩层，只不过某些岩层（如缺少裂隙的致密结晶岩）的渗透性特别低罢了。从这个角度说，岩层之是否透水（地下水在其中是否发生具有实际意义的运移）还取决于时间尺度。当我们所研究的某些水文地质过程涉及的时间尺度相当长时，任何岩层都可视为可渗透的。诺曼与威瑟斯庞（Neuman and Witherspoon，1969）曾经指出，有 5 个含水层被 4 个弱透水层阻隔（图 3-7），当在含水层 3 中抽水时，短期内相邻的含水层 2 与 4 的水位均未变动。图 3-7 中所示 a 的范围构成一个有水力联系的单元。但当抽水持续时，最终影响将波及图 3-7 中 b 所示范围，这时 5 个含水层与 4 个弱透水层构成一个发生统一水力联系的单元。这个例子虽然涉及的是弱透水层，但对典型的隔水层同样适用。

6. 地下水形成条件

指参与现代水循环的地下水补给、径流、排泄条件，不涉及讨论地下水首次形成的地下水起源问题。地下水的形成必须具备两个条件：一是有水分来源，二是要有贮存水的空间。它们均直接或间接受气象、水文、地质、地貌和人类活动的影响。

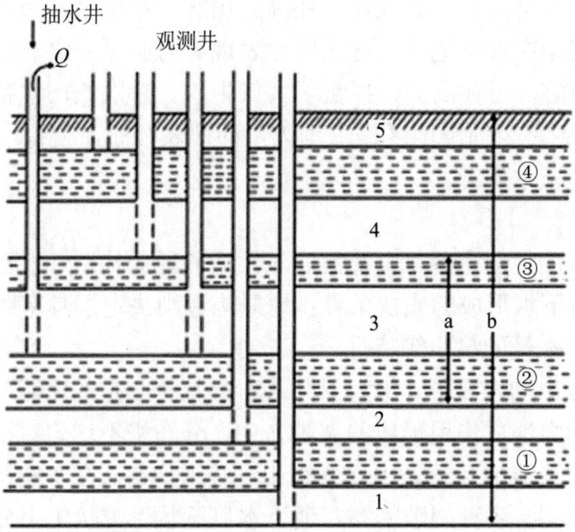

图 3-7　岩层渗透性与时间尺度的关系

（Neuman and Witherspoon，1969）

（1）自然地理条件

气象、水文、地质、地貌等对地下水影响最为显著。大气降水是地下水的主要补给来源，降水的多寡直接影响到一个地区地下水的丰富程度。在湿润地区，降水量大，地表水丰富，对地下水的补给量也大，一般地下水也比较丰富；在干旱地区，降水量小，地表水贫乏，对地下水的补给有限，地下水量一般较小。另外，干旱地区蒸发强烈，浅层地下水浓缩，再加上补给少、循环差，多形成高矿化度的地下水。

地表水与地下水同处于自然界的水循环中，并且互相转化，两者有着密切的联系。

除了降水对地下水的补给外，地表水对地下水也能起到补给作用，但主要集中在地表水分布区，如河流沿岸、湖泊的周边。所以有地表水的地区地下水既可得到降水补给，又可得到地表水补给，因此水量比较丰富，水质一般也好。

在不同的地形地貌条件下，形成的地下水存在很大差异。

地形平坦的平原和盆地区，松散沉积物厚，地面坡度小，降水形成的地表径流流速慢，易于渗入地下，补给地下水，特别是降水多的沿海地带和南方，平原和盆地中地下水分布广而丰富。

在沙漠地区尽管地面物质粗糙，水分易于下渗，但因为气候干旱，降水少，地下水很难得到补给，许多岩层是能透水而不含水的干岩层。

黄土高原组成物质较细，且地面切割剧烈，不利于地下水的形成，再加上位于干旱半干旱气候区，地下水贫乏，是中国有名的贫水区。

山区地形陡峻，基岩出露，地下水主要存在于各种岩石的裂隙中，分布不均。由于降水受海拔的影响，具有垂直分布规律，在高大山脉分布地区，降水充足，地表水和地下水均很丰富，特别是在干旱地区，这一现象表现更为明显。位于中国干旱区腹部的祁连山、昆仑山、天山等，山体高大，拦截了大气中的大量水汽，并有山岳冰川分布，成为干旱区中的“湿岛”，为周围地区提供了大量的地表径流，使位于山前的部分平原具有充足的地表水和地下水资源。

（2）地质条件

影响地下水形成的地质条件，主要是岩石性质和地质构造。岩石性质决定了地下水的贮存空间，它是地下水形成的先决条件；地质构造则决定了具有贮水空间的岩石能否将水储存住以及储存水量的多少等特性。

除了一些结晶致密的岩石外，绝大部分岩石都具有一定的空隙。坚硬岩石中地下水存在于各种内、外动力地质作用形成的裂隙之中，分布极不均匀；松散岩层中，地下水存在于松散岩土颗粒形成的孔隙之中，分布相对较为均匀。在一些构造发育、断层分布集中的地区，岩层破碎，各种裂隙密布，地下水以脉状、带状集中分布在大断层及其附近。在构造盆地，由于基底是盆地式构造，其上往往沉积了巨厚的第四纪松散沉积物，再加上良好的汇水条件，多形成良好的承压含水层，蕴藏着丰富的自流水。

（3）人类活动对地下水的影响

随着社会的发展，人类对水资源的需求越来越大。统计资料表明，水资源的需求量与社会进步和生活水平的提高成正比。美国、英国等发达国家的人均年用水量远高于发展中国家。近年来，人类活动对地下水的影响范围和强度都在不断加大，人类对地下水的开采量不断增加，导致地下水位下降，引起一些大中城市地面沉降；沿海地区海水入侵地下水含水层；内陆平原地下水位下降，地表植被衰退，土地荒漠化等。人类为调节径流，大力兴修水利，改变了地下水的补给、径流和排泄条件，破坏了天然状态下的地下水平衡，如措施不当，则会产生土壤次生盐渍化，破坏生态平衡，促使环境恶化。此外，人类生产和生活排放的污水和废料，进入地下含水层，造成地下水污染。

人类采取有计划的措施对地下水进行合理而科学的开发和保护，则对促进地下水的循环，改善地下水条件非常有益。如在一些引客水灌区，适当控制地表水灌溉量，增加地下水开采，可降低地下水位，防治土壤盐碱化。在一些因开采过量而导致地下水位大幅度下降，引起地面沉降的城市，采用人工回灌方法，可提高地下水水位，控制地面沉降。在一些地质条件合适的地方，可将地表水引入地下，将水贮存在地下含水层中，增加地下水水量，形成“地下水库”，在需要时抽取引用。

7. 地下水的分类

地下水存在于岩石、土层的空隙之中。岩石、土层的空隙既是地下水的储存场所，又是地下水的渗透通道，空隙的多少、大小及其分布规律，决定着地下水分布与渗透的特点。地下水根据其物理力学性质可分为毛细水和重力水。根据含水介质（空隙）类型，可分为孔隙水、裂隙水和岩溶水三类；根据埋藏条件［地下水的埋藏条件，是指含水岩层在地质剖面中所处的部位及受隔水层（弱透水层）限制的情况］可分为包气带水、潜水和承压水（图 3-8）；将二者组合可分为 9 类地下水（表 3-21）。

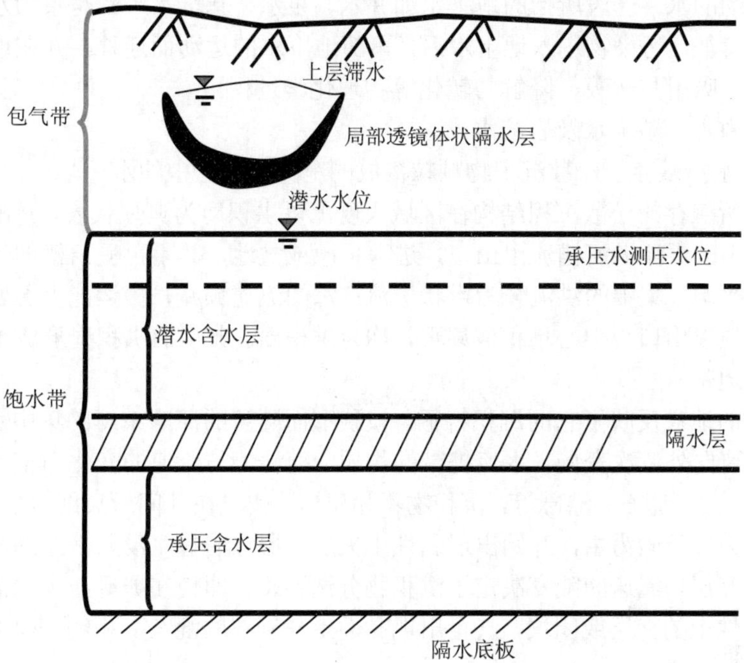

图 3-8 潜水与承压水

表 3-21 地下水分类

埋藏条件	含水介质类型		
	孔隙水	裂隙水	岩溶水
包气带水	土壤水 局部黏性土隔水层上季节性存在的重力水（上层滞水）过路及悬留毛细水及重力水	裂隙岩层浅部季节性存在的重力水及毛细水	裸露岩溶化层上部岩溶通道中季节性存在的重力水
潜　水	各类松散沉积物浅部的水	裸露于地表的各类裂隙岩层中的水	裸露于地表的岩溶化岩层中的水
承压水	山间盆地及平原松散沉积物深部的水	组成构造盆地、向斜构造或单斜断块的被掩覆的各类裂隙岩层中的水	组成构造盆地、向斜构造或单斜断块的被掩覆的岩溶化岩层中的水

（1）毛细水与重力水

毛细水指在岩土细小的孔隙和裂隙中，受毛细作用控制的水，它是岩土中三相界面上毛细力作用的结果。

重力水指存在于岩石颗粒之间、结合水层之外，不受颗粒静电引力的影响，可在重力作用下运动的水。一般所指的地下水如井水、泉水、基坑水等都是重力水，它具有液态水的一般特征。污染物进入地下水后，可随地下水的运动而迁移，并在地下水中产生溶解与沉淀、吸附与解吸、降解与转化等物理化学过程。

（2）孔隙水、裂隙水及岩溶水

① 孔隙水指赋存于松散沉积物颗粒构成的空隙网络之中的水。

孔隙水所赋存的松散沉积结构在区域尺度上以洪积扇为典型代表。暴雨形成流速极大的洪流，山区洪流沿河槽流出山口，进入平原或盆地，其不再受河槽的约束，加之地势突然转为平坦，集中的洪流转为辫状散流；水的流速顿减，搬运能力急剧降低，洪流所携带的物质以山口为中心堆积成扇形，称为洪积扇。典型的洪积扇形成于干旱半干旱地区的山前地带。

洪积物的地貌反映了它的沉积特征。被狭窄而陡急的河床束缚的集中水流，出山口后分散，流速向外依次变慢，水流携带的物质，随地势与流速的变化而依次堆积。扇的顶部，多为砾石、卵石、漂砾等，沉积物不显层理，或仅在其间所夹细粒层中显示层理。向外，过渡为砾及砂为主，开始出现黏性土夹层，层理明显，没入平原的部分，则为砂与黏性土的互层。流速的陡变决定了洪积物分选不良，即使在卵砾石为主的扇顶，也常出现砂和黏性土的夹层或团块，甚至出现黏性土与砾石的混杂沉积物，向下分选性变好（图 3-9）。

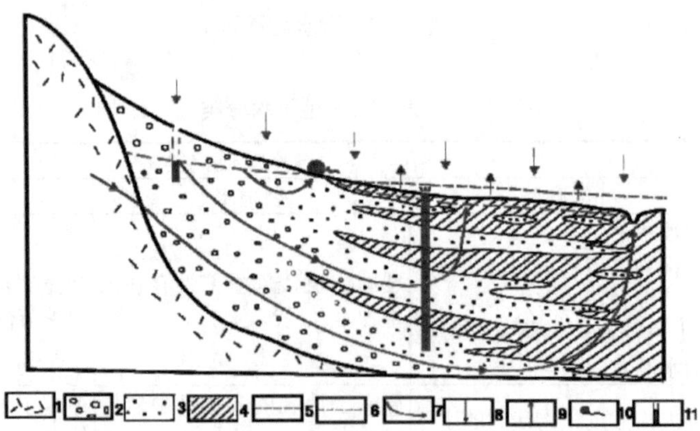

1—基岩；2—砾石；3—砂；4—黏性土；5—潜水位；6—承压水测压水位；7—地下水流线；8—降水入渗；9—蒸发排泄；10—下降泉；11—井，涂黑部分有水

图 3-9　半干旱地区洪积扇水文地质剖面示意

洪积扇上部，粗大的颗粒直接出露地表，或仅覆盖薄土层，十分有利于吸收降水及山区汇流的地表水，是主要补给区。此带地势高，潜水埋藏深（水位埋深十余米乃至数十米）。

岩层透水性好，地形坡降大，地下径流强烈。蒸发微弱而溶滤强烈，故形成低矿化水（数十毫克/升到数百毫克/升）。此带属潜水深埋带或盐分溶滤带。地下水水位动态变化大。向下，随着地形变缓、颗粒变细，透水性变差，地下径流受阻，潜水壅水而水位接近地表，形成泉与沼泽。径流途径加长，蒸发加强，水的矿化度增高。此带为溢出带，或称盐分过路带。

地下水水位动态变化小。现代洪积扇的前缘即止于此带，向下即没入平原之中。此带向下，由于地表水的排泄及蒸发，潜水埋深又略增大。岩性变细、地势变平，潜水埋深不大，干旱气候下，蒸发成为主要排泄方式，水的矿化度增大，土壤常发生盐渍化，称为潜水下沉带或潜水堆积带。

② 裂隙水指贮存运移于裂隙基岩中的水。

坚硬基岩在应力作用下产生各种裂隙：成岩过程中形成成岩裂隙；经历构造变动产生构造裂隙；风化作用可形成风化裂隙。

贮存并运移于裂隙基岩中的裂隙水，往往具有一系列与孔隙水不同的特点。某些情况下，打在同一岩层中相距很近的钻孔，水量悬殊，甚至一孔有水而邻孔无水；有时在相距很近的井孔测得的地下水位差别很大，水质与动态也有明显不同；在裂隙岩层中开挖矿井，通常涌水量不大的岩层中局部可能大量涌水；在裂隙岩层中抽取地下水往往发生这种情况：某一方向上离抽水井很远的观测孔水位已明显下降，而在另一方向上离抽水井很近的观测孔水位却无变化。上述现象说明，与孔隙水相比，裂隙水表现出更强烈的不均匀性和各向异性。

松散岩层中，空隙分布连续均匀，构成具有统一水力联系、水量分布均匀的层状含水系统。但裂隙岩层只有在一些特殊的条件下才能形成水量分布比较均匀的层状含水系统。例如，夹于厚层塑性岩层中的薄层脆性岩层、规模比较大的风化裂隙岩层等。这些岩层中裂隙往往密集均匀，使整个含水层具有统一的水力联系，在其中布井几乎处处可取到水。

裂隙水按其介质中空隙的成因可分为成岩裂隙水、风化裂隙水、构造裂隙水。由于其各自所赋存介质的不同，其空间分布、规模及水流特性存在一定的差异。

成岩裂隙是岩石在成岩过程中受内部应力作用而产生的原生裂隙。沉积岩固结脱水、岩浆岩冷凝收缩等均可产生成岩裂隙。

沉积岩及深成岩浆岩的成岩裂隙通常多是闭合的，含水意义不大。陆地喷溢的玄武岩成岩裂隙最为发育。岩浆冷凝收缩时，由于内部张力作用产生垂直于冷凝面的六方柱状节理及层面节理。此类成岩裂隙大多张开且密集均匀，连通良好，常构成贮水丰富、导水通畅的层状裂隙含水系统。

暴露于地表的岩石，在温度变化和水、空气、生物等风化营力作用下形成风化裂隙。风化裂隙常在成岩裂隙与构造裂隙的基础上进一步发育，形成密集均匀、无明显方向性、连通良好的裂隙网络。风化营力决定着风化裂隙层呈壳状包裹于地面，一般厚度为数米到数十米，未风化的母岩往往构成相对隔水底板，故风化裂隙水一般为潜水，被后期沉积物覆盖的古风化壳可赋存承压水。

风化裂隙的发育受岩性、气候及地形的控制。单一稳定的矿物组成的岩层（如石英岩）风化裂隙很难发育。泥质岩石虽易风化，但裂隙易被土状风化物充填而不导水。由多种矿物组成的粗粒结晶岩（花岗岩、片麻岩等）中，不同矿物热胀冷缩不一，风化裂隙发育，风化裂隙水主要发育于此类岩石中。

构造裂隙是在地壳运动过程中岩石在构造应力作用下产生的，它是所有裂隙成因类型中最常见、分布范围最广、与各种水文地质工程地质问题关系最密切的类型，是裂隙水研究的主要对象。通常我们说裂隙水区别于孔隙水，具有强烈的非均匀性、各向异性、随机性等特点也主要是针对构造裂隙水而言的。

构造裂隙的张开宽度、延伸长度、密度以及导水性等在很大程度上受岩层性质（如岩性、单层厚度、相邻岩层的组合情况）的影响。在塑性岩石如页岩、泥岩、凝灰岩、千枚岩等中常形成闭合乃至隐蔽的裂隙。这类岩石的构造裂隙往往密度很大，但张开性差，延伸不远，缺少对地下水贮存特别是传导有意义的“有效裂隙”，多构成相对隔水层；只有在暴露于地表之后经过卸荷及风化才具有一定的贮水及导水能力。

构造裂隙的特点是具有明显而又比较稳定的方向性，这种方向性主要由构造应力场控制，不同岩层在同一构造应力场下形成的裂隙通常具有相同或相近的方向。

③ 岩溶水指贮存并运移于岩溶化岩层中的水。

由于介质的可溶性以及水对介质的差异性溶蚀，岩溶水在流动过程中不断扩展介质的空隙，改变其形状，改造着自己的赋存与运动的环境，从而改造着自身的补给、径流、排泄与动态特征。岩溶水系统是一个能够通过水与介质相互作用不断自我演化的动力系统。

处于不同演化阶段的岩溶水具有不同特征，处于演化初期的岩溶水系统往往与裂隙水系统没有很大的不同。处于演化后期的岩溶水系统，管道系统发育，大范围内的水汇成一个完整的地下河系，某种程度上带有地表水的特征：空间分布极不均一，时间上变化强烈，流动迅速，排泄集中。

水量丰富的岩溶含水系统是理想的供水水源。岩溶区的奇峰异洞与大泉是宝贵的旅游资源。水量大且分布极不均匀的岩溶水往往构成采矿的巨大威胁。岩溶水易受建设项目影响。

岩溶含水介质具有很大的不均一性，既有规模巨大、延伸长达数十千米的管道溶洞，也有十分细小的裂隙甚至孔隙（包括洞穴沉积物中的孔隙）。由于大泉往往从溶洞流出，而钻孔与坑道也是在揭露溶洞时才出现可观的水量，所以有一个时期，人们曾错误地认为岩溶水如同地表水在河道中流动一般只是在若干个孤立的管道系统中流动。近年来，人们对岩溶泉动态进行了深入研究，终于发现，供给泉的水量只有百分之几到百分之十几来自溶洞管道，绝大多数水是由裂隙与孔隙释出，经由溶洞流出的。现在人们已经认识到，初始的岩溶含水介质包含为数众多的各种尺度的裂隙以及孔隙，这些初始的空隙在溶蚀过程中不同程度地溶蚀扩展，有的发育成为尺寸很大的溶洞管道，有的仍然保持为细小的空隙。因此，岩溶含水介质实际上是尺寸不等的空隙构成的多级次空隙系统。

由于岩溶含水介质的空隙尺寸大小悬殊，因此在岩溶水系统中通常是层流与紊流共存。细小的孔隙，裂隙中地下水一般作层流运动，而在大的管道中地下水洪水期流速每昼夜可达数千米，一般呈紊流运动。

由于介质中空隙规模相差悬殊，不同空隙中的地下水运动不能保持同步。降雨时，通过地表的落水洞、溶斗等，岩溶管道迅速、大量吸收降水及地表水，水位抬升快，形成水位高脊，在向下游流动的同时还向周围的裂隙及孔隙散流。而枯水期岩溶管道排水迅速，形成水位凹槽，周围裂隙及孔隙保持高水位，沿着垂直于管道流的方向向其汇集。在岩溶含水系统中，局部流向与整体流向常常是不一致的。岩溶水可以是潜水，也可以是承压水，然而即使赋存于裸露巨厚纯质碳酸盐岩中的岩溶潜水也与松散沉积物中典型的潜水不同，由于岩溶管道断面沿流程变化很大，某些部分在某些时期局部的地下水是承压的，在另一些时间里又可变成无压的。

在典型的岩溶化地区，灌入式的补给、畅通的径流与集中的排泄，加上岩溶含水介质的孔隙率（给水度）不大，决定着岩溶水水位动态变化非常强烈，在远离排泄区的地段，岩溶水水位的变化可以高达数十米乃至数百米，变化迅速且缺乏滞后。

（3）包气带水、潜水与承压水

① 包气带水指处于地表面以下、潜水位以上的包气带岩土层中的水，包括土壤水、沼泽水、上层滞水以及基岩风化壳（黏土裂隙）中季节性存在的水。主要特征是受气候控制，水量季节性变化明显，雨季水量多，旱季水量少，甚至干涸。

② 潜水指地表以下、第一个稳定隔水层以上具有自由水面的地下水。潜水没有隔水顶板，或只有局部的隔水顶板。潜水的表面为自由水面，称作潜水面；从潜水面到隔水底板的距离为潜水含水层的厚度。潜水面到地面的距离为潜水埋藏深度。潜水含水层厚度与潜水面潜藏深度随潜水面的升降而发生相应的变化，如图 3-10 所示。

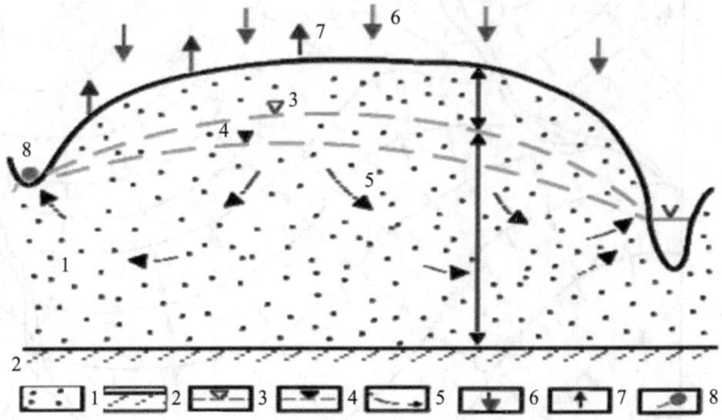

1—含水层；2—隔水层；3—高水位期潜水面；4—低水位期潜水面；5—潜水流向；

6—大气降水入渗；7—蒸发；8—泉

图 3-10 潜水

由于潜水含水层上面不存在完整的隔水或弱透水顶板，与包气带直接连通，因而在潜水的全部分布范围都可以通过包气带接受大气降水、地表水的补给。潜水在重力作用下由水位高的地方向水位低的地方流动。潜水的排泄，除了流入其他含水层以外，泄入大气圈与地表水圈的方式有两类：一类是径流到地形低洼处，以泉、泄流等形式向地表或地表水体排泄，这便是径流排泄；另一类是通过土面蒸发或植物蒸腾的形式进入大气，这便是蒸发排泄。

潜水与大气圈及地表水圈联系密切，气象、水文因素的变动对其影响显著。丰水季节或年份，潜水接受的补给量大于排泄量，潜水面上升，含水层厚度增大，埋藏深度变小。干旱季节排泄量大于补给量，潜水面下降，含水层厚度变小，埋藏深度变大。潜水的动态有明显的季节变化特点。

潜水积极参与水循环，资源易于补充恢复，但受气候影响，且因含水层厚度一般比较有限，其资源通常缺乏多年调节性。

潜水的水质主要取决于气候、地形及岩性条件。湿润气候及地形切割强烈的地区，有利于潜水的径流排泄，往往形成含盐量不高的淡水。干旱气候下由细颗粒组成的盆地平原，潜水以蒸发排泄为主，常形成含盐量高的咸水，潜水容易受到污染，水质易受地面建设项目影响，对潜水水源应注意卫生防护。

一般情况下，潜水面是向排泄区倾斜的曲面，起伏大体与地形一致而较缓和。潜水面下任一点的高程称为该点的潜水位。将潜水位相等的各点连线，即得潜水等水位线图（图 3-11）。该图能反映潜水面形状。垂直等水位线由高到低为潜水流向。相邻两条等水位线的水位差除以其水平距离即为潜水面坡度。利用同一地方的潜水等水位线图与地形图可以求取各处的潜水埋藏深度，并判断沼泽、泉的出露与潜水面的关系以及潜水与地表水体的相互补给关系等。潜水面的陡缓有时也能反映潜水含水层厚度与渗透性的变化。

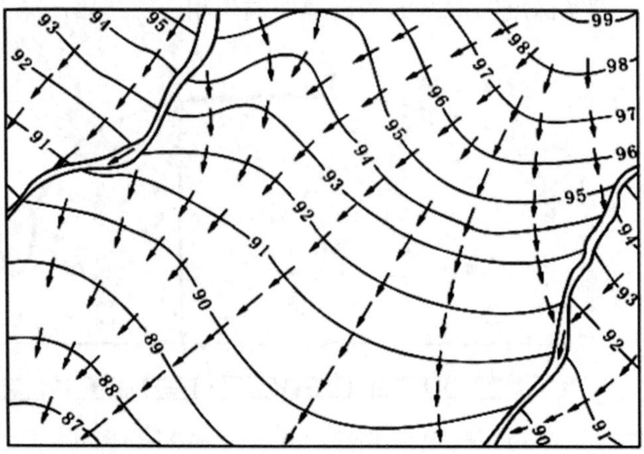

注：图中线条为等水位线，数字为潜水位标高（m），箭头为潜水流向

图 3-11 潜水等水位线

综上所述，潜水的基本特点是与大气圈、地表水圈联系密切，积极参与水循环；决定这一特点的根本原因是其埋藏特征——位置浅且上面没有连续的隔水层。

③ 承压水是指充满于上下两个隔水层之间的地下水，其承受压力大于大气压力。承压含水层上部的隔水层（弱透水层）称作隔水顶板，下部的隔水层（弱透水层）称作隔水底板。隔水顶板与底板之间的距离为承压含水层厚度。

承压性是承压水的一个重要特征。图 3-12 表示一个基岩向斜盆地。含水层中心部分埋没于隔水层之下，是承压区；两端出露于地表，为非承压区。含水层从出露位置较高的补给区获得补给，向另一侧出露位置较低的排泄区排泄。由于来自出露区地下水的静水压力作用，承压区含水层不但充满水，而且含水层顶面的水承受大气压强以外的附加压强。当钻孔揭穿隔水顶板时，钻孔中的水位将上升到含水层顶部以上一定高度才静止下来。钻孔中静止水位到含水层顶面之间的距离称为承压高度，这就是作用于隔水顶板的以水柱高度表示的附加压强。井中静止水位的高程就是承压水在该点的测压水位。测压水位高于地表的范围是承压水的自溢区，在这里井孔能够自喷出水。

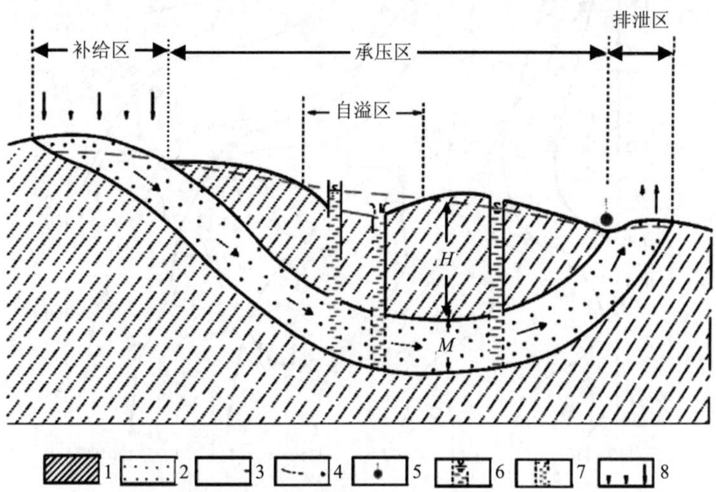

1—隔水层；2—含水层；3—潜水位及承压水测压水位；4—地下水流向；5—泉；6—钻孔，虚线为进水部分；7—自喷井；8—大气降水补给；H—承压高度；M—含水层厚度

图 3-12　基岩自流盆地中的承压水

承压水在很大程度上和潜水一样，主要来源于现代大气降水与地表水的入渗。当顶板、底板隔水性能良好时，它主要通过含水层出露于地表的补给区（潜水分布区）获得补给，并通过范围有限的排泄区，以泉或其他径流方式向地表或地表水体泄出。当顶板、底板为弱透水层时，除了含水层出露的补给区，它还可以从上下部含水层获得越流补给，也可向上下部含水层进行越流排泄。无论哪一种情况下，承压水参与水循环都不如潜水积极。因此，气象、水文因素的变化对承压水的影响较小，承压水动态比较稳定。承压水的资源不

容易补充、恢复，但由于其含水层厚度通常较大，故其资源往往具有多年调节性能。

承压水的水质取决于埋藏条件及其与外界联系的程度，可以是淡水，也可以是含盐量很高的卤水。与外界联系越密切，参加水循环越积极，承压水的水质就越接近于入渗的大气降水与地表水，通常为含盐量低的淡水。与外界联系差，水循环缓慢，水的含盐量就高。

将某一承压含水层测压水位相等的各点连线，即得等水压线图（等测压水位线图）。根据等测压水位线可以确定承压水的流向和水力梯度。承压水的测压水面只是一个虚构的面，并不存在这样一个实际的水面，只有当钻孔穿透上覆隔水层达到含水层顶面时孔中才见水；孔中水位上升到测压水位高度静止不动。因此，为了打井取水等，等测压水位线图通常要附以含水层顶板等高线图（图 3-13）。

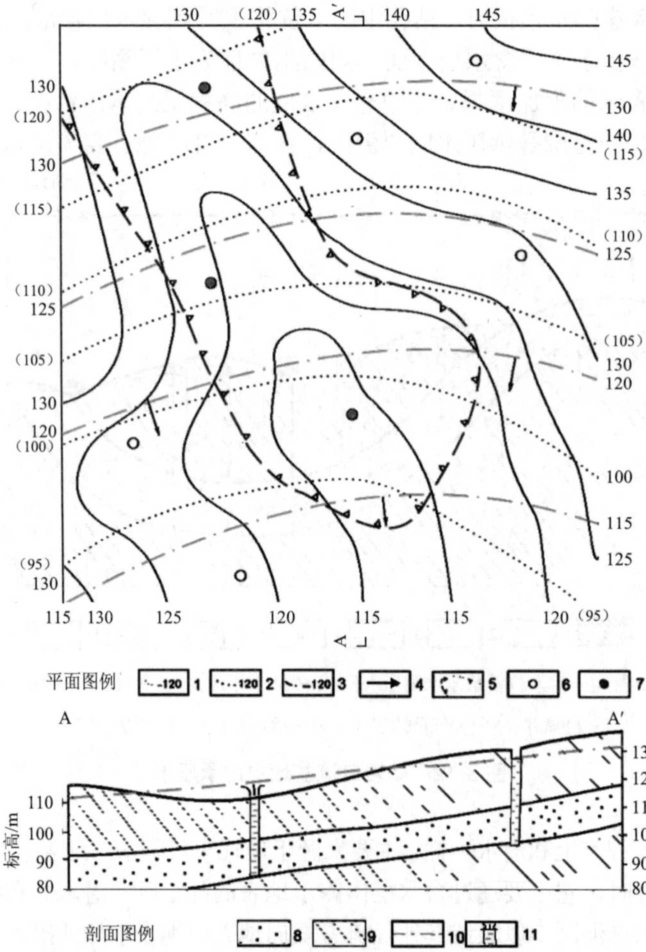

1—地形等高线（m）；2—含水层顶部等高线（m）；3—等测压水头线；4—地下水流向；5—自流区（水头高于地表）；6—承压水井；7—自流井；8—含水层；9—隔水层；10—等测压面；11—自流井

图 3-13　等测压水位线

仅仅根据等测压水位线图，无法判断承压含水层和其他水体的补给关系。因为任一承压含水层接受其他水体的补给必须同时具备两个条件：第一，其他水体（地表水、潜水或其他承压含水层）的水位必须高出此承压含水层的测压水位；第二，其他水体与该含水层之间必须有联系通道。同样，当承压含水层测压水位高于其他水体且与其他水体有联系通道时，则前者向后者排泄。

由于上部受到隔水层或弱透水层的隔离，承压水与大气圈、地表水圈的联系较差，水循环也缓慢得多。承压水不像潜水那样容易污染，但是一旦污染后则很难使其净化。

④ 潜水与承压水的相互转化。在自然与人为条件下，潜水与承压水经常处于相互转化之中。显然，除了构造封闭条件下与外界没有联系的承压含水层外，所有承压水最终都是由潜水转化而来；或由补给区的潜水测向流入，或通过弱透水层接受潜水的补给。

对于孔隙含水系统，承压水与潜水的转化更为频繁。孔隙含水系统中不存在严格意义上的隔水层，只有作为弱透水层的黏性土层。山前倾斜平原，缺乏连续的厚度较大的黏性土层，分布着潜水。进入平原后，作为弱透水层的黏性土层与砂层交互分布。浅部发育潜水（赋存于砂土与黏性土层中），深部分布着由山前倾斜平原潜水补给形成的承压水。由于承压水水头高，在此通过弱透水层补给其上的潜水。

天然条件下，平原潜水同时接受来自上部降水入渗补给及来自下部承压水越流补给。随着深度加大，降水补给的份额减少，承压水补给的比例加大。同时，黏性土层也向下逐渐增多。因此，含水层的承压性是自上而下逐渐加强的。换句话说，平原潜水与承压水的转化是自上而下逐渐发生的，两者的界限不是截然分明的。开采平原深部承压水后其水位低于潜水时，潜水便反过来成为承压水的补给源。

8. 地下水的补给、径流和排泄

地下水作为水圈的重要组成部分，一方面积极地参与了全球的水循环过程，另一方面在一定的环境条件下，一定区域范围内的地下水自身通过不断地获得补给、产生径流而后排泄等环节，发生周而复始的运动，形成相对独立的地下水循环系统。

（1）地下水的补给

含水层中的地下水自外界获得水量补充的作用称为补给。地下水的主要补给来源有降水入渗补给、地表水入渗补给、来自其他含水层的补给以及人工补给等。

① 降水入渗补给。大气降水是地下水最主要的补给来源。降水的入渗过程是在分子力、毛细管力以及重力的综合作用下进行的。地下水自降水获得的补给量除了与降水本身的强度、降水总量等有关外，还与土层蓄水能力有关。只有降水入渗量超过土层的蓄水能力，多余的降水才能补给潜水。在地下水埋藏较深的地方，这一过程需要很长时间才能完成。

② 地表水入渗补给。地表上的江河、湖泊、水库以及海洋，皆可成为地下水的补给水源。

河流对于地下水的补给，主要取决于河水位与地下水位的相对关系、河床的透水性能、河床的周界和高水位持续时间的长短。

③ 含水层的补给。含水层补给分为两种情况，一种是同一含水层通过侧向排泄补给下游含水层；另一种是两个含水层之间的补给。两个含水层之间的补给有两个条件：一是两个含水层具有水头差，二是含水层之间具有水力联系通道。两个含水层之间可通过天窗、导水断裂、弱透水层越流、不整合接触面等途径补给。

④ 人工补给。人工补给也是地下水的重要补给来源。人工补给可区分为以下几类情况，一是人类修建水库、渠道，引水灌溉农田，从而补给地下水；二是人类为了有效地保护和改善地下水资源、改善水质、控制地下漏斗以及地面沉降现象的出现，而采取的一种有计划、有目的的人工回灌。另外，城市工矿企业排放工业废水以及城镇生活污水排放，因渗漏而补给地下水，经常使地下水遭到污染，是一种特殊的人工补给。

含水层（含水系统）从外界获得水量的区域称为地下水补给区。对于潜水含水层，补给区与含水层的分布区一致；对于承压含水层，裂隙水、岩溶水的基岩裸露区，山前冲洪积扇的单层砂卵砾石层的分布区都属于补给区。

（2）地下水的径流

地下水由补给区流向排泄区的过程称为径流，是连接补给与排泄两个作用的中间环节。径流的强弱影响着含水层的水量与水质。径流强度可用地下水的平均渗透速度衡量。含水层透水性好，地形高差大、切割强烈、大气降水补给量丰沛地区的地下径流强度大。同一含水层的不同部位径流强度也有差异。

① 地下水径流方向与径流强度。地下水的径流方向与地表河川径流总是沿着固定的河床汇流不同，呈现复杂多变的特点，具体形式视沿程的地形、含水层的条件而定。当含水层分布面积广，大致水平时，地下径流可呈平面式的运动；在山前洪积扇中的地下水则呈现放射式的流动，具有分散多方向的特点；在带状分布的向斜、单斜含水层中的地下水，如遇断层或横沟切割，则可形成纵向或横向的径流。但这种复杂多变性，总离不开地下水从补给区向排泄区汇集，并沿着路径中阻力最小方向前进，即自势能高处向势能较低处运动，反映在平面上，地下水流方向，总是垂直于等水位线的方向。

地下水的径流强度与地下水的流动速度基本上与含水层的透水性、补给区与排泄区之间水力坡度成正比，对于承压水来说，还与蓄水构造的开启与封闭程度有关。

地下径流强度不仅沿程上有差别，在垂直方向上也不同，一般规律是从地表向下随着深度增加，地下径流强度逐渐减弱，至侵蚀基准面，地下水基本处于停滞状态。

② 地下水径流类型。地下水是通过补给、径流与排泄3个环节来实现交替循环的。根据水的交替循环途径的不同，可区分为垂向交替、侧向交替和混合交替。其中垂向交替以内陆盆地最为典型，自降水或地表水入渗得到补给，而后以蒸发方式垂直排泄，径流过程微弱；侧向交替类型的补给来源多样，地下水的交替基本上在水平方向上进行，径流比较发育；混合交替是介于上述两类之间的过渡类型，自然界中实际交替现象大都属这一类。

畅流型：畅流型的地下水流线近于平行，水力坡度较大，侧向交替占绝对优势，补给排泄条件良好，径流通畅，地下水交替积极，因而水的矿化度低，水质好。

汇流型：汇流型地下水的流线呈汇集状，水力坡度常由小变大。对于汇流型潜水盆地，其水交替属混合型，边缘以侧向为主，中间部位垂向交替所占的比重增大。对于承压水则属侧向水交替。汇流型的地下水一般交替积极，常形成可资利用的地下水资源。

散流型：散流型的特点是流线呈放射状，水力坡度由大变小，呈现集中补给，分散排泄。水交替属混合型，以侧向为主，径流交替沿途由强变弱，形成水化学水平分带规律，通常干旱地区山前洪积扇中的潜水，是此类型的代表。

缓流型：缓流型地下水面近于水平，水力坡度小，水流缓慢，水交替微弱，属于以垂向交替为主的混合型，通常矿化度较高，水质欠佳。沉降平原中的孔隙水及排水不良的自流水盆地，是此类型的代表。

滞流型：滞流型的水力坡度趋近于零，径流停滞。对于潜水表现为渗入补给和蒸发排泄，属垂向交替；对于承压水可以有垂直越流补给与排泄。某些平原地区局部洼地中封闭的潜水盆地和无排泄口的自流盆地，是此类型的代表。某些封闭良好的承压水，水分交替停止，多成为盐卤水、油田水。

在自然条件下，地下径流类型复杂多变，往往出现多种组合类型。

地下水径流区是指地下水从补给区到排泄区的中间区域。对于潜水含水层，径流区与补给区是一致的。

（3）地下水的排泄

地下水的排泄指地下水失去水量的过程。其排泄方式有点状排泄（泉）、线状排泄（向河流泄流）、面状排泄（蒸发）、向含水层排泄和人工排泄，在排泄过程中，地下水的水量、水质及水位均相应发生变化。其中蒸发排泄仅消耗水分，盐分仍留在地下水中，所以蒸发排泄强烈地区的地下水，水的矿化度比较高。

① 泉排泄。泉是地下水的天然露头，是含水层或含水通道出露地表发生地下水涌出的现象。通常山区及山前地带泉水出露较多，这与这些地区流水切割作用比较强烈、蓄水构造类型多样及断层切割比较普遍等因素的影响有关。

② 蒸发排泄。潜水蒸发是浅层地下水消耗的重要途径，潜水蒸发主要是通过包气带岩土水分蒸发和植物的蒸腾来完成的。其蒸发的强度、蒸发量的大小与气象条件、潜水埋藏深度及包气带的岩性有关。气候越干燥，相对湿度越小，岩土中水分蒸发便越强烈，而且蒸发作用可深入岩土几米乃至几十米的深处。这种排泄不但消耗水量，而且往往造成水的浓缩，导致地下水矿化的增高、水化学类型改变及土壤盐碱化。

③ 泄流排泄。地下水通过地下途径直接排入河道或其他地表水体，称为泄流排泄。泄流只在地下水位高于地表水位的情况下发生，泄流量的大小，取决于含水层的透水性能、河床切穿含水层的面积，以及地下水位与地表水位之间的高差。地下水位与河水水

位相差越大，含水层透水性越好，河床切割的含水层面积越大，则排泄量也越大。地表水与地下水之间的补排关系复杂，有转化交替现象，主要取决于区域气候、地质构造条件及水文网发育情况。

④ 向含水层排泄。同一含水层通过侧向排泄补给下游含水层；两个含水层之间可通过天窗、导水断裂、弱透水层越流、不整合接触面等途径排泄。

⑤ 人工排泄。指人工开采对地下水的排泄，包括各类水井、地下集水廊道取水、地下矿产开发过程中的矿坑排水等。

过量的人工排泄是引起地下水环境问题的主要因素。

9．水文地质单元

水文地质单元是指根据水文地质条件（包括地质结构、岩石性质、含水层和隔水层的产状、分布及其在地表的出露情况、地形地貌、气象和水文因素等）的差异性而划分的若干个区域，是一个具有一定边界和统一的补给、径流、排泄条件的地下水分布的区域。

有时，地表流域与水文地质单元是重合的，地表分水岭就是水文地质单元的边界。从这个意义上说，可以简单地把水文地质单元理解为“埋藏”在地下的流域。

10．地下水系统

地下水系统包括两个方面：地下水含水系统和地下水流动系统。

地下水含水系统是指由隔水或相对隔水岩层圈闭的，具有统一水力联系的含水岩系。显然，一个含水系统往往由若干含水层和相对隔水层（弱透水层）组成。然而，其中的相对隔水层并不影响含水系统中的地下水呈现统一水力联系。

地下水流动系统是指由源到汇的流面群构成的，具有统一时空演变过程的地下水体。

11．地下水的动态与均衡

在各种天然和人为因素影响下，地下水的水位、水量、流速、水温、水质等随时间变化的现象，称为地下水动态。研究地下水动态是为了预测地下水的变化规律，以便采取相应的水文地质措施，并有助于查明含水层的补给和排泄关系、含水层之间及其与地表水体的水力联系，以了解地下水的资源状况。地下水量均衡是指地下水的补给量与排泄量之间的相互关系，主要研究潜水的水量均衡。而地下水化学成分的增加量与减少量之间的相互关系，则称为地下水的盐均衡。

均衡是地下水动态变化的内在原因，动态则是地下水均衡的外部表现。地下水动态反映了地下水要素随时间变化的状况，为了合理利用地下水或有效防范其危害，必须掌握地下水动态。地下水动态与均衡的分析，可以帮助我们查清地下水的补给与排泄，阐明其资源条件，确定含水层之间以及含水层与地表水体的关系。

地下水动态影响因素有：

① 气象（气候）因素：气象（气候）因素对潜水动态影响最为普遍。降水的数量及

其时间分布，影响潜水的补给，从而使潜水含水层水量增加，水位抬升，水质变淡。气温、湿度、风速等与其他条件结合，影响着潜水的蒸发排泄，使潜水水量变少，水位降低，水质变咸。

② 水文因素：地表水体补给地下水而引起地下水位抬升时，随着远离河流，水位变幅减小，发生变化的时间滞后。

③ 地质因素：当降水补给地下水时，包气带厚度与岩性控制着地下水位对降水的响应。河水引起潜水位变动时，含水层的透水性越好，厚度越大，含水层的给水度越小，则波及范围越远。对于承压含水层，从补给区向承压区传递降水补给影响时，含水层的渗透性越好，厚度越大，给水度越小，则波及的范围越大。承压含水层的水位变动还可以由固体潮、地震等引起。

④ 人为因素：钻孔采水、矿坑或渠道排水通过改变地下水的排泄去路影响地下水的动态，修建水库、利用地表水灌溉等通过改变地下水的补给来源而使地下水动态发生变化。

12．地下水降落漏斗

在开采地下水时，会在围绕开采中心的一定区域，形成漏斗状的地下水水位（水头下降区），称为地下水降落漏斗。地下水降落漏斗在潜水含水层中表现为漏斗状的地下水水面凹面，在承压含水层中表现为抽象的漏斗状水头下降区域，承压含水层中不存在水面凹面。地下水降落漏斗区的地下水等水位线往往呈不规则同心圆状或椭圆状。

地下水资源为可更新资源，可开采利用的水量主要是当年或一定水文周期内地下水的补给量。一个地区或一个流域在各种天然补给与消耗因素的综合影响下，地下水保持相对稳定状态。如平原地区浅层地下水直接受大气降水和地表水补给，其补给量与潜水蒸发和地下径流排泄之间，在相当时期内处于平衡状态。由于地下水过量开采，地下水收支平衡遭到破坏，地下水位持续下降，形成区域性地下水降落漏斗。我国华北地区由于多年干旱和地下水严重超采，已经形成了区域性地下水降落漏斗。世界许多大城市如莫斯科、伦敦、巴黎等的地下水位下降都在几十米以上。

13．地下水化学性质

地下水溶有各种不同的离子、分子、化合物以及气体，是一种成分复杂的水溶液。氯化物和碱金属、碱土金属的硫酸盐和碳酸盐属于最易溶解的化合物，Na^+、K^+、Ca^{2+}、Mg^{2+}、Cl^-、SO_4^{2-}和 HCO_3^-等成为地下水中的主要组分。它们的不同组合决定了地下水的化学类型。此外，还有某些数量较少的次要组分，它们在地壳中分布不广，或者分布量广但其溶解性能很低，如 NO_2^-、NO_3^-、NH_4^+、Br^-、I^-、F、Li、Sr 等；还包括以胶体状态存在于水中的物质，如 Fe、Al、SiO_2 和有机化合物以及气体物质。地下水中主要气体成分是 N_2、O_2、CO、CH_4、H_2S，有时还有放射性起源的气体（如 Rn）及惰性气体（He、Ar 等）。根据这些气体成分可判明地下水赋存的水文地球化学环境。地下水中含量甚微的稀有组分是各种金属元素——Pt、Co、Ni、Cu、In、Sn、Mo 以及分散在地壳中的其他元素。

地下水中的有机物质种类很多，包括生物排泄和生物残骸分解产生的有机质，也有构成水生生物机体的有机质。有机质可能是随废水进入地下水的各种废弃物分解的产物，它们是各种细菌繁殖的良好媒介。

14．水文地质图

水文地质图是反映某地区的地下水分布、埋藏、形成、转化及其动态特征的地质图件，主要表示地下水类型、性质及其储量分布状况等，它是某地区水文地质调查、勘查研究成果的主要表示形式。水文地质图按其表示的内容和应用目的，可概括为综合性水文地质图、专门性水文地质图和水文地质要素图三类。

（1）综合性水文地质图

反映某一区域内总的水文地质规律的为综合性水文地质图。以区域内的地质、地形、气候和水文等因素的内在联系为基础，综合反映地下水的埋藏、分布、水质、水量、动态变化等特征，以及区域内地下水的补给、径流、排泄等条件。综合性水文地质图的比例尺常小于 $1:10\times10^4$。

（2）专门性水文地质图

为达到某项具体目的而编制的为专门性水文地质图。如地下水开采条件图、供水水文地质图、土壤改良水文地质图等。这类图的内容以水文地质规律为基础，同时又考虑应用目的的经济技术条件。专门性水文地质图多采用大于 $1:10\times10^4$ 的比例尺。

（3）水文地质要素图

表示某一方面水文地质要素的水文地质图。例如，水文地质柱状图、地下水等水位线图、地下水水化学类型图、地下水污染程度图等。

① 水文地质柱状图是指将水文钻孔揭示的地层按其时代顺序、接触关系及各层位的厚度大小编制的图件。编制水文地质柱状图所需的资料是在野外地质工作中取得的，并附有简要说明。图中标有钻孔口径、深度、套管位置、地层时代、地层名称、地层代号、厚度、岩性和接触关系等信息，它含有含水层位置、厚度、岩性、渗透性，隔水层的位置、岩性和厚度等水文地质信息。

② 地下水等水位线图就是潜水水位或承压水水头标高相等的各点的连线图。在专业水文地质图中，等水位线图既含有地下水人工露头（钻孔、探井、水井）和天然露头（泉、沼泽）信息，还可能含有地层岩性、含水层富水性、地面标志物等信息。等水位线图主要有以下用途：

- 确定地下水流向：在等水位线图上，垂直于等水位线的方向，即为地下水的流向。
- 计算地下水的水力坡度。
- 确定潜水与地表水之间的关系：如果潜水流向指向河流，则潜水补给河水；如果潜水流向背向河流，则潜水接受河水补给。

◆ 确定潜水的埋藏深度：某一点的地形等高线标高与潜水等水位线标高之差即为该点潜水的埋藏深度。
◆ 确定泉或沼泽的位置：在潜水等水位线与地形等高线高程相等处，潜水出露，即是泉或沼泽的位置。
◆ 推断给水层的岩性或厚度的变化：在地形坡度变化不大的情况下，若等水位线由密变疏，表明含水层透水性变好或含水层变厚；相反，则说明含水层透水性变差或厚度变小。
◆ 确定富水带位置：在含水层厚度大、渗透性好、地下水流汇集的地方即为地下水富集区。

15. 常用的水文地质参数

（1）孔隙度与有效孔隙度

松散岩石是由大小不等的颗粒组成的。颗粒或颗粒集合体之间的空隙，称为孔隙。岩石中孔隙体积的大小是影响其储容地下水能力大小的重要因素。孔隙体积的大小可用孔隙度表示。孔隙度是指某一体积岩石（包括孔隙在内）中孔隙体积所占的比例。

若以 n 表示岩石的孔隙度，V 表示包括孔隙在内的岩石体积，V_n 表示岩石中孔隙的体积，则

$$n=\frac{V_n}{V}\times 100\% \tag{3-37}$$

孔隙度是一个比值，可用小数或百分数表示。

孔隙度的大小主要取决于分选程度及颗粒排列情况，另外颗粒形状及胶结充填情况也影响孔隙度。对于黏性土，结构及次生孔隙常是影响孔隙度的重要因素。岩石孔隙是地下水储存场所和运动通道。孔隙的多少、大小、形状、连通情况和分布规律，对地下水的分布和运动具有重要影响。

表 3-22 列出了自然界中主要松散岩石孔隙度的参考数值。

表 3-22　主要松散岩石孔隙度的参考数值

	砾石	砂	粉砂	黏土
孔隙度变化区间/%	25～40	25～50	35～50	40～70

由于多孔介质中并非所有的孔隙都是连通的，于是人们提出了有效孔隙度的概念。有效孔隙度为重力水流动的孔隙体积（不包括结合水占据的空间）与岩石体积之比。显然，有效孔隙度小于孔隙度。

（2）给水度与贮水系数

若使潜水地下水面下降，则下降范围内饱水岩石及相应的支持毛细水带中的水，将因重力作用而下移并部分地从原先赋存的空隙中释出。把地下水水位下降一个单位深

度，从地下水位延伸到地表面的单位水平面积岩石柱体，在重力作用下释出的水的体积，称为给水度，用 μ 表示。

对于均质的松散岩石，给水度的大小与岩性、初始地下水位埋藏深度以及地下水位下降速率等因素有关。表 3-23 给出了常见松散岩石的给水度。

表 3-23　常见松散岩石的给水度　　单位：%

岩石名称	给水度变化区间	平均给水度
砾砂	0.20～0.35	0.25
粗砂	0.20～0.35	0.27
中砂	0.15～0.32	0.26
细砂	0.10～0.28	0.21
粉砂	0.05～0.19	0.18
亚黏土	0.03～0.12	0.07
黏土	0.00～0.05	0.02

对于承压含水层，可以比照潜水含水层给水度定义其贮水系数。

承压含水层的贮水系数（S）是指其测压水位下降（或上升）一个单位深度，单位水平面积含水层释出（或储存）的水的体积。

可以看出，在形式上，潜水含水层的给水度与承压含水层的贮水系数非常相似，但是在释出（或储存）水的机理方面有很大差异。水位下降时潜水含水层所释出的水来自部分空隙的排水，而测压水位下降时承压含水层所释出的水来自含水层体积的膨胀及含水介质的压密（从而与承压含水层厚度有关）。显然，测压水位下降时承压含水层以此种形式释出的水量，远小于潜水含水层水位下降时释出的水量。承压含水层的贮水系数一般为 0.000 05～0.005（Freez and Cherry，1979），常较潜水含水层小 1～3 个数量级。由此不难理解，开采承压含水层往往会形成大面积测压水位大幅度下降。

（3）渗透系数

岩石的透水性是指岩石允许水透过的能力。表征岩石透水性的定量指标是渗透系数，一般以 m/d 或 cm/s 为单位。

渗透系数又称水力传导系数。在各向同性介质中，它定义为单位水力梯度下的单位流量，表示流体通过孔隙骨架的难易程度。在各向异性介质中，渗透系数以张量形式表示。渗透系数越大，岩石透水性越强。

渗透系数 K 是综合反映岩石渗透能力的一个指标。影响渗透系数大小的因素很多，主要取决于介质颗粒的形状、大小、不均匀系数和水的黏滞性等。不过，在实际工作中，由于不同地区地下水的黏性差别并不大，在研究地下水流动规律时，常常可以忽略地下水的黏性，即认为渗透系数只与含水层介质的性质有关，使得问题简单化。要建立计算渗透系数 K 的精确理论公式比较困难，通常可通过试验方法（包括实验室测定法和现场测定法）或经验估算法来确定 K 值。表 3-24 给出了松散岩石渗透系数的参考值。

表 3-24　松散岩石渗透系数的参考值

岩性名称	主要颗粒粒径/mm	渗透系数/（m/d）	渗透系数/（cm/s）
轻亚黏土		0.05～0.1	5.79×10^{-5}～1.16×10^{-4}
亚黏土		0.1～0.25	1.16×10^{-4}～2.89×10^{-4}
黄土		0.25～0.5	2.89×10^{-4}～5.79×10^{-4}
粉土质砂		0.5～1.0	5.79×10^{-4}～1.16×10^{-3}
粉砂	0.05～0.1	1.0～1.5	1.16×10^{-3}～1.74×10^{-3}
细砂	0.1～0.25	5.0～10	5.79×10^{-3}～1.16×10^{-2}
中砂	0.25～0.5	10.0～25	1.16×10^{-2}～2.89×10^{-2}
粗砂	0.5～1.0	25～50	2.89×10^{-2}～5.78×10^{-2}
砾砂	1.0～2.0	50～100	5.78×10^{-2}～1.16×10^{-1}
圆砾		75～150	8.68×10^{-2}～1.74×10^{-1}
卵石		100～200	1.16×10^{-1}～2.31×10^{-1}
块石		200～500	2.31×10^{-1}～5.79×10^{-1}
漂石		500～1 000	5.79×10^{-1}～1.16×10^{0}

四、地下水环境现状调查

1．调查目的与任务

地下水环境现状调查目的是查明天然及人为条件下地下水的形成、赋存和运移特征以及地下水水量、水质的变化规律，为地下水环境现状评价、地下水环境影响预测、开发利用与保护、环境水文地质问题的防治提供所需的资料。

地下水环境现状调查应查明地下水系统的结构、边界、水动力系统及水化学系统的特征，具体需查明下面五个基本问题：

① 水文地质条件。包括地下水的赋存条件，查明含水介质的特征及埋藏分布情况；地下水的补给、径流、排泄条件。查明地下水的运动特征及水质、水量变化规律。

② 地下水的水质特征。不仅要查明地下水的化学成分，还要查明地下水化学成分的形成条件及影响因素。

③ 地下水污染源分布。查明与建设项目污染特征相关的污染源分布。

④ 环境水文地质问题。原生环境水文地质问题调查，包括天然劣质水分布状况，以及由此引发的地方性疾病等环境问题；地下水开采过程中水质、水量、水位的变化情况，以及引起的环境水文地质问题。

⑤ 地下水开发利用状况。查明分散、集中式地下水开发利用规模、数量、位置等，并收集集中式饮用水水源地水源保护区划分资料。

地下水环境现状调查是一项复杂而重要的工作，其复杂性是由地下水自身特征确定的。地下水赋存、运动在地下岩石的空隙中，既受地质环境制约又受水循环系统控制，影响因素复杂多变，因此地下水环境现状调查需要采用种类繁多的调查方法，除采用地质调查方法之外，还要应用各种调查水资源的方法，调查工作十分复杂。

2．调查方法与内容

地下水由于埋藏于地下，其调查方法要更复杂。除需要采用一些地表水环境调查方法外，因地下水与地质环境关系密切，还要采用一些地质调查的技术方法。

（1）访问

采用走访、座谈、问卷调查等多种方式，重点了解污染状况和污染事件。对获得的信息及时分析整理，对重要信息现场核实。

（2）地面调查

地面调查应贯穿于调查的始终，应注意观察调查点及沿线与污染发生有关的现象，做好野外记录，填写调查表格，拍摄典型照片。

区域调查时，应采用穿越法，观察调查点及周边的地形地貌、植被、水点、污染现象等；在污染源调查时，宜采用溯源法，观察典型污染现象，追踪污染源及其延伸分布。

（3）遥感图像应用

① 区域调查宜选用 TM/ETM 等卫星遥感图像，用于区分地貌类型、地质构造、水体、地下水溢出带、土地利用变化等。

② 重点区调查宜选用彩色红外片、紫外或红外扫描航空遥感片和 TM/SPOT 等卫星遥感图像，主要用于识别点、线、面污染源，如管线泄漏污染调查、城市垃圾和工业固体废物的堆放及规模、城市建设发展变化和工业布局等的调查。

（4）地球物理勘探

① 水文测井。在重点调查区配合钻探取样划分地层，查明水文地质条件，为取得有关参数提供依据。各种方法使用见表 3-25。

表 3-25　用于地下水污染调查钻孔的主要地球物理测井方法

地球物理测井方法	用途
电阻率（常规和单点）	测定不同岩层的特性和厚度，识别多孔沉积物分布，说明水质和可能受到的污染。区别黏土/页岩、砂/砂岩的岩性以及淡水和咸水。追踪回灌水的运移，污染物质的扩散、稀释和迁移等
自然电位（SP）	确定地下水流向
天然伽马测井（无管和有管）	定性分析岩层间的相关关系和透水性，评估岩石类型
测径仪	测量钻孔直径，测定下管深度、洞穴位置、碳酸盐岩含水层等
流量测井	测定井中水来源和流动状况（特别是裂隙水和强透水带），井管渗漏等
温度测井	确定污染含水层位置
井下电视视频	确定洞穴、节理位置，划分岩层

② 地面物探。地面物探工作布置根据待查的水文地质条件而定，重点布置在地面调查难以判断而又需要解决问题的地段，钻探困难或仅需初步探测的地段。

其探测深度应大于钻探深度。

在地下水典型污染调查中可采用的主要物探技术方法有地质雷达法、高密度电法和电磁法（表 3-26）。

表 3-26　污染调查中常用的地面物探方法

方法	参数	应用
地质雷达法	介电常数、电磁波速、吸收衰减系数等	1. 石油类污染源、污染晕等污染调查 2. 垃圾填埋场边界及渗液污染空间分布 3. 探测废弃管道、阀井及污染物渗漏位置 4. 划分地层结构、岩性及水位等 5. 圈定污灌渠、线状污染及扩散范围
高密度电法	土壤电阻率、场地电阻率空间变化情况	1. 用于石油渗漏源、污染晕等污染调查 2. 勘测垃圾填埋位置、边界及渗液空间范围 3. 圈定城市污水渠、管道渗漏及扩散范围 4. 测量地下水矿化度，划分咸淡水分界面
电磁法	地下介质分层电导率测量	1. 石油渗漏源、污染晕、污染羽分布等调查 2. 圈定浅地表污染源、边界范围 3. 城市污水渠、管道渗漏及扩散范围 4. 测量土壤导电特性、矿化度，以及划分咸淡水分界面等

电磁法有可控源电磁法（CSAMT）和音频电磁法（AMT）。其中的可控源电磁法 1∶50 000 测网密度为：线距 1～2 km，点距 0.3～0.5 km；磁法 1∶50 000 测网密度为：线距 0.5 km，点距 0.05～0.2 km；核磁共振法 1∶50 000 测网密度为：线距 0.3 km，点距 0.1 km；其他方法，如探地雷达无须考虑工作比例尺，或可参照相关规程及专题需要确定测网密度。

（5）水文地质钻探

主要用于重点区调查。钻孔设置要求目的明确，尽量一孔多用，如水样和/或岩（土）样采取、试验等，项目结束后应留作监测孔。

（6）环境同位素及其他示踪技术的应用

① 可采用碳、氢、氧、硫、氮稳定同位素分析资料及 ^{3}H、^{14}C、CFCs、SF_6 或 ^{85}Kr 等，分析地下水形成过程、污染物迁移转化及地下水与地表水之间的水力联系等。

② 可采用有机化合物中 O、C、S、N、Cl 等单体稳定同位素识别污染源，并结合溶解气体含量及同位素组成等资料，分析污染物迁移转化过程。

③ 可选用 Cl^-、Br^-、I^-等离子化合物，^{131}I、^{79}Br、^{81}Br、^{60}Co 等放射性核素，荧光素、甲基盐、苯胺盐等有机染料或微量元素等开展示踪试验，获取含水层水文地质参数。

五、环境水文地质条件调查

调查内容一般包括：地下水露头调查、地表水调查、气象资料调查及不同地区地下水环境地面调查的任务和内容。

1. 地下水露头调查

地下水露头调查是整个地下水环境地面调查的核心，是认识和寻找地下水直接可靠的方法。地下水露头的类型有：① 地下水的天然露头，包括泉、地下水溢出带、某些沼泽湿地、岩溶区的暗河出口及岩溶洞穴等；② 地下水的人工露头，包括水井、钻孔、矿山井巷及地下开挖工程等。

在地下水露头的调查中，应用最多的是水井（钻孔）和泉。

（1）泉的调查研究

泉是地下水的天然露头，泉水的出流表明地下水的存在。泉的调查研究内容有：

① 查明泉水出露的地质条件（特别是出露的地层层位和构造部位）、补给的含水层，确定泉的成因类型和出露的高程；

② 观测泉水的流量、涌势及其高度，水质和泉水的动态特征，现场测定泉水的物理特性，包括水温、沉淀物、色、味及有无气体逸出等；

③ 泉水的开发利用状况及居民长期饮用后的反映；

④ 对矿泉和温泉，在研究前述各项内容的基础上，应查明其含有的特殊组分、出露条件及与周围地下水的关系，并对其开发利用的可能性做出评价。

通过对泉水出露条件和补给水源的分析，可帮助确定区内的含水层层位，即有哪几个含水层或含水带。根据泉的出露标高，可确定地下水的埋藏条件。泉的流量、涌势、水质及其动态，在很大程度上代表着含水层（带）的富水性、水质和动态变化规律，并在一定程度上反映出地下水是承压水还是潜水。根据泉水的出露条件，还可判别某些地质或水文地质条件，如断层、侵入体接触带或某种构造界面的存在，或区内存在多个地下水系统等。

（2）水井（钻孔）的调查

调查水井比调查泉的意义更大。调查水井能可靠地帮助确定含水层的埋深、厚度、出水段岩性和构造特征，反映出含水层的类型，调查水井还能帮助我们确定含水层的富水性、水质和动态特征。水井（钻孔）的调查内容有：

① 调查和收集水井（孔）的地质剖面和开凿时的水文地质观测记录资料；

② 记录井（孔）所处的地形、地貌、地质环境及其附近的卫生防护情况；

③ 测量井（孔）的水位埋深、井深、出水量、水质、水温及其动态特征；

④ 查明井（孔）的出水层位，补给、径流、排泄特征，使用年限，水井结构等。

在泉、井调查中，都应取水样，测定其化学成分。需要时，应在井（孔）中进行抽水试验等，以取得必需的参数。

2．地表水调查

在自然界中，地表水和地下水是地球大陆上水循环最重要的两个组成部分。

两者之间一般存在相互转化的关系。只有查明两者的相互转化关系，才能正确评价地表水和地下水的资源量，避免重复和夸大；才能了解地下水水质的形成和遭受污染的原因；才能正确制订区域水资源的开发利用和环境保护的措施。

对于地表水，除了调查研究地表水体的类型、水系分布、所处地貌单元和地质构造位置外，还要进一步调查以下内容：

（1）查明地表水与周围地下水的水位在空间、时间上的变化特征。

（2）观测地表水的流速及流量，研究地表水与地下水之间量的转化性质，即地表水补给地下水地段或排泄地下水地段的位置；在各段的上游、下游测定地表水流量，以确定其补排量及预测补排量的变化。

（3）结合岩性结构、水位及其动态，确定两者间的补排形式，常见的有：① 集中补给（注入式），常见于岩溶地区［图 3-14（a）］；② 直接渗透补给，常见于冲洪积扇上部的渠道两侧［图 3-14（b）］；③ 间接渗透补给，常见于冲洪积扇中部的河谷阶地［图 3-14（c）］；④ 越流补给，常见于丘陵岗地的河谷地区［图 3-14（d），为越流补给形式之一］。从时间上考虑，则常将补给（或排泄）分为常年、季节和暂时性三种方式。

（4）分析、对比地表水与地下水的物理性质与化学成分，查明它们的水质特征及两者间的变化关系。

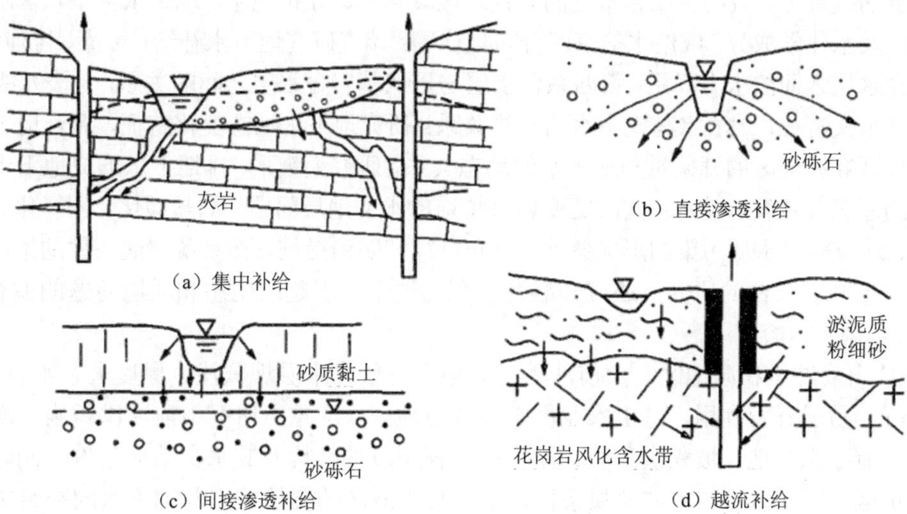

（a）集中补给　（b）直接渗透补给　（c）间接渗透补给　（d）越流补给

图 3-14　地表水补给地下水的形式

3. 气象资料调查

气象资料调查主要是降水量、蒸发量的调查。

降水是地下水资源的主要来源。降水量是指在一定时间段内降落在一定面积上的水体积，一般用降水深度表示，即将降水的总体积除以对应的面积，以毫米（mm）为单位。降水量资料应到雨量站收集。降水资料序列长度的选定，既要考虑调查区大多数测站的观测系列的长短，避免过多的插补，又要考虑观测系统的代表性和一致性。在分析降水的时间变化规律时，应采用尽可能长的资料序列。调查区面积比较大时，雨量站应在面上均匀分布；在降水量变化梯度大的地区，选用的雨量站应加密，以满足分区计算要求，所采用的降水资料也应为整编和审查的成果。

因蒸发面的性质不同，蒸发可分为水面蒸发、土面蒸发和植物散发，三者统称蒸发或蒸散发。水面蒸发通常是在气象站用特别的器皿直接观测获得水分损失量，称为蒸发量或蒸发率，以日、月或年为时段，以毫米（mm）为单位。调查区内实际水面蒸发量较气象站蒸发器皿测出的蒸发量要小，需要进行折算，折算系数与蒸发皿的直径有关，各个地区也有所差异，收集水位蒸发资料要说明蒸发皿的型号，查阅有关手册确定折算系数。

4. 不同地区地下水环境地面调查

（1）平原区地下水资源地面调查

平原区包括山前冲洪积扇地区、河谷平原区及滨海平原区。

1）调查任务。

平原区地下水资源地面调查的主要任务是在区域地貌类型、第四纪地质及新构造特征调查的基础上，查明主要含水层的岩性、埋藏条件、分布规律，地下水类型，含水层的富水性及水化学成分，咸淡水的空间分布规律等；调查研究地下水补给、径流、排泄条件，不同含水层之间的水力联系，第四系含水层与下伏基岩含水层之间的关系，地表水系的分布及其水文特征，地表水与地下水的补排关系；研究地下水动态变化特征，调查地下水集中开采区和井灌区的开采量与地下水的动态关系，研究大量采、排地下水形成地下水下降漏斗的原因及其发展趋势；同时还要调查特殊的水文地质问题，如盐碱化、沼泽化、特殊水质、地方病及水质污染的形成条件、分布规律和防治措施，在具备回灌条件的地区，应开展人工回灌条件的研究，还应开展开发利用地下水引起的生态和环境问题的调查。

2）调查内容。

① 山前冲洪积扇地区。山前冲洪积扇地区一般含水层埋藏浅、厚度大、水量丰富、水质好，易于开发利用，是工农业供水的重点地区。应重点研究山前冲洪积扇、河谷阶地、山前冰水台地、坡积洪积扇、掩埋冲洪积扇等的结构及其水文地质条件。同时，对邻近山区（补给区）的水文地质条件、山区与平原区的交接关系及地下水的补给关系进行必要的调查研究。

这类地区应详细研究下列内容：冲洪积扇的分布范围，扇前、后缘及两侧标高和地面坡度变化；通过观察天然剖面和人工露头，配合物探、钻探，研究组成冲洪积扇的第四纪堆积物的物质来源、地层结构和岩性特点，确定由冲积扇顶部到前缘的岩性变化，研究与实测典型露头剖面，结合钻孔对地层岩性进行详细分析对比；冲洪积扇不同部位含水层的岩性、厚度、埋深、富水性和水质变化情况，从扇顶到前缘方向地下水由潜水区过渡到承压水区，自流水区的分带规律；地下水溢出带的分布范围，溢出泉流量及总溢出量；寻找埋藏冲积扇并研究其水文地质特征、埋藏条件、分布规律，同时也要研究扇间区的水文地质条件。

在山前河谷地区，应注意调查河谷形态、阶地结构及其富水性。应研究河谷阶地分布范围、河谷类型（上叠、内叠）、阶地性质（侵蚀、堆积、基底）、阶地的级数及其绝对和相对标高、河谷断面形态、支流冲沟发育情况及其切割深度；各级阶地的地层结构、岩性成分、厚度及岩性变化，地下水的补给及排泄条件，河水与地下水的补给关系。

② 河谷平原区。在河谷平原区，分布有不同河流交互堆积及由河道变迁形成的古河道堆积，某些地区还有海相堆积和冰水堆积，一般第四纪厚度大，含水层次多，水质复杂。应重点研究下述内容：不同河流堆积物的特征及其分布，含水介质的富水性，水化学成分及分布规律；古河道带及古湖泊堆积物的分布、埋深及水文地质条件；海相、陆相地层的埋藏与分布及相互间的接触关系；微地貌形态、水质、水位埋深对盐碱化、沼泽化形成的影响。

通过地貌调查，查阅历史记载（县志），了解河道变迁的时代与范围，采用物探方法确定古河道带的分布范围、埋藏深度及岩性变化，并与机井的有关资料进行对比。对古湖泊堆积物，应通过岩性、岩相、湖积层动植物化石、基底构造和新构造运动的研究及实验工作了解湖积层形成的古地理环境及分布范围。

对盐碱化地区，应初步了解盐碱化的发育程度、分布范围及其成因，为土壤改良提供水文地质资料。另外，应注意调查地下水的埋藏深度、水化学类型和矿化度及其与土壤盐碱化的关系，了解地下水位临界深度。选择典型地段逐层采取土样，了解盐类垂直分布与变化规律，盐碱化与微地貌和地表水的分布关系。

对沼泽化地区，应了解沼泽化的分布与成因，为保护利用沼泽化地区提供水文地质资料。

③ 滨海平原区。对滨海平原地区应调查海岸地貌、海岸变迁及现代海岸的升降变化；海相沉积物的岩性、颜色、厚度及其分布范围；通过对各含水层的抽水试验及水质分析，研究水质在垂直和水平方向上的变化，确定淡水含水层的富水段及其分布范围以及咸水、淡水分布界线。在咸水区，要着重研究咸淡水界面埋深，淡水层的埋藏条件与水量，淡水和咸水产生水力联系的可能性，为咸水的改造和利用提供资料。

（2）基岩丘陵区地下水资源地面调查

1）调查任务。

① 查明地层岩性、构造、地貌等因素对区域水文地质条件的影响，着重分析研究控

制地下水形成、分布的主导因素和条件；划分含水层、组、带及地下水的类型，并研究各类地下水的形成、富集、补给、径流、排泄条件及水质状况；访问和搜集有重大供水意义的井（孔）、泉和受季节影响较大的地下水动态资料。

② 查明基岩自流水盆地和自流水斜地的水文地质条件；断裂、构造裂隙及岩体、岩脉与围岩接触带富水性的一般规律；具有一定供水意义的风化带中地下水的一般分布规律和水文地质条件。

③ 第四纪发育的河谷平原、山间盆地等松散砂砾石含水层的一般水文地质条件。

④ 查明区域水化学的一般特征，初步了解热矿水成因、分布及其开发利用条件。

⑤ 了解地方病与环境地质的关系，了解由于水质污染而引起的“污染病”的状况和致病原因。有“三废”排出的工矿区和大量施用农药、化肥的地区，应调查和搜集由于地下水和地表水遭受污染而引起“污染病”的状况，水中有毒成分含量、污染途径和污染物质来源等资料。对浅层地下水更应注意污染问题的调查。

⑥ 初步了解矿区水文地质条件和以水利工程地质为主的区域工程地质条件。

2）调查内容。

一般基岩丘陵山区，地下水受岩性、构造、地貌等多种因素影响，分布极不均匀。地质构造往往是控制地下水的主导因素，大的构造体系控制着区域地下水的分布规律，局部水文地质条件则受次一级低序次构造制约。在调查中必须运用由特殊到一般，由一般到特殊的工作方法，即由低序次的富水构造着手，找出控制地下水的高序次构造，据此预测低序次构造的富水性。

在分清构造体系及其生成序次的基础上，对典型的断裂构造，应查明其力学性质、断层规模、产状要素、胶结和充填程度、岩脉与岩体活动和蚀变破碎情况、后期构造作用、被切割岩石的力学性质、裂隙发育程度及地下水活动痕迹等。

（3）岩溶地区地下水资源地面调查

调查岩溶含水层分布，研究地层、构造、岩脉与岩溶水的关系。调查地表有规律分布的各种岩溶形态，如串珠状洼地、干谷、漏斗、溶井、落水洞、塌陷等；各种岩溶水点，如岩溶泉、地下河出口、出水洞等是调查的重点；测定空间位置、水位、流量、流速、水质，调查补给范围、补给来源。对岩溶水点的水位和流量，应力求获得最枯时期资料，并访问雨季动态变化。岩溶水地区地表水与地下水间相互转化的速度较快，特别是裸露、半裸露型及一些浅覆盖地区，地表河水流量变化较大，应研究其伏流情况，对流量变化显著的河流，应分段测定其流量，常年有水的河流宜在枯季测流，间歇性河流可在雨季测流。要调查研究岩溶地下水系统补给、径流与排泄特征。不同类型岩溶地区，地下水环境现状调查的要求各有侧重。裸露地区主要查明岩溶发育特点及岩溶水点的详细情况。在我国南方岩溶地区，尤其要查清地下暗河的分布、补给面积、流量与水质等状况。在覆盖型岩溶地区，要调查主要地下通道的位置及埋藏情况，查明岩溶强烈发育带，勾绘出强径流带及富水地段，评价其水质、水量。在埋藏型地区，要获得各岩溶含水层组的埋深、厚度、水量、水质等初步资料。

（4）黄土地区地下水资源地面调查

我国北方分布着54万km^2的黄土（包括黄土台塬、黄土丘陵和河谷平原—丘间谷盆区），厚度由数十米至数百米。黄土地区土质疏松、沟谷深切、地形破碎、水土易于流失、地表缺水严重，多呈半干旱景观。

黄土地区的地下水资源地面调查侧重调查地貌特征。黄土区的地貌往往反映基底构造轮廓及下伏地层的分布与发育情况，控制地下水的赋存、运移。注意调查黄土台塬（包括呈阶梯状的台塬）、黄土丘陵（梁、峁、沟壑）、山前洪积扇（裙）和河谷阶地的形态等，收集黄土层中溶蚀、湿陷、沟谷切割密度及深度等数据，观察了解黄土地区水土流失及植被与地下水的关系等。通过对井、孔、泉水的研究，确定黄土层中的含水层位，分析地下水的赋存条件和分布规律。研究黄土地区的水文地球化学特征，了解地方病与水土、地貌的关系。研究合理开发黄土地区地下水的方案，并推测可能出现的环境地质问题。

（5）沙漠地区地下水资源地面调查

我国西北地区分布有大片沙漠地带，年降水量仅 50～100 mm，蒸发强烈，该区地下水环境现状调查的主要目的是解决当地生活、生产和治理沙漠用水而寻找地下水源，因此，要对所有地下水露头（钻孔、井、泉、湿地等）进行观测。在查清从边缘山地到沙漠内部松散沉积物形成特征的基础上，查明沙丘覆盖的淡水层和近代河道两侧淡水层的分布及其水文地质条件，重点调查古河道、潜蚀洼地和微地貌（沙丘、草滩、湖岸、天然堤等）的分布及其与地下水淡水层或透镜体的分布关系，注意可能汇水的冲洪积扇、冲湖积层的分布特征，寻找被掩埋的冲洪积扇、古河道带及冰水堆积物；调查山地与戈壁带的接触条件和地下水溢出带，查明地下水的补给来源、运动规律及排泄特点；研究地下水的化学成分，植物生长与地下水化学成分的关系，从山前到腹地的地下水化学成分的变化规律；还要注意研究古气候特征，可指导寻找现代沙漠之下的地下水。

（6）冻土地区地下水资源地面调查

我国东北部和西部高寒山区分布有多年冻土区，区内年平均气温在0℃以下，地壳表层常年被冻结或夏季表层融冻但下部仍冻结。冻结层内的地下水主要呈固态存在，冻结层下为液态地下水，但在冻结层内也常分布有融冻区。

在该类地区进行地下水调查，除对地貌、地层岩性、构造条件进行一般性研究之外，应重点调查多年大面积冻结层的深度，片状冻结与岛状冻结层的分布规律及其特征；融冻期融冻层的厚度，常年积雪区范围、积雪量和融雪量，地表水体的分布、水位、流量等。查明河流融区、湖泊融区、构造融区的形成原因、发育特点、分布范围及融区内含水层的埋藏条件，水质、水量、地下水与地表水的水力联系。冰锥、冰丘是多年冻土区地下水露头的特殊表现形式，应做详细调查。在现代冰川区，要研究其运动规律及冰川地貌，查明冰水堆积、冰缘地貌的分布规律，其沉积物的类型，地下水的埋藏特征。还要查明冻土区水化学的水平与垂直变化规律。

六、地下水污染调查

地下水污染调查是地下水污染研究的基础和出发点。其主要目的是：① 探测与识别地下污染物；② 测定污染物的浓度；③ 查明污染物在地下水系统中的运移特性；④ 确定地下水的流向和速度，查明主径流向及控制污染物运移的因素，定量描述控制地下水流动和污染物运移的水文地质参数。场地调查获得的水文地质信息对水文地球化学调查、数值模拟和治理技术至关重要。

（1）初步场地勘察及初始评估

这一阶段包括已有资料的搜集整理和现场踏勘。该阶段的目的是：

- ◆ 描述场地的基本地质特征及对已收集整理资料信息进行验证；
- ◆ 搜集当地的水文资料，包括降雨和地表排水；
- ◆ 搜集有关污染源和污染特性的资料；
- ◆ 初步确定地下水系统概念模型。

1）搜集前人资料。

① 污染现场历史资料。有关过去及现在土地使用情况的资料可以指示在污染现场的地下水环境中可能存在哪些污染物。

在第一阶段调查中最关键的资料涉及以下几个方面：

a）已知污染物或可能存在的污染物的性质。对可能存在的污染物的物理化学性质及其赋存与接触特性进行鉴定非常重要。另外，有关土壤、空气、水等污染迁移介质的环境管理标准也是必需的资料。

b）污染物的来源或可能来源。废物处置活动是污染物的来源之一。此外，用火车或卡车运输大批化学物质或石油产品时常常发生不可控制的溢出问题（如石化炼油厂的油品装卸区），会对地表环境造成严重的积累性污染。虽然某些由废物处置活动及处置设备造成的污染很容易被发现，但其他的可能的污染来源就只可能从报告中寻找证据了，如对污染物或污泥的不正确处置、对废旧化学用品的不适当处置等。

c）污染程度。已知或不明污染物的污染程度由下列因素决定：地下水环境中污染物的含量、物理化学性质、赋存状态及地下水系统的特征。

② 地质与水文地质资料。前人的现场调查报告可以提供有关地形、岩土体和填埋材料的厚度及分布、含水层的分布、基岩高程、岩性、厚度、区域地质条件、构造特征（如基岩中的断层）等方面的资料。土壤类型对于推测地层的水文地质性质，如水力传导系数等也是很有用的。航空图片可以为评价地质条件及地表排水特征提供重要信息，取水井的地质柱状图则有助于对水井附近的地质情况进行解释。

任何污染现场的水文地质条件都对地下水和污染物在地下的运移起着极其重要的作用。在第一阶段调查中，应以搜集与总结有关地质情况的资料为出发点。污染物的排泄区、地下水位、地下水大致流向及地表排水方式均为这一阶段应了解的信息。

③ 水文资料。调查内容包括地表水的位置、流动情况、水质以及与地下水的水力联系方式等。有关地表水来源及流向的资料大多可由地形图中获得，更详细的情况则可在专门的水资源报告中找到。

如果可能，已有资料还应包括场地水文地质平面图、剖面图及初步的概念模型。

2）初步现场踏勘。

在资料搜集完成以后，必须进行初步现场踏勘，以证实从资料分析中得出的结论。需携带以下物件：所有相关的平面图、剖面图及航空图件；用于近地表勘察的铁铲及手工钻；用于采集地表水或泉水的采样瓶。在这一阶段，应完成以下重要的踏勘任务：

① 检查欲用钻探设备的场地可进入性。观察现场地形及周边环境，以确定是否可进行地质测量以及现场是否可容纳钻孔设备。

② 对现场的后勤工作进行考察，以确定是否方便清洗钻孔及获得可供钻探使用的清洁水。

③ 对现场的地质条件进行考察，以确定区域地质条件与基岩位置同背景资料是否一致。

④ 观察现场地形、排水情况及植被分布，确定钻井液排放位置。

⑤ 查明导致污染的化学废物的性质，特别是其活动性及暴露程度。

⑥ 确定研究区域内监测设备的状况，特别是它们的置放条件、深度及地下水水位。

⑦ 对现场气候进行研究，以获得降水量及气温方面的资料。

调查已有资料没有记录的场地周围近期变化情况（如新建筑）。可以通过分析不同时期的不同航空图片，来了解土地利用的历史变化情况。

根据场地的复杂程度和已有资料的情况，初步建立起一个场地水文地质概念模型。该模型应包括以下要素：

① 现场邻近地区的地质条件概念模型。应根据水力学性质来划分不同的地层，并指出不同地层对地下水流动系统的重要性及它们对地下水环境中污染物运移的潜在控制能力。

② 区域及局部的地下水流动系统与地表水之间的水力联系。概念模型将确定现场周边地区的地下水系统与地表水系统的相互补给、排泄关系及区域地下水流动系统与局部地下水流动系统之间的相互关系。画出地下水流动系统示意图，即使这样一个初步的模型可能随着调查工作的深入，会有很大的修改，在踏勘后建立这样的概念模型也有助于从一开始就带着系统的观点整体把握场地的水文地质特征。

③ 确定人类活动对地下水流动及污染物运移的影响。例如，埋藏管道、地下设施、下水道及与它们相关的粗粒回填土都会为非水相液体及地下水的流动创造条件。现场周围的抽水井也会改变水力梯度及地下水流场。

④ 确定污染物运移途径及优势流的通道。这些通道包括水力梯度很高的地层及岩石与土壤中的裂隙。

⑤ 确定污染物的性质。在概念模型中加入污染物的性质是非常重要的，这样可以确保污染物的产生与迁移成为现场监测与调查过程的中心。

⑥ 确定污染物的可能受体，以评价环境影响程度，受体可能包括人、植物、动物及水生生物。

在第一阶段调查中，整理和评价已有的背景资料并进行野外考察是非常必要的。工作计划应考虑现场的特殊物理特征。例如，低渗透性岩层将使较深处的含水层免受附近地表污染物的影响，但钻探技术使用不当可能会破坏这些条件，使污染进一步扩大至深部。在一定的地质环境中，某些勘察技术将会比另一些更为适用，地质条件对勘察方法的选择起着极其重要的作用。

在确定工作计划时，现场污染物的特殊性质也应被考虑进去。这些需考虑的因素包括：

① 现场勘察方法的适宜性，即应避免使污染进一步恶化。

② 在进行现场调查时所使用的地球物理技术的适宜性。

③ 污染物与监测孔材料的相容性。

④ 安置钻孔、监测孔与取样技术的适宜性。

（2）野外调查与监测

第二阶段调查的主要目的是：划分并刻画主要的含水层，确定地下水流向，形成一个仿真度较高的地下水系统概念模型，能够刻画主要含水层并绘制出场地附近地下水流场图，定性评价地下水脆弱性，并识别污染物可能的运移途径。

第二阶段调查包括对现场特征的勘察及地下水监测孔的安装。在搜集有关现场特征的资料时可采用许多不同的勘察技术。实际的现场调查包括直接方法和间接方法。直接方法包括钻探、土壤采样、土工试验等，间接方法则包括航片、卫片、探地雷达（GPR）、电法等。调查者应该有机地结合直接方法与间接方法，以有效地获得全面的现场特征方面的资料。

1）野外调查。

在污染现场进行土壤采样的目的是确定有害物质的浓度是否达到了足以影响环境和人类健康的水平。具体来说，土壤采样可用于以下目的：确定土壤是否受到污染；与背景水平相对照，确定污染物是否存在及其浓度大小；确定污染物的浓度及其空间分布特征。

土壤大多复杂、易变，这就需要在调查时综合采用多种采样方法和监测手段。在研究污染土壤的性质时，野外与室内实验都是必要的。野外实验可提供有关土壤性质、地下水流动条件、污染物迁移等方面的资料。对于那些较缺乏有关地下详细信息的研究场地，可考虑使用地表物探技术来获取场地的一些地层信息。这些调查结果和已有的地质资料一起使用，有助于确定地层岩性。这些岩性特征在钻井过程中可进一步被检验，也有助于确定钻井测试深度。通过这些钻井测试可确定基岩或低渗透性沉积物这类含水层边界的位置。同样，使用地表物探可探测被掩埋的废弃容器（如金属罐和桶）。这些调查对于确定潜在污染源的位置及指导监测孔的定位，以避免在钻井过程中穿破被掩埋的废弃容器，是十分重要的。

地球物理技术可用来较好地了解地下条件及描述污染的程度。地球物理技术包括探地雷达（GPR）、电磁法（EM）、电法与地震法等。对于任何地球物理技术来说，在某一污染现场的研究中取得成功未必表明它在其他现场也会取得成功。

理解这一点是非常重要的。一个专业人员在接手地球物理勘察项目以前，应了解每一种地球物理技术所存在的缺陷。

一旦了解了场地的地质特征，钻探测试就可以开始了，这些钻探测试可以用来对地层进行更为精确的描述。钻探工作是为了了解场地主要的含水层。描述这些含水层是评价污染物从污染源迁移的风险和确定潜在的迁移途径的基础。要详细记录在钻探过程中揭露的岩层。所选用的钻探及取样方法不仅取决于场地条件和设想的地质情况，也取决于所需样品的类型和钻孔的最终使用情况。

第二阶段初步钻探和沉积物取样需提供以下信息：每组主要地层单元的相对位置和厚度，每个单元的物理描述，沉积物或岩石类型（地质描述），矿物组成，粒径分布，塑性，主要孔隙（裂隙）和渗透性，次要孔隙（裂隙）的迹象，饱水度。

为了搜集这些资料，岩土体的取样必须在钻孔中间隔进行。如果对水文地质分层性了解甚少，就必须至少从一个钻孔中取一个相对连续的、未扰动的完整岩芯。检查岩芯样品之后，就可以确定以后所有的钻孔中在什么深度段获取主要含水层的样品。

在第二阶段获取的部分样品将被用于第三阶段的实验分析。岩芯应及时密封，保存在相对凉爽的地方，最好在4℃条件下冷藏，以避免暴露于大气后土样发生物理化学性质上的变化。除了取岩芯样外，应对岩芯进行编录和地球物理记录。

在布置钻孔时应考虑几个因素。特定的地表过程，如溪流，可对地下水流场造成局部影响，使对地下水流动模式的解释产生困难。应使初始钻孔远离这些地貌单元。另外，污染源有时与人工的回填堆（如许多垃圾填埋场）有关，不能把初始钻孔布置在这些地方。

钻孔深浅应根据场地而定，但是一般应到达低渗透性岩层的底部边界，如果没有有关地层渗透性信息时，钻孔应到达基岩。水文地质人员应当判断钻孔是否应进入基岩。这取决于基岩的水力传导性、埋深以及作为含水层的重要性。如果上伏地层为很厚的低渗透性物质（如黏土或冰积物），就应限制钻孔深度，以确保深部的渗透性较大的含水层不因钻探过程中地表污染物进入钻孔而受到影响。

如果低渗透性沉积物存在裂隙，一般钻井应加深，这与沉积物为块状或无裂隙的情况不同。

总体来说，在每个含水层中至少应安装一个测压管，如果含水层比较厚（＞15 m），就应考虑使用两个测压管。监测并记录监测孔在安装后测压水位恢复情况。在渗透性较好的沉积物（如砂和砾石）中，水头恢复很快；而在低渗透性沉积物中，水头需数星期甚至数月才能完全恢复，达到平衡状态。

下一步，从水头完全得到恢复的监测孔中读取水头数据，并绘出水位平面图。然后进行插值，绘制等水头线图，从图中可以得出地下水的流动方向。对于每个渗透性较好的含水层应分别绘制等水位线图。同时应注意，为了把监测孔的水头与监测网中其他监测孔的水头联系起来，必须使用水准仪准确测定每个监测孔的参照点（如套管顶部）的高程。

2）监测孔设计。

监测孔可用来采集地下水水样和获取水位资料。监测孔的各个设计要素必须以不改变水样的水质为前提。对场地污染物化学性质与地质构造的了解，在钻进技术和成井材料的选择方面起着主要的作用。

① 井径。监测孔的直径大小一般取决于获取地下水水样的设备（提桶、水泵等）的尺寸。在高渗透性的岩层中，含水层有能力提供大量的地下水。然而，在严重缺水区修建监测孔时，如果井的直径非常大，在低渗透性岩层中大量抽取地下水将会产生严重的问题。此外，当地下水被有害液体废物污染时，抽取地下水进行处理需要大口径孔。因此，从安全和处理费用的角度来看，都应尽量使监测阶段抽取的地下水量最小化。出于以上原因，监测孔成井技术规程规定井径的标准通常为 50 mm。如果监测工作完成后，还需要继续进行地下水及污染土壤的处理时，可以将大口径的监测孔用作抽水井，以抽取被污染地下水进行处理。

② 套管与过滤器材料。监测孔成井材料的类型对于所采集的水样水质有明显的影响。因而成井材料应不吸收或过滤水样中的化学组分，且不应影响水样的代表性。

③ 过滤器长度及埋置深度。监测孔过滤器的长度及其在地下的埋置深度取决于：污染物在饱水带与包气带的性质和监测目的。当对某一用作供水源地的含水层进行监测时，在整个含水岩层的厚度范围内都应安置过滤器。然而，当需要在某一具体的深度区间内取样时，通常采用多个垂向监测点即定深取样的方式。当地下水的饱水带厚度太大以至利用长过滤器都不足以进行监测时，这项技术也是非常必要的。

特别需注意的是，轻质非水相液体，即密度小于水的液体污染物，将会漂浮在地下水面之上。当对这类漂浮污染物进行监测时，过滤器的长度必须扩展到整个地下水饱水带，以便这些轻质液体能够进入监测孔。过滤器的长度与位置必须与地下水位及其变化幅度相对应。

3）监测孔的位置。

在一个监测过程中，监测孔的位置和该监测过程的目的密切相关。大多数的溶解性化合物在包气带以垂直运动为迁移方式，一旦到达饱水带以后，就将随着地下水的流动做水平运动。

图 3-15 表示了一种典型的监测孔布置方式。“A”井为背景监测孔，位于现场中地势足够高的地方，用来确保水井周围土壤中的充填物不会对水力传导系数造成任何影响。“B”井则位于现场中可以探测到污染物迁移的地方，该井也用来验证污染治理措施的有效性。为了阻止污染物向监测孔套管的垂向迁移，该监测孔必须小心施工并加以密封。“C”井位于现场下坡度的地方，应尽可能地及时探测地下水水质的变化情况。“D”井位于现场的两侧。

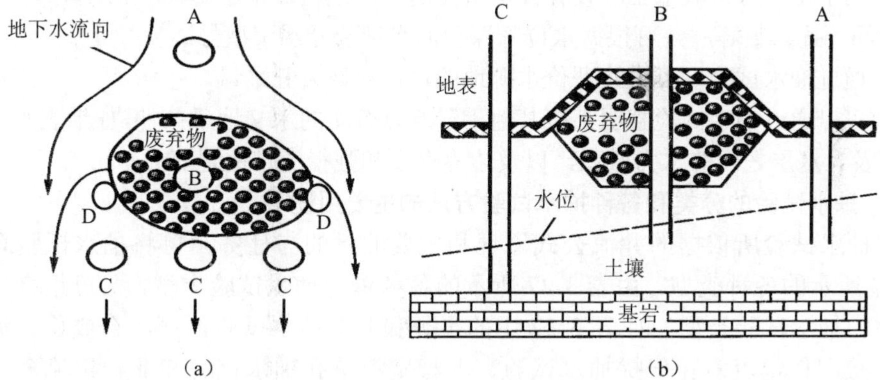

图 3-15　典型监测孔布设

场地的地质条件、水文地质条件、污染物性质及勘察区域的范围都是确定监测孔的数目及布置方式的因素。当然，场地的地质条件与水文地质条件越复杂，污染物的运动情况也越复杂。勘察区域的范围越大，监测孔的数目应越多。

地下水污染调查最终提交的资料至少包括以下部分：说明场地水文地质条件的剖面图；每个主要含水层的水位等值线图；表示地下水侧向和垂向流动的剖面图；所有测定方法得出的水位和物理参数值列表；总结污染物运移的主要途径；总结可能影响污染物运移的附加场地条件。

七、环境水文地质试验

环境水文地质试验是地下水环境现状调查中不可缺少的重要手段，许多水文地质资料皆需通过环境水文地质试验才能获得。环境水文地质试验的种类很多，下面以野外抽水试验为主，其他几项试验为辅予以介绍。

1. 抽水试验的目的和任务

抽水试验是通过从钻孔或水井中抽水，定量评价含水层富水性，测定含水层水文地质参数和判断某些水文地质条件的一种野外试验工作方法。

随着水文地质勘察阶段由浅入深，抽水试验在各个勘察阶段都占有重要的比重。其成果质量直接影响着对调查区水文地质条件的认识和水文地质计算成果的精确程度。在整个勘察费用中，抽水试验的费用仅次于钻探工作费用；有时，整个钻探工程主要是为了抽水试验而进行。

抽水试验的目的、任务：

① 直接测定含水层的富水程度和评价井（孔）的出水能力。

② 抽水试验是确定含水层水文地质参数（渗透系数、导水系数、给水度、贮水系数、降水入渗系数）的主要方法。

③ 抽水试验可为取水工程设计提供所需的水文地质数据，如单井出水量、单位出水量、井间干扰系数等，并可根据水位降深和涌水量选择水泵型号。

④ 通过抽水试验，可直接评价水源地的可（允许）开采量。

⑤ 可以通过抽水试验查明某些其他手段难以查明的水文地质条件，如地表水与地下水之间及含水层之间的水力联系，以及边界性质和强径流带位置等。

2．抽水试验的分类和各种抽水试验方法的主要用途

按抽水试验所依据的井流公式原理和主要的目的与任务，可将抽水试验划分为表 3-27 所示的各种类型。由表 3-27 所示的各种单一抽水试验类型，又可组合成多种综合性的抽水试验类型。如表 3-27 中的Ⅰ类和Ⅱ类抽水试验，可组合成稳定流单孔抽水试验和稳定流多孔干扰抽水试验、非稳定流单孔抽水试验和非稳定流多孔干扰抽水试验等。

表 3-27　抽水试验分类方法

<table>
<tr><th>分类依据</th><th>抽水试验类型</th><th colspan="2">亚类</th><th>主要用途</th></tr>
<tr><td rowspan="3">Ⅰ按井流理论</td><td>Ⅰ-1 稳定流抽水试验</td><td colspan="2"></td><td>（1）确定水文地质参数 K、H（r）、R；
（2）确定水井的 Q-S 曲线类型：
① 判断含水层类型及水文地质条件；
② 下推设计降深时的开采量</td></tr>
<tr><td rowspan="2">Ⅰ-2 非稳定流抽水试验</td><td colspan="2">Ⅰ-2-1 定流量非稳定流抽水试验</td><td rowspan="2">（1）确定水文地质参数 μ^*、μ、K'/m'（越流系数）、T、a、B（越流因素）、$1/a$（延迟指数）；
（2）预测在某一抽水量条件下，抽水流场内任一时刻任一点的水位下降值</td></tr>
<tr><td colspan="2">Ⅰ-2-2 定降深非稳定流抽水试验</td></tr>
<tr><td rowspan="2">Ⅱ按干扰和非干扰理论</td><td rowspan="2">Ⅱ-1 单孔抽水试验</td><td rowspan="2">按有无水位观测孔</td><td>Ⅱ-1-1 无观测孔的单孔抽水试验</td><td>同Ⅰ</td></tr>
<tr><td>Ⅱ-1-2 带观测孔的单孔抽水试验（带观测孔的多孔抽水试验；带观测孔的孔组抽水试验）</td><td>（1）提高水文地质参数的计算精度：
① 提高水位观测精度；
② 避开抽水孔三维流影响。
（2）准确求解水文地质参数。
（3）了解某一方向上水力坡度的变化，从而认识某些水文地质条件</td></tr>
</table>

分类依据	抽水试验类型	亚类		主要用途
Ⅱ按干扰和非干扰理论	Ⅱ-2 干扰抽水试验	按试验目的规模	Ⅱ-2-1 一般干扰抽水试验	（1）求取水工程干扰出水量； （2）求井间干扰系数和合理井距
			Ⅱ-2-2 大型群孔干扰抽水试验	（1）求水源地允许开采量； （2）暴露和查明水文地质条件； （3）建立地下水流（开采条件下）模拟模型
Ⅲ按抽水试验的含水层数目	Ⅲ-1 分层抽水试验	单独求取含水层的水文地质参数		
	Ⅲ-2 混合抽水试验	求多个含水层综合的水文地质参数		

一般应根据地下水环境现状调查工作的目的和任务确定抽水试验类型。比如，在区域性地下水环境现状调查及专门性地下水环境现状调查的初始阶段，抽水试验的目的主要是获取含水层具代表性的水文地质参数和富水性指标（如钻孔的单位涌水量或某一降深条件下的涌水量），故一般选用单孔抽水试验即可。当只需要取得含水层渗透系数和涌水量时，一般多选用稳定流抽水试验；当需要获得渗透系数、导水系数、释水系数及越流系数等更多的水文地质参数时，则须选用非稳定流的抽水试验方法。进行抽水试验时，一般不必开凿专门的水位观测孔，但为提高所求参数的精度和了解抽水流场特征，应尽量用更多已有的水井作为试验的水位观测孔。当已有观测孔不能满足要求时，则需开凿专门水位观测孔。

在专门性地下水环境现状调查的详勘阶段，为获得开采孔群（组）设计所需水文地质参数（如影响半径、井间干扰系数等）和水源地允许开采量（或矿区排水量）时，则须选用多孔干扰抽水试验。当设计开采量（或排水量）远小于地下水补给量时，可选用稳定流的抽水试验方法；反之，则选用非稳定流的抽水试验方法。

3．抽水孔和观测孔的布置要求

（1）抽水孔（主孔）的布置要求

1）布置抽水孔的主要依据是抽水试验的任务和目的，目的和任务不同，其布置原则也各异：① 为求取水文地质参数的抽水孔，一般应远离含水层的透水、隔水边界，布置在含水层的导水及储水性质、补给条件、厚度和岩性条件等有代表性的地方；② 对于探采结合的抽水井（包括供水详勘阶段的抽水井），要求布置在含水层（带）富水性较好或计划布置生产水井的位置上，以便为将来生产孔的设计提供可靠信息；③ 欲查明含水层边界性质、边界补给量的抽水孔，应布置在靠近边界的地方，以便观测到边界两侧明显的水位差异或查明两侧的水力联系程度。

2）在布置带观测孔的抽水井时，要考虑尽量利用已有水井作为抽水时的水位观测孔。

3）抽水孔附近不应有其他正在使用的生产水井或其他与地下水有联系的排灌工程。

4）抽水井附近应有较好的排水条件，即抽出的水能无渗漏地排到抽水孔影响半径区以外，特别应注意抽水量很大的群孔抽水的排水问题。

（2）水位观测孔的布置要求

1）布置抽水试验水位观测孔的意义。

① 利用观测孔的水位观测数据，可以提高井流公式所计算出的水文地质参数的精度。这是因为：观测孔中的水位不受抽水孔水跃值和抽水孔附近三维流的影响，能更真实地代表含水层中的水位；观测孔中的水位，由于不存在抽水主孔“抽水冲击”的影响，水位波动小，水位观测数据精度较高；利用观测孔水位数据参与井流公式的计算，可避开因 R、a 值选值不当给参数计算精度造成的影响。

② 利用观测孔的水位，可用多种作图方法求解稳定流和非稳定流的水文地质参数。

③ 利用观测孔水位，可绘制出抽水的人工流场图（等水位线或下降漏斗），可分析判明含水层的边界位置与性质、补给方向、补给来源及强径流带位置等水文地质条件。大型孔群抽水试验渗流场的时空特征，可作为建立地下水流数值模拟模型的基础。

2）水位观测孔布置的原则。

不同目的的抽水试验，其水位观测孔布置的原则是不同的。

① 为求取含水层水文地质参数的观测孔，一般应和抽水主孔组成观测线，所求水文地质参数应具有代表性。因此，要求通过水位观测孔观测所得到的地下水位降落曲线，对于整个抽水流场来说，应具有代表性。一般应根据抽水时可能形成的水位降落漏斗的特点来确定观测线的位置。

第一，均质各向同性、水力坡度较小的含水层，其抽水降落漏斗的平面形状为圆形，即在通过抽水孔的各个方向上，水力坡度基本相等，但一般上游侧水力坡度小于下游侧水力坡度，故在与地下水流向垂直方向上布置一条观测线即可［图 3-16（a）］。

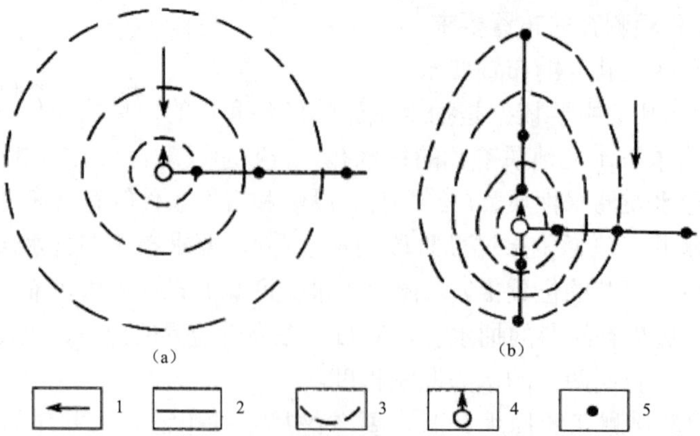

1—地下水天然流向；2—水位观测线；3—抽水时的等水位线；4—抽水主孔；5—水位观测孔

图 3-16　抽水试验水位观测线布置示意

第二，均质各向同性、水力坡度较大的含水层，其抽水降落漏斗形状为椭圆形，下游一侧的水力坡度远较上游一侧大，故除垂直地下水流向布置一条观测线外，尚应在上游、下游方向上各布置一条水位观测线［图 3-16（b）］。

第三，均质各向异性的含水层，抽水水位降落漏斗常沿着含水层储水、导水性质好的方向发展（延伸），该方向水力坡度较小；储水、导水性差的方向为漏斗短轴，水力坡度较大。因此，抽水时的水位观测线应沿着不同储水、导水性质的方向布置，以分别取得不同方向的水文地质参数。

第四，对观测线上观测孔数目的布置要求。观测孔数目：只为求参数，1 个即可；为提高参数的精度则需 2 个以上，如欲绘制漏斗剖面，则需 2～3 个。观测孔距主孔距离：a. 按抽水漏斗水面坡度变化规律，越靠近主孔距离应越小，越远离主孔距离应越大；b. 为避开抽水孔三维流的影响，第一个观测孔距主孔的距离一般应约等于含水层的厚度（至少应大于 10 m）；c. 最远的观测孔，要求观测到的水位降深应大于 20 cm；d. 相邻观测孔距离，也应保证两孔的水位差必须大于 20 cm。

② 当抽水试验的目的在于查明含水层的边界性质和位置时，观测线应通过主孔、垂直于欲查明的边界布置，并应在边界两侧附近均布置观测孔。

③ 对欲建立地下水水流数值模拟模型的大型抽水试验，应将观测孔比较均匀地布置在计算区域内，以便能控制整个流场的变化和边界上的水位和流量，应在每个参数分区内都布置观测孔，便于流场拟合。

④ 当抽水试验的目的在于查明垂向含水层之间的水力联系时，则应在同一观测线上布置分层的水位观测孔。

4．渗水试验

渗水试验是一种在野外现场测定包气带土层垂向渗透系数的简易方法，在研究地面入渗对地下水的补给时，常需进行此种试验。

试验方法：在试验层中开挖一个截面积为 0.3～0.5 m^2 的方形或圆形试坑，不断将水注入坑中，并使坑底的水层厚度保持一定（一般为 10 cm 厚，图 3-17），当单位时间注入水量（包气带岩层的渗透流量）保持稳定时，则可根据达西渗透定律计算出包气带土层的渗透系数（K），即

$$K = V / I = \frac{Q}{WI} \tag{3-38}$$

式中：Q —— 稳定渗透流量，即注入水量，m^3/d；

V —— 渗透水流速度，m/d；

W —— 渗水坑的底面积，m^2；

I —— 垂向水力坡度。

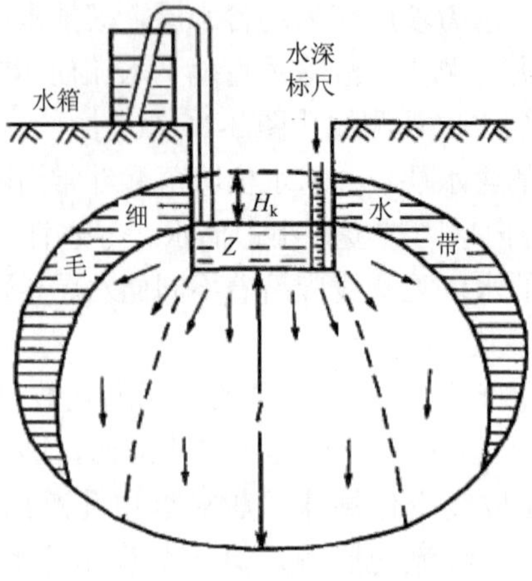

图 3-17 试坑渗水试验示意

$$I=\frac{H_k+Z+l}{l} \tag{3-39}$$

式中：H_k —— 包气带土层的毛细上升高度，可测定或用经验数据，cm；

Z —— 渗水坑内水层厚度，cm；

l —— 水从坑底向下渗入的深度，可通过实验前在试坑外侧、试验后在坑中钻孔取土样测定其不同深度的含水量变化，经对比后确定，cm。

由于 H_k、l、Z 均为已知，故可计算出水力坡度 I 值。但在通常情况下，当渗入水到达潜水面后，H_k 等于零。又因 Z 远远小于 l，故水力坡度值近似等于 1（$I\approx1$），于是式（3-38）变为

$$K=\frac{Q}{W}=V \tag{3-40}$$

式（3-40）说明，在上述基本合理的假定条件下，包气带土层的垂向渗透系数（K），实际上就等于试坑底单位面积上的渗透流量（单位面积注入水量），也等于渗入水在包气带土层中的渗透速度（V）。一般要求在试验现场及时绘制出 V 随时间的过程曲线（图 3-18），其稳定后的 V 值（图 3-18 中的 V_7）即为包气带土层的渗透系数（K）。

由于直接从试坑中渗水，未考虑注入水向试坑以外土层中侧向渗入的影响（使渗透断面加大，单位面积入渗量增加），故所求得的 K 值常常偏大。为克服此种侧向渗水的影响，目前多采用如图 3-19 所示的双环渗水试验装置，内外环间水体下渗所形成的环状水围幕即可阻止内环水的侧向渗透。

渗水试验方法的最大缺陷是，水体下渗时常常不能完全排出岩层中的空气，这对试验结果必然产生影响。

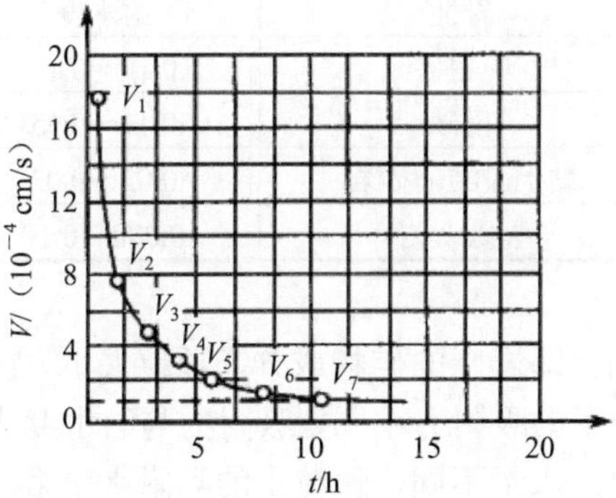

图 3-18　渗透速度与时间关系曲线（据查依林）

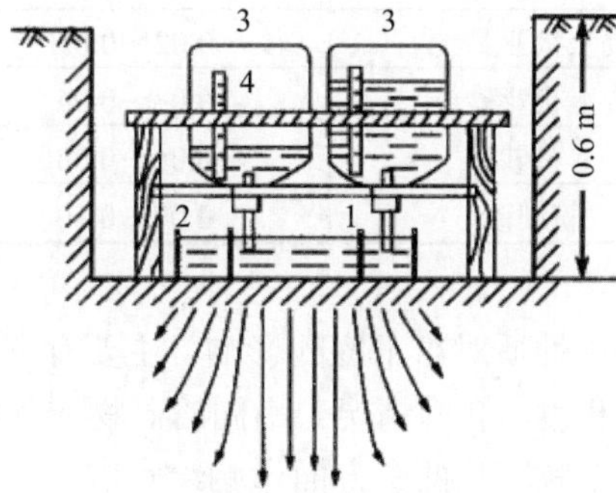

1—内环（直径 0.25 m）；2—外环（直径 0.5 m）；3—自动补充水瓶；4—水量标尺

图 3-19　双环法试坑渗水试验装置

八、水文地质参数

水文地质参数是表征岩土水文地质性能大小的数量指标，是地下水资源评价的重要基础资料，主要包括含水层的渗透系数和导水系数、承压含水层贮水系数、潜水含水层的给水度、弱透水层的越流系数及含水介质的水动力弥散系数。

确定这些水文地质参数的方法可以概括为两类：一类是用水文地质试验法（如野外现场抽水试验、注水试验、渗水试验及室内渗压试验、达西试验、弥散试验等），这种方法可以在较短的时间内求出含水层参数而得到广泛应用；另一类是利用地下水动态观测资料来确定，是一种比较经济的水文地质参数测定方法，并且测定参数的范围比前者更为广泛，可以求出一些用抽水试验不能求得的参数。

1. 给水度

给水度是表征潜水含水层给水能力和储蓄水量能力的一个指标，在数值上等于单位面积的潜水含水层柱体当潜水位下降一个单位时，在重力作用下自由排出的水量体积和相应的潜水含水层体积的比值。

给水度不仅和包气带的岩性有关，而且随排水时间、潜水埋深、水位变化幅度及水质的变化而变化。各种岩性给水度经验值见表 3-28。

表 3-28　各种岩性给水度经验值

岩性	给水度	岩性	给水度
黏土	0.02～0.035	细砂	0.08～0.11
亚黏土	0.03～0.045	中细砂	0.085～0.12
亚砂土	0.035～0.06	中砂	0.09～0.13

岩性	给水度	岩性	给水度
黄土状亚黏土	0.02～0.05	中粗砂	0.10～0.15
黄土状亚砂土	0.03～0.06	粗砂	0.11～0.15
粉砂	0.06～0.08	黏土胶结的砂岩	0.02～0.03
粉细砂	0.07～0.10	裂隙灰岩	0.008～0.10

岩土性质对给水度的影响，主要有三个方面，即岩土的矿物成分，颗粒大小、级配及分选程度，孔隙情况。不同的矿物成分对水分子的吸附力不同，吸附力与给水度成反比；岩土颗粒从两个方面影响给水度，一是吸附的水量不同，颗粒小的吸附水量多，相应的给水度就小，颗粒大的吸附水量少，给水度则大；二是颗粒大小、级配及分选程度决定了孔隙大小，级配越不均匀，给水度就越小，反之，级配越均匀，给水度越大。

不同水质的水，其黏滞性及与岩土颗粒的相互作用力的大小是不相同的。黏滞性大的给水性弱，黏滞性小的给水性强。同时水中所含化学成分的种类及含量的多少，与水温的高低关系密切。水温越高，水中溶解的物质越多，含量越大；反之则越小。另外，水温常常受气温的影响，因此水温与气温也往往影响给水度的大小。

潜水变幅带给水度受毛细管水上升高度的影响很明显。潜水位在毛细管水上升高度范围内，土层重力疏干排水过程完成后，土中除保持结合水、孔角毛细管水、悬挂毛细管水外，还有毛细管上升水，即土层在重力水疏干过程结束后，实际持水量大于其最大的田间持水量。地下水埋深越浅，保持在其中的毛细管上升水量就多，则给水度越小；地下水埋深越大，在变幅带内的毛细管上升水就保持得越小，则给水度相应增大。当地下水埋深等于或大于毛细管水最大上升高度后，毛细管上升水才不会影响给水度的大小，其值才趋于稳定。

2. 渗透系数和导水系数

渗透系数又称水力传导系数，是描述介质渗透能力的重要水文地质参数。根据达西公式，渗透系数代表当水力坡度为 1 时，水在介质中的渗流速度，单位是 m/d 或 cm/s。渗透系数大小与介质的结构（颗粒大小、排列、空隙充填等）和水的物理性质（液体的黏滞性、容重等）有关。

导水系数即含水层的渗透系数与其厚度的乘积。其理论意义是水力梯度为 1 时，通过含水层的单宽流量，常用单位是 m^2/d。导水系数只适用于平面二维流和一维流，在三维流及剖面二维流中无意义。

利用抽水试验资料求取含水层的渗透系数及导水系数的方法视具体的抽水试验情况而定，下面就各种情况下的计算公式加以简述，其原理及具体计算步骤可参考地下水动力学相关教材。

（1）单孔稳定流抽水试验抽水孔水位下降资料求渗透系数

1）当 Q—s（或 Δh^2）关系曲线呈直线时：

① 承压水完整孔：

$$K=\frac{Q}{2\pi sM}\ln\frac{R}{r} \tag{3-41}$$

② 潜水完整孔：

$$K=\frac{Q}{\pi(H^2-h^2)}\ln\frac{R}{r} \tag{3-42}$$

式中：K —— 渗透系数，m/d；

Q —— 出水量，m^3/d；

s —— 水位下降值，m；

M —— 承压水含水层的厚度，m；

H —— 自然情况下潜水含水层的厚度，m；

h —— 潜水含水层在抽水试验时的厚度，m；

r —— 抽水孔过滤器的半径，m；

R —— 影响半径，m。

2）当 s/Q（或 $\Delta h^2/Q$）—Q 关系曲线呈直线时，可采用作图截距法计算。

（2）单孔稳定流抽水试验观测孔水位下降资料求渗透系数

当利用观测孔中的水位下降资料计算渗透系数时，若观测孔中的值 s（或 Δh^2）在 s（或 Δh^2）—lg$r$ 关系曲线上连成直线，可采用下列公式：

① 承压水完整孔：

$$K=\frac{Q}{2\pi M(s_1-s_2)}\ln\frac{r_2}{r_1} \tag{3-43}$$

② 潜水完整孔：

$$K=\frac{Q}{\pi(\Delta h_1^2-\Delta h_2^2)}\ln\frac{r_2}{r_1} \tag{3-44}$$

式中：s_1，s_2 —— 在 s—lg$r$ 关系曲线的直线段上任意两点的纵坐标值，m；

$\Delta h_1{}^2$，$\Delta h_2{}^2$—— 在 Δh^2—lg$r$ 关系曲线的直线段上任意两点的纵坐标值，m^2；

r_1，r_2 —— 在 s（或 Δh^2）—lg$r$ 关系曲线上纵坐标为 s_1、s_2（或 $\Delta h_1{}^2$、$\Delta h_2{}^2$）的两点至抽水孔的距离，m。

3. 水动力弥散系数

在研究地下水溶质运移问题中，水动力弥散系数是一个很重要的参数。水动力弥散系数是表征在一定流速下，多孔介质对某种污染物质弥散能力的参数，它在宏观上反映了多孔介质中地下水流动过程和空隙结构特征对溶质运移过程的影响。水动力弥散系数是一个与流速及多孔介质有关的张量，即使几何上均质，且有均匀的水力传导系数的多孔介质，就弥散而论，仍然是有方向性的，即使在各向同性介质中，沿水流方向的纵向弥散和与水流方向垂直的横向弥散也不同。一般地说，水动力弥散系数包括机械弥散系数与分子扩散系数。当地下水流速较大以至于可以忽略分子扩散系数，同时假设弥散系数与孔隙平均流速呈线性关系，可先求出弥散系数再除以孔隙平均流速便可获取弥散度。

4. 贮水率和贮水系数

贮水率和贮水系数是含水层中的重要水文地质参数，它们表明含水层中弹性贮存水量的变化和承压水头（潜水含水层中为潜水水头）相应变化之间的关系。

贮水率表示当含水层水头变化一个单位时，从单位体积含水层中，应水体积膨胀（或压缩）以及介质骨架的压缩（或伸长）而释放（或贮存）的弹性水量，用μ_s表示，它是描述地下水三维非稳定流或剖面二维流的水文地质参数。

贮水系数表示当含水层水头变化一个单位时，从底面积为一个单位、高等于含水层厚度的柱体中所释放（或贮存）的水量，用 S 表示。潜水层的贮水系数等于贮水率与含水层的厚度之积再加上给水度，潜水贮水系数所释放（贮存）的水量包括两部分，一是含水层由于压力变化所释放（贮存）的弹性水量，二是水头变化一个单位时所疏干（贮存）含水层的重力水量，这一部分水量正好等于含水层的给水度，由于潜水含水层的弹性变形很小，近似可用给水度代替贮水系数。承压含水层的贮水系数等于其贮水率与含水层厚度之积，它所释放（或贮存）的水量完全是弹性水量，承压含水层的贮水系数也称为弹性贮水系数。

贮水系数是没有量纲的参数，其确定方法是通过野外非稳定流抽水试验，用配线法、直线图解法及水位恢复等方法进行推求，具体步骤详见地下水动力学相关书籍。

5. 越流系数和越流因素

越流系数和越流因素是表示越流特性的水文地质参数。越流补给量的大小与弱透水层的渗透系数 K'及厚度 b'有关，即 K'越大、b'越小，则越流补给的能力就越大。当地下水的主要开采含水层底板、顶板均为弱透水层时，开采层和相邻的其他含水层有水力联系时，越流是开采层地下水的重要补给来源。

越流系数σ 表示当抽水含水层和供给越流的非抽水含水层之间的水头差为一个单位时，单位时间内通过两含水层之间弱透水层的单位面积的水量。显然，当其他条件相同时，越流系数越大，通过的水量就越多。

越流因素 B 或称阻越系数，其值为主含水层的导水系数和弱透水层的越流系数的倒数的乘积的平方根。可用下式表示：

$$B=\sqrt{\frac{Tb'}{K'}} \tag{3-45}$$

式中：T —— 抽水含水层的导水系数，m^2/d；

b' —— 弱透水层的厚度，m；

K' —— 弱透水层的渗透系数，m/d；

B —— 越流因素，m。

弱透水层的渗透性越小，厚度越大，则越流因素 B 越大，越流量越小。自然界越流因素的值变化很大，可以从只有几米到几千米。对于一个完全不透水的覆盖岩层来说，越流因素 B 为无穷大，而越流系数 σ 为零。越流因素和越流系数的测定方法也是野外抽水实验，可参考地下水动力学等相关书籍。

6. 降水入渗补给系数

（1）基本概念

降水是自然界水分循环中最活跃的因子之一，是地下水资源形成的重要组成部分。地下水可恢复资源的多寡是与降水入渗补给量密切相关的。但是，降落到地面的水分不能直接到达潜水面，因为在地面和潜水面中间隔着一个包气带，入渗的水必须在包气带中向下运移才能到达潜水面。

降水入渗补给系数 α 是指降水渗入量与降水总量的比值，α 值的大小取决于地表土层的岩性和土层结构、地形坡度、植被覆盖以及降水量的大小和降水形式等，一般情况下，地表土层的岩性对 α 值的影响最显著。降水入渗系数可分为次降水入渗补给系数、年降水入渗补给系数、多年平均降水入渗补给系数，它随着时间和空间的变化而变化。

降水入渗补给系数是一个量纲为一的系数，其值为 0～1，表 3-29 为原水利电力部水文局综合各流域片的分析成果，列出了不同岩性在不同降水量年份条件下的平均年降水入渗补给系数的取值范围。

表 3-29　不同岩性和降水量的平均年降水入渗补给系数值

降水量/mm	岩性				
	黏土	亚黏土	亚砂土	粉细砂	砂卵砾石
50	0～0.02	0.01～0.05	0.02～0.07	0.05～0.11	0.08～0.12
100	0.01～0.03	0.02～0.06	0.04～0.09	0.07～0.13	0.10～0.15
200	0.03～0.05	0.04～0.10	0.07～0.13	0.10～0.17	0.15～0.21
400	0.05～0.11	0.08～0.15	0.12～0.20	0.15～0.23	0.22～0.30
600	0.08～0.14	0.11～0.20	0.15～0.24	0.20～0.29	0.26～0.36
800	0.09～0.15	0.13～0.23	0.17～0.26	0.22～0.31	0.28～0.38
1 000	0.08～0.15	0.14～0.23	0.18～0.26	0.22～0.31	0.28～0.38
1 200	0.07～0.14	0.13～0.21	0.17～0.25	0.21～0.29	0.27～0.37
1 500	0.06～0.12	0.11～0.18	0.15～0.22		
1 800	0.05～0.10	0.09～0.15	0.13～0.19		

注：东北黄土 $\overline{\alpha}_{年}$ 与表中亚黏土 $\overline{\alpha}_{年}$ 相近；陕北黄土含有裂隙，其 $\overline{\alpha}_{年}$ 与表中亚砂土 $\overline{\alpha}_{年}$ 相近（引自原水利电力部水文局《中国地下水资源》）。

（2）降水入渗补给系数的确定方法

常用地下水位动态资料计算降水入渗补给系数。这种方法适用于地下水位埋藏深度较小的平原区。我国北方平原区地形平缓，地下径流微弱，地下水从降水获得补给，消耗于蒸发和开采。在一次降水的短时间内，水平排泄和蒸发消耗都很小，可以忽略不计。

根据降水过程前后的地下水位观测资料计算潜水含水层的一次降水入渗补给系数，可采用下式近似计算降水入渗补给系数：

$$\alpha = \mu\left(h_{\max} - h \pm \Delta h \cdot t\right)/X \tag{3-46}$$

式中：α —— 一次降水入渗补给系数；

μ —— 给水度，量纲一；

$h_{\max}$ —— 降水后观测孔中的最大水柱高度，m；

h —— 降水前观测孔中的水柱高度，m；

Δh —— 临近降水前，地下水水位的天然平均降（升）速，m/d；

t —— 观测孔水柱高度从 h 变到 $h_{\max}$ 的时间，d；

X —— t 日内降水总量，m。

这种方法的适用条件是几乎没有水平排泄的潜水。在水力坡度大、地下径流强烈的地区，降水入渗补给量不完全反映在潜水面的上升中，有一部分水从水平方向排泄掉了，导致计算的降水入渗补给系数值偏小。如果是承压水，水位的上升不是由于当地水量的增加，而是由于压力的变化，以上情况本方法不适用。

7. 潜水蒸发系数

潜水蒸发是指潜水在土壤水势作用下运移至包气带并蒸发成为水汽的现象。在潜水埋深较小的地区，潜水蒸发是潜水的主要排泄途径，直接影响潜水位的消退。单位时间的潜水蒸发量称为潜水蒸发强度，潜水蒸发强度的变化既受潜水埋深的制约，又受气象、土壤、植被等因素的影响。

潜水蒸发系数是平原地区“三水”转化关系及水资源评价的一个重要参数。潜水蒸发系数是指潜水蒸发量与水面蒸发量的比值。潜水蒸发量受气象因素影响，并和潜水埋深、包气带岩性、地表植被覆盖情况有关。潜水蒸发与水面蒸发在蒸发动力条件等方面，具有相似之处，用如式（3-47）表达，即

$$E = C \cdot E_0 \tag{3-47}$$

式中：E —— 潜水蒸发量，mm/d；

E_0 —— 水面蒸发量，mm/d；

C —— 潜水蒸发系数。

表 3-30 列出了不同岩性、不同埋深及不同水面蒸发强度条件下的潜水蒸发系数值。潜水蒸发系数是估算潜水蒸发量的重要参数。20 世纪 70 年代，我国主要根据潜水动态

资料采用经验公式计算潜水蒸发系数值，但是这样存在问题，如怎样选择计算公式、蒸发时段如何确定、退水段有侧向排泄时怎样分析等。所以，近年来国内倾向于采用均衡场地中渗透仪实测值。

表 3-30　潜水蒸发系数 C 值

地区	年水面蒸发量/mm	包气带岩性	地下水埋深/m			
			0.5	1.0	1.5	2.0
黑龙江流域季节冻土区	600～1 200	亚黏土	—	0.01～0.15	0.08～0.12	0.06～0.09
		亚砂土	0.21～0.26	0.16～0.21	0.13～0.17	0.08～0.14
		粉细砂	0.23～0.37	0.18～0.31	0.14～0.26	0.10～0.20
内陆河流域严重干旱区	1 200～2 500	亚黏土	0.22～0.37	0.09～0.20	0.04～0.10	0.02～0.04
		亚砂土	0.26～0.48	0.19～0.37	0.15～0.26	0.08～0.17
其他地区	800～1 400	亚黏土	0.40～0.52	0.16～0.27	0.08～0.14	0.04～0.08
		亚砂土	0.54～0.62	0.38～0.48	0.26～0.35	0.16～0.23
		粉细砂	0.50 左右	0.07 左右	0.02 左右	0.01 左右

九、地下水样品采集

1. 采样过程

（1）基本流程

地下水样品采集的基本流程见图 3-20。

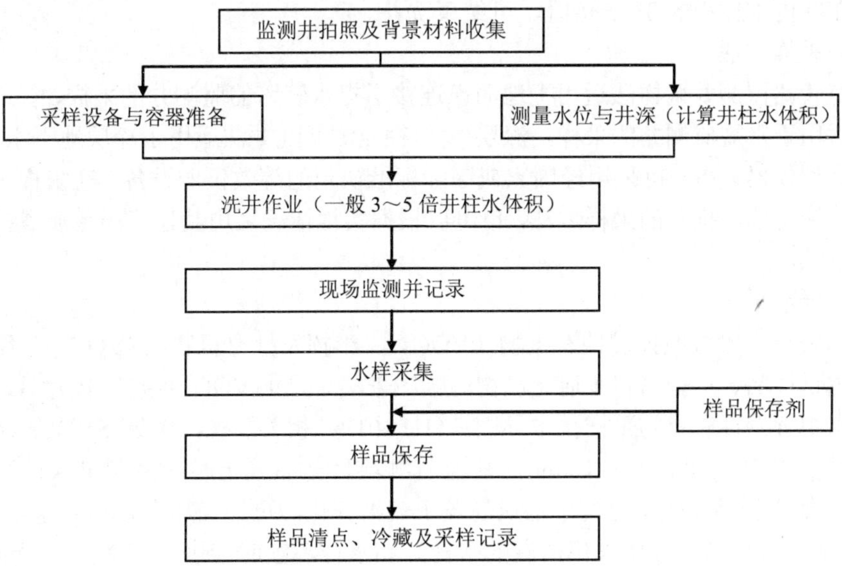

图 3-20　地下水采样基本流程

（2）地下水水位、井水深度测量

1）地下水水质监测通常在采样前应先测地下水水位（埋深水位）和井水深度。

地下水水位可按式（3-48）计算：

地下水水位（m）＝测点海拔高程−测点至井口垂直高度−水位面至井口深度 （3-48）

井水深度可按式（3-49）计算：

井水深度（m）＝井底至井口深度−水位面至井口深度 （3-49）

2）地下水水位测量主要测量静水位埋藏深度和高程，高程测量参照 SL 58 相关要求执行；

3）手工法测水位时，用布卷尺、钢卷尺、测绳等测具测量井口固定点至地下水水面垂直距离，当连续两次静水位测量数值之差在±1 cm/10 m 以内时，测量合格，否则需要重新测量；

4）有条件的地区，可采用自记水位仪、电测水位仪或地下水多参数自动监测仪进行水位测量；

5）水位测量结果以 m 为单位，记至小数点后两位；

6）每次测量水位时，应记录监测井是否曾抽过水，以及是否受到附近井的抽水影响。

（3）洗井

采样前需先洗井，洗井应满足相关要求。在现场使用便携式水质测定仪对出水进行测定，浊度小于或等于 10 NTU 时或者当浊度连续 3 次测定的变化在±10%以内、电导率连续 3 次测定的变化在±10%以内、pH 连续 3 次测定的变化在±0.1 以内；或洗井抽出水量在井内水体积的 3～5 倍时，可结束洗井。

（4）采样方法

已有管路监测井采样法适用于地面已连接了提水管路的监测井的采样，普通监测井采样法适用于常规监测井的采样，深层/大口径监测微洗井法适用于深层地下水的采样。若无同类型仪器设备，可采用经国家或国际标准认定的等效仪器设备。在采样过程中可根据实际情况选取推荐的采样方法，也可以根据实地情况采用其他能满足质量控制要求的采样方法。

（5）样品采集

样品采集一般按照挥发性有机物（VOCs）、半挥发性有机物（SVOCs）、稳定有机物及微生物样品、重金属和普通无机物的顺序采集。采集 VOCs 水样时执行《地块土壤和地下水中挥发性有机物采样技术导则》（HJ 1019）相关要求，采集 SVOCs 水样时出水口流速要控制在 0.2～0.5 L/min，其他监测项目样品采集时应控制出水口流速低于 1 L/min，如果样品在采集过程中水质易发生较大变化，可适当加大采样流速。

1）地下水样品一般要采集清澈的水样。如水样浑浊时应进一步洗井，保证监测井出水水清砂净；

2）采样时，除有特殊要求的项目以外，要先用采集的水样荡洗采样器与水样容器 2、3 次。采集 VOCs 水样时必须注满容器，上部不留空间，具体参照 HJ 1019 相关要求；测定硫化物、石油类、细菌类和放射性等项目的水样应分别单独采样。各监测项目所需水样采集量参见附录 D，附录 D 中采样量已考虑重复分析和质量控制的需要，并留有余地；

3）采集水样后，立即将水样容器瓶盖紧、密封，贴好标签，标签可根据具体情况进行设计，一般包括采样日期和时间、样品编号、监测项目等；

4）采样结束前，应核对采样计划、采样记录与水样，如有错误或漏采，应立即重采或补采。

（6）采样设备清洗程序

常用的现场采样设备和取样装置清洗方法和程序如下：

1）用刷子刷洗、空气鼓风、湿鼓风、高压水或低压水冲洗等方法去除黏附较多的污物；

2）用肥皂水等不含磷洗涤剂洗掉可见颗粒物和残余的油类物质；

3）用水流或高压水冲洗去除残余的洗涤剂；

4）用蒸馏水或去离子水冲洗；

5）当采集的样品中含有金属类污染物时，应用 10%硝酸冲洗，然后用蒸馏水或去离子水冲洗；

6）当采集含有有机污染物水样时，应用有机溶剂进行清洗，常用的有机溶剂有丙酮、己烷等；

7）用空气吹干后，用塑料薄膜或铝箔包好设备。

（7）其他要求

1）采样过程中采样人员不应有影响采样质量的行为，如使用化妆品，在采样、样品分装及密封现场吸烟等。监测用车停放应尽量远离监测点，一般停放在监测点（井）下风向 50 m 以外。

2）地下水水样容器和污染源水样容器应分架存放，不得混用。地下水水样容器应按监测井号和测定项目，分类编号、固定专用。

3）注意防止采样过程中的交叉污染，在采集不同监测点（井）水样时需清洗采样设备。

4）同一监测点（井）应有两人以上进行采样，注意采样安全，采样过程要相互监护，防止意外事故的发生。

5）在加油站、石化储罐等安全防护等级较高的区域采集水样时，要注意现场安全防护。

6）对封闭的生产井可在抽水时从泵房出水管放水阀处采样，采样前应将抽水管中存水放净。

7）对于自喷的泉水，可在涌口处出水水流的中心采样；采集不自喷泉水时，将停滞在抽水管的水汲出，新水更替之后，再进行采样。

8）洗井及设备清洗废水应使用固定容器进行收集，不应任意排放。

2. 地下水现场监测

（1）现场监测项目包括水位、水温、pH、电导率、浑浊度、氧化还原电位、色、嗅和味、肉眼可见物等指标，同时还应测定气温、描述天气状况和收集近期降水情况。

（2）所有现场监测仪器使用前应进行校准，并定期维护。

（3）布卷尺、钢卷尺、测绳等水位测具（检定量具为 50 m 或 100 m 的钢卷尺），其精度必须符合国家计量检定规程允许的误差规定。

（4）水温计、气温计最小分度值应不大于 0.2℃，最大误差在±0.2℃以内。

（5）pH 计、电导率仪、浊度计和轻便式气象参数测定仪应满足测量允许的误差要求。

（6）目视比浊法和目视比色法所用的比色管应成套。

3. 采样记录

地下水采样记录包括采样现场描述和现场测定项目记录两部分，可按《地下水环境监测技术规范》（HJ 164—2020）附录 E.1 的格式设计统一的采样记录表。每个采样人员应认真填写地下水采样记录，字迹应端正、清晰，各栏内容填写齐全。

4. 样品保存与运输

（1）样品采集后应尽快运送实验室分析，并根据监测目的、监测项目和监测方法的要求，按要求在样品中加入保存剂。

（2）样品运输过程中应避免日光照射，并置于 4℃冷藏箱中保存，气温异常偏高或偏低时还应采取适当保温措施。

（3）水样装箱前应将水样容器内外盖盖紧，对装有水样的玻璃磨口瓶应用聚乙烯薄膜覆盖瓶口并用细绳将瓶塞与瓶颈系紧。

（4）同一采样点的样品瓶尽量装在同一箱内，与采样记录或样品交接单逐件核对，检查所采水样是否已全部装箱。

（5）装箱时应用泡沫塑料或波纹纸板垫底和间隔防震。

（6）运输时应有押运人员，防止样品损坏或受沾污。

5. 样品交接与贮存

（1）样品送达实验室后，由样品管理员接收。

（2）样品管理员对样品进行符合性检查，包括：样品包装、标识及外观是否完好；对照采样记录单检查样品名称、采样地点、样品数量、形态等是否一致；核对保存剂加入情况；样品是否冷藏，冷藏温度是否满足要求；样品是否有损坏或污染。

（3）当样品有异常，或对样品是否适合测试有疑问时，样品管理员应及时向送样人员或采样人员询问，样品管理员应记录有关说明及处理意见，当明确样品有损坏或污染时须重新采样。

（4）样品管理员确定样品符合样品交接条件后，进行样品登记，并由双方签字。

（5）样品管理员负责保持样品贮存间清洁、通风、无腐蚀的环境，并对贮存环境条件加以维持和监控。

（6）样品贮存间应有冷藏、防水、防盗和门禁措施，以保证样品的安全性。

（7）样品流转过程中，除样品唯一性标识需转移和样品测试状态需标识外，任何人、任何时候都不得随意更改样品唯一性编号。分析原始记录应记录样品唯一性编号。

（8）在实验室测试过程中由测试人员及时做好分样、移样的样品标识转移，并根据测试状态及时作好相应的标记。

（9）地下水样品变化快、时效性强，监测后的样品均留样保存意义不大，但对于测试结果异常样品、应急监测和仲裁监测样品，应按样品保存条件要求保留适当时间。留样样品应有留样标识。

十、地下水水质及评价方法

1. 地下水水质

地下水环境监测采样、样品管理、监测方法和实验室分析详见 HJ 164—2020。地下水水质经常检测的指标如下：

（1）pH

pH 也称氢离子浓度指数或酸碱值，是衡量溶液中氢离子活度的一种标度，也就是通常意义上溶液酸碱程度的衡量标准。

地下水的 pH 往往具有区域性的分布特征，引起这种区域性差异的主要原因包括天然因素和人为因素。天然条件下，某些地质环境中含有大量的腐殖质、硫化物及有机酸，其中有机质（碳）在氧化条件下可产生大量的游离二氧化碳，使地下水 pH 降低；原生环境中富含的硫化物，经氧化分解溶于水中，也会导致地下水 pH 降低。人为活动中，工业废气及酸雨对地下水 pH 影响较大。由于工业废气中含有大量二氧化硫、一氧化硫、硫化氢、二氧化碳、二氧化氮等酸性气体，与降雨结合为硫酸、碳酸、硝酸，形成酸雨。当土壤本身对酸的缓冲能力不足时，酸性水就会通过入渗补给地下水，引起地下水的 pH 降低。

此外，土壤包气带介质、多层结构的含水系统、城市化以及废水废渣排放等因素也在一定程度上影响着地下水的酸碱性。地下水 pH 的分布是在自然因素和人类活动的共同影响下，长期演化而产生的结果。

（2）总硬度

总硬度（Total Hardness）是指水中 Ca^{2+}、Mg^{2+}的总量，包括暂时硬度和永久硬度。水中 Ca^{2+}、Mg^{2+}以碳酸盐、重碳酸盐形式存在的部分，因其遇热即形成碳酸盐沉淀而被除去，称为暂时硬度；而以硫酸盐、硝酸盐和氯化物等形式存在的部分，因其性质比较稳定，不能通过加热的方式除去，故称为永久硬度。当水的总硬度小于总碱度时，它们的差，称为负硬度。硬度是表示水质的一个重要指标，与工业用水关系很大，它是形成锅垢和影响产品质量的主要因素。因此，水的总硬度测定能为确定用水质量和进行水的处理提供依据。

（3）溶解性总固体

溶解性总固体（Total Dissolved Solids，TDS）指水中溶解组分的总量，包括溶解于地下水中各种离子、分子、化合物的总量，但不包括悬浮物和溶解气体。溶解性总固体一般采用重量法测量，水样经过滤后在一定温度下烘干，所得固体干涸残渣，包括不易挥发的可溶性盐类、有机物及能通过过滤器的不溶解微粒等，其中 Cl^-、HCO_3^-、CO_3^{2-}、SO_4^{2-}、K^+、Na^+、Ca^{2+}、Mg^{2+}等离子可占溶解性固体总量的 95%～99%。

溶解性总固体是生活饮用水监测中必测的指标之一，它可以反映被测水样中无机离子和部分有机物的含量。水中含过多溶解性总固体时，饮用者就会有苦咸的味觉并感受到胃肠刺激。溶解性总固体高，除对人体有不良影响外，还可损坏配水管道或使锅炉产生水垢等。

地下水溶解性总固体的形成是水岩相互作用的长期结果，其所受影响因素很多，主要有降雨、蒸发、地形、土壤类型、土地利用类型、岩性及农业活动等，因此，地下水中溶解性总固体的分布具有空间变异性。此外，人类活动也会在一定程度上引起地下水中溶解性总固体含量的增高，例如，污水渗漏、地下水过量开采等。

（4）硫酸盐

硫酸盐（Sulfate）是指由硫酸根离子（SO_4^{2-}）与其他金属离子组成的化合物。硫酸盐在自然界中分布广泛，天然水中普遍含有硫酸盐，因此 SO_4^{2-}是地下水的一种主要组分。地下水中的硫酸盐有多种来源，其中包括海相蒸发岩的溶解，与海水或咸水的混合，大气中的硫酸盐及陆地硫化物的溶解等。各种来源的硫酸盐岩参与到地下水化学演化过程中，它们是地下水盐化作用的一个重要组成部分。

另外，在硫化矿床地区，由于硫化物被氧化，使水中硫酸盐增加；在油田水中，由于细菌的脱硫作用及烃类对硫酸盐的还原作用，使水中硫酸盐逐渐减少甚至消失。因此，水中硫酸盐的变化，在一定意义上可以判断该地区的地球化学环境。

（5）氯化物

氯化物（Chloride）是指带负电的氯离子和其他元素带正电的阳离子结合而形成的盐类化合物。地下水中氯离子的天然来源主要包括来自沉积岩中所含岩盐或其他氯化物的溶解，来自岩浆岩中含氯矿物的风化溶解，来自海水补给地下水等。

在人类活动地区，工业废水和生活污水是水体中氯化物的重要来源。人为发生源主要来自化工、石油化工、化学制药、造纸、水泥、肥皂、纺织、油漆、颜料、食品、机械制造和鞣革等行业所排放的工业废水。此外，在生活污水中也含有一定量的氯化物。

当水中的氯离子达到一定浓度时，常常和相对应的阳离子（Na^+、Ca^{2+}、Mg^{2+}等）共同作用，使水产生不同的味觉，使水质产生感官性状的恶化。如当水中氯化物浓度为

250 mg/L，阳离子为钠时，人就会察觉出咸味；而当水中氯化物浓度为 170 mg/L，阳离子为镁时，水就会出现苦味。氯化物对水产生的味觉，不仅取决于它的浓度，也取决于相对应阳离子的类别。由于氯化物对水质产生不同的味觉，会影响水质，若为水源水，当氯化物含量大于 250 mg/L 时，则不适于作饮用水；当氯化物含量较高时，也不适于一些工业行业作为生产用水。

（6）铁

地下水中铁（Iron）的来源非常广泛，地壳中的铁多半分散在各种岩浆岩、沉积岩及第四系地层中，都是难溶性的化合物，这些铁大量进入地下水的途径有：① 含碳酸的地下水对岩土层中二价铁的氧化物起溶解作用；② 三价铁的氧化物在还原条件下被还原而溶解于水；③ 有机物质对铁质的溶解作用：有些有机酸能溶解岩土层中的二价铁，有些有机物质能将岩土层中的三价铁还原成为二价铁而使之溶于水中，还有些有机物质能和铁质生成复杂的有机铁而溶于水中；④ 铁的硫化物被氧化而溶于水中。

天然地下水中铁的形态主要为可溶的二价铁离子（Fe^{2+}），但在实际中，常用铁的假想化合物，如重碳酸亚铁［$Fe(HCO_3)_2$］和硫酸亚铁（$FeSO_4$）等来表示水中铁的存在形态。铁在水溶液中的溶解和沉淀，主要受 pH 和 E_h 控制。铁的价态也是影响溶解度的重要因素，二价铁的化合物的溶解度要比三价铁高得多。当含水层处于强还原环境及地下水运动滞缓部位时，有利于地下水中铁离子的富集，这时，三价铁被活化为二价铁溶于水中，特别是当含水层中夹有淤泥层或泥炭层时，就更有利于铁在水中的富集，这是由于腐植酸和铁细菌的活动降低了 pH、E_h，提高了铁的溶解度。

此外，地下水中铁的含量与含水层的垂向水文地球化学分带也有着密切的关系。含水层在垂向上一般可分为氧化、过渡和还原三个带，其中，在氧化带由于地下水中含有较多的溶解氧和二氧化碳，铁常呈不可溶或难溶的氧化物存在，故铁含量一般较低；过渡带的地下水一般呈酸性或中性，铁含量较高；而在还原带，地下水呈碱性，铁含量低。另外，在含水层中，微生物对铁的迁移起着重要作用，不同种属所起的作用不一样，有的促使 Fe^{2+}氧化和沉淀，有的促使 Fe^{3+}还原和溶解。

当水中铁浓度大于 0.3 mg/L 时，水体变浑；超过 1 mg/L 时，水具有铁腥味；特别是水中含有过量的铁时，可在洗涤衣服时生成锈色斑点，在光洁的卫生用具上和与水接触的墙壁、地板上都能着上黄褐色斑点，从而影响产品质量。人长期饮用含铁过高的水，会影响饮食以及引起消化系统和骨骼系统疾病。在工业和采暖锅炉用的地下水中常有过量的铁质，铁的存在，会使软化用的离子交换树脂受到污染并造成铁中毒，使交换剂交换容量减小，盐耗增大，软化效率降低，所以在以含铁地下水为水源的条件下，必须对锅炉软化水进行除铁预处理，确保锅炉的安全经济和无垢运行。去除铁的方法主要有混凝沉淀、稳定处理以及氧化等。

（7）锰

地下水中的锰（Manganese）主要来源于岩石和矿物中锰的氧化物、硫化物、碳酸盐、硅酸盐等的溶解；高价锰的氧化物，如软锰矿（MnO_2）等，在缺氧的还原环境中，能被还原为二价锰而溶于含碳酸的水中。此外，在富含有机物的水中，还可能存在有机锰。天然地下水中的锰有正二价到正七价的各种价态，但在天然地下水中溶解状态的锰主要是二价锰。地下水中锰的迁移在基岩山区除了受含水介质成分、径流条件影响外，主要是受氧化环境控制。岩石受强烈风化、分解、溶滤作用时，岩土中的锰矿物释放出大量的锰离子。而在平原区，尤其在细粒物沉积的滨湖区，地下水中锰的迁移，除了与含水介质成分、径流条件、上覆土层性质、酸碱条件、地下水中氯离子含量有关外，主要受还原环境控制。对微咸水、咸水中的锰离子的形成，氯离子的含量起主导作用，氯离子的含量越高，越有利于锰的迁移。

地下水中锰含量水平的变化，主要受地貌、含水层的沉积环境及水力特征等因素控制；当含水层中夹有淤泥或淤泥质亚黏土，或含有较多的淤泥质时，锰含量较高；含水层中含淤泥少时，地下水中锰含量显著下降。此外，垂向水文地球化学分带与地下水中铁、锰含量也有明显的关系。在垂向上，一般可分为三个带：氧化带、过渡带和还原带。在氧化带由于地下水中含有较多的溶解氧和二氧化碳，锰常以不可溶或难溶的氧化物存在，故锰含量一般较低；在过渡带地下水一般呈酸性或中性，锰含量较高；在还原带，地下水呈碱性，锰含量低。在微生物分解有机物的过程中，也能使含水层的不溶性锰还原为可溶状态，同时释放出二氧化碳。水中可溶性的重碳酸锰被微生物获取后，其中二氧化碳变为碳酸锰或经其他催化氧化作用，二价锰变成四价锰，从水中析出。

当水中锰浓度大于 0.1 mg/L 时，水体变浑，特别是水中含有过量的锰时，可在洗涤衣服时生成锈色斑点，在光洁的卫生用具上和与水接触的墙壁、地板上都能着上黄褐色斑点，从而影响产品质量。人长期饮用含锰过高的水，会影响饮食以及引起消化系统和骨骼系统疾病。在工业和采暖锅炉用的地下水中常有过量的锰，锰的存在，会使软化用的离子交换树脂受到污染并造成锰中毒，使交换剂交换容量减小，盐耗增大，软化效率降低。所以在以含锰地下水为水源的条件下，必须对锅炉软化水进行除锰预处理，确保锅炉的安全经济和无垢运行。通常去除锰的方法主要有混凝沉淀、稳定处理以及氧化等。

（8）化学需氧量

化学需氧量（Chemical Oxygen Demand，COD）是利用化学氧化剂（如高锰酸钾）将水中可氧化物质（如有机物、亚硝酸盐、亚铁盐、硫化物等）氧化分解，然后根据残留的氧化剂的量计算出氧的消耗量，它代表在规定条件下可氧化物质的总量，是反映水中有机污染物总体水平的指标，可用以指示水体有机物污染程度。《环境影响评价技术导则　地下水环境》（HJ 610）使用耗氧量以 COD_{Mn} 计来替代高锰酸钾指数，但仍是以高锰酸钾作氧化剂。

地下水中可被氧化的物质包括有机物和无机物，由于天然地下水中有机物的含量一般较低，所以未遭受污染的地下水中，耗氧量一般比较低，通常小于 3 mg/L，主要由一些无机的还原性物质产生。一旦遭受污染，耗氧量的数值会明显增加，因此，耗氧量主要是衡量水体被还原态物质污染程度的一项重要指标。生活饮用水卫生标准中规定的耗氧量的限值是一个经验数值，没有实验证明超过此限值会对健康造成风险。

（9）氨氮

氨氮（Ammonia Nitrogen）是指以游离氨（NH_3）和铵离子（NH_4^+）形式存在的氮。氮循环是个非常复杂的体系，天然条件下，动植物的遗体、排出物和残落物中的有机氮被微生物分解后形成氨，可在降水淋滤作用下进入水环境。人类活动中，生活污水排放、垃圾渗滤液、农业化肥流失是氨氮的重要来源。此外，在化工、冶金、石油化工、油漆颜料、煤气、炼焦、鞣革、化肥等工业废水中也有氨氮的存在。

氨氮是水体受到污染的标志，其对生态环境的危害表现在多个方面。氨氮是水体中的主要耗氧污染物之一，氨氮氧化分解消耗水中的溶解氧，使水体发黑发臭；氨氮中的非离子氨是引起水生生物毒害的主要因子，对水生生物有较大的毒害，其毒性比铵盐大几十倍；氨氮是水体中的营养素，可为藻类生长提供营养源，增加水体富营养化发生的概率。

天然条件下，地下水中氨氮的浓度通常较低，但在遭受污染的地下水中，氨氮浓度可能会比较高，因此，它可以作为衡量地下水体是否健康的指示剂。

尽管氨氮对水环境危害比较大，但从人体健康角度而言，氨氮属低毒类，饮用水中的氨氮与健康没有直接的关联，属于感官性状一般化学指标。

（10）亚硝酸盐

亚硝酸盐（Nitrite）是指亚硝酸形成的盐，含有亚硝酸根离子 NO_2^-。水环境中亚硝酸盐通常是氨转化成硝酸盐的硝化过程以及硝酸盐反硝化过程的中间产物。氨氮在硝化过程中以及硝酸盐在反硝化过程中，一旦受阻反应不彻底，就会产生亚硝酸盐的积累。因此，地下水中亚硝酸盐的来源有很多，包括各种含氮污染物通过降水淋滤或者渗漏进入地下水环境，条件适宜时，不同形式的含氮污染物就会在微生物的作用下转化成亚硝酸盐氮。

亚硝酸盐是剧毒物质，成人摄入 0.2～0.5 g 即可引起中毒，3 g 即可致死。亚硝酸盐同时还是一种致癌物质，很多人倾向于认为它是形成致癌物——亚硝胺的前体。目前比较公认的致癌机理是，在胃酸等环境下亚硝酸盐与食物中的仲胺、叔胺和酰胺等反应生成强致癌物亚硝胺。亚硝胺还能够透过胎盘进入胎儿体内，对胎儿有致畸作用。6 个月以内的婴儿对亚硝酸盐特别敏感，临床上患高铁血红蛋白血症的婴儿即是食用亚硝酸盐或硝酸盐浓度高的食品引起的，症状为缺氧，出现紫绀，甚至死亡。

（11）硝酸盐

硝酸盐（Nitrate）是指硝酸根离子 NO_3^-形成的盐。地下水中的硝酸盐主要是以 NO_3^-的形式存在。地下水中硝酸盐来源既包括天然的，也包括人为的。天然条件下，动植物的遗体、排泄物和残落物中的有机氮被微生物分解后形成氨，可在降水淋滤作用下进入水环境，并在微生物的作用下进一步转化为硝酸盐。天然条件下，地下水中的硝酸盐（以氮计）一般不超过 10 mg/L。但是受到污染的地下水，其含量可以明显上升。人为来源包括各种含氮污染物（如生活污水、工业废水、垃圾渗滤液、化肥、人畜粪便等），它们通过降水淋滤或者渗漏等途径进入地下水环境，条件适宜时，不同形式的含氮污染物就会在微生物的作用下转化成硝酸盐。目前，硝酸盐污染已成为世界上多数国家最为普遍的地下水污染。

由于植物、霉菌、人的口腔和肠道细菌有将硝酸盐转化为亚硝酸盐的能力，因此，硝酸盐往往表现为亚硝酸盐的毒性。大量摄入硝酸盐和亚硝酸盐可诱导高铁血红蛋白血症，临床表现为口唇、指甲发绀，皮肤出现紫斑等缺氧症状，可致死亡。该病经常发生在饮用水中硝酸盐含量较高的地区，而且多发于婴儿。该病主要是由于人体内大量的亚硝酸盐与血液中的血红蛋白结合，使高铁血红蛋白含量上升，因高铁血红蛋白不能与氧结合，导致缺氧的发生。

（12）硫化物

硫化物（Sulfide）是指电正性较强的金属或非金属与硫形成的一类化合物。水中硫化物包括溶解性的硫化氢、酸溶性的金属硫化物，以及不溶性的硫化物和有机硫化物。通常测定的硫化物是指溶解性的和酸溶性的硫化物。地下水（特别是温泉水）及生活污水常含有硫化物，其中一部分是在厌氧条件下，由于微生物的作用使硫酸盐还原或含硫有机物分解而产生的。焦化、造气、造纸、印染、制革等工业废水中也含有硫化物，工业废水的渗漏常是地下水中硫化物的人为污染来源之一。

水体中的硫化物对水生生物和人体具有很高的毒性，硫化物的毒性主要表现在其能释放出 H_2S。H_2S 是一种无色、易溶于水并且具有臭鸡蛋气味的气体，具有腐蚀性、可燃性和致死性。在低浓度时，H_2S 可以引起身体不适，高浓度时可以导致神志不清、暂时大脑损害甚至窒息死亡。10×10^{-6} 水平下，会刺激眼睛。吸入 500×10^{-6} 的 H_2S，半小时内就可导致死亡，吸入 $1\,000\times10^{-6}$，会立即引起昏厥并导致几分钟内死亡。然而，硫化物在天然水体中的浓度一般很低，未遭受污染的地下水中（不包括深层热水）硫化物的浓度更低。在饮用水中检测到的含量水平通常无健康问题，其限值设定是从感官性状一般化学指标性质考虑的。

（13）钠

地下水中的钠（Sodium）主要来自火成岩——铝硅酸盐（钠长石、斜长石、霞石）的风化产物、钠离子的盐沉积层（主要是岩盐）和分散在岩石土壤中的化合物（岩盐、芒硝等）。此外，岩石、土壤中吸附综合体的一价钠离子被水中二价钙、镁离子置换也是地下水中钠离子富集的原因之一。

钠具有较强的迁移能力，广泛分布于土壤和地下水中。在丘陵山区的地下水中钠的含量除了与含水介质岩性有关外，主要受地形和径流条件的控制，由于该类地区岩石裂隙发育，地形起伏较大，地下水径流条件良好，易随地下水的迁移而流失，因此，地下水中的钠含量一般都很低；在平原地区地下水中，钠的形成与富集除了与含水介质和上覆土层成分有关之外，还受到不同矿化水的混合作用、弥散作用以及离子交换吸附作用影响。各地区上述因素的差异，导致钠在地下水中的含量差异甚大。

钠是人体必需元素，不过，如果意外摄入过量的氯化钠会产生急性影响，甚至导致死亡。饮用水中的钠与高血压之间可能存在联系，但目前尚没有肯定的结论。所以世界卫生组织没有提出钠基于健康的准则值。浓度超过 200 mg/L 时，可能会带来不可接受的味觉。因此，HJ 610 中的钠属于感官性状一般化学指标。

（14）氟化物

氟化物（Fluoride）是指含有无机氟的化合物，广泛存在于自然界中。自然界中的氟化物主要来源于火山爆发、高氟温泉、干旱土壤、含氟岩石的风化释放以及化石燃料的燃烧等。地下水中氟化物的浓度随着水流经岩石的种类不同而各异，在一些富含氟化物矿物的地方，地下水中含氟量可达 10 mg/L，有些地方甚至更高。

适当的氟是人体所必需的，人体各组织中都含有氟，主要积聚在牙齿和骨骼中，但过量的氟则对人体有危害，可致急、慢性中毒。20 世纪我国贵州、陕西、甘肃、山西、山东、河北、辽宁、吉林、黑龙江等省出现的氟斑牙、氟骨症等地方性氟中毒，即由于当地岩石、土壤中含氟量过高，造成饮水和食物中含氟量增高而引起。

2．地下水水质评价

充分利用现状调查所获得的野外调查、试验与室内实验资料进行综合分析，对地下水环境质量现状进行评价，给出评价结果。

地下水质量单组分评价，按照《地下水质量标准》（GB/T 14848）所列指标，划分为五类，代号与类别代号相同，不同类别标准值相同时，从优不从劣。如挥发性酚，Ⅰ类和Ⅱ类标准值均为 0.001 mg/L，如水质分析的结果为 0.001 mg/L，则应定为Ⅰ类，而不应定为Ⅱ类。

地下水质量评价以地下水水质调查分析资料或水质监测资料为基础，可采用标准指数法、污染指数法和综合评价方法。

（1）标准指数法

地下水质量分类指标限值按 GB/T 14848 执行。

① 对评价标准为定值的水质参数，其标准指数法公式为

$$P_i = \frac{c_i}{S_i} \tag{3-50}$$

式中：P_i —— 标准指数；

c_i —— 水质参数 i 的监测浓度值；

S_i —— 水质参数 i 的标准浓度值。

② 对于评价标准为区间值的水质参数（如 pH），其标准指数式为

$$P_{\mathrm{pH}}=\frac{7.0-\mathrm{pH}_i}{7.0-\mathrm{pH}_{\mathrm{sd}}} \quad \mathrm{pH}_i\leqslant 7\text{ 时} \tag{3-51}$$

$$P_{\mathrm{pH}}=\frac{\mathrm{pH}_i-7.0}{\mathrm{pH}_{\mathrm{su}}-7.0} \quad \mathrm{pH}_i>7\text{ 时} \tag{3-52}$$

式中：P_{pH} —— pH_i 的标准指数；

pH_i —— i 点实测 pH；

$\mathrm{pH}_{\mathrm{su}}$ —— 标准中 pH 的上限值；

$\mathrm{pH}_{\mathrm{sd}}$ —— 标准中 pH 的下限值。

评价时，标准指数＞1，表明该水质参数已超过了规定的水质标准，指数值越大，超标越严重。

（2）污染指数法

对照项目所在地区地下水的背景值或对照值，对地下水污染现状进行评价。方法与标准指数法相同。

① 对于对照值为定值的水质参数，其污染指数法公式为

$$P_i=\frac{c_i}{S_i'} \tag{3-53}$$

式中：P_i —— 污染指数；

c_i —— 水质参数 i 的监测浓度值；

S'_i —— 水质参数 i 的对照浓度值。

② 对于地下水污染对照值为区间值的水质参数（如 pH），其污染指数公式为

$$P_{\mathrm{pH}}=\frac{7.0-\mathrm{pH}_i}{7.0-\mathrm{pH}_{\mathrm{sd}}} \quad \mathrm{pH}_i\leqslant 7\text{ 时} \tag{3-54}$$

$$P_{\mathrm{pH}}=\frac{\mathrm{pH}_i-7.0}{\mathrm{pH}_{\mathrm{su}}-7.0} \quad \mathrm{pH}_i>7\text{ 时} \tag{3-55}$$

式中：P_{pH} —— pH_i 的污染指数；

pH_i —— i 点实测 pH；

$\mathrm{pH}_{\mathrm{su}}$ —— 地下水污染对照值中 pH 的上限值；

$\mathrm{pH}_{\mathrm{sd}}$ —— 地下水污染对照值中 pH 的下限值。

评价时，污染指数＞1，表明该水质因子已受到污染，指数值越大，污染越严重。

（3）综合评价方法

地下水质量综合评价，按单指标评价结果最差的类别确定，并指出最差类别的指标。示例：某地下水样氯化物含量 400 mg/L，四氯乙烯含量 350 μg/L，这两个指标属Ⅴ类，其余指标均低于Ⅴ类。则该地下水质量综合类别定为Ⅴ类，Ⅴ类指标为氯离子和四氯乙烯。

十一、地下水防护性能

1. 包气带防护性能

（1）包气带的渗透特性

包气带指地面以下、潜水面以上与大气相通的地带。有时人们也把包气带称为非饱和带，但是这两个概念的含义不完全相同。非饱和带一般不包括潜水面之上的毛细上升带和季节性饱和带。

地下水面以上是包气带，以下是饱水带。按水分分布特点，包气带可分成 3 个带：① 近地面段为毛细管悬着水带。这个带同大气有强烈的水分交换，水分的增加、减少或消失，同降雨的下渗、土壤的蒸发和植物的散发有关。水分的垂直分布随时间而变化。② 毛细管支持水带。在地下水面以上由毛细水上升而形成，在这一带中土壤的含水量自下而上逐渐减少，这个带的深度随地下水位的升降而变化。③ 介于上述两个带之间的中间包气带。当地下水位深时，中间包气带一般水量较小、变化慢，垂直方向水分分布均匀；当地下水位浅时，毛细管悬着水带同毛细管支持水带连接起来，中间包气带随之消失。

包气带是大气水和地表水同地下水发生联系并进行水分交换的地带，它是岩土颗粒、水、空气三者同时存在的一个复杂系统。包气带具有吸收水分、保持水分和传递水分的能力。包气带还是地表污染物渗入地下水的主要途径。污染物在包气带中发生复杂的物理、化学和生物过程，包括机械过滤、溶解和沉淀、吸附和解吸、氧化和还原等物理化学过程；有机污染物在一定的温度、pH 和包气带中的微生物作用下，还可能发生生物降解作用。

包气带对污染物具有阻隔和消减作用，是地下水环境保护的一个重要屏障。因此，包气带是地下水环境影响评价中需要考虑的一个重要因素。

（2）包气带防护性能的概念

包气带防护性能指包气带的土壤、岩石、水、气系统抵御污染物污染地下水的能力，分为固有和特殊防污染性能两种。固有防污染性能是指在一定的地质条件和水文地质条件下，防止人类活动产生的各种污染物污染地下水的能力，它与包气带地质条件和包气带水文地质条件有关，与污染物性质无关。特殊防污染性能是指防止某种或某类污染物污染地下水的能力，它与污染物性质及其在地下水环境中的迁移能力有关。

（3）包气带防护性能评价

在地下水环境影响评价过程中，按照包气带的岩性、厚度和渗透系数，结合建设项目的污染物排放的连续性，确定包气带的防护性能级别。包气带的防护性能分为弱、中、强三类，分类标准见表 3-31。

表 3-31 包气带的防污性能分类标准

分类	包气带岩土的渗透性能
强	岩（土）层单层厚度 $M_b \geq 1.0$ m，渗透系数 $K \leq 10^{-6}$ cm/s，且分布连续、稳定
中	岩（土）层单层厚度 0.5 m$\leq M_b <$1.0 m，渗透系数 $K \leq 10^{-6}$ cm/s，且分布连续、稳定； 岩（土）层单层厚度 $M_b \geq 1.0$ m，渗透系数 10^{-6} cm/s$< K \leq 10^{-4}$ cm/s，且分布连续、稳定
弱	岩（土）层不满足上述“强”和“中”条件

注：“岩（土）层”系指建设项目场地地下基础之下第一岩（土）层；包气带渗透系数系指包气带岩土饱水时的垂向渗透系数。

2. 地下水脆弱性影响因素

地下水脆弱性是指污染物自顶部含水层以上某一位置到达地下水系统中某一特定位置的趋势和可能性。

地下水的脆弱性主要取决于地下水埋深、净补给量、含水层介质、土壤介质、地形坡度、包气带影响、水力传导系数 7 个因子。

（1）地下水埋深

地下水埋深是指地表至潜水位的深度或地表至承压含水层顶部（隔水层顶板底部）的深度，它是一个很重要的因子，因为它决定污染物到达含水层前要迁移的深度，它有助于确定污染物与周围介质接触的时间。一般来说，地下水埋深越大，污染物迁移的时间越长，污染物衰减的机会越多。此外，地下水埋深越大，污染物受空气中氧的氧化机会也越多。

（2）净补给量

补给水使污染物垂直迁移至潜水并在含水层中水平迁移，并控制着污染物在包气带和含水层中的弥散和稀释。在潜水含水层地区，垂直补给快，比承压含水层易受污染；在承压含水层地区，由于隔水层渗透性差，污染物迁移滞后，对承压含水层的污染起到一定的保护作用。在承压含水层向上补给上部潜水含水层地区，承压含水层受污染的机会极少。补给水是淋滤、传输固体和液体污染物的主要载体，入渗水越多，由补给水带给潜水含水层的污染物越多。补给水量足够大而引起污染物稀释时，污染可能性不再增加而是降低。此外，净补给量中包括灌溉补给的来源。

（3）含水层介质

含水层介质既控制污染物渗流途径和渗流长度，也控制污染物衰减作用（像吸附、各种反应和弥散等）可利用的时间及污染物与含水层介质接触的有效面积。污染物渗透途径和渗流长度受含水层介质性质的强烈影响。一般来说，含水层中介质颗粒越大、裂隙或溶隙越多，渗透性越好，污染物的衰减能力越低，防污性能越差。

（4）土壤介质

土壤介质是指包气带顶部具有生物活动特征的部分，它明显影响渗入地下的补给量，所以也明显影响污染物垂直进入包气带的能力。在土壤带很厚的地方，入渗、生物降解、吸附和挥发等污染物衰减作用十分明显。一般来说，土壤防污性能明显受土壤中的黏土类型、黏土胀缩性和颗粒大小的影响，黏土胀缩性小、颗粒小的，防污性能好。此外，有机质也可能是一个重要因素。

（5）地形坡度

地形坡度控制污染物是产生地表径流还是渗入地下。施用的杀虫剂和除草剂是否易于积累于某一地区，地形坡度因素特别重要。地形坡度小于 2%的地区，因为不会产生地表径流，污染物入渗的机会多；相反，地形坡度大于 18%的地区，地表径流大，入渗小，地下水受污染的可能性也小。

（6）包气带影响

包气带指的是潜水位以上非饱水带，这个严格的定义可用于所有的潜水含水层。但在评价承压含水层时，包气带影响既包括以上所述的包气带也包括承压含水层以上的饱水带。承压水的隔水层是包气带中最重要的影响最大的介质。包气带介质的类型决定着土壤层以下、水位以上地段内污染物衰减的性质。生物降解、中和、机械过滤、化学反应、挥发和弥散是包气带内可能发生的所有作用，生物降解和挥发通常随深度而降低。介质类型控制着渗透途径和渗流长度，并影响污染物衰减和与介质接触时间。

（7）水力传导系数

在一定的水力梯度下水力传导系数控制着地下水的流速，同时也控制着污染物离开污染源场地的速度。水力传导系数受含水层中的粒间孔隙、裂隙、层间裂隙等所产生的空隙的数量和连通性控制。水力传导系数越高，防污性能越差，因为污染物能快速离开污染物进入含水层。

第五节　土壤环境现状调查与评价

一、土壤学主要术语

1. 土壤环境影响后果及定义

（1）土壤

地球陆地表面能生长植物的疏松表层（核心定义）。土壤主要由矿物质、有机质以及水分、空气等组成（土壤构成），是在成土母质、生物、地形、气候等自然因素和耕种、施肥、灌排等人为因素综合作用下，不断演变和发展（土壤是发展变化的）。因此，土壤是一种动态的有发展历史的自然体，是提供植物养分、水分、空气和其他条件的基质，是农业生长的基本资料（土壤的主要功能）。在生态学和环境科学上，土壤也是人类生存的重要环境因素。

（2）土壤沙化

由于植被破坏或草地过度放牧、开垦为农田，土壤变得干燥，土壤粒子分散不凝聚，在风蚀作用下细颗粒含量逐步降低且风沙颗粒逐渐堆积于土壤表层的过程。泛指土壤或可利用的土地变成含沙很多的土壤或土地甚至变成沙漠的过程。

（3）土壤流失

土壤物质由于水力及水力加上重力作用而搬运移走的侵蚀过程，也称水土流失过程。

（4）土壤盐渍化

主要发生在干旱、半干旱和半湿润地区，指易溶性盐分在土壤表层积累的现象或过程。主要分为以下 3 种。

① 现代盐渍化：在现代自然环境下，积盐过程是主要的成土过程。

② 残余盐渍化：土壤中某一部位含一定数量的盐分而形成积盐层，但积盐过程不再是目前环境条件下的主要成土过程。

③ 潜在盐渍化：心底土存在积盐层，或者处于积盐的环境条件（如高矿化度地下水、强烈蒸发等），有可能发生盐分表聚的情况。

（5）土壤次生盐渍化

土壤潜在盐渍化的表象化，指由于不恰当的利用，使潜在盐渍化土壤中的盐分趋向于表层积聚的过程。

土壤次生盐渍化的主要发生原因可分为内因和外因。内因是土壤具有积盐的趋势或已积盐在一定深度；外因主要是农业灌溉不当。主要归结起来的原因包括：由于发展引水自流灌溉，导致地下水位上升超过其临界深度，使地下水和土体中的盐分随土壤毛管水通过地面蒸发耗损而聚于表土；利用地面或地下矿化水（尤其是矿化度大于 3 g/L 时）进行灌溉，而又不采取调节土壤水盐运动的措施，导致灌溉水中盐分积累于耕层中；在开垦利用心底土积盐层的土壤过程中，过量灌溉的下渗水流溶解活化其中的盐分，随蒸发耗损聚于土壤表层。

（6）土壤潜育化

指土壤处于地下水与饱和、过饱和水长期浸润状态下，在 1 m 内的土体中某些层段 E_h＜200 mV，并出现因 Fe、Mn 还原而生成的灰色斑纹层，或腐泥层，或青泥层，或泥炭层的土壤形成过程。

（7）土壤次生潜育化

指因耕作或灌溉等人为原因，土壤（主要是水稻土）从非潜育型转变为高位潜育型的过程。

（8）土壤污染

指人为因素有意或无意地将对人类本身和其他生命体有害的物质或制剂施加到土壤中，使其增加了新的组分或某种成分的含量明显高于原有含量，并引起现存的或潜在的土壤环境质量恶化和相应危害的现象。构成土壤污染的三要素为：有可识别的人为污染物，有可鉴别的污染物数量的增加，有现存（直接显露）或潜在（通过转化）的危害后果。

土壤污染具有隐蔽性或潜伏性、不可逆性和长期性以及后果的严重性等特点，其污染类型包括有机物污染、无机物污染、土壤生物污染和放射性物质的污染。

（9）土壤肥力质量

指植物生长所需的养分供应能力和环境条件，可用定性和定量描述来表述。

（10）土壤环境质量

指在一定时间和空间范围内，土壤环境自身形状对其持续利用以及对其他环境要素，对人类和其他生物的生存和繁衍以及社会经济发展的适宜程度。一般而言，土壤环境质量是土壤污染及危害程度的指标，土壤环境质量问题也就是土壤污染问题。

（11）土壤环境生态影响

指由于人为因素引起土壤环境特征变化导致其生态功能变化的过程或状态。

（12）土壤环境污染影响

指因人为因素导致某种物质进入土壤环境，引起土壤化学、物理、生物等方面特性的改变，导致其质量恶化的过程或状态。

（13）土壤环境敏感目标

指可能受人为活动影响的、与土壤环境相关的敏感区或对象。

（14）土壤酸化

指土壤吸收性复合体接受了一定数量交换性氢离子或铝离子，使土壤中碱性（盐基）离子淋失的过程。

2. 土壤环境现状调查指标定义及特性

（1）土壤类型

土壤分类就是根据土壤的发生发展规律和自然形状，按照一定的分类标准，把自然界的土壤划分为不同的类别。《中国土壤分类与代码》（GB/T 17296—2009）采用线分法将土壤分类系统的分类单元划分为土纲、亚纲、土类、亚类、土属、土种六个层级，根据该标准统计，目前土纲分为 12 种、亚纲 30 种、土类 60 种，土壤环境影响评价应分析到土类。

（2）土壤质地

由土壤固体颗粒大小组合不同而表现出来的特性，对土壤肥力具有深刻的影响。我国土壤质地分为砂土、壤土、黏土三类。

质地反映了母质来源及成土过程的某些特征，是土壤的一种十分稳定的自然属性；

同时，其黏、砂程度对土壤中物质的吸附、迁移及转化均有很大影响，因而在土壤污染物环境行为的研究中常是首要考察的因素之一。

（3）土体构型

指土壤发生层有规律的组合、有序的排列状况，也称为土壤剖面构型，是土壤剖面最主要的特征。土体构型分为 5 种类型，即薄层型、黏质垫层型、均质型、夹层型、砂姜黑土型。

（4）土壤结构

土壤中的固体颗粒很少以单粒存在，多是单个土粒在各种因素综合作用下相互黏合团聚，形成大小、形状和性质不同的团聚体，称为土壤结构体。各种结构体的存在及其排列状况，必然改变土壤的孔隙状况，也影响土壤中水、肥、气、热和耕作性能。土壤结构体通常根据大小、形状及其与土壤肥力的关系划分为五种主要类型：块状结构体、核状结构体、柱状结构体、片状结构体、团粒结构体。

① 块状结构体：属于立方体型，其长、宽、高三轴大体近似，边面棱不甚明显，常细分为大块状（$d>10$ cm）、块状（5 cm$\leqslant d \leqslant$10 cm）和碎块状（$d<5$ cm）。块状结构体在质地比较黏重、缺乏有机质的土壤中容易形成，特别是土壤过湿或过干耕作时最易形成（图 3-20）。

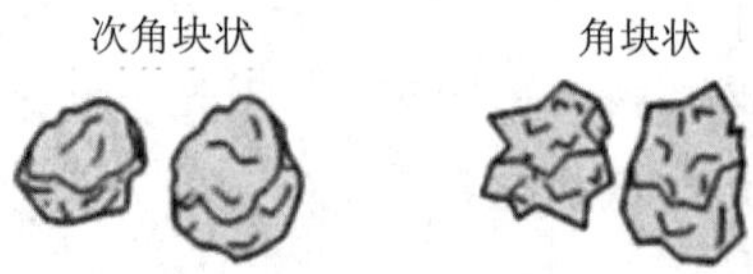

图 3-20 块状结构体图示

② 核状结构体：长、宽、高三轴大体近似，边面棱角明显，比块状结构体小，大的直径为 10～20 mm 或稍大，小的直径为 5～10 mm。核状结构体多以石灰或铁质作为胶结剂，在结构面上有胶膜出现，故常具水稳定性，这类结构体在黏重而缺乏有机质的表下层土壤中较多。

③ 棱柱状结构体和柱状结构体：结构体呈立柱状，棱角明显有定形者称为棱柱状结构体，棱角不明显无定形者称为拟柱状结构体，其柱状横截面大小不等。柱状结构体常出现于半干旱地带的表下层，以碱土、碱化土表下层或黏重土壤心土层中最为典型（图 3-21）。

④ 片状结构体：结构体呈扁平状，其厚度可小于 1 cm，也可大于 5 cm。这种结构体往往由于流水沉积作用或某些机械压力造成，常出现于森林土壤的灰化层、碱化土壤的表层和耕地土壤的犁底层。此外，在雨后或灌溉后所形成的地表结壳或板结层，也属于片状结构体（图 3-22）。

图 3-21　柱状结构体图示

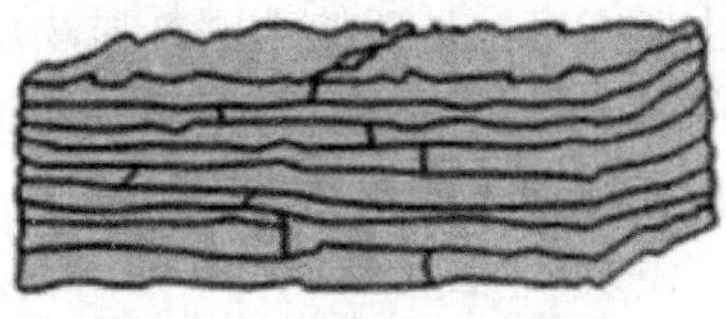

图 3-22　片状结构体图示

⑤ 团粒结构体：指土壤中近乎球状的小团聚体，其直径为 0.25～10 mm，具有水稳定性，常出现于土壤的灰化层、碱化土壤的表层和耕地土壤的犁底层（图 3-23）。

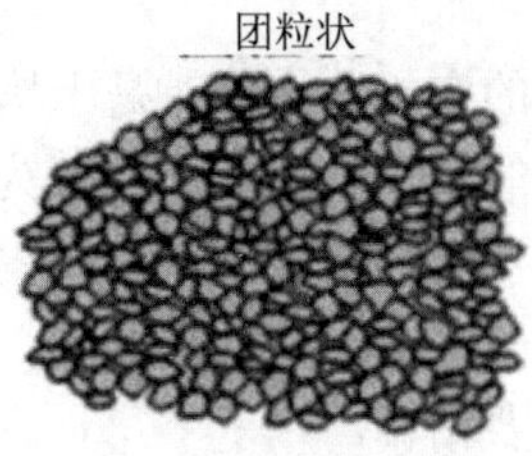

图 3-23　团粒结构体图示

（5）土壤阳离子交换量

土壤溶液在一定 pH 时，土壤能吸附的交换性阳离子的总量，称为阳离子交换量（CEC）。通常以每千克干土所含阳离子的里摩尔数表示，可叙述为：里摩［尔］（+）每千克，或 cmol（+）/kg。因为阳离子交换量随土壤 pH 变化而变化，故一般控制 pH 为 7 的条件下测定土壤的交换量。

阳离子交换量的大小与土壤可能吸附的速效养分的容量及土壤保肥能力有关。交换量大的土壤就能吸附较多的速效养分，避免它们在短期内完全流失。

决定土壤阳离子交换量的因子，主要是土壤胶体上负电荷的多少，而影响土壤胶体负电荷的，主要是土壤中带负电荷胶体的数量与性质。

（6）氧化还原电位（E_h）

长期惯用的氧化还原指标，它可以被理解为物质（原子、离子、分子）提供或接受电子的趋向或能力。物质接受电子的强烈趋势意味着高氧化还原电位，而提供电子的强烈趋势则意味着低氧化还原电位。

（7）饱和导水率

土壤被水饱和时，单位水势梯度下、单位时间内通过单位面积的水量。它是土壤质地、容重、孔隙分布特征的函数。一般用渗透仪测定。

（8）土壤容重

应称为干容重，又称为土壤密度，是干的土壤基质物质的量与总容积之比。土壤容重大小是土壤学中十分重要的基本数据，可作为粗略判断土壤质地、结构、孔隙度和松紧情况的指标，并可据其计算任何体积的土重。

（9）孔隙度

单位容积土壤中孔隙容积所占的百分数。土壤孔隙度的大小说明了土壤的疏松程度及水分和空气容量的大小，土壤孔隙度与土壤质地有关，一般情况下，砂土、壤土和黏土的孔隙度分别为 30%～45%、40%～50%和 45%～60%，结构良好的土壤孔隙度为55%～70%，紧实底土为 25%～30%。

（10）有机质

指存在于土壤中的所有含碳的有机化合物。是土壤固相部分的重要组成成分，尽管土壤有机质的含量只占土壤总量的很小一部分（一般为 1%～20%），但它对土壤形成、土壤肥力、环境保护及农林业可持续发展等方面都有着极其重要的作用和意义。

（11）全氮

衡量土壤氮素供应状况的重要指标。

（12）有效磷

缩写为 A-P，也称为速效磷，在植物生长期内能够被植物根系吸收的土壤磷，即在《土壤　有效磷的测定　碳酸氢钠浸提-钼锑抗分光光度法》（HJ 704—2014）规定的条件下浸提出来土壤溶液中的磷、弱吸附态磷、交换性磷和易溶性固体磷酸盐等。

（13）地下水溶解性总固体

水样在规定条件下，经过滤并蒸发干燥后留下的物质。

（14）植被覆盖率

指某一地域植物垂直投影面积与该地域面积之比，用百分数表示。

3. 土壤盐化、酸化、碱化分级标准

土壤盐化、酸化、碱化分级标准见表 3-32 和表 3-33。

表 3-32　土壤盐化分级标准

分级	土壤含盐量（SSC）/（g/kg）	
	滨海、半湿润和半干旱地区	干旱、半荒漠和荒漠地区
未盐化	SSC＜1	SSC＜2
轻度盐化	1≤SSC＜2	2≤SSC＜3
中度盐化	2≤SSC＜4	3≤SSC＜5
重度盐化	4≤SSC＜6	5≤SSC＜10
极重度盐化	SSC≥6	SSC≥10

注：根据区域自然背景状况适当调整。

表 3-33　土壤酸化、碱化分级标准

土壤 pH	土壤酸化、碱化强度
pH＜3.5	极重度酸化
3.5≤pH＜4.0	重度酸化
4.0≤pH＜4.5	中度酸化
4.5≤pH＜5.5	轻度酸化
5.5≤pH＜8.5	无酸化或碱化
8.5≤pH＜9.0	轻度碱化
9.0≤pH＜9.5	中度碱化
9.5≤pH＜10.0	重度碱化
pH≥10.0	极重度碱化

注：土壤酸化、碱化强度指受人为影响后呈现的土壤 pH，可根据区域自然背景状况适当调整。

二、土壤环境现状调查内容与方法

土壤环境现状调查的目的是在反映调查评价范围内的土壤理化特性、土壤环境质量状况，以及土壤环境影响源的基础上，为土壤环境现状评价和土壤环境影响预测评价提供数据支撑，可采用资料收集、现场调查和现状监测等方式完成。

1. 资料收集

为了初步了解场地内相关地理要素的信息，为土壤环境影响评价后续工作提供参考，并在一定程度上减少现状调查的工作量，应尽可能多地收集场地相关的气象、水文、土地利用及土壤环境影响源等方面的信息。资料收集类型主要分为四个方面：

（1）自然环境状况

重点收集调查范围内的气象资料、地形地貌特征资料、水文条件及水文地质资料等。其中气象资料主要包括地区的降水量、蒸发量、风速风向等资料；地形地貌特征主要包括区内地形地势、地貌分区类型等；水文条件主要指区内的地表径流等水文特征；水文地质资料主要为区内包气带特征及地下水水位埋深等内容。以上资料可通过国家地质资料数据中心及全国地质资料信息网进行查阅。

（2）土地利用现状图、土地利用规划图、土壤类型分布图等资料

收集该部分资料目的在于掌握调查区的土地利用现状情况信息、后期的土地利用规划状况，分析建设项目周边的土壤环境敏感程度，为后期的监测布点提供依据。

（3）土地利用历史情况

收集土地利用变迁资料、土地使用权证明及变更记录、房屋拆除记录等信息，重点收集场地作为工业用地时期的生产及污染状况，用来评价场地污染的历史状况，识别土壤污染影响源。

（4）与建设项目土壤环境影响评价相关的其他资料

包括环境影响评价报告书（表）、场地环境监测报告、场地调查报告以及由政府机关和权威机构保存或发布的环境资料，如区域环境保护规划、环境质量公告、生态和水源保护区规划报告、企业在政府部门的相关环境备案和批复等。

2. 土壤理化特性调查

土壤理化特性调查是在所收集资料无法达到土壤现状调查相应的工作精度要求时，所开展的针对性现场调查工作。

（1）土壤理化特性调查内容及技术方法

土壤理化特性调查内容主要包括土体构型、土壤结构、土壤质地、阳离子交换量、氧化还原电位、饱和导水率、土壤容重、孔隙度、有机质、全氮、有效磷、有效钾等。

① 土体构型。土体构型的调查工作在野外地面调查阶段完成，可以土壤剖面记录的形式完成。土壤剖面一般规格为长 1.5 m、宽 0.8 m、深 1.2 m，当揭露至基岩或见到地下水出露可停止深挖。剖面完成后，先按形态特征自上而下划分层次，逐层观察和记载其颜色、质地、结构、孔隙、紧实度、湿度、根系分布等特征；然后根据需要进行 pH、盐酸反应、酚酞反应等的速测；最后自下而上地分别观察、采集各层的土样，并将挖出的土按先心底土、后表土的顺序填回坑内。土壤剖面的采样规格可参照 HJ/T 166 中的具体规定执行，采样地点可选取背景样监测点位。

② 土壤结构。土壤结构的测定方法分为现场鉴别和筛分两种。进行野外现场鉴别时，可将土壤结构类型按形状分为块状、片状和柱状三大类；按其大小、发育程度和稳定性等，再分为团粒、团块、块状、棱块状、棱柱状、柱状和片状等。筛分法又分为人工筛分法和机械筛分法两种，是土壤团聚体组成测定的试验方法。试验步骤可参考《土工试验方法标准》（GB/T 50123—1999）中的具体规定执行。

③ 土壤质地。土壤质地是根据机械分析数据，依据相应的土壤质地分类标准来确定的。每种质地的土壤各级颗粒含量都有一定的变化，土壤机械组成数据是研究土壤的最基本资料之一。土壤质地可先进行野外确定，运用手指对土壤的感觉，采用搓条法进行粗估计。搓条法可初步划定土壤是砂土、砂壤土、轻壤土或中壤土等。土壤质地的精细判别依据是土壤颗粒大小。在进行精细判别前，先对大于 0.1 mm 的土粒进行机械筛分。

筛下小于 0.1 mm 的土粒根据分析精度要求可采用密度计法、吸管法、激光粒度仪法等方法进行确定。试验步骤可参考 GB/T 50123—2019 的具体规定执行。

④ 阳离子交换量。土壤阳离子交换性能对于研究污染物的环境行为有重大意义，它能调节土壤溶液的浓度，保证土壤溶液成分的多样性，因而保证了土壤溶液的“生理平衡”，同时还可以保持养分免于被雨水淋失。

阳离子交换量的大小，可作为评价土壤保肥能力的指标。土壤阳离子交换量越高，说明土壤保肥性越强，意味着土壤保持和供应植物所需养分的能力越强；反之说明土壤保肥性能越差。土壤阳离子交换量的测定在室内实验室完成，受多种因素影响。NaOAc 法是目前国内广泛应用于石灰性土壤和盐碱土壤交换量测定的常规方法；中性乙酸铵法是我国土壤和农化实验室所采用的常规分析方法，适用于酸性和中性土壤；氯化铵-乙酸铵交换法适用于碱性土壤的测定。常规的测试中可参考《土壤　阳离子交换量的测定　三氯化六氨合钴浸提-分光光度法》（HJ 889—2017）。

⑤ 氧化还原电位（E_h）。氧化还原电位的测定应用在土壤环境监测中用来反映土壤溶液中所有物质表现出来的宏观氧化-还原性。E_h 值可以作为评价水质优劣程度的一个标准。土壤的氧化还原性质对植物的生长起着至关重要的作用，土壤中的各种生物化学过程都受 E_h 值的制约，各物种的反应活性、迁移、毒性及其能否被生物吸收利用，都与物种的氧化还原状态有关。土壤氧化还原电位越高，氧化性越强；电位越低，氧化性越弱。通过氧化还原电位的测定来调查土壤溶液中氧化态和还原态物质的相对浓度。目前，国内测定氧化还原电位的方法有铂电极直接测定法和去极化法两种。在土壤环境调查过程中，氧化还原电位的测定采用现场测试法，具体测定标准可参考《土壤　氧化还原电位的测定　电位法》（HJ 746—2015）执行。

⑥ 土壤饱和导水率、土壤容重、土壤孔隙度。测定土壤饱和导水率需要选取原状土样进行室内环刀试验；测定土壤容重可采用环刀法、蜡封法、水银排除法、填沙法等，以环刀法应用最为广泛；土壤孔隙度一般不直接测定，一般由土粒密度和容重计算求得。以上 3 个指标均是计算土壤剖面中水通量的重要土壤参数，也是水文模型中的重要参数，它们的准确与否严重影响模型的精度。具体的测定方法可以参考《土壤学实验指导》或 GB/T 50123—1999。

⑦ 有机质、全氮、有效磷、有效钾。常用的有机质测定方法有高温氧化容量法、水合热氧化比色法。室内常用的全氮测试方法有开氏消煮法、氢氟酸修正开氏法和高锰酸钾-还原性铁修正法。有效磷常用的实验室方法有碳酸氢钠法和氢氧化钠熔融法。有效钾的常用实验室方法是乙酸铵提取法和四苯硼钠比浊法。

有机质、全氮、有效磷和有效钾是土壤营养物质，一般在农林类、水利类建设项目中需要考虑这几项指标情况，具体测定方法及操作步骤可参考《土壤学实验指导》。此外，土壤环境理化特性的检测方法也可参考《土壤检测》（NY/T 1121.1～NY/T 1121.18）相关测定标准。

（2）土壤环境生态影响型建设项目须补充调查的内容及技术方法

生态影响型建设项目根据土壤环境影响类型、建设项目特征与评价需要，在调查以上土壤理化特性内容的基础上，还应补充调查植被特征、地下水位埋深、地下水溶解性总固体等内容。

① 植被特征。植被特征与土壤环境的关系是生态学研究的重要领域。获取区域地表植被覆盖状况，对于揭示地表植被分布、动态变化趋势以及评价区域生态环境具有现实作用。植被恢复过程中，土壤养分和有机质等含量有所改善，而土壤养分的改善有助于植被的恢复。土壤状况不仅影响着植物群落的演替方向，更进一步决定着植物群落的类型、分布和动态。

不同植被群落下土壤性质存在显著差异。有研究表明，植被各项指标与土壤粉粒含量、黏粒含量、全氮含量以及有机质含量呈现正相关，与砂粒含量、土壤容重、pH、有效磷含量呈现负相关。

场地土壤的植被覆盖情况可通过遥感生态解译与地面调查相结合的方式进行调查分析。具体调查方法可参考《生态环境状况评价技术规范》（HJ 192—2015）、《环境影响评价技术导则　生态环境》（HJ 19—2011）以及《生物多样性观测技术导则》（HJ 710—2014）等相关技术规范。

② 地下水位埋深。地下水位埋深是指地下水面到地表的距离，是影响包气带水升降的重要因素，与土壤盐渍化成因密切相关。土壤盐渍化的根本防治措施是调控地下水位，比如在地下水开采过程中，由于地下水埋深大于毛细带强烈上升高度，可以切断水盐沿毛细管上升的通道，从而有效地防止返盐和土壤积盐。同时，由于水位埋深加大，可以容纳灌水和降水的入渗，蒸发强度显著减弱，从而改变水盐运动方向和动态特征，使水盐向下运动，有利于包气带水土盐分淡化，防止潜水因蒸发而浓缩和盐分向土壤表层累积，对从根本上防治土壤盐渍化有重要意义。地下水水位测量是水文地质勘查领域的基本技术手段，可通过地面调查、勘探等方法进行。

③ 地下水溶解性总固体。溶解性总固体是指水流经围岩后单位体积水样中溶解无机矿物成分的总质量，包括溶解于水中的各种离子、分子、化合物的总量。地下水溶解性总固体是评价地下水含盐量、表征地下水无机污染物的重要指标，受降雨、蒸发、地形、土壤类型、土地利用类型、岩性及农业活动等因素的影响，其分布具有空间变异性。溶解性总固体指标值越高，地下水矿化程度越高，所含各种阴、阳离子总量越多，地下水经包气带蒸发遗留地表土壤的盐分越多，土壤盐渍化的程度越高。因此，地下水溶解性总固体是判断土壤是否会发生盐碱化的重要指标之一。溶解性总固体的测定可选取现场仪器测定或室内试验称量法。具体测定方法及操作规程可参考《土壤检测　第 16 部分：土壤水溶性盐总量的测定》（NY/T 1121.16—2006）。

3. 影响源调查

土壤环境影响源调查的核心目的是在建设项目还未开展实施之前查清厂区土壤环

境质量现状，确定前期的污染事故状况，为建设项目未来可能出现的责任鉴定做好背景数据储备。因此，在土壤环境现状调查的过程中，与建设项目产生同种特征因子或造成相同土壤环境影响后果的影响源应作为主要调查目标。

土壤环境影响源调查方法主要有以下几种：

（1）资料收集法

通过收集建设项目场地土地历史使用情况，掌握其土地利用变迁资料，土地使用权证明及变更记录、房屋拆除记录等信息，重点收集场地作为工业用地的生产及污染记录、厂区平面布置图、地上及地下储罐清单、环境监测数据等，用以识别影响源可能产生的位置及时间。

（2）现场踏勘法

通过走访土壤环境调查场地及周边区域（范围由现场调查人员根据污染物可能迁移的距离确定），重点记录厂区内构筑物、建筑物及地表的污染泄漏痕迹。现场调查的方法：可通过对异常气味的辨识、摄影和照相、现场笔记等方式初步判断场地污染的状况。踏勘期间，可以使用现场快速测定仪器。

（3）人员访谈法

访谈内容包括资料收集及现场踏勘所涉及的疑问，作为信息补充和已有资料的考证。询问知情人员场地的土地使用历史，人类活动的污染负荷，特殊环境事件，居民生活、健康及周边生态异常情况等。

三、土壤环境现状评价方法

土壤环境质量评价涉及监测项目、评价标准和评价方法。土壤调查的目的和现实的经济技术条件决定了监测项目的数量。评价标准通常采用国家土壤环境质量标准、土壤背景值或专业土壤质量标准。国内常用的土壤环境质量评价技术方法主要有单污染指数法、累积指数法、污染分担率评价法和内梅罗污染指数评价法。

1. 单污染指数法

单污染指数法是最简单的一种评价方法，是将污染物实测值与质量标准比较，得到的一个指数，指数小则污染轻，指数大则污染重。该评价方法能比较客观、明了地反映土壤中某污染物的影响程度。其计算见式（3-56）：

$$p_i = \frac{c_i}{c_0} \tag{3-56}$$

式中：p_i ——i 污染物指数；

c_i ——i 污染物实测值，mg/kg；

c_0 ——i 污染物质量标准，mg/kg。

2. 累积指数法

当区域内土壤环境质量作为一个整体与外区域进行比较，或者与历史资料进行比较时，经常采用综合污染指数来评价，可客观反映区域土壤的实际质量状况。由于地区土壤背景差异较大，特别是矿藏丰富的地区，在矿藏出露的区域，一般背景值都较高，采用累积指数更能反映土壤人为污染程度。累积指数计算见式（3-57）：

$$p=\frac{c_i}{b_0} \tag{3-57}$$

式中：p —— 污染累积指数；

c_i —— i 污染物实测值，mg/kg；

b_0 —— i 污染物背景值，mg/kg。

3. 污染分担率评价法

在评价项目较多时，需要找出主要污染物时，可采用污染物分担率的评价方法，计算见式（3-58）：

$$Y=\frac{p_i}{\sum_{i=1}^{n}p_i}\times 100 \tag{3-58}$$

式中：Y —— 污染分担率，%；

p_i —— i 污染物指数。

4. 内梅罗污染指数评价法

内梅罗污染指数反映了各污染物对土壤的作用，同时突出了高浓度污染物对土壤环境质量的影响。计算见式（3-59）：

$$p_n=\sqrt{\frac{\overline{p}_i^2+p_{i\max}^2}{2}} \tag{3-59}$$

式中：p_n —— 内梅罗污染指数；

$\overline{p}_i$ —— 平均单项污染指数；

$p_{i\max}$ —— 最大单项污染指数。

土壤内梅罗污染指数评价标准见表 3-34。

表 3-34 土壤内梅罗污染指数评价标准

等级	内梅罗污染指数	污染等级
Ⅰ	p_n≤0.7	清洁（安全）
Ⅱ	0.7＜p_n≤1.0	尚清洁（警戒线）
Ⅲ	1.0＜p_n≤2.0	轻度污染
Ⅳ	2.0＜p_n≤3.0	中度污染
Ⅴ	p_n＞3.0	重污染

第六节 声环境现状调查与评价

声环境现状调查与评价，需根据声环境影响评价工作等级和评价范围，确定声环境现状调查的范围、内容。调查一般需给出评价范围内影响声传播的环境要素；声环境功能区划、敏感目标及其分布情况；不同声环境功能区和敏感目标的声环境质量，超标、达标情况以及受噪声影响的人口数量及分布情况；影响声环境质量的现有声源种类、数量、位置及影响的噪声级，边界噪声超标、达标情况。

一、声环境现状调查

1．调查目的

进行声环境现状调查的目的是：掌握评价范围内声环境质量现状、声环境敏感目标和人口分布情况，为声环境现状评价和预测评价提供基础资料，也为管理决策部门提供声环境质量现状情况，以便与项目建设后的声环境影响程度进行比较和判别。

2．调查内容

声环境现状调查的主要内容有：评价范围内现有的噪声源种类、数量及相应的噪声级，评价范围内现有的噪声敏感目标及相应的噪声功能区划和应执行的噪声标准，评价范围内各功能区噪声现状，边界噪声超标状况及受影响人口分布和敏感目标超标情况。

3．调查方法

环境噪声现状调查的基本方法是收集资料法、现场调查和测量法。实际评价工作中，应根据噪声评价工作等级相应的要求确定是采用收集资料法还是现场调查和测量法，或是两种方法结合进行。

二、评价量的含义和应用

1．量度声波强度的物理量

为说明声环境评价中评价量的含义，首先了解一下几个量度声波强度的物理量。

（1）声压

声压：声波扰动引起的和平均大气压不同的逾量压强。

$$\Delta p = p_1 - p_0 \tag{3-60}$$

式中：p_0 —— 平均大气压；

p_1 —— 弹性媒质中疏密部分的压强。

声压的单位：帕（Pa），1 Pa=1 N/m^2。

（2）声功率

声功率是指单位时间内声源辐射出来的总声能量，或单位时间内通过某一面积的声能，记作 w，单位是瓦（W）。

$$w = \frac{Sp_{\mathrm{e}}^{2}}{\rho_0 c} \tag{3-61}$$

式中：S —— 包围声源的面积，m^2；

$\rho_0 c$ —— 媒质的特性阻抗，单位为瑞利，即帕·秒/米（Pa·s/m）；

p_{e} —— 有效声压，某时间段内的瞬时声压的均方根值。

（3）频率（f）和倍频带

声波的频率（f）为每秒钟媒质质点振动的次数，单位为赫兹（Hz）。

声波的频率划分：次声波的频率范围为 10^{-4}～20 Hz；可听声波的频率范围为 20～2×10^4 Hz；超声波的频率范围为 2×10^4～10^9 Hz。环境声学中研究的声波一般为可听声波。

可听声波的频率范围较宽，按下述公式将可听声波划分为 10 个频带。

$$f_2 = 2^n f_1 \tag{3-62}$$

式中：f_1 —— 下限频率，Hz；

f_2 —— 上限频率，Hz。

n=1 时就是倍频带。倍频带中心频率可按式（3-63）计算。

$$f_0 = \sqrt{f_1 \cdot f_2} \tag{3-63}$$

倍频带的划分范围和中心频率见表 3-35。噪声监测仪器中有频谱分析仪器（滤波器），可测量不同频带的声压级。

表 3-35　倍频带中心频率和上下限频率

下限频率 f_1	中心频率 f	上限频率 f_2
22.3	31.5	44.5
44.6	63	89
89	125	177
177	250	354
354	500	707
707	1 000	1 414
1 414	2 000	2 828
2 828	4 000	5 656
5 656	8 000	11 312
11 312	16 000	22 624

（4）声压级

定义：某声压 p 与基准声压 p_0 之比的常用对数乘以 20 称为该声音的声压级，以分贝（dB）计，计算式为

$$L_p = 20\lg\frac{p}{p_0} \tag{3-64}$$

空气中的参考声压 p_0 规定为 2×10^{-5} Pa，这个数值是正常人耳对 1 000 Hz 声音刚刚能觉察到的最低声压值（或可听声阈）。

人耳可以听闻的声压为 2×10^{-5} Pa，痛阈声压为 20 Pa，两者相差 100 万倍。

按上式计算，L_p（听阈）=0 dB；L_p（痛阈）=120 dB。

如测量得到的是某一中心频率倍频带上限和下限频率范围内的声压级，则可称其为某中心频率倍频带的声压级，由可听声范围内 10 个中心频率倍频带的声压级经对数叠加可得到总声压级。

（5）声功率级

某声源的声功率与基准声功率之比的常用对数乘以 10，称为该声源的声功率级，以分贝（dB）计，计算式为

$$L_W = 10\lg\frac{w}{w_0} \tag{3-65}$$

式中：$w_0=10^{-12}$W。

声压级和声功率级的关系可用式（3-66）表示：

$$L_p = L_W - 10\lg S \tag{3-66}$$

式中：S —— 包围声源的面积，m^2。

上述公式的适用条件是自由声场或半自由声场，声源无指向性，其他声源的声音均小到可以忽略。

自由声场指声源位于空中，它可以向周围媒质均匀、各向同性地辐射球面声波，S 可为球面面积。

半自由声场指声源位于广阔平坦的刚性反射面上，向下半个空间的辐射声波也全部被反射到上半个空间来，S 可为半球面面积。

倍频带声功率级指的是声波在某一中心频率倍频带上限和下限频率范围内的不同频率声波能量合成的声功率级。

以上均是描述声波的物理量，要评价噪声对人的影响，不能单纯利用这些物理量，而需要与人对噪声的主观反应结合起来进行评价。

2．A 声级 L_A 和最大 A 声级 L_{Amax}

环境噪声的度量，不仅与噪声的物理量有关，还与人对声音的主观听觉有关。人耳对声音的感觉不仅和声压级大小有关，而且和频率的高低有关。声压级相同而频率不同

的声音，听起来不一样响，高频声音比低频声音响，这是人耳听觉特性所决定的。为了能用仪器直接测量出人的主观响度感觉，研究人员为测量噪声的仪器——声级计设计了一种特殊的滤波器，叫 A 计权网络。通过 A 计权网络测得的噪声值更接近人的听觉，这个测得的声压级称为 A 计权声级，简称 A 声级，以 L_{PA} 或 L_A 表示，单位为 dB（A）。由于 A 声级能较好地反映出人们对噪声吵闹的主观感觉，因此，它几乎成为一切噪声评价的基本量。

倍频带声压级和 A 声级的换算关系：

设各个倍频带声压级为 L_{Pi}，那么 A 声级为

$$L_A = 10\lg\left[\sum_{i=1}^{n}10^{0.1\left(L_{Pi}-\Delta L_i\right)}\right] \tag{3-67}$$

式中：ΔL_i —— 第 i 个倍频带的 A 计权网络修正值，dB；

n —— 总倍频带数。

31.5～8 000 Hz 范围内的 A 计权网络修正值见表 3-36。

表 3-36　A 计权网络修正值

频率/Hz	31.5	63	125	250	500	1 000	2 000	4 000	8 000
ΔL_i/dB	−39.4	−26.2	−16.1	−8.6	−3.2	0	1.2	−1.0	−1.1

噪声源一般用 A 声级来评价。对特殊的噪声源在测量 A 声级的同时还需要测量其频率特性，频发、偶发噪声，非稳态噪声往往需要测量最大 A 声级（L_{Amax}）及其持续时间，而脉冲噪声应同时测量 A 声级和脉冲周期。

3．等效连续 A 声级 L_{Aeq} 或 L_{eq}

A 声级用来评价稳态噪声具有明显的优点，但是在评价非稳态噪声时又有明显的不足。因此，人们提出了等效连续 A 声级（简称等效声级），即将某一段时间内连续暴露的不同 A 声级变化，用能量平均的方法以 A 声级表示该段时间内的噪声大小，单位为 dB（A）。

等效连续 A 声级的数学表达式：

$$L_{eq} = 10\lg\left(\frac{1}{T}\int_0^T 10^{0.1L_A(t)}\mathrm{d}t\right) \tag{3-68}$$

式中：L_{eq} —— 在 T 段时间内的等效连续 A 声级，dB（A）；

L_A（t）—— t 时刻的瞬时 A 声级，dB（A）；

T —— 连续取样的总时间，min。

等效连续 A 声级是应用较广泛的环境噪声评价量。我国制定的《声环境质量标准》

以及《工业企业厂界环境噪声排放标准》《建筑施工场界环境噪声排放标准》《铁路边界噪声限值及其测量方法》《社会生活环境噪声排放标准》等环境噪声排放标准，均采用该评价量，差异只是根据环境噪声实际变化情况确定不同的测量时间段，用其测量结果代表某段时间的环境噪声状况。昼间时段测得的等效声级称为昼间等效连续 A 声级（L_d），夜间时段测得的等效声级称为夜间等效连续 A 声级（L_n）。

4．计权等效连续感觉噪声级 LWECPN 或 WECPNL

计权等效连续感觉噪声级是在有效感觉噪声级的基础上发展起来，用于评价航空噪声的方法，其特点在于既考虑了在全天 24 h 的时间内飞机通过某一固定点所产生的有效感觉噪声级的能量平均值，同时也考虑了不同时间段内的飞机数量对周围环境所造成的影响。

一日计权等效连续感觉噪声级的计算公式如下：

$$\mathrm{WECPNL} = \overline{\mathrm{EPNL}} + 10\lg(N_1 + 3N_2 + 10N_3) - 39.4 \tag{3-69}$$

式中：$\overline{\mathrm{EPNL}}$ ——N 次飞行的有效感觉噪声级的能量平均值，dB；

N_1 ——07:00—19:00 的飞行次数；

N_2 ——19:00—22:00 的飞行次数；

N_3 ——22:00—07:00 的飞行次数。

计算式中所需参数如飞机噪声的有效感觉噪声级（EPNL）与距离的关系，一般采用美国联邦航空局提供的数据或通过类比实测得到。具体的计算步骤可依据《机场周围飞机噪声测量方法》（GB 9661—88）进行。

计权等效连续感觉噪声级仅作为机场周围飞机噪声影响的评价量，其对照评价的标准是《机场周围飞机噪声环境标准》（GB 9660—88）。

三、环境噪声现状测量

1．环境噪声测量标准方法

现阶段环境噪声现状测量采用的方法如下：

声环境质量监测执行 GB 3096—2008；

机场周围飞机噪声测量执行 GB 9661—88；

工业企业厂界环境噪声测量执行 GB 12348—2008；

社会生活环境噪声测量执行 GB 22337—2008；

建筑施工场界噪声测量执行 GB 12523—2011；

铁路边界噪声测量执行 GB 12525—90。

2．噪声源数据获得

噪声源强核算应按照《污染源源强核算技术指南　准则》（HJ 884）的要求进行，有行业污染源源强核算技术指南的应优先按照指南中规定的方法进行；无行业污染源源强核算技术指南，但行业导则中对源强核算方法有规定的，优先按照行业导则中规定的方法进行。

对于拟建项目噪声源强，当缺少所需数据时，可通过声源类比测量或引用有效资料、研究成果来确定。采用声源类比测量时应给出类比条件。

噪声源需获取的参数、数据格式和精度应符合环境影响预测模型输入要求。

3. 环境噪声现状测量要求

（1）测量量

①环境噪声测量量为等效连续 A 声级；频发、偶发噪声，非稳态噪声测量量还应有最大 A 声级及噪声持续时间；机场飞机噪声的测量量为等效感觉噪声级（L_{EPN}），然后根据飞行架次计算出计权等效连续感觉噪声级（L_{WECPN}）。

②声源的测量量为 A 声功率级（L_{Aw}）或倍频带声功率级（L_w），必要时应包含声源指向性描述；距离声源 r 处的 A 声级［$L_A(r)$］或倍频带声压级［$L_P(r)$］，必要时应包含声源指向性描述；等效感觉噪声级（L_{EPN}）。

（2）测量时段

① 应在声源正常运行工况的条件下选择适当时段测量。

② 在每一测点，应分别进行昼间、夜间时段的测量，以便与相应标准对照。

③ 对于噪声起伏较大的情况（如道路交通噪声、铁路噪声、飞机场噪声），应增加昼间、夜间的测量次数。其测量时段应具有代表性。

每个测量时段的采样或读数方式以现行标准方法规范要求为准。

（3）测量记录内容

① 测量仪器型号、级别，仪器使用过程的校准情况。

② 各测量点的编号、测量时段和对应的声级数据（备注中需说明测量时的环境条件）。

③ 有关声源运行情况（如设备噪声包括设备名称、型号、运行工况、运转台数，道路交通噪声包括车流量、车种、车速等）。

4. 现场监测结合模型计算法

当现状噪声声源复杂且声环境保护目标密集，在调查声环境质量现状时，可考虑采用现场监测结合模型计算法。如多种交通并存且周边声环境保护目标分布密集、机场改扩建等情形。

利用监测或调查得到的噪声源强及影响声传播的参数，采用各类噪声预测模型进行噪声影响计算，将计算结果和监测结果进行比较验证，计算结果和监测结果在允许误差范围内（≤3 dB）时，可利用模型计算其他声环境保护目标的现状噪声值。

四、声环境现状监测的布点要求

1. 布点范围

为充分了解评价范围内声环境质量现状，布设的现状监测点应能覆盖整个评价范围，覆盖整个评价范围并不是要求评价范围内的每个敏感目标都要监测，而是要求选择的监测点，其监测结果能够描述出评价范围内的声环境质量。为达到上述目标，评价范围内的厂界（或场界、边界）和敏感目标的监测点位均应在调查的基础上，合理布设。由于声波传播过程中受地面建筑物和地面对声波吸收的影响，同一敏感目标不同高度上的声级会有所不同，因此当敏感目标高于 3 层（含 3 层）建筑时，还应选取有代表性的不同楼层设置测点。

2. 环境现状监测布点

在实际评价中评价范围内有的没有明显声源；有的有明显噪声源，如工业噪声、交通运输噪声、建筑施工噪声、社会生活噪声等。布点时应根据声源的不同情况采用不同的布点方法。

① 评价范围内无明显声源，声级一般较低。环境中的噪声主要来自风声等自然声，不同地点的声级不会有很大不同，因此可选择有代表性的区域布设测点。

② 评价范围内有明显的声源，并对敏感目标的声环境质量有影响，或建设项目为改扩建工程的，应根据声源种类采取不同的监测布点原则。

a）当声源为固定声源时，现状测点应重点布设在既可能受到现有声源影响，又受到建设项目声源影响的敏感目标处，以及有代表性的敏感目标处；为满足预测需要，也可在与现有声源不同距离处加密设监测点，以测量出噪声随距离的衰减。

b）当声源为流动声源，且呈现线声源特点时，如公路、铁路噪声，现状测点位置选取应兼顾敏感目标的分布状况、工程特点及线声源噪声影响随距离衰减的特点。例如，对于道路，其代表性的敏感目标可布设在车流量基本一致，地形状况和声屏蔽基本相似，距线声源不同距离的敏感目标处。

为满足预测需要，得到随距离衰减的规律，也可选取若干线声源的垂线，在垂线上距声源不同距离处布设监测点。

c）对于改扩建机场工程，测点一般布设在距机场跑道不同距离的主要敏感目标处，可以在跑道侧面和起、降航线的正下方和两侧设点；设置的测点应能监测到飞机起飞和降落时的噪声。测点数量可根据机场飞行量及周围敏感目标情况确定，现有单条跑道、两条跑道或三条跑道的机场可分别布设 3～9 个、9～14 个或 12～18 个飞机噪声测点，跑道增多可进一步增加测点。对于评价范围内少于 3 个声环境保护目标的情况，原则上布点数量不少于 3 个，结合声保护目标位置布点的，应优先选取跑道两端航迹 3 km 以内范围的保护目标位置布点；无法结合保护目标位置布点的，可适当结合航迹下方的导航台站位置进行布点。

由于难以对机场评价范围内所有敏感点进行监测，机场其余敏感目标的现状 WECPNL 可通过实测点 WECPNL 或 EPNL 验证后，经计算求得。

五、环境噪声现状评价方法

环境噪声现状评价包括噪声源现状评价和声环境质量现状评价，其评价方法是对照相关标准评价达标或超标情况并分析其原因，同时评价受到噪声影响的人口分布情况。

① 对于噪声源现状评价，应当评价在评价范围内现有噪声源种类、数量及相应的噪声级、噪声特性，并进行主要噪声源分析等。

② 对于环境噪声现状评价，应当就评价范围内现有噪声敏感区、保护目标的分布情况、噪声功能区的划分情况等，来评价评价范围内环境噪声现状，包括各功能区噪声级、超标状况及主要影响的噪声源分析；各边界的噪声级、超标状况，并进行主要噪声源分析。此外，还要说明受噪声影响的人口分布状况。

③ 环境噪声现状评价结果应当用表格和图示来表达清楚。说明主要噪声源位置、各边界测量点和环境敏感目标测量点位置，给出相关距离和地面高差。对于改扩建飞机场，需要绘制现状 WECPNL 的等声级线图，说明周围敏感目标受不同声级的影响情况。

六、典型工程环境噪声现状水平调查方法

1. 工业企业环境噪声现状水平调查

工业企业环境噪声现状水平调查方法：现有车间的噪声现状调查，重点为 85 dB（A）以上的噪声源分布及声级分析。

厂区内噪声水平调查一般采用网格法，每间隔 10～50 m 划分正方形网格（大型厂区可取 50～100 m），在交叉点（或中心点）布点测量，测量结果标在图上供数据处理用。

厂界噪声水平调查测量点布置在厂界外 1 m 处，间隔可以为 50～100 m，大型项目也可以取 100～300 m，具体测量方法参照相应的标准规定。

生活居住区噪声水平调查，也可将生活区划成网格测量，进行总体水平分析，或针对敏感目标，参照《声环境质量标准》（GB 3096—2008）布置测点，调查敏感点处噪声现状水平。

所有调查数据按有关标准选用的参数进行数据统计和计算，所得结果供现状评价用。

2. 城市道路、公路、铁路等环境噪声现状水平调查

城市道路、公路、铁路等线路型工程，其噪声现状水平调查应重点关注沿线的环境噪声敏感目标，其具体方法为：调查评价范围内有关城镇、学校、医院、居民集中区或农村生活区在沿线的分布和建筑情况以及相应执行的噪声标准。

通过测量调查环境噪声背景值，若敏感目标较多，应分路段测量环境噪声背景值（逐点或选典型代表点布点）。

若存在现有噪声源（包括固定源和流动源），应调查其分布状况和对周围敏感目标

影响的范围和程度。

环境噪声现状水平调查一般测量等效连续 A 声级。必要时，除给出昼间和夜间背景噪声值外，还需给出噪声源影响的距离、超标范围和程度，以及全天 24 h 等效声级值，作为现状评价和预测评价依据。

3．机场周围环境噪声现状水平调查

在机场周围进行环境调查时，需调查评价范围内声环境功能区划、敏感目标和人口分布，噪声源种类、数量及相应的噪声级。当评价范围内没有明显噪声源，且声级较低（≤45 dB）时，噪声现状监测点可依据评价等级分别选择 3～6 个测点，测量等效连续 A 声级。

改扩建工程，应根据现有飞机飞行架次、飞行程序和机场周围敏感点分布，分别选择 3～18 个测点进行飞机噪声监测；无敏感点的可在机场近台、远台设点监测。在每个测点分别测量不同机型起飞、降落时的最大 A 声级、持续时间（最大声级下 10 dB 的持续时间）或 EPNL，对于飞机架次较多的机场可实施连续监测，并根据飞越该测点的不同机型和架次，计算出该测点的 L_{WECPN}。同时给出年日平均飞行架次和机型，绘制现状等声级线图。

第七节　生态现状调查与评价

一、生态现状调查

生态调查至少要进行两个阶段：影响识别和评价因子筛选前要进行初次调查与现场踏勘；环境影响评价中要进行详细调查。

1．生态现状调查要求

生态现状调查应在充分收集资料的基础上开展现场工作，生态现状调查的范围应不小于评价范围。引用的生态现状资料调查时间宜在 5 年以内，用于回顾性评价或变化趋势分析的资料可不受调查时间限制。当已有调查资料不能满足评价要求时，应通过现场调查获取现状资料，现场调查遵循全面性、代表性和典型性原则。项目涉及生态敏感区时，应开展专题调查。工程永久占用或施工临时占用区域应在收集资料的基础上开展详细调查，查明占用区域是否分布有重要物种及重要生境。生态现状调查中还应充分考虑生物多样性保护的要求。

（1）陆生生态一级、二级评价

陆生生态一级、二级评价应结合调查范围、调查对象、地形地貌和实际情况选择合适的调查方法。开展样线、样方调查的，应合理确定样线、样方的数量、长度或面积，涵盖评价范围内不同的植被类型及生境类型，山地区域还应结合海拔段、坡位、坡向进行布设。根据植物群落类型（宜以群系及以下分类单位为调查单元）设置调查样地，一级评价每种群落类型设置的样方数量不少于5个，二级评价不少于3个，调查时间宜选择植物生长旺盛季节；一级评价每种生境类型设置的野生动物调查样线数量不少于5条，二级评价不少于3条，除了收集历史资料，一级评价还应获得近1～2个完整年度不同季节的现状资料，二级评价尽量获得野生动物繁殖期、越冬期、迁徙期等关键活动期的现状资料。

（2）水生生态一级、二级评价

水生生态一级、二级评价的调查点位、断面等应涵盖评价范围内的干流、支流、河口、湖库等不同水域类型。一级评价应至少开展丰水期、枯水期（河流、湖库）或春季、秋季（入海河口、海域）两期（季）调查，二级评价至少获得一期（季）调查资料，涉及显著改变水文情势的项目应增加调查强度。鱼类调查时间应包括主要繁殖期，水生生境调查内容应包括水域形态结构、水文情势、水体理化性状和底质等。

（3）三级评价

三级评价现状调查以收集有效资料为主，可开展必要的遥感调查或现场校核。

（4）涉海工程生态现状调查要求参照GB/T 19485。

2. 生态现状调查内容

（1）陆生生态现状调查内容主要包括评价范围内的植物区系、植被类型，植物群落结构及演替规律，群落中的关键种、建群种、优势种；动物区系、物种组成及分布特征；生态系统的类型、面积及空间分布；重要物种的分布、生态学特征、种群现状，迁徙物种的主要迁徙路线、迁徙时间，重要生境的分布及现状。

（2）水生生态现状调查内容主要包括评价范围内的水生生物、水生生境和渔业现状；重要物种的分布、生态学特征、种群现状以及生境状况；鱼类等重要水生动物调查包括种类组成、种群结构、资源时空分布，产卵场、索饵场、越冬场等重要生境的分布、环境条件以及洄游路线、洄游时间等行为习性。

（3）收集生态敏感区的相关规划资料、图件、数据，调查评价范围内生态敏感区主要保护对象、功能区划、保护要求等。

（4）调查区域存在的主要生态问题，如水土流失、沙漠化、石漠化、盐渍化、生物入侵和污染危害等。调查已经存在的对生态保护目标产生不利影响的干扰因素。

（5）对于改扩建、分期实施的建设项目，调查既有工程、前期已实施工程的实际生态影响以及采取的生态保护措施。

3. 生态现状调查方法

生态现状调查方法包括资料收集法，现场调查法，专家和公众咨询法，生态监测法，遥感调查法，陆生、水生动植物调查方法，海洋生态调查方法，淡水渔业资源调查方法等，参见HJ 19—2022附录C。

（1）资料收集法

收集现有的可以反映生态现状或生态背景的资料，分为现状资料和历史资料，包括相关文字、图件和影像等。引用资料应进行必要的现场校核。

（2）现场调查法

现场调查应遵循整体与重点相结合的原则，整体上兼顾项目所涉及的各个生态保护目标，突出重点区域和关键时段的调查，并通过实地踏勘，核实收集资料的准确性，以获取实际资料和数据。

（3）专家和公众咨询法

通过咨询有关专家，收集公众、社会团体和相关管理部门对项目的意见，发现现场踏勘中遗漏的相关信息。专家和公众咨询应与资料收集和现场调查同步开展。

（4）生态监测法

当资料收集、现场调查、专家和公众咨询获取的数据无法满足评价工作需要，或项目可能产生潜在的或长期累积影响时，可选用生态监测法。生态监测应根据监测因子的生态学特点和干扰活动的特点确定监测位置和频次，有代表性地布点。生态监测方法与技术要求须符合国家现行的有关生态监测规范和监测标准分析方法；对于生态系统生产力的调查，必要时须现场采样、实验室测定。

（5）遥感调查法

包括卫星遥感、航空遥感等方法。遥感调查应辅以必要的实地调查工作。

（6）陆生、水生动植物调查方法

陆生、水生动植物野外调查所需要的仪器、工具和常用的技术方法见 HJ 710.1～HJ 710.13。

（7）海洋生态调查方法

海洋生态调查方法见 GB/T 19485。

（8）淡水渔业资源调查方法

淡水渔业资源调查方法见 SC/T 9429。

（9）淡水浮游生物调查方法

淡水浮游生物调查方法见 SC/T 9402。

二、生态现状调查方法详解

1. 陆生植被及植物调查

生态现状调查与评价中，植被及植物（主要为蕨类植物、裸子植物和被子植物）调查的目的是要查清评价区域植被类型、分布情况以及植物物种的种类、分布、数量、受威胁因素等，客观反映评价区植被和植物现状，为分析与评价植被及植物可能受到的影响、提出保护措施和建议奠定基础。

调查前需针对要进行调查的对象、区域，收集整理现有相关资料，包括历史调查资料、地理位置、地形地貌、土壤、气候、植被、农业和林业相关资料等。根据所收集资料，分析了解调查区域的相关情况，制订调查方案和调查计划。

根据已确定的对象、内容以及调查区域的地形、地貌、海拔、生境等确定调查线路或调查点，调查线路或调查点的设立应注意代表性、随机性、整体性及可行性相结合；样地的布局要尽可能全面，分布在整个调查区内的各代表性地段，避免在一些地方产生漏空。同时，也要注意被调查区域的不同地段的生境差异，如山脊、沟谷、坡向、海拔等。

根据调查对象、内容和调查地区具体情况，选择合适的调查方法。根据调查对象的特性等，选择合适的调查时间，并确定调查次数。

调查内容包括：种类，分布，数量（种群数量、个体数目、盖度、建群种、分布面积等），生长状况，生境状况（植被、坡度、坡向、土壤、土地利用等），受威胁因素，保护管理现状（是否受保护、何种保护形式等）。

调查方法：

① 样方法：对于物种丰富、分布范围相对集中、分布面积较大的地段可采取本方法。

样方设置要根据地形地貌布设并进行调查记录，样方面积依据物种多样性来确定。一般地，群落越复杂，样方面积越大，最小面积通常是根据种—面积曲线的绘制来确定。一般乔木群落样方面积设为 20 m×20 m，灌木样方面积通常设为 5 m×5 m，草本样方面积通常设为 1 m×1 m，热带雨林和季雨林则需要 40 m×40 m 或更大。样方数量可根据情况合理确定，须包括群落的大部分物种。

重要值是评价植物种群在群落中的地位和作用的一项综合性指标，按式（3-70）计算，分别对乔木、灌木、草本植物进行评价；对于森林和灌丛群落，分别对胸径大于或等于 1 cm，及胸径小于 1 cm 的乔木和灌木进行重要值评价。

$$\mathrm{IV}=\mathrm{RCO}+\mathrm{RFE}+\mathrm{RDE} \tag{3-70}$$

式中：IV——重要值；

RCO——相对盖度或相对胸高断面积，%；

RFE——相对频度，%；

RDE——相对密度，%；

相对盖度按式（3-71）计算：

$$\mathrm{RCO}=\frac{C_i}{\sum C_i} \tag{3-71}$$

相对频度按式（3-72）计算：

$$\mathrm{RFE}=\frac{F_i}{\sum F_i}\times 100 \tag{3-72}$$

相对密度按式（3-73）计算：

$$\mathrm{RDE}=\frac{D_i}{\sum D_i}\times 100 \tag{3-73}$$

式中：C_i——样方中第 i 种植物的盖度，%，或胸高断面积之和，m^2；

$\sum C_i$——样方中所有植物种盖度之和，%，或胸高断面积之和，m^2；

F_i——样方中第 i 种植物的频度，%；

$\sum F_i$——样方中所有植物种的总频度，%；

D_i——样方中第 i 种植物的密度，株/m^2；

$\sum D_i$——样方中所有植物密度的总和，株/m^2。

② 样线（带）法：对于物种不十分丰富、分布范围相对分散、种群数量较多的区域，宜采用本方法。

③ 全查法：对于物种稀少、分布面积小、种群数量相对较少的区域，宜采用本方法。

分析与评价：植被分析与评价包括植被类型分析，区系组成（种及种以上高级分类阶元的丰富度），重点保护物种、珍稀濒危物种、特有性分析，用途及价值类型分析等；物种分析与评价包括种类，分布，数量（个体数目、分布面积），群落中地位，生境状况评价（分布特征、干扰状况、土壤、植被、土地利用等），受威胁现状及因素分析，保护管理现状（是否受保护、保护等级、保护措施）等。

上述内容具体可参见原环境保护部公告 2010 年第 27 号的附件 1《全国植物物种资源调查技术规定（试行）》及《生物多样性观测技术导则　陆生维管植物（HJ 710.1—2014）。

2．陆生动物调查

生态现状调查与评价中，陆生动物（主要为两栖动物、爬行动物、鸟类和哺乳动物）调查的目的是查清评价区动物物种的种类、分布、数量、受威胁因素等，客观反映评价区动物物种数量和保护现状，为分析与评价动物可能受到的影响、提出保护措施和建议奠定基础。

调查前要针对调查的对象、区域，收集整理现有相关资料，包括历史调查资料、自然地理位置、地形地貌、土壤、气候、植被、农业和林业相关资料等。根据所收集资料，分析了解调查区域的陆生动物背景情况，制订调查方案和调查计划。

根据调查对象，结合实际情况，确定开展实地调查的范围。调查时要特别考虑动物的繁殖、迁徙及越冬习性。为确保调查的全面性和准确性，应在已划定的调查范围内，根据调查对象习性适当扩大调查的范围。

根据已确定的调查对象、内容以及调查区域的地形、地貌、海拔、生境等确定调查样线及样点，调查样线及样点的布设应注意代表性、随机性、整体性及可行性相结合；样地的布局应分布在整个调查地区内的各代表性地段，并涵盖各种生境类型，避免在一些地方产生漏空。

根据调查对象、内容和调查区域具体情况，选择合适的调查方法。根据调查对象的习性等，确定合适的调查时间和调查次数。

（1）两栖爬行类物种调查

两栖爬行类应选择在繁殖季节进行调查。每条样线（或一个样点）最好能在不同天进行3次以上的重复调查，特别是两栖爬行类的繁殖季节相对集中，宜以天为频度展开观察，维持至繁殖行为结束。

样线或样点的布设应该覆盖评价区各种栖息地类型，根据评价等级确定每种生境调查样线、样点的数量。

调查内容包括：种类、分布、种群数量（种群密度、栖息地面积等）、栖息生境类型及质量、受威胁现状及因素、保护现状等。

调查方法：

①样线法。在调查范围内沿选定的一条路线记录一定空间范围内出线的物种相关信息。该法适用于各种生境。

② 样方法。在设定的样方种计数见到的动物实体信息。该法适用于各种生境。

③ 栅栏陷阱法。栅栏陷阱法由栅栏和陷阱两部分组成。栅栏可使用动物不能攀越或跳过的、具有一定高度的塑料篷布、塑料板、铁皮等材料搭建，设置成直线或折角状。在栅栏底缘的内侧或（和）外侧，沿栅栏挖埋一个或多个陷阱捕获器，陷阱捕获器可以是塑料桶或金属罐。该法适用于泥土基质的生境且攀爬能力较弱的物种的调查。

④ 人工覆盖物法。在两栖爬行动物栖息地按照一定大小、一定密度布设人工覆盖物，吸引两栖动物在白天匿居于其中，以检查匿居动物的种类和数量。该法适用于草地、湿地、灌丛、滩涂邓自然隐蔽物较少的生境。

⑤ 人工庇护所法。把竹筒（或PVC桶）捆绑固定在树上或地上，查看竹筒中两栖动物成体、幼体、蝌蚪和卵。该法适用于树栖型蛙类较多且静水生境较少的南方森林。

⑥标记重捕法。在一个边界明确的区域内，捕捉一定数量的动物个体进行标记，标记完后及时放回，经过一个适当时期（标记个体与未标记个体充分混合分布）后，再进行重捕并计算其种群数量的方法。

分析与评价：组成分析（通过资料收集及野外调查，统计分析评价区两栖爬行类各目、科、属所属物种数目，占总种数的比例及各高级分类阶元的组成）；区划类型分析（对调查区域的两栖爬行类进行地理区划分析，分析该地区物种所占分区的多样性及每个分区中物种比例）；物种分析（种类名称、分布、数量、种群密度及栖息面积、栖息生境及质量、受威胁现状及因素、保护现状）等。

（2）鸟类物种调查

鸟类调查要选择在合适的时间或不同季节进行，在我国越冬的候鸟在冬季调查，在我国繁殖的候鸟在夏季调查，繁殖期鸟类调查应在繁殖前期和繁殖后期各开展1次调查，越冬期至少开展一次调查，迁徙期至少在春季和秋季各开展一次调查。在一个样点（调查点或观察点）最好能进行2次以上的调查。

样线或样点的选择应该覆盖评价区各种栖息地类型，根据评价等级确定每种生境调查样线的数量。

调查内容包括：种类、分布、种群数量、繁殖习性、越冬习性、食性、生境类型及质量、受威胁现状及因素、食物丰富度、保护现状。

调查方法：

① 样线（线路或条带）调查法。调查人员沿着固定的线路行走，并记录样线两侧所见到的鸟类，每条样线要进行 2 次以上调查，每种栖息地或生境类型样线长度应不小于 1 000 m。

② 样点调查法。在一些不便于行走的调查区（如崎岖山地、湖泊、水库、沼泽、海岸、湿地等），宜采用本方法，各样点之间的距离一般在 0.2 km 以上。

③ 分区直数法。主要针对水鸟或其他集群鸟类的调查，根据地貌、地形或生境类型对整个观测区域进行分区，逐一统计各分区内水鸟种类和数量。

④ 红外相机自动拍摄法。主要针对地栖性鸟类和大型雉类，在人类活动干扰相对较小的区域，按千米/公顷网格进行布设，选择在不同的生境层中布设红外相机，保证相机安放点覆盖调查样区内主要生境层。红外相机安放在动物通道或可能经常出现的地点（如水源地、觅食地）。

⑤ 领域标图法。主要用于调查繁殖季节具有领域性的鸟类。将一定区域内所调查到的每一鸟类个体位点标绘在已知比例的坐标方格地图上，然后将该图进行转换，使得每种鸟都具有单独的标位图，最后确定位点群。每一位点群代表一个领域拥有者的活动中心。总位点群数=完整位点群数+边界重叠的不完整位点群的总数，鸟类数量通过位点群数乘以每一个位点群代表的平均鸟类个体数获得。

分析与评价：区系分析（依据资料及实地调查结果，统计分析评价区内鸟类的种类组成及所属目、科、属的多样性，分析评价区的鸟类区系组成，计算出东洋区、古北区和广布鸟种数各自所占繁殖鸟总种数的百分比）；居留类型分析（统计分析所记录到的鸟类分别属于哪种居留类型，如留鸟、夏候鸟、冬候鸟、旅鸟、迷鸟）；不同生境的代表种类分析（分析评价区不同生境类型的代表性鸟类，如游禽、涉禽、陆禽、猛禽、攀禽、鸣禽）；物种分析（种类名称、分布、数量、种群密度及栖息面积、栖息生境及质量、受威胁现状及因素、保护现状）等。

（3）哺乳类物种调查

哺乳类调查要选择在全年不同的季节进行调查。在一个样点（调查点或观察点）最好能进行 2 次以上的调查。样区的选择应该覆盖各种栖息地类型，每种生境确定不同数量的调查点和线。

调查内容包括：种类、分布、种群数量（种群密度、栖息地面积等）、哺乳类种群结构、栖息生境类型及质量、受威胁现状及因素、保护现状等。

调查方法：

① 样线（线路或条带）调查法。按一定的路线，沿途通过驱赶等方法，观察动物活

动或存留足迹、粪便、爪印等，准确记录出现的动物种类和数量。

② 样点调查法。以某一地点为中心，观测一定半径或区域内的哺乳动物。

③ 红外相机自动拍摄法。在人类活动干扰相对较小的区域，按千米/公顷网格进行布设，选择在不同的生境层中布设红外相机，保证相机安放点覆盖调查样区内主要生境层。红外相机安放在动物通道或可能经常出现的地点（如硝塘、水源地、觅食地）。

④ 痕迹计数法。很难直接观察到野生哺乳类动物实体或不能采集标本时，根据哺乳类活动时留下的踪迹——足印、粪便、体毛、爪印、食痕、睡窝、洞穴等来判定所属物种、个体相对大小、雌雄性别、家域面积大小、大致数量、昼行或夜行、季节性迁移和生境偏好等。

⑤ 总体计数法。调查者通过肉眼或望远镜等观测设备对整个地区出线的大、中型哺乳动物个体进行完全计数的方法。

⑥ 指数估计法。调查者通过对一些间接指标进行统计，并根据这些指标与目标物种种群数量之间的关系估算物种丰富度及其种群动态的方法。

分析与评价：物种组成分析（通过资料查阅及实地调查，分析调查地区哺乳类的状况，分析各分类阶元的比例组成）、动物地理区划分析（分析统计区系成分组成，如东洋种、古北种、广布种等，并注明土著种、特有种、优势种等）、栖息地评价（分析评价哺乳类所在区域的栖息地的总体气候类型、时空连续性和完整性以及哺乳类赖以生存的植被生境类型、时空结构水平等）、物种分析（种类名称、分布、数量、种群密度及栖息面积、栖息生境及质量、受威胁因素、保护现状）等。

上述内容具体可参见生态环境部行业标准 HJ 710.3～HJ 710.6。

3．水生生态调查

水生生态系统有海洋生态系统和淡水生态系统两大类别。淡水生态系统又有河流生态系统和湖泊生态系统之别。

建设项目的水生生态调查，一般应包括水质、水温、水文和水生生物群落的调查，并且应包括鱼类产卵场、索饵场、越冬场、洄游通道，重要水生生物及渔业资源等特别问题的调查。水生生态调查一般按规范的方法进行，如海洋水质和底泥监测须按海洋监测规范 GB 17378.3—2007 和 GB 17378.4—2007 执行，海洋生物调查按海洋调查规范 GB 12763—2007 执行，该规范对样品采集、保存和分析方法等都进行了规定。

水生生态调查一般包括初级生产量、浮游植物、浮游动物、底栖生物、潮间带生物和鱼类资源等，有时还有水生维管束植物调查等。

（1）初级生产量的测定方法

① 氧气测定法，即黑白瓶法。用三个玻璃瓶，一个用黑胶布包上，再包以铅箔。从待测的水体深度取水，保留一瓶（初始瓶 IB）以测定水中原来溶氧量。将另一对黑白瓶沉入取水样深度，经过 24 h 或其他适宜时间，取出进行溶氧测定。根据初始瓶（IB）、黑瓶（DB）、白瓶（LB）溶氧量，即可求得：

LB−IB＝净初级生产量

IB−DB＝呼吸量

LB−DB＝总初级生产量

昼夜氧曲线法是黑白瓶方法的变形。每隔 2～3 h 测定一次水体的溶氧量和水温，做成昼夜氧曲线。白天由于水中自养生物的光合作用，溶氧量逐渐上升；夜间由于全部好氧生物的呼吸，溶氧量逐渐减少。这样，就能根据溶氧的昼夜变化，来分析水体群落的代谢情况。因为水中溶氧量还随温度而改变，因此必须对实际观察的昼夜氧曲线进行校正。

② CO_2 测定法。用塑料帐将群落的一部分罩住，测定进入和抽出的空气中 CO_2 含量。如用黑白瓶法比较水中溶氧量那样，本方法也要用暗罩和透明罩，也可用夜间无光条件下的 CO_2 增加量来估计呼吸量。测定空气中 CO_2 含量的仪器是红外气体分析仪，或用古老的 KOH 吸收法。

③ 放射性标记物测定法。将放射性 ^{14}C，以碳酸盐（$^{14}CO_3^{2-}$）的形式，放入含有自然水体浮游植物的样瓶中，沉入水中经过短时间培养，滤出浮游植物，干燥后在计数器中测定放射活性，然后通过计算，确定光合作用固定的碳量。因为浮游植物在暗中也能吸收 ^{14}C，因此还要用“暗呼吸”作校正。

④ 叶绿素测定法。通过薄膜将自然水进行过滤，然后用丙酮提取，将丙酮提出物在分光光度计中测量光吸收，再通过计算，换算为每平方米含叶绿素多少克。叶绿素测定法最初应用于海洋和其他水体，较用 ^{14}C 和氧测定方法简便，花费时间也较少。

有很多新技术正在发展，其中最著名的包括海岸区彩色扫描仪、先进的分辨率很高的辐射计、美国专题制图仪或欧洲斯波特卫星（SPOT）等遥感器。

（2）浮游植物调查

浮游植物调查指标包括种类组成、优势类群及其变化、分布和生物量等。

① 种类组成及分布。包括种及其类属和门类，不同水域的种类数（种/网）；

② 密度。单位体积水体内的浮游植物细胞个数（cells/L）；

③ 生物量。单位体积水体中的浮游植物总重量（mg/L）；

④ 优势类群。细胞密度（cells/L）最大的种类（类群）。

（3）浮游动物调查

浮游动物调查指标包括种类组成、优势类群及其变化、分布和生物量等。

① 种类组成及分布。包括种及其类属和门类，不同水域的种类数（种/网）；

② 密度。单位体积水体内的浮游动物的个数（ind/L）；

③ 生物量。单位体积水体中的浮游动物的重量（mg/L）；

④ 优势类群。密度（ind/L）最大的种类（类群）。

（4）底栖生物调查

底栖生物活动范围小，常作为水环境状态的指示性生物；底栖生物也是很多鱼类的饵料生物，它的丰富与否与水生生态系统的生产能力密切相关。在水生生态调查与评价中，底栖生物的调查与评价是必不可少的。

底栖生物的调查指标包括不同底质类型的种类组成、优势类群及其变化、分布和生物量等：

① 种类组成及分布：包括种及其类属和门类，不同水域的种类数（种/网）；

② 密度：单位面积内底栖生物的个数（ind/m^2）；

③ 生物量：单位面积内的底栖生物的重量（g/m^2）；

④ 优势类群：密度（ind/m^2）最大的种类（类群）；

⑤ 底质：类型。

（5）潮间带生物调查

海洋生态中，潮间带是一个特殊生境，也因而养育了特殊的潮间带生物。很多海岸建设工程会强烈地影响到潮间带生态，因而潮间带生物调查是很重要的。潮间带生物调查的采样和标本处理按海洋调查规范进行，一般按不同的潮区进行调查，其主要调查指标是：

① 种类组成与分布：鉴定潮间带生物种和类属；

② 生物量（g/m^2）和密度（ind/m^2）及其分布：包括平面分布和垂直分布；

③ 群落：群落类型和结构，按潮区分别调查；

④ 底质：相应群落的底质类型（砂、岩、泥）。

（6）鱼类资源调查

鱼类是水生生态调查的重点，一般调查方法为网捕，也附加市场调查法等。鱼类调查既包括鱼类种群的生态学调查，也包括鱼类作为资源的调查。一般调查指标有：

① 种类组成与分布：区分目、科、属、种，相应的分布位置；

② 渔获密度、组成与分布：渔获密度（尾/网），相应的种类、地点；

③ 渔获生物量、组成与分布：渔获生物量（g/网）及相应的种类、地点；

④ 鱼类区系特征：不同温度区及其适宜鱼类种类，不同水层（上层、中层、底层）中分布，不同水域（静水、流水、急流）鱼类分布；

⑤ 经济鱼类和常见鱼类：种类、生产力；

⑥ 特有鱼类：地方特有鱼类种类、生活史（食性、繁殖与产卵、洄游等）、特殊生境要求与利用，种群动态；

⑦ 保护鱼类：列入国家和省级一类、二类保护名录中的鱼类分布、生活史、种群动态及生境条件。

4．河流淡水渔业调查

河流渔业资源是河流中具有开发与利用价值的水生生物种类和数量的总称，主要包括鱼类、虾类、蟹类和贝类的成体、幼体或幼虫及卵和配子。根据中华人民共和国农业农村部发布的《淡水渔业资源调查规范　河流》（SC/T 9429—2019），河流渔业资源调查应主要做以下工作。

（1）调查内容

河流渔业资源调查的主要内容包括：

① 鱼类、虾类、蟹类和贝类等有经济利用价值的渔业生物种类组成、数量和生物量分布；

② 渔业生物的群落结构；

③ 主要渔业生物种类的体长、体重、年龄、性别、性腺成熟度和食性等生物学特征；

④ 主要渔业生物种类的资源量；

⑤ 鱼卵和仔鱼的种类组成和资源量；

⑥ 浮游生物或初级生产力调查。

（2）调查方式

调查方式包括渔获物调查（包括捕捞采样调查和渔获物抽样调查）、声学调查和鱼卵仔鱼调查等。

（3）调查时间

为准确反映渔业资源结构和动态，以及其他调查目的和要求，渔业资源调查按以下方式进行：

① 资源损失评估时，至少进行 1 次调查；

② 季节动态调查应不少于 2 次；

③ 全年资源调查应按春、夏、秋、冬 4 季进行；

④ 河流季节性冰封的情况下，根据调查目的和鱼类生活史周期设置调查时间。

（4）调查设备与器材

① 采样工具。根据调查任务，应选用涵盖渔业对象的渔具，违禁渔具需经渔业主管部门批准，主要渔具包括：

a）鱼类的采样渔具分为刺网类、围网类、拖网类、地拉网类、张网类、敷网类、抄网类、掩罩类、陷阱类、钓具类、耙刺类、笼壶类、诱捕类；

b）虾类的主要采样渔具包括虾簄、地笼、网簖；

c）蟹类采样方式包括踩蹓、罾捕、蟹簖、撒网、蟹钓、蟹拖网、蟹笼、铲钓、丝网、牵网、拦网、蟹绳和鳜鱼筒等；

d）贝类的主要采样渔具为耙具。

② 仪器。回声探测仪，安装声学数据采集和后处理软件的计算机、导航定位仪、航速仪等。

③ 器具。标本箱、解剖器具、解剖盘、电子天平、卷尺、量鱼板、放大镜、鳞片袋、纱布、广口瓶、标签、记录本。

④ 试剂

体积分数 5%～10%甲醛溶液、70%～75%乙醇溶液。

（5）渔获样品的处理

渔获样品的处理和分析按以下步骤操作：

① 渔获样品的收集：采集的渔获物应分别收集，并放入标记采集时间、地点和渔具类型的标签。

② 样品保存：不具备现场分析条件的情况下，应及时冷冻保存；特殊样品宜用纱布（袋）包裹，放入标记采样信息的标签，置于浓度为 5%～10%的甲醛溶液或 70%～75%的乙醇溶液的容器内保存，并向较大的个体体腔内注射固定液，以体腔鼓胀为宜。固定液的体积应为动物体积的 10 倍以上，应在 2～3 d 后更换一次。

③ 样品分类和测量：每网次渔获物均应鉴定至种或其他最低分类阶元，按种或其他最低分类阶元计数和称重，并测量体长范围（贝类除外）和体重范围，记录表参见 SC/T 9429—2019 附录 A 中的表 A.1。

④ 收集生物学测定样品：进行生物学测定的物种，每个物种随机取样 50 尾（个），应包括不同发育阶段的个体，不足 50 尾（个）的全部取样，放入标记采集时间、地点和渔具类型的标签，现场进行生物学测定，或者冷冻保存后带回实验室进行测定。

⑤ 生物学测定：按《海洋调查规范　第 6 部分：海洋生物调查》（GB/T 12763.6—2007）中 14.3.4 的规定，对鱼类、虾类和蟹类进行生物学测定。

（6）渔业资源调查

1）渔获物数据采集

① 站点设置。调查站点应根据受评估河流的环境空间梯度或功能特征进行设置，一般应在目标河流或河段的上游、中游、下游设置采样点。在产卵场河流汇口、保护区要增设采样点。涉及水坝的应在水坝上、下游增设采样点。

② 渔具作业时间。根据不同渔获物类型选择渔具和作业时间。定置刺网宜过夜作业 12 h，流刺网作业 3 h，钓具作业 3～5 h，笼壶类渔具作业 24 h，耙刺类渔具作业 3～5 h。

③ 渔获物数据采集。综合考虑各种作业方式，每种作业方式不少于 3 船次（网次），记录采样站点、渔获物重量、渔船功率、渔具分类、作业时间等信息。渔具分类按《渔具分类、命名及代号》（GB/T 5147）中的规定执行。

2）声学调查数据采集

① 河流环境要求。水深范围大于 5 m，按通常声学调查船速 10 km/h 转换，相对流速小于 2.7 m/s。

② 调查船和仪器设备安装。

a．装有回声探测—积分系统、自噪声较低的声呐探测船。

b．设备有垂直安装（具有 5 m 盲区）和水平安装 2 种方式：

垂直安装：将回声探测仪的换能器垂直固定在距船首 1/3 船体长度的调查船船舷处，换能器入水深度至少 0.5 m 且应超过船底；

水平安装：将换能器水平置于目的水深，保证较大的探测水深范围，发射波束方向与水面平行。

③ 回声探测仪校正。调查开始前，锚定调查船，换能器应调整到“被动”模式，采用标准球方法对回声探测—积分系统进行声学校正，校正指标包括收发信号增益与波束参数。

④ 声学数据的采集。

a．起始水层至少应为换能器近场距离（R_b）的 2 倍。换能器近场与远场分界面的距离 R_b（m）按式（3-74）计算：

$$R_b = \frac{a^2}{\lambda} \tag{3-74}$$

式中：a —— 换能器的直径或长边，m；

λ —— 波长，m。

b．终止水层应为研究区域的最大水深。

c．水层厚度划分，基本等间距设置，根据水深宜选 2 m、5 m、10 m 或 20 m。

⑤ 调查航线。根据监测目的进行河流全段或区段式探测，保证有效航程不小于调查区域面积平方根的 6 倍。选择以下探测路径：

a．随机平行断面；

b．等距平行断面；

c．分区等距平行断面；

d．系统“Z”字形断面。

⑥ 调查航速。调查时的走航船速宜为 4～12 km/h，根据水深和脉冲宽度等实际情况选择被动噪声最小时的速度。

⑦ 观测记录。探测过程中应填写观测记录，内容包括航程、时间、水深、经纬度、天气、渔获物、渔船等信息。

3）鱼卵仔鱼调查

漂流性鱼卵仔鱼的采样调查按《河流漂流性鱼卵、仔鱼采样技术规范》（SC/T 9407）的规定执行、沉黏性鱼卵仔鱼调查按《生物多样性观测技术导则　内陆水域鱼类》（HJ 710.7—2014）中 5.3.2 的规定执行。

4）浮游生物数据采集

浮游生物数据采集按《渔业生态环境监测规范　第 3 部分：淡水》（SC/T 9102.3）的规定执行。

（7）渔业资源评估

1）渔获物调查法

① 单位捕捞努力量渔获量（CPUF）法。CPUE 按式（3-75）计算：

$$\text{CPUE} = \frac{C}{N \times t} \tag{3-75}$$

式中：CPUE —— 单位捕捞努力量渔获量，kg（net·h）或 ind/（net·h）；

C —— 某规格渔具的总渔获量，kg 或 ind；

N —— 渔具个数；

t —— 采样时间，h。

调查河段的渔业资源量 F 按式（3-76）计算：

$$F = \text{CPUE} \times \frac{A}{S} \times \frac{365 \times 24}{t} \tag{3-76}$$

式中：F —— 调查河段的渔业资源量，kg；

A —— 调查河段总面积，m^2；

S —— 单次捕捞作业面积，m^2；

365 —— 1 年按 365 d 计算；

24 —— 1 d 按 24 h 计算。

F_i 为调查河段中某资源类型（鱼类、虾类、蟹类或贝类）的渔业资源量，按式（3-77）计算：

$$F_i = F \times W_i\% \tag{3-77}$$

式中：W_i —— 调查河段中某资源类型（鱼类、虾类、蟹类或贝类）的平均重量比例。

② 单船渔获量法。调查河段中渔船的单日平均渔获量 $\overline{Y}_{\mathrm{d}}$，按式（3-78）计算：

$$\overline{Y}_{\mathrm{d}} = \frac{\sum_{b=1}^{n} Y_{\mathrm{d}}}{u} \tag{3-78}$$

式中：$\overline{Y}_{\mathrm{d}}$ —— 一定时期内调查河段中渔船的单日平均渔获量，kg/（船·d）；

u —— 调查河段中作业的渔船数量，船；

b —— 渔船标号；

Y_{d} —— 某艘渔船某日的渔获量，kg。

调查河段的年渔获量 Y_{a}，按式（3-79）计算：

$$Y_{\mathrm{a}} = \sum_{m=1}^{12} (\overline{Y}_{\mathrm{d}m} \times \overline{T}_m) \times N \tag{3-79}$$

式中：Y_{a} —— 调查河段的年渔获量，kg/a；

m —— 调查月份；

$\overline{Y}_{\mathrm{d}m}$ —— m 月份中调查河段的单日平均渔获量，kg/（船·d）；

$\overline{T}_m$ —— 调查月份中所有渔船的平均作业天数，d/月，$\overline{T}_m = \frac{\sum_{j=1}^{N} T_m}{N}$，$T_m$ 为渔船各月

份的作业天数，d/月；

N —— 该河段的渔船总数量。

调查河段中某类渔业资源的年渔获量 Y_{ai}，按式（3-80）计算：

$$Y_{ai} = Y_a \times W_i\% \tag{3-80}$$

式中：Y_{ai} —— 调查河段中某类渔业资源的年渔获量，kg/a。

2）声学评估法

① 渔业总资源量估算。

a．声学回波计数法

将调查河流划分成 n 个河段，利用鱼类个体密度估算鱼类资源量 B，按式（3-81）计算：

$$B = \sum_{i=1}^{n}(\rho_i \times V_i \times \overline{W_i}) \tag{3-81}$$

式中：B —— 调查河流的鱼类资源量，kg；

i —— 河段编号；

ρ_i —— i 河段的鱼类密度，ind/m^3；

V_i —— i 河段的水体体积，m^3；

$\overline{W_i}$ —— i 河段中的鱼类平均体重，kg/ind。

V_i 按式（3-82）计算：

$$V_i = \frac{1}{3}\pi \times \tan\left(\frac{\theta_i'}{2}\right) \times \tan\left(\frac{\phi_i'}{2}\right) \times (R_{2i}^3 - R_{1i}^3) \tag{3-82}$$

式中：θ_i' —— i 河段中换能器的横向有效检测角度；

ϕ_i' —— i 河段中换能器的纵向有效检测角度；

R_{2i} —— i 河段中的探测水深，m；

R_{1i} —— i 河段中换能器 1 m 以下的水深，m。

ρ_i 按式（3-83）计算：

$$\rho_i = \frac{N_i}{P_i V_i} \tag{3-83}$$

式中：N_i —— i 河段中探测到的鱼类的个体数，ind；

P_i —— i 河段中探测到的脉冲数量。

$\overline{W_i}$ 按式（3-84）计算。

$$\overline{W_i} = \sum_{j=1}^{N_s}(W_{ij} \times N_{ij}\%) \tag{3-84}$$

式中：N_s —— i 河段中的鱼类物种总数；

j —— 鱼类物种；

W_{ij} —— i 河段中鱼种 j 的平均体重，kg/尾；

N_{ij} —— i 河段中鱼种 j 的个体数百分比。

b．声学回波积分法

将研究河流划分成 n 个河段，基于鱼类回波数据估算鱼类资源量 B，按式（3-85）计算：

$$B=\sum_{i=1}^{n}(\overline{\rho}_i \times A_i \times \overline{W_i}) \tag{3-85}$$

式中：A_i —— i 河段的水体面积，km^2。

$\overline{\rho}_i$ 按式（3-86）计算：

$$\overline{\rho}_i=\frac{S_{\mathrm{a}}}{\sigma_{\mathrm{bs}}}\times 10^{-6} \tag{3-86}$$

式中：$\overline{\rho}_i$ —— i 河段的鱼类平均密度，ind/km；

S_{a} —— i 河段中回声探测的平均面积散射系数，m^2/m^2；

σ_{bs} —— i 河段中回声探测的后向散射截面，m^2/ind；$\sigma_{\mathrm{bs}}=10^{\mathrm{TS}\times 0.1}$，TS 为鱼类目标强度，dB，在多数鱼类呈单体目标形式存在的情况下，通过现场测定法获得。

② 分种类资源量评估。根据获得的点资源量，结合渔获物各种类百分比，推算各种类资源量。

3）鱼卵仔鱼估算法

① 天然漂流性鱼卵仔鱼资源量估算。漂流性鱼卵仔鱼资源量的估算按《河流漂流性鱼卵仔鱼资源评估方法》（SC/T 9427）的规定执行。

② 沉黏性鱼卵仔鱼资源量估算。基于鱼卵附着介质面积（黏草性鱼卵仔鱼测算水草面积，黏沙砾性鱼卵仔鱼测算沙砾面积）估算鱼卵仔鱼资源量：

$$C=c\times\frac{A}{S} \tag{3-87}$$

式中：C —— 调查河段的沉黏性鱼卵仔鱼资源量，粒或 ind；

c —— 按照 HJ 710.7—2014 中 5.3.2 规定的采样方式，采集到的鱼卵数量，粒或 ind；

A —— 研究河段的介质面积（黏草性鱼类测算水草面积，黏沙砾性鱼卵测算沙砾面积），m^2；

S —— 按照 HJ 710.7—2014 中 5.3.2 规定的沉黏性鱼卵采样方式设定的采样面积，m^2。

4）水体生产力估算法

① 浮游生物生物量测算法。浮游植物和浮游动物的生物量，按《淡水浮游生物调查技术规范》（SC/T 9402）测算。

② 初级生产力测算法。浮游植物初级生产力的测定，按 SC/T 9402 测算。

5）经验估算法

① 基于水域面积的渔业资源量估算：

$$F_a = A_a \times \rho \tag{3-88}$$

式中：F_a —— 调查河段的渔业资源量，kg；

A_a —— 调查河段的水域面积，m^2；

ρ —— 单位水域面积的渔业资源密度，kg/m^2，宜为近 5 年调查结果的平均值。

② 基于径流量的渔业资源量估算：

$$F_v = V \times \rho_v \tag{3-89}$$

式中：F_v —— 调查河段的渔业资源量，g；

V —— 调查河段的径流量，m^3；

ρ_v —— 单位径流量的渔业资源密度，g/m^3，宜为近 5 年调查结果的平均值。

5．海洋生态调查

海洋生态调查按《海洋调查规范　第 9 部分：海洋生态调查指南》（GB/T 12763.9—2007）执行。海洋生态调查包括海洋生态要素调查和海洋生态评价两大部分。

（1）海洋生态要素调查

1）海洋生物要素调查。

① 海洋生物群落结构要素调查。

a）微生物、叶绿素 a、游泳动物、底栖生物、潮间带生物和污损生物调查均按《海洋调查规范　第 6 部分：海洋生物调查》（GB/T 12763.6）的规定执行。

b）浮游植物调查。

网采样品和采水样品的采集与处理：按 GB/T 12763.6 的规定执行。

采水样品的鉴定计数：采水样品显微鉴定计数时分三个粒级：小于 20 μm、20～200 μm、大于 200 μm。粒级按细胞最大长度计算，对于那些多个细胞聚集形成的群体，则按群体的最大长度分级。对于小于 20 μm 的浮游植物鉴定到种或属会有一定难度，如没有倒置显微镜和荧光显微镜，细胞的测量和计数都有困难，可根据调查任务的要求酌情处理。

绘制分布图：分别绘制总浮游植物和各粒级浮游植物细胞密度的分布图和粒级结构图，各粒级浮游植物细胞密度的等值线取值标准参照 GB/T 12763.6 执行，也可视具体情况酌情增减。

c）浮游动物调查。

网采浮游动物按 GB/T 12763.6 的规定执行。

水采浮游动物：

采样：采样层次按 GB/T 12763.6 的规定执行；

分级：20～200 μm、200～500 μm、大于 500 μm；

采水量：30～70 L，依不同海区情况而定；

连续观测采样频次：每 3 h 采样一次，一昼夜共 9 次。

样品处理步骤：

过滤。取 20～60 L 水样，依次经 500 μm、200 μm、20 μm 筛绢过滤，分别冲洗到小瓶中，各规格筛绢也可自行设计成直径大小不同的小网，网口直径一般为 15 cm、20 cm、25 cm，网衣长度分别为 15 cm、20 cm、30 cm；滤过样品的固定同 GB/T 12763.6 规定的网采样品。

样品编号。按 GB/T 12763.6 浮游动物的规定，但编号末尾应加 020、200 和 500，分别表示经 20 μm、200 μm、500 μm 筛绢过滤。

鉴定计数。按 GB/T 12763.6 浮游动物的规定执行。

数据处理。按 GB/T 12763.6 浮游动物的数据处理方法执行，但应计算各粒级浮游动物的种类、个体数量和生物量（粒级小的浮游动物如原生动物，可酌情考虑不称量），并绘制浮游动物总数和各粒级的分布图和粒级结构图，各粒级的个体数量和生物量的等值线取值标准参照 GB/T 12763.6 浮游动物的规定执行，也可视具体情况酌情增减。

② 海洋生态系统功能要素调查。海洋生态系统功能要素目前着重调查初级生产力、新生产力和细菌生产力，具体调查内容按 GB/T 12763.6 的规定执行。

2）海洋环境要素调查。

① 海洋水文要素调查。深度、水温、盐度、水位和海流调查按《海洋调查规范　第 2 部分：海洋水文观测》（GB/T 12763.2）的规定执行。温跃层和盐跃层调查方法同水温和盐度，判断标准按《海洋调查规范　第 7 部分：海洋调查资料交换》（GB/T 12763.7）的规定执行。记录海面状况，收集入海河流径流量和输沙量数据。

② 海洋气象要素调查。包括日照时数、气温、风速、风向、天气状况等，气温、风速、风向的调查按《海洋调查规范　第 3 部分：海洋气象观测》（GB/T 12763.3）的规定执行。

③ 海洋光学要素调查。

a）海面照度、水下向下辐照度调查按《海洋调查规范　第 5 部分：海洋声、光要素调查》（GB/T 12763.5）的规定执行。

b）真光层深度。

真光层深度计算：提取表层和每米水层的向下辐照度数据，作垂直分布图，确定向下辐照度为表层的 100%、50%、30%、10%、5%和 1%的深度。

真光层判断标准：取向下辐照度为表层 1%的深度作为真光层的下界深度；若真光层大于水深，取水深作为真光层的深度。

c）透明度调查按《海洋调查规范　第 4 部分：海水化学要素调查》（GB/T 17378.4）的规定执行。

④ 海水化学要素调查。总氮、硝酸盐、亚硝酸盐、铵盐、总磷、活性磷酸盐、活性硅酸盐、溶解氧和 pH 调查按 GB/T 12763.4 的规定执行。化学需氧量调查按 GB/T 17378.4 的规定执行。重金属（总汞、铜、铅、镉、总铬、砷）、有机污染物（硫化物、氰化物、有机氯农药、挥发酚类）和油类调查按 GB/T 12763.4 和 GB/T 17378.4 的规定执行。所测定的要素可根据调查任务和海区的具体情况酌情增减。调查悬浮颗粒物（SPM）和颗粒有机物（POM），颗粒有机碳（POC）和颗粒氮（PN）。

⑤ 海洋底质要素调查。底质类型、粒度、有机碳、总氮、总磷、pH 和 E_h 的调查按《海洋调查规范　第 8 部分：海洋地质地球物理调查》（GB/T 12763.8）的规定执行。硫化物、有机氯、油类、重金属（总汞、铜、铅、镉、总铬、砷、硒）的调查按 GB/T 17378.5 的规定执行。

3）人类活动要素调查。

① 海水养殖生产要素调查。调查海区如果存在一定规模的养殖活动，应调查养殖海区坐标、面积，养殖的种类、密度、数量、方式；收集养殖海区多年的养殖数据，包括养殖时间、种类、密度、数量、单位产量、总产量、养殖从业人口等，并制作养殖空间分布图。具体养殖数据根据不同海区的养殖情况相应增减。

② 海洋捕捞生产要素调查。存在捕捞生产活动的海区，应现场调查和查访捕捞作业情况，进行渔获物拍照和统计，并收集该海区多年的捕捞生产数据，包括捕捞生产海区坐标、面积，捕捞的种类、方式、时间、产量，渔船数量（马力），网具规格，捕捞从业人口等，并制作捕捞生产空间分布图。具体捕捞生产数据根据不同海区的情况相应增减。

③ 入海污染要素调查。存在排海污染（陆源、海上排污等）的调查海区，应调查和收集多年的排污数据，包括排污口、污染源分布，主要污染物种类、成分、浓度、入海数量、排污方式等，并制作排污口和污染源的空间分布图。具体情况根据不同海区的污染源的情况相应增减。

④ 海上油田生产要素调查。存在油田生产的调查海区，应收集多年的油田生产和污染数据，包括石油平台位置、坐标、数量、产量、输油方式、污水排放量、油水比、溢油事故发生时间、溢油量、污染面积、持续时间、受污染生物种类和数量、使用消油剂种类和使用量等，并制作石油污染源分布图。具体情况根据不同海区的污染源的情况相应增减。

⑤ 其他人类活动要素调查。若调查海区存在建港、填海、挖沙、疏浚、倾废、围垦、运动（游泳、帆船、滑水等）、旅游、航运、管线铺设等情况，而且对主要调查对象可能有较大影响，应调查这些人类活动的情况，调查要素主要包括位置、数量、规模、建设和营运情况，对周围海域自然环境的影响程度，排放污染物的种类、数量、时间等，对海洋生物的影响程度等方面。具体内容根据调查目标确定。

（2）海洋生态评价

1）海洋生物群落结构分析与评价。

① 单元法分析。

a）生物量评价

评价对象：包括微生物、浮游植物群落、浮游动物群落、游泳动物群落、底栖生物群落、潮间带生物群落和污损生物群落。

评价方法和结果表达：分析各类群的个体数量（微生物指菌落数量，浮游植物指细胞数量，底栖生物、潮间带生物和污损生物指栖息密度）和生物量，绘制空间分布图，评价其变化趋势。

b）优势种评价

评价对象：包括浮游植物群落、浮游动物群落、游泳动物群落、底栖生物群落、潮间带生物群落和污损生物群落。

评价方法：采用优势度评价。某一个站位的优势度，用百分比表示。优势度的计算公式如下：

$$D_i = n_i / N \times 100\% \tag{3-90}$$

式中：D_i —— 第 i 种的百分比优势度；

n_i —— 该站位第 i 种的数量；

N —— 该站位群落中所有种的数量，单位可用个体数、密度、重量等表示。

结果表达：分析群落优势种丰度及其优势度，绘制空间分布图，评价其变化趋势。

c）指示种评价

评价对象：包括浮游植物群落、浮游动物群落、游泳动物群落、底栖生物群落、潮间带生物群落和污损生物群落。

评价方法和结果表达：分析不同环境压力（如有机污染、重金属污染、油污染等）下生物群落出现的指示性物种，计算其生物量，绘制空间分布图，评价环境和群落的变化趋势。

d）关键种评价

评价对象：海洋食物网，包括浮游食物网、高营养阶层食物网、底栖碎屑食物网等。

评价方法和结果表达：分析食物网各营养阶层的关键物种，计算其生物量，绘制空间分布图，评价其变化趋势。

e）物种多样性评价

评价对象：包括浮游植物群落、浮游动物群落、底栖生物群落、潮间带生物群落。

评价方法：采用物种多样性指数评价。物种多样性指数一般采用 Shannon 信息指数计算。

结果表达：计算生物群落的物种多样性，制作空间分布图，评价其变化趋势。多样性指数的等值线取值标准为0.5、1.0、1.5、2.0、2.5、3.0、3.5、4.0、4.5、5.0、6.0、7.0、8.0。以上取值标准，可视具体情况酌情增减。

f）群落均匀度评价

评价对象：包括浮游植物群落、浮游动物群落、底栖生物群落、潮间带生物群落。

评价方法：采用均匀度指数评价。

结果表达：计算不同生物群落的均匀度，制作空间分布图，评价其变化趋势。均匀度指数等值线取值标准为0.2、0.4、0.6、0.8、1.0。以上取值标准，可视具体情况酌情增减。

g）群落演变评价

评价对象：包括浮游植物群落、浮游动物群落、底栖生物群落、潮间带生物群落。

评价方法：群落演变评价采用演变速率指标，群落演变速率指标采用β多样性指数评价。β多样性指数测度群落间的相似性大小。演变速率（E）为 0～1。E=0，两个群落结构完全相同，没有发生演变；E=1，两个群落结构完全不同，没有共同种，发生完全演变。通常情况下，0＜E＜1，两个群落的结构发生部分改变。

结果表达：计算不同生物群落的演变速率，沿时间序列绘制演变图，评价其演变趋势。

② 多变量分析。

a）评价对象。评价对象主要适应于无运动能力或运动能力较弱的浮游植物、浮游动物和区域性较强的底栖生物和潮间带生物群落。

b）分析方法。包括一系列以等级相似性为基础的非参数技术方法，如等级聚类（Clustering）、非度量多维标度（MDS）、主分量分析（PCA），用于分析生物群落的空间格局，确定主要支配因素。具体规定如下：

等级聚类。等级聚类的目的是确定生物群落样品的自然分组，使得组内样品彼此间较组间样品更为相似，分析结果以树枝图的形式表示，该图给出了样品间彼此的相似性水平。

非度量多维标度。非度量多维标度就是在一个低维标序空间中建立一个样品的“地图”或构型图，使样品间欧氏距离的等级顺序与其相似性或非相似性的等级顺序保持一致，比较准确地反映复杂的生物群落样品之间的关系。非度量多维标度与等级聚类结合使用可以有效地揭示群落变化的连续梯度。

主分量分析。主分量分析的功能是把多维空间中的点向低维空间做有效投影以使点的排列遭受最小可能的畸变，得到较少的主要分量，并尽可能多地反映原来变量的信息，并找出生物群落变化的主要支配因素。

c）分析步骤。

◆ 建立原始生物资料矩阵和环境资料矩阵；

◆ 建立样品间（非）相似性测定和（非）相似性矩阵；

◆ 计算原始环境矩阵中每对样品间环境组成非相似性，产生一个三角形非相似性矩阵；

◆ 通过样品的聚类和标序表达群落结构格局；

◆ 统计检验。

d）数据处理。上述多变量分析的数据处理可以自行编写程序，也可采用现成软件。

e）结果表达。绘制多变量分析有关图表，如等级聚类图、MDS 图、主分量贡献图、ABC 曲线、*K*-优势度曲线等。

2）海洋生态系统功能评价。

① 初级生产功能评价。海洋生态系统中初级生产功能主要由浮游植物承担，初级生产提供了生态系统运转的大部分能量来源。初级生产功能采用初级生产力评价，单位：mg/（m^3·d）或 g/（m^2·d）（均以碳计）。

绘制初级生产功能的空间分布图，评价其变化趋势。

② 新生产功能评价。新生产指由浮游植物利用新进入真光层的营养盐完成的有机物生产。新生产功能采用新生产力评价，单位：mg/（m^3·d）或 g/（m^2·d）（均以碳计）。

绘制新生产功能的空间分布图，评价其变化趋势。

③ 细菌生产功能评价。海洋生态系统中细菌生产功能主要由异养细菌承担，细菌生产提供了生态系统运转的补充能量来源。细菌生产功能采用细菌生产力评价，单位：mg/（m^3·d）或 g/（m^2·d）（均以碳计）。

绘制细菌生产功能的空间分布图，评价其变化趋势。

3）海洋生态压力评价。

① 富营养化压力评价。富营养化压力评价采用海水营养指数。营养指数的计算主要有两种方法。第一种方法考虑化学需氧量、总氮、总磷和叶绿素 a。当营养指数大于 4 时，认为海水达到富营养化。第二种方法考虑化学需氧量、溶解无机氮、溶解无机磷。当营养指数大于 1 时，认为水体富营养化。

② 污染压力评价。氮污染压力评价：采用氮污染压力指数评价。某月（年）的氮污染压力指数等于该月（年）的入海氮通量除以该月（年）水体中总氮平均含量。这里，入海氮通量指进入调查海区的氮的总量，包括无机态氮和有机态氮。以此确定高污染压力海区，分析氮污染压力的变化趋势。

磷污染压力评价：采用磷污染压力指数评价。某月（年）的磷污染压力指数等于该月（年）的入海磷通量除以该月（年）水体中总磷平均含量。这里，入海磷通量指进入调查海区的磷的总量，包括无机磷和有机磷。以此确定高污染压力海区，分析污染压力的变化趋势。

油污染压力评价：采用油污染压力指数评价。某月（年）的油污染压力指数等于该月（年）的入海油通量除以该月（年）水体中油的平均含量。以此确定高污染压力海区，分析污染压力的变化趋势。

COD 污染压力评价：采用 COD 污染压力指数评价。某月（年）的 COD 污染压力指数等于该月（年）的入海 COD 通量除以该月（年）水体中 COD 的平均含量。以此确定 COD 高污染压力海区，分析污染压力的变化趋势。

③ 养殖压力评价。采用养殖压力指数法评价。对于滤食性贝类和浮游生物食性鱼类，其养殖压力指数等于单位时间内养殖收获净输出的有机碳（氮）通量除以该调查区同时期水体中颗粒有机碳（氮）的平均含量。单位时间为月或年。以此确定高养殖压力的海区，分析养殖压力的变化趋势。

④ 捕捞压力评价。捕捞压力分为两类。在高营养阶层，捕捞直接减少渔业生物的现存量，称为Ⅰ类捕捞压力。在低营养阶层，捕捞加速浮游生态系统中颗粒有机物质的输出，称为Ⅱ类捕捞压力。捕捞压力评价应分别进行。

a）Ⅰ类捕捞压力指数法评价。某月（年）的捕捞压力指数等于该月（年）渔获量除以该月（年）的渔业资源现存量。

b）Ⅱ类捕捞压力指数法评价。某月（年）的捕捞压力指数等于该月（年）渔获物的有机碳（氮）通量除以该月（年）海水中颗粒有机碳（氮）平均含量。

7．遥感—地理信息系统—全球定位系统技术的应用

遥感—地理信息系统—全球定位系统，即“3S”技术，在生态学调查与研究中，具有特殊重要的价值。

（1）遥感

① 遥感的数据源和记录格式。1972 年美国发射了第一颗地球资源卫星，标志着航天遥感时代的开始。之后，美国先后发射了一系列的陆地资源卫星，包括陆地卫星 1～7 号，包括 MSS（分辨率为 80 m）、TM（7 个波段，分辨率除第六波段为 120 m 外，其他均为 30 m）、ETM^+（8 个波段，热红外波段的分辨率为 60 m，全色波段的分辨率为 15 m，其余波段的分辨率均为 30 m）。此外，法国发射的 SPOT 卫星载有高分辨率的传感器（分辨率为 20 m，全色波段为 10 m），印度发射的 IRS 卫星全色波段的分辨率为 6.25 m，1999 年美国发射成功的小卫星上载有 IKONOS 传感器，其空间分辨率高达 1 m。另外，低空间高时相频率的 AVHRR（NOAA 系列，分辨率为 1 km）和其他遥感载体及测试雷达相继投入使用。同时，我国也在积极发展空间遥感技术，1999 年我国和巴西联合研制的中巴地球资源卫星 01 星（CBERS-01）成功发射，截至 2007 年 9 月 CBERS-02B 成功入轨，已形成对地观测图像业务能力，多光谱 CCD 相机空间分辨率达到 19.5 m，可广泛应用于农作物估产、环境保护与监测、城市规划和国土资源勘测等领域，结束了我国长期单纯依赖国外对地观测卫星数据的历史；2008 年 9 月，中国的环境与灾害监测预报小卫星 A、B 星成功发射升空，搭载的 CCD 相机具有超过 720 km 幅宽的覆盖能力，红外相机具有夜间的灾害监测能力，高光谱相机具有高分辨率探测能力。A、B 星可实现 48 h 对全国范围的无缝覆盖观测，同时还具有对境外灾害与环境事件的监测能力，大大提高了环保部门大范围、快速、动态、立体地开展生态监测及评价、跟踪部分类型突

发环境污染事件的发生和发展的监测能力。

遥感记录数据的方式一般有两种：一种是以胶片格式记录；另一种是以计算机兼容磁带数据格式记录。第一种格式主要用在航空摄影上，这种记录方式常常导致地物的几何形状产生变形，它的优点是相邻相片间有较大的重叠，很容易获取立体像对；第二种格式主要用在航天遥感上，如多光谱扫描仪所记录的就是一种可以用计算机处理，并可以转换为图像的 CCT 磁带，其优点是容易与地理信息系统结合，便于进行图像处理和计算机辅助判读。

② 遥感在景观生态学中的应用领域分析。广义来讲，遥感是指通过任何不接触被观测物体的手段来获取信息的过程和方法，包括航天遥感、航空遥感、船载遥感、雷达以及照相机摄制的图像。景观生态学的迅速发展，得益于遥感技术的发展及其应用。遥感为景观生态学研究和应用提供的信息包括：地形、地貌、地表水体植被类型及其分布、土地利用类型及其面积、生物量分布、土壤类型及其水体特征、群落蒸腾量、叶面积指数及叶绿素含量等。最常用的卫星遥感资源是美国陆地资源卫星 TM 影像，包括 7 个波段，每个波段的信息反映了不同的生态学特点（表 3-38）。

表 3-38　美国陆地资源卫星 TM 的 7 个波段及其能够测量的生态学特性

波段	主要生态学应用
波段 1（0.45～0.52 μm），可见蓝光区	识别水体、土壤和植被；识别针叶林与阔叶林植被；识别人为的（非自然）地表特征
波段 2（0.52～0.60 μm），可见绿光区	测量植被绿光反射峰值；识别人为的（非自然）地表特征
波段 3（0.60～0.90 μm），可见红光区	监测叶绿素吸收；识别植被类型；识别人为的（非自然）地表特征
波段 4（0.76～0.90 μm），近红外反射区	识别植被类型及生物量；识别水体和土壤湿度
波段 5（1.55～1.75 μm），中红外反射区	识别土壤温度和植物含水量；识别雪和云
波段 6（10.4～12.5 μm），远红外反射区	识别植物受胁迫程度、土壤温度；测量地表热量
波段 7（2.08～2.35 μm），中红外反射区	识别矿物及岩石类型；识别植被含水量

此外，不同波段信息还可以以某种形式组合起来，形成各种类型的植被指数，从而较好地反映某些地面生态学特征。如最早发展的比值植被指数 RVI（RVI=R/NIR）可用于估算和监测植被盖度，但是它对大气影响反应敏感，而且当植被盖度小于 50%时，分辨能力也很弱，只有在植被盖度浓密的情况下效果最好；农业植被指数 AVI［AVI＝2.0（MSS_7−MSS_5）］可以监测作物生长发育的不同阶段；归一化植被指数 NDVI［NDVI=（NIR−R）/（NIR+R）］对绿色植被表现敏感，常被用于进行区域和全球的植被状况研究；多时相植被指数 MTVI［MTVI=NDVI（t_2）−NDVI（t_1）］，用于比较两个时期植被盖度的变化，也可以监测因水灾和土地侵蚀造成的森林覆盖率的变化。

目前已经提出的植被指数有几十个，但是应用最广的还是NDVI，在生物量估测、资源调查、植被动态监测、景观结构和功能及全球变化研究中，NDVI 发挥了重要作用。此外，人们常常把 NDVI 作为一种评价标准，来评价基于遥感影像和地面测量或模拟的新的植被指数的高低。

③ 景观遥感分类的基本方法。利用遥感技术进行景观分类，是研究景观格局、景观变化的重要手段，景观遥感分类一般包括分类体系的建立和实现分类两部分。在进行景观分类之前，首先必须根据研究区的景观类型，建立景观分类体系。分类体系的详细程度，取决于所研究项目的需求。利用计算机进行景观遥感分类，一般可分为以下 5 个步骤。

a）第一步，数据收集和预处理。

需要收集的数据包括遥感数据、地面调查数据和其他辅助数据：遥感数据为收集获取待解译区域的多源遥感影像数据，全国尺度优于 30 m；地面调查数据为获取野外调查样本和地面采集数据等；其他辅助数据为收集区域内自然地理、地形地貌、社会经济等其他辅助信息和相关资料。通过对获取的遥感数据进行辐射校正、几何精校正、大气校正、图像配准、图像融合、波段合成、图像增强、拼接与裁剪等一系列处理，形成适用于开展解译的影像数据。下面着重介绍几种常见的遥感数据预处理方法。

波段比值（band ratio）　波段比值是最早的遥感影像分类预处理技术之一，它能够消除由地形因素（如坡度和坡向）引起的地物反射光谱的空间变异，增强植被和土壤辐射的差异。波段比值已被广泛应用于植被盖度和生物量的评估中，最常用的是植被指数，MSS 数据常采用波段 7 和波段 5［式（3-91）］，或者波段 6 和波段 5；TM 常采用波段 4 和波段 3［式（3-92）］：

$$\mathrm{TVI}_1=\sqrt{\frac{R_7-R_5}{R_7+R_5}+0.5} \tag{3-91}$$

$$\mathrm{TVI}_2=\sqrt{\frac{R_4-R_3}{R_4+R_3}+0.5} \tag{3-92}$$

主成分（principal component）　由于地形因素（坡度、坡向）的差异，以及各波段光谱本身的重叠，导致各个波段间的高度线性相关性，如 MSS 的波段 4 和波段 5、波段 6 和波段 7 间就存在较高的线性相关性。如果只对原始的波段数据进行分析处理，势必会造成对许多重复数据的处理，从而浪费许多人力和物力。主成分分析通过降低空间维数，在数据信息的损失最低的前提下，消除或减少波段数据的重复，即降低波段间的相关性。同时，还能够加快计算机分类的速度。据研究，通过使用前 3 个主成分，能够使计算机的分类速度提高 4 倍。

帽状转换（tasseled cap）　帽状转换是由 Kauth 和 Thomas（1976）首先提出的。他们在研究利用遥感技术估算农作物的产量时，先对原始波段数据进行线性转换生成了亮度图像、绿度图像和湿度图像，然后利用所生成的 3 个通道对农作物进行分类，达到了较满意的分类效果，后来人们将这种变换应用于其他的植被类型，从而使帽状转换得到了广泛的应用。

条纹消除（destrip） 由于传感器的振动、数据的传输和处理过程中产生的错误或其他原因，有时遥感影像会呈现间隔均匀的条带（有横向和纵向两种），影响我们对影像的识别及分类结果，通过条纹消除，可以提高遥感影像的判读性，从而提高分类的准确性。

b）第二步，选择训练样区与 GPS 定位。

在遥感影像图上，均匀地选取各景观类型的训练区。对于非监督分类来说，训练样区可以辅助对簇分析结果的归类；对于监督分类来说，训练样区用于提取各类的特征参数以对各类进行模拟。在进行训练区选取之前，一般都要进行野外调查，过去野外考察样地的定位是依据地形图来进行。随着全球定位系统（GPS）技术的发展，目前通常采用 GPS 来对野外调查样地进行地理定位。下面对 GPS 技术做简要介绍。

GPS 包括三大部分：GPS 卫星星座、地面监控系统、GPS 信号接收机。GPS 卫星星座属于 GPS 的空间部分，由 21 颗工作卫星和 3 颗备用卫星组成，它们均匀地分布在 6 个相互夹角为 60°的轨道平面内，即每个轨道上有 4 颗卫星。卫星高度离地面约 20 000 km，一天绕地球两周，GPS 使用无线电波向用户发送导航定位信号，同时接收地面发送的导航电文及调度命令；地面监控系统属于 GPS 的地面控制部分，包括位于美国科罗拉多的主控站及分布在全球的 3 个注入站和 5 个监测站，从而实现对 GPS 运行的实时监控；GPS 信号接收机属于用户设备部分，其任务是接收卫星发射的信号，并进行处理，根据信号到达接收机的时间，来确定接收机到卫星的距离。若计算出 4 颗或更多卫星到接收机的距离，再参考卫星的位置，就可以确定出接收机在三维空间的位置。

GPS 定位的基本原理是利用测距交汇确定点位。一颗卫星信号传播到接收机的时间只能确定该卫星到接收机的距离，不能确定接收机相对于卫星的方向，在三维空间中，接收机的可能位置构成一个球面；当测到两颗卫星的距离时，接收机的可能位置被确定在两个球面相交构成的圆上；当得到第三颗卫星的距离后，球面与圆相交得到两个可能的接收机的位置；第四颗卫星用于确定接收机的准确位置。因此，利用 GPS 进行定位，需要接收至少 4 颗卫星的信号。

造成 GPS 定位误差的原因很多，包括卫星轨道变化、卫星电子钟不准确、信号穿越大气层时速度的改变等。但是，其中主要的误差是由于美国军方人为降低信号质量造成的，误差高达 100 m。

这种定位误差给 GPS 的民用带来了很大的不便，但是可以用差分的方法来消除。差分纠正至少需要两个 GPS 接收机才能完成，具体方法是在某一个已知位置上放置一台 GPS 接收机，作为基准站接收卫星信号，在其他位置用另一台接收机接收卫星信号，通过基准站可以确定卫星信号中包含的人为干扰信号，然后在随后接收到的信号中减去这些干扰，从而达到降低 GPS 定位误差的目的。

c）第三步，遥感影像分类。

遥感影像的计算机分类，就是根据像元特征值，将任一个像元划归最合适的类的过程。主要有两种分类方法：非监督分类和监督分类。

非监督分类（unsupervised classification） 根据研究区尽可能有的景观类型数，给定分类的类型数，遥感图像处理软件将根据 TM 各波段光谱数据的特征，自动地等距离地划分出所给定的类型。非监督分类用来了解各种景观类型的遥感数据特征，如颜色、纹理等，为监督分类中训练区的采集提供依据。

监督分类（supervised classification） 在地面调查和前人研究成果的基础上，在遥感影像图上，均匀地选取各景观类型的训练区，计算机先统计训练区内遥感数据特征，然后把这些训练区的数据特征传递给判别函数，判别函数再根据这些参数，判断某一个像元应该属于哪一个景观类型，从而完成对整个影像的分类。一般来讲，监督分类的精度比非监督分类高。

d）第四步，分类结果的后处理。

遥感影像经过计算机分类后，往往需要进行一系列的处理，才能够使用，一般的后处理过程包括光滑或过滤、几何校正、矢量化及人机交互解译几部分。

光滑或过滤（smoothing or filtering） 遥感影像计算机分类结果图中，往往包括许许多多孤立的像素点，或由几个像素构成的小斑块，通常称为“噪声”。从分类的角度来看，或许是正确的，但是从应用的角度来看，就显得过于复杂，需要将这些“噪声”消除。

几何校正（geometric correction） 其目的有两个，一是校正地物的几何变形，二是对不同时期的遥感影像进行空间配准。具体做法是，先在地形图上选取地面控制点，利用地理信息系统软件找出各控制点的投影坐标，然后运用遥感图像处理软件对分类结果进行几何校正，使它们具有统一的投影坐标，便于以后进行空间分析。

矢量化（vectorization） 遥感影像计算机分类结果图一般是栅格式的。而应用地理信息系统进行空间分析时，有时需要用到矢量格式的图件，为了满足这一需要，还需对分类结果图进行矢量化。

人机交互解译　计算机监督分类和非监督分类形成的景观类型图的正确率平均只有 80%左右，有一些斑块的分类结果是错误的，为此，需要进行人机交互解译，对错误的分类斑块进行纠正，以提高分类精度。

e）第五步，分类精度评价。

对计算机分类结果的准确性进行分析，通常采用选取有代表性的检验区的方法。检验区一般有三种类型。

监督分类的训练区　大多数遥感图像处理软件，都提供这种检验方法。然而这种方法往往对分类精度的估计偏高。其实，训练区只能反映训练地点的同质性和训练类别间的差异性，并不能真正反映分类结果的准确度。

指定的同质检验区　在选择训练区时，故意多先取一些训练区，在监督分类时，只使用其中的部分训练区，其余的训练区用于对分类结果进行精度估计。

随机选取检验区　在进行分类的影像上随机抽取检验区，与分类结果图进行对比，看是否与实际相符。

（2）地理信息系统

① 基本概念。地理信息系统（Geographical Information System，GIS），是在计算机支持下，对空间数据进行采集、存储、检索、运算、显示和分析的管理系统。这里的空间数据指不同来源和方式的采用遥感和非遥感手段所获取的数据。它有多种数据类型，包括地图、遥感数据和统计数据等，其共同特点是都有确切的空间位置。

空间数据是各种地理特征和现象间的符号化表示，包括空间位置、属性特征和时态特征三个部分。空间位置数据描述地物所在位置，这种位置既可以根据大地参考系定义，如大地经纬度坐标，也可以为地物间的相对位置关系，如空间上的距离、邻接、重叠、包含等属性数据，又称为非空间数据，是描述地物特征的定性或定量指标，即描述了地物的非空间组成部分，包括语义与统计数据等。时态特征是指数据采集或地理现象发生的时刻或时段。在景观动态分析中，时态数据非常重要，越来越受到科研工作者的重视。

② 地理信息系统的数据结构。在数据库中数据组织的结构称为数据结构，它有效地表达各数据项间的关系。在 GIS 数据库中大致有以下三种数据结构：矢量结构、栅格结构和层次结构。

矢量结构　主要用于表示在线化地图中，地图元素数字化的数据，基本的数据元素为点、向量、线段和多边形。

点（point）为基本的地图数据元素，由一对（x，y）坐标表示。在地理信息系统中，点可以大致分为结点、弧点、实体点、注记点和标号点等。结点为特殊点，表示线段特征的两个端点，即起点和终点；弧点表示线段和弧段的内部点；实体点用来表示一个实体，如城市的中点、油井等点状实体；注记点主要用来定位注记；标号点用于记录多边形的属性，存在于多边形内或多边形的重心点上。

向量（vector）由连接两点而构成，从起点到终点构成一定的方向性。

线段（line）由两个结点及两个结点间的一组序点组成，它包括一个或若干个连续的向量。

多边形（polygon）表示面状空间实体的空间分布，是由一条或若干条线段组成的一闭合范围。

栅格结构　栅格数据结构是将连续空间离散化，通常是将工作区均匀地划分为栅格而构成网格结构，网格的形状有三角形、六边形、正方形、矩形等。人们通常采用正方形网格，也可以由遥感图像的像元直接构成网格结构。网格单元是最基本的信息存储和处理单元，网格的行列号隐含了空间实体的空间分布位置，对每个网格单元记录相应空间实体的属性值。

层次结构　层次结构是为了有效地压缩栅格结构数据，并提高数据存储的效率而出现的一种新的数据结构。它建立在逐级划分的图像平面基础上，每一次把图像划分为四个子块，故又称为四分树表示法。

③ 地理信息系统的功能。

空间数据的录入　空间数据的录入是地理信息系统首先要进行的任务，包括数据转换、遥感数据处理、数字测量等。其中已有地图的数字化录入，是目前广泛采用的手段，但它也是最耗费人力资源的工作。在输入前，先要对空间数据进行分层，然后确定要录入哪些图层以及每个图层所包括的具体内容。此外，由于数字化过程是一个非常耗时的过程，所以不可能一次完成，在两次输入之间的地图位置可能相对于数字化仪面板而发生移动，造成前后两次输入的坐标发生偏移或旋转。具体解决的方法是，在每次录入之前，利用控制点对地图进行重新定位，这样两次输入的坐标，就可以根据定位点坐标间的关系进行匹配。

一般数字化的方式有两种，即点方式和流方式。点方式是操作人员按下一个键时，采集一个点的坐标，当输入点状地物时，必须采用点方式输入；线状地物和多边形地物的输入可以采用点方式，也可以采用流方式输入。采用点方式录入时，操作者有选择地录入曲线上的采样点，一般原则是在曲线较平直的地方少采集采样点，而在较弯曲的地方适当增加采样点的数量，以保证能够反映出曲线的特征；采用流方式输入地物时，当操作者沿着曲线移动游标时，计算机自动记录经过点的坐标，可以增加录入的速度。但是，采集点的数量往往比点方式多，从而造成数据量过大，这可以通过一定的采样原则对采样点进行实时采样来解决。目前大多数系统采用两种采样原则：距离流和时间流。采用时间流录入时，当要输入的曲线较平滑时，操作人员移动游标的速度较快，这样记录点的数目较少；可是当曲线较弯曲时，游标移动较慢，记录点的数目较多。而采用距离流输入时，很容易遗漏曲线的拐点，使曲线开头失真。在实际的输入过程中，可以根据不同的录入对象，而采用不同的录入方式。

空间数据的查询　空间数据的查询是地理信息系统的基本功能之一。在地理信息系统中，空间数据常用的查询包括两种形式，即由属性数据查找空间位置和由空间位置查找属性数据，也就是人们所说的图形和属性互查。第一类查询是按属性信息的要求查找空间位置，如在中国植被图上查询暗针叶林的分布状况，这和一般的非空间的关系型数据库的结构化查询语言（SQL）查询没有什么区别，根据图形和属性的对应关系，将查询的结果在图上采用指定的颜色显示出来；第二类查询是根据对象的空间位置查询有关属性信息，绝大多数地理信息软件都提供一个查询工具，让用户通过光标，用点、线、矩形、圆、不规则多边形等工具选中地物，显示被选中地物的属性列表，并进行有关统计分析。

此外，按照地物的空间关系，地理信息系统还提供了复杂的查询方式。主要有空间关系查询和地址匹配查询。前者主要用于查询满足特定空间关系（拓扑、距离、方位等）的地物，后者是根据街道的地址来查询地物的空间位置和属性信息，是地理信息系统特有的一种查询功能。

空间数据分析　是地理信息系统的核心功能之一。地理空间数据库是地理信息系统进行空间分析的必要基础。根据数据性质的不同，可以将空间分析分为：基于空间图形数据的分析、基于非空间属性数据的分析和基于二者的联合分析。空间分析通常采用逻辑运算、数理统计分析和代数运算等数学手段。

下面着重介绍地理信息系统空间分析的基本功能，包括缓冲区分析、叠加分析、路径分析以及空间数据的合并和派生等。

缓冲区（buffer）分析　在实际工作中，经常会遇到这样的问题，如需要知道高速公路通过区都经过哪些居民点。这在高速公路建设中是一个非常重要的问题，因为涉及居民的搬迁问题。在城市规划中，需要确定公共设施（商场、邮局、银行、医院、车站和学校等）的服务半径等。所有这些问题，均是一个临近度问题，而缓冲区分析是解决这类问题的最重要的空间分析工具。

在地理信息系统中，可以对线状、点状、面状地物进行缓冲区分析的缓冲区，可以是等宽度的或不等宽度的。此外，对于线状地物有双侧对称、双侧不对称或单侧缓冲区，对于面状地物有内侧和外侧缓冲区，这要根据具体应用的要求来决定。

叠加（overlay）分析　在绝大多数地理信息系统中，地理空间数据是以图层的形式来表示的，同一个地区的所有数据图层集表达该地区地理景观的内容，图层可以用矢量结构点、线、面表示，也可以用栅格结构来表示。叠加分析实际上是将几个数据图层进行叠加，产生新的数据图层的操作过程，新的数据图层综合了原来两个或多个图层所具有的属性。叠加分析又可以分为点与多边形的叠加、线与多边形的叠加、多边形与多边形的叠加及栅格图层的叠加。

点与多边形的叠加即计算多边形对点的包含关系，并进行属性处理，既可以将多边形的属性加到其中的点上，也可以将点的信息加到多边形上。通过点与多边形的叠加，可以得到每个多边形类型里有多少个点，判断点是否在多边形内；此外，还可以描述在多边形内部点的属性信息。例如，将辽宁省矿产资源分布图和辽宁省政区图进行叠加，同时将政区图多边形的属性信息加到矿产的数据表中，可以查询指定市有多少种矿产、储量有多少，也可以查询指定类型的矿产在哪些市里有分布等。

线与多边形的叠加通常用于判断线是否落在多边形内。叠加的结果是产生一个新的数据图层，每条线被它穿过的多边形打断成新弧段图层，同时产生一个相应的属性数据表记录原线和多边形的属性信息。如线状图层为河流，经过叠加，我们可以查询任意多边形内的河流长度，计算它的河流密度等。

多边形与多边形的叠加是 GIS 常用的功能之一。将两个或多个多边形图层进行叠加产生一个新多边形的操作，将原来的一个多边形分隔成几个多边形，新图层中的每个多边形均具有输入图层和叠加图层中多边形的所有属性，然后就可以对新的图层进行各种空间分析和查询操作。

栅格图层的叠加是地理信息系统中比较典型的一种数据层面叠加，在栅格地理信息系统中，建立不同数据层面之间的数学联系是GIS的一个典型功能。空间模拟尤其要通过各种数学方程将不同数据层面进行叠加运算，以揭示某种空间现象或空间过程。在栅格地理信息系统中，可以通过地图代数来实现。它有三种不同的类型：常数与数据层面的代数运算、数据层面的数学变换（指数、对数、三角变换等）、数据层间的代数运算（加、减、乘、除、乘方等）和逻辑运算（与、或、非、异等）。

下面给出一个在长白山工作的实例来加以说明（常禹，2001）。长白山温度和降水与经度、纬度和海拔的数学模型为：

$$t_{mean}=41.882\,2+0.105\,2\cdot long-1.148\,6\cdot lat-0.005\,4\cdot alt \quad (3\text{-}93)$$

$$R_{mean}=5\,917.206\,7-7.150\,3\cdot long-102.211\,6\cdot lat+0.182\,7\cdot alt \quad (3\text{-}94)$$

式中：long —— 经度数据层；

lat —— 纬度数据层；

alt —— 海拔数据层；

t_{mean} —— 年平均温度，℃；

R_{mean} —— 年均降水量，mm。

空间数据的更新显示　地理信息系统的一个重要功能就是数据更新方便快捷。传统的地图更新需要花费大量的人力和物力，首先要进行野外调查，其次在室内对调查资料进行整理，最后成图。这一过程意味着，在一个地理区域内的所有地物均需要重新绘制成图，而不考虑其是否发生变化，从而造成了极大的浪费。运用地理信息系统，可以只对局部空间数据进行更新，从而给数据的更新提供了极大的方便，也使成本大大降低。

空间数据的显示是将点、线、面状地物以符号或色彩等形式在计算机屏幕上显示出来，以便于数据的修改和空间查询。

空间数据的打印输出　指将设计好的专题地图在硬拷贝输出设备上打印输出的过程。硬拷贝输出设备包括点阵打印机、喷墨打印机、激光打印机以及各种绘图仪等，根据输出设备的不同，可以输出黑白或彩色图件。

地理信息系统的其他功能　地理信息系统还具有对空间数据局部删除、局部截取和分割等功能。局部删除是应用删除图层将输入图层中相应的地理区域删除，而产生新的结果图层；局部截取是利用截取图层将输入图层中相应的地理区域截取下来，而产生新的图层；空间数据的分割是运用分割图层将输入图层分割成多个结果图层的过程。

④ 常用的GIS工具软件。

国外 GIS 软件　目前国外开发的地理信息系统软件主要来自美国公司 ESRI 和 MapInfo 开发的软件产品。ESRI 公司产品主要有 PC-Arc/Info、Workstation Arc/Info、Desktop Arc/Info 和 ArcView GIS。PC-Arc/Info 主要包括 Arcedit、Arcplot、Tables、Networks、Overlay 几个模块。Arcedit 用于图形的编辑和修改；Arcplot 用于空间数据的显示和专题图的制作；Tables 用于对属性数据库进行管理；Networks 用于网络分析；Overlay 主要用于对空间数据进行叠加分析。Workstation Arc/Info 基本模块提供的功能和微机版 Arc/Info 的功能相当。其他一些实现特定功能的扩能模块，包括 TIN（地面立体模型的生成、显示和分析）、GRID（针对栅格数据的分析处理模块）、ArcScan（扫描矢量化模块）、COGO（处理空间要素的空间关系）、ArcPress（图形输出模块）、ArcSDE（空间数据引擎）、ArcCatalog（对元数据的定位、浏览和空间数据管理）、ArcToolbox（常用数据分析处理功能组成的工具箱）。ArcView GIS 是桌面地理信息系统，实现了对地图数据、属性数据、统计图和开发语言等多种文档的管理。此外，还提供了一些扩展模块，包括 Spatial Analyst（栅格数据的建模分析）、Network Analyst（网络分析）、ArcPress（制图输出）、3D Analyst（利用 DEM 实现三维立体透视图）、Image Analyst（影像分析处理）、Tracking Analyst（直接接收和回放实时数据，实现对 GPS 的支持）。

MapInfo Professional 是 MapInfo 公司的主要软件产品，支持多种本地或远程数据库，较好地实现了数据的可视化，可以生产各种专题地图。此外，还可以进行空间查询和一些简单的空间分析运算，如缓冲区分析等。该公司还推出了对 MapInfo Professional 进行二次开发的 MapBasic 语言，采用与 Basic 语言一致的语句和函数，便于用户掌握，通过二次开发，能够扩展 MapBasic 的功能，并和其他应用系统集成。

国产 GIS 软件　国产 GIS 软件近年来发展很快，参加国产地理信息系统软件 2001 年测评的软件已达 43 个，其中基础软件 5 个，桌面软件 1 个，专项工具软件 13 个，应用软件 24 个。比较优秀的软件在技术和市场上均有明显的竞争力。下面介绍几种目前应用较广的国产地理信息系统软件。

MapGIS 是由中国地质大学开发的地理信息系统软件，其功能模块包括：数据输入模块，数字化仪、扫描仪、GPS 输入；数据处理模块，矢量数据的编辑修改、错误检查、投影变换等；数据输出模块，空间数据和属性数据的打印输出；数据转换，与其他系统间的数据交换；数据库管理，空间库和属性库的管理；空间分析，叠加分析、网络分析、DTM 分析；图像处理，影像配准、镶嵌、处理分析；电子沙盘模块；生成三维地形立体图；数字高程模型，DEM 的生成及其相应的操作分析。

GeoStar 是由武汉测绘科技大学开发的地理信息系统软件，其功能模块包括：GeoStar，是系统的核心，包括从数据输入到制图输出的整个 GIS 工作流程；GeoGrid，数字地形模型和数字正射影像的处理和分析；GeoTin，建立 TIN 和 DEM，进行相关分析运算和三维立体图的生成；GeoImager，遥感影像的处理和制图；GeoImageDB，建立多尺度的遥感影像数据库系统；GeoSurf，因特网空间信息发布系统；GeoScan，图像扫描矢量化模块。

CityStar 是由北京大学开发研制的地理信息系统软件，其功能模块包括：编辑模块，空间数据的录入、编辑、修改；查询分析模块，空间数据的查询、分析和管理；制图模块，专题地图的修饰、地图符号制作及影像地图制作等；扫描矢量化模块，线画地图的扫描输入；可视开发模块，包括 OCX 控件，便于用户进行二次开发；遥感图像处理模块，遥感影像的纠正、增强、变换、分类等；数字地形模块，DEM 的生成及其相关运算；三维模块，生产三维地形模型；GPS 模块，GPS 数据的接收、显示和分析。

总之，上述软件都是针对各自特定的领域开发的，在应用到生态评价中时，针对性都不强，或者说比较适用于解决部分问题。生态学家还应发展适于自己使用的软件。

8. 陆地生态系统生产能力估测与生物量测定

生态系统生产力、生物量是其环境功能的综合体现。

生产力是指生态系统的生物生产能力，反映生产有机质或积累能量的速率。群落（或生态系统）初级生产力是单位面积、单位时间群落（或生态系统）中植物利用太阳能固定的能量或生产的有机质的量。净初级生产力（NPP）是从固定的总能量和产生的有机质总量中减去植物呼吸所消耗的量，直接反映了植被群落在自然环境条件下的生产能力，表征陆地生态系统的质量状况。

生物量是指一定地段面积内某个时期生存着的活有机体的重量。不同生态系统的生物量测定方法不同，可采用实测与估算相结合的方法。地上生物量估算可采用植被指数法、异速生长方程法等方法进行计算。基于植被指数的生物量统计法是通过实地测量的生物量数据和遥感植被指数建立统计模型，在遥感数据的基础上反演得到评价区域的生物量。

地球上生态系统的净生产力和植物生物量见表 3-39。

表 3-39　地球上生态系统的净生产力和植物生物量（按生产力次序排列）

生态系统	面积/ 10^6 km²	平均净生产力/ [g/（m²·a）]	世界净生产量/ （10^9 t/a）	平均生物量/ （kg/m²）
热带雨林	17	2 000	34	44
热带季雨林	7.5	1 500	11.3	36
温带常绿林	5	1 300	6.4	36
温带阔叶林	7	1 200	8.4	30
北方针叶林	12	800	9.5	20
热带稀树干草原	15	700	10.4	4.0
农田	14	644	9.1	1.1
疏林和灌丛	8	600	4.9	6.8

生态系统	面积/ 10^6 km^2	平均净生产力/［g/（m^2·a）］	世界净生产量/（10^9 t/a）	平均生物量/（kg/m^2）
温带草原	9	500	4.4	1.6
冻原和高山草甸	8	144	1.1	0.67
荒漠灌丛	18	71	1.3	0.67
岩石、冰和沙漠	24	3.3	0.09	0.02
沼泽	2	2 500	4.9	15
湖泊和河流	2.5	500	1.3	0.02
大陆总计	149	720	107.3	12.3
藻床和礁石	0.6	2 000	1.1	2
港湾	1.4	1 800	2.4	1
水涌地带	0.4	500	0.22	0.02
大陆架	26.6	300	96	0.01
海洋	332	127	420	1
海洋总计	361	153	53	0.01
整个地球	510	320	162.1	3.62

资料来源：Smith，1976。

奥德姆（Odum，1959）根据地球上各种生态系统总生产力的高低将生态系统划分为下列四个等级：

Ⅰ. 最低：荒漠和深海，生产力最低，通常为 0.1 g/（m^2·d）或少于 0.5 g/（m^2·d）；

Ⅱ. 较低：山地森林、热带稀树草原、某些农耕地、半干旱草原、深湖和大陆架，平均生产力为 0.5～3.0 g/（m^2·d）；

Ⅲ. 较高：热带雨林、农耕地和浅湖，平均生产力为 3～10 g/（m^2·d）；

Ⅳ. 最高：少数特殊的生态系统（农业高产田、河漫滩、三角洲、珊瑚礁、红树林），生产力为 10～20 g/（m^2·d），最高可以达到 25 g/（m^2·d）。

（1）陆地生态系统生产能力估测

生产能力估测是通过对自然植被净第一性生产力的估测来完成的。净第一性生产力估测方法很多，但还没有公认的模式，本书介绍 4 种方法：

① 地方已有成果应用法。我国一些科研人员对一些省区做过净第一性生产力研究，如甘肃农业大学针对甘肃省不同生境类型，采用典型植被调查方法计算出净第一性生产力的空间分布数据；中科院热带所董汉飞等做过海南省不同生境植被的净第一性生产力计算。上述成果可为生产能力本底值的估测提供支持。

② 参考权威著作提供的数据。

③ 区域蒸散模式。模型的推导和数学表达式如下：

$$\mathrm{NPP}=\mathrm{RDI}^2\times\frac{r\times(1+\mathrm{RDI}+\mathrm{RDI}^2)}{(1+\mathrm{RDI})\times(1+\mathrm{RDI}^2)}\times\exp\left[-\sqrt{9.87+6.25\mathrm{RDI}}\right] \tag{3-95}$$

$$RDI = (0.629+0.237PER-0.003\,13\,PER^2)^2 \quad (3\text{-}96)$$

$$PER = PET/r = BT \times 58.93/r \quad (3\text{-}97)$$

$$BT = \sum t/365 \text{ 或 } \Sigma T/12 \quad (3\text{-}98)$$

式中：RDI —— 辐射干燥度；

r —— 年降水量，mm；

NPP —— 自然植被净第一性生产力，t/（$hm^2 \cdot a$）；

PER —— 可能蒸散率；

PET —— 年可能蒸散量，mm；

BT —— 年平均生物温度，℃；

t —— 小于 30℃与大于 0℃的日均值，℃；

T —— 小于 30℃与大于 0℃的月均值，℃。

④ 光能利用率模型（如 CASA 模型）。公式如下：

$$NPP(x,t)=APAR(x,t)\times\varepsilon(x,t) \quad (3\text{-}99)$$

式中：NPP——净初级生产力；

APAR——植被所吸收的光合有效辐射；

ε——光能转化率；

t——时间；

x——空间位置。

表 3-40 中的数据显示了三类不同生态系统均处在荒漠[71 g/($m^2 \cdot a$)]和沙漠[3.3 g/($m^2 \cdot a$)] 的背景值之间。

表 3-40 自然植被净第一性生产力的测算结果（青藏铁路格望段）

生态系统类型	降水量/mm	年平均生物温度 BT/℃	净第一性生产力 NPP/[t/（$hm^2 \cdot a$）]
Ⅰ温凉干旱平原、河谷、荒漠为主的生态系统	—	—	—
Ⅰ-1 温凉干旱砂质荒漠生境	30	2 500	0.05
Ⅰ-2 温凉干旱砾质荒漠生境	30	2 500	0.05
Ⅰ-3 温凉干旱宽河谷荒漠生境	35	1 500	0.33
Ⅰ-4 高寒干旱山地荒漠生境	100	94	0.53
Ⅱ高寒荒漠草原过渡型生态系统	150	80	0.74
Ⅲ高寒山地草原生态系统	150	30	0.68

（2）生物量实测：样地调查收割法

样地面积：森林选用 1 000 m^2，疏林及灌木林选用 500 m^2，草本群落选用 100 m^2。由于生产的发展和对自然资源开发利用的需要，在森林群落中测定生产力的方法，过去测树学和群落学的方法已不能满足当前的需要。目前虽然测定方法很多，但按照生态系统的要求，仍然是比较粗放的。测定生产力的理想方法，是测定通过生态系统的能量流，但迄今为止，使用这种做法仍然存在困难。下面介绍几种当前通用的办法。

① 皆伐实测法。为了精确测定生物量，或用作标准来检查其他测定方法的精确程度，采用皆伐法。林木伐倒之后，测定其各部分的材积，并根据比重或烘干重换算成干重。各株林木干重之和，即为林木的植物生物量。

② 平均木法。采伐并测定具有林分平均断面积的树木的生物量，再乘以总株数。为了保证测定的精度，可采伐多株具平均断面积的样木，测定其生物量，再计算单位面积的干重。

③ 将研究地段的林木按其大小分级，在各级内再取平均木，然后再换算成单位面积的干重。

④ 随机抽样法。研究地段上随机选多株样木，伐倒并测定其生物量。将样木生物量之和（$\sum w$）乘以研究地段总胸高断面积（G）与样木胸高断面积之和（$\sum g$）之比，即得全林的生物量（W）：

$$W=\sum w\frac{G}{\sum g} \tag{3-100}$$

测定森林生物量时，除应计算树干的质量以外，还应包括对林木的枝量、叶量和根量的测定。由于过去对这方面的研究较少，且测定的手续烦琐，使其成为森林生物测定中最困难的环节。过去研究森林的生产量不测定地下部分的根系，会产生相当大的误差，因为树木的根系能占全部生物量的 17%～23%。

上述测得的生物量表示为单位面积、单位时间的质量如 g/（m^2·a），即为林分的生产力。假如所测定的有机物质知道其准确热量，生产力可以转换为热量，用能量 cal[①]/（cm^2·a）表示。森林里取得的收获物，不仅是木材，通常是很多种类的混合物（如花、果、种子、树皮以及灌木等），能量的粗略估算，可以采用陆生植物每克干重含能量约为 4.5 kcal。

收割法最大的局限性是不能计算草食性动物所吃掉的物质，更无法计算绿色植物用于自身代谢、生长和发育所耗费的物质。实际上所测量的部分是现在生物量，即测定当时绿色植物有机物质的数量。把呼吸的损失量和其他方面的损失（如草食动物吃掉的量）加进去修正收获量，才可估测出总生产量或总生产力。生产力的测定，主要是通过测定森林生态系统的光合作用来计算生物量。这种方法既能测定总生产力，又能求测净生产力，是收获法的补充。测定光合成对能量固定的数量和速率，可以根据光合成方程式加以求算（略）。

① 1 cal=4.186 J。

【例】草本测定方法

草地生产力的测定多采用样地调查收割法，主要内容包括：地上部分生产量，地下部分生产量，枯死凋落量，被动物采食量。

可以在 100 m^2 样地里选取 1 m×1 m 样方 8～10 个，每个样方全部挖掘取样，如果测生物量，可以在草最大生长量时期取样干燥后称重，如测净第一性生产力要去除老叶、老茎、老根，只求算当年净生产量，可以按表 3-41 进行计算。

表 3-41　年间净生产量的计算

生育期间	1．地上部极大现在量：a. 茎、叶稍（+）；b. 叶（+）
	2．地上部枯死、凋落量：a. 茎（+）；b. 叶稍（+）
	3．地下部生产量：a. 地下茎（+）；b. 根（+）；c. 茎基（+）
	4．贮藏物质蓄积量：a. 新地下茎（+）；b. 老地下茎（+）
	5．贮藏物质消费量：老地下茎（−）
生育休止期	6．芽（+）
	7．贮藏物质消费量：新老地下茎（−）
年总计	

注：“+”表示生产量，“−”表示消费量。

武藤在 1968 年对群落的实测表明，年间净生产量可用式（3-101）计算：

$$年间净生产量=1×1.8=（1+2）×1.2=（1+2+3+6+4a）×0.94 \tag{3-101}$$

各地可参考这个方法，在实测几块样地后，求出地上部极大现在量测算的系数，或用地上部生产量（1+2）测算的系数，或该年新长出的植物体量（1+2+3+6+4a）测算的系数，然后估算调查区域草地生物量。

三、生态现状评价

生态现状评价是对调查所得的信息资料进行梳理分析，判别轻重缓急，明确主要问题及其根源的过程。生态现状评价一般须按照一定的指标和标准并采用科学的方法做出。

1．生态现状评价内容及要求

（1）一级、二级评价应根据现状调查结果选择以下全部或部分内容开展评价：

a）根据植被和植物群落调查结果，编制植被类型图，统计评价范围内的植被类型及面积，可采用植被覆盖度等指标分析植被现状，图示植被覆盖度空间分布特点。

b）根据土地利用调查结果，编制土地利用现状图，统计评价范围内的土地利用类型及面积。

c）根据物种及生境调查结果，分析评价范围内的物种分布特点、重要物种的种群现状以及生境的质量、连通性、破碎化程度等，编制重要物种、重要生境分布图，迁徙、洄游物种的迁徙、洄游路线图；涉及国家重点保护野生动植物，极危、濒危物种的，可通过模型模拟物种适宜生境分布，图示工程与物种生境分布的空间关系。

d）根据生态系统调查结果，编制生态系统类型分布图，统计评价范围内的生态系统类型及面积；结合区域生态问题调查结果，分析评价范围内的生态系统结构与功能状况以及总体变化趋势；涉及陆地生态系统的，可采用生物量、生产力、生态系统服务功能等指标开展评价；涉及河流、湖泊、湿地生态系统的，可采用生物完整性指数等指标开展评价。

e）涉及生态敏感区的，分析其生态现状、保护现状和存在的问题；明确并图示生态敏感区及其主要保护对象、功能分区与工程的位置关系。

f）可采用物种丰富度、香农-威纳多样性指数、Pielou均匀度指数、Simpson优势度指数等对评价范围内的物种多样性进行评价。

（2）三级评价可采用定性描述或面积、比例等定量指标，重点对评价范围内的土地利用现状、植被现状、野生动植物、水生生物现状等进行分析，编制土地利用现状图、植被类型图、生态保护目标分布图等图件。

（3）对于改扩建、分期实施的建设项目，应对既有工程、前期已实施工程的实际生态影响、已采取的生态保护措施的有效性和存在问题进行评价。

（4）海洋生态现状评价还应符合《海洋工程环境影响评价技术导则》（GB/T 19485）的要求。

2. 生态现状评价方法

生态系统评价方法大致可分两种。一种是生态系统质量的评价方法，主要考虑的是生态系统属性的信息，较少考虑其他方面的意义。例如，早期的生态系统评价就是着眼于某些野生生物物种或自然区的保护价值，指出某个地区野生动植物的种类、数量、现状，有哪些外界（自然的、人为的）压力，根据这些信息提出保护措施建议。现在关于自然保护区的选址、管理也属于这种类型。另一种评价方法是从社会—经济的观点评价生态系统，估计人类社会经济对自然环境的影响，评价人类社会经济活动引起的生态系统结构、功能的改变及其改变程度，提出保护生态系统和补救生态系统损失的措施，目的在于保证社会经济持续发展的同时保护生态系统免受或少受有害影响。两种评价方法的基本原理相同，但由于影响因子和评价目的不同，评价的内容和侧重点不同，方法的复杂程度也不尽相同。

目前，生态评价方法正处于研究和探索阶段。大部分评价采用定性描述和定量分析相结合的方法进行，而且许多定量方法由于不同程度的人为主观因素而增加了其不确定性。因此对生态影响评价来说，起决定性作用的是对评价的对象（生态系统）有透彻的了解，进行大量而充实的现场调查和资料收集工作，以及由表及里、由浅入深的分析工作，在于对问题的全面了解和深入认识。

《环境影响评价技术导则　生态影响》（HJ 19—2022）推荐的生态现状评价方法包

括：列表清单法、图形叠置法、生态机理分析法、指数法与综合指数法、类比分析法、系统分析法、生物多样性评价方法、生态系统评价方法、景观生态学评价方法、生境评价方法、海洋生物资源影响评价方法等，参见 HJ 19—2022 附录 D。

（1）列表清单法

列表清单法是一种定性分析方法。该方法的特点是简单明了、针对性强。

① 方法。将拟实施的开发建设活动的影响因素与可能受影响的环境因子分别列在同一张表格的行与列内。逐点进行分析，并逐条阐明影响的性质、强度等。由此分析开发建设活动的生态影响。

② 应用：

a）进行开发建设活动对生态因子的影响分析；

b）进行生态保护措施的筛选；

c）进行物种或栖息地重要性或优先度比选。

（2）图形叠置法

图形叠置法是把两个以上的生态信息叠合到一张图上，构成复合图，用以表示生态变化的方向和程度。该方法的特点是直观、形象，简单明了。

图形叠置法有两种基本制作手段：指标法和“3S”叠图法。

① 指标法：

a）确定评价范围；

b）开展生态调查，收集评价范围及周边地区自然环境、动植物等信息；

c）识别影响并筛选评价因子，包括识别和分析主要生态问题；

d）建立表征评价因子特性的指标体系，通过定性分析或定量方法对指标赋值或分级，依据指标值进行区域划分；

e）将上述区划信息绘制在生态图上。

②“3S”叠图法：

a）选用符合要求的工作底图，底图范围应大于评价范围；

b）在底图上描绘主要生态因子信息，如植被覆盖、动植物分布、河流水系、土地利用、生态敏感区等；

c）进行影响识别与筛选评价因子；

d）运用“3S”技术，分析影响性质、方式和程度；

e）将影响因子图和底图叠加，得到生态影响评价图。

（3）生态机理分析法

生态机理分析法是根据建设项目的特点和受影响物种的生物学特征，依照生态学原理分析、预测建设项目生态影响的方法。生态机理分析法的工作步骤如下：

① 调查环境背景现状，收集工程组成、建设、运行等有关资料；

② 调查植物和动物分布，动物栖息地和迁徙、洄游路线；

③ 根据调查结果分别对植物或动物种群、群落和生态系统进行分析，描述其分布特点、结构特征和演化特征；

④ 识别有无珍稀濒危物种、特有种等需要特别保护的物种；

⑤ 预测项目建成后该地区动物、植物生长环境的变化；

⑥ 根据项目建成后的环境变化，对照无开发项目条件下动物、植物或生态系统演替或变化趋势，预测建设项目对个体、种群和群落的影响，并预测生态系统演替方向。

评价过程中可根据实际情况进行相应的生物模拟试验，如环境条件、生物习性模拟试验、生物毒理学试验、实地种植或放养试验等；或进行数学模拟，如种群增长模型的应用。

该方法需要与生物学、地理学、水文学、数学及其他多学科合作评价，才能得出较为客观的结果。

（4）指数法与综合指数法

指数法是利用同度量因素的相对值来表明因素变化状况的方法。指数法的难点在于需要建立表征生态环境质量的标准体系并进行赋权和准确定量。综合指数法是从确定同度量因素出发，把不能直接对比的事物变成能够同度量的方法。

① 单因子指数法。选定合适的评价标准，可进行生态因子现状或预测评价。例如，以同类型立地条件的森林植被覆盖率为标准，可评价项目建设区的植被覆盖现状情况；以评价区现状植被盖度为标准，可评价项目建成后植被盖度的变化率。

② 综合指数法：

a）分析各生态因子的性质及变化规律；

b）建立表征各生态因子特性的指标体系；

c）确定评价标准；

d）建立评价函数曲线，将生态因子的现状值（开发建设活动前）与预测值（开发建设活动后）转换为统一的无量纲的生态环境质量指标，用 1～0 表示优劣（“1”表示最佳的、顶极的、原始或人类干预甚少的生态状况，“0”表示最差的、极度破坏的、几乎无生物性的生态状况），计算开发建设活动前后各因子质量的变化值；

e）根据各因子的相对重要性赋予权重；

f）将各因子的变化值综合，提出综合影响评价值：

$$\Delta E = \sum (E_{\mathrm{h}i} - E_{\mathrm{q}i}) \times W_i \tag{3-102}$$

式中：ΔE——开发建设活动前后生态质量变化值；

$E_{\mathrm{h}i}$——开发建设活动后 i 因子的质量指标；

$E_{\mathrm{q}i}$——开发建设活动前 i 因子的质量指标；

W_i——i 因子的权值。

③ 指数法应用：

a）可用于生态单因子质量评价；

b）可用于生态多因子综合质量评价；

c）可用于生态系统功能评价。

④ 说明。建立评价函数曲线需要根据标准规定的指标值确定曲线的上、下限。对于大气、水环境等已有明确质量标准的因子，可直接采用不同级别的标准值作为上、下限；对于无明确标准的生态因子，可根据评价目的、评价要求和环境特点等选择相应的指标值，再确定上、下限。

（5）类比分析法

类比分析法是一种比较常用的定性和半定量评价方法，一般有生态整体类比、生态因子类比和生态问题类比等。

① 方法。根据已有的建设项目的生态影响，分析或预测拟建项目可能产生的影响。选择好类比对象（类比项目）是进行类比分析或预测评价的基础，也是该方法成败的关键。

类比对象的选择条件是：工程性质、工艺和规模与拟建项目基本相当，生态因子（地理、地质、气候、生物因素等）相似，项目建成已有一定时间，所产生的影响已基本全部显现。

类比对象确定后，需选择和确定类比因子及指标，并对类比对象开展调查与评价，再分析拟建项目与类比对象的差异。根据类比对象与拟建项目的比较，做出类比分析结论。

② 应用：

a）进行生态影响识别（包括评价因子筛选）；

b）以原始生态系统作为参照，可评价目标生态系统的质量；

c）进行生态影响的定性分析与评价；

d）进行某一个或几个生态因子的影响评价；

e）预测生态问题的发生与发展趋势及其危害；

f）确定环保目标和寻求最有效、可行的生态保护措施。

（6）系统分析法

系统分析法是指把要解决的问题作为一个系统，对系统要素进行综合分析，找出解决问题的可行方案的咨询方法。具体步骤包括：限定问题、确定目标、调查研究、收集数据、提出备选方案和评价标准、备选方案评估和提出最可行方案。

系统分析法因能妥善解决一些多目标动态性问题，目前已广泛应用于各行各业，尤其在进行区域开发或解决优化方案选择问题时，系统分析法显示出其他方法所不能达到的效果。

在生态系统质量评价中使用系统分析的具体方法有专家咨询法、层次分析法、模糊综合评判法、综合排序法、系统动力学、灰色关联等方法。

（7）生物多样性评价方法

生物多样性是生物（动物、植物、微生物）与环境形成的生态复合体以及与此相关的各种生态过程的总和，包括生态系统、物种和基因三个层次。

生态系统多样性指生态系统的多样化程度，包括生态系统的类型、结构、组成、功能和生态过程的多样性等。物种多样性指物种水平的多样化程度，包括物种丰富度和物种多度。基因多样性（或遗传多样性）指一个物种的基因组成中遗传特征的多样性，包括种内不同种群之间或同一种群内不同个体的遗传变异性。

物种多样性常用的评价指标包括物种丰富度、香农-威纳多样性指数、Pielou 均匀度指数、Simpson 优势度指数等。

物种丰富度：调查区域内物种种数之和。

香农-威纳多样性指数（Shannon-Wiener diversity index）计算公式为

$$H = -\sum_{i=1}^{S} P_i \ln(P_i) \tag{3-103}$$

式中：H —— 香农-威纳多样性指数；

S —— 调查区域内物种种类总数；

P_i —— 调查区域内属于第 i 种的个体比例，如总个体数为 N，第 i 种个体数为 n_i，则 $P_i = n_i/N$。

Pielou 均匀度指数是反映调查区域内各物种个体数目分配均匀程度的指数，计算公式为

$$J = (-\sum_{i=1}^{s} P_i \ln P_i) / \ln S \tag{3-104}$$

式中：J —— Pielou 均匀度指数；

S —— 调查区域内物种种类总数；

P_i —— 调查区域内属于第 i 种的个体比例。

Simpson 优势度指数与均匀度指数相对应，计算公式为

$$D = 1 - \sum_{i=1}^{s} P_i^2 \tag{3-105}$$

式中：D —— Simpson 优势度指数；

S —— 调查区域内物种种类总数；

P_i —— 调查区域内属于第 i 种的个体比例。

（8）生态系统评价方法

① 植被覆盖度。植被覆盖度可用于定量分析评价范围内的植被现状。

基于遥感估算植被覆盖度可根据区域特点和数据基础采用不同的方法，如植被指数

法、回归模型、机器学习法等。

植被指数法主要是通过对各像元中植被类型及分布特征的分析，建立植被指数与植被覆盖度的转换关系。采用归一化植被指数（NDVI）估算植被覆盖度的方法如下：

$$\mathrm{FVC}=\left(\mathrm{NDVI}-\mathrm{NDVI_s}\right)/\left(\mathrm{NDVI_v}-\mathrm{NDVI_s}\right) \tag{3-106}$$

式中：FVC —— 所计算像元的植被覆盖度；

NDVI —— 所计算像元的 NDVI 值；

$\mathrm{NDVI_v}$ —— 纯植物像元的 NDVI 值；

$\mathrm{NDVI_s}$ —— 完全无植被覆盖像元的 NDVI 值。

② 生物量。生物量是指一定地段面积内某个时期生存着的活有机体的重量。不同生态系统的生物量测定方法不同，可采用实测与估算相结合的方法。

地上生物量估算可采用植被指数法、异速生长方程法等进行计算。基于植被指数的生物量统计法是通过实地测量的生物量数据和遥感植被指数建立统计模型，在遥感数据的基础上反演得到评价区域的生物量。

③ 生产力。生产力是生态系统的生物生产能力，反映生产有机质或积累能量的速率。群落（或生态系统）初级生产力是单位面积、单位时间群落（或生态系统）中植物利用太阳能固定的能量或生产的有机质的量。净初级生产力（NPP）是从固定的总能量和产生的有机质总量中减去植物呼吸所消耗的量，直接反映了植被群落在自然环境条件下的生产能力，表征陆地生态系统的质量状况。

NPP 可利用统计模型（如 Miami 模型）、过程模型（如 BIOME-BGC 模型、BEPS 模型）和光能利用率模型（如 CASA 模型）进行计算。根据区域植被特点和数据基础确定具体方法。

通过 CASA 模型计算净初级生产力的公式如下：

$$\mathrm{NPP}(x,t)=\mathrm{APAR}(x,t)\times\varepsilon(x,t) \tag{3-107}$$

式中：NPP —— 净初级生产力；

APAR —— 植被所吸收的光合有效辐射；

ε —— 光能转化率；

t —— 时间；

x —— 空间位置。

④ 生物完整性指数。生物完整性指数（Index of Biotic Integrity，IBI）已被广泛应用于河流、湖泊、沼泽、海岸滩涂、水库等生态系统健康状况的评价，指示生物类群也由最初的鱼类扩展到底栖动物、着生藻类、维管植物、两栖动物和鸟类等。生物完整性指数评价的工作步骤如下：

a）结合工程影响特点和所在区域水生态系统特征，选择指示物种；

b）根据指示物种种群特征，在指标库中确定指示物种状况参数指标；

c）选择参考点（未开发建设、未受干扰的点或受干扰极小的点）和干扰点（已开发建设、受干扰的点），采集参数指标数据，通过对参数指标值的分布范围分析、判别能力分析（敏感性分析）和相关关系分析，建立评价指标体系；

d）确定每种参数指标值以及生物完整性指数的计算方法，分别计算参考点和干扰点的指数值；

e）建立生物完整性指数的评分标准；

f）评价项目建设前所在区域水生态系统状况，预测分析项目建设后水生态系统变化情况。

⑤ 生态系统功能评价。陆域生态系统服务功能评价方法可参考《全国生态状况调查评估技术》（HJ 1173），根据生态系统类型选择适用指标。

（9）景观生态学评价方法

景观生态学主要研究宏观尺度上景观类型的空间格局和生态过程的相互作用及其动态变化特征。景观格局是指大小和形状不一的景观斑块在空间上的排列，是各种生态过程在不同尺度上综合作用的结果。景观格局变化对生物多样性产生直接而强烈的影响，其主要原因是生境丧失和破碎化。

景观变化的分析方法主要有定性描述法、景观生态图叠置法和景观动态定量化分析法三种。目前较常用的方法是景观动态定量化分析法，主要是对收集的景观数据进行解译或数字化处理，建立景观类型图，通过计算景观格局指数或建立动态模型对景观面积变化和景观类型转化等进行分析，揭示景观的空间配置以及格局动态变化趋势。

景观指数是指能够反映景观格局特征的定量化指标，分为三个级别，代表三种不同的应用尺度，即斑块级别指数、斑块类型级别指数和景观级别指数，可根据需要选取相应的指标，采用 FRAGSTATS 等景观格局分析软件进行计算分析。涉及显著改变土地利用类型的矿山开采、大规模的农林业开发以及大中型水利水电建设项目等可采用该方法对景观格局的现状及变化进行评价，公路、铁路等线性工程造成的生境破碎化等累积生态影响也可采用该方法进行评价。常用的景观指数及其含义见表 3-42。

表 3-42 常用的景观指数及其含义

名称	含义
斑块类型面积（CA）	斑块类型面积是度量其他指标的基础，其值的大小影响以此斑块类型作为生境的物种数量及丰度
斑块所占景观面积比例（PLAND）	某一斑块类型占整个景观面积的百分比，是确定优势景观元素的重要依据，也是决定景观中优势种和数量等生态系统指标的重要因素
最大斑块指数（LPI）	某一斑块类型中最大斑块占整个景观的百分比，用于确定景观中的优势斑块，可间接反映景观变化受人类活动的干扰程度

名称	含义
香农多样性指数（SHDI）	反映景观类型的多样性和异质性，对景观中各斑块类型非均衡分布状况较敏感，值增大表明斑块类型增加或各斑块类型呈均衡趋势分布
蔓延度指数（CONTAG）	高蔓延度值表明景观中的某种优势斑块类型形成了良好的连接性，反之则表明景观具有多种要素的密集格局，破碎化程度较高
散布与并列指数（IJI）	反映斑块类型的隔离分布情况，值越小表明斑块与相同类型斑块相邻的越多，而与其他类型斑块相邻的越少
聚集度指数（AI）	反映基于栅格数量测度景观或者某种斑块类型的聚集程度

（10）生境评价方法

物种分布模型（Species Distribution Models，SDMs）是基于物种分布信息和对应的环境变量数据对物种潜在分布区进行预测的模型，广泛应用于濒危物种保护、保护区规划、入侵物种控制及气候变化对生物分布区影响预测等领域。目前已发展了多种多样的预测模型，每种模型因其原理、算法不同而各有优势和局限，预测表现也存在差异。其中，基于最大熵理论建立的最大熵模型（Maximum Entropy Model，MaxEnt），可以在分布点相对较少的情况下获得较好的预测结果，是目前使用频率最高的物种分布模型之一。基于 MaxEnt 模型开展生境评价的工作步骤如下：

① 通过近年文献记录、现场调查收集物种分布点数据，并进行数据筛选；将分布点的经纬度数据在 Excel 表格中汇总，统一为十进制度的格式，保存用于 MaxEnt 模型计算。

② 选取环境变量数据以表现栖息生境的生物气候特征、地形特征、植被特征和人为影响程度，在 ArcGIS 软件中将环境变量统一边界和坐标系，并重采样为同一分辨率。

③ 使用 MaxEnt 软件建立物种分布模型，以受试者工作特征曲线下面积（Area Under the Receiving Operator Curve，AUC）评价模型优劣；采用刀切法检验各个环境变量的相对贡献。根据模型标准及图层栅格出现概率重分类，确定生境适宜性分级指数范围。

④ 将结果文件导入 ArcGIS，获得物种适宜生境分布图，叠加建设项目，分析对物种分布的影响。

（11）海洋生物资源影响评价方法

海洋生物资源影响评价技术方法参见 GB/T 19485 的相关要求。

生态现状评价中的方法选用，应根据评价问题的层次特点、结构复杂性、评价目的和要求等因素决定。

四、生态现状评价典型方法示例

1. 列表清单法

列表清单法是 Little 等于 1971 年提出的一种定性分析方法。该方法的特点是简单明了，针对性强，列表清单法适合于规模较小、工程简单的项目。

（1）方法

列表清单法的基本做法是，将拟实施的开发建设活动的影响因素与可能受影响的生态因子分别列在同一张表格的行与列内。逐点进行分析，并逐条阐明影响的性质、强度等。由此分析开发建设活动的生态影响。

（2）应用

① 进行开发建设活动对生态因子的影响分析；

② 进行生态保护措施的筛选；

③ 进行物种或栖息地重要性或优先度比选。

【例】应用列表清单法评价某煤矿项目建设对区域生态造成的影响①

某煤炭矿区位于湖区，规模 30 km^2，湖内动植物资源丰富，国家级保护鸟类 11 种，距矿区 200～300 m 有国家重要湿地保护区，根据矿区生态背景和项目性质，矿区的影响主要来自矿区占地和矿区开采后地表塌陷的危险，在这两种因素的影响下，可能受影响的生物和非生物如表 3-43 所示。

表 3-43　项目影响因素和可能受影响的生物和非生物

影响因素	可能受影响的生物和非生物
矿区用水	陆生植被、湿地
矿区占地	陆生植被、湿地资源、鸟类栖息生境
地表塌陷	建筑、道路、水生生物群落

根据表 3-43 列出的影响因素及可能受影响的生物和非生物进行分析：

1）矿区用水。

项目所在区域为湖区，水资源丰富，地下水位高，矿区主要用水为煤炭洗选，由于拟建设规模较小，矿区用水不会占用湖区很多水资源，因此湖区的陆生植被生长及湿地水域面积及植被不会受到影响。

2）矿区占地。

① 矿区占地对陆生植被的影响。矿区属于温带阔叶林带，由于人类活动区域自然植

---

① 刘大胜，王忠训. 湖区煤矿建设项目的生态环境影响评价. 煤矿环境保护，1999，13（1）：57-58.

被所剩无几，以人工植被为主导。矿区建设规模占地 30 km^2，主要是农田占用，且区域内无稀有濒危物种，因此矿区占地不会对陆生植被造成很大影响。

② 矿区占地对湿地植被的影响。根据调查，矿区与最近的湖堤距离为 200～300 m，矿区占用部分鱼塘，鱼塘周围均为矮生芦苇，且不属于区域主要保护的湿地类型，因此矿区占地对湿地植被的影响不大。

③ 矿区占地对鸟类栖息地的影响。矿区所在湖区鸟类资源丰富，但矿区植被占用主要是农田植被，并且农田作业对鸟类的干扰较大，因此矿区基本无鸟巢和鸟类分布，因此对鸟类栖息地影响不大。

3）地表塌陷。

矿井采煤一般会带来诸如下沉、倾斜移动曲率及水平变形等地表形态变化，并造成地表塌陷现象，根据项目所在地理位置和项目性质，预测矿区塌陷会对以下两个方面造成影响。

① 地表塌陷对建筑、道路的影响。矿区所在湖区的湖泊类型为河迹洼地型湖泊，年淤积厚度 4 mm，矿井预测塌陷区绝大部分位于湖中部的某区域，塌陷深度一般在 1～2 m，因此矿井塌陷将会给区域内的建筑物、道路等带来一定影响。

② 地表塌陷对水生生物群落的影响。项目所在湖区为淡水湖，水深 1.5 m，浮游植物混生，群落分层现象不明显，因此湖区塌陷有利于水生生物分层，但是塌陷较深时会导致湖区面积缩小，影响水生生物的生境，此外，湖区突然崩塌会造成湖内鱼类资源的减少。

根据上述分析得出矿区建设对湖区生态的主要影响是矿区塌陷后对区域内建筑、道路的影响以及矿区塌陷严重时对湖区面积和水生生物的影响。因此矿区建设后要以预防塌陷为主。

2. 图形叠加法

图形叠加法是把两个以上的生态信息叠合到一张图上，构成复合图，用以表示生态变化的方向和程度。本方法的特点是直观、形象，简单明了，图形叠加法一般适合于具有区域性质的大型项目，如大型水利工程、交通建设等。

（1）指标法

① 确定评价区域范围；

② 进行生态调查，收集评价工作范围与周边地区自然环境、动植物等的信息，同时收集社会经济和环境污染及环境质量信息；

③ 进行影响识别并筛选拟评价因子，其中包括识别和分析主要生态问题；

④ 研究拟评价生态系统或生态因子的地域分异特点与规律，对拟评价的生态系统、生态因子或生态问题建立表征其特性的指标体系，并通过定性分析或定量方法对指标赋值或分级，再依据指标值进行区域划分；

⑤ 将上述区划信息绘制在生态图上。

【例】某铁路沿线土壤侵蚀以风蚀为主，因此选取风力、坡度坡向、土壤类型、植被类型几个因素对土壤侵蚀敏感性进行评价。其中，风力选取年平均大风（>8 级）日数指标反映，坡度坡向使用该地区 DEM 数据生成，植被与土壤资料来自遥感解译的植被、土壤类型图。利用专家经验对这四个指标进行权重赋值（风力：10；坡度坡向：4；土壤类型：7；植被类型：7）及各指标赋值。借助 GIS 按公式将各图层叠加、计算，得到土壤侵蚀敏感性等级分布图。

（2）"3S" 叠图法

① 选用地形图，或正式出版的地理地图，或经过精校正的遥感影像作为工作底图，底图范围应略大于评价工作范围；

② 在底图上描绘主要生态因子信息，如植被覆盖、动物分布、河流水系、土地利用和特别保护目标等；

③ 进行影响识别与筛选评价因子；

④ 运用"3S"技术，分析评价因子的不同影响性质、类型和程度；

⑤ 将影响因子图和底图叠加，得到生态影响评价图。

【例】"3S"技术在某铁路项目的应用①

根据有关的遥感影像数据，选择 1∶100 000 的地形图为底图，在遥感影像上选择若干明显的点，利用 GPS 接收机测出其坐标，在遥感图像处理软件 ERDAS IMAGINE 下，将影像和地形图做几何精纠正，根据影像地物纹理等特征，结合野外考察和相关资料，分别建立地貌、土壤、植被类型的解译标志，采用人机交互判读分析方法，解译出区域地貌、土壤、植被类型图，将这些生态信息描绘在底图上。在区域生态现状调查的基础上进行影响识别筛选评价因子，根据此项目的特点筛选出此项目评价因子为植被及土壤因子。

根据项目背景，铁路沿线地区有植被类型 11 种，以灌木荒漠和半灌木荒漠为主，农业植被、盐生半灌木荒漠和裸地荒漠所占的面积也较大；铁路沿线土壤有 6 类 10 种，以石膏灰棕漠土、典型盐土、灌淤土和龟裂状灰棕漠土为主。根据植被覆盖状况、土壤的理化性状等，不同类型的土壤、植被稳定性分值由专家赋给（分值为 1～10，越稳定分值越高），稳定性分值不详述。

接着在 GIS 支持下，利用评价公式（由评价模型得出）将植被稳定性图和土壤稳定性图进行空间叠加分析和计算，并将稳定性分值分级，得到铁路沿线地区生态系统稳定性评价图，随后进行分析评价。

① 杨春艳，缪启龙，沈渭寿，等. 3S 技术在敦煌铁路生态影响评价中的应用. 干旱区资源与环境，2008，22（5）：74-79.

五、生态保护目标

生态保护目标是指受影响的重要物种、生态敏感区以及其他需要保护的物种、种群、生物群落及生态空间等。

1. 重要物种

在生态影响评价中需要重点关注、具有较高保护价值或保护要求的物种，包括国家及地方重点保护野生动植物名录所列的物种，《中国生物多样性红色名录》中列为极危（Critically Endangered，简称“CR”）、濒危（Endangered，简称“EN”）和易危（Vulnerable，简称“VU”）的物种，国家和地方政府列入拯救保护的极小种群物种，特有种以及古树名木等。

2. 生态敏感区

生态敏感区包括法定生态保护区域、重要生境以及其他具有重要生态功能、对保护生物多样性具有重要意义的区域。其中，法定生态保护区域包括：依据法律法规、政策等规范性文件划定或确认的国家公园、自然保护区、自然公园等自然保护地、世界自然遗产、生态保护红线等区域；重要生境包括：重要物种的天然集中分布区、栖息地，重要水生生物的产卵场、索饵场、越冬场和洄游通道，迁徙鸟类的重要繁殖地、停歇地、越冬地以及野生动物迁徙通道等。

第四章　环境影响识别与评价因子筛选

第一节　环境影响识别的一般要求

一、环境影响的概念

对于建设项目环境影响评价而言，环境影响就是指拟建项目与环境之间的相互作用，即

［拟建项目］+［环境］→｛变化的环境｝

根据拟建项目特征和拟选厂址（或线路）周围的环境状况预测环境变化是环境影响评价的基本任务。

将拟建项目分解成各层“活动”，将环境分解成各个要素，则拟建项目和环境的相互影响关系为

$$[\text{拟建项目}] = (\text{活动})_1,\ (\text{活动})_2,\ \cdots,\ (\text{活动})_m$$

$$[\text{环境}] = (\text{要素})_1,\ (\text{要素})_2,\ \cdots,\ (\text{要素})_n$$

$$(\text{活动})_i\ (\text{要素})_j \rightarrow (\text{影响})_{j,i}$$

$(\text{影响})_{j,i}$即表示第 i 项“活动”对 j 项要素的影响。

对于预测到的不利的环境影响，通常需要采取一系列措施（包括防止、减轻、消除或补偿）来减缓不利的环境影响。在采取了减缓措施后，环境影响表述为

$$(\text{活动})_i\ (\text{要素})_j \rightarrow (\text{影响})_{j,i} \rightarrow (\text{预测和评价}) \rightarrow \text{减缓措施} \rightarrow (\text{剩余影响})_{j,i}$$

二、环境影响识别的基本内容

环境影响识别是指通过系统地检查拟建项目的各项“活动”与各环境要素之间的关系，识别可能的环境影响，包括环境影响因子、影响对象（环境因子）、环境影响程度和环境影响的方式。

根据拟建项目的“活动”对环境要素不同的作用属性，环境影响可以划分为有利影响、不利影响，直接影响、间接影响，短期影响、长期影响，可逆影响、不可逆影响等。

环境影响的程度和显著性与拟建项目的“活动”特征、强度以及相关环境要素的承载能力有关。

环境影响识别的任务就是区分、筛选出显著的、可能影响项目决策和管理的，需要进一步评价的主要环境影响（或问题）。

在环境影响识别中，可划分为地形、地貌、地质、水文、气候、地表水质、空气质量、土壤、森林、草场、陆生生物、水生生物等生态环境要素。各环境要素可由表征该要素特性的各相关环境因子具体描述，构成一个有结构、分层次的环境因子序列。

构造的环境因子序列应能描述评价对象的主要环境影响、表达环境质量状态，并便于度量和监测。

在环境影响识别中，可以使用一些定性的，具有“程度”判断的词语来表征环境影响的程度，如“重大”影响、“轻度”影响、“微小”影响等。这种表达没有统一的标准，通常与评价人员的环境价值取向和当地环境状况有关。但是这种表述对给“影响”排序、制定其相对重要性或显著性是非常有用的。

在环境影响程度的识别中，通常按3个等级或5个等级来定性地划分影响程度。

例如，按5级划分不利环境影响：

① 极端不利。外界压力引起某个环境因子无法替代、恢复与重建的损失，此种损失是永久的、不可逆的。例如，使某濒危的生物种群或有限的不可再生资源遭受灭绝威胁，对人群健康有致命的危害以及对历史古迹造成不可弥补的损失等。

② 非常不利。外界压力引起某个环境因子严重而长期的损害或损失，其代替、恢复和重建非常困难且成本昂贵，并需很长的时间。如造成稀少的生物种群濒危或有限的、不易得到的可再生资源严重损失，对当地居民健康造成严重危害或者造成相当多的人群经济贫困。

③ 中度不利。外界压力引起某个环境因子的损害或破坏，其替代或恢复是可能的，但相当困难且可能要付出较高的代价，并需比较长的时间。对正在减少或有限供应的资源造成相当损失，导致当地优势生物种群的生存条件产生重大变化或严重减少。

④ 轻度不利。外界压力引起某个环境因子的轻微损失或暂时性破坏，其再生、恢复与重建可以实现，但需要一定的时间。

⑤ 微弱不利。外界压力引起某个环境因子暂时性破坏或受干扰，此级敏感度中的各项是人类能够生产生活和健康不受影响，环境的破坏或干扰能较快地自动恢复或再生，或者其替代与重建比较容易实现。

不同类型的建设项目对环境产生影响的方式是不同的，对于以工业污染物排放影响为主的工业类项目，有明确的有害气体和污染物发生，利用其产生的影响可追踪识别其影响方式；对于以生态影响为主的“非污染类项目”，可能没有明确的有害气体和污染物发生，需要仔细分析建设“活动”与各环境要素、环境因子之间的关系来识别影响过程。

拟建项目的“活动”，一般按四个阶段划分，即建设前期（勘探、选址选线、可研与方案设计）、建设期、运行期和服务期满后，需要识别不同阶段各“活动”可能带来的影响。

三、环境影响识别的一般技术考虑

在建设项目的环境影响识别中，技术上一般应考虑以下问题：

（1）项目的特性（如项目类型、规模等）。

（2）项目涉及的当地环境特性及环境保护要求（如自然环境情况、环境保护功能区划、环境保护规划等）。

（3）识别主要的环境敏感区和环境敏感目标。

（4）从不同的生态环境要素识别环境影响。

（5）突出对重要的或敏感的环境要素的识别。

应识别出可能导致的主要环境影响（影响对象）、主要环境影响因子（项目中造成主要环境影响者），说明环境影响属性（性质），判断影响程度、影响范围和可能的时间跨度。

第二节　环境影响识别方法

一、清单法

清单法又称为核查表法。

早在 1971 年就有专家提出了将可能受开发方案影响的环境因子和可能产生的影响性质，通过核查，在一张表上一一列出的识别方法，也称“列表清单法”或“一览表法”。该法虽是较早发展起来的方法，但现在还在普遍使用，并有多种形式。

（1）简单型清单。仅是一个可能受影响的环境因子表，不做其他说明，可做定性的环境影响识别分析，但不能作为决策依据。

（2）描述型清单。较简单型清单增加了环境因子如何度量的准则。

（3）分级型清单。在描述型清单基础上又增加了对环境影响程度的分级。

环境影响识别常用的是描述型清单。

目前有两种类型的描述型清单。比较常用的是环境资源分类清单，即对受影响的环境因素（环境资源）先作简单的划分，以突出有价值的环境因子。通过环境影响识别，将具有显著性影响的环境因子作为后续评价的主要内容。该类清单已按工业类、能源类、水利工程类、交通类、农业工程、森林资源、市政工程等项目分类编制了主要环境影响识别表，在世界银行《环境评价资源手册》等文件中均可查阅获取。这些编制成册的环境影响识别表可供具体建设项目环境影响识别时参考。

另一类描述型清单是传统的问卷式清单。在清单中仔细地列出有关“项目—环境影响”要询问的问题，针对项目的各项“活动”和环境影响进行询问。答案可以是“有”或“没有”。如果回答为“有”，则需在表中的注解栏说明影响的程度、发生影响的条件以及环境影响的方式，而不是简单地回答某项活动将产生某种影响。

二、矩阵法

矩阵法由清单法发展而来，不仅具有影响识别功能，还具有影响综合分析评价功能。它将清单中所列内容系统整理并加以排列。把拟建项目的各项“活动”和受影响的环境要素组成一个矩阵，在拟建项目的各项“活动”和环境影响之间建立起直接的因果关系，以定性或半定量的方式说明拟建项目的环境影响。

该类方法主要有相关矩阵法和迭代矩阵法两种。

在环境影响识别中，一般采用相关矩阵法。即通过系统地列出拟建项目各阶段的各项“活动”，以及可能受拟建项目各项“活动”影响的环境要素，构造矩阵，确定各项“活动”和环境要素及环境因子的相互作用关系。

如果认为某项“活动”可能对某一环境要素产生影响，则在矩阵相应交叉的格点将环境影响标注出来。

可以将各项“活动”对环境要素的影响程度，划分为若干个等级，如三个等级或五个等级。

为了反映各个环境要素在环境中重要性的不同，通常还采用加权的方法，对不同的环境要素赋以不同的权重。

可以通过各种符号来表示环境影响的各种属性。

三、其他识别方法

具有环境影响识别功能的方法还有叠图法（包括手工叠图法和 GIS 支持下的叠图法）和影响网络法。

叠图法在环境影响评价中的应用包括通过应用一系列的环境、资源图件叠置来识别、预测环境影响，标示各种环境要素、不同区域的相对重要性以及表征对不同区域和不同环境要素的影响。

叠图法用于涉及地理空间较大的建设项目，如“线型”影响项目（公路、铁道、管道等）和区域开发项目。

网络法是采用因果关系分析网络来解释和描述拟建项目的各项“活动”和环境要素之间的关系。除了具有相关矩阵法的功能外，还可识别间接影响和累积影响。

第三节　环境影响评价因子的筛选方法

一、大气环境影响评价因子的筛选方法

按 HJ 2.1 或 HJ 130 的要求识别大气环境影响因素，并筛选出大气环境影响评价因子。大气环境影响评价因子主要为项目排放的基本污染物及其他污染物。

当建设项目排放的 SO_2 和 NO_x 年排放量大于或等于 500 t/a 时，评价因子应增加二次污染物 $PM_{2.5}$，见表 4-1。

当规划项目的 SO_2、NO_x 及 VOCs 年排放量达到表 4-1 规定的量时，评价因子应相应增加二次污染物 $PM_{2.5}$ 和 O_3。

表 4-1　二次污染物评价因子筛选

类别	污染物排放量/（t/a）	二次污染物评价因子
建设项目	$SO_2+NO_x \geqslant 500$	$PM_{2.5}$
规划项目	$SO_2+NO_x \geqslant 500$	$PM_{2.5}$
	NO_x+VOCs≥2 000	O_3

二、水环境影响评价因子的筛选方法

（1）地表水环境影响因素识别应按照 HJ 2.1 的要求，分析建设项目建设阶段、生产运行阶段和服务期满后（可根据项目情况选择，下同）各阶段对地表水环境质量、水文要素的影响行为。

（2）水污染影响型建设项目评价因子的筛选应符合以下要求：

① 按照污染源源强核算技术指南，开展建设项目污染源与水污染因子识别，结合建设项目所在水环境控制单元或区域水环境质量现状，筛选出水环境现状调查评价与影响预测评价的因子；

② 行业污染物排放标准中涉及的水污染物应作为评价因子；

③ 在车间或车间处理设施排放口排放的第一类污染物应作为评价因子；

④ 水温应作为评价因子；

⑤ 面源污染所含的主要污染物应作为评价因子；

⑥ 建设项目排放的，且为建设项目所在控制单元的水质超标因子或潜在污染因子（指近三年来水质浓度值呈上升趋势的水质因子），应作为评价因子。

（3）水文要素影响型建设项目评价因子，应根据建设项目对地表水体水文要素影响的特征确定。河流、湖泊及水库主要评价水面面积、水量、水温、径流过程、水位、水深、流速、水面宽、冲淤变化等因子，湖泊和水库需要重点关注湖底水域面积或蓄水量及水力停留时间等因子。感潮河段、入海河口及近岸海域主要评价流量、流向、潮区界、潮流界、纳潮量、水位、流速、水面宽、水深、冲淤变化等因子。

（4）建设项目可能导致受纳水体富营养化的，评价因子还应包括与富营养化有关的因子（如总磷、总氮、叶绿素 a、高锰酸盐指数和透明度等。其中，叶绿素 a 为必须评价的因子）。

三、生态影响评价因子的筛选方法

在工程分析基础上筛选评价因子，生态影响评价因子筛选见表 4-2。

表 4-2　生态影响评价因子筛选

受影响对象	评价因子	工程内容及影响方式	影响性质	影响程度
物种	分布范围、种群数量、种群结构、行为等			
生境	生境面积、质量、连通性等			
生物群落	物种组成、群落结构等			
生态系统	植被覆盖度、生产力、生物量、生态系统功能等			
生物多样性	物种丰富度、均匀度、优势度等			
生态敏感区	主要保护对象、生态功能等			
自然景观	景观多样性、完整性等			
自然遗迹	遗迹多样性、完整性等			
……	……			

（1）应按施工期、运行期以及服务期满后（可根据项目情况选择）等不同阶段进行工程分析和评价因子筛选。

（2）影响性质主要包括长期与短期、可逆与不可逆生态影响。

（3）影响方式可从直接、间接、累积生态影响的角度进行识别。

① 直接生态影响：临时、永久占地导致生境直接破坏或丧失；工程施工、运行导致个体直接死亡；物种迁徙（或洄游）、扩散、种群交流受到阻隔；施工活动以及运行期噪声、振动、灯光等对野生动物行为产生干扰；工程建设改变河流、湖泊等水体天然状态等；

② 间接生态影响：水文情势变化导致生境条件、水生生态系统发生变化；地下水水位、土壤理化特性变化导致动植物群落发生变化；生境面积和质量下降导致个体死亡、种群数量下降或种群生存能力降低；资源减少及分布变化导致种群结构或种群动态发生变化；因阻隔影响造成种群间基因交流减少，导致小种群灭绝风险增加；滞后效应（例如，由于关键种的消失使捕食者和被捕食者的关系发生变化）等；

③ 累积生态影响：整个区域生境的逐渐丧失和破碎化；在景观尺度上生境的多样性减少；不可逆转的生物多样性下降；生态系统持续退化等。

（4）影响程度可分为强、中、弱、无四个等级，可依据以下原则进行初步判断。

① 强：生境受到严重破坏，水系开放连通性受到显著影响；野生动植物难以栖息

繁衍（或生长繁殖），物种种类明显减少，种群数量显著下降，种群结构明显改变；生物多样性显著下降，生态系统结构和功能受到严重损害，生态系统稳定性难以维持；自然景观、自然遗迹受到永久性破坏；生态修复的难度较大。

② 中：生境受到一定程度破坏，水系开放连通性受到一定程度影响；野生动植物栖息繁衍（或生长繁殖）受到一定程度干扰，物种种类减少，种群数量下降，种群结构改变；生物多样性有所下降，生态系统结构和功能受到一定程度破坏，生态系统稳定性受到一定程度干扰；自然景观、自然遗迹受到暂时性影响；通过采取一定措施上述不利影响可以得到减缓和控制，生态修复难度一般。

③ 弱：生境受到暂时性破坏，水系开放连通性变化不大；野生动植物栖息繁衍（或生长繁殖）受到暂时性干扰，物种种类、种群数量、种群结构变化不大；生物多样性、生态系统结构、功能以及生态系统稳定性基本维持现状；自然景观、自然遗迹基本未受到破坏；在干扰消失后可以生态修复或自然恢复。

④ 无：生境未受到破坏，水系开放连通性未受到影响；野生动植物栖息繁衍（或生长繁殖）未受到影响；生物多样性、生态系统结构、功能以及生态系统稳定性维持现状；自然景观、自然遗迹未受到破坏。

第五章 大气环境影响预测与评价

第一节 大气环境影响预测方法

在环评中通常是采用大气环境影响预测方法判断拟建项目或规划项目完成后对评价区域大气环境的影响程度和范围，并由此得到建设项目或规划项目的选址、建设规模是否合理，环保措施、建设项目或规划项目是否可行等结论。常用的大气环境影响预测方法是通过建立数学模型来模拟各种气象条件、地形条件下的污染物在大气中的输送、扩散、转化和清除等过程的物理、化学机制。

大气环境影响预测的前提是必须掌握评价区域内的污染源源强、排放方式和布局等有关污染排放的参数，同时还须掌握评价区域内的大气传输规律与迁移扩散规律等。大气环境影响预测的步骤一般为：① 确定预测因子。② 确定预测范围。③ 确定污染源计算清单。④ 选择预测模式。⑤ 确定气象条件。⑥ 确定地形数据。⑦ 确定地表参数。⑧ 确定模型计算设置。⑨ 确定预测内容与评价要求。⑩ 进行大气环境影响预测分析与评价。

一、预测因子

预测因子应根据评价因子而定，选取有环境质量标准的评价因子作为预测因子。预测因子应结合工程分析的污染源分析，区别正常排放、非正常排放下的污染因子。尤其在非正常排放情况下，应充分考虑项目的其他污染物对环境的影响。此外，对于评价区域污染物浓度已经超标的物质，如果拟建项目也排放此类污染物，即使排放量较小，也应该在预测因子中考虑此类污染物。

二、预测范围

预测范围应覆盖评价范围，并覆盖各污染物短期浓度贡献值占标率在 10%以上的区域。对于经判定需预测二次污染物的项目，预测范围应覆盖 $PM_{2.5}$ 年平均质量浓度贡献值占标率大于 1%的区域。对于评价范围内包含环境空气功能区一类区的，预测范围应覆盖项目对一类区的最大环境影响。预测范围一般以项目厂址为中心，东西向为 X 坐标轴、南北向为 Y 坐标轴。

三、污染源计算清单

大气污染源排放形式可分为点源（含火炬源）、面源、线源、体源、网格源等；污染源按照排放时间可分为连续源、间断源、偶发源等；污染源按照排放的运动形式可分为固定源和移动源，其中移动源包括道路移动源和非道路移动源，其中，道路移动源可按线源或面源形式，非道路移动源可按面源形式。此外，还有一些特殊排放形式污染源（如烟塔合一源和机场源）。

光化学网格模型所需网格化污染源清单包括人为源和天然源两种形式。其中人为源可按点源（含火炬源）、面源和线源形式。点源、面源和线源需要根据光化学网格模型所选用的化学机理和时空分辨率进行前处理，包括污染物的物种分配和空间分配、点源的抬升计算、所有污染物的时间分配以及数据格式转换等。模型网格上按照化学机理分配好的物种还需要进行月变化、日变化和小时变化的时间分配。光化学网格模型需要的天然源排放数据由天然源估算模型按照光化学网格模型所选用的化学机理模拟提供。天然源估算模型可以根据植被分布资料和气象条件，计算不同模型模拟网格的天然源排放。

四、预测模式

（1）推荐模型清单

《环境影响评价技术导则　大气环境》(HJ 2.2)推荐的模型包括估算模型 AERSCREEN，进一步预测模型 AERMOD、ADMS、AUSTAL2000、EDMS/AEDT、CALPUFF 以及 CMAQ 等光化学网格模型。一级评价项目应结合项目环境影响预测范围、预测因子及推荐模型的适用范围等选择进一步预测空气质量模型。导则推荐模型的适用情况见表 5-1。

表 5-1　推荐模型适用情况

<table>
<tr><th>模型名称</th><th>适用性</th><th>适用污染源</th><th>适用排放形式</th><th>推荐预测范围</th><th>适用污染物</th><th>输出结果</th><th>其他特性</th></tr>
<tr><td>AERSCREEN</td><td>用于评价等级及评价范围判定</td><td>点源（含火炬源）、面源（矩形或圆形）、体源</td><td>连续源</td><td rowspan="2">局地尺度（≤50 km）</td><td rowspan="2">一次污染物、二次 $PM_{2.5}$（系数法）</td><td>短期浓度最大值及对应距离</td><td>可以模拟熏烟和建筑物下洗</td></tr>
<tr><td>AERMOD</td><td>用于进一步预测</td><td>点源（含火炬源）、面源、线源、体源</td><td>连续源、间断源</td><td>短期和长期平均质量浓度及分布</td><td>可以模拟建筑物下洗、干湿沉降</td></tr>
</table>

<table>
<tr><th>模型名称</th><th>适用性</th><th>适用污染源</th><th>适用排放形式</th><th>推荐预测范围</th><th>适用污染物</th><th>输出结果</th><th>其他特性</th></tr>
<tr><td>ADMS</td><td rowspan="5">用于进一步预测</td><td>点源、面源、线源、体源、网格源</td><td rowspan="4">连续源、间断源</td><td rowspan="3">局地尺度（≤50 km）</td><td rowspan="3">一次污染物、二次 $PM_{2.5}$（系数法）</td><td rowspan="5">短期和长期平均质量浓度及分布</td><td>可以模拟建筑物下洗、干湿沉降，包含街道窄谷模型</td></tr>
<tr><td>AUSTAL2000</td><td>烟塔合一源</td><td>可以模拟建筑物下洗</td></tr>
<tr><td>EDMS/AEDT</td><td>机场源</td><td>可以模拟建筑物下洗、干湿沉降</td></tr>
<tr><td>CALPUFF</td><td>点源、面源、线源、体源</td><td>城市尺度（50 km 到几百千米）</td><td>一次污染物和二次 $PM_{2.5}$</td><td>可以用于特殊风场，包括长期静、小风和岸边熏烟</td></tr>
<tr><td>光化学网格模型（CMAQ 或类似模型）</td><td>网格源</td><td>连续源、间断源</td><td>区域尺度（几百千米以上）</td><td>一次污染物和二次 $PM_{2.5}$、O_3</td><td>网格化模型，可以模拟复杂化学反应及气象条件对污染物浓度的影响等</td></tr>
</table>

注：（1）生态环境部模型管理部门推荐的其他模型，按相应推荐模型适用情况进行选择。

（2）对光化学网格模型（CMAQ 或类似模型），在应用前应根据应用案例提供必要的验证结果。

（2）模型适用性

① 模型选取需考虑模拟范围。模型按模拟尺度可分为三类，即局地尺度（50 km 以下）、城市尺度（50 km 到几百千米）、区域尺度（几百千米以上）模型。在模拟局地尺度环境空气质量影响时，一般选用 HJ 2.2 推荐的估算模型、AERMOD、ADMS、AUSTAL2000 等模型；在模拟城市尺度环境空气质量影响时，一般选用 HJ 2.2 推荐的 CALPUFF 模型；在模拟区域尺度空气质量影响，或需考虑对二次 $PM_{2.5}$ 及 O_3 有显著影响的排放源时，一般选用 HJ 2.2 推荐的包含有复杂物理、化学过程的区域光化学网格模型。

② 模型选取需考虑所模拟污染源的排放形式。AERMOD、ADMS 及 CALPUFF 等模型可直接模拟点源、面源、线源、体源，AUSTAL2000 可模拟烟塔合一源，EDMS/AEDT 可模拟机场源，对于光化学网格模型，还需要使用网格化污染源清单作为污染源输入。

③ 模型选取需考虑评价项目和所模拟污染物的性质。污染物从性质上可分为颗粒态污染物和气态污染物，也可分为一次污染物和二次污染物。当模拟 SO_2、NO_2 等一次污染物时，可依据预测范围选用适合尺度的模型。当模拟二次 $PM_{2.5}$ 时，可采用系数法进行估算，或选用包括物理过程和化学反应机理模块的城市尺度模型。对于规划项目需模

拟二次 $PM_{2.5}$ 和 O_3 时，也可选用区域光化学网格模型。

④ 特殊气象条件。岸边熏烟。当在近岸内陆上建设高烟囱时，需要考虑岸边熏烟问题。由于水陆地表的辐射差异，水陆交界地带的大气由地面不稳定层结过渡到稳定层结，当聚集在大气稳定层内污染物遇到不稳定层结时将发生熏烟现象，在某固定区域将形成地面的高浓度。在缺少边界层气象数据或边界层气象数据的精确度和详细程度不能反映真实情况时，可选用 HJ 2.2 推荐的估算模型获得近似的模拟浓度，或者选用 CALPUFF 模型。

长期静、小风。长期静、小风的气象条件是指静风和小风持续时间达几个小时到几天，在这种气象条件下，空气污染扩散（尤其是来自低矮排放源），可能会形成相对高的地面浓度。CALPUFF 模型对静风湍流速度做了处理，当模拟城市尺度以内的长期静、小风时的环境空气质量时，可选用 HJ 2.2 推荐的 CALPUFF 模型。

五、气象条件

（1）估算模型 AERSCREEN

模型所需最高和最低环境温度，一般需选取评价区域近 20 年以上资料统计结果。最小风速可取 0.5 m/s，风速计高度取 10 m。

（2）AERMOD 和 ADMS

地面气象数据选择距离项目最近或气象特征基本一致的气象站的逐时地面气象数据，要素至少包括风速、风向、总云量和干球温度。根据预测精度要求及预测因子特征，可选择观测资料包括湿球温度、露点温度、相对湿度、降水量、降水类型、海平面气压、地面气压、云底高度、水平能见度等。其中对观测站点缺失的气象要素，可采用经验证的模拟数据或采用观测数据进行插值得到。

高空气象数据选择模型所需观测或模拟的气象数据，要素至少包括一天早晚两次不同等压面上的气压、离地高度和干球温度等，其中离地高度 3 000 m 内的有效数据层数应不少于 10 层。

（3）AUSTAL2000

地面气象数据选择距离项目最近或气象特征基本一致的气象站的逐时地面气象数据，要素至少包括风向、风速、干球温度、相对湿度，以及采用测量或模拟气象资料计算得到的稳定度。

（4）CALPUFF

地面气象资料应尽量获取预测范围内所有地面气象站的逐时地面气象数据，要素至少包括风速、风向、干球温度、地面气压、相对湿度、云量、云底高度。若预测范围内地面观测站少于 3 个，可采用预测范围外的地面观测站进行补充，或采用中尺度气象模拟数据。

高空气象资料应获取最少 3 个站点的测量或模拟气象数据，要素至少包括一天早晚两次不同等压面上的气压、离地高度、干球温度、风向及风速，其中离地高度 3 000 m 内的有效数据层数应不少于 10 层。

（5）光化学网格模型

光化学网格模型的气象场数据可由 WRF 或其他区域尺度气象模型提供。气象场应至少涵盖评价基准年 1 月、4 月、7 月、10 月。气象模型的模拟区域范围应略大于光化学网格模型的模拟区域，气象数据网格分辨率、时间分辨率与光化学网格模型的设定相匹配。在气象模型的物理参数化方案选择上应注意和光化学网格模型所选择参数化方案的兼容性。非在线的 WRF 等气象模型计算的气象数据提供给光化学网格模型应用时，需要经过相应的数据前处理，处理的过程包括光化学网格模拟区域截取、垂直差值、变量选择和计算、数据时间处理以及数据格式转换等。

六、地形数据

地形数据除包括预测范围内各网格点高程以外，还应包括各污染源、预测关心点的地面高程。地形数据的精度应结合评价范围及预测网格点的设置进行合理选择，一般要求地形数据原始数据分辨率不得低于 90 m。报告中应对地形数据的来源予以说明。

七、地表参数

估算模型 AERSCREEN 和 ADMS 的地表参数根据模型特点取项目周边 3 km 范围内占地面积最大的土地利用类型来确定。AERMOD 地表参数一般根据项目周边 3 km 范围内的土地利用类型进行合理划分，或采用 AERSURFACE 直接读取可识别的土地利用数据文件。AERMOD 和 AERSCREEN 所需的区域湿度条件划分方式可根据中国干湿地区划分进行选择。CALPUFF 采用模型可以识别的土地利用数据来获取地表参数，土地利用数据的分辨率一般不低于模拟网格分辨率。

八、模型计算设置

（1）计算点和网格点设置

估算模型 AERSCREEN 在距污染源 10 m～25 km 处默认为自动设置计算点，最远计算距离不超过污染源下风向 50 km。采用估算模型 AERSCREEN 计算评价等级时，将有多个污染源的可取污染物等标排放量 P_0 最大的污染源坐标作为各污染源位置。污染物等标排放量 P_0 计算见式（5-1）。

$$P_0 = \frac{Q}{C_0} \times 10^{12} \qquad (5\text{-}1)$$

式中：P_0 —— 污染物等标排放量，m^3/a；

Q —— 污染源排放污染物的年排放量，t/a；

C_0 —— 污染物的环境空气质量浓度标准，$\mu g/m^3$。

AERMOD 和 ADMS 预测网格点的设置应具有足够的分辨率以尽可能精确预测污染源对预测范围的最大影响。网格点间距可以采用等间距或近密远疏法进行设置，距离源中心 5 km 的网格间距不超过 100 m，5～15 km 的网格间距不超过 250 m，大于 15 km 网格间距不超过 500 m。

CALPUFF 模型中需要定义气象网格、预测网格和受体网格（包括离散受体）。其中气象网格范围和预测网格范围应大于受体网格范围，以保证有一定的缓冲区域考虑烟团的迂回和回流等情况。预测网格间距根据预测范围确定，应选择足够的分辨率以尽可能精确预测污染源对预测范围的最大影响。预测范围小于 50 km 的网格间距不超过 500 m，预测范围大于 100 km 的网格间距不超过 1 000 m。

光化学网格模型模拟区域的网格分辨率根据所关注的问题确定，并能精确到可以分辨出新增排放源的影响。模拟区域的大小应考虑边界条件对关心点浓度的影响。为提高计算精度，预测网格间距一般不超过 5 km。

对于临近污染源的高层住宅楼，应适当考虑不同代表高度的预测受体。

（2）城市/农村选项

当项目周边 3 km 半径范围内一半以上面积属于城市建成区或者规划区时，选择城市，否则选择农村。当选择城市时，城市人口数按项目所属城市实际人口或者规划的人口数输入。

（3）岸边熏烟选项

对估算模型 AERSCREEN，当污染源附近 3 km 范围内有大型水体时，需选择岸边熏烟选项。

（4）建筑物下洗

如果烟囱实际高度小于根据周围建筑物高度计算的最佳工程方案（GEP）烟囱高度，且位于 GEP 的 5L 影响区域内时，要考虑建筑物下洗的情况。GEP 烟囱高度计算见式（5-2）。

$$\text{GEP 烟囱高度}=H+1.5L \tag{5-2}$$

式中：H—— 从烟囱基座地面到建筑物顶部的垂直高度，m；

L—— 建筑物高度（BH）或建筑物投影宽度（PBW）的较小者，m。

GEP 的 5L 影响区域：每个建筑物在下风向会产生一个尾迹影响区，下风向影响最大距离为距建筑物 5L 处，迎风向影响最大距离为距建筑物 2L 处，侧风向影响最大距离为距建筑物 0.5L 处，即虚线范围内为建筑物影响区域，见图 5-1。不同风向下的影响区是不同的，所有风向构成的一个完整的影响区域，即虚线范围内，称为 GEP 的 5L 影响区域，即建筑物下洗的最大影响范围，见图 5-2。图中烟囱 1 在建筑物下洗影响范围内，而烟囱 2 则在建筑物下洗影响范围外。

进一步预测考虑建筑物下洗时，需要输入建筑物角点横坐标和纵坐标，以及建筑物高度、宽度与方位角等参数。

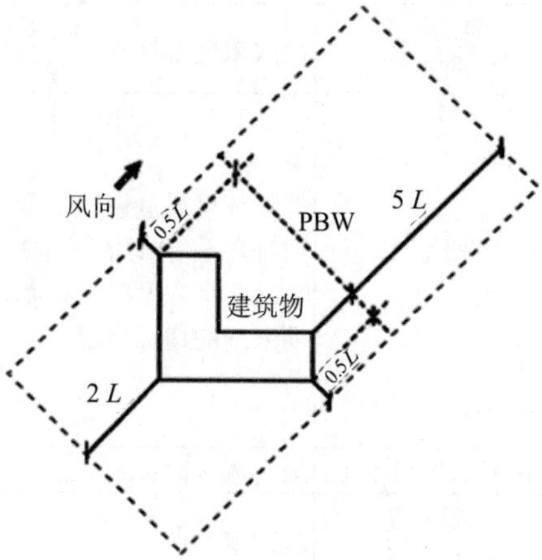

图 5-1　建筑物影响区域

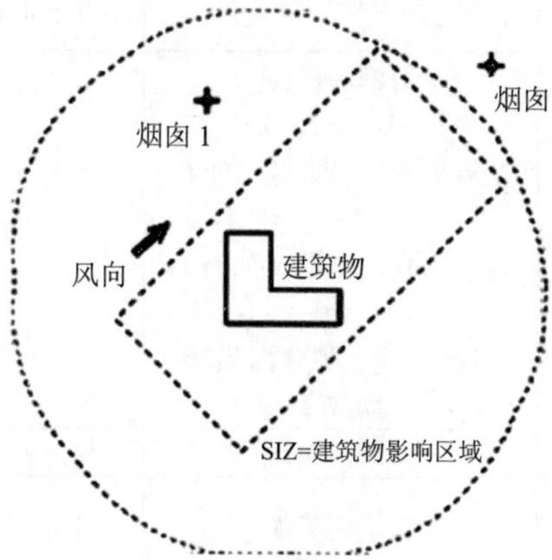

图 5-2　GEP 的 5L 影响区域

九、预测内容与评价要求

设定合理有效的预测方案，有利于全面了解污染源对区域环境的影响。预测方案的设计，关键因素是区分达标区评价项目及非达标区评价项目，合理选择污染源的组合方案。在选择污染源及其排放方案时，应注意结合工程特点，将污染源类别分为新增污染源、削减污染源、“以新带老”污染源以及评价范围内其他拟建、在建污染源等，而新增污染源又分正常排放和非正常排放两种排放形式。在预测结果中，应能明确反映出拟建项目新增污染源在正常排放、非正常排放下对环境的最大影响，并能有效分析叠加环境质量现状浓度后的主要污染物保证率日平均质量浓度和年平均质量浓度的达标情况或环境质量改善情况；比较分析不同污染治理设施、预防措施或排放形式的有效性；反映大气环境防护距离设置情况等。

预测方案根据预测内容设定，一般考虑评价对象、污染源类别、污染源排放形式、预测内容及评价内容五个方面的内容。不同评价对象或排放形式对应的预测内容和评价要求见表 5-2。

表 5-2　预测内容和评价要求

评价对象	污染源	污染源排放形式	预测内容	评价内容
达标区评价项目	新增污染源	正常排放	短期浓度 长期浓度	最大浓度占标率
	新增污染源 — “以新带老”污染源（如有） — 区域削减污染源（如有） + 其他在建、拟建污染源（如有）	正常排放	短期浓度 长期浓度	叠加环境质量现状浓度后的保证率日平均质量浓度和年平均质量浓度的占标率，或短期浓度的达标情况
	新增污染源	非正常排放	1 h 平均质量浓度	最大浓度占标率
不达标区评价项目	新增污染源	正常排放	短期浓度 长期浓度	最大浓度占标率
	新增污染源 — “以新带老”污染源（如有） — 区域削减污染源（如有） + 其他在建、拟建的污染源（如有）	正常排放	短期浓度 长期浓度	叠加达标规划目标浓度后的保证率日平均质量浓度和年平均质量浓度的占标率，或短期浓度的达标情况； 评价年平均质量浓度变化率
	新增污染源	非正常排放	1 h 平均质量浓度	最大浓度占标率
区域规划	不同规划期/ 规划方案污染源	正常排放	短期浓度 长期浓度	保证率日平均质量浓度和年平均质量浓度的占标率，年平均质量浓度变化率
大气环境防护距离	新增污染源 — “以新带老”污染源（如有） + 项目全厂现有污染源	正常排放	短期浓度	大气环境防护距离

十、大气环境影响预测分析与评价

按设计的各项预测内容分别进行模拟计算，并对结果进行分析与评价，主要评价指标包括新增污染源最大浓度占标率；叠加达标区环境质量现状浓度/不达标区达标规划目标浓度后的保证率日平均质量浓度和年平均质量浓度的占标率，或短期浓度的达标情况；不达标区无达标规划时的年平均质量浓度变化率；不同规划区保证率日平均质量浓度和年平均质量浓度的占标率；大气环境防护距离等。各指标计算评价方法如下。

（1）最大浓度占标率

对于达标区和不达标区的评价项目，均需预测项目排放的主要污染物的短期浓度和长期浓度贡献值，评价其最大浓度占标率。最大浓度占标率 P_i 可由式（5-3）计算。

$$P_i = \frac{C_i}{C_{0i}} \times 100\% \tag{5-3}$$

式中：P_i——第 i 种污染物的最大环境空气质量浓度占标率，%；

C_i——预测的第 i 种污染物的短期或长期环境空气质量浓度，$\mu g/m^3$；

C_{0i}——第 i 种污染物的环境空气质量浓度标准，$\mu g/m^3$。

（2）环境影响叠加

达标区环境影响叠加。预测评价项目建成后各污染物对预测范围的环境影响，应用本项目的贡献浓度，叠加（减去）区域削减污染源以及其他在建、拟建项目污染源环境影响，并叠加环境质量现状浓度。计算方法见式（5-4）。

$$C_{叠加(x,y,t)} = C_{本项目(x,y,t)} - C_{区域削减(x,y,t)} + C_{拟在建(x,y,t)} + C_{现状(x,y,t)} \tag{5-4}$$

式中：$C_{叠加(x,y,t)}$——在 t 时刻，预测点（x，y）叠加各污染源及现状浓度后的环境质量浓度，$\mu g/m^3$；

$C_{本项目(x,y,t)}$——在 t 时刻，本项目对预测点（x，y）的贡献浓度，$\mu g/m^3$；

$C_{区域削减(x,y,t)}$——在 t 时刻，区域削减污染源对预测点（x，y）的贡献浓度，$\mu g/m^3$；

$C_{现状(x,y,t)}$——在 t 时刻，预测点（x，y）的环境质量现状浓度，$\mu g/m^3$，各预测点环境质量现状浓度按环境空气质量现状调查方法计算；

$C_{拟在建(x,y,t)}$——在 t 时刻，其他在建、拟建项目污染源对预测点（x，y）的贡献浓度，$\mu g/m^3$。

其中本项目预测的贡献浓度除新增污染源环境影响外，还应减去“以新带老”污染源的环境影响，计算方法见式（5-5）。

$$C_{本项目(x,y,t)} = C_{新增(x,y,t)} - C_{以新带老(x,y,t)} \tag{5-5}$$

式中：$C_{新增(x,y,t)}$——在 t 时刻，本项目新增污染源对预测点（x，y）的贡献浓度，$\mu g/m^3$；

$C_{以新带老(x,y,t)}$——在 t 时刻，“以新带老”污染源对预测点（x，y）的贡献浓度，$\mu g/m^3$。

不达标区环境影响叠加。对于不达标区的环境影响评价，应在各预测点上叠加达标规划中达标年的目标浓度，分析达标规划年的保证率日平均质量浓度和年平均质量浓度的达标情况。叠加方法可以用达标规划方案中的污染源清单参与影响预测，也可直接用达标规划模拟的浓度场进行叠加计算。计算方法见式（5-6）。

$$C_{叠加(x,y,t)} = C_{本项目(x,y,t)} - C_{区域削减(x,y,t)} + C_{拟在建(x,y,t)} + C_{规划(x,y,t)} \quad (5\text{-}6)$$

式中：$C_{规划(x,y,t)}$—— 在 t 时刻，预测点（x，y）的达标规划年目标浓度，$\mu g/m^3$。

（3）保证率日平均质量浓度

对于保证率日平均质量浓度，首先按环境影响叠加方法计算叠加后预测点的日平均质量浓度，然后对该预测点所有日平均质量浓度从小到大进行排序，根据各污染物日平均质量浓度的保证率（p），计算排在 p 百分位数的第 m 个序数，序数 m 对应的日平均质量浓度即为保证率日平均浓度 C_m。其中序数 m 计算方法见式（5-7）。

$$m = 1 + (n-1) \times p \quad (5\text{-}7)$$

式中：p—— 该污染物日平均质量浓度的保证率，按 HJ 663 规定的对应污染物年评价中 24 h 平均百分位数取值，%；

n—— 1 个日历年内单个预测点上的日平均质量浓度的所有数据个数，个；

m—— 百分位数 p 对应的序数（第 m 个），向上取整数。

（4）区域环境质量变化评价

当无法获得非达标区规划达标年的区域污染源清单或预测浓度场时，也可评价区域环境质量的整体变化情况。按式（5-8）计算实施区域削减方案后预测范围的年平均质量浓度变化率 k。当 $k \leqslant -20\%$时，可判定项目建设后区域环境质量得到整体改善。

$$k = \left[\bar{C}_{本项目(a)} - \bar{C}_{区域削减(a)}\right] / \bar{C}_{区域削减(a)} \times 100\% \quad (5\text{-}8)$$

式中：k—— 预测范围年平均质量浓度变化率，%；

$\bar{C}_{本项目(a)}$—— 本项目对所有网格点的年平均质量浓度贡献值的算术平均值，$\mu g/m^3$；

$\bar{C}_{区域削减(a)}$—— 区域削减污染源对所有网格点的年平均质量浓度贡献值的算术平均值，$\mu g/m^3$。

（5）大气环境防护距离确定

采用进一步预测模型模拟评价基准年内，本项目所有污染源（改建、扩建项目应包括全厂现有污染源）对厂界外主要污染物的短期贡献浓度分布。厂界外预测网格分辨率不应超过 50 m。在底图上标注从厂界起所有超过环境质量短期浓度标准值的网格区域，以自厂界起至超标区域的最远垂直距离作为大气环境防护距离。大气环境防护距离内不应有长期居住的人群。

十一、评价结论与建议

在环境影响报告中预测部分的最后，应结合不同预测方案的预测结果，从新增污染源正常排放下污染物短期浓度贡献值的最大值占标率、年均浓度贡献值的最大浓度占标率、项目环境影响符合环境功能区划或满足区域环境质量改善目标等方面综合进行评价，并明确给出大气环境影响可以接受的结论。

第二节　大气环境影响预测推荐模式说明

HJ 2.2 推荐的模型包括估算模型 AERSCREEN，进一步预测模型 AERMOD、ADMS、AUSTAL2000、EDMS/AEDT、CALPUFF 以及 CMAQ 等光化学网格模型。在模拟局地尺度空气质量影响时，一般选用 AERMOD 模型、ADMS 模型等；在模拟城市尺度空气质量影响时，一般选用 CALPUFF 模型；对于规划项目需考虑二次 $PM_{2.5}$ 或 O_3 影响时，可选用区域光化学网格模型。此外还有一些特殊排放形式（如烟塔合一源和机场源），AUSTAL2000 可模拟烟塔合一源，EDMS/AEDT 可模拟机场源。

一、估算模式

估算模式是一种单源预测模式，可计算点源、面源和体源等污染源的最大地面浓度，以及建筑物下洗和熏烟等特殊条件下的最大地面浓度，估算模式中嵌入了多种预设的气象组合条件，包括一些最不利的气象条件，此类气象条件在某个地区有可能发生，也有可能不发生。经估算模式计算出的最大地面浓度一般会大于进一步预测模式的计算结果。估算模式适用于评价等级及评价范围的确定。

估算模式所需输入的基本参数如下：

① 点源参数：点源排放速率（g/s）；排气筒几何高度（m）；排气筒出口内径（m）；排气筒出口处烟气排放速度（m/s）；排气筒出口处的烟气温度（K）。

② 面源参数：面源排放速率（g/s）；排放高度（m）；长度（m，矩形面源较长的一边）；宽度（m，矩形面源较短的一边）。

③ 体源参数：体源排放速率（g/s）；排放高度（m）；初始横向扩散参数（m）；初始垂直扩散参数（m）。

④ 如考虑地形影响，需提供地形参数。

⑤ 如周围建筑物可能导致建筑物下洗，需要提供建筑物参数：建筑物高度（m）；建筑物宽度（m）；方位角（°）。

⑥ 如项目污染源位于海岸或宽阔水体岸边可能导致岸边熏烟，须提供排放源到岸边的最近距离（m）。

⑦ 其他参数：主导风向下风向的计算点与源基底的相对高度（m）；主导风向下风向的计算点距源中心距离（m）；计算点的离地高度（m）；风速计的测风高度（m）等。

二、进一步预测模式

1. AERMOD 模式系统

AERMOD 是一个稳态烟羽扩散模式，可基于大气边界层数据特征模拟点源、面源、体源等排放出的污染物在短期（小时平均、日平均）、长期（年平均）的浓度分布，适用于农村或城市地区、简单或复杂地形。AERMOD 考虑了建筑物尾流的影响，即烟羽下洗。模式使用每小时连续预处理气象数据模拟大于或等于 1 h 平均时间的浓度分布。AERMOD 包括两个预处理模式，即 AERMET 气象预处理和 AERMAP 地形预处理模式。

AERMOD 适用于预测范围小于或等于 50 km 的一级评价项目。

2. ADMS 模式系统

ADMS 可模拟点源、面源、线源和体源等排放出的污染物在短期（小时平均、日平均）、长期（年平均）的浓度分布，还包括一个街道窄谷模型，适用于农村或城市地区、简单或复杂地形。模式考虑了建筑物下洗、湿沉降、重力沉降和干沉降以及化学反应等功能。化学反应模块包括计算一氧化氮、二氧化氮和臭氧等之间的反应。ADMS 有气象预处理程序，可以用地面的常规观测资料、地表状况以及太阳辐射等参数模拟基本气象参数的廓线值。在简单地形条件下，使用该模型模拟计算时，可以不调查探空观测资料。

ADMS-EIA 版适用于预测范围小于或等于 50 km 的一级评价项目。

3. CALPUFF 模式系统

CALPUFF 是一个烟团扩散模型系统，可模拟三维流场随时间和空间发生变化时污染物的输送、转化和清除过程。CALPUFF 适用于从 50 km 到几百千米范围内的模拟尺度，包括近距离模拟的计算功能，如建筑物下洗、烟羽抬升、排气筒雨帽效应、部分烟羽穿透、次层网格尺度的地形和海陆的相互影响、地形的影响；还包括长距离模拟的计算功能，如干沉降、湿沉降的污染物清除、化学转化、垂直风切变效应，跨越水面的传输、熏烟效应以及颗粒物浓度对能见度的影响。适合于特殊情况，如稳定状态下的持续静风、风向逆转、在传输和扩散过程中气象场时空发生变化下的模拟。

CALPUFF 适用于预测范围大于或等于 50 km 的一级评价项目，以及发生岸边熏烟或长期静、小风条件下的预测范围小于或等于 50 km 的一级评价项目。

4. AUSTAL2000 模式系统

AUSTAL2000 模式适用于冷却塔排烟大气扩散模拟，其采用拉格朗日粒子随机游走大气污染物扩散模式，并集成烟羽抬升计算 S/P 模式，可模拟有巨大潜热的湿烟团在空气中的迁移扩散。

AUSTAL2000 适用于烟塔合一源的一级评价项目。

5. EDMS/AEDT 模式系统

EDMS/AEDT 模式内置 MOBILE 排放模型和 AERMOD 扩散模型两个模块，既可以对机场内飞机发动机、辅助动力设备、地面保障设备、机动车辆等排放源进行统计计算，还可以模拟污染物扩散影响。

EDMS/AEDT 适用于机场源的一级评价项目。

6. CMAQ 模式系统

CMAQ 模型能模拟中、小尺度气象过程对污染物的输送、扩散、转化和迁移过程，同时兼顾区域与城市尺度大气污染物的相互影响以及污染物在大气中的各种化学过程，包括液相化学过程、非均相化学过程、气溶胶过程和干湿沉降过程对浓度分布的影响。CMAQ 模型由 5 个主要模块组成，其核心是化学传输模块 CCTM，可以模拟污染物的传输过程、化学过程和沉降过程；初始值模块 ICON 和边界值模块 BCON 为 CCTM 提供污染物初始场和边界场；光化学分解速率模块 JPROC 计算光化学分解速率；气象-化学接口模块 MCIP 是气象模型和 CCTM 的接口，把气象数据转化为 CCTM 可识别的数据格式。CMAQ 模型计算所需的气象场由气象模型提供，如 WRF 中尺度气象模型等；所需的源清单由排放处理模型提供，如 SMOKE 模型等。

CMAQ 适用于区域与城市尺度的大气污染物模拟。

第三节　报告书对附图、附表的要求

1. 报告书对附图的要求

不同评价等级的环境影响报告书基本附图要求见表 5-3。

表 5-3　基本附图要求

序号	名称	一级评价	二级评价	三级评价
1	基本信息底图	√	√	√
2	项目基本信息图	√	√	√
3	网格浓度分布图	√		
4	大气环境防护区域图	√		

2. 报告书对附表的要求

不同评价等级的环境影响报告书基本附表要求见表 5-4。

表 5-4　基本附表要求

序号	名称	一级评价	二级评价	三级评价
1	评价因子和评价标准表	√	√	√
2	估算模型参数表	√	√	√
3	主要污染源估算模型计算结果表	√	√	√

序号	名称	一级评价	二级评价	三级评价
4	环境空气保护目标	√	√	
5	区域空气质量现状评价表	√	√	√
6	基本污染物环境质量现状	√	√	
7	其他污染物补充监测点位基本信息	√	√	
8	其他污染物环境质量现状（监测结果）表	√	√	
9	污染源调查参数表	√	√	√
10	观测气象数据信息	√		
11	模拟气象数据信息	√		
12	本项目贡献质量浓度预测结果表	√		
13	叠加后环境质量浓度预测结果表	√		
14	年平均质量浓度增量预测结果表	√		
15	区域规划环境影响预测结果表	√		
16	污染治理设施与预防措施方案必选结果表	√		
17	大气污染物有组织排放量核算表	√	√	
18	大气污染物无组织排放量核算表	√	√	
19	大气污染物年排放量核算表	√	√	
20	污染源非正常排放量核算表	√	√	
21	有组织废气监测方案	√	√	
22	无组织废气监测计划表	√	√	
23	环境质量监测计划表	√		
24	建设项目大气环境影响评价自查表	√	√	√

第四节 大气环境影响预测案例分析

一、案例背景

某地拟新建一项目，拟建厂址位于平原地区，根据当地生态环境主管部门公开发布的环境空气质量状况报告，项目所在地为达标区。项目主要大气污染源为锅炉烟囱，排放的基本污染物为 PM_{10}、SO_2、NO_2（排放的 NO_x 全部按 NO_2 计），其他污染物为 Hg。依据《污染源源强核算技术指南 锅炉》（HJ 991—2018）、《排污许可证申请与核发技术规范 锅炉》（HJ 953—2018），从严确定各污染物排放源强，见表 5-5（注：本案例暂不考虑工艺中的无组织排放及非正常排放，评价范围内无其他拟建、在建污染源及区域削减污染源）。

表 5-5　大气污染物排放参数

名称	排气筒底部坐标/m		排气筒底部海拔高度/m	排气筒高度/m	排气筒出口内径/m	烟气出口流速/（m/s）	烟气温度/℃	年排放小时数/h	排放工况	污染物排放速率			
	X	*Y*								PM_{10}/（kg/h）	SO_2/（kg/h）	NO_2/（kg/h）	汞及其化合物/（g/h）
锅炉烟囱	0	0	19	80	1.8	24	120	7 500	正常工况	4.39	10.99	21.97	6.59

二、评价等级与评价范围

采用 HJ 2.2 推荐模式清单中的估算模式，分别计算污染源的 4 种污染物的下风向轴线浓度，并计算相应浓度占标率。估算模式参数见表 5-6，项目所在地 90 m 分辨率的地形文件见图 5-3，估算模型计算结果见表 5-7。

表 5-6　估算模式参数

参数		取值
城市/农村选项	城市/农村	农村
	人口数（城市选项时）	—
最高环境温度/℃		45
最低环境温度/℃		−20
土地利用类型		农作地
区域湿度条件		中等湿度气候
是否考虑地形	考虑地形	是
	地形数据分辨率/m	90
是否考虑海岸线熏烟	考虑海岸线熏烟	否
	海岸线距离/km	—
	海岸线方向/°	—

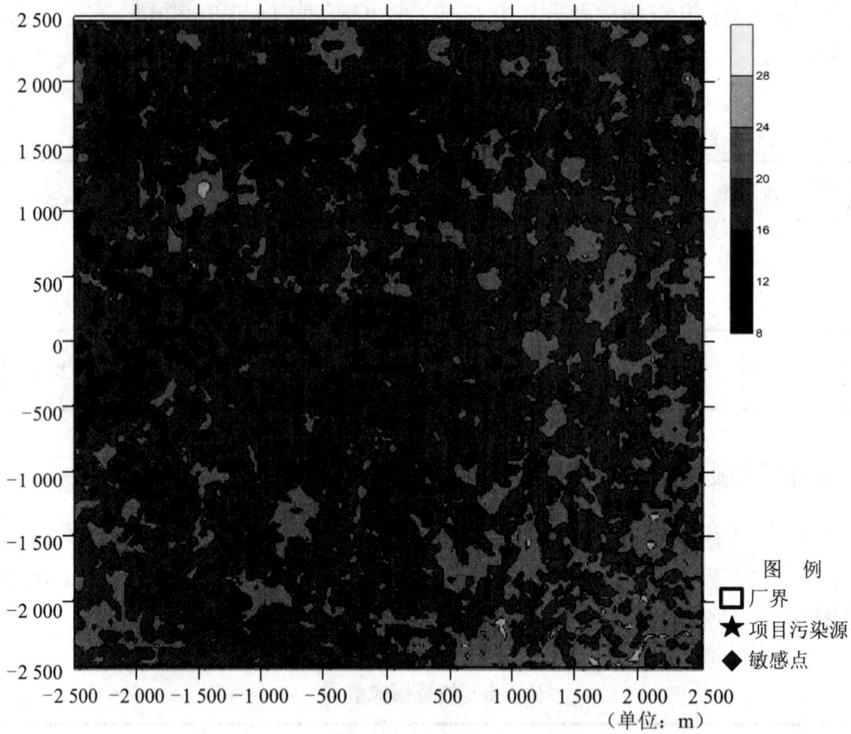

图 5-3 项目所在地 90 m 分辨率地形高程示意

根据表 5-7 中的计算结果可知，4 种污染物的最大地面浓度占标率 P_{max}=Max（$P_{PM_{10}}$、P_{SO_2}、P_{NO_2}、P_{Hg}）=12.45%；地面浓度达标准限值 10%时所对应的最远距离 $D_{10\%}$=2.15 km。根据评价等级及评价范围判断标准，确定该项目的评价等级为一级；评价范围依据导则简化原则，取以污染源为中心，边长为 5 km 的正方形区域。

表 5-7 估算模型计算结果统计

距源中心下风向距离 D/m	方位角/（°）	PM_{10} 下风向预测浓度 c_i/（μg/m³）	PM_{10} 浓度占标率 P_i/%	SO_2 下风向预测浓度 c_i/（μg/m³）	SO_2 浓度占标率 P_i/%	NO_2 下风向预测浓度 c_i/（μg/m³）	NO_2 浓度占标率 P_i/%	Hg 下风向预测浓度 c_i/（μg/m³）	Hg 浓度占标率 P_i/%
50	170	1.11	0.25	3.09	0.62	5.73	2.86	0.002	0.62
100	210	1.96	0.43	5.56	1.11	10.30	5.15	0.003	1.11
200	240	1.68	0.37	4.32	0.86	7.99	4.00	0.003	0.86
300	180	1.54	0.34	4.24	0.85	7.85	3.93	0.003	0.85
400	80	2.13	0.47	5.43	1.09	10.06	5.03	0.003	1.09

距源中心下风向距离 D/m	方位角/(°)	PM_{10}		SO_2		NO_2		Hg	
		下风向预测浓度 c_i/(μg/m^3)	浓度占标率 P_i/%	下风向预测浓度 c_i/(μg/m^3)	浓度占标率 P_i/%	下风向预测浓度 c_i/(μg/m^3)	浓度占标率 P_i/%	下风向预测浓度 c_i/(μg/m^3)	浓度占标率 P_i/%
500	130	2.85	0.63	7.34	1.47	13.59	6.79	0.004	1.47
600	130	3.44	0.76	8.76	1.75	16.22	8.11	0.005	1.75
700	130	3.97	0.88	10.13	2.03	18.76	9.38	0.006	2.03
800	90	4.59	1.02	11.62	2.32	21.52	10.76	0.007	2.33
900	90	4.98	1.11	12.57	2.51	23.27	11.64	0.008	2.52
1 000	20	5.21	1.16	13.13	2.63	24.31	12.16	0.008	2.63
1 100	10	5.32	1.18	13.39	2.68	24.79	12.40	0.008	2.68
1 200	360	5.35	1.19	13.45	2.69	24.90	12.45	0.008	2.69
1 300	320	5.32	1.18	13.35	2.67	24.73	12.36	0.008	2.67
1 400	320	5.25	1.17	13.17	2.63	24.38	12.19	0.008	2.64
1 500	290	5.15	1.14	12.89	2.58	23.87	11.94	0.008	2.58
1 600	290	5.01	1.11	12.55	2.51	23.24	11.62	0.008	2.51
1 700	290	4.86	1.08	12.20	2.44	22.59	11.29	0.007	2.44
1 800	250	4.72	1.05	11.84	2.37	21.93	10.96	0.007	2.37
1 900	10	4.58	1.02	11.49	2.30	21.28	10.64	0.007	2.30
2 000	50	4.47	0.99	11.20	2.24	20.74	10.37	0.007	2.24
2 100	60	4.38	0.97	10.98	2.20	20.32	10.16	0.007	2.20
2 200	200	4.28	0.95	10.74	2.15	19.88	9.94	0.006	2.15
2 300	30	4.19	0.93	10.49	2.10	19.42	9.71	0.006	2.10
2 400	90	4.08	0.91	10.23	2.05	18.95	9.47	0.006	2.05
2 500	20	3.98	0.89	9.98	2.00	18.48	9.24	0.006	2.00
2 600	250	3.88	0.86	9.72	1.94	18.01	9.00	0.006	1.95
2 700	290	3.78	0.84	9.47	1.89	17.54	8.77	0.006	1.90
2 800	270	3.68	0.82	9.23	1.85	17.09	8.55	0.006	1.85
2 900	260	3.59	0.80	9.00	1.80	16.66	8.33	0.005	1.80
3 000	10	3.50	0.78	8.78	1.76	16.25	8.13	0.005	1.76
3 100	100	3.42	0.76	8.57	1.71	15.86	7.93	0.005	1.71
3 200	290	3.35	0.75	8.37	1.67	15.50	7.75	0.005	1.68
3 300	300	3.29	0.73	8.21	1.64	15.19	7.6	0.005	1.64
3 400	260	3.22	0.71	8.04	1.61	14.89	7.44	0.005	1.61
3 500	270	3.15	0.70	7.87	1.57	14.57	7.29	0.005	1.58
3 600	250	3.09	0.69	7.72	1.54	14.29	7.15	0.005	1.54
3 700	310	3.02	0.67	7.56	1.51	14.01	7.00	0.005	1.51

距源中心下风向距离 D/m	方位角/(°)	PM_{10}		SO_2		NO_2		Hg	
		下风向预测浓度 c_i/（μg/m³）	浓度占标率 P_i/%	下风向预测浓度 c_i/（μg/m³）	浓度占标率 P_i/%	下风向预测浓度 c_i/（μg/m³）	浓度占标率 P_i/%	下风向预测浓度 c_i/（μg/m³）	浓度占标率 P_i/%
3 800	160	2.96	0.66	7.41	1.48	13.72	6.86	0.005	1.48
3 900	300	2.91	0.65	7.27	1.45	13.46	6.73	0.004	1.46
4 000	300	2.85	0.63	7.13	1.43	13.21	6.60	0.004	1.43
4 100	270	2.79	0.62	7.00	1.40	12.96	6.48	0.004	1.40
4 200	360	2.74	0.61	6.87	1.37	12.72	6.36	0.004	1.38
4 300	360	2.69	0.60	6.75	1.35	12.49	6.25	0.004	1.35
4 400	280	2.64	0.59	6.62	1.32	12.27	6.13	0.004	1.33
4 500	280	2.60	0.58	6.51	1.30	12.05	6.03	0.004	1.30
4 600	270	2.55	0.57	6.39	1.28	11.84	5.92	0.004	1.28
4 700	220	2.51	0.56	6.29	1.26	11.64	5.82	0.004	1.26
4 800	40	2.46	0.55	6.18	1.24	11.44	5.72	0.004	1.24
4 900	90	2.42	0.54	6.08	1.22	11.25	5.63	0.004	1.22
5 000	150	2.38	0.53	5.98	1.2	11.07	5.54	0.004	1.20
下风向最大浓度/（μg/m³）		5.35	1.19	13.45	2.69	24.90	12.45	0.008 1	2.69
浓度占标准限值 10% 时距源最远距离 $D_{10\%}$/m		—		—		2 150		—	

注：根据统计分析结果，本案例仅节选下风向 5 km 范围内估算结果。对于实际评价项目，下风向 25 km 范围内其他距离处估算结果可以附表形式列出。

三、评价基准年及环境空气质量现状

1. 评价基准年

根据 HJ 2.2 规定，依据评价所需环境空气质量现状、气象资料等数据的可获得性、数据质量、代表性等因素，选取 2022 年为评价基准年。

2. 环境空气保护目标

项目周边评价范围内主要环境空气保护目标见表 5-8，各保护目标污染源及敏感点分布情况见图 5-4。

表 5-8　评价范围内主要环境空气保护目标

序号	名称	坐标/m		保护对象	保护内容	人口数量/人	环境功能区	相对厂址方位	相对距离/m
		X	*Y*						
1#	某村庄甲	−50	−1 175	居住区	人群	702	二类区	S	1 176
2#	某实验小学	−1 195	−1 960	文化区	人群	943	二类区	SSW	2 296
3#	某居民小区乙	−1 230	−950	居住区	人群	1 252	二类区	SW	1 554
4#	某居住小区丙	−1 680	−1 125	居住区	人群	2 668	二类区	NW	2 022
5#	某居住小区丁	695	1 290	居住区	人群	2 024	二类区	NE	1 465

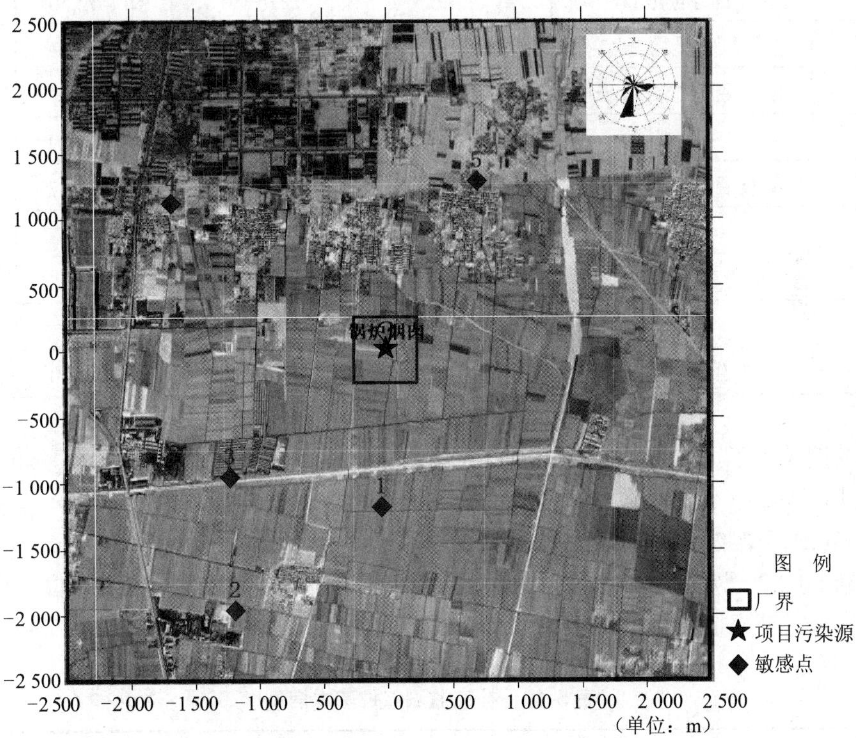

图 5-4　污染源及敏感点分布情况

3．基本污染物环境空气质量现状

根据项目所在地生态环境主管部门发布的环境质量状况报告：2022 年，项目所在地 SO_2、NO_2 第 98 百分位数日均浓度值分别为 21 μg/m^3、26 μg/m^3，SO_2、NO_2 年均浓度值分别为 10 μg/m^3、14 μg/m^3，PM_{10}、$PM_{2.5}$ 第 95 百分位数日均浓度值分别为 73 μg/m^3、

53 μg/m³，PM_{10} 年均浓度值为 39 μg/m³，$PM_{2.5}$ 年均浓度值为 26 μg/m³，CO 第 95 百分位数日均浓度值为 1.2 mg/m³，O_3（日最大 8 h 滑动平均）第 90 百分位数浓度值为 138 μg/m³，均优于《环境空气质量标准》（GB 3095—2012）中二级标准限值。区域空气质量现状评价情况见表 5-9。

表 5-9 区域空气质量现状评价

评价因子	平均时段	现状浓度/（μg/m³）	标准值/（μg/m³）	占标率/%	达标情况
SO_2	年平均	10	60	16.67	达标
	第 98 百分位数日平均	21	150	14.00	
NO_2	年平均	14	40	35.00	达标
	第 98 百分位数日平均	26	80	32.50	
PM_{10}	年平均	39	70	55.71	达标
	第 95 百分位数日平均	73	150	48.67	
$PM_{2.5}$	年平均	26	35	74.29	达标
	第 95 百分位数日平均	53	75	70.67	
O_3	年平均	—	—	—	达标
	第 90 百分位数 8 h 平均	138	160	86.25	
CO/（mg/m³）	年平均	—	—	—	达标
	第 95 百分位数日平均	1.2	4	30.00	

本案例收集了评价范围内某一国控环境空气质量监测点 2022 年连续 1 年的监测数据，将其作为敏感点及网格点基本污染物现状浓度值。

4．其他污染物环境空气质量现状

根据 HJ 2.2 规定，对其他污染物 Hg 进行为期 7 d 的补充监测，监测点位于厂区 NE 方向厂界外。补充监测点位基本信息及环境质量现状见表 5-10、表 5-11。

表 5-10 补充监测点位基本信息

监测点名称	监测点坐标/m		监测因子	监测时段	相对厂址方位	相对厂界距离/m
	X	*Y*				
1#	695	1 290	Hg	日均值	W	1 465

表 5-11　其他污染物环境质量现状

监测点位	监测点坐标/m		污染物	平均时间	标准值/（μg/m³）	监测浓度范围/（μg/m³）	最大浓度占标率/%	超标率/%	达标情况
	X	*Y*							
Hg	695	1 290	Hg	日均值	—	0.01～0.03	—	—	—

取 7 d 监测浓度的最大值，即 0.03 μg/m³ 作为评价范围内环境空气保护目标及网格点的 Hg 环境空气质量现状浓度。

四、预测方案

根据 HJ 2.2 进一步预测要求，由于 SO_2 +NO_2≤500 t/a，因此筛选大气进一步预测因子为 PM_{10}、SO_2、NO_2 和 Hg。预测范围为覆盖评价范围、边长 5 km×5 km 的正方形区域。依据预测模型筛选原则，预测范围小于 50 km，选取导则推荐模式清单中的 AERMOD 作为进一步预测模型。计算点包括评价范围内的 5 个环境保护目标和整个评价区域，区域预测网格间距取 100 m。预测内容包括预测环境空气保护目标和网格点主要污染物的短期浓度和长期浓度贡献值，叠加环境空气质量现状浓度后的年平均质量浓度和保证率日平均质量浓度及大气环境防护距离（本案例暂不考虑非正常排放预测）。预测方案见表 5-12。

表 5-12　预测方案

评价对象	污染源	污染源排放形式	预测内容	评价内容
达标区评价项目	新增污染源	正常排放	短期浓度 长期浓度	最大浓度占标率
	新增污染源 — 区域削减污染源（无） + 其他在建、拟建污染源（无）	正常排放	短期浓度 长期浓度	叠加环境质量现状浓度后的保证率日平均质量浓度和年平均质量浓度的占标率
大气环境防护距离	新增污染源 + 项目全厂现有污染源（无现有工程）	正常排放	短期浓度	大气环境防护距离

五、预测模式所需基础数据及有关参数

本案例 AERMOD 所需地面气象数据采用距项目东侧 7 km 处的当地某气象站（基本站）2022 年全年逐日（一日 8 次）地面观测数据，经线性插值后的全年逐时（一日 24 次）地面气象数据。项目周围 50 km 范围内无高空气象探测站点，高空气象数据采用国家环境保护环境影响评价数值模拟重点实验室提供的中尺度气象模拟数据。模拟网格点与项目所在地直线距离为 14 km。观测气象数据信息、模拟气象数据信息见表 5-13、表 5-14。

表 5-13 观测气象数据信息

气象站名称	气象站编号	气象站等级	气象站坐标/m		相对距离/m	海拔高度/m	数据年份	气象要素
			X	*Y*				
某站	12345	基准站	−5 000	5 000	7 071	20	2022	风速、风向、总云量、低云量、干球温度

表 5-14 模拟气象数据信息

模拟点坐标/m		相对距离/m	数据年份	模拟气象要素	模拟方式
X	*Y*				
−10 000	10 000	14 142	2022	气压、离地高度、干球温度	WRF 中尺度模拟数据

预测时考虑地形对预测浓度的影响，地形数据分辨率为90 m，数据来自地理空间数据云平台。

AERMOD 模型所需近地面参数（正午地面反照率、白天波文率及地面粗糙度）按一年四季不同，根据项目评价区域特点参考模型推荐参数及实测数据进行设置，本案例设置近地面参数见表 5-15。

表 5-15 AERMOD 选用近地面参数

季节	正午地面反照率	白天波文率	地面粗糙度
冬季	0.35	1.5	0.38
春季	0.14	1.0	0.38
夏季	0.16	2.0	0.38
秋季	0.18	2.0	0.38

六、预测结果与分析

采用 AERMOD 推荐模式分别计算 PM_{10}、SO_2、NO_2 和 Hg 对评价范围内各环境空气敏感点及预测区域的最大浓度影响值，并叠加环境现状背景浓度值进行分析。本案例以 NO_2 为例完成预测结果与分析。

1. 项目贡献浓度预测结果分析

表 5-16 列出各环境空气敏感点及区域最大浓度点的 NO_2 预测贡献浓度值、占标率，及对应的最大贡献浓度出现的时间。并根据预测结果，绘制出区域 NO_2 最大小时贡献浓度图、最大日贡献浓度图及年贡献浓度图，见图 5-5～图 5-7。

表 5-16　NO_2 贡献质量浓度预测结果

污染物	预测点	平均时段	最大贡献值/（μg/m³）	出现时间	占标率/%	达标情况
NO_2	某村庄甲	小时值	7.33	2022-10-23	3.67	达标
	某实验小学		7.27	2022-11-04	3.64	达标
	某居住小区乙		8.97	2022-11-04	4.49	达标
	某居住小区丙		8.66	2022-01-20	4.33	达标
	某居住小区丁		9.93	2022-01-03	4.97	达标
	区域最大落地浓度（−1 400，0）		13.49	2022-10-21	6.75	达标
	某村庄甲	日均值	1.13	2022-07-14	1.41	达标
	某实验小学		0.70	2022-11-04	0.88	达标
	某居住小区乙		0.91	2022-11-04	1.14	达标
	某居住小区丙		0.81	2022-04-20	1.01	达标
	某居住小区丁		1.25	2022-08-12	1.56	达标
	区域最大落地浓度（300，600）		2.04	2022-07-11	2.55	达标
	某村庄甲	年均值	0.06	2022	0.15	达标
	某实验小学		0.03	2022	0.08	达标
	某居住小区乙		0.05	2022	0.13	达标
	某居住小区丙		0.08	2022	0.20	达标
	某居住小区丁		0.21	2022	0.53	达标
	区域最大落地浓度（400，700）		0.27	2022	0.68	达标

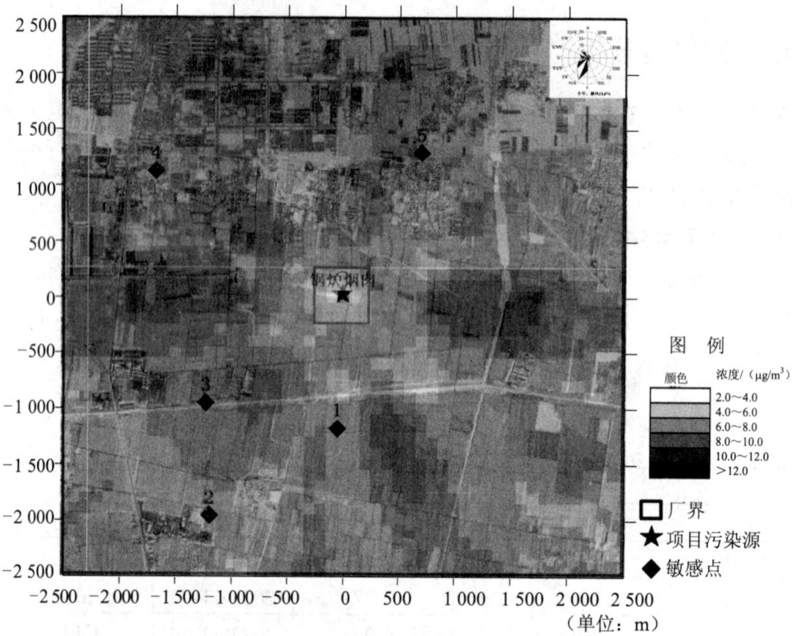

图 5-5　NO_2 区域最大小时贡献浓度

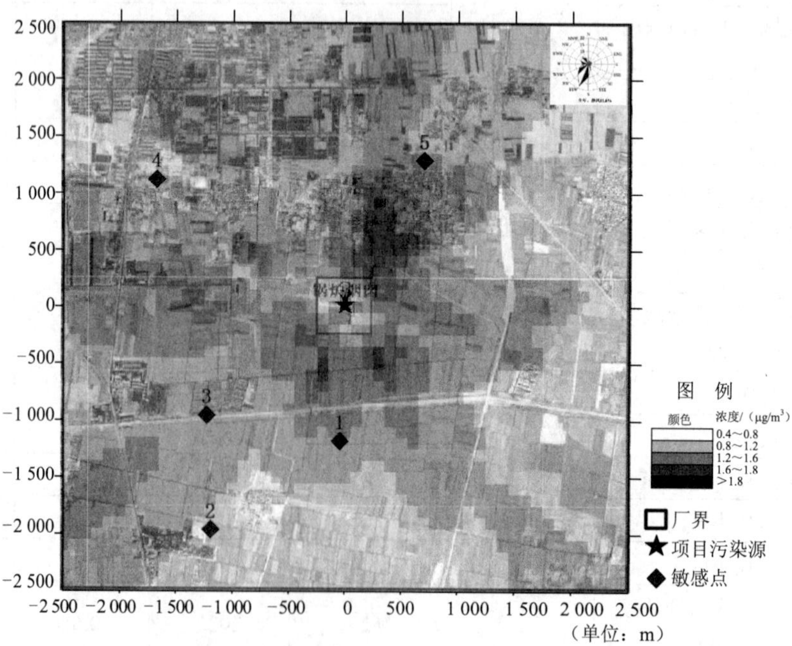

图 5-6　NO_2 区域最大日平均贡献浓度

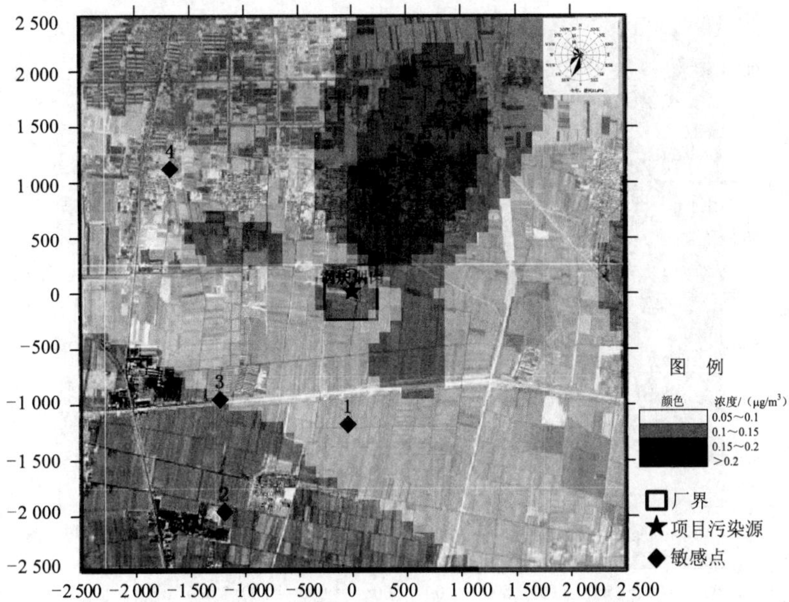

图 5-7　NO_2 区域年平均贡献浓度等值线

2．项目贡献浓度叠加现状浓度值分析

选取评价范围内某一国控环境空气质量监测点 2022 年连续 1 年的监测数据作为 NO_2 现状浓度，各敏感点及区域预测点叠加现状浓度预测结果见表 5-17。根据预测结果，绘制出叠加现状浓度值后 NO_2 区域相应百分位日平均浓度图及区域年平均浓度图，见图 5-8、图 5-9。

表 5-17　NO_2 叠加后环境质量浓度预测结果

污染物	预测点	平均时段	叠加值/（μg/m³）	出现时间	占标率/%	达标情况
NO_2	某村庄甲	第 98 百分位日均值	26.68	2022-03-12	33.35	达标
	某实验小学		26.68	2022-03-12	33.35	达标
	某居住小区乙		26.68	2022-03-12	33.35	达标
	某居住小区丙		26.78	2022-03-12	33.48	达标
	某居住小区丁		26.73	2022-03-12	33.41	达标
	区域最大落地浓度（−800，300）		27.09	2022-12-30	33.86	达标
	某村庄甲	年均值	14.06	2022	35.15	达标
	某实验小学		14.03	2022	35.08	达标
	某居住小区乙		14.05	2022	35.13	达标
	某居住小区丙		14.08	2022	35.20	达标
	某居住小区丁		14.21	2022	35.53	达标
	区域最大落地浓度（400，700）		14.27	2022	35.68	达标

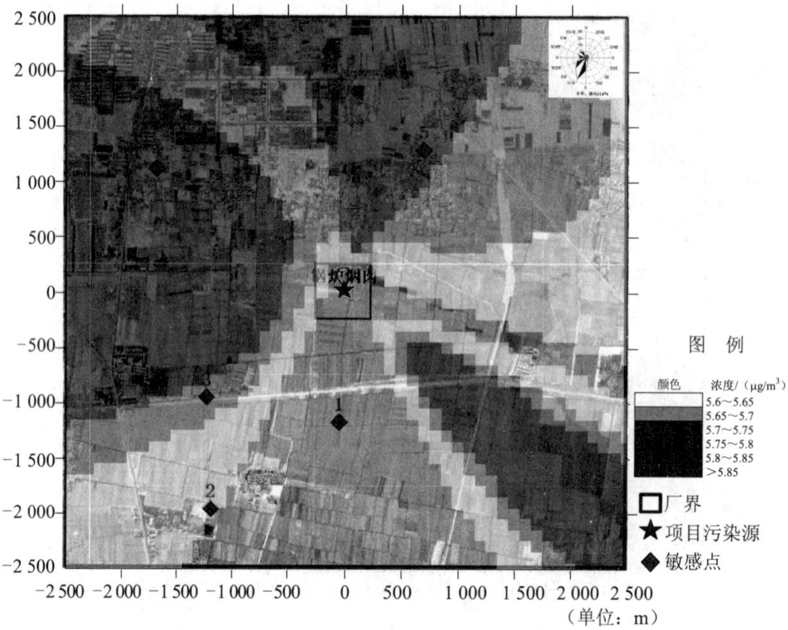

图 5-8 NO_2 区域第 98 百分位日平均浓度

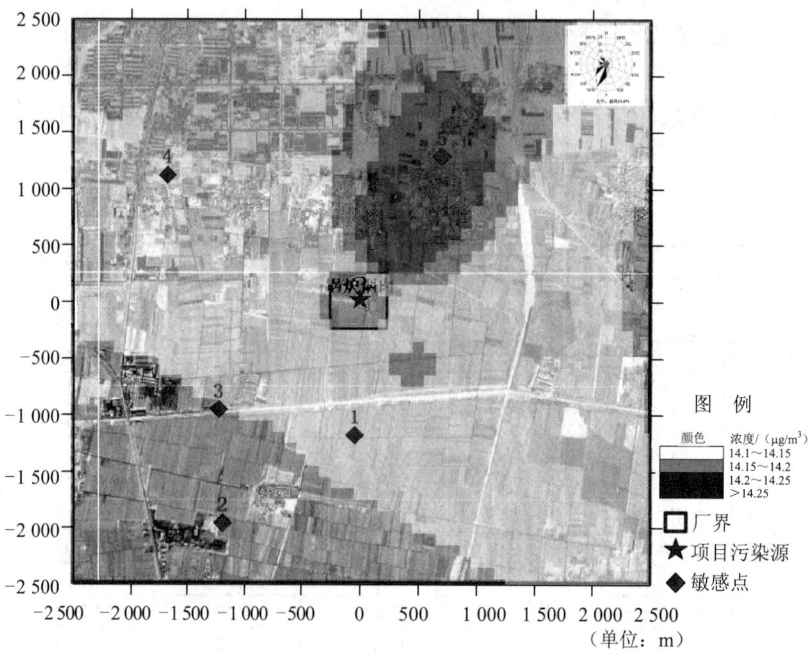

图 5-9 NO_2 区域年平均浓度

3．大气环境防护距离

在项目厂界线及外延 1 km 的范围内，以 50 m 间距设置计算点，根据预测结果，项目所有污染源排放的各污染物短期贡献浓度均无超标点，无须设置大气环境防护距离。

七、大气环境影响评价结论

项目位于环境空气质量达标区，评价结论如下：

①拟建项目新增污染源正常排放下各污染物短期浓度贡献值的最大浓度占标率为 6.75%，小于 100%；

②新增污染源正常排放下各污染物年均浓度贡献值的最大浓度占标率为 0.68%，小于 30%；

③叠加现状浓度后，各污染物的保证率日平均质量浓度和年平均质量浓度最大浓度占标率为 35.68%，小于 100%。项目环境影响符合环境功能区划。

综合分析认为，本项目大气环境影响可以接受。

八、小结

本案例仅列出常规项目在进行大气环境影响预测工作中的基本步骤和分析内容，对于实际环境影响评价项目，还应根据项目特点和复杂程度，考虑评价范围内的拟建、在建污染源，考虑非正常排放影响预测，考虑污染物的化学变化等参数对浓度预测结果的影响。同时，在大气环境影响可以接受结论的基础上，还应从大气污染控制措施可行性及方案比选、污染物排放量核算及总量控制等多方面综合评价，并最终给出大气环境影响可行性的结论。此外，大气环境影响评价完成后，还应对大气环境影响评价主要内容与结论进行自查，编制大气环境影响评价自查表。

第六章　地表水环境影响预测与评价

第一节　地表水体中污染物的迁移与转化

一、水体中污染物迁移与转化概述

水体中污染物的迁移与转化包括物理输移过程、化学转化过程和生物降解过程。

1．物理输移过程

物理输移过程主要是指污染物在水体中的自然沉淀过程和混合稀释。沉淀过程是指排入水体的污染物中含有微小的悬浮颗粒（如颗粒态的重金属、虫卵等由于流速较小逐渐沉到水底）。污染物沉淀对水质来说是净化；但对底泥来说，污染物则反而增加。混合稀释过程只能降低水中污染物的浓度，不能减少其总量。水体的混合稀释过程主要由以下 3 种作用所致：① 紊动扩散，指水流的紊流特性引起水中污染物自高浓度区向低浓度区转移的现象；② 移流，指水流的推动使污染物的迁移随水流输移；③ 离散，指水流方向横断面上流速分布得不均匀（由河岸及河底阻力所致）而引起分散。

2．化学转化过程

化学转化过程主要是指污染物在水体中发生的理化性质变化等化学反应。氧化—还原反应对水体化学净化起重要作用。水流通过水面波浪不断将大气中的氧气溶入，这些溶解氧可与水中的污染物发生氧化反应，例如，某些重金属离子可因氧化生成难溶物（如铁、锰等）而沉降析出；硫化物可氧化为硫代硫酸盐或硫而被净化。还原作用对水体净化也有作用，但这类反应多在微生物作用下进行。天然水体接近中性，酸碱反应在水体中的作用不大。天然水体中含有各种各样的胶体，如硅、铝、铁等的氢氧化物，黏土颗粒和腐殖质等，由于有些微粒具有较大的表面积，另有一些物质本身就是凝聚剂，从而使有些污染物随其沉淀或吸附其上从水中去除。

3．生物降解过程

生物自净的基本过程是水中微生物（尤其是细菌）在溶解氧充分的情况下，将一部分有机污染物当作食饵消耗掉，将另一部分有机污染物氧化分解成无害的简单无机物。影响生物自净作用的关键是溶解氧的含量，有机污染物的性质、浓度以及微生物的种类、数量等。生物自净的快慢与有机污染物的数量和性质有关。生活污水、食品工业废水中的蛋白质、脂肪类等极易分解，但大多数有机物分解缓慢，更有少数有机物难分解，如造纸废水中的木质素、纤维素等，须经数月才能分解；另有不少人工合成的有机物极难分解并有剧毒，如“滴滴涕”“六六六”等有机氯农药和用作热传导体的多氯联苯等。水生物的状况与生物自净有密切关系，它们担负着分解绝大多数有机物的任务。蠕虫能分解河底有机污泥，并以之为食饵。原生动物除了因以有机物为食饵对自净有作用，还与轮虫、甲壳虫等一起维持着河道的生态平衡。藻类虽不能分解有机物，但与其他绿色植物一起在阳光下进行光合作用，将空气中的二氧化碳转化为氧，从而成为水中氧气的重要补给源。其他如水体温度、水流状态、天气、风力等物理和水文条件以及水面有无影响复氧作用的油膜、泡沫等均对生物自净有影响。

二、河流水体中污染物的对流与扩散混合

废水进入河流水体后，不是立即就能在整个河流断面上与河流水体完全混合。虽然在垂向方向上一般都能很快地混合，但往往需要经过很长一段纵向距离才能达到横向完全混合。这段距离通常称为横向完全混合距离（x_1）。垂向距离（x）小于 x_1 的区域称为横向混合区，$x>x_1$ 的区域称为断面完全混合区，见图 6-1。

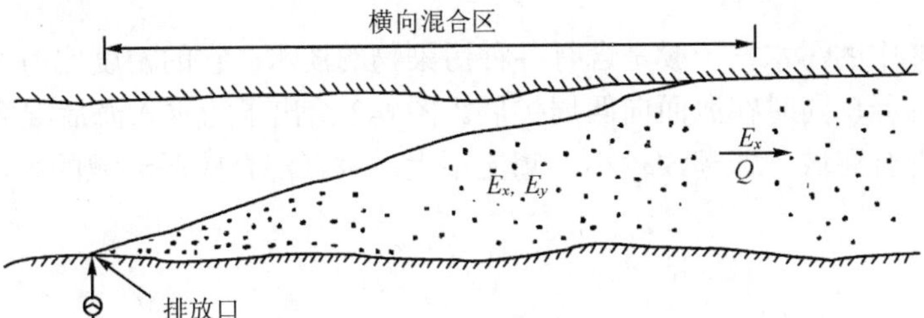

图 6-1　污染物在河流中的混合

在某些较宽的河流中，横向混合可能达不到对岸，横向混合区不断向下游远处扩展，形成所谓的“污染带”。

在不同的区域，影响污染物的浓度和输移、转化特性的主要物理、化学过程也有差异。

在横向混合区，排入的废水和上游来水的初始混合稀释程度，取决于排放口的各种特性和河流状况。随着水流携带污染物向下游输移，横向混合使污染物沿河流横向分散，进一步与上游来水混合稀释。

在横向混合区以下的完全混合区，污染物在河流断面上完全混合。

在断面完全混合区域，通过一系列的物理输移过程、化学转化过程以及生物降解过程，污染物的浓度被进一步降低。这些过程通常采用质量输移、扩散方程、一级动力学反应方程来描述。在大多数的情况下，扩散系数、反应速率都可能随空间和时间的变化

而变化。

在河流中，影响污染物输移的最主要的物理过程是对流、横向扩散和纵向扩散。

对流是指溶解态或颗粒态物质随水流的运动。可以在横向、垂向、纵向发生对流。在河流中，主要是沿河流纵向的对流，河流的流量和流速是表征对流作用的重要参数。河流流量可以通过测流、示踪研究或曼宁公式计算得到。对于较复杂的水流，要获得可靠的流量数据，需要进行专门的水动力学实测及模拟计算。

横向扩散是由于水流中的紊动作用，在流动的横向方向上，溶解态或颗粒态物质的混合，通常用横向扩散系数表示。可以通过示踪实验确定横向扩散系数，或根据包含河流水深、流速以及河道不规则性的公式来估算横向扩散系数。在横向混合区内，对流和横向扩散混合是最重要的，有时纵向混合也不能忽略。

纵向扩散是由于主流在横向、垂向的流速分布不均匀而引起的在流动方向上的溶解态或颗粒态质量的分散混合，通常用纵向离散系数表示。可以通过示踪实验确定纵向离散系数，或利用包含流速、河宽、水深、河床粗糙系数的计算公式确定。不同的计算公式得到的数值不同，较可靠的数值是示踪实验得到的数值。

三、海水中污染物的混合扩散

排放到海洋中的污水，一般是含有各种污染物的淡水。它的密度比海水小，入海后与海水混合而稀释，同时在海面向四周扩展。图 6-2 给出了污水入海后混合扩散的一个剖面，反映弱混合海域，即潮汐较小，潮流不大，垂直混合较弱海域的扩散状况。

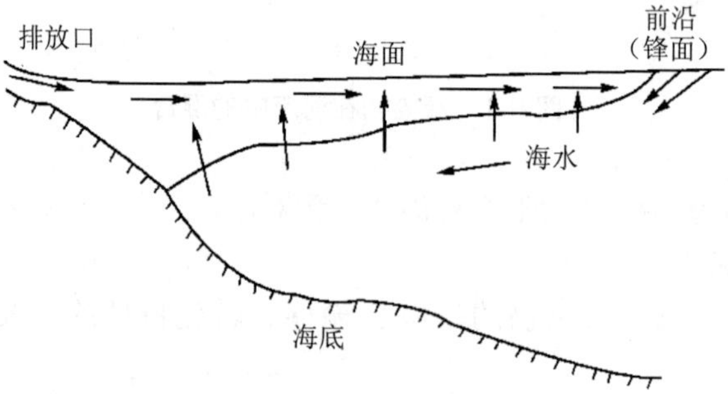

图 6-2　污水在海面上的扩展

由图 6-2 可以看出，排放到海中的污水浮在海洋表层向外扩展，它的稀释是海水通过污水的底面逐渐混入到污水中进行的。随着与排污口距离的增加，稀释倍数也逐渐增加。污水层的厚度在排放口附近较深，然后逐渐减小。向外扩展到一定程度，即污水的密度达到一定界限值即形成扩展前沿，这时污水的稀释倍数达到 60～100 倍。前沿外侧的海水明显向污水层下方潜入，形成清晰的界面，即所谓的锋面，这样的界面在污水层的底部也清晰可见。

污水层的厚度通常为 1～2 m，污水从排出口到达它的前沿需 1～2 h。根据大量的实测资料，扩散域的面积与排放量之间有如下经验关系：

$$\lg A = 1.226\lg Q + 0.0855 \tag{6-1}$$

式中：A —— 若是淡水的情况，则表示稀释 60～100 倍时的扩展范围，m^2；若是温排水的情况，则表示形成 1～2℃温差的界限面积，m^2；

Q —— 排放量，m^3/d。

温排水在海里的对流扩散规律与 COD 等一般污染物类似，但也有不同点，温排水温度比海水高，热水总是会浮到冷水上面，如果浅海中潮流混合比较强烈，温排水入海后不久就和水体垂直混合均匀，如果垂直混合不是很强烈时，则温排水只影响到水的表层，这时需要用复杂的三维模型来描述，根据美国和法国科学家对温排水预测的研究结果，温排水只影响到浅表层 2～4 m，用修正后的二维模型预测温排水的影响分布，同样可得到合理的结果。

温排水携带的热量除了被潮流带走一部分，另一部分通过与大气的热交换释放到大气中。这个热交换的强度由 R（表面综合散热系数）表示，一般与水温、水面风速等有关。

溢油在海面上的变化是极其复杂的。其中有物理过程、化学过程和生物过程等，同时与当地海区气象条件、海水运动有着直接的关系。溢油动力学过程一般划分为扩展过程和漂移过程。

扩展过程　对实际溢油事件的观测发现，在溢油的最初数十小时内，扩展过程占支配地位，这种支配地位随时间而逐渐变弱。扩展过程主要受惯性力、重力、黏性力和表面张力控制，扩展过程可分为惯性—重力阶段、重力—黏性阶段、黏性—表面张力阶段三个阶段。扩展过程的一个明显特征是它的各向异性，如在主风向上，油膜被拉长，在油膜的迎风面上形成堆积等。

漂移过程　漂移过程是油膜在外界动力场（如风应力、油水界面切应力等）驱动下的整体运动，其运动速度由潮流、风海流、风浪余流三部分组成，前两者不会因油膜存在而发生大的变化。

第二节　地表水环境影响预测方法

一、预测方法概述

1．预测方法简介

预测地表水水质变化的方法大致可分为数学模式法、物理模型法、类比分析法和专业判断法四大类。

（1）数学模式法。此方法是利用表达水体净化机制的数学方程预测建设项目引起的水体水质变化。该法能给出定量的预测结果，在许多水域有成功应用水质模型的范例。一般情况此法比较简便，应首先考虑。但这种方法需一定的计算条件和输入必要的参数，而且污染物在水中的净化机制，在很多方面尚难用数学模式表达。

（2）物理模型法。此方法是依据相似理论，使用一定比例缩小的环境模型进行水质模拟实验，以预测由建设项目引起的水体水质变化。此方法能反映比较复杂的水环境特点，且定量化程度较高，再现性好。但需要有相应的试验条件和较多的基础数据，且制作模型要耗费大量的人力、物力和时间。在无法利用数学模式法预测，而评价级别较高，对预测结果要求较严时，应选用此法。但污染物在水中的化学、生物净化过程难以在实验中模拟。

（3）类比分析法。调查与建设项目性质相似，且其纳污水体的规模、流态、水质也相似的工程。根据调查结果，分析预估拟建设项目的水环境影响。此种预测属于定性或半定量性质。已建的相似工程有可能找到，但此工程与拟建项目有相似的水环境状况则不易找到。所以类比分析法所得结果往往比较粗略，一般在评价工作级别较低，且评价时间较短，无法取得足够的参数、数据时，用类比求得数学模式中所需的若干参数、数据。

（4）专业判断法。定性地反映建设项目的环境影响。当水环境影响问题较特殊，一般环评人员难以准确识别其环境影响特征或者无法利用常用方法进行环境影响预测，或者在建设项目环境影响评价的时间无法采用上述其他方法进行环境影响预测等情况下，可选用此种方法。

2. 水质预测因子的筛选

水质影响预测的因子，应根据评价因子确定，重点选择与建设项目地表水环境影响关系密切的因子。

水质预测因子选取的数目应既能说明问题又不过多，一般应少于水环境现状调查的水质因子数目。

筛选出的水质预测因子，应能反映拟建项目废水排放对地表水体的主要影响和纳污水体受到污染影响的特征。建设期、运行期、服务期满后各阶段可以根据具体情况确定各自的水质预测因子。

对于河流水体，可按式（6-2）将水质参数排序后从中选取：

$$\mathrm{ISE}=c_{\mathrm{p}i}Q_{\mathrm{p}i}/(c_{\mathrm{s}i}-c_{\mathrm{h}i})Q_{\mathrm{h}i} \tag{6-2}$$

式中：$c_{\mathrm{p}i}$—— 水污染物 i 的排放浓度，mg/L；

$Q_{\mathrm{p}i}$—— 含水污染物 i 的废水排放量，m^3/s；

$c_{\mathrm{s}i}$—— 水污染物 i 的地表水水质标准，mg/L；

c_{hi}—— 评价河段水污染物 i 的浓度，mg/L；

Q_{hi}—— 评价河段的流量，m^3/s。

ISE 为水质参数的排序指标，值是负值或者越大，说明拟建项目排污对该项水质因子的污染影响越大。

3．预测情景及条件的确定

根据建设项目特点分别选择建设期、生产运行期和服务期满后三个阶段进行预测。

（1）受纳水体的水质状况。按照评价工作等级要求和建设项目外排污水对受纳水体水质影响的特性，确定相应水期及环境水文条件下的水质状况及水质预测因子的背景浓度。应优先采用国务院生态环境主管部门统一发布的水环境状况信息。当现有资料不能满足要求时，应按照不同评价等级对应的评价时期要求开展现状监测，采用现状监测水质成果数据。

（2）生产运行期应预测正常排放、非正常排放两种工况对水环境的影响，如建设项目具有充足的调节容量，可只预测正常排放对水环境的影响。

（3）预测的设计水文条件（边界条件）。在水环境影响预测时应考虑水体自净能力不同的多个阶段。对于内陆水体，自净能力最小的时段一般为枯水期，个别水域由于面源污染严重也可能在丰水期；对于北方河流，冰封期的自净能力很小，情况特殊。在进行预测时需要确定拟预测时段的设计水文条件。

1）河流、湖库设计水文条件要求：① 河流不利枯水条件宜采用 90%保证率最枯月流量或近 10 年最枯月平均流量；流向不定的河网地区和潮汐河段，宜采用 90%保证率流速为零时的低水位相应水量作为不利枯水水量；湖库不利枯水条件应采用近 10 年最低月平均水位或 90%保证率最枯月平均水位相应的蓄水量，水库也可采用与死库容相应的蓄水量。其他水期的设计水量则应根据水环境影响预测需求确定。② 受人工调控的河段，可采用最小下泄流量或河道内生态流量作为设计流量。

2）入海河口、近岸海域设计水文条件要求：① 感潮河段、入海河口的上游水文边界条件参照河流设计水文条件的要求确定，下游水位边界的确定，应选择对应时段潮周期作为基本水文条件进行计算，可取用保证率为 10%、50%和 90%的潮差，或上游计算流量条件下相应的实测潮位过程。② 近岸海域的潮位边界条件界定，应选择一个潮周期作为基本水文条件，选用历史实测潮位过程或人工构造潮型作为设计水文条件。

（4）生态流量配置。根据河流、湖库生态环境保护目标的流量（水位）及过程需求确定生态流量（水位）。河流应确定生态流量，湖库应确定生态水位。根据河流、湖库的形态、水文特征及生物重要生境分布，选取代表性的控制断面综合分析、评价河流和湖库的生态环境状况、主要生态环境问题等。生态流量控制断面或点位选择应结合重要生境、重要环境保护对象等保护目标的分布、水文站网分布以及重要水利工程位置等统筹考虑。依据评价范围内各水环境保护目标的生态环境需水确定生态流量。

1）河流、湖库生态环境需水计算要求：河流生态环境需水包括水生生态需水、水环境需水、湿地需水、景观需水、河口压咸需水等。应根据河流生态环境保护目标要求，选择合适方法计算河流生态环境需水及其过程，符合以下要求：① 水生生态需水计算中，应采用水力学法、生态水力学法、水文学法等方法。水生生态流量最少采用两种方法计算，基于不同计算方法成果对比分析，合理选择水生生态流量成果；鱼类繁殖期的水生生态需水宜采用生境分析法计算，确定繁殖期所需的水文过程，并取外包线作为计算成果，鱼类繁殖期所需水文过程应与天然水文过程相似。水生生态需水应为水生生态流量与鱼类繁殖期所需水文过程的外包线。② 水环境需水应根据水环境功能区或水功能区确定控制断面水质目标，结合计算范围内的河段特征和控制断面与概化后污染源的位置关系，采用相应的数学模型方法计算。③ 湿地需水应综合考虑湿地水文特征和生态保护目标需水特征，综合不同方法合理确定。河岸植被需水量采用单位面积用水量法、潜水蒸发法、间接计算法、彭曼公式法等方法计算；河道内湿地补给水量采用水量平衡法计算。保护目标在繁育生长关键期对水文过程有特殊需求时，应计算湿地关键期需水量及过程。④ 景观需水应综合考虑水文特征和景观保护目标要求确定。⑤ 河口压咸需水应根据调查成果，确定河口类型，可采用导则附录 E 中的相关数学模型计算。⑥ 其他需水应根据评价区域实际情况进行计算，主要包括冲沙需水、河道蒸发和渗漏需水等。对于多泥沙河流，需考虑河流冲沙需水计算。

2）湖库生态环境需水计算要求：① 湖库生态环境需水包括维持湖库生态水位的生态环境需水及入（出）湖河流生态环境需水。湖库生态环境需水可采用最小值、年内不同时段值和全年值表示。② 湖库生态环境需水计算中，可采用不同频率最枯月平均值法或近 10 年最枯月平均水位法确定湖库生态环境需水最小值。年内不同时段值应根据湖库生态环境保护目标所对应的生态环境功能，分别计算各项生态环境功能敏感水期要求的需水量。维持湖库形态功能的水量，可采用湖库形态分析法计算。维持生物栖息地功能的需水量，可采用生物空间法计算。③ 入（出）湖库河流的生态环境需水应根据河流生态流量计算方法确定，计算成果应与湖库生态水位计算成果相协调。

3）河流、湖库生态流量综合分析与确定：河流应根据水生生态需水、水环境需水、湿地需水、景观需水、河口压咸需水和其他需水等计算成果，考虑各项需水的外包关系和叠加关系，综合分析需水目标要求，确定生态流量。湖库应根据湖库生态环境需水确定最低生态水位及不同时段内的水位。同时应根据国家或地方政府批复的综合规划、水资源规划、水环境保护规划等成果中相关的生态流量控制等要求，综合分析生态流量成果的合理性。

（5）初始及边界条件要求：对于稳态模型，需要确定预测计算的水动力、水质边界条件；对于动态模型或模拟瞬时排放、有限时段排放等，还需要确定初始条件：①初始条件（如水文、水质、水温等）设定应满足所选用数学模型的基本要求，需合理确定初始条件，控制预测结果不受初始条件的影响。② 当初始条件对计算结果的影响在短时间内无法有效消除时，应延长模拟计算的初始时间，必要时应开展初始条件敏感性分析。

（6）水质模型参数。在利用水质模型进行水质预测时，需要根据建模、验模的工作程序确定水质模型参数的数值。确定水质模型参数的方法有实验测定法、经验公式估算法、物理模型试验、现场实测法及模型率定等，可以采用多类方法比对确定模型参数。当采用数值解模型时，宜采用模型率定法核定模型参数。

（7）应对建设项目污染控制和减缓措施方案进行水环境影响模拟预测。

（8）对受纳水体环境质量不达标区域，应考虑区（流）域环境质量改善目标要求情景下的模拟预测。

二、河流水质数学模式预测方法

1．河流稀释混合模式

（1）点源，河水、污水稀释混合方程。对于点源排放持久性污染物，河水和污水完全混合、反映河流稀释能力的方程为

$$c=\frac{c_{\mathrm{p}}Q_{\mathrm{p}}+c_{\mathrm{h}}Q_{\mathrm{h}}}{Q_{\mathrm{p}}+Q_{\mathrm{h}}} \tag{6-3}$$

式中：c——完全混合的水质浓度，mg/L；

Q_{p}——污水排放量，$\mathrm{m^3/s}$；

c_{p}——污染物排放浓度，mg/L；

Q_{h}——上游来水流量，$\mathrm{m^3/s}$；

c_{h}——上游来水污染物浓度，mg/L。

（2）非点源方程。对于沿程有非点源（面源）分布入流的情形，可按式（6-4）计算河段污染物的浓度。

$$c=\frac{c_{\mathrm{p}}Q_{\mathrm{p}}+c_{\mathrm{h}}Q_{\mathrm{h}}}{Q}+\frac{W_{\mathrm{s}}}{86.4\,Q} \tag{6-4}$$

$$Q=Q_{\mathrm{p}}+Q_{\mathrm{h}}+\frac{Q_{\mathrm{s}}}{x_{\mathrm{s}}}\cdot x \tag{6-5}$$

式中：W_{s}——沿程河段内（$x=0$ 到 $x=x_{\mathrm{s}}$）非点源汇入的污染物总负荷量，g/d；

Q——下游 x 距离处河段流量，$\mathrm{m^3/s}$；

Q_{s}——沿程河段内（$x=0$ 到 $x=x_{\mathrm{s}}$）非点源汇入的水量，$\mathrm{m^3/s}$；

x_{s}——控制河段总长度，km；

x——沿程距离（$0\leqslant x\leqslant x_{\mathrm{s}}$），km。

（3）考虑吸附态和溶解态污染指标耦合模型。当需要区分溶解态和吸附态的污染物在河流水体中的指标耦合，应加入分配系数的概念。

分配系数（K_{p}）的物理意义是在平衡状态下，某种物质在固液两相间的分配比例。

$$K_p = \frac{X}{c} \tag{6-6}$$

式中：c—— 溶解态浓度，mg/L；

X—— 单位质量固体颗粒吸附的污染物质量，mg/mg；

K_p—— 分配系数，L/mg。

对于有毒有害污染物，在已知其在水体中的总浓度的情况下，溶解态浓度可用公式计算。

$$c = \frac{c_T}{1 + K_p \cdot S} \tag{6-7}$$

式中：c—— 溶解态浓度，mg/L；

c_T—— 总浓度，mg/L；

S—— 悬浮固体浓度，mg/L；

K_p—— 分配系数，L/mg。

2．河流纵向一维稳态水质模式

对于溶解态污染物，当污染物在河流横向方向上达到完全混合后，描述污染物的输移、转化的微分方程为

$$\frac{\partial(Ac)}{\partial t} + \frac{\partial(Qc)}{\partial x} = \frac{\partial}{\partial x}\left(D_L A \frac{\partial c}{\partial x}\right) + A(S_L + S_B) + AS_K \tag{6-8}$$

式中：A—— 河流横断面面积；

t—— 时间，跟 x 一样，为纵向距离；

x—— 横向坐标，m；

Q—— 河流流量；

c—— 水质组分浓度；

D_L—— 综合的纵向离散系数；

S_L—— 直接的点源或非点源强度；

S_B——上游区域进入的源强；

S_K——动力学转化率，正为源，负为汇。

设定条件：稳态，忽略纵向离散作用，一阶动力学反应速率为 K，河流无旁侧入流，河流横断面面积为常数，上游来流量为 Q_u，上游来流水质浓度为 c_u，污水排放流量为 Q_e，污染物排放浓度为 c_e，则上述微分方程的解为

$$c = c_0 \cdot \exp\left[-Kx/(86\,400\,u)\right] \tag{6-9}$$

式中：c_0——初始浓度，mg/L，计算式为 $c_0 = (c_u \cdot Q_u + c_e \cdot Q_e) / (Q_u + Q_e)$；

K—— 一阶动力学反应速率，d^{-1}；

u—— 河流流速，m/s；

x —— 沿河流方向距离，m；

c —— 位于污染源（排放口）下游 x 处的水质浓度，mg/L。

3．**Streeter-Phelps 模式**

Streeter-Phelps 模式（S-P 模式）是研究河流溶解氧与 BOD 关系的最早的、最简单的耦合模型。S-P 模式迄今仍得到广泛的应用，也是研究各种修正模型和复杂模型的基础。它的基本假设为：河流为一维恒定流，污染物在河流横断面上完全混合；氧化和复氧都是一级反应，反应速率常数是定常的，氧亏的净变化仅是水中有机物耗氧和通过液—气界面的大气复氧的函数。

Streeter-Phelps 模式：

$$\begin{cases} c = c_0 \exp\left(-K_1 \dfrac{x}{86\,400\,u}\right) \\ D = \dfrac{K_1 c_0}{K_2 - K_1}\left[\exp\left(-K_1 \dfrac{x}{86\,400\,u}\right) - \exp\left(-K_2 \dfrac{x}{86\,400\,u}\right)\right] + D_0 \exp\left(-K_2 \dfrac{x}{86\,400\,u}\right) \end{cases} \tag{6-10}$$

其中，

$$c_0 = (c_\mathrm{p}Q_\mathrm{p} + c_\mathrm{h}Q_\mathrm{h}) / (Q_\mathrm{p} + Q_\mathrm{h}) \tag{6-11}$$

$$D_0 = (D_\mathrm{p}Q_\mathrm{p} + D_\mathrm{h}Q_\mathrm{h}) / (Q_\mathrm{p} + Q_\mathrm{h}) \tag{6-12}$$

式中：Q_p —— 废水排放量，$\mathrm{m^3/s}$；

Q_h —— 河流流量，$\mathrm{m^3/s}$；

D —— 亏氧量即 $\mathrm{DO_f - DO}$，mg/L；

D_0 —— 初始断面亏氧量，mg/L；

D_h —— 上游来水中溶解氧亏值，mg/L；

D_p —— 污水中溶解氧亏值，mg/L；

u —— 河流断面平均流速，m/s；

x —— 沿程距离，m；

c —— 沿程浓度，mg/L。

DO —— 溶解氧浓度，mg/L；

$\mathrm{DO_f}$ —— 饱和溶解氧浓度，mg/L；

K_1 —— 耗氧系数，$\mathrm{d^{-1}}$；

K_2 —— 复氧系数，$\mathrm{d^{-1}}$。

沿河水流动方向的溶解氧分布为一悬索型曲线，通常称为氧垂曲线，如图 6-3 所示。氧垂曲线的最低点 C 称为临界氧亏点，临界氧亏点的亏氧量称为最大亏氧值。在临界氧亏点左侧，耗氧大于复氧，水中的溶解氧逐渐减少；污染物浓度因生物净化作用而逐渐减少。达到临界氧亏点时，耗氧和复氧平衡；临界点右侧，耗氧量因污染物浓度减少而减少，复氧量相对增加，水中溶解氧增多，水质逐渐恢复。如排入的耗氧污染物过多将溶解氧耗尽，则有机物受到厌氧菌的还原作用生成甲烷气体，同时水中存在的硫酸根离子将由于硫酸还原菌的作用而转化为硫化氢，引起河水发臭，水质严重恶化。临界氧亏点 x_C 的位置为

$$x_C = \frac{86\,400\,u}{K_2 - K_1} \ln\left[\frac{K_2}{K_1}\left(1 - \frac{D_0}{c_0} \cdot \frac{K_2 - K_1}{K_1}\right)\right] \tag{6-13}$$

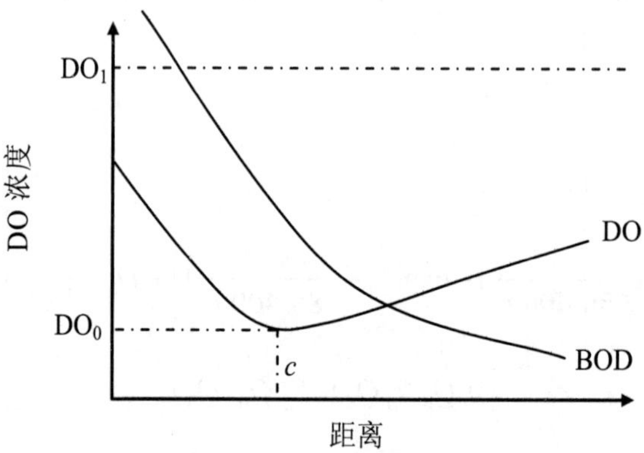

图 6-3　氧垂曲线

4．河流平面二维稳态水质模式

（1）平面二维稳态水质方程

① 顺直均匀河流。描述溶解态污染物的二维对流扩散的基本方程为

$$u\frac{\partial c}{\partial x} = M_x\frac{\partial^2 c}{\partial x^2} + M_y\frac{\partial^2 c}{\partial y^2} + S_K \tag{6-14}$$

若忽略 $M_x\dfrac{\partial^2 c}{\partial x^2}$ 项的作用，并假设污染物遵循一级动力学反应（衰减常数为 K），此时式（6-14）简化为

$$\overline{u}\frac{\partial c}{\partial x} = M_y\frac{\partial^2 c}{\partial y^2} - Kc \tag{6-15}$$

式中：$\overline{u}$ —— 横断面平均流速，m/s。

横向混合系数 M_y 与河流平均水深 $\overline{h}$ 和摩阻流速 u^* 等因素有关。使用上可近似用下式估算：

$$M_y = \alpha\overline{h}u^* \tag{6-16}$$

式中：$\overline{h}$ —— 平均水深；

α —— 横向混合常数，量纲一；

u^*——$\sqrt{g\bar{h}i}$，摩阻流速，通常约为平均流速的1%数量级；

g——重力加速度；

i——河流比降。

② 用累积流量坐标表示的二维水质方程。

累积流量的定义为：

$$q_c(y)=\int_0^y M_y hu\mathrm{d}y \tag{6-17}$$

式中：q_c（y）——距一岸的横向距离为y时的累积流量；

M_y——河流横断面的形状系数；

h——当地水深；

u——当地垂向平均流速；

y——横向坐标。

y=0时，q_c（0）=0；y=B（河宽）时，q_c（B）=Q（河流总流量）；q_c（y）沿横向y方向的典型分布如图6-4所示。

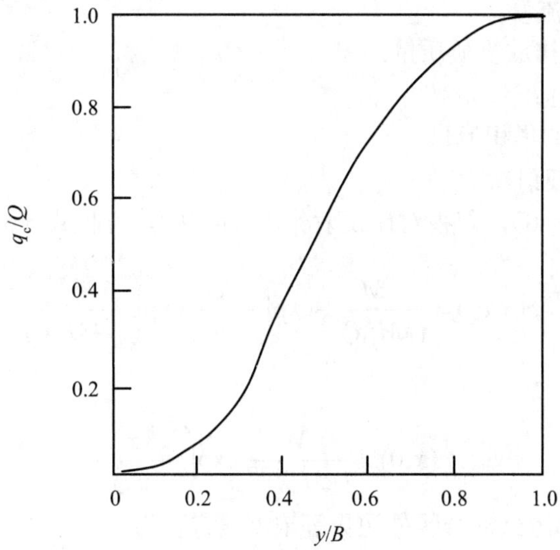

图6-4　累积流量的横向分布

引入累积流量坐标q_c（y），代替直角坐标y，相应的水质方程为

$$\frac{\partial c}{\partial x}=\frac{\partial}{\partial q_c(y)}\left(M_c\frac{\partial c}{\partial q_c(y)}\right)-Kc\cdot m_x/\bar{u} \tag{6-18}$$

式中：M_c——横向混合因子，$M_c=m_x\cdot h\cdot\bar{u}\cdot M_y$；

m_x —— 河流纵向形状系数，$m_x \approx 1$；

$\overline{u}$ —— 横断面上的平均流速。

设 M_c 为常数，并用 $K/\overline{u}$ 近似代替 $K \cdot m_x/\overline{u}$，则式（6-18）成为

$$\frac{\partial c}{\partial x} = M_c \frac{\partial^2 c}{\partial q_c^2} - Kc/\overline{u} \tag{6-19}$$

（2）连续点源的河流平面二维水质模式

设定条件：河宽为 B，在离岸边距离为 y_s 处有一连续点源，源强为 M，水质组分 c 的一级动力学反应系数为 K。

二维水质方程式（6-18）的解析解为

$$c(x,q_c) = \frac{M}{(4\pi M_c x)^{1/2}} \exp\left(-\frac{Kx}{u}\right) \cdot \left\{\sum_{n=-\infty}^{+\infty}\left[\exp\left(-\frac{(q_c - q_{cs} - 2nQ)^2}{4M_c x}\right) + \exp\left(-\frac{(q_c + q_{cs} + 2nQ)^2}{4M_c x}\right)\right]\right\} \tag{6-20}$$

式中：Q —— 河流总流量；

M —— 源强，排放物质质量；

u —— 平均流速；

q_{cs} —— 排放源的累积流量；

n —— 河岸的反射次数。

在岸边排放（$q_{cs}=0$），忽视对岸反射作用（$n=0$），方程式（6-20）简化为

$$c(x,q_c) = \frac{M}{(\pi M_c x)^{1/2}} \exp\left(-\frac{Kx}{u}\right) \exp\left(-\frac{q_c^2}{4M_c x}\right) \tag{6-21}$$

岸边的浓度为

$$c(x,0) = \frac{M}{(\pi M_c x)^{1/2}} \exp\left(-\frac{Kx}{u}\right) \tag{6-22}$$

当 $K=0$ 时，得到污染混合区外边界等浓度线方程为

$$y = b_s \sqrt{-\mathrm{e}\frac{x}{L_s} \ln\left(\frac{x}{L_s}\right)} \tag{6-23}$$

式中：$L_s = \dfrac{1}{\pi u M_c}\left(\dfrac{M}{hc_a}\right)^2$ —— 污染混合区纵向最大长度；

$b_s = \sqrt{\dfrac{2M_c L_s}{eu}}$ —— 污染混合区横向最大宽度；

$x_c = \dfrac{L_s}{e}$ —— 污染混合区最大宽度对应的纵坐标，e 为数学常数，取值 2.718。

式中：c_a —— 允许升高浓度，$c_a = c_s - c_h$，mg/L；

c_s —— 水功能区所执行的污染物浓度标准限值，mg/L；

c_h —— 污染物浓度，mg/L。

离岸排放（$q_{cs} \neq 0$），忽视远岸反射作用（n=0），方程式（6-20）简化为

$$c(x,q_c) = \frac{M}{(4\pi M_c x)^{1/2}} \exp\left(-\frac{Kx}{u}\right) \cdot \left\{ \exp\left[-\frac{(q_c - q_{cs})^2}{4M_c x}\right] + \exp\left[-\frac{(q_c + q_{cs})^2}{4M_c x}\right] \right\} \tag{6-24}$$

在环境影响评价中，要求预测不同水期的水质影响时，需要根据具体情况分析是采用岸边排放模式还是离岸排放模式进行预测计算。

5．常规污染物瞬时点源排放水质预测模式

（1）瞬时点源的河流纵向一维水质模式

设定条件：河流为顺直均匀的一维河流，流量为 Q，横断面面积为 A_c，断面平均流速为 $u=Q/A_c$，纵向离散系数为 D_L，瞬时点源源强为 M，水质组分 c 的一阶动力学反应速率为 K。

水质基本方程：

$$\frac{\partial c}{\partial t} + u\frac{\partial c}{\partial x} = D_L \frac{\partial^2 c}{\partial x^2} - Kc \tag{6-25}$$

初始条件和边界条件：

$$\begin{cases} c(x,0) = 0 \\ c(0,t) = (M/Q)\delta(t) \\ c(\infty,t) = 0 \end{cases}$$

式中：

$$\delta(t) = \begin{cases} 1 \ , & t = 0 \\ 0 \ , & t \neq 0 \end{cases}$$

利用δ（t）函数的特性和拉氏变换，得到方程式（6-25）的解

$$c(x,t) = \frac{M}{2A_c(\pi D_L t)^{1/2}} \exp\left(-\frac{Kx}{u}\right) \exp\left(-\frac{(x-ut)^2}{4D_L t}\right) \tag{6-26}$$

在距离瞬时点源下游 x 处的污染物浓度峰值为

$$c_{\max}(x)=\frac{M}{2A_{c}(\pi D_{L}t)^{1/2}}\exp\left(-\frac{Kx}{u}\right) \tag{6-27}$$

（2）瞬时点源的河流平面二维水质模式

瞬时点源河流二维水质一般基本方程为

$$\frac{\partial c}{\partial t}+u\frac{\partial c}{\partial x}=M_{x}\frac{\partial^{2}c}{\partial x^{2}}+M_{y}\frac{\partial^{2}c}{\partial y^{2}}-Kc \tag{6-28}$$

式中符号含义同前。

设定条件：河流宽度为 B，瞬时点源源强为 M，点源离河岸一侧的距离为 y_0，方程的解析解为

$$c(x,y,t)=\frac{M}{4\pi t(\mathrm{M}_{x}M_{y})^{1/2}}\exp\left(-\frac{Kx}{u}\right)\exp\left(-\frac{(x-ut)^{2}}{4M_{x}t}\right)\sum_{-\infty}^{+\infty}\exp\left(-\frac{(y-2nB\pm y_{0})^{2}}{4M_{y}t}\right) \tag{6-29}$$

$(n=0,\ \pm1,\ \pm2,\ \cdots)$

忽视河岸反射作用（$n=0$），方程（6-29）简化为

$$c(x,y,t)=\frac{M}{(4\pi t)(\mathrm{M}_{x}M_{y})^{1/2}}\exp\left(-\frac{Kx}{u}\right)\exp\left(-\frac{(x-ut)^{2}}{4M_{x}t}\right)\left\{\exp\left[-\frac{(y+y_{0})^{2}}{4M_{y}t}\right]+\exp\left[-\frac{(y-y_{0})^{2}}{4M_{y}t}\right]\right\} \tag{6-30}$$

当瞬时点源在岸边时，取 $y_0=0$。

6．有毒有害污染物（相对密度 $\rho\leqslant1$）瞬时点源排放预测模式

采用瞬时点源排放模式预测有毒有害化学品事故泄漏进入水体的影响，首先需要判断是否可以作为瞬时点源处理。

对于泄漏总量 M，可采用式（6-31）计算将纯化学品稀释到溶解度所需要的水体水量，以判断泄漏事故是否可以作为“瞬时点源”处理。

$$V_{0}=\frac{M\times10^{8}}{c_{s}} \tag{6-31}$$

式中：M—— 泄漏总量，kg；

c_s—— 溶解度，mg/L；

V_0—— 水体体积，m^3。

在河流水体足以使泄漏的化学品迅速得到稀释，并且其浓度达到溶解度以下时，在河流水体中溶解态的浓度分布表示为

$$c(x,t)=\frac{M_{\mathrm{D}}}{2A_{\mathrm{c}}(\pi D_{\mathrm{L}}t)^{1/2}}\exp\left(\frac{-(x-ut)^2}{4D_{\mathrm{L}}t}-K_{\mathrm{e}}t\right)+\frac{K_{\mathrm{V}}'}{K_{\mathrm{V}}'+\sum K_i}\cdot\frac{p}{K_{\mathrm{H}}}[1-\exp(-K_{\mathrm{e}}t)] \quad (6\text{-}32)$$

式中：c —— 溶解态浓度；

K_{e} —— 计算式为 $K_{\mathrm{e}}=\dfrac{K_{\mathrm{V}}'+\sum K_i}{1+K_{\mathrm{p}}S}$；

M_{D} —— 计算式为 $M_{\mathrm{D}}=\dfrac{M}{1+K_{\mathrm{P}}S}$；

M —— 泄漏的化学品总量；

K_{V}' —— 计算式为 $K_{\mathrm{V}}'=K_{\mathrm{V}}/D$；

K_{V} —— 挥发速率；

D —— 水深；

$\sum K_i$ —— 一级动力学转化速率（除挥发以外）；

p —— 水面上大气中有毒污染物的分压；

K_{H} —— 亨利常数；

K_{P} —— 分配系数；

S —— 悬浮颗粒物浓度。

在泄漏点下游 x 处，假定 $p=0$，化学品的峰值浓度为

$$c_{\max}(x)=\frac{M_{\mathrm{D}}}{2A_{\mathrm{c}}(\pi D_{\mathrm{L}}t)^{1/2}}\exp(-K_{\mathrm{e}}t) \quad (6\text{-}33)$$

在时间 t_{s}，处于各种形态的化学品量可用以下公式计算。

（1）溶解态污染物总量 M_{D}

$$M_{\mathrm{D}}(t_{\mathrm{s}})=M_{\mathrm{D}}\exp(-K_{\mathrm{e}}t_{\mathrm{s}}) \quad (6\text{-}34)$$

（2）吸附态污染物总量 M_{s}

$$M_{\mathrm{s}}(t_{\mathrm{s}})=K_{\mathrm{P}}SM_{\mathrm{D}}\exp(-K_{\mathrm{e}}t_{\mathrm{s}}) \quad (6\text{-}35)$$

（3）挥发的污染物总量 M_{V}

$$M_{\mathrm{V}}(t_{\mathrm{s}})=\frac{M_{\mathrm{D}}K_{\mathrm{V}}'}{K_{\mathrm{e}}}[1-\exp(-K_{\mathrm{e}}t_{\mathrm{s}})] \quad (6\text{-}36)$$

（4）降解的污染物总量 M_{DK}

$$M_{\mathrm{DK}}(t_{\mathrm{s}})=\frac{M_{\mathrm{D}}\sum K_i}{K_{\mathrm{e}}}[1-\exp(-K_{\mathrm{e}}t_{\mathrm{s}})] \quad (6\text{-}37)$$

三、湖泊（水库）水环境影响预测方法

1．湖泊、水库水质箱模式

以年为时间尺度来研究湖泊、水库的富营养化过程中，往往可以把湖泊看作一个完全混合反应器，其水质基本方程为

$$V\frac{\mathrm{d}c}{\mathrm{d}t}=Qc_{\mathrm{E}}-Qc+S_{\mathrm{c}}+\gamma(c)V \tag{6-38}$$

式中：V—— 湖泊中水的体积，m^3；

Q—— 平衡时流入与流出湖泊的流量，m^3；

c_{E}—— 流入湖泊的水量中水质组分浓度，g/m^3；

c—— 湖泊中水质组分浓度，g/m^3；

S_{c}—— 如非点源一类的外部源或汇，m^3；

γ（c）—— 水质组分在湖泊中的反应速率。

若无外部源或汇（$S_{\mathrm{c}}=0$），则式（6-38）变为

$$V\frac{\mathrm{d}c}{\mathrm{d}t}=Qc_{\mathrm{E}}-Qc+\gamma(c)V \tag{6-39}$$

当所考虑的水质组分在反应器内的反应符合一级反应动力学，而且是衰减反应时，则

$$\gamma(c)=-Kc \tag{6-40}$$

式（6-40）变为

$$V\frac{\mathrm{d}c}{\mathrm{d}t}=Qc_{\mathrm{E}}-Qc-KcV \tag{6-41}$$

式中：K—— 一级反应速率常数，a^{-1}。

当反应器处于稳定状态时，$\mathrm{d}c/\mathrm{d}t=0$，式（6-41）变为

$$c=c_{\mathrm{E}}\left(\frac{1}{1+Kt}\right) \tag{6-42}$$

式中：t—— 滞留时间（容积/年出流水量），a。

2．湖泊（水库）的富营养化预测模型

湖泊（水库）中早期经典的营养盐负荷预测模型有 Vollenweider 模型和 Dillon 模型。两个模型均为经验模型，其衰减参数已经固定，用于具体湖泊评价中精度较低。如果有多年数据，可直接按照稳态零维模式（6-24）率定一级反应速率常数 K，进行预测评价。

（1）Vollenweider 负荷模型

Vollenweider 最早提出磷负荷与水体中藻类生物量存在一定关系，1976 年提出营养物质负荷模型：

$$[\mathrm{P}]=\frac{L_{\mathrm{p}}}{q(1+\sqrt{T_{\mathrm{R}}})} \tag{6-43}$$

式中：[P] —— 磷的年平均质量浓度，$\mathrm{mg/m^3}$；

L_{p} —— 单位面积磷负荷（年总磷负荷/水面面积），mg/（a×$\mathrm{m^2}$）；

q —— 单位面积水负荷（年入流水量/水面面积），$\mathrm{m^3}$/（a×$\mathrm{m^2}$）；

T_{R} —— 滞留时间（容积/年出流水量），a。

（2）Dillon 负荷模型

Dillon 和 Rigler 收集了南安大略 18 个湖的数据，提出适合估算春季对流时期磷的湖内平均浓度的磷负荷模型：

$$[\mathrm{P}]=\frac{L_{\mathrm{p}}\cdot T_{\mathrm{R}}(1-\varphi)}{\bar{\partial}} \tag{6-44}$$

式中：[P] —— 春季对流时期磷平均质量浓度，mg/L；

φ —— 磷的滞留系数，$\varphi=1-\dfrac{q_0[\mathrm{P}]_{\mathrm{o}}}{\sum\limits_{i=1}^{N}q_i[\mathrm{P}]_i}$；

q_0 —— 湖泊出流水量，$\mathrm{m^3/a}$；

$[\mathrm{P}]_{\mathrm{o}}$ —— 出流磷质量浓度，mg/L；

N —— 入流源数目；

q_i —— 源 i 的入湖水量，$\mathrm{m^3/a}$；

$[\mathrm{P}]_i$ —— 入流 i 的磷的质量浓度，mg/L；

$\bar{\partial}$ —— $\bar{V}/A$，平均深度，m；

$\bar{V}$ —— 湖泊平均蓄水体积，$\mathrm{m^3}$；

A —— 湖泊平均水面积，$\mathrm{m^2}$。

四、河口海湾水环境影响预测方法

在潮汐河口和海湾中，最重要的质量输移机理通常是水平面的输移。虽然存在垂向输移，但与水平输移相比较是较小的。因此，浅水或受风和波浪影响很大的水体，在描述水动力学特性和水质组分的输移时，通常忽略垂向输移，将其看作二维系统来处理。在很多情况下，横向输移也是可以忽略的，此时，可以用一维模型来描述纵向水动力学特性和水质组分的输移。

1．潮汐河流一维水质预测模式

（1）一维的潮汐河流水质方程

假定在垂向和横向方向上的混合输移是可以忽略的，即水质组分在纵向上的混合输移是最重要的，此时，水质方程简化为一维方程。

$$\frac{\partial(Ac)}{\partial t}=-\frac{\partial(Qc)}{\partial x}+\frac{\partial}{\partial x}\left(E_x\cdot A\frac{\partial c}{\partial x}\right)+A(S_{\mathrm{L}}+S_{\mathrm{B}})+AS_{\mathrm{K}} \tag{6-45}$$

相应地，以质量守恒形式表示的方程为

$$\frac{\partial M}{\partial t}=-uc+E_xA\frac{\partial c}{\partial x}\pm S \tag{6-46}$$

在潮汐河流中，最常用的是一维的水质方程。甚至在不完全满足一维条件的潮汐河流中，一维模型也常用来描述水质组分的纵向分布及比较不同污染负荷的水质状况。

（2）一维潮平均的水质方程

在潮汐河流中，水质组分浓度 $c=c(x, t)$ 随潮流运动而变化，当排放的污染负荷稳定时，水质浓度的变化也具有一定的规律。此时，潮平均的浓度值是描述水质状况的一个重要参数。

对方程式（6-45）进行潮周平均：

$$\frac{\partial(\bar{A}\bar{c})}{\partial t}=-\frac{\partial(\bar{A}\bar{U}_{\mathrm{f}}\bar{c})}{\partial x}+\frac{\partial}{\partial x}\left(\bar{A}\bar{E}_x\frac{\partial\bar{c}}{\partial x}\right)+\bar{A}(\bar{S}_{\mathrm{L}}+\bar{S}_{\mathrm{B}})+\bar{A}\bar{S}_{\mathrm{K}} \tag{6-47}$$

式中：t —— 潮汐周期时间；

$\bar{U}_{\mathrm{f}}$ —— 潮平均净流量；

上标“－”表示潮平均值。

式（6-47）的 $\bar{E}_x$ 与式（6-46）中的 E_x 瞬时值有所不同，$\bar{E}_x$ 为潮平均等效纵向离散系数，与通常的潮平均值也不同。

当 $\partial(\bar{A}\bar{c})/\partial t=0$ 时，为潮平均稳态方程。

（3）一维潮平均方程的解析解（O’Connor 河口衰减模式）

对于均匀的潮汐河流及水质组分为一级动力学反应的情形，潮平均稳态方程为

$$\bar{U}_{\mathrm{f}}\frac{\partial\bar{c}}{\partial x}=\frac{\partial}{\partial x}\left(E_x\frac{\partial\bar{c}}{\partial x}\right)-K\bar{c} \tag{6-48}$$

方程的解的形式为

$$J=\frac{\bar{U}_{\mathrm{f}}}{2\bar{E}_x}\left[1+\left(1+4K\bar{E}_x/\bar{U}_{\mathrm{f}}^2\right)^{1/2}\right] \qquad x<0$$

$$J=\frac{\bar{U}_{\mathrm{f}}}{2\bar{E}_x}\left[1-\left(1+4K\bar{E}_x/\bar{U}_{\mathrm{f}}^2\right)^{1/2}\right] \qquad x>0 \tag{6-49}$$

$$\overline{c}_0=\left(\frac{c_{\mathrm{e}}Q_{\mathrm{e}}}{Q_{\mathrm{f}}+Q_{\mathrm{e}}}\right)/\left(1+4K\overline{E}_x/\overline{U}_{\mathrm{f}}^2\right)^{1/2}$$

式中：Q_{f}——潮平均余流量，一般为径流量与污水量之和。

$K\overline{E}_x/\overline{U}_{\mathrm{f}}^2$ 通常称为 O′Connor 数，用 n 表示。在内陆河流，n 约为 0～0.05，在潮汐河流中，一般情况下，n≈1.0 或更大。对于非保守性物质，完全混合的稀释度与 n 值有关；若 n=0.75，忽略污水时，则 $c_0=\dfrac{1}{2}\left(\dfrac{c_{\mathrm{e}}\cdot Q_{\mathrm{e}}}{Q_{\mathrm{f}}}\right)$。

在潮汐河流中，由潮区界向下至河口，纵向离散系数 $\overline{E}$ 是逐渐增大的，一般地，O′Connor 数也增大。

2．潮汐河口二维水质预测模式

描述潮汐河口的二维水质方程为

$$\frac{\partial c}{\partial t}=-u\frac{\partial c}{\partial x}-v\frac{\partial c}{\partial y}+\frac{\partial}{\partial x}\left(M_x\frac{\partial c}{\partial x}\right)+\frac{\partial}{\partial y}\left(M_y\frac{\partial c}{\partial y}\right)+S_{\mathrm{L}}+S_{\mathrm{B}}+S_{\mathrm{K}} \tag{6-50}$$

式中：c——水质组分的浓度；

u，v——垂向平均的纵向和横向流速；

M_x，M_y——纵向和横向扩散系数；

S_{L}——直接的点源或非点源源强；

S_{B}——由边界输入的源强；

S_{K}——动力学转化率，正为源，负为汇；

x，y——直角坐标；

t——时间。

从潮汐河口水质模型的实用数值解考虑，式（6-50）可以写成质量守恒的形式：

$$\frac{\partial M}{\partial t}=-uc-vc+M_x\frac{\partial c}{\partial x}+M_y\frac{\partial c}{\partial y}\pm S \tag{6-51}$$

式中：M——单位体积的水质组分的质量；

S——水质组分的源和汇。

无论是采用式（6-50）还是式（6-51）来预测潮汐河口的水质变化，都需要求解潮汐河口水动力学模型获取流场（u，v，t）状况。一般采用有限差分法、有限元法、有限体积法等数值求解方法来模拟预测流场和浓度场的分布与变化。

3．海湾二维水质预测模式

在海湾二维水质预测中，通常需要采用数值模式，同时计算潮流场和浓度场。

（1）海湾潮流模式

$$\frac{\partial z}{\partial t}+\frac{\partial}{\partial x}[(h+z)u]+\frac{\partial}{\partial y}[(h+z)v]=0 \tag{6-52}$$

$$\frac{\partial u}{\partial t}+u\frac{\partial u}{\partial x}+v\frac{\partial u}{\partial y}-fv+g\frac{\partial z}{\partial x}+g\frac{u(u^2+v^2)^{1/2}}{c_z^2(h+z)}=0 \tag{6-53}$$

$$\frac{\partial v}{\partial t}+u\frac{\partial v}{\partial x}+v\frac{\partial v}{\partial y}-fv+g\frac{\partial z}{\partial y}+g\frac{v(u^2+v^2)^{1/2}}{c_z^2(h+z)}=0 \tag{6-54}$$

初始条件：可以自零开始，也可以利用过去的计算结果或实测值直接输入计算。

边界条件：陆边界，边界的法线方向流速为零；水边界，可以输入开边界上已知潮汐调和常数的水位表达式或边界点上的实测水位过程。

常用的数值求解方法有有限差分法和有限元法。

（2）海湾二维水质模式

$$\begin{aligned}&\frac{\partial[(h+z)c]}{\partial t}+\frac{\partial[(h+z)uc]}{\partial x}+\frac{\partial[(h+z)uc]}{\partial y}\\&=\frac{\partial}{\partial x}[(h+z)M_x\frac{\partial c}{\partial x}]+\frac{\partial}{\partial y}[(h+z)M_y\frac{\partial c}{\partial y}]+S_{\mathrm{p}}\end{aligned} \tag{6-55}$$

初值和源强：

$$c_{i,j}^{(0)}=c_{\mathrm{h}}，\quad S_{i,j}^{(l)}=\begin{cases}\dfrac{c_{\mathrm{p}}^{(l)}Q_{\mathrm{p}}^{(l)}}{\Delta x\Delta y}&，\text{排放点}\\0&，\text{非排放点}\end{cases}$$

边界条件：陆边界，法线方向的一阶偏导数为零；水边界，可以取边界内测点的值。

常用的数值求解方法有有限差分法、有限元法和有限体积（单元）法。

第三节　河流水质模型的应用

一、河流水质模型选择

从理论上考虑，水质模型应该包括在所模拟的河流水体中对水质组分起重要作用的现象和过程；从实用性和经济性角度考虑，最好是选择使用简便、通用，又能满足所研究的特定水质问题的模型。

在选择模型时，必须考虑以下几个重要的技术问题。

①水质模型的空间维数；

②水质模型所描述（或所使用）的时间尺度；

③污染负荷、源和汇；

④模拟预测的河段范围；

⑤流动及混合输移；

⑥水质模型中的变量和动力学结构。

1．水质模型的空间维数

大多数的河流水质预测评价采用一维稳态模型，对于大中型河流中的废水排放，横向浓度梯度（变化）较明显，需要采用二维模型进行预测评价。

在河流水质预测评价中，一般不采用三维模型。

如果污染物进入水域后，在一定范围内经过平流输移、纵向离散和横向混合后达到充分混合，或者根据水质管理的精度要求允许不考虑混合过程而假定在排污口断面瞬时完成均匀混合，即假定水体内在某一断面处或某一区域之外实现均匀混合，则可采用水质模型进行预测评价。

《环境影响评价技术导则　地表水环境》（HJ 2.3—2018）中给出了判定河流中达到横向均匀混合的计算式（6-56）。在混合过程段下游河段（$x>L$），可以采用一维模型；在混合过程段（$x\leqslant L$），应采用二维模型。

$$L_{\mathrm{m}}=\left\{0.11+0.7\left[0.5-\frac{a}{B}-1.1\left(0.5-\frac{a}{B}\right)^2\right]^{1/2}\right\}\frac{uB^2}{E_y} \tag{6-56}$$

式中：L_{m}——混合段长度，m；

B——水面宽度，m；

a——排放口到岸边的距离（最大取值 $0.5B$），m；

u——断面流速，m/s；

E_y——污染物横向扩散系数，m^2/s。

不考虑混合距离的重金属污染物、部分有毒物质及其他保守物质的下游浓度预测，可采用零维模型。

对于有机物降解性物质，当需要考虑降解时，可采用零维模型分段模型，但计算精度和实用性较差，最好用一维模型求解。

2．水质模型的时间尺度

在水质预测中使用时间尺度时，按逐渐增加水质模型复杂性的顺序，依次为：①稳态；②准稳态；③动态。

在稳态预测中，只预测计算水质浓度的空间分布。当采用在一定时段内平均的污染负荷、河流流量等作为定常条件时，预测得到的水质浓度分布是该时段的真实水质浓度的平均值。

如在建设项目环评中采用预测的污染源强、多年平均枯水期月平均流量进行预测，得到的是相应于多年平均枯水期月平均流量条件下的水质浓度值。

准稳态的预测通常是在稳态的基础上考虑部分随时间变化的因素。

准稳态可以有以下几种状态：

◆ 定常污染负荷—变化的河流流量；

◆ 变化的污染负荷—定常河流流量；

◆ 定常污染负荷—定常河流流量—变化的其他环境参数。

在建设项目环评中常需要考虑的准稳态是“变化的污染负荷—定常河流流量”状况，如在设计河流水文条件、污染物事故排放情形下的水质影响预测。

在动态预测中，河流流量、污染物负荷和温度等均随时间变化，预测计算得到的水质浓度随时间和空间而变化。

在河流水质预测评价中，绝大多数情况下采用稳态或准稳态进行预测。

3．污染负荷、源和汇

一般而言，影响河流水质状况的污染负荷、源和汇包括以下几项：

①来自城市污水处理厂的点源；

②来自工矿企业（直接排入水体）的点源；

③来自城市下水道系统的城市径流；

④非点源；

⑤河流上游或支流带入的污染物（包括氧亏）；

⑥河床内的源和汇（污染物沉积、再悬浮、底泥耗氧、藻类产氧和耗氧等）。

4．模拟预测的河段范围

HJ 2.3—2018 中要求预测范围应覆盖评价范围，并根据受影响地表水体水文要素与水质特点合理拓展。

从技术上考虑，对于预计可能受到明显影响的重要水域，应划入预测范围；在预测溶解氧时，预测的范围应包括溶解氧区域。在预测的河段范围内，水文特征突然变化和水质突然变化处的上游、下游、重要水工建筑物附近、水文站附近、例行水质监测断面均是模拟预测的关心点。

5．流动及混合输移

进行水质预测要求河流流量平衡。因此，需要考虑较重要的支流和污染源的流量。在某些情况下，还需要考虑地下水排泄和地表水下渗补给对河流流量的影响。

除了与水质数据相对应的流量（包括设计流量），还需要有相应流量下的河流横断面面积、水深和流速等。

有关河道地形、水文、水力学的数据收集包括：

①各河段长度；

②水位—面积、水位—河宽、水位—流量等相关关系；

③河床底坡坡度；

④水力半径随水深的变化；

⑤河床粗糙系数。

对于单向河流而言，在利用稳态模型进行预测时，纵向离散作用与对流输移作用相比很小，在模型中不考虑纵向离散的影响，但利用准稳态模型进行瞬时源或有限时段源的影响预测时，需要考虑纵向离散系数。

在利用二维稳态模型进行预测时，需要收集河道地形、水力学特征沿河流横断面方向变化的数据，同时需要考虑横向混合系数。

6．模型中的变量和动力学结构

按照污染物在水环境中输移、衰减的特点，一般利用水质模型进行预测评价的污染物可以分为4类：

①持久性污染物（在水环境中难降解、毒性大、易长期累积的有毒物质）；

②非持久性污染物；

③酸和碱（以pH表征）；

④废热（以温度表征）。

对于非持久性污染物，一般采用一阶反应动力学来反映衰减规律。

对于持久性污染物，在沉降作用明显的河段，一般可以近似地采用相应的非持久性污染物预测模式。

在进行河流溶解氧预测时，需要根据具体情况选择确定河流溶解氧模型结构及包括的溶解氧模型变量。

7．常用的河流水质模式选择

常用的河流水质模式及其选择见表6-1。

表6-1 常用的河流水质模式

河流及污染物特征	适用的水质模式
1．持久性污染物（连续排放）	
完全混合河段	河流完全混合模式
横向混合过程段	（1）河流二维稳态混合模式（直角坐标系）
	（2）河流二维稳态累积流量模式（累积流量坐标）
沉降作用明显的河段	河流一维稳态模式，沉降作用近似为 $\frac{dc}{dt}=-K_3c$（K_3为沉降速率）
2．非持久性污染物（连续排放）	
完全混合河段	河流一维稳态模式，一级动力学方程 $\frac{dc}{dt}=-K_1c$（K_1为降解速率）
横向混合过程段	（1）河流二维稳态混合衰减模式（直角坐标系）
	（2）河流二维稳态累积流量衰减模式（累积流量坐标）
沉降作用明显的河段	河流一维稳态模式，考虑沉降作用的反应方程式近似为 $\frac{dc}{dt}=-(K_1+K_3)c$（$K_1$为降解速率，$K_3$为沉降速率）
3．溶解氧	河流一维DO-BOD耦分模式（如S-P模式）

河流及污染物特征	适用的水质模式
4. 瞬时源（或有限时段源）	
中、小河流	河流一维准稳态模式（流量定常—污染负荷变化）
大型河流	河流二维准稳态模式

二、河流水质模型参数的确定方法

河流水质模型参数的确定方法包括：公式计算和经验估值、室内模拟实验测定、现场实测、水质数学模型率定。

1. 单参数测定方法

（1）耗氧系数 K_1 的单独估值方法

① 实验室测定法

$$K_1 = K_1' + (0.11 + 54i)u / h \tag{6-57}$$

试验数据的处理建议采用最小二乘法或作图法。

② 两点法

$$K_1 = \frac{86\,400\,u}{\Delta x}\ln\frac{c_A}{c_B} \tag{6-58}$$

③ 多点法（$m \geqslant 3$）

$$K_1 = 86\,400\,u\left(m\sum_{i=1}^{m}x_i\ln c_i - \sum_{i=1}^{m}\ln c_i\sum_{i=1}^{m}x_i\right)\Bigg/\left[\left(\sum_{i=1}^{m}x_i\right)^2 - m\sum_{i=1}^{m}x_i^2\right] \tag{6-59}$$

④ Kol 法

$$K_1 = \frac{86\,400\,u}{\Delta x}\ln\frac{\exp(-K_2\Delta x/u)(\mathrm{DO}_2-\mathrm{DO}_1)-\mathrm{DO}_3+\mathrm{DO}_2}{\exp(-K_2\Delta x/u)(\mathrm{DO}_3-\mathrm{DO}_2)-\mathrm{DO}_4+\mathrm{DO}_3} \tag{6-60}$$

（2）复氧系数 K_2 的单独估值方法——经验公式法

①欧康那-道宾斯（O’Connor-Dobbins，简称欧-道）公式

$$K_{2(20℃)} = 294\frac{(D_m u)^{1/2}}{h^{3/2}},\ C_Z \geqslant 17 \tag{6-61}$$

$$K_{2(20℃)} = 824\frac{D_m^{0.5} i^{0.25}}{h^{1.25}},\ C_Z < 17 \tag{6-62}$$

$$C_Z = \frac{1}{n}h^{1/6}$$

$$D_m = 1.774\times10^{-4}\times1.037^{(t-20)}$$

② 欧文斯等（Owens，et al.）的经验式

$$K_{2(20℃)}=5.34\frac{u^{0.67}}{h^{1.85}}\quad（0.1\ \mathrm{m}\leqslant h\leqslant 0.6\ \mathrm{m}，u\leqslant 1.5\ \mathrm{m/s}）\tag{6-63}$$

③ 丘吉尔（Churchill）经验式

$$K_{2（20℃）}=5.03\frac{u^{0.696}}{h^{1.673}}\quad（0.6\ \mathrm{m}\leqslant h\leqslant 8\ \mathrm{m}，0.6\ \mathrm{m/s}\leqslant u\leqslant 1.8\ \mathrm{m/s}）\tag{6-64}$$

（3）K_1、K_2 的温度校正

$$K_{1或2（t）}=K_{1或2（20℃）}\cdot\theta^{（t-20）}\tag{6-65}$$

温度常数 θ 的取值范围：

对 K_1：θ 为 1.02～1.06，一般取 1.047；

对 K_2：θ 为 1.015～1.047，一般取 1.024。

（4）混合系数的经验公式单独估算法

① 泰勒（Taylor）法求横向混合系数 M_y（适用于河流）

$$M_y=(0.058h+0.006\,5B)(ghi)^{1/2}，\ B/h\leqslant 100\tag{6-66}$$

② 费希尔（Fischer）法求纵向离散系数（适用于河流）

$$D_{\mathrm{L}}=0.011\,u^2B^2/hu^*\tag{6-67}$$

（5）混合系数的示踪试验测定法

示踪试验法是向水体中投放示踪物质，追踪测定其浓度变化，据此计算所需要的各环境水力参数的方法。示踪物质有无机盐类（NaCl、LiCl）、荧光染料（如工业碱性玫瑰红）和放射性同位素等，示踪物质的选择应满足以下要求：① 具有在水体中不沉降、不降解，不产生化学反应的特性；② 测定简单准确；③ 经济；④ 对环境无害。

示踪物质的投放方式有瞬时投放、有限时段投放和连续恒定投放。连续恒定投放时，其投放时间（从投放到开始取样的时间）应大于 1.5 x_m/u（x_m 为投放点到最远取样点的距离）。瞬时投放具有示踪物质用量少、作业时间短、投放简单、数据整理容易等优点。数据整理建议采用拟合曲线法。示踪试验可以求出 M_x、M_y。

2．多参数优化法

多参数优化法是根据实测的水文、水质数据，利用优化方法同时确定多个环境水力学参数的方法。此方法也可以只确定一个参数。利用多参数优化法确定的环境水力学参数是局部最优解，当要确定的参数较多时，优化的结果可能与其物理意义差别较大。为了提高解的合理性，可以采取以下措施：

①根据经验限制各环境水力学参数的取值范围，确定初值；

②降低维数，可用其他方法确定的参数尽量用其他方法确定。

多参数优化法所需要的数据，因被估值的环境水力学参数及采用的数学模式不同而异，一般需要以下几个方面的数据：① 各测点的位置，各排放口的位置，河流分段的断面位置；② 水文方面：u、Q_h、H、B、i、u_{max} 等；③ 水质方面：拟预测水质参数在各测点的浓度以及数学模式中所涉及的参数；④ 各测点的取样时间；⑤ 各排放口的排放量、排放浓度；⑥ 支流的流量及其水质。

3．沉降系数 K_3 和综合削减系数 K 的估值方法

K_3 和 K 的估值可以采用单参数或多参数估值方法：① 利用两点法确定 K_1+K_3 或 K；② 利用多点法确定 K_1+K_3 或 K；③ 利用多参数优化法确定 K_3、K。

三、水质数学模型的标定与检验

1．水质模型标定与检验的概念

水质模型的标定与检验，实际上是实测的水质数据与模型计算的水质分布的比较。这些“比较”所包括的内容和条件如下：

①各实测的水质数据系列与根据其相应条件（如污染负荷、流量、水温等）计算的水质数据（所有重要的水质组分）的比较。

②对于所有的水质数据系列和取得某一数据系列的所有河段，均应使用相同的负荷组分、速率系数和输移系统。

③负荷、源、汇、反应速率和输移在时间上和在空间位置上应该是长期不变的；除非系统的变量是与所定义的过程相互联系的，或者是能直接测量的（如流量、水温等）。

④要有两个或两个以上相似条件下的计算水质浓度和实测水质浓度的比较。

⑤必须在将来的计算中将使用的时间和空间尺度进行比较。

最后一条的含义是稳态、准稳态和动态模型的计算水质必须与相对应的实测水质数据进行比较。例如，动态模型必须相应于动态数据来标定和验证，即，在 $t=0$ 的数据用于模型的初始条件，在 $t=t_1$，$t=t_2$，…，$t=t_n$ 进行计算值和实测值的比较。

2．水质模型的标定

利用选择的水质模型，对于各实测水质数据相对应的污染负荷、流量和水温条件进行水质计算，调整反应速率和第Ⅱ类污染负荷的数值，使计算值与实测值相符，并得到一组一致性的模型参数。

在水质模型的标定中，计算值与实测值的比较常用统计特性分析来进行。常用的三个方法是：平均值的比较、回归分析和相对误差。

①平均值的比较：在多组相应的污染负荷、输移（流量、扩散）和水温条件下，实测数据的平均值与计算平均值的比较。可以使用“学生”概率密度函数进行平均值比较。

②回归分析：计算值与实测值之间的回归分析方程为

$$X = aC + E \qquad (6\text{-}68)$$

式中：C —— 计算值；

X —— 实测值；

E —— X 的误差。

在这里，假定计算值是已知的并具有确定性，而 E 是 X 的测量误差。

③相对误差：相对误差的计算公式为

$$e = \frac{|X - C|}{X} \qquad (6\text{-}69)$$

相对误差可在空间或时间上聚合，并可计算误差的累积频率。

3．水质模型的检验

模型的检验是利用与标定模型所用的数据无关的污染负荷、流量和水温资料进行水质计算，验证模型计算的结果与现场实测数据是否相符。

同样要求使用上述统计特性参数来进行实测数据和计算结果之间的比较。

检验模型与标定模型所用的实测资料是无关的。在许多情况下，要求在标定模型后进行模型检验所需要的现场实测和数据收集工作。

在模型检验中要求考虑水质参数（速率）的灵敏度分析。灵敏度分析主要是检验水质参数的适用条件。

在灵敏度分析中，给予对水质计算结果较敏感的系数值一个微小扰动，对相应于各组次实测水质的污染负荷、流量、水温条件进行水质计算，比较计算值与实测值。

如果计算值与实测值之间有相对均匀的偏离，通常就说明在模型标定时确定的这些系数适用于较大范围的污染负荷、流量和水温条件下的水质计算。

如果计算值有很明显的变化或没有变化，则需要再进行多组次的流量、水温和污染负荷条件下的实测值和计算值的比较，以确定合适的系数值。

第七章　地下水环境影响预测与评价

第一节　地下水的运动

地下水在岩土空隙中的运动称为渗流（渗透），受介质阻滞，渗流速率远较地表水缓慢。渗流特征及变化规律的物理场称为渗流场。水在渗流场内运动的各个运动要素（水位、流速、流向等）不随时间改变时称作稳定流；运动要素随时间变化时称作非稳定流。严格地讲，自然界中地下水都属于非稳定流。通常，为了便于分析和计算，也可将某些运动要素变化微小的渗流，近似地看作稳定流。

一、地下水运动的基本形式

饱水带中的地下水运动，无论是潜水还是承压水，均表现为重力水在岩土层的空隙中运动，其流态类型可分为层流运动和紊流运动，多数情况下的渗流均为层流运动，但在裂隙或溶隙比较发育的地区，或者在抽水井及矿井附近、井水位降落很大的情况下，地下水流速度快，可能表现为紊流状态。

二、达西定律

达西定律是1856年由法国水利工程师达西（Darcy）通过均质砂粒渗流实验（图7-1）得出的线性渗流定律，即渗透流量（Q）与过水断面面积（A）成正比，与水位差（h_1-h_2）成正比，其数学表达式为

$$Q = KA\frac{h_1 - h_2}{\Delta L} \tag{7-1}$$

式中：Q——渗透流量，m^3/d；

A——实验土柱的过水断面面积，m^2；

K——比例常数，即渗透系数，m/d；

ΔL——两个水位测量点（h_1和h_2）土样长度，即渗透路径长，m。

式（7-1）表明，渗透流量Q与过水断面面积A成正比，与渗透路径长ΔL成反比，所以可以认为，对一定的含水介质而言，其渗透系数K是常数。

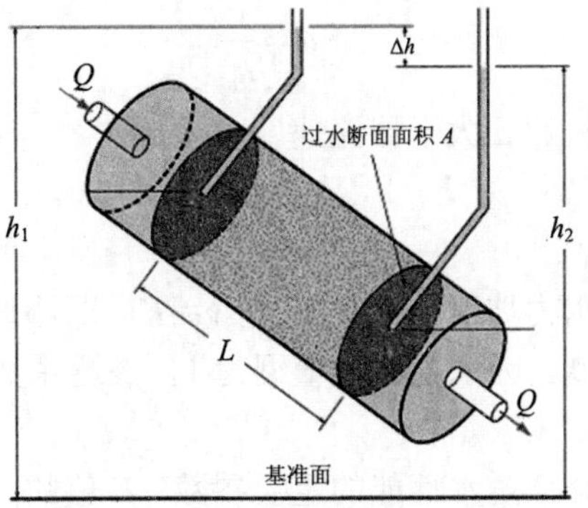

图 7-1　达西渗透试验装置示意

达西定律是描述重力水渗流现象的基本方程，其中渗透流量 Q、过水断面面积 A 与渗透流速 v 三者之间存在以下关系：

$$v = \frac{Q}{A} \tag{7-2}$$

可写为

$$v = -K\frac{\Delta h}{\Delta L} \tag{7-3}$$

当$\Delta L \to 0$ 时，则

$$v = -K\frac{\mathrm{d}h}{\mathrm{d}L} \tag{7-4}$$

式中：h —— 测量点水位，m；

Δh —— 两个水位测量点（h_1 和 h_2）水位差，m；

v —— 地下水渗流速度，m/d。

式（7-4）为达西定律，式中负号表明水力坡度增量方向与水流方向相反。由此可见，水在渗流过程中的体积通量与其势梯度成比例，渗透系数 K 值即其比例系数。有的文献中也因此把达西定律称为地下水运动的通量方程。

水力坡度 i 的计算方法为

$$i = -\frac{\mathrm{d}h}{\mathrm{d}L} \tag{7-5}$$

由此可见：水力坡度 i 与渗流速度 v 的一次方成正比，故达西定律又称为线性渗透定律。

必须注意，渗流速度 v 不是孔隙中单个水质点的实际流速，而是在流量相同且过水断面全部被水充满状况下的平均流速。设 u 为通过孔隙断面的水质点的实际平均流速，n_e 为砂的有效孔隙度，则

$$u=\frac{v}{n_e} \tag{7-6}$$

因此，地下水的实际流速 u 大于渗流速度 v。

三、渗透系数

由达西定律可知：当水力坡度 $i=1$ 时，则 $v=K$，即渗透系数在数值上等于水力坡度为 1 时的地下水渗流速度。因水力坡度量纲为 1，渗透系数 K 值与渗流速度 v 单位相同，一般采用 m/d 或 cm/s。

渗透系数是表征含水介质透水性能的重要参数。K 值的大小一方面取决于介质的性质，如粒径大小、粒度分选、颗粒排列等，一般情况下，粒径越大，渗透系数 K 值也就越大；另一方面还与流体的物理性质（如流体的黏滞性）有关。实际工作中，由于不同地区地下水的黏性差别不大，研究地下水流动规律时，常常可以忽略地下水的黏性，认为渗透系数只与含水层介质的性质有关，使问题简单化。

松散岩石渗透系数的取值范围可参考表 7-1。

表 7-1　不同岩石类型的渗透系数取值范围　　单位：cm/s

材料	渗透系数	材料	渗透系数
沉积物		砂岩	3×10^{-8}～6×10^{-4}
砾石	3×10^{-2}～3	泥岩	1×10^{-9}～1×10^{-6}
粗砂	9×10^{-5}～6×10^{-1}	盐	1×10^{-10}～1×10^{-8}
中砂	9×10^{-5}～5×10^{-2}	硬石膏	4×10^{-11}～2×10^{-6}
细砂	2×10^{-5}～2×10^{-2}	页岩	1×10^{-11}～2×10^{-7}
粉砂、黄土	1×10^{-7}～2×10^{-3}	结晶岩	
冰碛物	1×10^{-10}～2×10^{-4}	可透水的玄武岩	4×10^{-5}～3
黏土	1×10^{-9}～5×10^{-7}	裂隙火成岩和变质岩	8×10^{-7}～3×10^{-2}
未风化的海积黏土	8×10^{-11}～2×10^{-7}	风化花岗岩	3×10^{-4}～3×10^{-3}
沉积岩		风化辉长岩	6×10^{-5}～3×10^{-4}
岩溶和礁灰岩	1×10^{-4}～2	玄武岩	2×10^{-9}～3×10^{-5}
灰岩、白云岩	1×10^{-7}～6×10^{-4}	无裂隙火成岩和变质岩	3×10^{-12}～3×10^{-8}

注：改编自 Domenico 和 Schwartz（1998）。

达西定律通常适用于雷诺数 $Re<10$ 的层流。雷诺数较大的层流或地下水流呈紊流状态时，渗透速度 v 与水力坡度 i 就不再为一次方关系，而是非线性关系，超出达西定律适用范围。由于地下水运动大多数情况下符合达西定律适用条件，因此非线性流运动公式不再予以讨论。

四、包气带中水分运移

在理想条件下，包气带由均质土构成，无蒸发与下渗，包气带水分分布稳定，含水量的垂向分布如图 7-2（c）所示。由地表向下某一深度内含水量为定值，相当于残留含水量（w_c），包括结合水量、孔隙毛细水量与部分悬挂毛细水量［图 7-2（a）放大图①］，是克服重力保持于土中的最大持水量。这部分水与其下的支持毛细水及潜水不发生水力联系。由此往下，进入支持毛细水带，含水量随着接近潜水面而增大［图 7-2（a）放大图②］，至潜水面之上形成一个含水量饱和（体积含水量等于孔隙度）的带，称为毛细饱和带。支持毛细水带由毛细力作用使水分从潜水面上升形成，与潜水面有密切水力联系，随潜水面变动而变动。土中的孔隙实际上是由大小不一的孔隙通道构成的网络［图 7-2（b）］，细小的孔隙通道毛细上升高度大，较宽大的孔隙通道毛细上升高度小，当最宽大的孔隙通道也被支持毛细水充满时，便形成了毛细饱和带（图 7-2）。

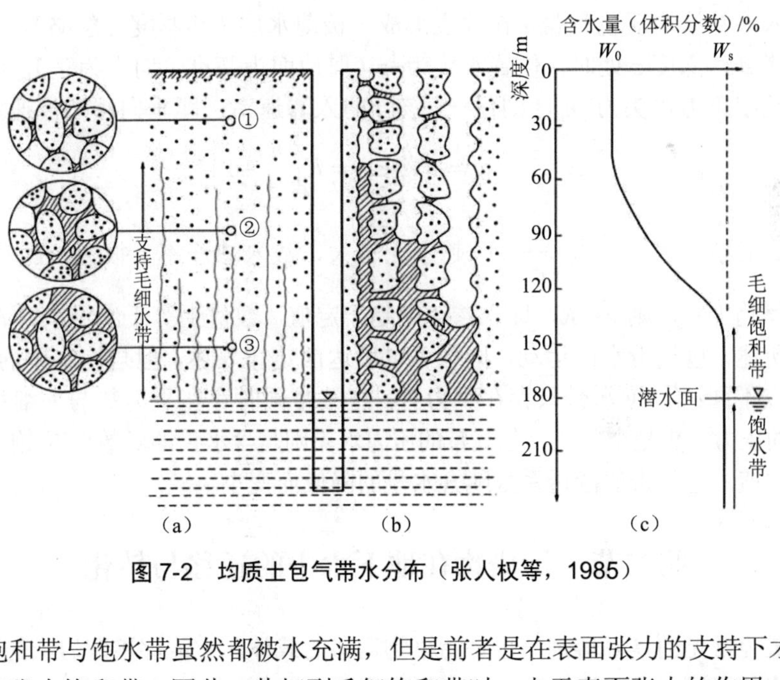

图 7-2　均质土包气带水分布（张人权等，1985）

毛细饱和带与饱水带虽然都被水充满，但是前者是在表面张力的支持下才饱水的，所以也称作张力饱和带。因此，井打到毛细饱和带时，由于表面张力的作用，并没有水流入井内，只有打到潜水面以下时井才会出水。

包气带中毛细负压随着含水量的变小而负值变大。这是因为，随着含水量降低，毛细水退缩到孔隙更加细小处，弯液面的曲率增大（曲率半径变小），造成毛细负压值更大。因此，毛细负压是含水量的函数：

$$h_c = h_c(w) \tag{7-7}$$

饱水带中，任一特定的均质土层，渗透系数 K 是常数；但在包气带中，渗透系数 K 随含水量降低而迅速变小，K 是含水量的函数：

$$K = K(w) \tag{7-8}$$

包气带中，由于含水量降低，实际过水断面随之减少，水流实际流动途径的弯曲程度增加，水流在更窄小的孔隙通道及孔隙中流动而使阻力增加等原因，渗透系数与含水量呈非线性关系。

包气带水的非饱和流动，仍可用达西定律描述。做一维垂直下渗运动时，渗透流速可表示为

$$v_z = K(w)\frac{\partial H}{\partial z} \tag{7-9}$$

降水入渗补给均质包气带，在地表形成一极薄水层（其厚度可忽略），当活塞式下渗水的前锋到达深度 z 处时，位置水头为$-z$（取地面为基准，向上为正），前锋处弯液面造成的毛细压力水头为$-h_c$，则任一时刻 t 的入渗速率，即垂向渗透流速为

$$v_t = K\frac{h_c + z}{z} = K\left(\frac{h_c}{z}+1\right) \tag{7-10}$$

初期 z 很小，水力梯度$\left(\frac{h_c}{z}+1\right)$趋于无穷大，故入渗速率 v 很大；随着 t 增大，z 变大，h_c/z 趋于零，则 $v = K$，即入渗速率趋于定值，数值上等于渗透系数 K。

综上所述，包气带水的运动，同样可以用达西定律表述，但与饱水带的运动相比，有以下 3 点不同：① 饱水带只存在重力势，包气带同时存在重力势与毛细势；② 饱水带任一点的压力水头是个定值，包气带的压力水头则是含水量的函数；③ 饱水带的渗透系数是个定值，包气带的渗透系数随含水量的降低而变小。

第二节　污染物在地下水中的迁移与转化

水是最为常见的良好溶剂，也是污染物运移的载体。它能够溶解岩土的某些组分，通过渗流将其搬运，或在某些情况下将其再从水中析出。污染物进入包气带和含水层中将发生机械过滤、对流和弥散、吸附和解吸、溶解和沉淀、氧化和还原等一系列物理、化学和生物过程，有机污染物在一定的温度、pH 和微生物作用下，还可能发生生物降解作用。这些作用既可以单独存在，也可以多种作用同时发生。正是这些复杂的物理和化学作用，使得污染物在包气带和含水层中进行各种迁移和转化。因此，研究污染物在包气带和含水层中的物理、化学、生物作用规律，对确定地下水污染程度、预测污染物的

迁移范围、制定相应的污染防治措施是非常有意义的。

一、机械过滤

机械过滤作用指污染物经过包气带和含水层介质的过程中，一些颗粒较大的物质团因不能通过介质孔隙，而被阻挡在介质中的现象。如一些悬浮的污染物经过砂层时，会被砂层过滤。机械过滤作用只能使污染物部分停留在介质中，而不能从根本上消除污染物。

二、对流和弥散

污染物在地下水中的运移受地下水的对流、水动力弥散和生物化学反应等的影响。污染物随地下水运动称为对流运动。水动力弥散则使污染物在介质中扩散，不断地占据着越来越多的空间（图 7-3）。产生水动力弥散的原因主要有：首先，浓度场作用下存在质点的分子扩散运动；其次，在微观上，孔隙结构的非均质性和孔隙通道的弯曲性导致了污染物的弥散现象；最后，孔隙介质宏观上的非均质性加剧了弥散现象。

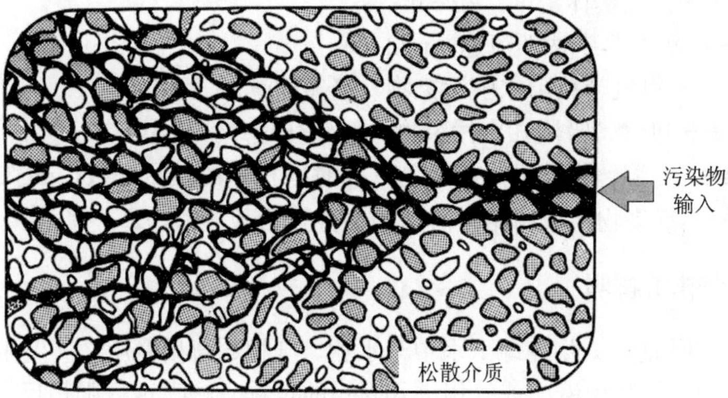

图 7-3　污染物在孔隙中的弥散现象

含水层中污染物运移的对流—弥散方程用式（7-11）表示：

$$\left[\frac{\partial}{\partial x}\left(D_x\frac{\partial c}{\partial x}\right)+\frac{\partial}{\partial y}\left(D_y\frac{\partial c}{\partial y}\right)+\frac{\partial}{\partial z}\left(D_z\frac{\partial c}{\partial z}\right)\right]-\left[\frac{\partial}{\partial x}(v_x c)+\frac{\partial}{\partial y}(v_y c)+\frac{\partial}{\partial z}(v_z c)\right]=\frac{\partial c}{\partial t} \tag{7-11}$$

式中：c —— 污染物质量浓度，mg/L；

t —— 时间，d；

x，y，z —— 空间位置坐标，m；

D_x，D_y，D_z —— 水动力弥散系数张量，m^2/d；

v_x，v_y，v_z—— 地下水流速度，m/d。

式（7-11）中第一个中括号所含的项为弥散项，第二个中括号所含的项为对流项。

当考虑源汇项时，在式（7-12）中左端减去源或加上汇即可。

包气带中污染物运移方程可表示为

$$\frac{\partial}{\partial t}(\theta_{\mathrm{w}} C_2+\rho_{\mathrm{b}} \overline{C}_2)=-\frac{\partial}{\partial z}(q_2 C_2)+\frac{\partial}{\partial z}(\theta_{\mathrm{w}} D_2 \frac{\partial C_2}{\partial z})-\theta_{\mathrm{w}} \lambda_{\mathrm{w}2} C_2-\rho_{\mathrm{b}} \lambda_{\mathrm{s}2} \overline{C}_2 \qquad (7\text{-}12)$$

式中：C_2—— 包气带中污染物在液相的质量浓度，mg/L；

$\overline{C}_2$—— 包气带中污染物在吸附相的质量分数，mg/kg；

D_2—— 垂向方向上水动力弥散系数张量，m^2/d；

z—— 空间坐标，m；

t—— 时间，d；

θ_{w}—— 包气带介质含水率，量纲一；

ρ_{b}—— 介质块体密度，kg/cm^3；

q_2—— 包气带中达西流速，m/d；

$\lambda_{\mathrm{w}2}$—— 包气带孔隙水中污染物一级转化速率，d^{-1}；

$\lambda_{\mathrm{s}2}$—— 包气带吸附相中污染物一级转化速率，d^{-1}；

$\overline{C}_2=K_{\mathrm{d}}C_2$ 溶解相和吸附相达到平衡时固相中的质量分数，mg/kg；

K_{d}—— 污染物在吸附相和溶解相的分配系数，L/kg。

三、吸附和解吸

吸附和解吸是污染物在地下水中与水相、气相、固相介质之间发生的重要物理化学过程，吸附为污染物由液相或气相进入固相的过程，解吸过程则相反。吸附和解吸影响着污染物与地下水、空气之间的迁移或富集，也影响着污染物的化学反应和有机物的微生物降解过程。

物质的吸附有两种机理：分配作用和表面吸附作用。介质对有机污染物的吸附实际上是介质的矿物组分与有机质共同作用的结果，在土壤中，有机质通常起着重要作用。

在给定污染物质与固相介质的情况下，污染物质的吸附和解吸主要与污染物在水中的浓度，以及污染物质被吸附在固体介质上的固相浓度有关。

四、溶解和沉淀

溶解和沉淀是水—岩相互作用的一种，地下水在渗流过程中会将污染物或由污染物转化产生的可溶物质溶解出来，当某些地下水中温度、pH、氧化还原电位等发生变化时，水中的污染物浓度大于饱和度，一些溶解的污染物会沉淀析出。

溶解与沉淀实质上是强极性水分子和固体盐类表面离子产生了相互作用的结果。如果这种作用的强度超过了盐类离子间的内聚力，就会生成水合离子，这种水合离子逐层从盐类表面进入水溶液，扩散到整个溶液中去，并随着水分向下或向上运动而迁移。化合物的溶解和沉淀主要取决于其组成的离子半径、电价、极化性能、化学键的类型及其他物理化学性质，也与环境条件如温度、压力、水中其他离子浓度、水的 pH 和 E_h 条件密切相关。例如，对于 Cd^{2+}，在碱性条件下容易形成 $Cd(OH)_2$，在 CO_2 参与的开放体系中，形成 $CdCO_3$ 沉淀。

五、氧化和还原

氧化与还原反应是指地下水中的元素或化合物电子发生转移，导致化合价态改变的过程。氧化与还原作用受 pH 影响较大，并与地下水所处的氧化还原环境有关。例如，元素 Cr，在还原条件下，以 Cr^{3+}的化合物形式存在，不易迁移；而在氧化环境下，以 Cr^{6+}的化合物形式存在，则很容易迁移。在碱性条件下，Fe^{2+}更容易转化为 Fe^{3+}，生成 $Fe(OH)_3$ 沉淀，其半反应式为 $Fe^{2+}+3H_2O \rightarrow Fe(OH)_3\downarrow+3H^{+}+e$。

第三节　地下水污染途径

一、地下水污染特点

在人为作用影响下，地下水的物理、化学或生物特性发生不利于人类生活或生产的变化，称为地下水污染。地下水污染是相对于地下水环境背景值（地下水环境本底值）而言的。所谓地下水环境背景值是指未受污染的情况下，地下水所含化学成分的浓度值，它反映了天然状态下地下水环境自身化学成分的特性值。有时候，由于无法取得地下水环境背景值，人们引入地下水污染对照值概念，通常将评价区域内人类活动影响程度较小的地下水水质指标统计值作为对照值。一般来说，在无法判断人类活动影响程度的情况下，也可将评价区域内历史记录最早的地下水水质指标统计值作为对照值。

地下水污染达到一定程度，便无法满足供水水源的水质质量要求，意味着减少了可以利用的地下水资源。不仅如此，地下水污染具有较强的隐蔽性，很难被发现，同时具有极强的难恢复性，一旦发生污染，其后果将难以消除。

地下水污染与地表水污染不同。地表水循环流动较迅速，只要排除污染源，水质就能在短期内改善、净化。地下水由于循环交替缓慢，即使排除污染源，已经进入地下水的污染物质，也将在含水层中长期滞留；随着地下水流动，污染范围还将不断扩大。因此，已经污染的含水层自然净化，往往需要几十年、几百年甚至几千年；如果采用抽出处理的方法进行治理，则要付出相当大的代价。

二、地下水污染途径

人类活动是污染物进入地下水的主要原因。堆放在地面的垃圾与废渣，其中的有毒物质可通过雨水淋滤进入含水层。排入河湖坑塘的各类污水，其中的污染物质可通过底部渗入进入含水层。农业耕作活动可促进土壤有机物的氧化，如有机氮氧化为无机氮（主要是硝态氮），随渗水进入地下水；长期利用污水灌溉和大量使用农药、化肥的农田，可造成大范围的地下水污染。止水不良的井孔，会将浅处的受污染地下水导向深层。甚至，废气溶解于大气，随降水形成酸雨，也可随大气降水入渗污染地下水。有些行业，如石油开采、天然气开采、原地浸矿开采、钛白粉冶炼等，将处理不当的生产废水注入地下，会直接对地下水造成污染。

地下水污染可以由污染物直接进入含水层或经过包气带渗入含水层引起，也可以由于某种物质或条件的改变诱发含水层介质中的某种物质析出而产生。在地下水环境影响评价中最常见是污染物通过包气带渗入含水层而造成的地下水污染，对于诱发性的地下水污染暂时未纳入评价范围。

地下水污染途径多种多样，大致可归为4类：① 间歇入渗型。污染物随大气降水、灌溉水或其他类型水入渗，经非饱水带周期性地渗入含水层，主要污染对象是潜水。固体废物在淋滤作用下形成的淋滤液，下渗引起的地下水污染，亦属此类。② 连续入渗型。液态污染物或污染物随水不断地渗入含水层造成污染，如废水渠、废水池、废水渗井等和受污染的地表水体连续渗漏造成的地下水污染。③ 越流型。污染物通过越流方式从已受污染的含水层（或天然咸水层）转移到未受污染的含水层（或天然淡水层）。污染物或通过整个层间，或通过地层尖灭的天窗，或通过破损的井管等途径形成越流污染，如地下水开采改变了越流方向，使已受污染的潜水进入未受污染的承压水。④ 径流型。污染物通过地下径流进入含水层，污染潜水或承压水，如污染物通过地下岩溶孔道进入含水层，地下水已污染的污染地块在水力梯度作用下向下游区域迁移污染含水层。

一般情况下，污染物能否进入含水层，除取决于污染物进入环境介质的位置外，还取决于地质、水文地质条件。如承压含水层由于上部存在隔水顶板，污染源未分布在补给区，一般不会污染地下水，但承压含水层的顶板为厚度不大的弱透水层时，污染物则可能通过顶板渗入含水层。潜水含水层广泛接受补给，污染的危险性取决于包气带的岩性与厚度。包气带中的细小颗粒可以滤去或吸附某些污染物，土壤中的微生物则能将许多有机物分解为无害物质（如 H_2O、CO_2 等），故颗粒细小且厚度较大的包气带构成良好的天然净水器。相对而言，粗颗粒的砾石过滤净化作用弱，裂隙岩层也缺乏过滤净化能力，岩溶含水层通道宽大，很容易遭受污染。

污染源与地下水流动系统的关系影响污染程度：污染源处于流动系统的什么部位？污染源处于哪一级流动系统？当污染源分布于流动系统的补给区时，随着时间延续，污染物质将沿流线从补给区向排泄区逐渐扩展，最终可波及整个流动系统。污染源分布于排泄区时，污染影响的范围相对局限。当然，当人为地抽取或补充地下水形成新的势源或势汇时，流动系统将发生变化，原来的排泄区可能转化为补给区。因此，在分析时不仅要考虑自然条件，还要预测人类活动的影响。但是，一旦地下水污染很难恢复，即便将污染源清除，污染影响也将持续存在。

污染源分布于不同等级的流动系统中时，污染影响也不相同。污染源分布在局部流动系统中时，由于局部流动系统深度不大、规模小、水的交替循环快，短期内污染影响可以波及整个流动系统；但在去除污染源后，含水层可自然净化，数月到数年即可消除污染影响。区域流动系统影响范围大，流程长且流速小，水的交替循环缓慢；在其范围内存在污染源时，污染物质的扩展缓慢，但如有足够的时间，污染影响可以波及相当大的范围；区域流动系统遭受污染后，污染影响仍将持续相当长的时间，自然净化期可以长达数百年乃至数千年，污染后再治理相当困难，有时甚至是无法恢复。

第四节　地下水环境影响预测

一、地下水流场预测

水是污染物运移的载体。污染物运移模拟前必须先进行地下水水流模拟。

1．水量均衡分析

水量均衡分析是估算评价区补、排总量的一种分析方法，水量均衡分析的结果是地下水流场预测的基础。

（1）水量均衡法的基本原理

水量均衡法是根据水量平衡原理，利用均衡方程计算待求水量的一种方法。在一定的时段内，任一均衡区进出水量大体保持以下平衡关系：

$$Q_{补}-Q_{排}=\pm\Delta Q_{储} \tag{7-13}$$

式中：$Q_{补}$—— 规定时段内，均衡区（某一地下水系统或某一局域）各种补给量的总和，m^3；

$Q_{排}$—— 规定时段内，均衡区各种排泄量的总和，m^3；

$\Delta Q_{储}$—— 规定时段内，均衡区内部储存量的变化量，m^3。

当 $Q_{补}>Q_{排}$时，$\Delta Q_{储}$取“+”号，此情况称水量正均衡；当 $Q_{补}<Q_{排}$时，$\Delta Q_{储}$ 取“-”号，此时称水量负均衡。

由于水量均衡关系是相对某一时间段而言的，所以式（7-13）又可写成

$$\overline{Q}_{补}\Delta t-\overline{Q}_{排}\Delta t=\pm\mu F\Delta\overline{h} \tag{7-14}$$

式中：$\overline{Q}_{补}$ —— 单位时间的平均补给量，m^3/d；

$\overline{Q}_{排}$ —— 单位时间的平均排泄量，m^3/d；

μ —— 均衡区内含水介质的给水度，或饱和差的平均值（正均衡时μ为饱和差，负均衡时μ为给水度）；

F —— 均衡区含水层的分布面积，m^2；

$\pm\Delta\overline{h}$ —— Δt时段的始末均衡区内平均水位变动值，m；

Δt —— 时间段的长度，d。

（2）水量均衡法应用的步骤

① 均衡区的确定。在区域地下水资源量计算中，均衡区以地下水系统边界圈定的空间范围为准；局域地下水水量计算的均衡区可根据水量评价的目的人为划分。当均衡区的面积较大、水文地质条件复杂，且评价精度要求较高时，还可根据不同水文地质条件划分不同级别的子区。例如，可根据地下水类型和介质成因类型组合划分出基岩山区裂隙水、平原区松散堆积物孔隙水等一级子区，而平原区又可进一步划分为洪积扇地下水子区、冲积平原地下水子区等。若此类划分仍不能满足均衡计算需求，还可根据介质的导水系数、给水度、降水入渗系数、地下水埋藏深度等参数划出三级、四级或更细小的子区。

② 均衡要素的确定。均衡要素为通过均衡区的边界流入和流出水量项的总称。进入的水量项统称为补给项或收入项，流出的水量项统称为排泄项或支出项。

一般说来，一个均衡区的补给项或排泄项均由多项组成。

常见的补给项包括：$Q_{降}$——大气降水入渗补给量；$Q_{表}$——地表水渗漏补给量；$Q_{径}$——地表水侧向径流补给量。如果有多个含水层，还可能有来自相邻含水层的越流$Q_{越}$补给，在一些农灌区有时还需考虑灌溉水的回归补给量。

常见的排泄项包括：$Q_{渗出}$——地下水向地表的渗出或溢流量；$Q_{侧排}$——地下径流的侧向排泄量；$Q_{蒸排}$——地下水的蒸腾排泄量；$Q_{开排}$——地下水的开采量；$Q_{越排}$——相邻含水层的越流排泄量。

③ 确定均衡期。水量均衡计算总是针对某一特定时间段进行的，时间段的长短可根据评价的需要确定。一般说来，最好选择具有代表性的水文年（平水年）进行补给量的计算。为了保证水量平衡关系，所有的均衡要素均应采用同期的资料。

④ 建立水量均衡方程。水量均衡方程一般为补给项、排泄项组成的线性方程式，其具体形式较多，如式（7-15）：

$$(Q_{降}+Q_{表}+Q_{径})-(Q_{渗出}+Q_{侧排}+Q_{开排}+Q_{蒸排})=-\mu F\Delta\overline{h} \tag{7-15}$$

式中，各项符号说明同上。

⑤ 计算补给量和排泄量。水量均衡方程中各补给项和排泄项的计算可参照后续介绍的方法逐一完成。在确定已知量后，可通过解方程方法计算未知项的水量。然后将各补给量相加得出该均衡区在规定均衡期的总补给量，同理，也可求出相应的总排泄量。

（3）均衡项的水量计算方法

1）大气降水入渗补给量的计算。

大气降水入渗补给量通常采用式（7-16）计算：

$$Q=\alpha \cdot F \cdot P \tag{7-16}$$

式中：α —— 降水入渗系数；

F —— 接受降水入渗的地表面积，m^2；

P —— 多年平均的年降水量（降水深），m/a。

在地下水径流滞缓的地区，由于排泄缓慢，一次降水的补给量绝大部分表现为潜水面的抬升，可用下式近似计算降水入渗系数：

$$\alpha=\frac{\mu \cdot \Delta h}{P} \tag{7-17}$$

式中：μ —— 水位变动带介质的重力给水度；

Δh —— 一次降水所引起的水位抬升值，m；

P —— 一次降水量，m。

地下水径流较强的地区，排泄作用较明显，降水补给引起潜水位上升的同时，侧向径流排泄也随之增大，降水补给的贡献应充分考虑这两个方面。降水入渗系数的计算可采用如下方法。沿地下水径流方向布置 3 个观测孔，观测孔的布置如图 7-4 所示。

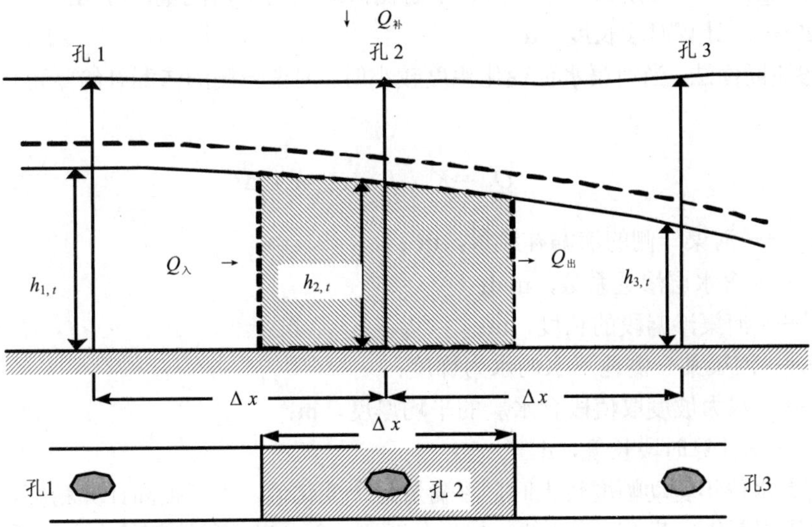

图 7-4　观测孔的布置示意

在隔水底板水平的情况下，如式（7-18）所示：

$$\mu = \frac{K \cdot \Delta t}{2\Delta x^2 \cdot \Delta h_2}(h_{1,t}^2 + h_{3,t}^2 - 2h_{2,t}^2) + \frac{w \cdot \Delta t}{\Delta h_2} \tag{7-18}$$

式中：K —— 渗透系数，m/d；

Δh_2 ——Δt 时段中间孔（2 号孔）水位变幅，m；

$h_{1,t}$，$h_{2,t}$，$h_{3,t}$ —— 分别为 1 号、2 号、3 号孔在 Δt 时段的平均水位，m；

Δx —— 相邻孔之间的距离，m；

w —— 降水入渗补给率，m/d；

Δt —— 时间段的长度，d。

2）地表水渗漏补给量的计算。

河流、湖泊（水库）、渠道等地表水可通过垂向渗漏补给地下水，其渗漏量一般计为地表水渗流补给量。

① 断面流量差法。若均衡区有河流或渠道穿过，可在均衡区的上游、下游边界处各选一个侧流断面，分别测定其流量，并确定断面之间的距离、侧流开始与结束的时间间隔、河渠的水面宽度、水面蒸发量。然后用式（7-19）计算：

$$Q_{渗} = (Q_1 - Q_2)\Delta t \tag{7-19}$$

式中：$Q_{渗}$ —— 河道或渠道在 Δt 时段的总渗漏量，m^3；

Q_1，Q_2 —— 分别为河渠上游、下游侧流断面的平均流量，m^3/d；

Δt —— 计算时段长度，d。

② 渗流断面法。当河渠水位变化幅度较小时，河渠一侧的渗漏补给量可以用达西公式计算：

$$Q_{渗} = K \cdot L \cdot i \cdot h \cdot \Delta t \tag{7-20}$$

式中：$Q_{渗}$—— 河渠一侧的渗漏补给量，m^3；

K —— 含水层渗透系数，m/d；

L —— 河渠渗漏段的长度，m；

i —— 河渠某一侧地下水的水力梯度；

h —— 水力坡度取值段含水层的平均厚度，m；

Δt —— 计算时段长度，d。

当河渠水位年变动幅度较大时，渗漏量是个变化值。为了提高计算精度，可把河渠水位变化历程概化成若干阶梯折线，然后分时段计算。若河渠两侧的水文地质条件一样，河渠渗漏量应是上述计算结果的两倍，否则应分别计算两侧的补给量。

3）灌溉入渗补给量的计算。

① 田间灌溉试验法。田间灌溉试验法是确定次灌溉入渗补给量最常用的方法。进行灌溉入渗试验，需在灌溉区中选取有代表性的、形状为方形或长方形的田块。试验前要测定潜水面以上的土壤含水率和给水度，并统测各观测孔的潜水位。试验根据次灌溉定额（灌溉每亩地的水量）灌水，同时测定地下水的上升值，然后用式（7-21）计算：

$$Q_{渗}=\mu\Delta hF \tag{7-21}$$

式中：$Q_{渗}$—— 次灌溉入渗补给量，m^3；

μ—— 灌溉地块的土壤给水度；

Δh—— 试验区地下水位平均上升幅度，m；

F—— 试验地块的面积，m^2。

② 田块的水量均衡法。农田灌溉水入渗补给量也可根据实测的灌水量减去排放量、蒸发量及其他消耗量的和，利用水量均衡原理计算。

4）潜水蒸发量的计算。

潜水蒸发是潜水运移至包气带并蒸发为水汽的现象。在潜水面埋深比较小的地区，蒸发往往是潜水的主要排泄途径。我们把单位时间的潜水蒸发量（深度）称为潜水蒸发强度ε（mm/d）。

目前，潜水蒸发强度除用地中渗透仪或利用地下水长期动态观测资料推求外，还可用经验公式计算，常用的经验公式建立在柯夫达—阿维里扬诺公式基础上，其公式为

$$\varepsilon=\lambda E_0\left(1-\frac{h}{h_{\max}}\right)^n \tag{7-22}$$

式中：E_0—— 水面蒸发强度，m/d；

h—— 潜水埋深，m；

$h_{\max}$—— 潜水蒸发的极限深度，m；

n—— 无量纲指数，与土壤质地有关，一般 n 为 1～3；

λ—— 修正系数，视地表有无作物和作物情况而定。

2．解析法

应用地下水流解析法可以在已知各种参数值的情况下，给出渗流区中任意一点上的水位（水头）值。但是，该方法具有较大局限性，只适用于含水层几何形状规则、方程式简单、边界条件单一的水文地质条件。然而，实际情况要复杂得多，例如，介质结构要求均质，实际上含水层介质通常为非均质；边界条件假定是无限或直线或简单的几何形状，而自然界常是不规则的边界；在开采条件下，补给条件会随时间变化，而解析法的公式则难以反映，只能简化为均匀的、连续的补给等。

解析法的计算过程，一般分三步进行：

第一步，利用勘察试验资料确定计算所需的水文地质参数，如渗透系数 K（或导水系数 T）、导压系数 a、释水系数（贮水系数）μ_e、重力给水度 μ_d 等。

第二步，根据水文地质条件进行边界概化，同时依需水量拟定开采方案，选择公式。计算公式的选择应考虑以下几个问题：① 结合水文地质条件，采用稳定井流公式还是非稳定井流公式。自然界大多是非稳定流，但在补给较好、井流较强的地段，如傍河（湖）和岩溶裂隙十分发育的地段，可概化为稳定流公式计算，既简便，又可获得相对准确的计算结果。一般情况下，均应采用非稳定井流公式。② 根据地下水类型、含水介质性质和边界条件等不同，选择承压水井或潜水井、均质或非均质、无限边界或有限边界、有无渗入补给和越流补给等不同的公式。

第三步，按设计的单井开采量、开采时间计算各井点特别是井群中心的水位降落值。

3. 数值法

数值法评价地下水动力场的一般步骤包括：

（1）水文地质条件分析

研究和了解计算区域的地质和水文地质条件，是运用数值法进行地下水动力场评价的基础。根据评价区的地质、水文地质条件、评价任务、取水工程类型、布局等，可合理地确定计算区域以及边界的位置和性质。此外，对区域水文地质条件的了解，还有助于下一步进行模型识别。为此，应查明含水介质条件、水的流动条件、边界条件等三方面。

① 查明含水层在空间的分布形状（可用顶底板等值线图来表示）；查明含水介质厚度的变化（可用含水层厚度等值线图表示）；查明含水层透水性、储水性的变化情况，作出含水层非均质分区图，即根据渗透系数 K 和贮水系数 μ_s（或给水度 μ）进行分区；查明主含水层与其他含水层的水力关系，是否有天窗、断层等沟通，还要查明弱透水层及相邻含水层的空间分布和厚度。以上资料可以通过各种勘察手段取得。

② 查明是承压水还是潜水，便于选择相应的数学模型。

③ 区域边界定义了计算区的范围，而边界的性质对评价结果有着较大的影响。一般而言，应把一个完整的地下水系统作为计算和评价区域，且最好以天然边界作为计算区域的边界，如地表分水岭、地表水体、断层接触、侵入岩体接触、地层界线等。

定水位边界对计算结果的影响较大，故将地表水体作为定水位边界时要十分慎重，只有当地表水与含水层有密切的水力联系，经动态观测证明有统一的水位，地表水对含水层有很强的补给能力，降落漏斗不可能超越此边界线时，才可以确定为定水位边界。若只是季节性的地表水，仅可定为季节性的定水头边界；若只有某河段与地下水存在水力联系，则仅划定这一段为定水头边界；若水力联系不强，仅仅是垂直入渗补给地下水，则需单独计算垂直入渗量。

断层接触可以是隔水边界、流量边界，也可能是定水头边界。如果断层本身是不透水的，或断层的另一盘是隔水层，则构成隔水边界。如果断裂带本身是导水的，计算区内为强含水层，区外为弱含水层，则定为流量边界。如果断裂带本身是导水的，计算区内为导水性较弱的含水层，而区外为强导水的含水层时，则可以定为补给边界。

岩体或岩性接触边界一般多属隔水边界或流量边界。凡是流量边界，都应测得边界处岩石的导水系数及边界内外的水头差，即测得水力坡度，计算出补给量或流出量。

地下水的天然分水岭可以作为隔水边界。模拟期或特殊情况下，可将适当位置的地下水流线切面作为隔水边界处理。含水层分布面积很大或在某一方向延伸很远时，由于资料和计算工作量所限，不可能将整个含水层分布范围作为计算区。这种情况下，可取距离重点评价区足够远的地段（这里是指重点评价区内地下水补排量的变化对该处的影响可以忽略不计），根据长期观测资料，人为处理为水位边界或流量边界。在进行水位中长期预报时，可根据人为边界附近的地下水长期动态观测资料，给定预测期边界值。

在应用数值法计算之前，要用均衡法对全区进行均衡计算。这样可以在总体上把握地下水的均衡情况，使数值计算结果更趋合理。在地下水均衡分析中，要特别注意与地下水位有关的均衡量的确定，如降水入渗量、蒸发量、越流量等，有时这些量需要在计算程序中处理。

（2）确定模拟范围

模拟范围划定应能准确反映地下水水流系统的边界和源汇项影响特征，并涵盖已知地下水环境问题影响的范围，包括污染源、当前污染分布范围、污染受体、地下水环境敏感区域等，且应满足开展地下水环境影响预测与评价工作所涉及的空间和时间尺度需要。

（3）构建水文地质概念模型

实际水文地质条件十分复杂，完善地建立描述计算区地下水系统的数值模型较为困难。因此，应根据水文地质条件，结合评价，适当简化，抽象出能用文字、表格或图形等简洁方式表达地下水运动规律的水文地质概念模型。水文地质概念模型是指把含水层实际的边界性质、内部结构、渗透性能、水力特征和补给排泄等条件概化为便于进行数学与物理模拟的基本模式。概化原则：①所概化的水文地质概念模型应反映地下水系统的主要功能和特征；②概念模型应尽量简单明了；③概念模型应能被用于进一步的定量描述，以便于建立描述符合研究区地下水运动规律的微分方程解决定解问题。

概化通常包括以下 4 个方面：

1）地层结构概化

对模拟区含水岩组进行概化，分析含水岩组的结构与岩性特征，确定含水岩组类型，含水介质的均质或非均质性、各向同性或各向异性。查明含水介质的空间分布情况，含水层渗透系数的空间变异规律，含水层和隔水层的接触关系，确认是否存在“天窗”、断层等连通情形。概念模型需要对含水层非均质性作出分析。

2）边界条件与源汇项概化

根据含水岩组的分布、模拟区边界上的地下水流特征、地下水与地表水的水力联系等，将模拟区边界概化为给定地下水水头的一类边界、给定侧向径流量的二类边界或给定地下水侧向流量与水位关系的三类边界。明确模拟区地下水的源汇项构成及类型，并概算各源汇项流量。

3）地下水水流特征概化

对模拟区地下水的流场特征（流速与流向）进行概化，根据地下水水流的时空分布特征，确定水流为稳定流或非稳定流、是否存在越流补给等情况。

裂隙、岩溶含水介质中水流运动概化需分析水流特征是否符合达西定律，对于发育较密集、导水性较好的裂隙、岩溶含水层中的地下水运动，可视作达西流，概化为等效孔隙介质开展模拟。

4）水文地质参数概化

水文地质参数的概化包括参数的初始取值范围和初步分区方案等。概化依据如下：①评估区水文地质试验所获参数计算结果；②含水岩组空间分布特征，包括埋深、厚度、岩性等；③地下水流场、水化学场的空间分布特征；④构造条件、裂隙及岩溶发育规律等。

（4）建立数学模型

数学模型是以模型与原型之间数学形式上的相似性为基础，通过构建一组能够刻画实际系统内所发生物理过程的数量关系和空间形式的数学关系式，复制或再现实际系统状态。描述地下水三维非稳定流动的数学模型为

$$\begin{cases} S\dfrac{\partial h}{\partial t}=\dfrac{\partial}{\partial x}\left(K_x\dfrac{\partial h}{\partial x}\right)+\dfrac{\partial}{\partial y}\left(K_y\dfrac{\partial h}{\partial y}\right)+\dfrac{\partial}{\partial z}\left(K_z\dfrac{\partial h}{\partial z}\right)+\varepsilon & x,y,z\in\Omega,t\geqslant 0 \\ \mu\dfrac{\partial h}{\partial t}=K_x\left(\dfrac{\partial h}{\partial x}\right)^2+K_y\left(\dfrac{\partial h}{\partial y}\right)^2+K_z\left(\dfrac{\partial h}{\partial z}\right)^2-\dfrac{\partial h}{\partial z}(K+p)+p & x,y,z\in\Gamma_0,t\geqslant 0 \\ h(x,y,z,t)\big|_{t=0}=h_0 & x,y,z\in\Omega,t\geqslant 0 \\ \left.\dfrac{\partial h}{\partial \overline{n}}\right|_{\Gamma_1}=0 & x,y,z\in\Gamma_1,t\geqslant 0 \\ K_n\left.\dfrac{\partial h}{\partial \overline{n}}\right|_{\Gamma_2}=q(x,y,t) & x,y,z\in\Gamma_2,t\geqslant 0 \end{cases} \tag{7-23}$$

式中：Ω —— 渗流区域；

h —— 含水体的水位标高，m；

K —— 渗透系数，m/d；

K_n —— 边界面法向方向的渗透系数，m/d；

S —— 自由面以下含水体储水率，m^{-1}；

μ —— 重力给水度；

ε —— 源汇项，d^{-1}；

p —— 潜水面的蒸发和降水等，m/d；

h_0 —— 含水体的初始水位分布，m；

Γ_0 —— 渗流区域的上边界，即地下水的自由表面；

Γ_1 —— 含水体的一类边界；

Γ_2 —— 渗流区域的侧向边界；

$\tilde{n}$ —— 边界面的法线方向；

$q(x,y,z,t)$ —— 二类边界的单宽流量，$m^3/$（d·m），流入为正，流出为负，隔水边界为 0。

（5）确定模拟期和预测期

根据资料情况和评价的要求确定模拟期和预测期。模拟期主要用来识别和验证水文地质条件概化的合理性，而预测期用于评价地下水在一定开采量条件下的地下水位。一般取一个水文年或若干个水文年作为模拟期，这样可最大限度地避免前期水文因素对地下水系统的影响。预测期的确定主要取决于评价的目的和要求。

在确定模拟期后，应给出初始时刻的地下水流场，并将其内插到各结点上。为了反映模拟期内水位动态变化，还应将模拟期划分为若干个抽水时期。在一个抽水时期内，地下水的均衡项被认为是均匀的，不同的抽水时期各均衡项可以不同。因此，应按地下水的影响因素随时间的变化情况确定抽水时期。如在降水补给量较大地区，将丰水期和枯水期划归为不同的抽水时期；在农业灌溉大量开采地下水的地区，将灌溉期和非灌溉期区别开。此外，还要考虑资料的精度。

（6）水文地质条件识别与验证

为了验证所建立的数值模型是否符合实际，还要根据地下水水位动态来检验其是否正确，即在给定参数、各补排量和边界、初始条件的情况下，通过比较计算水位与实际观测水位，验证该数值模型的正确性。识别与验证既可以针对水文地质参数进行，也可以对水文地质边界性质、含水层结构做进一步的确认。识别与验证的判别准则：① 计算的地下水流场应与实际地下水流场基本一致，即两者的地下水位等值线应基本吻合；② 模拟期计算的地下水位应与实际变化趋势一致，即要求两者的水位动态过程基本吻合；③ 实际地下水补排差应接近于计算的含水层储存量的变化值；④ 识别后的水文地质参数、含水层结构和边界条件符合实际水文地质条件。满足以上准则，则认为数值模型反映了计算区的地下水流动规律，可用于地下水预报。反之，则需要对水文地质概念模型进行适当修改，以达到上述要求。

（7）地下水水位预报

地下水数值模型经过识别和验证后便可用来进行预报，预测流场是地下水环境影响预测的基础。

数值法尽管是对渗流方程的一种近似解，但它可以处理复杂的条件，本身的精度完全能满足生产要求，反而比简化条件下的解析更精确。但它要求有较多的资料，其精度取决于参数和条件的精度。它适用于要求较高、条件复杂的水位预报。

二、地下水污染源正常渗透量计算

任何工程设施都有其自身缺陷，在达到验收标准的情况下，均具有一定允许渗透量。对于可能存在污染地下水的设施或装置而言，正常状况的渗透量可由工程设施的验收规范确定，常用的计算公式如下：

（1）管渠

根据《给水排水管道工程施工及验收规范》（GB 50268）的相关规定，其允许渗水量按式（7-24）、式（7-25）计算。

压力管渠：
$$Q_1 = 0.014D_i = 0.014\frac{S}{\pi}\ Q_1 = 0.014D_i = 0.014\frac{S}{\pi} \tag{7-24}$$

无压管渠：
$$Q_2 = 1.25\sqrt{D_i} = 1.25\sqrt{\frac{S}{\pi}} \tag{7-25}$$

式中：Q_1 —— 压力管渠允许渗水量，L/（min·km）；

Q_2 —— 无压管渠允许渗水量，m^3/（d·km）；

D_i —— 管道内径，mm；

S —— 管渠的湿周周长，mm。

（2）管道

压力管道允许渗水量见表 7-2。

表 7-2　压力管道允许渗水量

管道内径 D_i/mm	允许渗水量/［L/（min·km）］		
	焊接接口钢管	球墨铸铁管、玻璃钢管	预（自）应力混凝土管、预应力钢筒混凝土管
100	0.28	0.70	1.40
150	0.42	1.05	1.72
200	0.56	1.40	1.98
300	0.85	1.70	2.42
400	1.00	1.95	2.80
600	1.20	2.40	3.14
800	1.35	2.70	3.96
900	1.45	2.90	4.20
1 000	1.50	3.00	4.42
1 200	1.65	3.30	4.70
1 400	1.75	—	5.00

①当管道内径大于 1 400 mm 时，渗水量 q 按式（7-26）计算。

钢管：

$$q = 0.05\sqrt{D_i} \tag{7-26}$$

球墨铸钢管、玻璃钢管：

$$q = 0.1\sqrt{D_i} \tag{7-27}$$

预（自）应力混凝土管、预应力钢筒混凝土管：

$$q = 0.14\sqrt{D_i} \tag{7-28}$$

②现浇钢筋混凝土管道实测渗水量应小于或等于按下式计算的允许渗水量。

钢管：

$$q = 0.05\sqrt{D_i} \tag{7-29}$$

球墨铸钢管、玻璃钢管：

$$q = 0.1\sqrt{D_i} \tag{7-30}$$

预（自）应力混凝土管、预应力钢筒混凝土管：

$$q = 0.14\sqrt{D_i} \tag{7-31}$$

③硬聚氯乙烯管实测渗水量应小于或等于按式（7-32）计算得出的允许渗水量

$$q = 3 \cdot \frac{D_i}{25} \cdot \frac{p}{0.3\alpha} \cdot \frac{1}{1\,440} \tag{7-32}$$

式中：q —— 允许渗水量，L/（min·km）；

D_i —— 管道内径，mm；

p —— 压力管道的工作压力，MPa；

α —— 温度—压力折减系数，当实验水温在 0～25℃时，α 取 1；25～35℃时，α 取 0.8；35～45℃时，α 取 0.63。

（3）水池

按照《给水排水构筑物工程施工及验收规范》（GB 50141）水池渗水量应按池壁（不含内隔墙）和池底的浸湿面积计算。钢筋混凝土结构水池渗水量不得超过 2 L/（m^2·d），砌体结构水池渗水量不得超过 3 L/（m^2·d）。

（4）其他

当然，也存在一些无防渗要求的情况，如中水排放渠、临时储水坑、非正规填埋场等，在计算时也可以参考以下公式：

①坑塘：

$$Q_0 = q \cdot \beta \tag{7-33}$$

②沟渠或河流：

$$Q_0 = Q_{上游} - Q_{下游} \tag{7-34}$$

③固体废物填埋场：

$$Q_0 = \alpha F X \cdot 10^{-3} \tag{7-35}$$

如无地下水动态观测资料，入渗系数可取经验值。

④中水灌溉：

$$Q_0 = \beta \cdot Q_g \tag{7-36}$$

经验值β一般为 0.10～0.92。

式中：Q_0 —— 入渗量，m^3/d 或 m^3/a；

q —— 污水排放量，m^3/d 或 m^3/a；

β —— 渗坑或渗井底部包气带的垂向入渗系数；

$Q_{上游}$ —— 上游断面流量，m^3/d 或 m^3/a；

$Q_{下游}$ —— 下游断面流量，m^3/d 或 m^3/a；

α —— 降水入渗补给系数；

F —— 固体废物渣场渗水面积，m^2；

X —— 降水量，mm；

Q_g —— 实际处理水量，m^3/d 或 m^3/a。

三、包气带中污染物运移预测

通常认为水在土层中运移符合“活塞流模式”，若仅考虑弥散、吸附、降解作用，则污染物在包气带中垂直向下迁移的概念模型如图 7-5 所示。

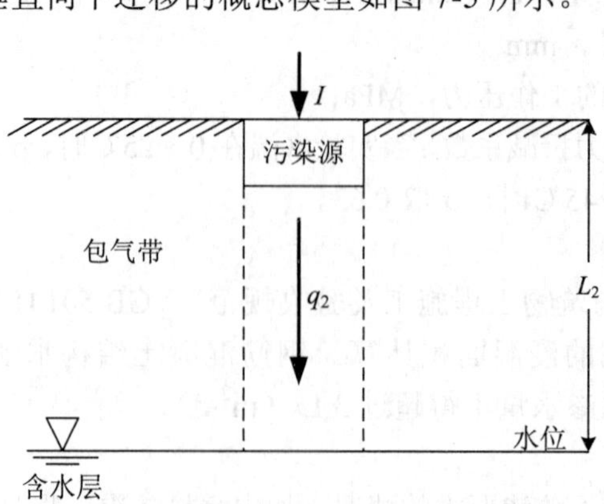

图 7-5 包气带中污染物运移概念模型

1．数学模型

污染物在包气带中的迁移可以用一维垂向非饱和污染物对流弥散定解问题描述。

（1）基本假设

包气带中存在水分实际流速为 u 的稳定流；在 z=0，t=0 时，总质量为 M 的污染物开始渗漏；污染物浓度恒定为 C_0。

（2）微分方程

$$\frac{\partial}{\partial t}(\theta_w C_2+\rho_b \overline{C}_2)=-\frac{\partial}{\partial z}(q_2 C_2)+\frac{\partial}{\partial z}(\theta_w D\frac{\partial C_2}{\partial z})-\theta_w \lambda_{w2} C_2-\rho_b \lambda_{s2} \overline{C}_2 \tag{7-37}$$

式中：C_2 —— 包气带中组分在溶解相浓度，mol/L；

$\overline{C}_2$ —— 包气带中组分吸附在介质相浓度，mol/mol；

z —— 垂向坐标，L；

t —— 时间，T；

θ_w —— 包气带介质含水率；

ρ_b —— 孔隙介质密度，mol/L；

q_2 —— 穿过包气带的达西流速，等于降雨淋滤补给地下水面的速率，L/T，不超过包气带介质饱和垂向渗透系数，是一个考虑渗滤和蒸发的综合速率；

D —— 包气带中污染物运移的弥散系数，m^2/T；

λ_{w2} —— 包气带孔隙水中溶解组分的一级转化速率，T^{-1}；

λ_{s2} —— 包气带中吸附相（吸附于介质的组分）一级转化速率，T^{-1}。

假设吸附相与溶解相之间平衡分配，则 $\overline{C}_2=K_d C_2$，定义阻滞因子为

$$R_2=1+\frac{\rho_b}{\theta_w}K_d \tag{7-38}$$

定义一个综合考虑土—水两相的有效转化速率，其一般表达式为

$$\lambda_{2E}=\lambda_{w2}+\frac{\rho_b \lambda_{s2} K_d}{\theta_w} \tag{7-39}$$

于是式（7-37）变换为

$$\frac{\partial C_2}{\partial t}=D_2'\frac{\partial^2 C_2}{\partial z^2}-v_2'\frac{\partial C_2}{\partial z}-\lambda_{2E}C_2 \tag{7-40}$$

式中：

$$v_2'=\frac{q_2}{\theta_w R_2}，\quad D_2=\frac{D_2}{R_2} \tag{7-41}$$

对于解析法，必须假定水分含量是常数。

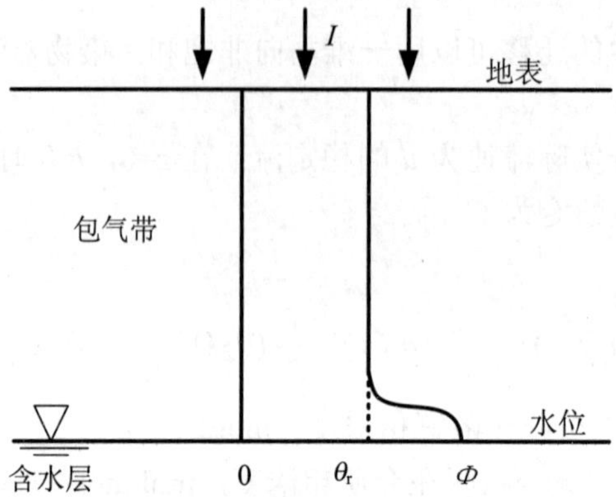

图 7-6 包气带中水分分布概念模型

（3）初始条件与边界条件

$$\begin{aligned}&C_2(x,0)=0\\&C_2(0,t)=C_{\text{w-source}}(t)\\&C_2(\infty,t)=0\end{aligned}\tag{7-42}$$

式中：$C_{\text{w-source}}=C_{\text{total}}\dfrac{\theta_w\rho_w+\rho_b}{(\theta_w+\theta_a K_H+\rho_b K_d)}$，$C_{\text{w-source}}=\dfrac{\text{水中污染物质量}}{\text{水的体积}}$，

$C_{\text{total}}=\dfrac{\text{污染物质量}}{\text{孔隙介质质量}}$；

ρ_w —— 水的密度；

K_H —— 亨利定律分配系数；

θ_a —— 包气带含气率。

（4）解析解

上述定解问题解析解的通用表达式为

$$C_2(z,t)=\frac{z}{2\sqrt{\pi D_2'}}\exp\left(\frac{v_2' z}{2D_2'}\right)\int_0^t C_{\text{w-source}}(\tau)\frac{1}{(t-\tau)^{3/2}}\exp\left\{-\left(\frac{{v_2'}^2}{4D_2'}+\lambda_{2E}\right)(t-\tau)-\frac{z^2}{4D_2'(t-\tau)}\right\}d\tau\tag{7-43}$$

当 $C_{\text{w-source}}$（t）$=C_0$ 时（图 7-7），上述解析解变换为

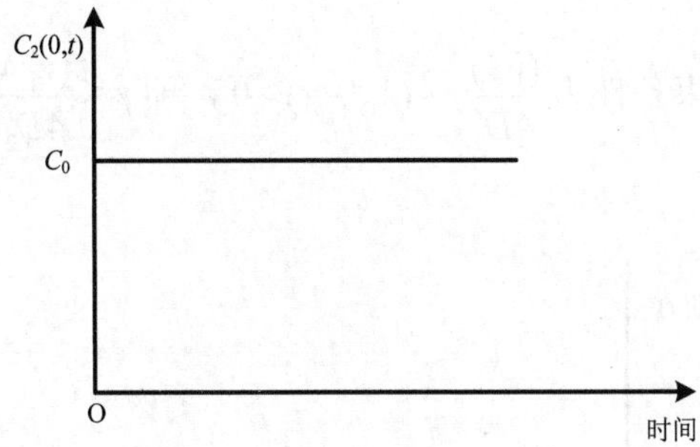

图 7-7　无限源浓度边界

$$C_2(z,t)=\frac{C_0}{2}\left[\exp\left\{\frac{v_2' z}{2D_2'}+\frac{z}{\sqrt{D'}}\left[\frac{(v_2')^2}{4D_2'}+\lambda_{2\mathrm{E}}\right]^{1/2}\right\}\mathrm{erfc}\left\{\frac{z}{2\sqrt{D_2't}}+\left[\frac{(v_2')^2}{4D_2'}+\lambda_{2\mathrm{E}}\right]^{1/2}\sqrt{t}\right\}+\right.$$

$$\left.\exp\left\{\frac{v_2'z}{2D_2'}-\frac{z}{\sqrt{D_2'}}\left[\frac{(v_2')^2}{4D_2'}+\lambda_{2\mathrm{E}}\right]^{1/2}\right\}\mathrm{erfc}\left\{\frac{z}{2\sqrt{D_2't}}-\left[\frac{(v_2')^2}{4D_2'}+\lambda_{2\mathrm{E}}\right]^{1/2}\sqrt{t}\right\}\right] \quad (7\text{-}44)$$

当污染源质量有限，污染物以有限源渗漏时：

$$C_2(0,t)=C_0\exp\{-\gamma t\} \quad (7\text{-}45)$$

$$\gamma=\frac{q_2}{H_\mathrm{r}} \quad (7\text{-}46)$$

$$H_\mathrm{r}=\frac{M_0}{C_0LW} \quad (7\text{-}47)$$

式中：M_0 —— 污染源中污染物初始质量；

L，W —— 分别为污染源的长度和宽度，即 $\frac{M_0}{LW}$ 表示单位面积的污染物排放质量。

$$C_2(z,t)=\frac{C_0}{2}\exp\{-\gamma t\}\left[\exp\left\{\frac{v_2' z}{2D_2'}+\frac{z}{\sqrt{D_2'}}\left[\frac{(v_2')^2}{4D_2'}+(\lambda_\mathrm{E}-\gamma)\right]^{1/2}\right\}\mathrm{erfc}\left\{\frac{z}{2\sqrt{D_2't}}+\left[\frac{(v_2')^2}{4D_2'}+(\lambda_\mathrm{E}-\gamma)\right]^{1/2}\sqrt{t}\right\}+\right.$$

$$\left.\exp\left\{\frac{v_2' z}{2D_2'}-\frac{z}{\sqrt{D_2'}}\left[\frac{(v_2')^2}{4D_2'}+(\lambda_\mathrm{E}-\gamma)\right]^{1/2}\right\}\mathrm{erfc}\left\{\frac{z}{2\sqrt{D_2't}}-\left[\frac{(v_2')^2}{4D_2'}+(\lambda_\mathrm{E}-\gamma)\right]^{1/2}\sqrt{t}\right\}\right] \quad (7\text{-}48)$$

式（7-48）的约束条件为$\dfrac{(v_2')^2}{4D_2'}+(\lambda_{\mathrm{E}}-\gamma)>0$，即$\gamma<\dfrac{(v_2')^2}{4D_2'}+\lambda_{\mathrm{E}}$ $\gamma<\dfrac{(v_2')^2}{4D_2'}+\lambda_{\mathrm{E}}$。

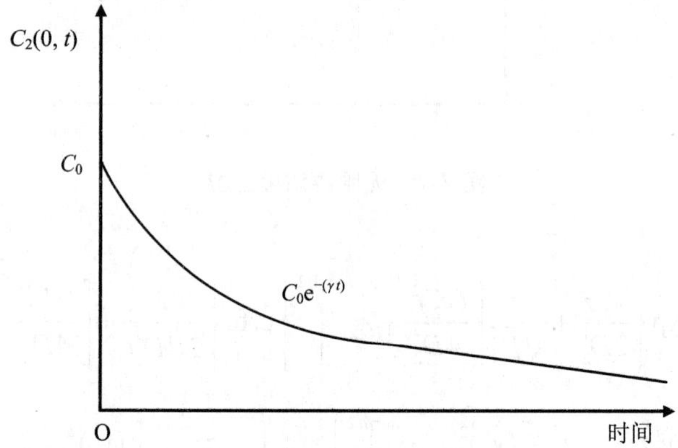

图 7-8　有限源浓度边界

2．相关参数的确定

（1）等效渗透系数 K

当包气带分多个土层，其界面方向与渗流方向垂直时，等效渗透系数是各层渗透系数的调和平均值

$$K=\frac{L_1+L_2+\dots+L_n}{\dfrac{L_1}{K_1}+\dfrac{L_2}{K_2}+\dots+\dfrac{L_n}{K_n}} \tag{7-49}$$

根据渗水试验结果，可以由式（7-49）计算得到包气带土层的等效渗透系数。

（2）达西流速 v

包气带中水分的渗流速度与含水率有关，含水率越大，运移速度就越快。

（3）有效孔隙度θ

包气带土层有效孔隙率参数为经验值，θ 的取值区间为 0.23～0.42，可根据研究区包气带岩性取值。

（4）实际流速 u

渗流速度是假设水充满整个渗流域的一个假想速度。而地下水实际流速是沿渗流域中介质的空隙运动的。实际速度是达西流速与有效孔隙度的比值。

（5）水动力弥散系数 D

根据国内外的相关研究或经验数据确定。

四、含水层中污染物运移预测

1. 地下水污染概念模型

基于水文地质条件概化结果对地下水污染特征进行概化，对污染源、污染途径、污染受体之间的关系进行确认，并识别污染物迁移转化所涉及的主要过程。概化成果应当尽量反映实际环境特征，充分考虑模拟工具的实现途径，兼顾其复杂度和实用性。污染特征概化需与水文地质条件概化结果相结合，通过定性文字描述、水流特征和污染物的空间分布图，以及污染物主要迁移转化过程的初步定量分析结果等方式表达。

（1）地下水污染源

①污染来源识别。根据地下水环境调查成果，综合分析模拟区土地利用类型演化过程、地下水水流特征、主要污染指标空间分布特征、水文地球化学特征、行业特征污染指标等，识别污染来源。

②污染排放规律。分析污染发生历史、污染源特征和污染物属性，污染排放规律可简化为连续恒定释放或非连续恒定释放。

③污染源的定量化表达。包括污染源的空间分布范围；污染源强的取值参考监测结果，并根据评估目的取平均值或最高值。对于污染连续恒定释放模式，源强可设置为定浓度，对于非连续恒定释放，通过设置源函数来定义，如连续衰减的污染源可采用一阶反应过程来概化。

（2）地下水污染途径

根据模拟区水文地质条件、污染源空间分布、污染物迁移转化特征，分析污染物进入地下水的途径。

①水流特征与迁移途径。根据区域与场地的关系，结合区域流场信息分析场地水流特征，流场分析尺度必须大于污染迁移尺度。在开采井周边、补给区、排泄区需着重考虑水力梯度对污染物迁移途径的影响，分析污染羽在此类地区是否存在显著改变。

②包气带迁移过程。通过计算获得污染物在包气带中的迁移时间与通量，并结合实际调查数据进行调整，用于估算地下水系统的污染源强。并调查是否存在污染迁移的优先通道，如裂隙、根系、地下构筑物等，对源强估算结果进行修正。

③人为影响途径。人工构筑物（如排水沟渠、矿井结构、隔渗墙体、基础结构等），可能形成污染物迁移的优先通道或改变污染途径，特别是当低渗透性含水层被人工构筑物贯通，或者回填高渗透性材料时容易形成垂向污染途径。同时，还需要考虑旧构筑物移除后新构筑物建设对污染途径的改变，以及由于入渗条件、流场等其他扰动因素的季节性变化对迁移途径的影响。

（3）地下水污染受体

根据评估区水文地质条件、源解析结果、污染物迁移转化机制分析结果，确认地下水污染潜在影响的敏感目标（如水源井、地表水、敏感人群等）。

（4）地下水污染物迁移转化过程

根据不同工作目标确定模拟因子，对其在地下水中的物理迁移过程和生物地球化学转化过程进行定性分析，识别其涉及的主要迁移转化过程，并进行初步定量估算。

①模拟因子的确定。模拟因子根据工作目标和评估区污染特征选择，包括代表污染迁移转化特征的指示性指标、特征污染因子、修复工程的目标污染物、污染场地主要污染物等。当模拟区地下水污染特征复杂，污染物迁移转化机制不够明确时，遵循保护优先、预防为主的原则，选择代表迁移转化过程的保守性模拟因子。

②污染物迁移转化过程的定量化表达。地下水污染物的迁移转化过程包括物理过程和生物地球化学过程，根据污染物属性和水文地质条件，可涉及单个或多个过程。物理过程有对流、弥散，生物地球化学过程有吸附、衰变、降解、反应、溶解、挥发等。对污染物迁移转化过程进行定量化表达包含以下工作内容：

- 根据污染物属性，分析可能的迁移转化过程；
- 根据调查数据，定性识别实际发生的迁移转化过程；
- 分析影响迁移转化过程的控制因素和限定因素；
- 提出迁移转化过程的数学表达、假设和简化的依据、所涉及参数的初步估算；
- 将观测数据与不同估算方法的计算值进行比对，根据最佳吻合结果确定所发生的迁移转化过程、污染羽的空间尺度、迁移转化过程的参数取值等，并将此作为进一步定量化评估的依据。

2．污染物迁移数学模型

（1）控制方程

$$R\theta\frac{\partial c}{\partial t}=\frac{\partial}{\partial x_i}\left(\theta D_{ij}\frac{\partial c}{\partial x_j}\right)-\frac{\partial}{\partial x_i}(\theta v_i c)-Wc_s-Wc-\lambda_1\theta c-\lambda_2\rho_b\bar{c} \tag{7-50}$$

式中：R —— 迟滞系数，量纲一，$R=1+\frac{\rho_b}{\theta}\frac{\partial\bar{c}}{\partial c}$；

ρ_b —— 介质密度，mg/dm^3；

θ —— 介质孔隙度，量纲一；

c —— 组分的浓度，mg/L；

$\bar{c}$ —— 介质骨架吸附的溶质浓度，mg/L；

t —— 时间，d；

x，y，z —— 空间位置坐标，m；

D_{ij} —— 水动力弥散系数张量，m^2/d；

V_i—— 地下水渗流速度张量，m/d；

W—— 水流的源和汇，d^{-1}；

c_s—— 组分的浓度，mg/L；

λ_1—— 溶解相一级反应速率，d^{-1}；

λ_2—— 吸附相反应速率，L/（mg·d）。

（2）初始条件 x

$$c(x,y,z,t)=c_0(x,y,z)\quad (x,y,z)\in\Omega, t=0 \tag{7-51}$$

式中：$c_0(x,y,z)$ —— 已知浓度分布；

Ω —— 模型模拟区域。

（3）边界条件

1）第一类边界——给定浓度边界

$$c(x,y,z,t)\big|_{\Gamma_1}=c(x,y,z,t)\quad (x,y,z)\in\Gamma_1, t\geqslant 0 \tag{7-52}$$

式中：Γ_1 —— 表示定浓度边界；

$c(x,y,z,t)$ —— 定浓度边界上的浓度分布。

2）第二类边界——给定弥散通量边界

$$\theta D_{ij}\frac{\partial c}{\partial x_j}\bigg|_{\Gamma_1}=f_i(x,y,z,t)\quad (x,y,z)\in\Gamma_2, t\geqslant 0 \tag{7-53}$$

式中：Γ_2 —— 通量边界；

$f_i(x,y,z,t)$ —— 边界 Γ_2 上已知的弥散通量函数。

3）第三类边界 —— 给定溶质通量边界

$$\theta D_{ij}\frac{\partial c}{\partial x_j}-q_i c\bigg|_{\Gamma_1}=g_i(x,y,z,t)\quad (x,y,z)\in\Gamma_3, t\geqslant 0 \tag{7-54}$$

式中：Γ_3 —— 混合边界；

$g_i(x,y,z,t)$ —— Γ_3 上已知的对流－弥散总的通量函数。

3. 模型求解

根据求解方式的不同，数学模型求解分为解析法和数值法。解析法操作简单但需满足严格的假设条件，适用于结构简单的系统；数值法可模拟非均质性程度较高、源汇项和迁移转化过程较为复杂的系统，可以更为准确地反映实际含水层组，但应用难度较高。

（1）解析法

1）一维弥散解析法

① 瞬时污染源解析式：

$$C(x,t)=\frac{m/w}{2n\sqrt{\pi D_{\mathrm{L}}t}}\mathrm{e}^{-\frac{(x-ut)^2}{4D_{\mathrm{L}}t}} \tag{7-55}$$

② 连续污染源解析式：

$$\frac{C}{C_0}=\frac{1}{2}\mathrm{erfc}\left(\frac{x-ut}{2\sqrt{D_{\mathrm{L}}t}}\right)+\frac{1}{2}\mathrm{e}^{\frac{ux}{D_{\mathrm{L}}}}\mathrm{erfc}\left(\frac{x+ut}{2\sqrt{D_{\mathrm{L}}t}}\right) \tag{7-56}$$

式中：x —— 距注入点的距离，m；

t —— 时间，d；

C（x，t）或 C —— t 时刻 x 处的示踪剂质量浓度，mg/L；

m —— 注入的示踪剂质量，g；

w —— 横截面面积，m^2；

u —— 水流速度，m/d；

n —— 有效孔隙度，量纲一；

D_L —— 纵向弥散系数，m^2/d；

π —— 圆周率；

C_0 —— 注入的示踪剂浓度，mg/L；

erfc（ ）—— 余误差函数。

2）二维弥散解析法

① 瞬时污染源解析式：

$$C(x,y,t)=\frac{m_{\mathrm{M}}/M}{4\pi nt\sqrt{D_{\mathrm{L}}D_{\mathrm{T}}}}\mathrm{e}^{\left[-\frac{(x-ut)^2}{4D_{\mathrm{L}}t}-\frac{y^2}{4D_{\mathrm{T}}t}\right]} \tag{7-57}$$

② 连续污染源解析式：

$$C(x,y,t)=\frac{m_t}{4\pi Mn\sqrt{D_{\mathrm{L}}D_{\mathrm{T}}}}e^{\frac{xu}{2D_{\mathrm{L}}}}\left[2K_0(\beta)-W\left(\frac{u^2t}{4D_{\mathrm{L}}},\beta\right)\right] \tag{7-58}$$

$$\beta=\sqrt{\frac{u^2x^2}{4D_{\mathrm{L}}^2}+\frac{u^2y^2}{4D_{\mathrm{L}}D_{\mathrm{T}}}} \tag{7-59}$$

式中：x，y —— 计算点处的位置坐标；

t——时间，d；

C（x，y，t）——t 时刻点（x，y）处的示踪剂质量浓度，mg/L；

M——承压含水层的厚度，m；

m_M——长度为 M 的线源瞬时注入的示踪剂质量，g；

m_t——单位时间注入示踪剂的质量，g/d；

u——水流速度，m/d；

n——有效孔隙度，量纲一；

D_L——纵向弥散系数，m^2/d；

D_T——横向 y 方向的弥散系数，m^2/d；

π——圆周率；

$K_0(\beta)$——第二类零阶修正贝塞尔函数（可查《水文地质手册》获得）；

$W\left(\dfrac{u^2t}{4D_L},\beta\right)$——第一类越流系统井函数（可查《水文地质手册》获得）。

（2）数值法

适用条件：复杂边界条件、含水层非均质、多个含水层的地下水系统。

1）模型应用过程

① 模型应用过程（图 7-9）。

② 模拟预测目标。在不同预测情景下，计算建设项目特征污染物将来的分布状态，确定敏感目标区污染物达到指定水平的时间。

③ 资料收集及概念模型的建立。建立野外场地地下水流和污染迁移模型的第一步工作是整理分析项目建设场地及其所在区域的相关资料（这些资料包括场地及周边地区地质资料、水文地质资料、钻探记录资料、物探数据资料、岩芯资料、土样及水样的化学分析报告等）。然后，对区域总体水流和污染物迁移过程作简化假定以及定性解释，将这些资料综合成概念模型。概念模型建立过程见水流模拟部分。

④ 计算程序的选择。计算程序的选择取决于是否需要进行二维或三维分析，是否需要非稳定流计算，是否需要“友好的”用户界面。

在选择一个特定程序时，必须考虑野外现场迁移过程的性质以及解决该迁移问题时特定求解方法的适用程度。大多数迁移模拟应用均针对流体密度均匀的含水层中的污染迁移问题。但是，如果预计浓度变化会引起流体密度的显著变化（如海水入侵），必须选用能模拟变密度水流与迁移的计算程序。同样，如果预计在问题中非饱和带作用显著，选择的水流与迁移计算程序应该能解决非饱和流。

在实际选择计算程序时应考虑的其他内容包括：所使用的计算程序是否有清楚的文件资料和说明书；计算程序的成本，用户培训、硬件和软件等的费用；出版记录的计算程序的可靠性，它在用户群体中的接受程度，以及管理部门的认可度。

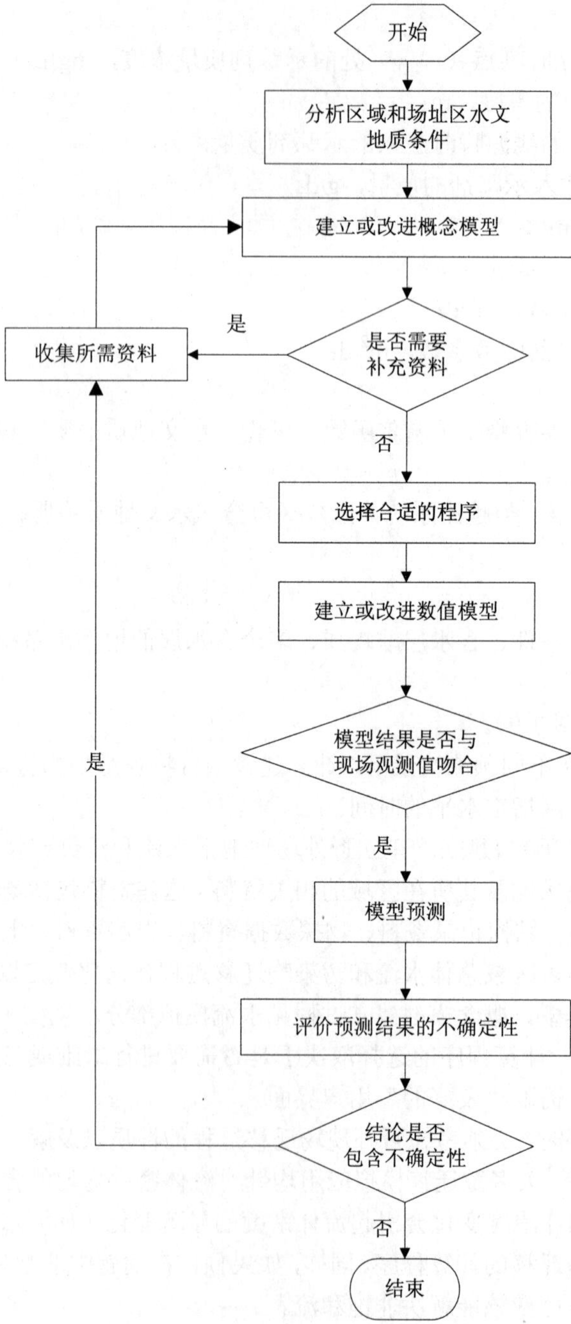
开始
分析区域和场址区水文地质条件
建立或改进概念模型
是否需要补充资料
是
收集所需资料
否
选择合适的程序
建立或改进数值模型
模型结果是否与现场观测值吻合
否
是
模型预测
评价预测结果的不确定性
结论是否包含不确定性
是
否
结束

图 7-9 模型应用过程

⑤ 建立污染物迁移模型。概念模型建立后，将其转换成数值模型还需要加入控制方程、边界条件、初始条件、含水层和隔水层的空间分布、外部汇/源，以及孔隙介质和其中流体与污染物的化学性质。应该把场地的具体数据编制为输入文件，提供给计算程序作具体数值计算；计算程序和输入文件一起构成具体场地的模型。

⑥ 模型校准和敏感性分析。用输入参数的初始估计值建立了数值模型之后，要在校准中调整这些输入参数直到模型的模拟结果与野外观测值能很好地拟合。在正式校准之前或之后，采用敏感分析可以检验数值模型对某个输入参数的反应以及敏感性。在模型应用过程中，校准是最关键、最难但同时也是最有意义的工作之一。

在任何情况下，确定校准策略时都要先确定校准是稳定的（水流模型校准的情形）或是非稳定的，或是二者兼有；需要对比哪些数据；需要调整哪些参数。必须确定哪些参数是明确的，并可以作为确定的模型输入项；哪些参数应作为校准目标。通常，校准工作应该在稳定与非稳定模式之下，以及水流模型和迁移模型结果之间反复进行，直到所确定的未知参数值总体上“最好”地对应于观测结果。

⑦ 模拟预测。污染迁移模型通过校准达到一定的满意度后，通常就会用于模拟将来的污染物迁移或采用治理措施后污染物的去除情况，换言之，就是用它进行预测模拟。用污染迁移模型进行预测模拟时，要假定将来的应力条件，如源的浓度和流量，并运行模型至某指定时刻。

2）污染物迁移模型的建立

①起步工作。

● 地下水水流模型的建立。建立迁移模型的第一步工作是在评价区水文地质调查的基础上，建立地下水水流模型。大多数情况是在完成一定程度的水文地质调查后才能进行溶质迁移模拟；迁移模拟的首要任务是根据现有的水文地质数据建立尺度适宜的、合理的水流模型。大多数情况下由水流模型确定的流速分布是控制溶质迁移最重要的因素。

● 模型的维度。接下来的问题：是否需要进行三维分析，或者采用二维模拟是否能满足要求。本质上所有的野外实际问题在某种程度上都具有三维特征，但在一些情况下，水流或迁移的垂向分量极小以至可以忽略，由此可以简化至二维模拟。但是，当模拟区分布多个含水层或污染范围在含水层的总厚度中只占据很小的垂直距离时（如多数地面建设项目对地下水的污染），就需要通过三维迁移模型来解决问题。

● 模拟的范围。就模型的空间范围而言，水流和迁移体系对应的范围往往不同。为了充分描述水文地质条件的影响，需要在更大的范围内建立水流模型；或者至少截取到已确定的水文地质边界，以便利用边界处的野外数据；或者应把未知和不确定的区域边界条件对建设项目场地的影响降到最低。然而，已污染的或预计在预测的时段内将发生的迁移，只影响水流模型所含面积的一小部分。例如，控制某炼油厂污染迁移的地下水系统可能受补给面积、地表排水系统或位于几千米以外的水源地的影响，而目前的或预计的污染范围只有几百米。在这种情况下，迁移模拟范围可以局限在预计的污染范围内，而水流模型的范围必须足够大，以包括所有的控制特征。

②空间离散。

在污染物迁移模拟预测过程中第一步必须是建立水流模型。在大多数迁移模拟计算程序中，水流与迁移模拟都采用相同的模型网格。模型网格设计是建立模型最重要的步骤之一；没有恰当的网格设计，数值模型就无法合理地表达概念模型，同时无法满足模拟时间与计算内存的有关限制。

迁移模拟的空间离散往往比单独的水流模拟严格得多，某些空间离散方法在水流模拟中完全可以接受，但是在迁移模拟中却存在问题。

● 水平节点间距。相邻节点的距离，通常称为节点间距或网格间距，决定了数值模型的精度。在大多数模拟项目中，数值模型的节点距离受模拟问题的尺度和现有计算资源的影响。例如，一个填埋场与河流之间相距 100 m，如果工作重点是考察其间的水流与污染物迁移状况，则该地区内及附近的节点距离显然应该小于 100 m。另外，如果模拟一个纵向长度和横向长度都达几千米的污染范围中的溶质运动，则要选用很大的网格间距以使模型容量保持在可以处理的范围内。

在水平方向上，网格间距可以是均一的，也可以是变化的。一些文献中也将相同或变化的间距分别称为“规则”或“不规则”网格。在水流模拟中，在建设项目场地区通常使用均一或很相近的网格间距，而在该区外直到已知的水文地质边界采用变化的间距。特别是如果自然水文地质边界与建设项目场地区的距离较远，通常需要采用不规则间距以便把这些边界纳入模型，且应避免节点数目过多。

● 垂向离散。大多数地下水流系统包含的水文地质单元在厚度以及水力性质上均有明显变化。为了维持整个系统内含水层或隔水层的连续性，可以使用垂向变形模型网格。然而，垂向变形模型网格在迁移模拟中引起的误差比在水流模拟中大得多，因此在污染物运移模拟预测中需要采用更多的分层才能提高模拟预测的精度。

③时间离散。

模拟非稳定流时，通常把模拟时间划分为一系列应力期（常称为“抽水期”），每一个应力期又可以分为一个或若干个时间步长。应力期与源汇项的周期变化有关；一个应力期的源汇项，如抽水量、补给量或河水位保持为常量。时间步长代表一定的时间增量，用于近似表达控制微分方程中的时间导数。一般来讲，时间步长越小，数值解越精确；但是时间步长段的增多会增加完成模拟所需的计算机运行时间。因此在实际工作中需要对精度和效率进行折中。几乎所有常用的水流模型，不论是用迭代法还是用直接法求解，都以控制方程的向后差分近似式为基础。因此，时间步长大小不涉及稳定准则或限定条件。许多水流模型允许使用步长倍增法（通常取 1～1.5），这样在一个应力期内，从一个时间步长到下一个时间步长进行模拟时，时间步长逐渐增大。这是可行的，因为当源汇项发生变化时，伴随着流场的显著变化，之后该变化会随着时间延长而迅速减小。

与水流模拟用非稳定流或稳定流方式不同，迁移模拟即便是在控制流场稳定的条件下，其本质也几乎总是非稳定的（必须考虑浓度是时间的函数）。如果有连续的源或汇，或者在一定距离内有持续的化学反应，则能将浓度有效地降至零，这些情况下污染范围最终会达到稳定。但是，这些条件在野外很少发生，大多数迁移模拟必须按非稳定模式处理。

④初始条件。

所有的非稳定水流与迁移模型都需要初始条件。

前面提到，环境影响评价过程中污染物迁移模拟的目标是预测不同工况条件下污染物的影响范围和影响程度，评价现有预防措施或控制方案的污染防控效果。

对于现状条件下特征污染组分没有检出的，模型的初始浓度以零浓度作为非稳定模拟的初始条件。

对于模拟预测组分在现状条件下已经存在的，模型的初始浓度需要以现有污染范围的浓度分布作为初始条件。初始条件直接采用现有的野外数据并作为模型输入，并通过插值方法（如克里格插值法）来确定现有污染范围的浓度分布。

⑤边界条件。

迁移模型的边界条件一般有三类：指定浓度（Dirichlet 条件）；指定浓度梯度或弥散通量（Neumann 条件）；同时指定浓度及浓度梯度，或总通量（Cauchy 条件）。

● 指定浓度条件的使用。Dirichlet 类迁移边界条件或指定（常）浓度条件通常代表溶质的源。例如，泄漏的原油在潜水面大量积聚区的模型单元通常可按指定浓度单元处理，这是因为可以预期在原油积聚区附近地下水中的溶解浓度长期保持特征组分的溶解度，并且基本是常数。另一个例子是对于有一口注水井的单元，通常也可按指定浓度处理，指定浓度就是所注入污水的浓度。

流入和流出一个指定浓度边界节点的质量通量可由模拟程序计算。

● 指定质量通量条件的使用。使用 Neumann 或 Cauchy 类迁移边界条件，或指定质量通量条件时，在迁移模拟之前就可以指定流出和流向迁移边界的质量通量。进入或离开含水层中的质量通量的对流分量由边界节点的指定流量和浓度决定。弥散分量由边界节点的指定浓度梯度和弥散系数决定。

● 水流模型边界条件对溶质迁移的影响。水流模拟的大多数常用边界条件会引起水流按这些条件流入或流出模型单元。

指定流量边界条件，每个边界单元处有流量为 Q_s 的水流流入或流出模型，每个应力期维持相同的流量，不同应力期的流量可以变化，在模拟前要分别指定每个应力期的 Q_s。指定流量边界中一种特殊类型是零流量边界，此时所有应力期的 Q_s 均为零。零流量边界表示一种特殊的边界条件，这种边界条件下边界上的单元不发生水流的流入或流出。

水流模拟的另一种常用边界条件为指定水头边界条件，即在每个应力期边界节点的水头或应力按指定条件为定值。这种边界条件模型会计算每个时间步长段从单元进入或流出模型的流量 Q_s。

最简单的例子是零流量边界。这类边界条件常用来代表含水层与渗透性很低的介质相接触，也可以用来模拟水力梯度的法向分量接近于零（沿地下水流线方向），并在整个模拟过程中保持不变的界面。在任何一种情形中，垂直于边界的速度分量为零，通过零流量边界流入或流出模型的对流迁移量显然也是零。理论上零流量边界上的浓度梯度可以不为零，通过零流量边界的弥散迁移量也不为零。但是在大多数情况下，这类边界的溶质质量弥散通量很小，忽略无妨。因此，水流模拟的零流量边界通常可以作为迁移模型中的零质量通量边界。

对于其他类型的水流边界，通常在每个边界单元都有非零流量 Q_s 流入或流出模型。这意味着，溶质也会通过这些边界单元流入或流出迁移模型。如果水流模型与迁移模型边界一致，则某边界单元通过对流流入或流出模型的溶质质量为 $Q_s \times C_b$，其中 C_b 是边界单元上流体汇或源的质量浓度。如果边界单元的作用与汇的作用相同，即如果 Q_s 被指定为出流或者是通过水流模拟确定为出流，则可以将质量浓度 C_b 指定为边界单元处地下水的计算质量浓度，在这种情况下不需干预模型。另外，如果边界单元作用与源的作用相同，即如果 Q_s 被指定为入流或者在水流模拟中被确定为入流，模型用户必须事先指定 C_b 值。

● 水流与迁移模型的尺度效应。前面提到水流模型通常是区域范围的，模拟网格粗大。而迁移模型多数情况下是局部范围的。如果水流与迁移模拟采用相同的模型网格，可能会对污染范围之外的许多模型单元进行不必要的迁移计算。一些迁移计算程序给出了更有效的解决方法。

⑥源和汇。

● 源和汇的类型。源/汇表示水流进入或离开含水层的一种机制。在控制迁移方程中，源/汇项表示溶于水的溶质通过源进入或通过汇离开流场。在水流模拟中可以指定也可以计算出源和汇的流量。源和汇大致可以分为两类：内部的和外部的。

外部源和汇实际上代表的是边界条件。例如，模拟中沿边界的指定水头、指定流量，以及水头变化的水流单元。

内部源和汇是指那些位于有效水流模拟区内部的源和汇。例如井、掩埋式排水沟、补给、蒸腾，以及地表水体如河、湖、池塘等。在三维模拟中仅仅发生在潜水面的过程，如降水入渗补给、潜水蒸腾，以及地表水体的渗漏，实际被看作边界条件。

● 源和汇的浓度。在模拟前要先指定内部源或潜在源点的浓度。通过内部的汇减少的浓度一般为汇所在单元地下水的计算浓度。因此通过一口抽水井质量减少量为 $Q_w \times C_a$，其中 Q_w 是井的指定排水量，C_a 是井所在单元地下水的计算质量浓度；通过一口注水井质量增加量为 $Q_w \times C_s$，其中 C_s 是预先指定的注入污水的浓度。同样，地下水向地表排泄引起的含水层中的溶质质量变化量，等于地下水计算质量浓度与排出地表的计算流量之积。对于反向的流动即地表水流进含水层的情况，必须指定由地表流入水的浓度，否则需要对地表水和地下水进行耦合模拟。蒸腾作用与一般的汇不同，蒸腾只去掉水分而不影响溶质；因此蒸腾的浓度可以视为零。

通过源流入含水层的水，其浓度可以通过淋滤试验或工程分析初步确定。一些源的浓度会随时间变化，仅仅把它设为常数是不够的。如一次泄漏事故、核素衰变等的源对应的污染物浓度均是时间函数。

⑦数据管理

为计算机数值模型准备和组织输入数据的过程称为预处理，检验和表达模拟结果的过程称为后处理。

大体说来，预处理涉及 4 个基本步骤：

- 设计平面和垂向离散方案，组织空间离散数据，如节点间距、含水层和隔水层厚度、边界条件等。
- 赋值节点或单元的水力和迁移参数。当用均匀参数或简单分带不够时，可以用空间插值计算程序从观测数据获得模型节点的参数值。
- 当要求进行非稳定模拟时，提出适当的时间离散方案并确立初始条件。
- 整理汇与源的资料，包括位置、指定流量或与指定含水层的水力联系，并指定溶质浓度。

预处理阶段准备和组织的数据通常整理成一个或多个文件，它们包含一系列数字或文字记录，用特定的模型计算程序可以进行读取。用户可以根据模型计算程序用户手册上的说明准备输入文件，其中可能涉及文本编辑软件、电子表格程序或数据分析和表达的其他常用软件。

后处理进行模型模拟结果的分析和表达。大多数计算程序最终把模拟得到的水头或浓度，按二维或三维数组存放成文本文件。为了分析及处理这些数据并把它们表示成图形，一般必须借助于商业数据分析与表达软件，或者使用专门设计的后处理软件。水流或迁移模型的输出数据通过后处理，可以得出下列有用的信息：

- 描述观测点水头或浓度观测值与计算值之差的残差或相关统计值，模型校准时需要这些资料。
- 敏感点处的水位线或浓度穿透曲线（如果模拟是非稳定的）；这些资料可以用于模型校准，并表示出建设项目对敏感目标的影响。
- 整个模型或部分模型层的水头及浓度等值线图。
- 对于指定范围内的区域或源/汇进行局部水流与溶质质量均衡计算。
- 某选定时刻的迹线、运动时间以及分布范围。

3）模型的输入参数

①迁移模型需要的数据。

一般来说，地下水模型需要两部分数据。第一部分数据是确定研究区水文地质和水文地球化学条件需要的各种参数。这些参数构成水流和迁移模型的输入数据，包括：含水层几何性质的参数，如模型边界的位置、含水层和隔水层的厚度以及现有污染范围；

常规物理及化学参数，如渗透系数、孔隙度以及化学反应速率常数；与外部应力有关的各种参数，如污染源的变化状况、补给和排泄的分布状况，或是注水和抽水量。

模拟工作需要的第二部分数据包括有效监测点的观测水头、流量、污染物运动时间、溶质浓度和质量去除率。在校准过程中需要把这些数据与计算结果做比较。

地下水模拟工作需要的大部分数据是针对建设项目场地的，可以描述所调查场地的特点，例如，某特定地层单元的厚度或现有的污染范围的数据。如果这些特定场地的信息不足以支持模型开发，那么通常要进行野外工作以收集必要的资料。这些工作可能包括钻井或钻孔工作、含水层试验、水位监测以及水质的取样分析。

一般应该给出网格中所有节点或单元的模型输入参数，但水文地质试验只能提供试验点的参数测量值。因此对于模拟网格的大部分范围，模拟人员必须根据研究区其他点的测量结果推求参数，或者使用间接信息和关系推断参数，例如，根据测定的岩性赋值渗透系数。在这个过程中有必要熟悉最重要的水力、迁移、化学参数的常见范围及取值。

②水流参数。

● 渗透系数。渗透系数是水流和迁移模型最基本的参数，它既反映孔隙介质也反映流体的特征。

表 7-1 总结了渗透系数的一些特征值及其变化范围。从表中明显可以看出渗透系数变化范围很大，即使是同一种岩性或沉积物，其变化也可达几个数量级。此外，大多数沉积物或沉积岩具有各向异性，这些沉积物的层状特征导致垂向渗透系数比水平方向小得多。分析和获取渗透系数值是模型的第一步工作。可以采用常规方法，如注水试验或抽水试验。这些工作可能早已经在渗透系数的野外测定中进行了，或者也可以在现状调查中展开。

● 储水系数与给水度。非稳定流模拟要有承压含水层的储水系数和潜水含水层的给水度。给水度的典型值见表 7-3。

表 7-3 各种岩性给水度经验值

岩性	给水度	岩性	给水度
黏土	0.02～0.035	细砂	0.08～0.11
亚黏土	0.03～0.045	中细砂	0.085～0.12
亚砂土	0.035～0.06	中砂	0.09～0.13
黄土状亚黏土	0.02～0.05	中粗砂	0.10～0.15
黄土状亚砂土	0.03～0.06	粗砂	0.11～0.15
粉砂	0.06～0.08	黏土胶结的砂岩	0.02～0.03
粉细砂	0.07～0.10	裂隙灰岩	0.008～0.10

注：参考《水文地质手册》等资料综合整理。

③溶质迁移参数。

● 孔隙度。孔隙度对迁移计算的影响有两个方面。一方面，孔隙度决定渗流速度而渗流速度控制对流迁移；另一方面，孔隙度还决定着模型单元中储存溶质的孔隙体积大小。一些沉积物和岩石的孔隙度代表值见表7-4。

表7-4　不同岩性的孔隙度

材料	孔隙度/%	材料	孔隙度/%
松散岩类	—	灰岩，白云岩	0～20
砾石（粗）	24～36	岩溶灰岩	5～50
砾石（细）	25～38	页岩	0～10
砂（粗）	31～46	**结晶岩**	—
砂（细）	26～53	有裂隙的结晶岩	0～10
淤泥	34～61	致密的结晶岩	0～5
黏土	34～60	**玄武岩**	3～35
沉积岩	—	风化的花岗岩	34～57
砂岩	5～30	风化的辉长岩	42～45
泥岩	21～41		

注：参考《水文地质手册》等资料综合整理。

● 弥散度。确定野外尺度迁移模拟问题的弥散度有较大的难度，而且长期以来一直备受争议。

弥散度受实验或观测尺度的影响，但它们之间的关系尚不明确。示踪实验通常对应于相对较小的尺度，因此得到的弥散度小于由较大尺度及模拟污染事件得到的弥散度，也小于由环境示踪剂观测得出的弥散度。

根据经验，当缺乏场地的实测数据时，水平横向弥散度的取值应该比纵向弥散度约小一个数量级，垂直横向弥散度取值应该比纵向弥散度约小两个数量级。

4）模型校准

● 校准过程。数值模型建成之后，通常要做模型校准。校准是一个调整模型输入参数（如渗透系数、给水度、弥散度等），直到模型输出变量（如水位、浓度、流量值）与野外观测值相吻合的过程。模型输出变量可以是水头、流量、溶液浓度、污染物运动时间或物质去除率。

一般来说，地下水模拟的形式可指定为正演或反演。在正演模拟中，输入参数被指定，并用来计算因模型而异的变量。在反演模型中，模型因变量的野外观测值被用来获得优化的输入参数。因此，模型校准是一个反演模拟过程。模型校准或反演模拟的实现，可以用人工试错法反复调整正演模型中指定的输入参数，或者用专门为参数识别而设计的计算程序。

● 参数识别与模型验证。参数识别：在已知数学模型初始、边界条件下，通常对地下水系统数学模型的输入和输出计算结果的分析，已达到选择正确参数（即参数识别）、校正已建立数学模型和边界条件的计算过程。

模型验证：根据模型识别后的参数和已知初始、边界条件，选用更长计算时段，通过对地下水系统模型的输入和输出计算，使计算所得数据与实际观测数据有最好的拟合，以进一步提高数学模型的正确性。

参数识别与模型验证是数值法过程最为关键的一个环节，是水文地质条件分析及水文地质概念模型建立正确与否的再确认过程，是建立数值模型的两个阶段，必须使用相互独立的不同时间段的资料分别完成。模型识别与检验的优和劣，直接决定预测结果的可信度，不应将识别与检验工作仅仅视为一个调参数的"数字"过程。

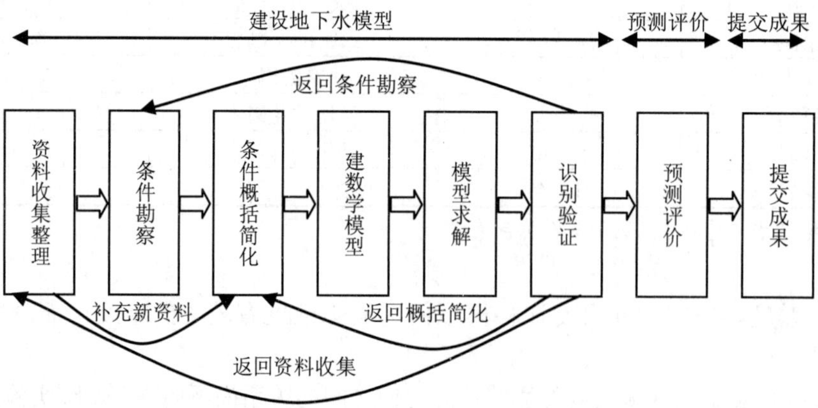

图 7-10　模型识别与验证的过程

判断模型识别与验证的依据主要有：模拟的地下水流场要与实际地下水流场基本一致；模拟地下水的动态过程要与实测的动态过程基本相似；从均衡的角度出发，模拟的地下水均衡变化要与实际要素基本相符；识别的水文地质参数要符合实际水文地质条件。

地下水环境影响评价中的现状监测一般要求枯、平、丰三期地下水监测，第一期监测值用来作为模型的初始条件，第二期监测值用于模型的识别，第三期监测值用于模型的验证。经过识别、验证后的模型才能用于后续的模拟预测。

5）模型预测

● 边界条件。预测过程中模型边界条件值需根据模型识别、验证阶段的值进行周期性重复设置。对于定水头、定浓度边界，预测过程中其值可以不变。

● 模型参数。经模型识别和验证后的参数在预测过程中是不允许改变的。

● 源汇项。与污染源无关的源汇项（如降雨入渗、开采量、蒸发等）处理方法与边界条件相同。对于与污染源有关的源汇项，需根据预测方案（不同状况）采用定浓度或浓度函数表示。

● 预测方案。预测方案需要根据建设项目的工程条件分析，结合项目对地下水污染风险源的位置，进行正常、非正常状况及措施条件下建设项目对地下水环境的影响预测。

不同状况指可能对地下水产生污染风险的装置区、装卸区、处置（储存）区、污废水处理区等在正常状况、非正常状况、措施条件下对地下水环境的影响程度及影响范围。

● 预测时段。预测时段应包括项目的建设期、运行期及服务期满后的各个阶段，具体时间需根据建设项目的具体情况确定。

第八章　土壤环境影响预测与评价

第一节　土壤环境污染影响途径

土壤环境污染影响型的建设项目影响途径主要包括大气沉降、地面漫流、垂直入渗等。

1. 大气沉降

大气沉降主要是指建设项目施工及运营过程中，无组织或有组织向大气环境排放污染物，并通过一定的途径将污染物沉降至地面，从而对土壤环境造成影响的过程。大气沉降是重金属与有机物污染土壤环境的重要途径之一。

能源、运输、冶金和建筑材料生产产生的气体和粉尘中含有大量的重金属及有机物，除汞以外，其他重金属基本上是以气溶胶的形态进入大气，并经过干沉降、湿沉降进入土壤。存在于煤和石油中的一些微量元素，如 Cd、Zn、As 和 Cu 等经工业燃烧，以飘尘、灰、颗粒物或气体形式释放。此外，一些金属如硒、铅、钼等，被加入燃料或润滑剂中以改善其性质，都是加剧土壤重金属污染的因素。

经大气沉降进入土壤的重金属及有机物污染，与重工业发达程度、城市的人口密度、土地利用率、交通发达程度有直接关系，距城市越近污染的程度就越重，污染强弱顺序为：城市—郊区—农村。大气沉降类水平影响范围视污染物随大气扩散、沉降的范围而定，垂向上为污染物的累积过程，在不受外力因素影响条件下污染深度较浅，因此大气沉降大多仅对表层土壤环境造成影响。

2. 地面漫流

地面漫流重点考虑由于建设项目所在地的坡度较大，建设项目产生的废水随地面径流而流动，导致废水对厂界外土壤环境造成大面积污染，如矿山、独立渣场等建设项目。这一类建设项目污染土壤环境的面积较大，但一般影响的深度相对入渗途径来说较浅，除了地势最低洼处，大多仅对表层土壤环境造成影响。矿山、库、坝、渣场等建设项目极易通过地面漫流污染土壤环境，可将建设项目所在地的下游区域以及距离建设项目较近的沟渠、河流、湖、库之间区域作为土壤环境影响重点关注区域。

3. 垂直入渗

垂直入渗主要是指厂区各类原料及产污设施、装置，在“跑、冒、滴、漏”过程中或防渗设施老化破损情况下，经泄漏点对土壤环境产生影响的过程。垂直入渗影响途径普遍存在于大多数产污企业中，污染物的影响主要表现在垂向上污染物的扩散，水平方向上的扩散趋势甚微，而垂向上污染物的污染深度与污染物性质、包气带渗透性能、地下水的水位埋深等因素密切相关。

4. 其他

其他类影响主要指项目建设或运营过程中，由于非以上三种途径对土壤环境造成影响的过程。如车辆运输过程中的遗撒、风险事故爆炸过程中导致的原料或污染物的不均匀散落等过程。该类污染过程主要表现为污染源呈点源分布且位置随机，污染物落地后与表层土壤混合，在不受外力条件影响下影响范围不大，垂向扩散深度不深。

第二节　土壤环境生态影响因素

土壤环境生态影响型建设项目的影响因素主要包括建设项目所在地的干燥度、地下水位埋深、土壤含盐量、土壤 pH 及土壤质地情况等，对于土壤环境生态影响型建设项目，可通过产生的不同土壤环境生态影响后果考虑其相关的影响因素。标准 HJ 964 中重点考虑的影响后果包括土壤盐化、土壤碱化、土壤酸化，在土壤盐化过程中多伴随着碱化，针对上述土壤环境生态影响后果须考虑的因素如下。

1. 土壤盐碱化

土壤盐碱化又称为土壤盐渍化，是由于水库及尾矿库等项目建设，导致区域地下水位抬升后，深层土壤中的盐分随水位变化而到达土壤表层，而表层的水分因植物根系吸水、光照蒸发等作用损失、蒸发，致使盐分滞留在土壤表层，从而导致土壤的盐渍化。此外，农林类建设项目灌溉水源的盐分含量较高，也会导致土壤盐渍化情况。

土壤盐渍化与建设项目所在地的干燥度、地下水位埋深、土壤含盐量以及土壤质地有直接关系。其中干燥度也是建设项目所在地的蒸发量与降水量的比值；土壤含盐量是土壤中的盐分的含量；土壤质地指黏土、砂土或壤土情况，一般干燥度的值大于 2.5，地下水位埋深比较浅（一般小于 1.5 m）的区域土壤盐化发生概率较高。

2. 土壤碱化、酸化

土壤碱化除了伴随盐化过程发生之外，也会与土壤酸化一样，因区域土壤 pH 偏高或偏低，建设项目产生大量的碱性或酸性废水，如果所在地域的地理坡度较大，建设项目产生的废水通过地面漫流导致区域土壤的酸化或碱化的可能性极大。

第三节　土壤环境影响预测

一、影响源强计算方法

土壤环境污染影响型建设项目的影响源强按土壤污染途径可分为大气沉降类、地面漫流类及垂直入渗类三类，具体方法参照《污染源源强核算技术指南》。常用方法如下。

1. 大气沉降

利用大气预测模式计算出通过大气沉降落入每平方米土壤环境的沉降量，详见“第五章 大气环境影响预测与评价”。

2. 地面漫流

① 在田间设定径流小区，在产生径流时收集径流液，然后测定径流液中排出物质的量。或者根据当地常年监测径流数据分析估算。

土壤中某种物质经径流排出量的计算需依据当地土壤质地和降水强度等要素决定。通过查阅资料获得流域土壤蓄水能力，降水低于一定强度时，流域不产生径流；而降水超过一定强度时，流域土壤处于饱和状态，则产生径流。因此可根据降水强度、蒸发量和流域蓄水能力等指标，粗略计算径流量，见式（8-1）。

$$W_{\mathrm{M}} = P - R - E + P_{\mathrm{a}} \tag{8-1}$$

式中：W_{M}—— 流域蓄水能力（可查阅相关资料获取），mm；

P—— 降水量（或灌溉量），mm；

R—— 径流量，mm；

E—— 蒸发量，mm；

P_{a}—— 前期影响雨量（与土壤含水量有关，可使用土壤含水量换算），mm，需进行换算。

② 可根据常规地面漫流产流量估算汇水面积中某种污染物的含量。

3. 垂直入渗

① 主要采用室内土柱模拟测定法。采用土柱实验进行模拟计算，模拟降雨进行淋溶。土柱采用原状土装填，在土柱低端用烧杯或其他器皿盛装淋溶物，记录一定时间内从土柱中淋溶排出的溶液体积，从而计算测定单位时间内土壤中某种物质经淋溶排出的量。

② 类比物料中某种污染物质可溶于水中污染物浓度的测定结果。对于土壤环境生态影响型建设项目的影响源情况，须通过开展调查工作，搜集并获取建设项目所在地蒸发量与降水量、地下水位埋深、地下水溶解性总固体、土壤质地、土壤 pH 及土壤本底的盐分含量等。通过搜集过程获得不了相关资料时，需要通过实验室测定获取相关数据。

二、预测评价范围

预测评价范围一般与现状调查评价范围一致。

水平调查范围指建设项目对土壤环境的横向影响范围，污染影响型的水平调查范围，多指污染物通过大气沉降或地面漫流影响途径的迁移扩散范围；生态影响型的水平调查范围，多指由于地下水位变化区域或酸性、碱性废水地面漫流途径引起的土壤盐化、碱化、酸化等横向影响调查范围，同时兼顾土壤环境敏感目标的分布情况。

垂向调查范围指建设项目对土壤环境的纵向影响范围，纵向影响范围与影响途径有关。一方面，生态影响型建设项目对土壤环境的影响多集中在表层及亚表层。由于大气沉降、地面漫流等影响途径导致的土壤污染主要集中在表层，故对表土层进行调查。另一方面，由于土壤污染物迁移运移不仅局限于生长植物的疏松表层，还可能影响土壤更深层的相关自然地理要素的综合体，故需要结合土壤发生层分布情况预测污染物迁移状况。同时要考虑地下水位埋深和建设项目可能影响的深度。

对于大气沉降影响途径及地面漫流影响途径的预测评价工作应重点考虑建设项目对占地范围外土壤环境敏感目标的累积影响，并根据建设项目特征兼顾对占地范围内的影响。

三、影响预测与评价方法

土壤环境影响预测与评价方法应根据建设项目土壤环境影响类型与评价工作等级确定。

1. 面源污染影响预测方法

（1）适用范围

本方法适用于某种物质以可概化为面源形式进入土壤环境的影响预测，包括大气沉降、地面漫流以及土壤盐化、酸化、碱化等。

（2）一般方法和步骤

① 可通过工程分析计算土壤中某种物质的输入量；涉及大气沉降影响的，可参照HJ 2.2。

② 土壤中某种物质的输出量主要包括淋溶或径流排出、土壤缓冲消耗两部分；植物吸收量通常较小，不予考虑；涉及大气沉降影响的，可不考虑输出量。

③ 分析比较输入量和输出量，计算土壤中某种物质的增量。

④ 将土壤中某种物质的增量与土壤现状值进行叠加后，进行土壤环境影响预测。

（3）预测方法

① 单位质量土壤中某种物质的增量可用式（8-2）计算。

$$\Delta S = n(I_{\mathrm{S}} - L_{\mathrm{S}} - R_{\mathrm{S}}) / (\rho_{\mathrm{b}} \times A \times D) \tag{8-2}$$

式中：ΔS——单位质量表层土壤中某种物质的增量，g/kg；

表层土壤中游离酸或游离碱浓度增量，mmol/kg。

I_{S}——预测评价范围内单位年份表层土壤中某种物质的输入量，g；

预测评价范围内单位年份表层土壤中游离酸、游离碱输入量，mmol。

L_{S}——预测评价范围内单位年份表层土壤中某种物质经淋溶排出的量，g；

预测评价范围内单位年份表层土壤中经淋溶排出的游离酸、游离碱的量，mmol；

R_{S}——预测评价范围内单位年份表层土壤中某种物质经径流排出的量，g；

预测评价范围内单位年份表层土壤中经径流排出的游离酸、游离碱的量，mmol；

ρ_b —— 表层土壤容重，kg/m^3；

A —— 预测评价范围，m^2；

D —— 表层土壤深度，m，一般取 0.2 m，可根据实际情况适当调整；

n —— 持续年份，a。

② 单位质量土壤中某种物质的预测值可根据其增量叠加现状值进行计算，见式（8-3）。

$$S = S_b + \Delta S \tag{8-3}$$

式中：S_b —— 单位质量土壤中某种物质的现状值，g/kg；

S —— 单位质量土壤中某种物质的预测值，g/kg。

③ 酸性物质或碱性物质排放后表层土壤 pH 预测值，可根据表层土壤游离酸或游离碱浓度的增量进行计算，见式（8-4）。

$$\mathrm{pH} = \mathrm{pH_b} \pm \Delta S / \mathrm{BC_{pH}} \tag{8-4}$$

式中：$\mathrm{pH_b}$ —— 土壤 pH 现状值；

$\mathrm{BC_{pH}}$ —— 缓冲容量，mmol/（kg·pH）；

pH —— 土壤 pH 预测值。

④ 缓冲容量（$\mathrm{BC_{pH}}$）测定方法：采集项目区土壤样品，样品加入不同量游离酸或游离碱后分别进行 pH 测定，绘制不同浓度游离酸或游离碱浓度和 pH 之间的曲线，关系曲线斜率即为缓冲容量。

对于大气沉降影响途径的预测，可根据 HJ 2.2 得出每平方米的大气沉降量，并通过对预测情景进行设置，预测最不利状况下污染物通过大气沉降对建设项目周边存在的土壤环境敏感目标处的影响。

2. 点源污染影响预测方法

（1）适用范围

本方法适用于某种污染物以点源形式垂直进入土壤环境的影响预测，重点预测污染物可能影响到的深度。

（2）预测方法

① 一维非饱和溶质垂向运移控制方程

$$\frac{\partial(\theta c)}{\partial t} = \frac{\partial}{\partial z}\left(\theta D \frac{\partial c}{\partial z}\right) - \frac{\partial}{\partial z}(qc) \tag{8-5}$$

式中：c —— 污染物介质中的浓度，mg/L；

D —— 弥散系数，m^2/d；

q —— 渗流速率，m/d；

z —— 沿 z 轴的距离，m；

t —— 时间变量，d；

θ —— 土壤含水率，%。

② 初始条件

$$c(z,t)=0 \quad (t=0，L \leqslant z < 0) \tag{8-6}$$

③ 边界条件

第一类 Dirichlet 边界条件，其中式（8-7）适用于连续点源情景，式（8-8）适用于非连续点源情景。

$$c(z,t)=c_0 \quad (t>0，z=0) \tag{8-7}$$

$$c(z,t)=\begin{cases} c_0 \ , & 0<t \leqslant t_0 \\ 0 \ , & t>t_0 \end{cases} \tag{8-8}$$

第二类 Neumann 零梯度边界。

$$-\theta D\frac{\partial c}{\partial z}=0 \quad (t>0，z=L) \tag{8-9}$$

对于入渗途径的土壤环境影响情况，可结合建设项目所在地的土壤质地与地下水位埋深情况，重点预测污染物穿透所在地的主要土壤质地及地下水潜水面情况。

3. 土壤盐化综合评分预测方法

根据表 8-1 选取各项影响因素的分值与权重，采用式（8-10）计算土壤盐化综合评分值（S_a），对照表 8-2 得出土壤盐化综合评分预测结果。

表 8-1　土壤盐化综合评分表

影响因素	分值				权重
	0 分	2 分	4 分	6 分	
地下水位埋深（GWD）/m	GWD≥2.5	1.5≤GWD<2.5	1.0≤GWD<1.5	GWD<1.0	0.35
干燥度（蒸降比值）(EPR)	EPR<1.2	1.2≤EPR<2.5	2.5≤EPR<6	EPR≥6	0.25
土壤本底含盐量（SSC）/（g/kg）	SSC<1	1≤SSC<2	2≤SSC<4	SSC≥4	0.15
地下水溶解性总固体（TDS）/（g/L）	TDS<1	1≤TDS<2	2≤TDS<5	TDS≥5	0.15
土壤质地	黏土	砂土	壤土	沙壤、粉土、砂粉土	0.10

$$S_a = \sum_{i=1}^{n} W_{x_i} \times I_{x_i} \tag{8-10}$$

式中：n —— 影响因素指标数目；

I_{x_i} —— 影响因素 i 指标评分；

W_{x_i} —— 影响因素 i 指标权重。

表 8-2 土壤盐化预测

土壤盐化综合评分值（S_a）	$S_a<1$	$1\leq S_a<2$	$2\leq S_a<3$	$3\leq S_a<4.5$	$S_a\geq 4.5$
土壤盐化综合评分预测结果	未盐化	轻度盐化	中度盐化	重度盐化	极重度盐化

第九章　声环境影响预测与评价

第一节　声环境影响评价概述

声环境影响评价是在噪声源调查分析、环境背景噪声测量和敏感目标调查的基础上，对建设项目产生的噪声影响，按照噪声传播声级衰减和叠加的计算方法，预测环境噪声影响范围、程度和影响人口情况，对照相应的标准评价环境噪声影响，并提出相应的防治噪声的对策、措施的过程。

第二节　声环境影响评价基础

一、噪声的传播

声音是由物体（包括固体、液体和气体）振动产生的，这些振动的物体通常称为声源或发声体。物体振动产生的声能，通过周围的介质（可以是气体、液体或者固体）向外界传播，并且被感受目标接受，例如，人耳是人体的声音接收器官。在声学中，把声源（发声体）、介质（传播途径）、接收器（或称受体）称为声音传播的三要素。

二、噪声级（分贝）的相加

在实际工作中，进行噪声的叠加计算就是进行噪声级的相加即求分贝和。如果已知两个不相干声源在某一预测点单独产生的声压级（L_1，L_2），这两个声源合成的声压级（L_{1+2}）就要进行声级（分贝）的相加。具体计算可应用公式法或查表法。

1. 公式法

分贝相加一定要按能量（声功率或声压平方）相加，求两个声压级合成的声压级 L_{1+2}，可按下列步骤计算。

①因 $L_1=20\lg(p_1/p_0)$ 和 $L_2=20\lg(p_2/p_0)$，运用对数换算得

$$p_1=p_0 10^{L_1/20} \text{ 和 } p_2=p_0 10^{L_2/20} \tag{9-1}$$

（2）合成声压 p_{1+2}，按能量相加则 $(p_{1+2})^2 = p_1^2 + p_2^2$，即

$$(p_{1+2})^2 = p_0^2(10^{L_1/10} + 10^{L_2/10}) \text{或} (p_{1+2} / p_0)^2 = 10^{L_1/10} + 10^{L_2/10} \tag{9-2}$$

（3）按声压级的定义合成的声压级。$L_{1+2}=20\lg(p_{1+2}/p_0)=10\lg(p_{1+2}/p_0)^2$，即

$$L_{1+2}=10\lg(10^{L_1/10}+10^{L_2/10}) \tag{9-3}$$

几个声压级相加的通用式为

$$L_{总} = 10\lg\left(\sum_{i=1}^{n} 10^{\frac{L_i}{10}}\right) \tag{9-4}$$

式中：$L_{总}$—— 几个声压级相加后的总声压级，dB；

L_i—— 某一个声压级，dB。

若上式的几个声压级均相同，即可简化为

$$L_{总} = L_P + 10\lg N \tag{9-5}$$

式中：L_P—— 单个声压级，dB；

N—— 相同声压级的个数。

【例 1】L_1＝80 dB，L_2＝80 dB，求 L_{1+2}。

解：$L_{1+2}=10\lg(10^{80/10}+10^{80/10})=10\lg2+10\lg10^8=3+80=83$（dB）

【例 2】L_1＝100 dB，L_2＝98 dB，求 L_{1+2}。

解：$L_{1+2}=10\lg(10^{100/10}+10^{98/10})=10\lg(10^{10}+10^{9.8})$

$=10\lg163\ 095\ 734\ 45\approx102.1$（dB）

2．查表法

利用分贝和的增值表直接查出不同声级值叠加后的增加值，然后计算叠加结果。在一般有关工具书或教科书中均附有该表，其简表如下。

表 9-1　分贝和的增值　　单位：dB

声压级差（L_1–L_2）	0	1	2	3	4	5	6	7	8	9	10
增值 ΔL	3.0	2.5	2.1	1.8	1.5	1.2	1.0	0.8	0.6	0.5	0.4

例如，L_1＝100 dB，L_2＝98 dB，求 L_{1+2}。先算出两个声音的声压级（dB）差，L_1–L_2＝2 dB，再查表 9-1 找出 2 dB 对应的增值 ΔL＝2.1 dB，然后加在分贝数大的 L_1 上，得出 L_1 与 L_2 的和 L_{1+2}＝100+2.1＝102.1，可取整数为 102 dB。

三、噪声级的相减

如果已知两个声源在某一预测点产生的合成声压级（$L_{合}$）和其中一个声源在预测点单独

产生的声压级 L_2，则另一个声源在此点单独产生的声压级 L_1 可用式（9-6）计算：

$$L_1 = 10\lg(10^{0.1L_{合}} - 10^{0.1L_2}) \tag{9-6}$$

第三节　噪声源的几何发散

一、点声源的几何发散

1．实际声源近似为点声源的条件

在声学计算中大量采用点声源的方法进行计算，我国国家标准《声学　户外声传播的衰减　第 2 部分：一般计算方法》（GB/T 17247.2—1998）也是以点声源为基础进行计算的。为此需要了解实际声源简化为点声源的基本要求。

点声源的定义为以球面波形式辐射声波的声源，辐射声波的声压幅值与声波传播距离（r）成反比。从理论上可以认为：任何形状的声源，只要声波波长远远大于声源几何尺寸，该声源就可视为点声源。

在声环境影响评价中，利用上述定义和理论来认定点声源是有一定困难的。简单的近似是：对于单一声源，声源中心到预测点之间的距离超过声源最大几何尺寸 2 倍时，该声源可近似为点声源。由众多声源组成的广义噪声源，例如，道路、铁路交通或工业区（可能包括有一些设备或设施以及在场地内往来的车辆等），可通过分区用位于中心位置的等效点声源替代。将某一分区等效为点声源的条件是：分区内声源有大致相同的强度和离地面的高度、到预测点有相同的传播条件；等效点声源到预测点的距离（d）应大于声源最大尺寸（H_{max}）2 倍（$d>2H_{max}$），如距离较小（$d\leqslant 2H_{max}$），总声源必须进一步划分为更小的区。等效点声源的声功率级等于分区内各声源声功率级的能量和。在符合上述条件的情况下，可用等效声源计算的声衰减表示这一分区的声衰减。实际上任何一个线声源和面声源均可采用分区的方法简化为点声源，然后通过每一个点声源在预测点产生的声级的叠加，获得线声源或面声源对于测点的影响。

2．已知点声源声功率级时的几何发散衰减

在自由声场（自由空间）条件下，点声源的声波遵循着球面发散规律，按声功率级作为点声源评价量，其衰减量公式为

$$\Delta L = 10\lg(1/4\pi r^2) \tag{9-7}$$

式中：ΔL—— 距离增加产生的衰减值，dB；

r—— 点声源至受声点的距离，m。

如果已知点声源的 A 计权声功率级 L_{WA}（也可为声功率级），且声源处于自由空间，则 r 处的 A 声级可由式（9-8）求得：

$$L_A(r)=L_{WA}-20\lg r-11 \quad (9\text{-}8)$$

如果声源处于半自由空间，则 r 处的 A 声级可由式（9-9）求得：

$$L_A(r)=L_{WA}-20\lg r-8 \quad (9\text{-}9)$$

由上述公式可推出，在距离点声源 r_1 处至 r_2 处的衰减值：

$$\Delta L=20\lg(r_1/r_2) \quad (9\text{-}10)$$

当 $r_2=2r_1$ 时，$\Delta L=-6$ dB，即点声源声传播距离增加 1 倍，衰减值是 6 dB。

3．已知靠近点声源 r_0 处声级时的几何发散衰减

无指向性点声源几何发散衰减的基本公式为

$$L(r)=L(r_0)-20\lg(r/r_0) \quad (9\text{-}11)$$

式中：$L(r)$，$L(r_0)$ —— 分别为 r，r_0 处的声级。

如果已知 r_0 处的 A 声级，则式（9-12）和式（9-11）等效：

$$L_A(r)=L_A(r_0)-20\lg(r/r_0) \quad (9\text{-}12)$$

式（9-11）和式（9-12）中第二项代表了点声源的几何发散衰减：

$$A_{div}=20\lg(r/r_0) \quad (9\text{-}13)$$

4．具有指向性点声源的几何发散衰减

在现实中，声源在辐射声波时，其强度分布是有指向性的，即在声源周围的不同方向的相同距离上，声压级是不同的。考虑到声源辐射的指向性，则在某一角度方向距离 r 处的声压级为式（9-14）或式（9-15）：

$$L(r)=L(r_0)-20\lg(r/r_0)+D_I \quad (9\text{-}14)$$

$$L_A(r)=L_A(r_0)-20\lg(r/r_0)+D_I \quad (9\text{-}15)$$

式中：D_I —— 指向性指数。

二、线声源的几何发散

1．无限长线声源的几何发散衰减

在自由声场条件下，无限长线声源的声波遵循着圆柱面辐射规律，按声功率级作为线声源评价量，则 r 处的声级 $L(r)$ 可由式（9-16）计算。

$$L(r)=L_W-10\lg(1/2\pi r) \quad (9\text{-}16)$$

式中：L_W —— 单位长度线声源的声功率级，dB；

r —— 线声源至受声点的距离，m。

经推算，在距离无限长线声源 r_1 至 r_2 处的衰减值为

$$\Delta L=10\lg(r_1/r_2) \tag{9-17}$$

当 $r_2=2r_1$ 时，由上式可计算出 $\Delta L=-3$ dB，即线声源声传播距离增加 1 倍，衰减值是 3 dB。

已知垂直于无限长线声源的距离 r_0 处的声级，则 r 处的声级可由式（9-18）计算得到

$$L(r)=L(r_0)-10\lg(r/r_0) \tag{9-18}$$

如果已知 r_0 处的 A 声级则式（9-19）与式（9-18）等效：

$$L_A(r)=L_A(r_0)-10\lg(r/r_0) \tag{9-19}$$

式（9-18）和式（9-19）中第 2 项表示无限长线声源的几何发散衰减：

$$A_{div}=10\lg(r/r_0) \tag{9-20}$$

2. 有限长线声源的几何发散衰减

设线声源长为 l_0，单位长度线声源辐射的声功率级为 L_W。在线声源垂直平分线上距声源 r 处的声级为

$$L_P(r)=L_W+10\lg\left[\frac{1}{r}\arctan\left(\frac{l_0}{2r}\right)\right]-8 \tag{9-21}$$

或

$$L_P(r)=L_P(r_0)+10\lg\left[\frac{\frac{1}{r}\arctan\left(\frac{l_0}{2r}\right)}{\frac{1}{r_0}\arctan\left(\frac{l_0}{2r_0}\right)}\right] \tag{9-22}$$

当 $r>l_0$ 且 $r_0>l_0$ 时，式（9-22）近似简化为

$$L_P(r)=L_P(r_0)-20\lg(r/r_0) \tag{9-23}$$

即在有限长线声源的远场，有限长线声源可当作点声源处理。

当 $r<l_0/3$ 且 $r_0<l_0/3$ 时，式（9-22）可近似简化为

$$L_P(r)=L_P(r_0)-10\lg(r/r_0) \tag{9-24}$$

即在近场区，有限长线声源可当作无限长线声源处理。

当 $l_0/3<r<l_0$，且 $l_0/3<r_0<l_0$ 时，可以作近似计算：

$$L_P(r)=L_P(r_0)-15\lg(r/r_0) \tag{9-25}$$

三、面声源的几何发散

一个大型机器设备的振动表面、车间透声的墙壁，在距离振动表面一定范围内可以近似为面声源。如果已知面声源单位面积的声功率为 W，各面积元噪声的相位是随机的，则面声源可看作由无数点声源连续分布组合而成，预测点的合成声级可由单个点声源的

预测声级，按能量叠加法求出。

一个整体的长方形面声源（$b>a$），中心轴线上的几何发散声衰减可近似如下：预测点和面声源中心距离 $r<a/\pi$时，几何发散衰减 $A_{div}\approx0$；当 $a/\pi<r<b/\pi$时，距离加倍衰减 3 dB 左右，类似线声源衰减，$A_{div}\approx10\lg(r/r_0)$；当 $r>b/\pi$时，距离加倍衰减趋近于 6 dB，类似点声源衰减，$A_{div}\approx20\lg(r/r_0)$。其中面声源的 $b>a$。如图 9-1 所示，虚线为实际衰减量。

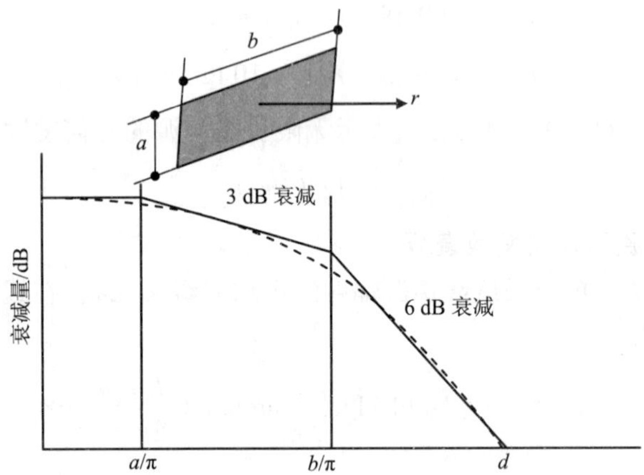

图 9-1　长方形面声源中心轴线上的衰减特性

第四节　声波在户外传播过程中的衰减

声源辐射的声波在传播过程中，其波阵面随距离的增加而增大，声能量扩散，因而声压将随距离的增加而衰减，第三节所讨论的是几何发散衰减，是声传播过程中的主要衰减。除此之外，在声传播过程中，还存在由空气吸收、地面效应、声屏障、气象条件、建筑物等因素引起的衰减，下面进行简要介绍。

一、基本公式

噪声从声源传播到受声点，因几何发散、空气吸收、阻挡物的反射与屏障等因素的影响，会产生衰减。为了保证噪声影响预测和评价的准确性，对于由上述各因素引起的衰减值需认真考虑，不能忽略。本章着重讨论户外声传播衰减基本内容，具体计算方法可参考 HJ 2.4 及相关书籍。

户外声传播衰减包括几何发散（A_{div}）、大气吸收（A_{atm}）、地面效应（A_{gr}）、障碍物屏蔽（A_{bar}）、其他多方面效应（A_{misc}）引起的衰减。

在环境影响评价中，应根据声源声功率级或声源某一参考位置处的声压级、户外声传播衰减、计算预测点的声级，分别用式（9-26）或式（9-27）计算：

$$L_p(r)=L_w+D_C-(A_{div}+A_{atm}+A_{gr}+A_{bar}+A_{misc}) \quad (9\text{-}26)$$

$$L_p(r)=L_p(r_0)+D_C-(A_{div}+A_{atm}+A_{gr}+A_{bar}+A_{misc}) \quad (9\text{-}27)$$

式中：$L_p(r)$ —— 预测点处声压级，dB；

L_w —— 由点声源产生的声功率级（A计权或倍频带），dB，若只已知A计权声功率级，一般情况下有效频率的衰减可用作估算最终衰减；

D_C —— 指向性校正，它描述点声源的等效连续声压级与产生声功率级L_w的全向点声源在规定方向的级的偏差程度，dB；

A_{div} —— 几何发散引起的衰减，dB；

A_{atm} —— 大气吸收引起的衰减，dB；

A_{gr} —— 地面效应引起的衰减，dB；

A_{bar} —— 障碍物屏蔽引起的衰减，dB；

A_{misc} —— 其他多方面效应引起的衰减，dB。

二、衰减项的计算

1．几何发散（A_{div}）

见第三节点声源几何发散衰减计算公式。

2．空气吸收引起的衰减（A_{atm}）

空气吸收引起的衰减按式（9-28）计算：

$$A_{atm}=\frac{a(r-r_0)}{1000} \quad (9\text{-}28)$$

式中：a ——温度、湿度和声波频率的函数，预测计算中一般根据建设项目所处区域常年平均气温和相对湿度选择相应的空气吸收衰减系数（表 9-2）。

表 9-2　倍频带噪声的空气吸收衰减系数

温度/℃	相对湿度/%	空气吸收衰减系数（a）/（dB/km）							
		倍频带中心频率/Hz							
		63	125	250	500	1 000	2 000	4 000	8 000
10	70	0.1	0.4	1.0	1.9	3.7	9.7	32.8	117.0
20	70	0.1	0.3	1.1	2.8	5.0	9.0	22.9	76.6
30	70	0.1	0.3	1.0	3.1	7.4	12.7	23.1	59.3
15	20	0.3	0.6	1.2	2.7	8.2	28.2	28.8	202.0
15	50	0.1	0.5	1.2	2.2	4.2	10.8	36.2	129.0
15	80	0.1	0.3	1.1	2.4	4.1	8.3	23.7	82.8

3．地面效应衰减（A_{gr}）

地面类型可分为：① 坚实地面，包括铺筑过的路面、水面、冰面以及夯实地面。② 疏松地面，包括被草或其他植物覆盖的地面，以及农田等适合植物生长的地面。③ 混合地面，由坚实地面和疏松地面组成。

声波越过不同地面时，其衰减量是不一样的。

声波越过疏松地面或大部分为疏松地面的混合地面传播时，在预测点仅计算 A 声级的前提下，地面效应引起的倍频带衰减可用式（9-29）计算。

$$A_{gr}=4.8-\left(\frac{2h_m}{r}\right)\left[17+\left(\frac{300}{r}\right)\right] \tag{9-29}$$

式中：r —— 声源到预测点的距离，m；

h_m —— 传播路径的平均离地高度，m，可按式（9-30）进行计算（图 9-2）。

$$h_m=F/r \tag{9-30}$$

式中：F —— 面积，m^2。

若 A_{gr} 计算出负值，则 A_{gr} 可用“0”代替。

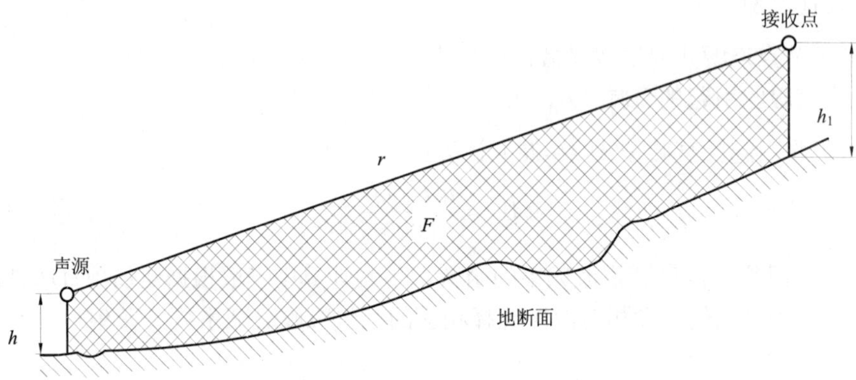

图 9-2　估计平均高度 h_m 的方法

4．有限长薄屏障在点声源声场中引起的衰减（A_{bar}）

计算声屏障引起衰减的方法较多，现介绍其中的一种，其他计算方法可参考《环境影响评价技术导则　声环境》（HJ 2.4）和其他相关标准。

位于声源和预测点之间的实体障碍物，如围墙、建筑物、土坡或地堑等起声屏障作用，从而引起声能量的较大衰减。在环境影响评价中，可将各种形式的屏障简化为具有一定高度的薄屏障，见图 9-3。S、O、P 3 点在同一平面内且垂直于地面。

定义 $\delta=SO+OP-SP$ 为声程差，$N=2\delta/\lambda$ 为菲涅尔数，其中 λ 为声波波长。

① 首先计算如图 9-4 所示 3 个传播路径的声程差δ_1、δ_2、δ_3和相应的菲涅尔数 N_1、N_2、N_3。

② 声屏障引起的衰减按式（9-31）计算：

$$A_{\mathrm{bar}} = -10\lg\left[\frac{1}{3+20N_1}+\frac{1}{3+20N_2}+\frac{1}{3+20N_3}\right] \tag{9-31}$$

当屏障很长（做无限长处理）时，则

$$A_{\mathrm{bar}} = -10\lg\left[\frac{1}{3+20N_1}\right] \tag{9-32}$$

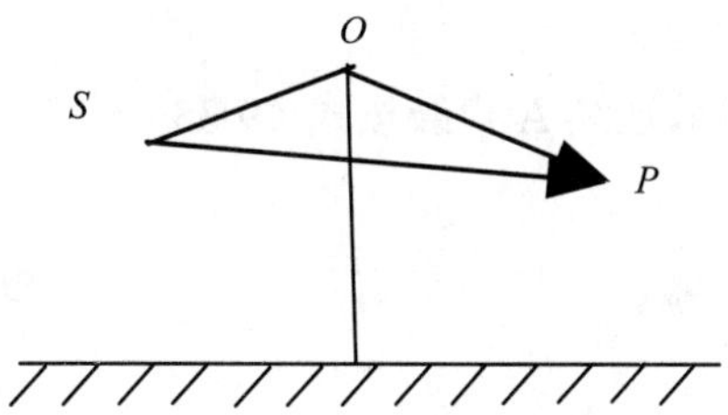

图 9-3　无限长声屏障

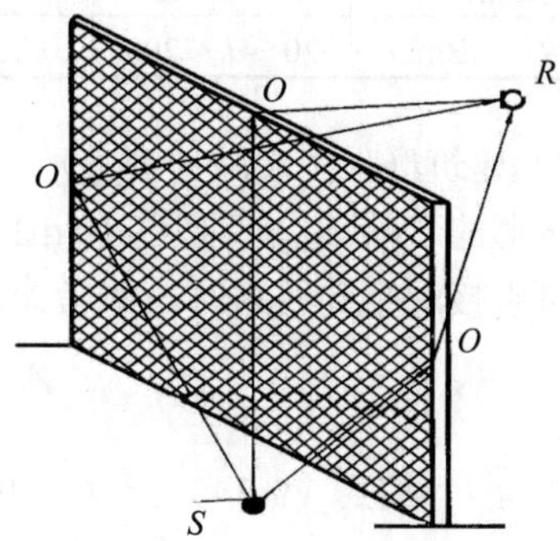

图 9-4　在有限长声屏障上不同的传播路径

5. 其他多方面效应引起的衰减（A_{misc}）

其他衰减包括通过工业场所的衰减以及通过房屋群的衰减等。在声环境影响评价中，一般情况下，不考虑自然条件（如风、温度梯度、雾）变化引起的附加修正。

工业场所的衰减可参照 GB/T 17247.2 进行计算。

（1）绿化林带引起的衰减（A_{fol}）

绿化林带的附加衰减与树种、林带结构和密度等因素有关。在声源附近的绿化林带，或在预测点附近的绿化林带，或两者均有的情况都可以使声波衰减，见图 9-5。

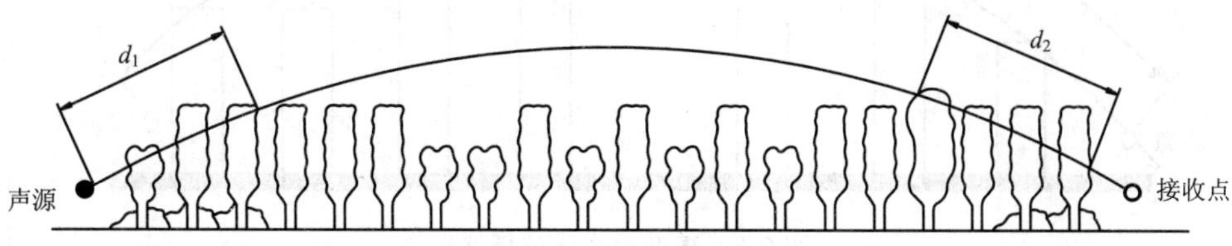

图 9-5　通过树和灌木时噪声衰减示意

通过树叶传播造成的噪声衰减随通过树叶传播距离（d_f）的增长而增加，其中 $d_f=d_1+d_2$，为了计算 d_1 和 d_2，可假设弯曲路径的半径为 5 km。

表 9-3 中的第一行给出了通过总长度为 10～20 m（含 10 m）的乔灌结合郁闭度较高的林带时，由林带引起的衰减；第二行为通过总长度为 20～200 m（含 20 m）林带时的衰减系数；当通过林带的路径长度大于 200 m 时，可使用 200 m 的衰减值。

表 9-3　倍频带噪声通过林带传播时产生的衰减

项目	传播距离（d_f）/m	倍频带中心频率/Hz							
		63	125	250	500	1 000	2 000	4 000	8 000
衰减/dB	$10 \leqslant d_f < 20$	0	0	1	1	1	1	2	3
衰减系数/（dB/m）	$20 \leqslant d_f < 200$	0.02	0.03	0.04	0.05	0.06	0.08	0.09	0.12

（2）建筑群噪声衰减（A_{hous}）

建筑群的衰减 A_{hous} 不超过 10 dB 时，近似等效连续 A 声级按式（9-33）估算。当从受声点可直接观察到线路时，不考虑此项衰减。

$$A_{hous} = A_{hous,1} + A_{hous,2} \tag{9-33}$$

式中 $A_{hous,1}$ 按式（9-34）计算，单位为 dB。

$$A_{hous,1} = 0.1Bd_b \tag{9-34}$$

式中：B ——沿声传播路线上的建筑物的密度，等于建筑物总平面面积除以总地面面积（包括建筑物所占面积）；

d_b ——通过建筑群的声路线长度，按式（9-35）计算，d_1 和 d_2 如图 9-6 所示。

$$d_b = d_1 + d_2 \tag{9-35}$$

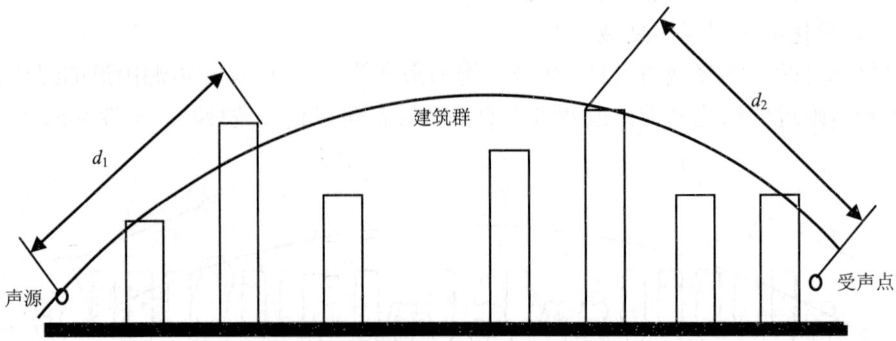

图 9-6　建筑群中声传播路径

假如声源沿线附近有成排整齐排列的建筑物时，则可将附加项 $A_{hous,2}$ 包括在内（假定这一项小于在同一位置上与建筑物平均高度等高的一个屏障插入损失）。$A_{hous,2}$ 按式（9-36）计算。

$$A_{hous,2} = -10\lg(1-p) \tag{9-36}$$

式中：p —— 沿声源纵向分布的建筑物正面总长度除以对应的声源长度，其值小于或等于 90%。

在进行预测计算时，建筑群衰减 A_{hous} 与地面效应引起的衰减 A_{gr} 通常只需考虑一项最主要的衰减。对于通过建筑群的声传播，一般不考虑地面效应引起的衰减 A_{gr}，但地面效应引起的衰减 A_{gr}（假设预测点与声源之间不存在建筑群时的计算结果）大于建筑群衰减 A_{hous} 时，则不考虑建筑群插入损失 A_{hous}。

第五节　噪声从室内向室外传播

一、室内和室外声级差的计算

当声源位于室内，设靠近开口处（或窗户）室内和室外的声级分别为 L_1 和 L_2，见图 9-7。若声源所在室内声场近似扩散声场，且墙的隔声量远大于窗的隔声量，则室内和室外的声级差为

$$\mathrm{NR} = L_1 - L_2 = \mathrm{TL} + 6 \tag{9-37}$$

式中：TL —— 窗户的隔声量，dB；

NR —— 室内和室外的声级差，或称插入损失，dB。

TL、NR 均和声波的频率有关。其中 L_1 可以是测量值或计算值，若为计算值，按式（9-38）计算。

$$L_1 = L_{W1} + 10\lg\left(\frac{Q}{4\pi r_1^2} + \frac{4}{R}\right) \tag{9-38}$$

式中：L_{W1} —— 某个室内声源在靠近围护结构处产生的倍频带声功率级，dB；

r_1 —— 某个室内声源与靠近围护结构处的距离，m；

Q —— 指向性因数；通常对无指向性声源，当声源放在房间中心时，Q=1；当放在一面墙的中心时，Q=2；当放在两面墙夹角处时，Q=4；当放在三面墙夹角处时，Q=8；

L_1 —— 靠近围护结构处的倍频带声压级，dB；

R —— 房间常数。

$$R = S\alpha/(1-\alpha) \tag{9-39}$$

式中：S—— 房间内表面面积，m^2；

α—— 平均吸声系数。

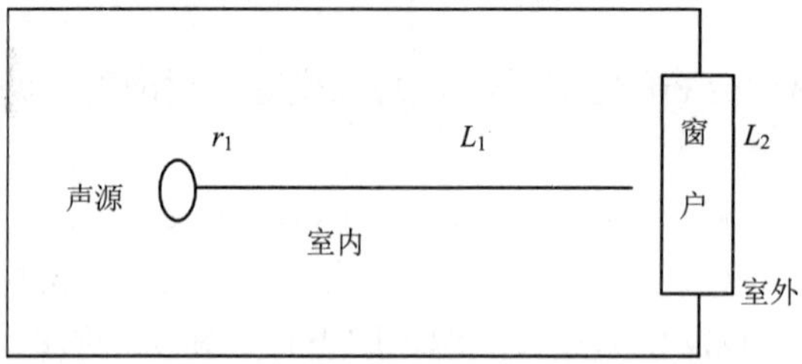

图 9-7 噪声从室内向室外传播

二、等效室外声源的声功率级计算

等效室外声源声功率级的计算过程如下：先用式（9-38）计算出某个声源在某个室内围护结构处（如窗户）的倍频带声压级，然后按式（9-40）计算出所有室内声源在围护结构处产生的 i 倍频带叠加声压级。

$$L_{P1i}(T) = 10\lg\left(\sum_{j=1}^{N} 10^{0.1L_{P1ij}}\right) \tag{9-40}$$

式中：L_{P1i}（T）—— 靠近围护结构处室内 N 个声源 i 倍频带的叠加声压级，dB；

L_{P1ij}—— 室内 j 声源 i 倍频带的声压级，dB；

N—— 室内声源总数。

在室内近似为扩散声场时，按式（9-37）计算出靠近室外围护结构处的声压级。然后计算出所有室内声源在靠近围护结构处产生的总倍频带声压级（按噪声级叠加计算求和），再将室外声级 L_2 和透声面积换算成等效室外声源，计算出等效声源的倍频带声功率级。

$$L_{W2}=L_2(T)+10\lg S \tag{9-41}$$

式中：S—— 透声面积，m^2。

然后可按室外声源预测方法计算预测点处的 A 声级，等效声源的中心位置位于透声面积的中心。

第六节　声环境影响预测与评价

一、声环境影响预测一般要求

1. 声环境影响预测的方法

① 收集预测需要掌握的基础资料，主要包括建设项目的规划布局、区域地形、气象条件等以及建设项目噪声源、声环境保护目标等相关资料。

② 确定预测范围和预测点：声环境影响预测范围应与评价范围相同，建设项目评价范围内声环境保护目标和建设项目厂界（场界、边界）应作为预测点和评价点。

③ 预测时要说明噪声源声级数据的具体来源，包括类比测量的条件和相应的声学修正，或是直接引用的已有数据资料。

④ 选用合适的方法进行声环境影响预测计算。一般应按照导则附录 A 和附录 B 给出的预测方法进行预测，如采用其他预测模型，须注明来源并对所用的预测模型进行验证，并说明验证结果。

⑤ 按评价等级要求绘制等声级线图。一级评价应绘制运行期代表性评价水平年噪声贡献值等声级线图，二级评价根据需要绘制等声级线图。

2. 预测点噪声级计算的基本步骤和方法

选择一个坐标系，确定出各声源位置和预测点位置（坐标），并根据预测点与声源之间的距离把声源简化成点声源、线声源或面声源。

根据已获得的声源噪声级数据和声波从各声源到预测点的传播条件，计算出噪声从各声源传播到预测点的声衰减量，由此计算出各声源单独作用时在预测点产生的 A 声级 L_{Ai}。

确定预测计算的时段 T，并确定各声源的发声持续时间 t_i。

按式（9-36）计算建设项目声源在预测点产生的等效连续 A 声级贡献值：

$$L_{\mathrm{Aeqg}}=10\lg\left(\frac{\sum_{i=1}^{n}t_i 10^{0.1L_{Ai}}}{T}\right) \tag{9-42}$$

然后计算预测点的预测等效声级（L_{eq}）：

$$L_{eq}=10\lg(10^{0.1L_{eqg}}+10^{0.1L_{eqb}}) \tag{9-43}$$

式中：L_{eqg} —— 建设项目声源在预测点的等效声级贡献值，dB（A）；

L_{eqb} —— 预测点的背景值，dB（A）。

在声环境影响评价中，因为声源较多，预测点数量比较大，因此常用电脑完成计算工作。各类声源的预测模型见《环境影响评价技术导则　声环境》的有关附录。

二、典型建设项目声环境影响预测模型及关键影响因素

对于一般建设项目而言，声环境影响评价主要是通过预测建设项目施工期和运营期厂界（场界、边界）噪声贡献值以及所有声环境保护目标处的噪声贡献值和预测值，并评价其超标和达标情况。但对于铁路、城市轨道交通、机场等建设项目，还需预测列车通过时段内声环境保护目标处的等效连续 A 声级、单架航空器通过时在声环境保护目标处的最大 A 声级。

1．工业企业

对于工业企业建设项目声环境影响预测，首先需确定拟建项目噪声源源强，当缺少所需数据时，可通过声源类比测量或引用已有资料、研究成果来确定。采用声源类比测量时应给出类比条件。需要注意的是：工业噪声有室外和室内两种声源。声源位于室外时，声环境影响预测主要是开展室外声源在户外声传播的衰减计算，主要衰减因素包括几何发散（A_{div}）、大气吸收（A_{atm}）、地面效应（A_{gr}）、障碍物屏蔽（A_{bar}）以及其他效应（A_{misc}）引起的衰减。声源位于室内时，先按本章第五节规定的方法计算噪声由室内传播至室外，然后通过户外声传播的方法计算预测点处的 A 声级。

设第 i 个室外声源在预测点产生的 A 声级为 L_{Ai}，在 T 时间内该声源工作时间为 t_i；第 j 个等效室外声源在预测点产生的 A 声级为 L_{Aj}，在 T 时间内该声源工作时间为 t_j，则拟建工程声源对预测点产生的贡献值（L_{eqg}）为：

$$L_{eqg}=10\lg\left[\frac{1}{T}\left(\sum_{i=1}^{N}t_i10^{0.1L_{Ai}}+\sum_{j=1}^{M}t_j10^{0.1L_{Aj}}\right)\right] \tag{9-44}$$

式中：L_{eqg}—— 建设项目声源在预测点产生的噪声贡献值，dB；

T—— 用于计算等效声级的时间，s；

N—— 室外声源个数；

t_i—— 在 T 时间内 i 声源工作时间，s；

M—— 等效室外声源个数；

t_j—— 在 T 时间内 j 声源工作时间，s。

2．公路（道路）交通

公路（道路）交通声环境影响预测首先是根据《公路工程技术标准》（JTG B01）中有关车型划分的标准进行车型分类，针对拟建工程设计文件提供的小客车标准车型进行交通量换算，按照不同折算系数分别折算成大、中、小型车。车型、速度、车流量以及线路因素（纵坡、路面类型等）是影响公路（道路）交通建设项目噪声源源强的主要因素，因此在车型、速度、车流量等确定的条件下开展声环境影响预测主要考虑线路因素引起的噪声修正（纵坡修正量、路面修正量）、声波传播途径中引起的衰减量（几何发散、大气吸收、地面效应、障碍物屏蔽以及其他效应）以及两侧建筑物的反射声修正量，

计算预测点处的 A 声级。

第 i 类车等效声级的预测模式：

$$L_{eq}(h)_i=\left(\overline{L_{0E}}\right)_i+10\lg\left(\frac{N_i}{V_iT}\right)+10\lg\left(\frac{7.5}{r}\right)+10\lg\left(\frac{\psi_1+\psi_2}{\pi}\right)+\Delta L-16 \tag{9-45}$$

式中：$L_{eq}(h)_i$—— 第 i 类车的小时等效声级，dB（A）；

$\left(\overline{L_{0E}}\right)_i$——第 i 类车速度为 V_i（km/h），水平距离为 7.5 m 处的能量平均 A 声级，dB（A）；

N_i——昼间，夜间通过某个预测点的第 i 类车平均小时车流量，辆/h；

r——从车道中心线到预测点的距离，m；

V_i——第 i 类车的平均车速，km/h；

T——计算等效声级的时间，1 h；

ψ_1、ψ_2——预测点到有限长路段两端的张角，弧度。

ΔL——由其他因素引起的修正量，dB（A），包括了线路因素、传播衰减、反射等引起的修正量。

总车流等效声级为：

$$L_{eq}(T)=10\lg\left[10^{0.1L_{eq}(h)大}+10^{0.1L_{eq}(h)中}+10^{0.1L_{eq}(h)小}\right] \tag{9-46}$$

3．铁路和城市轨道交通

铁路和城市轨道交通噪声预测方法的选择应根据工程和噪声源的特点来确定。预测方法可采用模式预测法、比例预测法、类比预测法、模型试验预测法等。HJ 2.4—2021 中附录 B 给出了模式预测法和比例预测法的使用要求和计算方法。

铁路和城市轨道交通噪声源受系统制式和运行速度影响较大，对应于不同系统制式、不同运行速度条件下主要噪声源可能发生变化，因此，在确定铁路和城市轨道交通噪声源源强时下列条件均应相同或相近：车辆类型、车辆轴重、列车速度、有砟/无砟轨道、有缝/无缝线路、线路坡度、钢轨类型、扣件类型、路基类型或桥梁梁型及结构等。不同类型铁路及城市轨道交通线路运行噪声源几何发散衰减特性不同，在系统制式确定后，影响铁路和城市轨道交通噪声源的主要是运行速度、线路和轨道结构条件等因素，开展声环境影响预测主要考虑几何发散、大气吸收、地面效应、障碍物屏蔽以及其他效应。需要注意的是：我国铁路噪声源以运行速度 200 km/h 作为界限，列车运行速度低于 200 km/h 的铁路以及城市轨道交通建设项目均可按照轮轨噪声指向特征确定噪声源源强，采用距线路中心线固定距离位置的列车通过等效 A 声级表示声源大小；运行速度大于等于 200 km/h 时需采用多声源等效模型，分为集电系统、车体以及轮轨区域三个区域，按照各区域噪声源分别开展噪声预测后再叠加影响，各区域噪声源强应采用声功率级表示。

4．机场航空器

与上述建设项目不同的是，机场周围噪声采用计权等效连续感觉噪声级（L_{WECPN}）作为预测评价量。机场航空器噪声可用噪声距离特性曲线或噪声—功率—距离数据表达，预测时一般利用国际民航组织、其他有关组织或航空器生产厂提供的数据，必要情况下应按有关规定进行实测。鉴于机场航空器噪声资料是在一定的飞行速度和设定功率下获取的，当实际预测情况和资料获取时的条件不一致，使用时应做必要修正。

一般单架航空器噪声预测是在经推力修正后的航空器噪声级以及根据“各种机型噪声—距离关系式及其飞行剖面”“斜线距离计算模式”确定的噪声级基础上进行插值，并在插值获得的声级基础上开展速度修正因子、侧向衰减因子、大气吸收以及航空器起跑点后面的预测点声级等四项修正，在单架航空器噪声有效感觉噪声级的基础上结合不同时间段飞行架次计算获得计权等效（有效）连续感觉噪声级（L_{WECPN}）。

第十章　生态影响预测与评价

生态影响评价是在工程分析和生态现状调查、评价的基础上，根据生态学基本原理，阐明开发建设项目对生态系统及其组成、结构与功能的影响特点、途径、性质、强度和可能的后果，提出有针对性、有效的保护、恢复、补偿、建设和改善生态的措施。生态影响评价不同于大气环境、水环境、声环境等污染型环境影响评价，其所要强调的是建设项目对所在区域的生物、生态系统、生态因子以及区域生态问题发展趋势的影响。

生态影响预测与评价的主要方法是定性判断、定量分析或者二者相结合，通过分析项目影响的方式、范围、强度和持续时间（即工程分析）来判断项目对区域生态系统及其主要生态因子的影响，选取合适的指标和模型进行分析、预测，得出科学、合理的评价结果。

目前我国正处于高速工业化和城市化发展时期，建设项目的规模越来越大，影响的范围越来越广，甚至某些大型建设项目已经带有明显的区域开发性质，如三峡工程。建设项目对所在区域生态的影响也备受关注，因此生态环境部发布了《环境影响评价技术导则　生态影响》（HJ 19—2022），目的是规范和指导生态影响评价工作，为从事生态环评的人员提供评价标准和技术支持。本章将以 HJ 19—2022 为基础，详细分析预测与评价的内容和方法。

第一节　生态影响预测与评价的内容

生态影响预测与评价的目的是保护生态及维持生态系统的服务功能，因此首先要依据区域生态系统保护的需求和受影响的生态系统主导服务功能选择评价指标。其次，预测与评价是建立在对项目所在区域生态系统现状了解的基础上，预测与评价的内容应与现状评价的内容相对应，因此要根据建设项目特点、区域生态功能区划、区域生物多样性保护要求以及生态系统功能等选择预测与评价指标。

一、一级、二级评价内容及要求

一级、二级评价应根据现状评价内容选择以下全部或部分内容开展：

①采用图形叠置法分析工程占用的植被类型、面积及比例；通过引起地表沉陷或改变地表径流、地下水水位、土壤理化性质等方式对植被产生影响的，采用生态机理分析

法、类比分析法等分析植物群落的物种组成、群落结构等变化情况。

植被是重要的自然地理要素，是动植物生存繁育的栖息地，同时也是重要的资源。工程建设对植被的直接影响，大多表现为施工占地场地平整、开挖时对植被的占用和损毁，或水库蓄水带来的淹没损失等，采用叠图法可以直观地统计出占用植被的类型和面积，以及占用面积占评价区同类植被面积的比例，可以直接得出其影响程度。

间接影响包括矿山采空区地表沉陷导致的植被变化、地下洞室工程开挖或其他因素导致的地下水位变化引起的植被变化，或因工程建设导致的土壤理化性质变化引起的地表植被变化等。间接影响相对更隐匿和复杂，需要结合植被生长发育所需的生态因子变化情况进行生态机理分析或类比分析，如洞室工程对上方地表植被的影响，需要知道上方植被中植物根系的长度、与土壤水分和地下水水位的关系，以及隧洞的埋深条件、涌突水防护措施等进行综合分析后方能得出结论。

植被影响同生态因子一样，需要设定分析的重点。一般而言，涉及工程影响的原生自然植被类型应作重点分析，该种类型经历漫长的发育历史，且往往未受或少受人类活动干扰，基本上是区域的顶级群落，代表了该区在自然环境综合作用下所能发育的最高类型，其群落结构稳定，生物多样性往往比较丰富，甚至生存有重要物种，受影响后要恢复难度较大。而次生植被则重要性要低很多，如农林业生产中伐桩萌生的群落、先锋植物群落等；人工植被则更次之，这类植被受破坏主要体现在区域生物量、初级生产力的损失和部分物种栖息地的损失，但恢复起来较快。

②结合工程的影响方式预测分析重要物种的分布、种群数量、生境状况等变化情况；分析施工活动和运行产生的噪声、灯光等对重要物种的影响；涉及迁徙、洄游物种的，分析工程施工和运行对迁徙、洄游行为的阻隔影响；涉及国家重点保护野生动植物，极危、濒危物种的，可采用生境评价方法预测分析物种适宜生境的分布及面积变化、生境破碎化程度等，图示建设项目实施后的物种适宜生境分布情况。

对重要物种的影响评价需要对工程区的重要物种的生物和生态习性有较深入的了解。重要物种往往对生境条件的选择比较严苛，对生境变化的适应能力较弱，因而对生境条件的变化较一般物种更敏感，所以是生态评价的重点关注对象。工程主要影响表现在随着工程建设导致的植被破坏，特定物种的适宜生境缩减或丧失，或因工程施工导致的水、气、声、光污染及土壤理化性质的改变等，导致生境适宜性变差。在施工活动人为干扰下，动物虽能主动趋避施工场地，但大型动物很多有领地行为，逃离施工场地势必会给相邻的非施工区域带来种内或种间竞争压力，当环境承载力不足以支撑这些物种的生存时，便会导致种群数量的下降。对于有冬眠习性的动物，如果施工时机选择不当，便难免有个体损失。

对具迁徙和洄游习性的动物而言，工程建设导致的物理阻隔也较常见，对于地表线性工程（如公路、铁路、地表敷设的明管、明渠甚至是水库蓄水对天然河道的加宽等），或拦河闸坝对河道水生生物洄游的影响，都是较常见的例子，物理阻隔阻断了该类物种繁衍和觅食活动等的既定路线，或导致生境片断化、岛屿化，使受分割的小种群间无法进行正常的基因交流，从而影响该类物种种群的延续。

③结合水文情势、水动力和冲淤、水质（包括水温）等影响预测结果，预测分析水生生境质量、连通性以及产卵场、索饵场、越冬场等重要生境的变化情况，图示建设项目实施后的重要水生生境分布情况；结合生境变化预测分析鱼类等重要水生生物的种类组成、种群结构、资源时空分布等变化情况。

在河流上筑坝建库、建设桥墩等涉水工程，会不同程度地改变河流一定河段的水位、流速和流量等水文特征，增加或减少水域面积，改变河深、河宽等参数，导致水域生境发生变化，从而影响水生生态系统。对拦河筑坝而言，一般情况下坝（闸）上游经蓄水形成水库，水域面积增加，水位抬高，水深变深，河面变宽，流速纵向逐步减缓，为喜欢静水或微流水的水生生物创造了较好的生境条件，但对喜欢流水特别是急流生境的水生生物而言，库区的缓流生境将不再适宜其生存，迫使其向上游或支流迁移。另外，水位抬升可能会淹没一些喜欢在浅滩砾石产卵的水生生物产卵场，从而影响物种繁衍。

坝（闸）以下河段，则由于水流受工程控泄，河流流量、水位和流速变得与天然河流不尽相同，越是调节性能越大的水库，对水文情势的改变越为明显，有时甚至颠倒了下游河段的水文时空分配，即对汛枯期差别大的河流，天然状态下是汛期流量、水位高，枯期流量小、水位低，但在工程建设运行后，可能导致汛期下泄流量小、水位低，枯期流量大，水位高。另外调节性能大的水库甚至还会改变洪水的节律及时空分配。这些变化都会对水生生物生境造成一定影响。而调节性能小的水库，这种影响较小，特别是对无调节径流电站而言，除了坝（闸）阻隔对河流连通性造成影响，对水文情势的影响则要小得多。

在泥沙影响方面，涉水工程会通过改动水动力学条件进而改变泥沙冲淤状态，库区水流变缓，有利于泥沙的沉降，但同时一些水生生物赖以生存的营养物质也会随泥沙一起沉降，富集于库区，如果条件适合会成为湖库富营养化的条件之一，但对水生生物而言，营养盐的富集对浮游动植物和底栖生物的生长有利，增加水生生态系统生产力，为鱼类等水生生物摄食创造良好的条件。另外，坝（闸）下下泄的往往是泥沙含量较少的清水，由于含沙量的改变，可能会导致下游河床和河岸的冲刷，直至达到新的冲淤平衡，但相对于库区水体而言，清水下泄和下游河道泥沙冲刷不仅不利于水生生物生存和繁殖，营养盐及底栖生物等也相对贫乏。

库区水流变缓，往往不利于水污染物的充分掺混和稀释自净，但同时由于水体滞留时间的延长，又反过来利于有机污染物的降解。因而对库区水质的影响是复杂的，需要针对项目运行特点和污染源情况作具体分析预测。当涉水工程涉及对外供水时，坝（闸）以下河段属于调出区，总体水量减少，会降低其水环境承载力，影响水质进而影响水生生态系统。

水温影响也是涉水工程（主要是水库）关注的重点之一，天然河道水体得到充分掺混和热量交换，水库垂向分布是均匀的。水库蓄水后可能导致水库水温呈现出垂向的差异化即水温分层现象，一般情况下表层水温较高而低层水温较低，而由于取水口高程往往处于较低位置（这样才能提高供水等的保障率），取到的多是水库底层低温水，其取水或下泄的水温一般比天然河道水温低。如果取水对象是灌溉，则要考虑灌溉作物如水稻、热区作物等喜温作物在不同生长发育时期对水温的要求。如果不涉及灌溉，则要考虑下泄水温变低后，下游鱼类在不同生长发育时期对水温的限制性要求，如果水温低于鱼类产卵阈值，鱼类表现出来的反应是正常产卵期后延甚或不产卵。

④采用图形叠置法分析工程占用的生态系统类型、面积及比例；结合生物量、生产力、生态系统功能等变化情况预测分析建设项目对生态系统的影响。

同植被一样，生态系统的影响可采用叠图法直观读取并统计出受影响的数量和比例，这是生态系统结构层面的影响分析的基础。更深层面的影响，则要考虑通过景观生态学法预测主导生态系统的地位变化，景观斑块、模地和廊道格局和景观优势度变化、空间异质性、连通性，以及生态系统多样性等角度分析生态系统的结构变化情况。

生态系统的服务功能是较为丰富的，一般认为是生态系统给人类提供各种效益，包括供给功能、调节功能、文化功能以及支持功能四个方面。其中最受关注的，主要还是生物多样性维持、水源涵养、水土保持等。

⑤结合工程施工和运行引入外来物种的主要途径、物种生物学特性以及区域生态环境特点，参考《外来物种环境风险评估技术导则》（HJ 624）分析建设项目实施可能导致的外来物种造成生态危害的风险。

由于世界经济全球化进程的加快，人类活动范围逐渐扩大，国际交流日益增多，外来物种被人们有意或无意从一地带往另一地，从而给全球生态安全带来了巨大的挑战。这便是外来物种入侵的生态影响问题，外来物种往往有极强的繁殖能力和较强的环境适应性，在与本地土著物种竞争时往往居于明显的优势，当外来物种大量占据本地土著物种的生存空间、掠夺水土资源、或导致本地物种染病死亡或受大量捕食时，就会导致当地生态环境的破坏。

外来物种的判别标准，以《中国外来入侵物种名单》及《重点管理外来入侵物种名录》为准。《中国外来入侵物种名单》是中华人民共和国政府发布的在中国危害比较大的入侵物种的一个名单。在 2003 年、2010 年、2014 年、2016 年分 4 批发布，共 71 个物种。《重点管理外来入侵物种名录》是 2022 年 12 月 20 日农业农村部会同自然资源部、生态环境部、住房和城乡建设部、海关总署和国家林草局组织制定的名录，共 59 个物种。

工程建设带来外来物种的途径，主要是施工人员的有意或无意引入（如种、养植观赏或食用），进场机械、设备、材料及相关包装材料的无意黏附带入等，还有一种途径是工程本身的性质决定的，如跨流域引调水、长距离道路交通或油气输送等。

⑥结合物种、生境以及生态系统变化情况，分析建设项目对所在区域生物多样性的影响；分析建设项目通过时间或空间的累积作用方式产生的生态影响，如生境丧失、退

化及破碎化、生态系统退化、生物多样性下降等。

⑦涉及生态敏感区的，结合主要保护对象开展预测评价；涉及以自然景观、自然遗迹为主要保护对象的生态敏感区时，分析工程施工对景观、遗迹完整性的影响，结合工程建筑物、构筑物或其他设施的布局及设计，分析与景观、遗迹的协调性。

生态系统服务功能是人类生存和发展的基础，高效的服务功能取决于系统机构的完整，因而生态的保护应该从系统功能保护着眼，从系统结构保护入手。项目对生态系统结构产生不利影响时，会导致系统功能受损，所以生态影响预测与评价中应关注生态系统结构和服务功能的变化。生态系统是生物群落及其非生物环境组成的一个综合体，生物与其非生物环境之间并不是孤立存在的，二者息息相关、相互联系、相互制约、有机组合，因此生态因子包括生物因子与非生物因子。规划及建设项目的实施导致生态系统中某一或若干生态因子的变化，往往会引起该类生态系统的结构和功能某种程度的变化。生态因子的确定是生态影响预测与评价的重要方面。

二、三级评价内容及要求

三级评价可采用图形叠置法、生态机理分析法、类比分析法等预测分析工程对土地利用、植被、野生动植物等的影响。

三、行业评价重点

不同行业应结合项目规模、影响方式、影响对象等确定评价重点：

①矿产资源开发项目应对开采造成的植物群落及植被覆盖度变化，重要物种的活动、分布及重要生境变化以及生态系统结构和功能变化、生物多样性变化等开展重点预测与评价；

②水利水电项目应对河流、湖泊等水体天然状态改变引起的水生生境变化、鱼类等重要水生生物的分布及种类组成、种群结构变化，水库淹没、工程占地引起的植物群落、重要物种的活动、分布及重要生境变化，调水引起的生物入侵风险，以及生态系统结构和功能变化、生物多样性变化等开展重点预测与评价；

③公路、铁路、管线等线性工程应对植物群落及植被覆盖度变化，重要物种的活动、分布及重要生境变化、生境连通性及破碎化程度变化、生物多样性变化等开展重点预测与评价；

④农业、林业、渔业等建设项目应对土地利用类型或功能改变引起的重要物种的活动、分布及重要生境变化、生态系统结构和功能变化、生物多样性变化以及生物入侵风险等开展重点预测与评价；

⑤涉海工程海洋生态影响评价应符合 GB/T 19485 的要求，对重要物种的活动、分布及重要生境变化、海洋生物资源变化、生物入侵风险以及典型海洋生态系统的结构和功能变化、生物多样性变化等开展重点预测与评价。

第二节 生态影响预测与评价的方法及应用

生态影响预测与评价是以法定标准以及项目所在区域的生态背景和本底为参考，重在进行生态分析和提出保护措施，主要采用定性、定量或二者结合的方法，方法类型多样，不同的方法适用的项目不同，同时同一个项目也可以有很多种方法。

一、生态影响预测与评价方法

生态影响预测与评价尽量采用定量方法进行描述和分析，《环境影响评价技术导则 生态影响》（HJ 19—2022）推荐的生态影响预测与评价方法包括：列表清单法、图形叠置法、生态机理分析法、指数法与综合指数法、类比分析法、系统分析法、生物多样性评价方法、生态系统评价方法、景观生态学评价方法、生境评价方法、海洋生物资源影响评价方法等，参见 HJ 19—2022 附录 D。

1. 列表清单法

列表清单法是一种定性分析方法。该方法的特点是简单明了、针对性强。

（1）方法

将拟实施的开发建设活动的影响因素与可能受影响的环境因子分别列在同一张表格的行与列内。逐点进行分析，并逐条阐明影响的性质、强度等。由此分析开发建设活动的生态影响。

（2）应用

① 进行开发建设活动对生态因子的影响分析；

② 进行生态保护措施的筛选；

③ 进行物种或栖息地重要性或优先度比选。

2. 图形叠置法

图形叠置法是把两个以上的生态信息叠合到一张图上，构成复合图，用以表示生态变化的方向和程度。该方法的特点是直观、形象，简单明了。

图形叠置法有两种基本制作手段：指标法和“3S”叠图法。

（1）指标法

① 确定评价范围；

② 开展生态调查，收集评价范围及周边地区自然环境、动植物等信息；

③ 识别影响并筛选评价因子，包括识别和分析主要生态问题；

④ 建立表征评价因子特性的指标体系，通过定性分析或定量方法对指标赋值或分级，依据指标值进行区域划分；

⑤ 将上述区划信息绘制在生态图上。

（2）“3S”叠图法

① 选用符合要求的工作底图，底图范围应大于评价范围；

② 在底图上描绘主要生态因子信息，如植被覆盖、动植物分布、河流水系、土地利用、生态敏感区等；

③ 进行影响识别与筛选评价因子；

④ 运用“3S”技术，分析影响性质、方式和程度；

⑤ 将影响因子图和底图叠加，得到生态影响评价图。

3. 生态机理分析法

生态机理分析法是根据建设项目的特点和受影响物种的生物学特征，依照生态学原理分析、预测建设项目生态影响的方法。生态机理分析法的工作步骤如下：

① 调查环境背景现状，收集工程组成、建设、运行等有关资料；

② 调查植物和动物分布，动物栖息地和迁徙、洄游路线；

③ 根据调查结果分别对植物或动物种群、群落和生态系统进行分析，描述其分布特点、结构特征和演化特征；

④ 识别有无珍稀濒危物种、特有种等需要特别保护的物种；

⑤ 预测项目建成后该地区动物、植物生长环境的变化；

⑥ 根据项目建成后的环境变化，对照无开发项目条件下动物、植物或生态系统演替或变化趋势，预测建设项目对个体、种群和群落的影响，并预测生态系统演替方向。

评价过程中可根据实际情况进行相应的生物模拟试验，如环境条件、生物习性模拟试验、生物毒理学试验、实地种植或放养试验等；或进行数学模拟，如种群增长模型的应用。

该方法需要与生物学、地理学、水文学、数学及其他多学科合作评价，才能得出较为客观的结果。

4. 指数法

指数法是利用同度量因素的相对值来表明因素变化状况的方法。指数法的难点在于需要建立表征生态环境质量的标准体系并进行赋权和准确定量。综合指数法是从确定同度量因素出发，把不能直接对比的事物变成能够同度量的方法。

（1）方法

单因子指数法：选定合适的评价标准，可进行生态因子现状或预测评价。例如，以同类型立地条件的森林植被覆盖率为标准，可评价项目建设区的植被覆盖现状情况；以评价区现状植被盖度为标准，可评价项目建成后植被盖度的变化率。

综合指数法：① 分析各生态因子的性质及变化规律；② 建立表征各生态因子特性的指标体系；③ 确定评价标准；④ 建立评价函数曲线，将生态因子的现状值（开发建设活动前）与预测值（开发建设活动后）转换为统一的无量纲的生态环境质量指标，用1～0表示优劣（“1”表示最佳的、顶极的、原始或人类干预甚少的生态状况，“0”表示最差的、极度破坏的、几乎无生物性的生态状况），计算开发建设活动前后各因子质量的变化值；⑤ 根据各因子的相对重要性赋予权重；⑥ 将各因子的变化值综合，提出综合影响评价值：

$$\Delta E = \sum (E_{hi} - E_{qi}) \times W_i \tag{10-1}$$

式中：ΔE——开发建设活动前后生态质量变化值；

E_{hi}——开发建设活动后 i 因子的质量指标；

E_{qi}——开发建设活动前 i 因子的质量指标；

W_i——i 因子的权值。

（2）应用

① 可用于生态单因子质量评价；

② 可用于生态多因子综合质量评价；

③ 可用于生态系统功能评价。

（3）说明

建立评价函数曲线需要根据标准规定的指标值确定曲线的上、下限。对于大气、水环境等已有明确质量标准的因子，可直接采用不同级别的标准值作为上、下限；对于无明确标准的生态因子，可根据评价目的、评价要求和环境特点等选择相应的指标值，再确定上、下限。

5. 类比分析法

类比分析法是一种比较常用的定性和半定量评价方法，一般有生态整体类比、生态因子类比和生态问题类比等。

（1）方法

根据已有的建设项目的生态影响，分析或预测拟建项目可能产生的影响。选择好类比对象（类比项目）是进行类比分析或预测评价的基础，也是该方法成败的关键。

类比对象的选择条件是：工程性质、工艺和规模与拟建项目基本相当，生态因子（地理、地质、气候、生物因素等）相似，项目建成已有一定时间，所产生的影响已基本全部显现。

类比对象确定后，须选择和确定类比因子及指标，并对类比对象开展调查与评价，再分析拟建项目与类比对象的差异。根据类比对象与拟建项目的比较，做出类比分析结论。

（2）应用

① 进行生态影响识别（包括评价因子筛选）；

② 以原始生态系统作为参照，可评价目标生态系统的质量；

③ 进行生态影响的定性分析与评价；

④ 进行某一个或几个生态因子的影响评价；

⑤ 预测生态问题的发生与发展趋势及其危害；

⑥ 确定环保目标和寻求最有效、可行的生态保护措施。

6. 系统分析法

系统分析法是指把要解决的问题作为一个系统，对系统要素进行综合分析，找出解决问题的可行方案的咨询方法。具体步骤包括：限定问题、确定目标、调查研究、收集数据、提出备选方案和评价标准、备选方案评估和提出最可行方案。

系统分析法因能妥善解决一些多目标动态性问题，目前已广泛应用于各行各业，尤其在进行区域开发或解决优化方案选择问题时，系统分析法显示出其他方法所不能达到的效果。

在生态系统质量评价中使用系统分析的具体方法有专家咨询法、层次分析法、模糊综合评判法、综合排序法、系统动力学、灰色关联等方法。

7. 生物多样性评价方法

生物多样性是生物（动物、植物、微生物）与环境形成的生态复合体以及与此相关的各种生态过程的总和，包括生态系统、物种和基因三个层次。

生态系统多样性指生态系统的多样化程度，包括生态系统的类型、结构、组成、功能和生态过程的多样性等。物种多样性指物种水平的多样化程度，包括物种丰富度和物种多度。基因多样性（或遗传多样性）指一个物种的基因组成中遗传特征的多样性，包括种内不同种群之间或同一种群内不同个体的遗传变异性。

物种多样性常用的评价指标包括物种丰富度、香农-威纳多样性指数、Pielou 均匀度指数、Simpson 优势度指数等。

物种丰富度（species richness）：调查区域内物种种数之和。

香农-威纳多样性指数（Shannon-Wiener diversity index）计算公式为

$$H = -\sum_{i=1}^{S} P_i \ln(P_i) \tag{10-2}$$

式中：H —— 香农-威纳多样性指数；

S —— 调查区域内物种种类总数；

P_i —— 调查区域内属于第 i 种的个体比例，如总个体数为 N，第 i 种个体数为 n_i，则 $P_i=n_i/N$。

Pielou 均匀度指数是反映调查区域内各物种个体数目分配均匀程度的指数，计算公式为

$$J = (-\sum_{i=1}^{s} P_i \ln P_i) / \ln S \tag{10-3}$$

式中：J —— Pielou 均匀度指数；

S —— 调查区域内物种种类总数；

P_i —— 调查区域内属于第 i 种的个体比例。

Simpson 优势度指数与均匀度指数相对应，计算公式为

$$D = 1 - \sum_{i=1}^{s} P_i^2 \tag{10-4}$$

式中：D —— Simpson 优势度指数；

S —— 调查区域内物种种类总数；

P_i —— 调查区域内属于第 i 种的个体比例。

8. 生态系统评价方法

（1）植被覆盖度

植被覆盖度可用于定量分析评价范围内的植被现状。

基于遥感估算植被覆盖度可根据区域特点和数据基础采用不同的方法，如植被指数法、回归模型、机器学习法等。

植被指数法主要是通过对各像元中植被类型及分布特征的分析，建立植被指数与植被覆盖度的转换关系。采用归一化植被指数（NDVI）估算植被覆盖度的方法如下：

$$\mathrm{FVC} = \left(\mathrm{NDVI} - \mathrm{NDVI_s}\right) / \left(\mathrm{NDVI_v} - \mathrm{NDVI_s}\right) \tag{10-5}$$

式中：FVC —— 所计算像元的植被覆盖度；

NDVI —— 所计算像元的 NDVI 值；

$\mathrm{NDVI_v}$ —— 纯植物像元的 NDVI 值；

$\mathrm{NDVI_s}$ —— 完全无植被覆盖像元的 NDVI 值。

（2）生物量

生物量是指一定地段面积内某个时期生存着的活有机体的重量。不同生态系统的生物量测定方法不同，可采用实测与估算相结合的方法。

地上生物量估算可采用植被指数法、异速生长方程法等进行计算。基于植被指数的生物量统计法是通过实地测量的生物量数据和遥感植被指数建立统计模型，在遥感数据的基础上反演得到评价区域的生物量。

（3）生产力

生产力是生态系统的生物生产能力，反映生产有机质或积累能量的速率。群落（或生态系统）初级生产力是单位面积、单位时间群落（或生态系统）中植物利用太阳能固定的能量或生产的有机质的量。净初级生产力（NPP）是从固定的总能量和产生的有机质总量中减去植物呼吸所消耗的量，直接反映了植被群落在自然环境条件下的生产能力，表征陆地生态系统的质量状况。

NPP 可利用统计模型（如 Miami 模型）、过程模型（如 BIOME-BGC 模型、BEPS 模型）和光能利用率模型（如 CASA 模型）进行计算。根据区域植被特点和数据基础确定具体方法。

通过 CASA 模型计算净初级生产力的公式如下：

$$\mathrm{NPP}(x,t) = \mathrm{APAR}(x,t) \times \varepsilon(x,t) \tag{10-6}$$

式中：NPP —— 净初级生产力；

APAR —— 植被所吸收的光合有效辐射；

ε —— 光能转化率；

t—— 时间；

x—— 空间位置。

（4）生物完整性指数

生物完整性指数（Index of Biotic Integrity，IBI）已被广泛应用于河流、湖泊、沼泽、海岸滩涂、水库等生态系统健康状况的评价，指示生物类群也由最初的鱼类扩展到底栖动物、着生藻类、维管植物、两栖动物和鸟类等。生物完整性指数评价的工作步骤如下：

① 结合工程影响特点和所在区域水生态系统特征，选择指示物种；

② 根据指示物种种群特征，在指标库中确定指示物种状况参数指标；

③ 选择参考点（未开发建设、未受干扰的点或受干扰极小的点）和干扰点（已开发建设、受干扰的点），采集参数指标数据，通过对参数指标值的分布范围分析、判别能力分析（敏感性分析）和相关关系分析，建立评价指标体系；

④ 确定每种参数指标值以及生物完整性指数的计算方法，分别计算参考点和干扰点的指数值；

⑤ 建立生物完整性指数的评分标准；

⑥ 评价项目建设前所在区域水生态系统状况，预测分析项目建设后水生态系统变化情况。

（5）生态系统功能评价

陆域生态系统服务功能评价方法可参考 HJ 1173，根据生态系统类型选择适用指标。

9. 景观生态学评价方法

景观生态学主要研究宏观尺度上景观类型的空间格局和生态过程的相互作用及其动态变化特征。景观格局是指大小和形状不一的景观斑块在空间上的排列，是各种生态过程在不同尺度上综合作用的结果。景观格局变化对生物多样性产生直接而强烈影响，其主要原因是生境丧失和破碎化。

景观变化的分析方法主要有定性描述法、景观生态图叠置法和景观动态定量化分析法三种。目前较常用的方法是景观动态定量化分析法，主要是对收集的景观数据进行解译或数字化处理，建立景观类型图，通过计算景观格局指数或建立动态模型对景观面积变化和景观类型转化等进行分析，揭示景观的空间配置以及格局动态变化趋势。

景观指数是能够反映景观格局特征的定量化指标，分为三个级别，代表三种不同的应用尺度，即斑块级别指数、斑块类型级别指数和景观级别指数，可根据需要选取相应的指标，采用 FRAGSTATS 等景观格局分析软件进行计算分析。涉及显著改变土地利用类型的矿山开采、大规模的农林业开发以及大中型水利水电建设项目等可采用该方法对景观格局的现状及变化进行评价，公路、铁路等线性工程造成的生境破碎化等累积生态影响也可采用该方法进行评价。常用的景观指数及其含义见表 10-1。

表10-1 常用的景观指数及其含义

名称	含义
斑块类型面积（CA）	斑块类型面积是度量其他指标的基础，其值的大小影响以此斑块类型作为生境的物种数量及丰度
斑块所占景观面积比例（PLAND）	某一斑块类型占整个景观面积的百分比，是确定优势景观元素的重要依据，也是决定景观中优势种和数量等生态系统指标的重要因素
最大斑块指数（LPI）	某一斑块类型中最大斑块占整个景观的百分比，用于确定景观中的优势斑块，可间接反映景观变化受人类活动的干扰程度
香农多样性指数（SHDI）	反映景观类型的多样性和异质性，对景观中各斑块类型非均衡分布状况较敏感，值增大表明斑块类型增加或各斑块类型呈均衡趋势分布
蔓延度指数（CONTAG）	高蔓延度值表明景观中的某种优势斑块类型形成了良好的连接性，反之则表明景观具有多种要素的密集格局，破碎化程度较高
散布与并列指数（IJI）	反映斑块类型的隔离分布情况，值越小表明斑块与相同类型斑块相邻的越多，而与其他类型斑块相邻的越少
聚集度指数（AI）	反映基于栅格数量测度景观或者某种斑块类型的聚集程度

10. 生境评价方法

物种分布模型（Species Distribution Models，SDMs）是基于物种分布信息和对应的环境变量数据对物种潜在分布区进行预测的模型，广泛应用于濒危物种保护、保护区规划、入侵物种控制及气候变化对生物分布区影响预测等领域。目前已发展了多种多样的预测模型，每种模型因其原理、算法不同而各有优势和局限，预测表现也存在差异。其中，基于最大熵理论建立的最大熵模型（Maximum Entropy Model，MaxEnt），可以在分布点相对较少的情况下获得较好的预测结果，是目前使用频率最高的物种分布模型之一。基于MaxEnt模型开展生境评价的工作步骤如下：

①通过近年文献记录、现场调查收集物种分布点数据，并进行数据筛选；将分布点的经纬度数据在Excel表格中汇总，统一为十进制度的格式，保存用于MaxEnt模型计算。

②选取环境变量数据以表现栖息生境的生物气候特征、地形特征、植被特征和人为影响程度，在ArcGIS软件中将环境变量统一边界和坐标系，并重采样为同一分辨率。

③使用 MaxEnt 软件建立物种分布模型，以受试者工作特征曲线下面积（Area Under the Receiving Operator Curve，AUC）评价模型优劣；采用刀切法检验各个环境变量的相对贡献。根据模型标准及图层栅格出现概率重分类，确定生境适宜性分级指数范围。

④将结果文件导入ArcGIS，获得物种适宜生境分布图，叠加建设项目，分析对物种分布的影响。

11. 海洋生物资源影响评价方法

海洋生物资源影响评价技术方法参见 GB/T 19485 的相关要求。

二、生态影响预测与评价方法的适用类型

建设项目生态影响预测与评价均是以所在区域生态现状调查为基础的，采用定性与定量结合的方法，确定区域已有的生态问题，然后选择合适的生态影响评价的方法预测项目建成后对区域生态问题发展趋势的影响。项目生态影响评价方法众多，由于项目性质不同，因而不同项目的评价方法不同，而且同一个项目也可以用多种方法评价。项目生态影响预测与评价一般分为现状调查阶段和预测与评价阶段，两个阶段对评价方法的需求不同，因而选择的方法也不同，但是这些方法并不局限于特定阶段使用（表 10-2）。

表 10-2 主要生态项目的常用评价方法

项目类别	常用评价方法	
	现状调查	预测与评价
水电站建设	列表清单法	类比法
水电梯级开发	列表清单法、图形叠置法、系统分析法	类比法
道路建设（铁路、公路）	景观生态学法、图形叠置法、系统分析法	生态机理分析法
管线项目	景观生态学法、图形叠置法	生态机理分析法
矿产资源开发	列表清单法、图形叠置法、系统分析法	类比法

第三节 生态风险评价

一、生态风险评价概述

1. 生态风险

（1）风险的属性和类别

风险的属性主要有 3 个：① 具有不确定性；② 带来不希望发生的后果或损失；③ 引发事件链。

风险的类别：① 按存在的性质划分为客观风险和主观风险；② 按风险产生的原因划分为自然风险、社会风险、经济风险和技术风险；③ 按风险的性质划分为静态风险和动态风险；④ 按对风险的承受能力划分为可接受的风险和不可接受的风险等。评价时可根据需要，采用不同的依据进行相应的风险类别划分。

（2）生态风险的概念和特点

生态风险是生态系统及其组成所承受的风险，是根据受体对象进行的风险划分。

生态风险的概念是由人体健康风险演进而来的，是对人体健康风险的拓展，即将受

体范围由人类转向包括人类在内的生态系统。人们通常所说的环境风险可以认为是生态风险的一个发展较为完善的子系统，环境风险更多地关注污染物带来的风险，生态风险将这一范围拓展至自然灾害（如生物入侵、滑坡、地震、火灾、洪水等）、人类活动（如土地利用、生物技术应用等）更广的范围。

生态风险的特点：① 目标性：生态风险控制具有一定的目标，生态系统保护也具有一定的目标，生态风险是相对于生态系统保护目标或生态风险控制目标而言的；② 不确定性：风险源、传送路径、风险受体、风险关联、风险事故属性及危害都具有不确定性，但具有一定的统计学规律；③ 动态性：由于生态系统具有动态演进过程，且生态系统是一个开放系统，而作用于生态系统的要素也是处于动态变化中，生态系统及作用于其上的因素之间的关系也是动态变化的；④ 复杂性：生态系统具有个体、种群、群落、生态系统和景观等不同层次，也具有结构、格局、过程、功能和服务等多种属性，且不同层级之间、不同物种之间、生物与非生物之间、水域和陆域生态系统之间存在复杂的关联和响应机制；⑤ 内在价值性：生态系统的价值不仅在于人类在乎的服务功能，更在于其自身的结构完整和功能完备，因此其价值难以用简单的物质或经济损失来衡量；⑥ 危害性：生态风险关注的是有负面影响的事件，这些负面影响包括生态系统结构和功能损伤、生态过程的阻滞或异常、生态系统逆向演替、生态服务功能下降等；⑦ 客观性：虽然生态风险的研究和管理面临诸多困难，但生态风险是客观存在的，因此需要加深对生态风险的理解和认识，按照客观规律，采用科学的技术方法进行分析和研究。

2．生态风险评价

（1）生态风险评价的发展

生态风险评价研究工作起步于 20 世纪 80 年代，是由人体健康评价、环境风险评价发展而来。早期的人体健康评价和环境风险评价重点关注某一种有害物质的风险，如重金属污染风险、农药污染风险等，随着研究的深入，逐渐由单一因素的风险评价向多因素的复合风险评价发展，由只关注人群健康向关注环境安全过渡，再逐步向关注生态系统安全和区域尺度发展。虽然近年来生态风险评价研究已经成为研究的热点，发展也很快，但跟踪管理和应用与国外相比仍然存在较大差距。目前我国经济快速发展，人类活动造成的生态系统退化严重，生态风险评价的重要性正在快速上升，需要不断加强生态风险评价和生态风险管理研究。

（2）生态风险评价的概念

虽然对于生态风险评价国内外已有不少定义，这些定义对评价的技术手段、量化方法、不确定性和负面效应等生态风险属性、评价目的等方面进行了界定，但并未取得公认，关键原因在于生态风险评价的目标或标准没有明确，而没有标尺即难以评价和管理，这也是我国生态风险评价和管理与国外的差距所在。

综合考虑生态风险评价已有的定义，我们认为生态风险评价可以定义为：基于一定时间节点和一定生态保护目标，预测、分析和评价具有不确定性的事件对生态系统及其组分可能造成的损伤。生态风险评价可以采用生态学、环境学、地理学、生物学、毒理学等多学科的知识，也可以采用“3S”技术、概率分析技术、成本效益分析技术等多种技术。

生态风险评价与生态影响评价的区别在于：生态影响评价强调因果关系，突出必然性；生态风险评价强调不确定性，突出风险程度。

（3）生态风险评价的内容

生态风险评价的内容包括生态风险评价标准的确定、生态风险源分析、生态风险传递路径分析、生态风险受体分析、生态风险表征、生态风险决策、生态风险监测和生态风险管理。

生态风险评价标准是生态风险评价中的关键性内容，也是生态风险评价中的难点和重点之一。生态风险评价标准可以认为是可接受的生态系统风险或期望达到的生态系统风险控制目标，它有别于生态终点。生态终点是指由于风险事件（通常为人类活动或自然灾害）对生态系统的作用而导致的后果，生态风险评价标准就是测量生态终点的标尺。由于生态系统本身的复杂性和风险事件的多源性、风险源到生态系统的多路径特征以及响应关系的模糊性，使生态风险评价标准需要在研究界定受体（即某生态系统）地位、边界、结构和功能等前提下进行。

生态风险源分析是对可能影响生态系统的风险源进行定量化和结构化的辨识，即分析风险源的数量、组成、结构、分布、特征、类型等。生态风险源辨识是生态风险管理和评价的基础。由于风险源的属性是时间的函数，因此风险源辨识是一个不断反复的过程，一些风险源会随时间而消失，一些新的风险源会随时间而产生。因此生态风险源分析是一个动态过程，它也随生态系统的变化而变化。

生态风险传递路径分析是分析从风险源到风险受体的路径，这个路径可能是单一路径，也可能是多路径。当涉及多风险源时，路径之间可能还存在着某种关联。对于某些生态风险而言，其传递的路径即是生态过程所经历的路径，具体情况需要综合研究。

生态风险受体分析是分析和界定受体生态系统的边界、属性、对源的暴露和响应特征等。健康风险评价是以人类本身为受体，生态风险评价是以生态系统为受体。由于生态系统的外延扩展，在某些情况下，生态系统也可以理解为包括人类社会在内的社会—经济—自然复合生态系统。

生态风险表征是根据源—路径—受体—暴露分析和生态系统响应分析结果，确认面临的风险及进行风险解释。生态风险表征包括两个部分：① 风险评估：进行风险评估，研究不确定性，估计不利效应的可能性；② 风险描述：归纳和解释评估结果。

生态风险决策和生态风险管理虽然不属于生态风险评价的内容，但却是生态风险评价的目的。只有将生态风险评价结果应用于生态风险决策和生态风险管理，才能体现生态风险评价的价值。根据生态风险评价结果，做出相应的产业布局、规模、污染控制、生态系统保护的决策，设计和落实生态风险防范和生态风险管理的方案，有时甚至需要进行生态风险相关的监测。

二、生态风险评价进展

1. 国外生态风险评价进展

美国的生态风险评价是在人体健康风险评价的基础上发展起来的，因此其最初的生态风险评价方法是引入人体健康风险评价的方法，经过多年的发展和完善，美国国家环保局颁布了《生态风险评价指南》，提出了风险评价“三步法”，即问题形成、问题分析和风险表征。美国生态风险评价要求首先制定一个生态风险评价规划，然后进行生态风险评价。

英国的生态风险评价要求遵循国家可持续发展战略，强调“预防为主”的原则。对于可能存在的重大风险，即使科学证据并不充分，也须采取行动预防和减缓潜在的危害。

荷兰的生态风险评价强调应用阈值来判断特定的风险水平是否能接受。它利用不同水平的风险指标，以数值方式明确表达了最大可接受或可忽略的风险水平。

除了评价框架和评价方法方面的发展，国外在模型构建与应用、多因子生态风险评价、区域生态风险评价和生态风险综合评价方法方面均取得了较大的进步。

2. 我国生态风险评价进展

从 20 世纪 90 年代以来，我国开始加快引进国外生态风险评价研究成果，这对于推动我国的生态风险评价研究和应用起到了很好的作用。我国尚处在环境污染事故高发期，环境风险评价仍然处于非常重要的地位，生态保护和建设虽然取得了很大的成绩，但生态系统退化、生态功能下降形势严峻，进一步巩固生态保护和建设成果和推进新一轮的生态保护和建设的难度加大，生态风险问题日益突出，生态风险研究和应用正面临难得的发展机遇，也面临诸多挑战。

我国的生态风险研究和应用总体上处于快速发展阶段，但在理论技术研究和生态风险管理方面需要不断加大力度。由于生态风险的外在性，目前生态风险主要由国家承担，未来需要加强企业和社会的生态风险意识和责任分担。由于现行环境管理体制中对污染物的生态风险控制还没有具体的规定、可操作的办法，因此生态风险评价在建设项目环境保护管理中的应用还很少。我国区域生态风险评价研究发展较快，但仍然远不能满足应用和管理的需求，需要在国家层面上发展和完善满足区域生态风险评价的技术框架、理论技术和方法以及推动应用和纳入管理体系。

3. 生态风险评价发展的方向

未来生态风险评价需要进一步把握其特征，区别人体健康风险评价和环境风险评价，不断拓展生态系统受体的内涵和外延，向生态风险综合评价、基于生态保护目标的定量化评价、基于污染源、自然灾害和人类活动的多源生态风险评价、基于区域或流域的中大尺度生态风险评价、基于决策和管理的生态风险评价应用等多方面发展。

（1）目标和阈值研究

借鉴荷兰的生态风险评价方法，加强生态保护目标的研究，提出生态风险评价的标准。生态保护目标根据实际情况可以用不同的生态风险指标进行表示，这些生态风险指标及其指标值（可能是一些临界响应值或管理期望值或生态系统特征值）需要不断加强研究积累。生态保护目标和阈值的研究是支撑生态风险评价研究的重要抓手和风险评价的标尺。

（2）风险源研究

生态风险评价目前考虑的仍然以单因子为主，且多以污染物为主。虽然对多因子、多风险源（包括自然灾害和各种人类活动）的生态风险评价进行了一些尝试，但尚需进一步研究多风险源相互作用情景下的生态风险评价技术和方法。

（3）风险传递路径研究

风险传递路径是生态风险评价的重要组成部分，虽然美国生态风险评价流程考虑了暴露分析和生态效应，但并未明确提出风险传递路径的概念。由于风险传递往往与生态过程存在较为密切的关联，因此可以利用生态过程研究成果，作为风险传递路径的研究基础。加强生态过程与风险传递路径关系的研究，对于推动生态风险评价具有重要而深远的意义。特别要关注多源多路径情况下的生态风险评价研究。

（4）风险受体研究

虽然很多时候人们仅采用了一个或少数几个物种作为受体进行评价和研究，但对于生态风险评价而言，风险受体往往是整个生态系统。认真界定风险受体的边界，深入认识和研究受体的各种属性，包括受体对风险源的响应属性、受体的自然演替属性等，是受体研究的关键内容。通过风险管理，实现风险受体—生态系统的可持续发展是风险评价的目标所在。

（5）风险评价研究

生态风险评价方法正在由单一指标的评价向综合评价方向发展，由定性向定性与定量相结合的方向发展，由污染源导致的生态风险评价向自然灾害、各种人类干扰活动导致的生态风险评价方向发展。

早期的生态风险评价多涉及某一种化学物质和某一种个体，因此采用的指标也多为单一指标，采用的方法多为定量评价方法。随着风险源由污染物质扩展到自然灾害和各种人类干扰活动，风险受体由个体、种群、群落扩展到生态系统甚至景观水平，评价范围由建设项目扩展到区域尺度，不确定性显著增加，压力—响应关系变得非常复杂，基于由源到受体的环境风险评价思路受到了挑战，定量评价从技术到方法都受到了严峻的考验，迫切需要适应于这些变化的半定量或定性和定量相结合的综合评价方法。

（6）生态风险评价的未来发展

综上所述，未来生态风险评价研究需要加强的领域包括：① 加强区域生态风险的评价和研究工作，推动由区域生态保护目标到风险源控制的评价框架的构建和完善，加强生态风险指标的研究；② 由于生态风险与生态过程的密切关联及生态风险的尺度效应，应特别加强生态风险传递路径及路径关联、路径控制的研究；③ 在化学物质生态风险评价的基础上，积极拓展自然灾害、人类干扰活动带来的生态风险评价和研究；④ 以个体生态毒理学试验为基础的生态风险评价向种群、群落、生态系统、景观水平甚至全球水平的生态风险评价拓展；⑤ 发展各种外推模型（包括尺度、类别、层级、不确定性等）、生物效应模型、生态风险路径模型、生态风险决策支撑模型等，拓展 GIS、RS、GPS、计算机技术等各种技术和系统学、数学、运筹学、管理学、经济学等学科方法在生态风险评价中的应用，逐步实现定性与定量相结合的评价和生态风险定量评价；⑥ 加强突发性生态风险评价研究，避免重大生态风险事故发生；⑦ 生态风险评价是为生态风险管理服务的，要加强生态风险决策和管理研究，逐步建立生态风险评价的标准方法和技术指南以及科学的生态风险决策管理法律和法规体系。

三、生态风险评价在决策中的作用

不同情景方案下的生态风险评价为方案决策提供了依据，从而可以有效支持生态风险管理活动。

不同的情景方案将产生不同的生态效应、不同的不确定性水平、不同的生态风险分级、不同的分区或排序，为决策提供技术支撑。

综合决策中，生态风险评价结果只是考虑的因素之一，其他因素（如法律、政治、经济、社会等）也是决策的重要参考因素，有时可能影响生态风险管理和控制决策。

四、生态风险评价理论

社会-经济-自然复合生态系统理论是生态风险评价的理论基础。生态风险是基于某一生态保护目标的，而生态保护目标是构建于某一时间节点或时段、某一特定社会-经济-自然复合生态系统之上的。

五、生态风险评价框架

不同国家生态风险评价的框架各有不同。美国的生态风险评价强调提前做好生态风险评价规划。英国的生态风险评价强调“预防为主”的原则。荷兰的生态风险评价强调阈值的应用。我国学者殷浩文提出了水环境生态风险评价框架，许学工等提出了区域生态风险评价框架。

1. 美国的生态风险评价的框架

美国的生态风险评价是在人体健康风险评价的基础上发展起来的，1998 年美国国家环境保护局正式颁布了《生态风险评价指南》，并不断修订和完善，提出生态风险评价“三步法”，即问题形成、分析和风险表征，同时要求在正式的科学评价之前，首先制定一个总体规划，以明确评价目的（图 10-1）。在范围上也从人类健康风险评估扩展到气候变化、生物多样性丧失、多种化学品对生物影响的风险评估。

2. 英国的生态风险评价的框架

英国的生态风险评价要求遵循国家可持续发展战略，强调“预防为主”的原则。对于可能存在的重大风险，即使科学证据并不充分，也须采取行动预防和减缓潜在的危害行为（图 10-2）。

3．荷兰的生态风险评价的框架

荷兰的生态风险评价强调应用阈值来判断特定的风险水平是否能接受。它利用不同水平的风险指标，以数值方式明确表达了最大可接受或可忽略的风险水平。荷兰的生态风险评价分为 3 步：①影响评价，根据毒性数据评估无影响浓度水平；②暴露评价，根据监测数据预测建模，计算预期环境浓度；③风险表征，计算预期浓度与无影响浓度的商。荷兰的生态风险评价框架如图 10-3 所示。

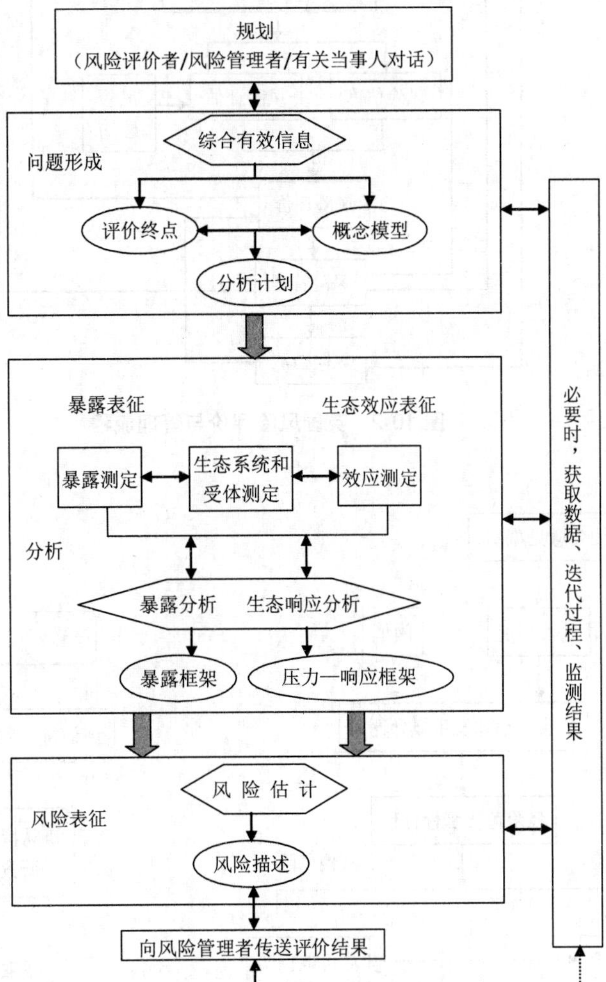

图 10-1　美国生态风险评价流程

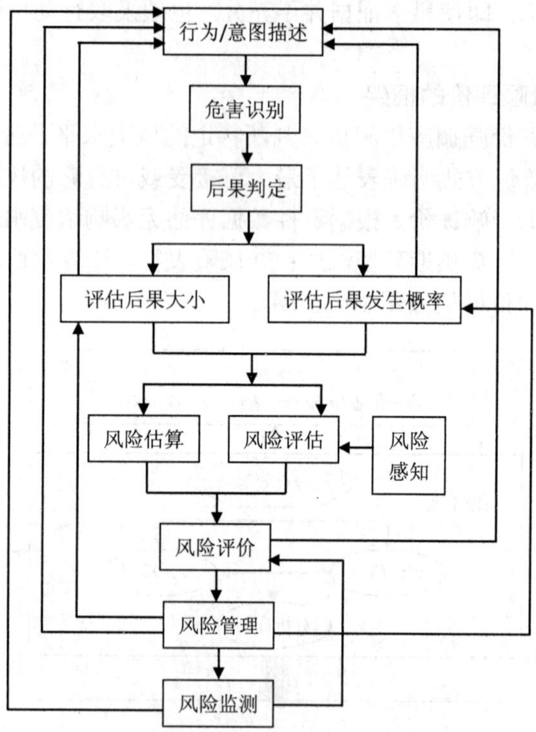

图 10-2 英国风险评价与管理流程

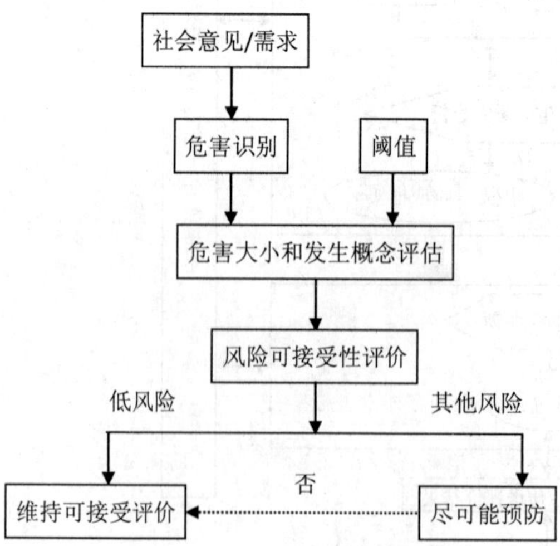

图 10-3 荷兰的风险管理框架

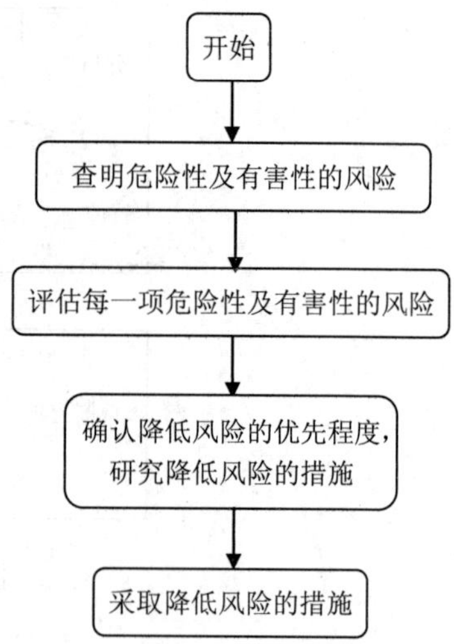

图 10-4 日本风险评价和管理的程序

4．日本的生态风险评价的框架

日本最初对危害性评价较为重视，在 20 世纪 90 年代中期开始在环境管理中引入风险评价。日本政府修订自来水中消毒副产物和大气中苯的基准是以风险评价结果为基础的，可接受风险水平设定在 10^{-5}。参照 10^{-5} 的终生暴露风险水平，苯的大气环境基准值设定为年平均 3 μg/m^3。1999 年日本开发了 ChemPHESA21 风险评价系统，内容包括生态风险评价。日本风险评价的程序包括查明危险性和有害性的风险、评估每一项风险、确认降低风险的优先程度、研究和采取降低风险的措施（图 10-4）。

5．加拿大的生态风险评价的框架

加拿大的风险管理总体分为两个阶段：风险评估和风险管理。在风险评估部分又分为风险分析和风险评价两部分。在风险管理部分包括决策、实施、监测与评价和复查四部分（图 10-5）。

6．我国的生态风险评价的框架

我国学者殷浩文、李景宜等也提出了风险评价的流程，总体框架包括风险源分析、风险识别、风险分析、风险评价和风险报告（图 10-6）。

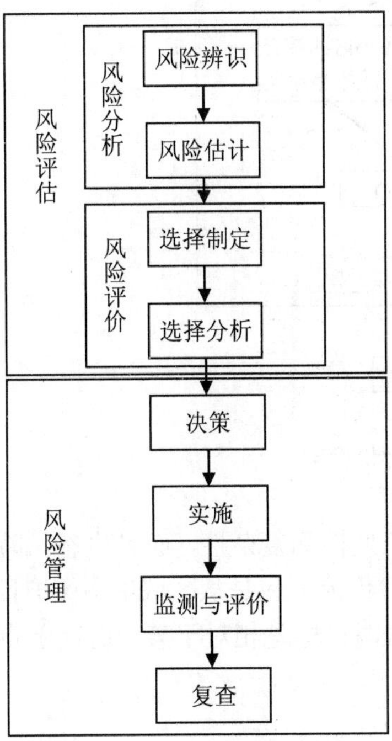

图 10-5 加拿大风险管理模型

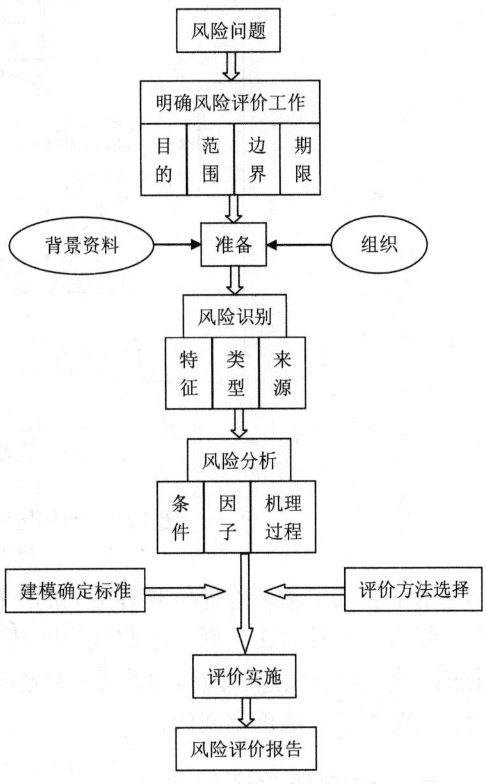

图 10-6 我国风险评价框架

许学工、付在毅等提出了区域生态风险评价框架，即研究区的界定与分析、风险受体分析、风险源分析、暴露与危害分析以及风险综合分析（图 10-7）。

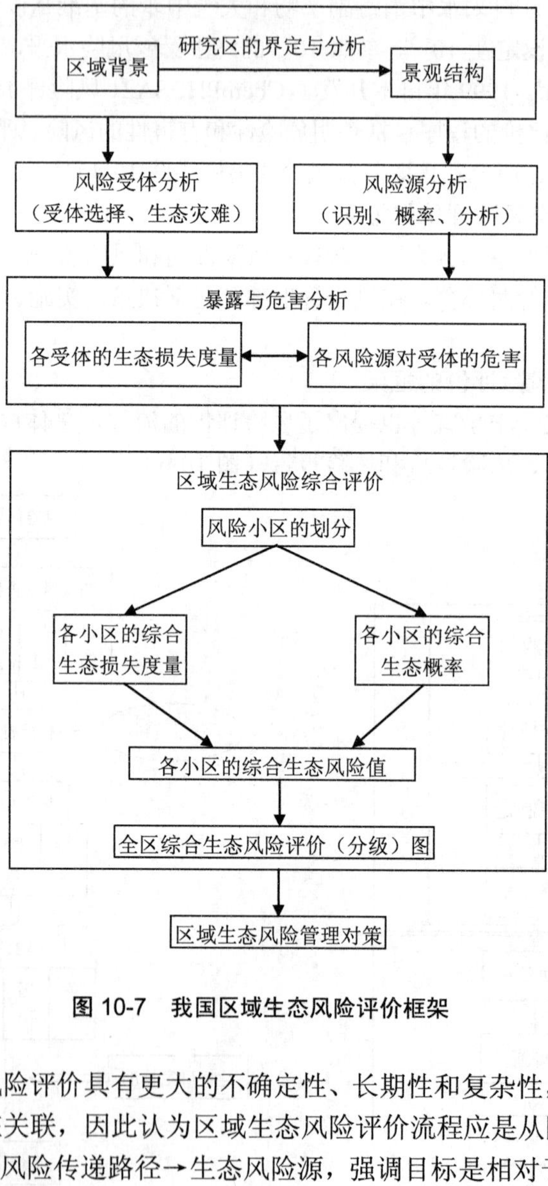

图 10-7　我国区域生态风险评价框架

由于区域生态风险评价具有更大的不确定性、长期性和复杂性，而且生态风险与生态过程具有某种内在关联，因此认为区域生态风险评价流程应是从区域生态保护目标→生态风险受体→生态风险传递路径→生态风险源，强调目标是相对于某一时间节点或时段、相对于某一地理空间的。

六、生态风险评价方法

生态风险评价方法按框架可分为生态风险评价标准的确定方法、生态风险识别方法、生态风险损失计算方法、生态风险路径分析方法、生态风险受体分析方法和生态风险源分析方法；按风险层级可以分为项目层次的生态风险评价方法和区域层次的生态风险评价方法；根据方法的属性可以分为一般评价方法和综合评价方法。下面简单介绍其中一些方法。

1．生态风险评价终点的确定

国外的生态风险评价强调评价终点的确定。但在评价终点的可测度性及对风险管理目标的表征上，仍然存在困难。可以根据终点的生态相关、终点对有关压力的敏感性和终点是否代表了管理目标三条原则来选择。

从社会-经济-自然复合生态系统的角度来看，生态风险评价终点不只是一个技术问题，也是一个社会问题。风险评价者需要与风险管理者进行生态风险评价的充分交流与沟通，并达成一致。这是生态风险评价终点判断是否取得成效的标志。

对于一个建设项目而言，衡量其生态风险需要确认风险的终点，要回答诸如底栖生物是否受影响、生物繁殖及地球生化循环是否阻断等问题。需要在一系列生态毒理试验结果的基础上做出一个综合性的结论。但是以系统试验为基础的风险评价需要大量的人力和物力支撑，因此通常并不采用系统试验的方法进行，而是采用文献研究和试验验证相结合的方法。具体的生态风险评价终点确定方法可以参考有关专业文献。

2．生态风险识别方法

生态风险识别方法很多，常用方法包括问卷调查法、德尔菲法、头脑风暴法、风险因素预先分析法、环境分析法等。具体方法可以参见相关专业书籍。

风险评价是在风险识别的基础上进行的，针对不同类型的风险需要使用不同的评价方法。影响风险评价方法选择的因素有开展评价的动机、所需评价结果的类型、可用于评价的信息类型、所分析问题的特征、已发觉与评价对象有关的风险。风险评价方法的选取是由问题导向决定的。

3．生态风险测度方法

生态风险测度方法包括单因素生态系统风险的测度和多因素生态系统风险的测度方法。

（1）单因素生态系统风险的测度

对生态风险发生的测试有两类指标：平均指标和变异指标。平均指标表示风险变量的集中趋势，变异指标表示风险变量的离散趋势。一般情况下，平均指标为风险变量的期望值，变异指标为风险变量的标准差或变异系数。变异系数为标准差和期望值之比。

（2）多因素生态系统风险的测度

总体风险值用来表示生态系统在不良事件影响下的整体损失。对于特定系统的生态风险需要考虑各类风险的联合分布。联合分布的标准差可以表示总体风险的绝对大小，但在无法判断各风险因子是否为独立随机变量或无法获得各风险因子的比重时，只有借助蒙特卡罗法总体风险的标准差表示。对于景观尺度，可以考虑从景观组分所占的比例与该组分的风险强度两方面入手。

4．区域生态风险评价方法

区域生态风险评价涉及的风险源和/或风险后果具有区域性，即区域生态风险评价主要研究大范围的区域中各生态系统所承受的风险。区域具有广泛的空间异质性，因此区域生态风险评价应充分考虑生态系统的空间异质性。区域性带来的风险评价尺度的扩大及多风险源、多压力因子、多风险后果的特征，使其风险评价与项目层次的风险评价要求不同。常用的区域生态风险评价主要有因果分析法、等级动态框架法和生态等级风险评价法等。

因果分析法是以压力因子和可能影响之间的因果关系为基础的，它需要大量的历史数据构建这种因果关系，并以此为基础进行预测评价。由于区域尺度上多“因”和多“果”广泛存在，因此有时其应用也面临较大的困难。

等级动态框架法是一个概念框架，假设等级存在于生态系统结构中，且等级间相互关系产生了标志生态系统特征的属性，从而将时空相互作用关系结合起来。

生态等级风险评价法是在缺乏大量野外观测数据的情况下进行风险评价的有效方法。它将风险评价分为三部分：初级评价、半定量的区域评价和定量的局地评价①。

此外，在区域生态风险评价中应用最多的评价统计模型是基于因子权重法的相对风险评价方法。

第四节　景观美学影响评价

良好的生态，不仅应满足人类的生理需求，而且应满足人类的心理需求。随着人民生活水平的提高，人们的心理需求或精神需求正在迅速上升。景观美学资源就是满足人们精神需求的重要资源。然而，我国景观资源正在遭受破坏，因此从“以人为本”出发，进行景观美学影响评价和景观美学资源保护已成当务之急。

一、景观美学评价一般认识

景观一般指视觉意义上的景物、景色、景象和印象，即美学意义上的景观。景观还有地理学、文化以及生态学意义等。

景观美学是人对环境的审美感知和审美需求，即景色、风景、景致等。美学景观可分为自然景观和人文景观两大类别。

自然景观有地理地貌景观，如山丘、峡谷、原野、水域、海滨或大江大河分水岭、省市界、地区特征地形地物等；地质类景观，如岩溶地貌、丹霞地貌、火山口、地震遗

---

① 李景宜，等．流域生态风险评价与洪水资源化——以陕西省渭河流域为例．北京：北京师范大学出版社，2008.

迹、石林、土林、奇石异洞、古生物化石等；生态类景观，如森林、草原、农田、春之花海、秋之红叶等；气象类景观，如云海、佛光、雾凇、雪原等，还有许多自然因素综合作用形成的奇异景观资源。

人文景观有古代人文景观，如长城、古城、寺庙、陵寝、宫阙、城塞、古镇、关隘、题刻等；也包括现代人文景观，如水库、公路、工厂、桥梁、隧道等。

还有自然与人文合成的重要景观——城市景观。城市含有丰富的自然景观，如海洋、河流、湖泊、山冈、半自然公园、绿地，更多的是人工建筑、街市、广场、道路、立交桥等。

自然景观美学构成条件有：自然真实性、完整性；由形象（体量、形态、线型等）、色彩、动态、声音、质感和空间格局与组合关系构成的形式美；由可游览、可观赏、可居住等适用性构成的有益人类的功能美；由结构完整、生物多样性和生态功能构成的生态美。

许多建设项目对景观美学有重要影响。破坏生态系统完整性，影响生态功能，破坏自然性和影响景观实体的形象、色彩、空间格局和组合关系等，都会造成严重的景观美学影响或损害重要的景观美学资源。

人文景观则因含有的深厚文化内涵而具有另一类美学价值。例如，长城不仅有雄伟壮观的形象之美，更因其历史久远和曾经发生过的重大事件而彰显文化之美；都江堰则成为一种文明和文化的象征。人文景观因其历史性、文化代表性、稀有性等成为景观美学重要资源。

二、建设项目景观影响评价

1. 程序与目的

建设项目景观影响评价程序，第一步是确定视点，即确定主要观景的位置，如一个居民区、一条街道、一个旅游区观景点或交通线上行进的人群等；第二步是进行景观敏感性识别，凡敏感度高的景观对象，即为评价的重点；第三步是对评价重点，即景观敏感度高者，进行景观阈值评价、美学评价（美感度评价）、资源性（资源价值）评价；第四步做景观美学影响评价；第五步做景观保护措施研究和相应的美学效果与技术经济评价。

2. 景观敏感度评价

景观敏感度是指景观被人注意到的程度。一般有如下判别指标：

①视角或相对坡度。景观表面相对于观景者的视角越大，景观被看到或被注意到的可能性也越大。一般视角或视线坡度达 20%且不高于 30%，为中等敏感；达 30%～45%为很敏感；大于 45%为极敏感。

②相对距离。景观与观景者越近，景观的易见性和清晰度就越高，景观敏感度也高。一般将 400 m 以内距离作为前景，为极敏感；将 400～800 m 作为中景，为很敏感；800～1 600 m 可作为远景，中等敏感；高于 1 600 m 可作为背景。但这与景观物体量大小、色彩对比等因素有关。

③视见频率。在一定距离或一定时间段内，景观被看到的概率越高或持续的时间越长，景观的敏感度就越高。从对视觉的冲击来看，一般观察或视见时间大于 30 s 者，可为极敏感；视见延续时间 10～30 s 者为很敏感；视见延续时间大于 5 s 且不大于 10 s 者为中等敏感。视见时间延续 0.3 s 以上就可以被看到，但会一瞥而过。

④景观醒目程度。景观与环境的对比度，如形体、线条、色彩、质地和动静的对比度越高，景观越敏感。对比度比较强烈的，如森林边缘、岩体边缘、山体天际线、河岸和其他有特定形体或空中格局的景观。

3．景观阈值评价

景观阈值指景观体对外界干扰的耐受能力、同化能力和恢复能力。

景观阈值与植被种类关系密切。一般森林的景观阈值较高，灌丛次之，草本再次之，裸岩更低，但当周围环境全为荒漠或裸岩背景时，也形成另一种高的视觉景观冲击能力，阈值可能更高。

对景观阈值低者应注意保护。一般孤立景观阈值低，坡度大和高差大的景观阈值较低，生态系统破碎化严重的景观阈值低。

4．景观美学评价

自然景观美学评价包括自然景观实体的客观美学评价和评价者的主观观感两部分。对景观实体的客观评价可按景观实物单体、群体、景点或景区整体等不同层次进行。景观实物单体可根据形象、色彩、质地等景观构成要素按极美、很美、美、一般、丑进行评价。

由很多景观实体组成的群体，则需增加空间格局和组合关系的评价，如单纯齐一、对称均衡、调和对比、比例关系、节奏韵律以及多样性统一等。

由若干景观体组成的景点或景区，则应增加景观资源性评价内容。

所有自然景观的美学价值评价中，其代表性、稀有性、新颖奇特性等，都是其重要评价指标。在现代，生态美是时代主题之一，凡符合生态规律、自然完整、生物多样性高、生态功能重要的景观，都是美的。

自然景观的主观观感方面，主要是优美和雄壮两大类，可分为不同的级别。

一般景观美学评价中，以客观的美学评价为主，以主观观感评价为辅。

5．景观影响评价

不同的建设项目对景观有不同的影响。直接破坏植被、挖坏山体、弃渣于敏感景观点，是一类直接影响。因不雅观的建筑物、构筑物或体量过大、色彩过艳而与周围环境不协调是另一类经常发生的景观影响。另外，还有很多影响是非直接的影响，如高大建筑的阻挡，烟囱林立、高压输变电线路造成的空间干扰等。环境污染是另一类景观影响因素，如烟囱冒黑烟、空气不洁，水浑浊、散发不良气味等，都是常见的问题。

景观美学影响评价应依据具体的景观特点、环境特点、功能要求并结合具体的建设项目影响的时空特点进行。进行综合评价时不应掩盖主要矛盾。

6. 景观保护措施

自然景观是一种不可再造的资源，而且是唯一的，因而自然景观保护应以预防破坏为主。做好景观设计是十分必要的。不建造不良景观应是对建设项目的基本要求。

①对受影响或遭受破坏的景观，需进行必要的恢复，植被恢复尤其重要。

②对不良景观而又不可改造者，可采取避让、遮掩等方法处理。

③景观保护应从规划着眼，从建设项目着手，结合进行。

第十一章　固体废物环境影响评价

第一节　固体废物来源与分类

固体废物是指在生产、生活和其他活动中产生的丧失原有利用价值或者虽未丧失利用价值但被抛弃或者放弃的固态、半固态和置于容器中的气态的物品、物质以及法律、行政法规规定纳入固体废物管理的物品、物质。不能排入水体的液态废物和不能排入大气的置于容器中的气态废物，由于多具有较大的危害性，一般归入固体废物管理体系。

一、固体废物来源

固体废物来自人类活动的许多环节，主要包括生产过程和生活活动的一些环节。表11-1列出了各类发生源产生的主要固体废物。

表 11-1　各类发生源产生的主要固体废物

发生源	产生的主要固体废物
居民生活	食物、垃圾、纸、木、布、庭院植物修剪物、金属、玻璃、塑料、陶瓷、燃料灰渣、脏土、碎砖瓦、废器具、粪便、杂品等
商业、机关	除上述废物外，另有管道、碎砌体、沥青及其他建筑材料，含有易爆、易燃腐蚀性、放射性废物以及废汽车、废电器、废器具等
市政维护、管理部门	脏土、碎砖瓦、树叶、死畜禽、金属、锅炉灰渣、污泥等
矿业	废石、尾矿、金属、废木、砖瓦、水泥、砂石等
冶金、金属结构、交通、机械等工业	金属、渣、砂石、模型、芯、陶瓷、涂料、管道、绝热和绝缘材料、黏结剂、污垢、废木、塑料、橡胶、纸、建筑材料、烟尘等
建筑材料工业	金属、水泥、黏土、陶瓷、石膏、石棉、砂、石、纸、纤维等
食品加工业	肉、谷物、蔬菜、硬壳果、水果、烟草等
橡胶、皮革、塑料等工业	橡胶、塑料、皮革、布、线、纤维、染料、金属等
石油化工工业	化学药剂、金属、塑料、橡胶、陶瓷、沥青、油毡、石棉、涂料等
电器、仪器仪表等工业	金属、玻璃、木、橡胶、塑料、化学药剂、研磨料、陶瓷、绝缘材料等
纺织服装工业	布头、纤维、金属、橡胶、塑料等
造纸、木材、印刷等工业	刨花、锯末、碎木、化学药剂、金属填料、塑料等
核工业和放射性医疗单位	金属、含放射性废渣、粉尘、污泥、器具和建筑材料等
农业	秸秆、蔬菜、水果、果树枝条、糠秕、人和畜禽粪便、农药等

二、固体废物分类

固体废物种类繁多，按其污染特性可分为一般固体废物和危险废物。按废物来源又可分为城市固体废物、工业固体废物和农业固体废物。

1. 城市固体废物

城市固体废物是指居民生活、商业活动、市政建设与维护、机关办公等过程产生的固体废物，一般分为以下几类：

① 生活垃圾。指在日常生活中或者为日常生活提供服务的活动中产生的固体废物以及法律、行政法规规定视为生活垃圾的固体废物。其主要包括厨余物、庭院废物、废纸、废塑料、废织物、废金属、废玻璃、陶瓷碎片、砖瓦渣土以及废家具、废旧电器等。

② 城建渣土。包括废砖瓦、碎石、渣土、混凝土碎块（板）等。

③ 商业固体废物。包括废纸、各种废旧的包装材料、丢弃的主副食品等。

④ 粪便。工业先进国家城市居民产生的粪便，大都通过下水道输入污水处理厂处理。我国情况不同，城市下水处理设施少，粪便需要收集、清运，是城市固体废物的重要组成部分。

2. 工业固体废物

工业固体废物是指在工业生产活动中产生的固体废物，主要包括以下几类：

① 冶金工业固体废物。主要包括各种金属冶炼或加工过程中产生的各种废渣，如高炉炼铁产生的高炉渣，平炉、转炉、电炉炼钢产生的钢渣，铜镍铅锌等有色金属冶炼过程产生的有色金属渣，铁合金渣及提炼氧化铝时产生的赤泥等。

② 能源工业固体废物。主要包括燃煤电厂产生的粉煤灰、炉渣、烟道灰、采煤及洗煤过程中产生的煤矸石等。

③ 石油化学工业固体废物。主要包括石油及加工工业产生的油泥、焦油页岩渣、废催化剂、废有机溶剂等，化学工业生产过程中产生的硫铁矿渣、酸渣碱渣、盐泥、釜底泥、精（蒸）馏残渣以及医药和农药生产过程中产生的医药废物、废药品、废农药等。

④ 矿业固体废物。主要包括采矿废石和尾矿。废石是指各种金属、非金属矿山开采过程中从主矿上剥离下来的各种围岩，尾矿是指在选矿过程中提取精矿以后剩下的尾渣。

⑤ 轻工业固体废物。主要包括食品工业、造纸印刷工业、纺织印染工业、皮革工业等工业加工过程中产生的污泥、动物残物、废酸、废碱以及其他废物。

⑥ 其他工业固体废物。主要包括机加工过程产生的金属碎屑、电镀污泥、建筑废料以及其他工业加工过程产生的废渣等。

表 11-2 中列举了若干工业固体废物的来源和产生的废物种类。由此可见不同工业类型所产生的固体废物种类和性质是迥然相异的。

表 11-2 工业固体废物来源和种类

工业类型	产废工艺	废物种类
军工产品	生产、装配	金属、塑料、橡胶、纸、木材、织物、化学残渣等
食品类产品	加工、包装、运送	肉、油脂、油、骨头、下水、蔬菜、水果、果壳、谷类等
织物产品	编织、加工、染色、运送	织物及过滤残渣
服装	裁剪、缝制、熨烫	织物、纤维、金属、塑料、橡胶
木材及木制品	锯床、木制容器、各类木制产品生产	碎木头、刨花、锯屑，有时还有金属、塑料、纤维、胶、封蜡、涂料、溶剂等
木制家具	家庭及办公家具的生产，隔板、办公室和商店附属装置、床垫的生产	碎木头、刨花、锯屑，另有：金属、塑料、纤维、胶、封蜡、涂料、溶剂、织物及衬垫残余物等
金属家具	家庭及办公家具的生产，锁、弹簧、框架的生产	金属、塑料、树脂、玻璃、木头、橡胶、胶黏剂、织物、纸等
纸类产品	造纸、纸和纸板制品、纸板箱及纸容器的生产	纸和纤维残余物、化学试剂、包装纸及填料、墨、胶、扣钉等
印刷及出版	报纸出版、印刷、平版印刷、雕版印刷、装订	纸、白报纸、卡片、金属、化学试剂、织物、墨、胶、扣钉等
化学试剂及其产品	无机化学制品的生产和制备（从药品和脂肪酸盐变成涂料、清漆和炸药）	有机和无机化学制品、金属、塑料、橡胶、玻璃油、涂料、溶剂、颜料等
石油精炼及其工业	精炼、加工	沥青和焦油、毡、石棉、纸、织物、纤维
橡胶及各种塑料制品	橡胶和塑料制品加工业	橡胶和塑料碎料、被加工的化合物染料
皮革及皮革制品	鞣革和抛光、皮革和衬垫材料加工业	皮革碎料、线、染料、油、处理及加工的化合物
石头、黏土及玻璃制品	平板玻璃生产、玻璃加工制作、混凝土、石膏及塑料的生产，石头和石头产品、研磨料、石棉及各种矿物质的生产及加工	玻璃、水泥、黏土、陶瓷、石膏、石棉、石头、纸、研磨料
金属工业	冶炼、铸造、锻造、冲压、滚轧、成型、挤压	黑色及有色金属碎料、炉渣、尾矿、铁芯、模子、黏合剂
金属加工产品	金属容器、手工工具、非电加热器、管件附件加工、农用机械设备、金属丝和金属的涂层与电镀	金属、陶瓷制品、尾矿、炉渣、铁屑、涂料、溶剂、润滑剂、酸洗剂
机械（不包括电动）	建筑、采矿设备、电梯、移动楼梯、输送机、工业卡车、拖车、升降机、机床等的生产	炉渣、尾矿、铁心、金属碎料、木材、塑料、树脂、橡胶、涂料、溶剂、石油产品、织物
电动机械	电动设备、装置及交换器的生产，机床加工、冲压成型焊接用印模冲压、弯曲、涂料、电镀、烘焙工艺	金属碎料、炭、玻璃、橡胶、塑料、树脂、纤维、织物、残余物
运输设备	摩托车、卡车及汽车车体的生产，摩托车零件、飞机及零件、船及零件等	金属碎料、玻璃、橡胶、塑料、纤维、织物、木料、涂料、溶剂、石油产品
专用控制设备	生产工程、实验室和研究仪器及有关的设备	金属、玻璃、橡胶、塑料、树脂、木料、纤维、研磨料
电力生产	燃煤发电工艺	粉煤灰（包括飞灰和炉渣）
采选工业	煤炭、铁矿、石英石等的开采	煤矸石、各种尾矿
其他生产	珠宝、银器、电镀制品、玩具、娱乐、运动物品、服饰、广告工艺	金属、玻璃、橡胶、塑料、树脂、皮革、混合物、骨状物织物、胶黏剂、涂料、溶剂等

3．农业固体废物

固体废物来自农业生产、畜禽饲养、农副产品加工等，如农作物秸秆、农用薄膜及畜禽排泄物等。

4．危险废物

危险废物泛指除放射性废物以外，具有毒性、易燃性、反应性、腐蚀性、爆炸性、传染性，可能对人类的生活环境产生危害的废物。《中华人民共和国固体废物污染环境防治法》中规定："危险废物是指列入国家危险废物名录或者根据国家规定的危险废物鉴别标准和鉴别方法认定的具有危险特性的固体废物。"列入《国家危险废物名录（2021 年版）》（生态环境部、国家发展和改革委员会、公安部、交通运输部、国家卫生健康委员会部令　第 15 号）的危险废物共分为 46 类（HW01～HW40，HW45～HW50）。

第二节　固体废物特点

固体废物由于其不同的产生来源及其固有特性决定了对其进行管理和污染控制的管理方法和管理体制。概括地讲，固体废物具有下述特点：

1．数量巨大、种类繁多、成分复杂

随着工业生产规模的扩大、人口的增加和居民生活水平的提高，各类固体废物的产生量也逐年增加。

有关数据表明，2003 年，我国城市生活垃圾的年产量已达 1.48 亿 t 左右，2018 年我国生活垃圾清运量为 2.28 亿 t。

根据 2016—2019 年全国生态环境统计公报，2016—2019 年，一般工业固体废物产生量逐年上升，由 2016 年的 37.1 亿 t 上升为 2019 年的 44.1 亿 t，上升 18.7%；一般工业固体废物综合利用量、处置量总体上升，2016 年分别为 21.1 亿 t、8.5 亿 t，2019 年分别为 23.2 亿 t、11.0 亿 t。工业危险废物产生量、综合利用处置量均逐年上升，由 2016 年的 5 219.5 万 t、4 317.2 万 t，上升为 2019 年的 8 126.0 万 t、7 539.3 万 t，分别上升 55.7%、74.6%。

2．资源和废物的相对性

固体废物具有鲜明的时间和空间特征，是在错误时间放在错误地点的资源。从时间方面讲，它仅仅是在目前的科学技术和经济条件下无法加以利用的资源，但随着时间的推移、科学技术的发展以及人们的要求变化，今天的废物可能成为明天的资源。从空间角度看，废物仅仅相对于某一过程或某一方面没有使用价值，而并非在一切过程或一切方面都没有使用价值。一种过程的废物，往往可以成为另一种过程的原料。固体废物一般具有某些工业原材料所具有的化学、物理特性，且较废水、废气容易收集、运输、加工处理，因而可以回收利用。

3．危害具有潜在性、长期性和灾难性

固体废物对环境的污染不同于废水、废气和噪声。固体废物呆滞性大、扩散性小，它对环境的影响主要是通过水、气和土壤进行的。固态的危险废物具有呆滞性和不可稀释性，一旦造成环境污染，有时很难补救恢复。其中污染成分的迁移转化，如浸出液在土壤中的迁移，是一个比较缓慢的过程，其危害可能在数年以至数十年后才能发现。从某种意义上讲，固体废物，特别是危险废物对环境造成的危害可能要比废水、废气造成的危害严重得多。日本的水俣病等已充分说明了这一点。

4．处理过程的终态，污染环境的源头

废水和废气既是水体、大气和土壤环境的污染源，又是接受其所含污染物的环境。固体废物则不同，它们往往是许多污染成分的终极状态。在废气的治理过程中，利用洗气、吸附或除尘等技术可以有效地将存在于气相中的粉尘或可溶性污染物，最终富集成为固体废物；一些有害溶质和悬浮物，通过治理，最终被分离出来成为污泥或残渣；一些含重金属的可燃固体废物，通过焚烧处理，有害金属浓集于灰烬中。同样，在水处理工艺中，无论是采用物化处理技术（如混凝、沉淀、超滤等）还是生物处理技术（如好氧生物处理、厌氧生物处理等），在水得到净化的同时，总是将水体中的无机和有机污染物质以固相的形态分离出来，因而产生大量的污泥或残渣。从这个意义上讲，可以认为废气治理或水处理的过程，实际上都是将环境中的污染物转化为比较难于扩散的形式，将液态或气态的污染物转变为固态的污染物，降低污染物质向环境迁移的速率。由于固体废物对环境的危害影响需通过水、气或土壤等介质方能进行，因此，固体废物既是污染水、大气、土壤等的“源头”，又是废水和废气处理过程的“终态”，也正是由于这一特点，对固体废物的管理既要尽量避免和减少其产生，又要力求避免和减少其向水体、大气以及土壤环境的排放。最终处置需要解决的就是废物中有害组分的最终归宿问题，也是控制环境污染的最后步骤。最终处置对于具有永久危险性的物质，即使在人工设置的隔离功能到达预定工作年限以后，处置场地的天然屏障也应该保证有害物质向生态圈中的迁移速率不致引起对环境和人类健康的威胁。

第三节 固体废物中污染物进入环境的方式及迁移转化

熟悉固体废物中污染物如何被释放和它们在环境中的迁移和归宿，对成功管理固体废物非常必要。

一、固体废物中污染物进入环境的方式

污染物进入环境不可避免，污染物通过产品制造和利用，以及废物处理、处置被释放，直接或间接地进入环境。

1．对大气环境的影响

固体废物在堆存和处理处置过程中会产生有害气体，若不加以妥善处理将对大气环境造成不同程度的影响。例如，露天堆放和填埋的固体废物会由于有机组分的分解而产生沼气，一方面，沼气中的氨气、硫化氢、甲硫醇等的扩散会造成恶臭的影响；另一方面，沼气的主要成分甲烷是一种温室气体，其温室效应是二氧化碳的 21 倍，且甲烷在空气中含量达到 5%～15%时容易发生爆炸，对生命安全有很大威胁。固体废物在焚烧过程中会产生粉尘、酸性气体、二噁英等，也会对大气环境造成污染。

另外，堆放的固体废物中的细微颗粒、粉尘等可随风飞扬，从而对大气环境造成污染。研究表明，当发生 4 级以上的风力时，在粉煤灰或尾矿堆表层的粒径为 1～1.5 cm 的粉末将出现剥离，其飘扬的高度可达 20～50 m。在季风期间可使平均视程降低 30%～70%。堆放的固体废物中的细微颗粒、粉尘等可随风飞扬，从而对大气环境造成污染。一些有机固体废物，在适宜的湿度和温度下被微生物分解，能释放出有害气体，可以不同程度上产生毒气或恶臭，造成地区性空气污染。

采用焚烧法处理固体废物，已成为一些国家大气污染的主要污染源之一。据报道，有的发达国家的固体废物焚烧炉，约有 2/3 由于缺乏空气净化装置而污染大气，有的露天焚烧炉排出的粉尘在接近地面处的质量浓度达到 0.56 g/m^3。我国的部分企业，采用焚烧法处理塑料排出 Cl_2、HCl 和大量粉尘，也造成严重的大气污染。而一些工业和民用锅炉，由于收尘效率不高造成的大气污染更是屡见不鲜。

2．对水环境的影响

固体废物对水环境的污染途径有直接污染和间接污染两种。前者是把水体作为固体废物的接纳体，向水体直接倾倒废物，从而导致水体的直接污染，严重危害水生生物的生存条件，并影响水资源的利用。后者是固体废物在堆积过程中，经过自身分解和雨水淋溶产生的渗滤液流入江河、湖泊和渗入地下而导致地表水和地下水的污染。

此外，向水体倾倒固体废物还将缩减江河湖面有效面积，使其排洪和灌溉能力降低。在陆地堆积的或简单填埋的固体废物，经过雨水的浸渍和废物本身的分解，将会产生含有有害化学物质的渗滤液，对附近地区的地表及地下水系造成污染。

3．对土壤环境的影响

固体废物对土壤有两个方面的环境影响，第一个影响是废物堆放、贮存和处置过程中，其有害组分容易污染土壤。土壤是许多细菌、真菌等微生物聚居的场所。这些微生物与其周围环境构成一个生态系统，在大自然的物质循环中，担负着碳循环和氮循环的一部分重要任务。工业固体废物特别是有害固体废物，经过风化、雨雪淋溶、地表径流的侵蚀，产生高温和有毒液体渗入土壤，能杀害土壤中的微生物，改变土壤的性质和土壤结构，破坏土壤的腐解能力，导致草木不生。第二个影响是固体废物的堆放需要占用土地，据估计，每堆积 10 000 t 废渣约需占用土地 0.067 hm^2。我国许多城市的近郊也常常是城市垃圾的堆放场所，形成垃圾围城的状况。固体废物的任意露天堆放，不但占用一定土地，而且其累积的存放量越多，所需的面积也越大，如此一来，势必使可耕地面积短缺的矛盾加剧。

4. 对人体健康的影响

固体废物，特别是在露天存放、处理或处置过程中，其有害成分在物理、化学和生物的作用下会发生浸出，含有害成分的浸出液可通过地表水、地下水、大气和土壤等环境介质直接或间接被人体吸收，从而对人体健康造成威胁。

根据物质的化学特性，当某些不相容物相混时，可能发生不良反应，包括热反应（燃烧或爆炸）、产生有毒气体（砷化氢、氰化氢、氯气等）和产生可燃性气体（氢气、乙炔等）。若人体皮肤与废强酸或废强碱接触，将发生烧灼性腐蚀作用。若误吸收一定量农药，能引起急性中毒，出现呕吐、头晕等症状。贮存化学物品的空容器，若未经适当处理或管理不善，能引起严重中毒事件。化学废物的长期暴露会产生对人类健康有不良影响的恶性物质。对这类潜存的负面效应，应予以高度重视。

二、固体废物中污染物的释放

来自固体废物堆放、贮存和处置场的污染物可以通过三种形态释放到环境中，即液态、固态和气态形式。排放的液体可以直接到达地表水或浸入到地下水。固体废物中释放的大气污染物包括挥发性物质和从烟囱中排入大气的释放物。排放的烟道气中含有 CO_2、H_2S 和未完全燃烧的痕量有机气体及颗粒物。以固体形式排废的污染物可以进入空气和水中。

污染物的释放分为有控排放和无控排放，有控排放属于固体废物管理实践和废物处理运行的一部分。无控排放是在无直接管理操作下的排放。

1. 排放到大气中的污染物

大气排放物可以来自点源、线源、面源、体源或非连续源。点源是最确定的典型的污染源，而线源、面源和体源污染大部分是由泄漏产生的，泄漏排放是不合理地通过烟囱、高烟囱、出烟孔或其他功能设备排放的，如汽车排气。非连续源排放是另一种泄漏排放，它是瞬间来自溢出或其他事故排放。

空气排放物又可分为气相排放物或颗粒物质排放物。气相排放物主要由有机化合物组成，主要的释放机制是挥发，气相排放物也可以由加工制造和废物处理过程产生。颗粒排放物基本上是来自燃烧、风的侵蚀和机械过程。这些颗粒物中含有许多污染物，不仅包括有机物、金属，而且还有某些通常很稳定的物质（如氧化物）。

（1）挥发

挥发是把化学物质从液体转到气体相，挥发大部分不可控。大气释放源主要来自有害废物处理处置现场，地面的废物储存罐，管道的连接口处，以及各种废物潴留池的表面，还有地面以下的源，如来自土地填埋物浸出液释放的污染物进入地下水。有机物还可以从地下水中挥发出来到达地表面中，排放物还可以来自污染的地下水中的化学物质的挥发。

挥发部分依赖于温度、蒸气压及液相和气相间的浓度差。挥发的有机物可以直接进入大气，也可能通过曲折路径，如图 11-1 描述的污染物在地表以下的运动。

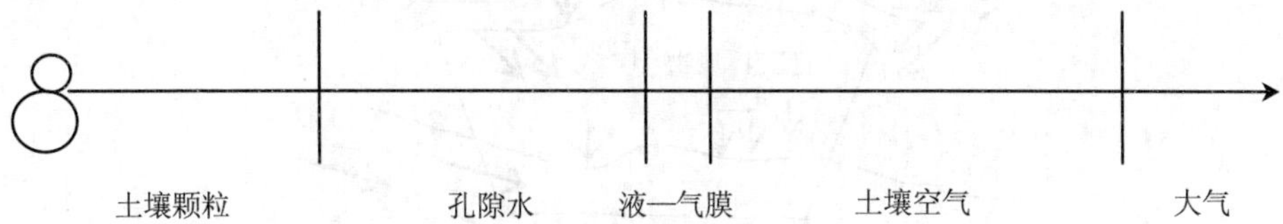

图 11-1　污染物在地表以下的运动

这种描述的转化主要是通过多孔介质扩散，土地的孔隙度和土壤湿度是重要的参数。

挥发可以通过在现场利用有机蒸气分析器来测定。

污染场地现场修复活动具有破坏作用，这些破坏使早先覆盖的废物又暴露出来。因此，修补活动有可能实际上增加了污染物的排放。

（2）颗粒物质排放

废物处理操作会产生颗粒物排放，焚烧可以直接排放颗粒物质。

更大的灰尘产生源是含有土壤处理的修铺工作。被污染的土壤常常需要修复，这既包括处理处置场地的开挖，也包括对污染物的覆盖。开挖时如没有控制措施进行运输，并露天堆置或在池中贮存，那么每一操作过程都要产生大量尘土。即使土壤不需要开挖，但某种形式的表面平整也是必要的，这也将产生尘土。

2．排放到水体的污染物

水是环境中传输污染物的很好的介质，污染物通过可控制的排放进入地表水的现象是相当普遍的。

固体废物中污染物进入水环境的途径有两种：一种是把水体作为固体废物的接纳体，直接向水体倾倒废物，从而导致水体的直接污染；另一种是固体废物在堆积过程中，经过自身分解和雨水淋溶产生的渗滤液流入江河、湖泊和渗入地下而导致地表水和地下水的污染。危险废物直接排入地下水中是很少的。

固体废物中污染物进入到水体的典型例子是填埋场渗滤液排入地表水或渗入地下水中。

（1）填埋场渗滤液产生

图 11-2 显示了废物填埋场渗滤液的来源，它们包括：① 降水（包括降雨和降雪）直接落入填埋场；② 地表水进入填埋场；③ 地下水进入填埋场；④ 在填埋场中处置的废物中含有部分水。

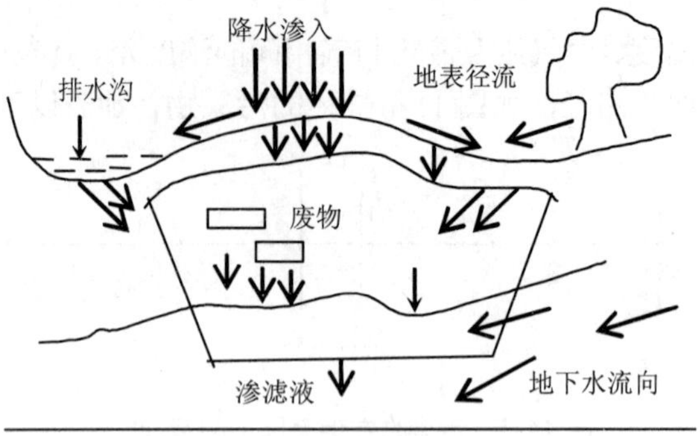

图 11-2　渗滤液的来源

（2）填埋场渗滤液中污染物

浸入废物的水首先是被固体废物材料吸着，当废物含水率达到饱和状态时，水就通过重力运动经过废物，这种水就成为被污染的水。渗滤液中污染物的成分包含了在填埋场中各类废物的成分，渗滤液中各组分的浓度与废物的填埋量、水的浸入速率以及污染物溶解度、废物与水的接触表面积、接触时间和 pH 等因素有关。来自许多危险废物填埋场渗滤液的分析数据列于表 11-3 中。

表 11-3　危险废物填埋场渗滤液中的无机物组成

成分	质量浓度/（μg/L）	填埋场数目	成分	质量浓度/（μg/L）	填埋场数目
As	11～10 000 000	6	As	30～5 800	5
Ba	100～2 000 000	5	Ba	10～3 800	24
Cd	5～8 200	6	Cd	—	—
Cr	1～208 000	7	Cr	10～4 200	10
Cu	1～16 000	9	Cu	10～2 800	15
Hg	0.5～7	7	Hg	0.5～0.8	5
Ni	20～48 000	4	Ni	20～670	16
Pb	1～19 000	6	Pb	300～19 000	3
Se	3～590	4	Se	10～590	21
CN^-	—	—	CN^-	5～14 000	14

三、固体废物中污染物的迁移转化

1．固体废物对人体健康影响的途径

固体废物往往不是环境介质，而是多种污染成分存在的终态而长期存在于环境中，在一定条件下会发生化学的、物理的或生物的转化，对周围环境造成一定的影响。如果处理、处置管理不当，污染成分就会通过水、气、土壤、食物链等途径污染环境，危害人体健康（图 11-3）。

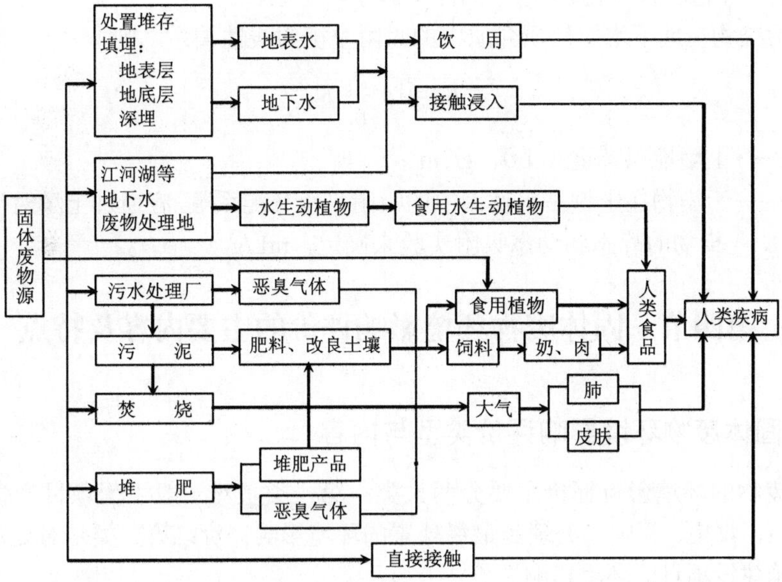

图 11-3　固体废物中化学物质致人疾病的途径

2．填埋场渗滤液中污染物的迁移转化

对于固体废物处理处置工程，填埋场渗滤液对地下水的污染控制是填埋场建设的核心问题。

（1）渗滤液实际渗流速度

为确定渗滤液中污染物通过场底垂直向下迁移的速度和穿过包气带及潜水层的时间，需要确定渗滤液在衬层和各土层中的实际渗流速度：

$$v=\frac{q}{\eta_e} \tag{11-1}$$

式中：v——渗滤液实际渗流速度，cm/s；

q——单位时间渗漏率，cm/s；

η_e——多孔介质的有效孔隙度。

（2）污染物迁移速度

污染物在衬层和包气带土层中的迁移是由于地下水的运动速度，污染物与介质之间的吸附/解吸、离子交换、化学沉淀/溶解和机械过滤等多种物理化学反应共同作用所致，其迁移路线与地下水的运移路线基本相同，而污染物迁移速度 v' 则与地下水的运移速度 v 有下述关系：

$$v'=\frac{v}{R_d} \tag{11-2}$$

式中：R_d——污染物在地质介质中的滞留因子，量纲一。

如果污染物在地下水—地质介质中的吸附平衡为线性关系，则

$$R_d = 1 + \frac{\rho_b}{\eta_e} K_d \tag{11-3}$$

式中：ρ_b——土壤堆积容重（干），g/cm^3；

K_d——污染物在土壤—水体系中的吸附平衡分配系数，应通过土壤对渗滤液中污染物的静态和动态吸附实验来确定，mL/g。

第四节　固体废物环境影响评价的主要内容及特点

一、固体废物环境影响评价类型与内容

固体废物的环境影响评价主要分两大类：第一类是对一般工程项目产生的固体废物，由产生、收集、运输、处理到最终处置的环境影响评价；第二类是对处理、处置固体废物设施建设项目的环境影响评价。

对第一类的环境影响评价内容主要包括：① 污染源调查。根据调查结果，要给出包括固体废物的名称、组分、形态、数量等内容的调查清单，同时应按一般工业固体废物和危险废物分别列出。② 污染防治措施的论证。根据工艺过程、各个产出环节提出防治措施，并对防治措施的可行性加以论证。③ 提出最终处置措施方案，如综合利用、填埋、焚烧等，并应包括对固体废物收集、贮运、预处理等全过程的环境影响及污染防治措施。

对处理、处置固体废物设施的环境影响评价内容，则是根据处理处置的工艺特点，依据《环境影响评价技术导则》，执行相应的污染控制标准进行环境影响评价，如一般工业废物贮存场、填埋场，危险废物贮存场所，生活垃圾填埋场，生活垃圾焚烧厂，危险废物填埋场，危险废物焚烧厂等。在这些工程项目污染物控制标准中，对厂（场）址选择，污染控制项目，污染物排放限制等都有相应的规定，是环境影响评价必须严格予以执行的，本书以生活垃圾填埋场为例，较全面地介绍了环境影响评价方法。

二、固体废物环境影响评价特点

由于国家要求对固体废物污染实行由产生、收集、贮存、运输、预处理直至处置全过程控制，因此在环评中必须包括所建项目涉及的各个过程。对于一般工程项目产生的固体废物将可能涉及收集、运输过程。另外，为了保证固体废物处理、处置设施的安全稳定运行，必须建立一个完整的收、贮、运体系，在环评中这个体系是与处理、处置设施构成一个整体的。例如，这一体系中必然涉及运输设备、运输方式、运输距离、运输路径等，运输可能对路线周围环境敏感目标造成影响，如何规避运输风险也是环评的主要任务。

第五节　垃圾填埋场的环境影响评价

一、垃圾填埋场对环境的主要影响

1．垃圾填埋场的主要污染源

填埋场主要污染源是渗滤液和填埋气体。

（1）渗滤液

城市生活垃圾填埋场渗滤液是一种高污染负荷且表现出很强的综合污染特征、成分复杂的高浓度有机废水，其性质在一个相当大的范围内变动。一般说来，城市生活垃圾填埋场渗滤液的 pH 为 4～9，COD 质量浓度为 2 000～62 000 mg/L，BOD_5 质量浓度为 60～45 000 mg/L，BOD_5/COD 值较低，可生化性差。重金属浓度和市政污水中重金属浓度基本一致。

鉴于填埋场渗滤液产生量及其性质的高度动态变化特性，评价时应选择有代表性的数值。一般来说，渗滤液的水质随填埋场使用年限的延长将发生变化。垃圾填埋场渗滤液通常可根据填埋场“年龄”分为两大类：①“年轻”填埋场（填埋时间在 5 年以下）。渗滤液的水质特点是：pH 较低，BOD_5 及 COD 浓度较高，色度大，且 BOD_5/COD 的比值较高，同时各类重金属离子浓度也较高（因为 pH 较低）。②“年老”的填埋场（填埋时间一般在 5 年以上）。渗滤液的主要水质特点是：pH 接近中性或弱碱性（一般在 6～8），BOD_5 和 COD 浓度较低，且 BOD_5/COD 的比值较低，而 NH_4^+-N 的浓度高，重金属离子浓度开始下降（因为此阶段 pH 开始下降，不利于重金属离子的溶出），渗滤液的可生化性差。

（2）填埋场释放气体

由主要气体和微量气体两部分组成。

城市生活垃圾填埋场产生的气体主要为甲烷和二氧化碳，此外还含有少量的一氧化碳、氢、硫化氢、氨、氮和氧等，接收工业废物的城市生活垃圾填埋场，其气体中还可能含有微量挥发性有毒气体。城市生活垃圾填埋场气体的典型组成（体积分数）为：甲烷 45%～50%，二氧化碳 40%～60%，氮气 2%～5%，氧气 0.1%～1.0%，硫化物 0～1.0%，氨气 0.1%～1.0%，氢气 0～0.2%，一氧化碳 0～0.2%，微量组分 0.01%～0.6%；气体的典型温度达 43～49℃，相对密度为 1.02～1.06，为水蒸气所饱和，高位热值在 15 630～19 537 kJ/m^3。

填埋场释放气体中的微量气体量很小，但成分却很多。国外通过对大量填埋场释放气体取样分析，发现了多达 116 种有机成分，其中许多可以归为挥发性有机组分（VOCs）。

2．垃圾填埋场的主要环境影响

垃圾填埋场的环境影响包括多个方面。运行中的填埋场，对环境的影响主要包括：① 填埋场渗滤液泄漏或处理不当对地下水及地表水的污染；② 填埋场产生气体排放对大气的污染、对公众健康的危害以及可能发生的爆炸对公众安全的威胁；③ 填埋场的存在对周围景观的不利影响；④ 填埋作业及垃圾堆体对周围地质环境的影响，如造成滑坡、崩塌、泥石流等；⑤ 填埋机械噪声对公众的影响；⑥ 填埋场滋生的害虫、昆虫、啮齿动物以及在填埋场觅食的鸟类和其他动物可能传播疾病；⑦ 填埋垃圾中的塑料袋、纸张以及尘土等在未来得及覆土压实情况下可能飘出场外，造成环境污染和景观破坏；⑧ 流经填埋场区的地表径流可能受到污染。

封场后的填埋场对环境的影响减小，但填埋场植被恢复过程种植于填埋场顶部覆盖层上的植物可能受到污染。

二、垃圾填埋场环境影响评价的主要工作内容

根据垃圾埋填场建设及其排污特点，环境评价工作具有多而全的特征，主要工作内容见表 11-4。

表 11-4　填埋场环境影响评价工作内容

评价项目	评价内容
场址选择评价	场址评价是填埋场环境影响评价的基本内容，主要是评价拟选场地是否符合选址标准。其方法是根据场地自然条件，采用选址标准逐项进行评判。评价的重点是场地的水文地质条件、工程地质条件、土壤自净能力等
自然、环境质量现状评价	主要评价拟选场地及其周围的空气、地面水、地下水、噪声等自然环境质量状况。一般是根据监测值与各种标准，采用单因子和多因子综合评判法
工程污染因素分析	主要是分析填埋场建设过程中和建成投产后可能产生的主要污染源及其污染物以及它们产生的数量、种类、排放方式等。其方法一般采用计算、类比、经验统计等。污染源一般有渗滤液、释放气、恶臭、噪声等
施工期影响评价	要评价施工期场地内排放生活污水，各类施工机械产生的机械噪声、振动以及二次扬尘对周围地区产生的环境影响
水环境影响预测与评价	主要是评价填埋场衬里结构的安全性以及渗滤液排出对周围水环境影响的两方面内容： ① 正常排放对地表水的影响。主要评价渗滤液经处理达到排放标准后排出，经预测并利用相应标准评价是否会对受纳水体产生影响及影响程度如何。 ② 非正常渗漏对地下水的影响。主要评价衬里破裂后渗滤液下渗对地下水的影响，包括渗透方向、渗透速度、迁移距离、土壤的自净能力及效果等
大气环境影响预测及评价	主要评价填埋场释放气体及恶臭对环境的影响： ① 释放气体。主要是根据排气系统的结构，预测和评价排气系统的可靠性、排气利用的可能性以及排气对环境的影响。预测模式可采用地面源模式。 ② 恶臭。主要是评价运输、填埋过程中及封场后可能对环境的影响。评价时要根据垃圾的种类，预测各阶段臭气产生的位置、种类、浓度及其影响范围
噪声环境影响预测及评价	主要是评价垃圾运输、场地施工、垃圾填埋操作、封场各阶段由各种机械产生的振动和噪声对环境的影响。噪声评价可根据各种机械的特点采用机械噪声声压级预测，然后再结合卫生标准和功能区标准评价，是否满足噪声控制标准，是否会对最近的居民区点产生影响
污染防治措施	主要包括： ① 渗滤液的治理和控制措施以及填埋场衬里破裂补救措施； ② 释放气的导排或综合利用措施以及防臭措施； ③ 减振防噪措施

评价项目	评价内容
环境经济损益评价	要计算评价污染防治设施投资以及所产生的经济、社会、环境效益
其他评价项目	① 结合填埋场周围的土地、生态情况，对土壤、生态、景观等进行评价； ② 对洪涝特征年产生的过量渗滤液以及垃圾释放气因物理、化学条件异变而产生垃圾爆炸等进行风险事故评价

三、大气污染物排放强度计算

废物填埋场大气环境影响评价的难点是确定大气污染物排放强度。

城市生活垃圾填埋场在污染物排放强度的计算中采取下述方法：首先根据垃圾中废物的主要元素含量确定概化分子式，求出垃圾的理论产气量；其次综合考虑生物降解度和对细胞物质的修正，求出垃圾的潜在产气量；在此基础上分别取修正系数为 60%和50%计算实际产气量；最后根据实际产气量计算垃圾的产气速率，利用实际回收系数修正得出污染物源强。

1．理论产气量计算

填埋场的理论产气量是填埋场中填埋的可降解有机物在下列假设条件下的产气量：① 有机物完全降解矿化；② 基质和营养物质均衡，满足微生物的代谢需要；③ 降解产物除 CH_4 和 CO_2 外，无其他含碳化合物，碳元素没有被用于微生物的细胞合成。

根据上述假设，填埋场有机物的生物厌氧降解过程可以用下面方程概要表示：

$$\mathrm{C}_a\mathrm{H}_b\mathrm{O}_c\mathrm{N}_d\mathrm{S}_e + \frac{4a-b-2c+3d+2e}{4}\mathrm{H_2O} = \frac{4a+b-2c-3d-2e}{8}\mathrm{CH_4} + \frac{4a-b+2c+3d+2e}{8}\mathrm{CO_2} + d\mathrm{NH_3} + e\mathrm{H_2S} \tag{11-4}$$

式中：$\mathrm{C}_a\mathrm{H}_b\mathrm{O}_c\mathrm{N}_d\mathrm{S}_e$——降解有机物的概化分子式；

a，b，c，d，e——由有机物中 C，H，O，N，S 的含量比例确定。

2．实际产气量计算

填埋场实际产气量由于受到多种因素的影响要比理论产气量小得多。例如，食品和纸类等有机物通常被视为可降解有机物，但其中少数物质在填埋场环境中有惰性，很难降解，如木质素等；而且，木质素的存在还将降低有机物中纤维素和半纤维素的降解。再如，理论产气量假设了除 CH_4 和 CO_2 外，无其他含碳化合物产生，而实际上，部分有机物被微生物生长繁殖所消耗，形成细胞物质。除此之外，填埋场的实际环境条件也对产气量有着重要的影响，如温度、含水率、营养物质、有机物未完成降解、产生渗滤液造成有机物损失、填埋场的作业方式等。因此，填埋场实际产气量是在理论产气量中去掉微生物消耗部分、去掉难降解部分和因各种因素造成产气量损失或者产气量降低部分之后的产气量。

生物降解度是在填埋场环境条件下，有机物中可生物降解部分的含量。据有关资料报道，植物厨渣、动物厨渣、纸的生物降解度分别为 66.7%、77.1%、52.0%。取细胞物质的修正系数为5%，因各种因素造成实际产气量降低了40%，即实际产气量的修正系数为60%。

3．产气速率计算

填埋场气体的产气速率是在单位时间内产生的填埋场气体总量，通常单位为m^3/a。一般采用一阶产气速率动力学模型（Scholl Canyon模型）进行填埋场产气速率的计算。见下式

$$q(t)=kY_0e^{-kt} \tag{11-5}$$

式中：q——单位气体产生速率，$m^3/(t\cdot a)$；

Y_0——垃圾的实际产气量，m^3/t；

k——产气速率常数，1/a。

上式是1年时间内的单位产气速率。对于运行期为N年的城市生活垃圾填埋场，产气速率可通过叠加得到

$$R(t)=\sum_{i=1}^{M}Wq_i(t)=kWQ_0\sum_{i=1}^{M}\exp\{-k[t-(i-1)]\} \tag{11-6}$$

式中：t——时间，从填埋场开始填埋垃圾时刻算起，a；

$R(t)$——t时刻填埋场产气速率，m^3/a；

W——每年填埋的垃圾质量，t；

k——降解速率常数，1/a；

Q_0——$t=0$时的实际产气量，$Q_0=Q_{实际}$，m^3/t；

M——年数，若填埋场运行年数为N年，则当$t<N$时，$M=t$；当$t\geqslant N$时，$M=N$。

当垃圾中有多种可降解有机物时，还要把不同降解有机物的产气速率叠加起来，得到填埋场垃圾总的产气速率。

有机物的降解速度常数可以通过其降解反应的半衰期$t_{1/2}$加以确定

$$k=\ln 2/t_{1/2} \tag{11-7}$$

实验结果表明，动植物厨渣$t_{1/2}$区间为1～4年，这里取2年。纸类$t_{1/2}$区间为10～25年，这里取20年。由此确定动植物厨渣和纸类的降解速度常数分别为0.346/a和0.034 6/a。

4．污染物排放强度

在扣除回收利用的填埋气体或收集后焚烧处理的填埋气体后，剩余的就是直接释放进入大气的填埋气体速率，然后乘以气体中所评价污染物的浓度，就可以确定该种污染物的排放强度。

通常选择H_2S、NH_3作为填埋场恶臭气体的预测评价因子。此外，填埋场产生的CO也是重要的环境空气污染源，预测因子中也包括CO。

H_2S、NH_3和 CO 在填埋场气体中的含量范围通常小于理论计算值，原因是垃圾中的氮并不能全部转化为氨；而根据国内外垃圾填埋场的运行经验，产出气体中 H_2S、NH_3和 CO 的含量一般分别为 0.1%～1.0%、0.1%～1.0%和 0～0.2%。因此在预测评价中，考虑到我国城市生活垃圾中有机成分较少，NH_3含量取 0.4%；H_2S 的含量与 NH_3相当，也取 0.4%；CO 取高限 0.2%。

四、渗滤液对地下水污染的预测

填埋场渗滤液对地下水的影响评价较为复杂，一般除需要大量的资料外还需要通过复杂的数学模型进行计算分析。这里主要根据降雨入渗量和填埋场垃圾含水量估算渗滤液的产生量；从土壤的自净、吸附、弥散能力以及有机物自身降解能力等方面，定性和定量地预测填埋场渗滤液可能对地下水产生的影响。

1. 渗滤液产生量

渗滤液的产生量受垃圾含水量、填埋场区降水情况以及填埋作业区大小的影响很大；同时也受到场区蒸发量、风力的影响和场地地面情况、种植情况等因素的影响。最简单的估算方法是假设整个填埋场的剖面含水率在所考虑的周期内等于或超过其相应田间持水率，用水量平衡法进行计算：

$$Q=(W_p-R-E)A_a+Q_L \tag{11-8}$$

式中：Q —— 渗滤液的年产生量，m^3/a；

W_p —— 年降水量；

R —— 年地表径流量，$R=C\cdot W_p$，其中 C 为地表径流系数；

E —— 年蒸发量；

A_a —— 填埋场地表面积；

Q_L —— 垃圾产水量。

降水的地表径流系数 C 与土壤条件、地表植被条件和地形条件等因素有关。Sahato（1971）等给出了计算填埋场渗滤液产生量的地表径流系数，见表 11-5。

表 11-5 降水地表径流系数

地表条件	坡度/%	地表径流系数（C）		
		亚砂土	亚黏土	黏土
草地（表面有植被覆盖）	0～5（平坦）	0.10	0.30	0.40
	5～10（起伏）	0.16	0.36	0.55
	10～30（陡坡）	0.22	0.42	0.60
裸露土层（表面无植被覆盖）	0～5（平坦）	0.30	0.50	0.60
	5～10（起伏）	0.40	0.60	0.70
	10～30（陡坡）	0.52	0.72	0.82

2. 渗滤液渗漏量

对于一般的废物堆放场、未设置衬层的填埋场，或者虽然底部为黏土层，渗透系数和厚度满足标准但无渗滤液收排系统的简单填埋场，渗滤液的产生量就是渗滤液通过包气带土层进入地下水的渗漏量。

对于设有衬层、排水系统的填埋场，通过填埋场底部下渗的渗滤液渗漏量

$$Q_{渗滤液} = AK_s \frac{d + h_{max}}{d} \tag{11-9}$$

式中：$Q_{渗滤液}$——通过填埋场底部下渗的渗滤液渗漏量，cm^3/s；

d——衬层的厚度，cm；

K_s——衬层的渗透系数，cm/s；

A——填埋场底部衬层面积，cm^2；

h_{max}——填埋场底部最大积水深度，cm。

最大积水深度可用下式计算：

$$h_{max} = L\sqrt{C}\left(\frac{\tan^2\alpha}{C} + 1 - \frac{\tan\alpha}{C}\sqrt{\tan^2\alpha + C}\right) \tag{11-10}$$

式中：C——$C=q_{渗滤液}/K_s$，其中 $q_{渗滤液}$为进入填埋场废物层的水通量（图 11-4），cm/s；

K_s——横向渗透系数，cm/s；

L——两个集水管间的距离，cm；

α——衬层与水面夹角。

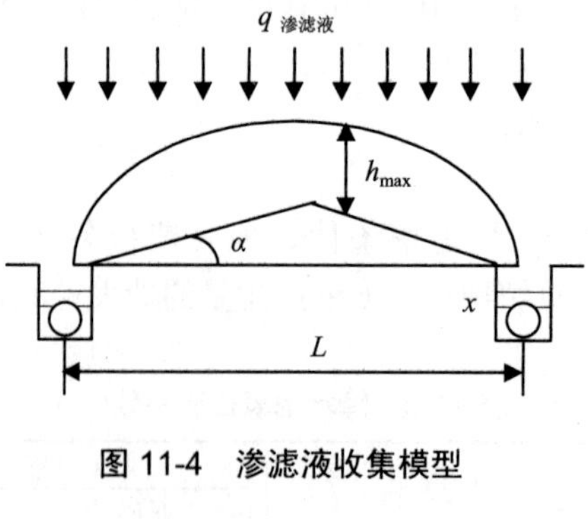

图 11-4　渗滤液收集模型

虽然填埋场衬层的渗透系数大小是影响渗滤液向下渗漏速率的重要因素，但并不是唯一因素。还必须评价渗滤液收排系统的设计是否有足够高的收排效率，能有效排出填埋场底部的渗滤液，尽可能降低渗滤液积水深度。

就填埋场衬层的渗透系数取值来说，即使对于采用渗透系数分别为 10^{-12} cm/s 和 10^{-7} cm/s 的高密度聚乙烯（HDPE）和黏土组成的复合衬层，也不能采用 10^{-12} cm/s 作为衬层

渗透系数值进行评价。原因是高密度聚乙烯在运输、施工和填埋过程中不可避免地会出现针孔和小孔，甚至发生破裂等。确定这种复合衬层渗透系数的最简单方法，是用高密度聚乙烯膜上破损面积所占比例乘以下面黏土衬层的渗透系数。

3. 防治地下水污染的工程屏障和地质屏障评价

固体废物，特别是危险废物和放射性废物最终处置的基本原则是合理地、最大限度地使其与自然和人类环境隔离，减少有毒有害物质释放进入地下水的速率和总量，将其在长期处置过程中对环境的影响降至最低程度。为达目的所依赖的天然环境地质条件，称为天然防护屏障，所采取的工程措施则称为工程防护屏障。

不同废物有不同的安全处置期要求。通常，城市生活垃圾填埋场的安全处置期为30～40年，而危险废物填埋场的安全处置期大于100年。

（1）填埋场工程屏障评价

填埋场衬层系统是防止废物填埋处置污染环境的关键工程屏障。根据渗滤液收集系统、防渗系统和保护层、过滤层的不同组合，填埋场的衬层系统有不同的结构，如单层衬层系统、复合衬层系统、双层衬层系统和多层衬层系统等。要求的安全填埋处置时间越长，所选用的衬层就应该越好。应重点评价填埋场所选用的衬层（类型、材料、结构）防渗性能及其在废物填埋需要的安全处置期内的可靠性是否满足：封闭渗滤液于填埋场之中，使其进入渗滤液收集系统；控制填埋场气体的迁移，使填埋场气体得到有控制地释放和收集；防止地下水进入填埋场，增加渗滤液的产生量。

渗滤液穿透衬层的所需时间（t）通常是评价填埋场衬层工程屏障性能的重要指标，一般要求应大于30年。可采用下述简单公式计算：

$$t = \frac{d}{v} \tag{11-11}$$

式中：d——衬层厚度，m；

v——地下水运移速度，m/a。

（2）填埋场址地质屏障评价

一般来说，在含水层中的强渗透性砂、砾、裂隙岩层等地质介质对有害物质具有一定的阻滞作用，但这些矿物质的表面吸附能力会因吸附量的增大而减弱。此外，地下水径流量的变化，对有害物质的阻滞作用不可能长时间存在，因而含水层介质不能被看作良好的地质屏障。只有渗透性非常低的黏土、黏结性松散岩石和裂隙不发育的坚硬岩石有足够的屏障作用。

包气带的地质屏障中作用大小取决于介质对渗滤液中污染物阻滞能力和该污染物在地质介质中的物理衰变、化学或生物降解作用。当污染物通过厚度为L（m）的地质介质层时，其所需要的迁移时间（t^*）为

$$t^* = \frac{L}{v'} = \frac{L}{v/R_d} \tag{11-12}$$

式中：v'——污染物运移速度；

v——地下水运移速度，m/a。

R_d——污染物在地质介质中的滞留因子，量纲一。

所以，污染物穿透此地质介质层时在地下水中的浓度为

$$c = c_0 \exp(-kt^*) \tag{11-13}$$

式中：c_0，c——污染物进入和穿透此地质介质层前后的浓度；

k——污染物的降解或衰变速率常数。

显然，地质介质的屏障作用可分为3种不同类型：

① 隔断作用。在不透水的深地层岩石层内处置的废物，地质介质的屏障作用可以将所处置废物与环境隔断。

② 阻滞作用。对于在地质介质中只被吸附的污染物质，虽然其在此地质介质中的迁移速度小于地下水的运移速度，所需的迁移时间比地下水的运移时间长，但此地质介质层的作用仅是使该污染物进入环境的时间延长，所处置废物中的污染物质，最终会大量进入到环境中。

③ 去除作用。对于在地质介质中既被吸附，又会发生衰变或降解的污染物质，只要该污染物在此地质介质层内有足够的停留时间，就可以使其穿透此介质后的浓度达到所要求的低浓度。

第六节　危险废物处理处置的环境影响评价

关于危险废物的环境影响及其处理处置与污染控制，是环境影响评价的重要内容。《中华人民共和国固体废物污染环境防治法》设专章做了相关规定，国家颁布了一系列污染控制标准，包括《国家危险废物名录（2021年版）》《危险废物鉴别标准　通则》《危险废物鉴别技术规范》《危险废物贮存污染控制标准》《危险废物焚烧污染控制标准》《危险废物填埋污染控制标准》《建设项目危险废物环境影响评价指南》等，是环境影响评价的重要技术依据。鉴于《环境影响评价技术导则与标准》一书已将考试大纲中关于危险废物的要求明确给出，本书就不再罗列。但本书再次强调，危险废物是环境影响评价的重要内容，危险废物的环境影响除具有一般固体废物环境影响的特性外，还因其"危险特性"纵然量小却具有更大、更突出的污染特性，对人体健康和生命的危害性大，以及比一般固体废物更难于治理等广受社会关注，也是环境管理的重点。对于产生危险废物的建设项目或专门处理处置危险废物的建设项目（如"危险废物处理处置中心"建设项目）、涉及危险废物的产业园区规划环境影响评价等，危险废物是其评价的重要内容。

第十二章 环境污染控制与保护措施

第一节 工业废水处理技术概述①

一、废水处理方法

现代废水处理技术，按作用原理可分为物理法、化学法、物理化学法和生物法处理四大类。

物理法是利用物理作用来分离废水中的悬浮物或乳浊物。常见的有格栅、筛滤、离心、澄清、过滤、隔油等方法。

化学法是利用化学反应的作用来去除废水中的溶解物质或胶体物质。常见的有中和、沉淀、氧化还原、催化氧化、光催化氧化、微电解、电解絮凝、焚烧等方法。

物理化学法是利用物理化学作用来去除废水中的溶解物质或胶体物质。常见的有混凝、气浮、吸附、离子交换、膜分离、萃取、气提、吹脱、蒸发、结晶、焚烧等方法。

生物处理法是利用微生物代谢作用，使废水中的有机污染物和无机微生物营养物转化为稳定、无害的物质。常见的有活性污泥法、生物膜法、厌氧生物消化法、稳定塘与湿地处理等。生物处理法也可按是否供氧而分为好氧处理和厌氧处理两类，前者主要有活性污泥法和生物膜法两种，后者包括各种厌氧消化法。

二、废水处理系统

按处理程度，废水处理技术可分为一级、二级和三级处理。一般进行某种程度处理的废水均进行前一级的处理步骤。例如，一级处理包括预处理过程，如经过格栅、沉砂池和调节池。同样，二级处理也包括一级处理过程，如经过格栅、沉砂池、调节池及初沉池。

预处理的目的是保护废水处理厂的后续处理设备。

一级处理通常被认为是一个沉淀过程，主要是通过物理处理法中的各种处理单元如沉降或气浮来去除废水中悬浮状态的固体、呈分层或乳化状态的油类污染物。出水进入二级处理单元进一步处理或排放。在某些情况下还加入化学剂以加快沉降。一级沉淀池

① 环境保护部.《水污染治理工程技术导则》（HJ 2015—2012）.

通常可去除 90%～95%的可沉降颗粒物、50%～60%的总悬浮固形物以及 25%～35%的 BOD_5，但无法去除溶解性污染物。

二级处理的主要目的是去除一级处理出水中的溶解性 BOD_5，并进一步去除悬浮固体物质。在某些情况下，二级处理还可以去除一定量的营养物，如氮、磷等。二级处理主要为生物过程，可在相当短的时间内分解有机污染物。二级处理过程可以去除大于 85%的 BOD_5 及悬浮固体物质，但无法显著地去除氮、磷或重金属，也难以完全去除病原菌和病毒。一般工业废水经二级处理后，已能达到排放标准。

当二级处理无法满足出水水质要求时，需要进行废水三级处理。废水三级处理是废水经二级处理后，进一步去除废水中的其他污染成分（如氮、磷、微细悬浮物、微量有机物和无机盐等）的工艺处理过程。主要方法有生物脱氮法、化学沉淀法、过滤法、反渗透法、离子交换法和电渗析法等。一般三级处理能够去除 99%的 BOD_5、磷、悬浮固体和细菌，以及 95%的含氮物质。三级处理过程除常用于进一步处理二级处理出水外，还可用于替代传统的二级处理过程。

环境影响评价工作中可参考环境保护部发布的《水污染治理工程技术导则》（HJ 2015—2012）、《含油污水处理工程技术规范》（HJ 580—2010）、《电镀废水治理工程技术规范》（HJ 2002—2010）、《焦化废水治理工程技术规范》（HJ 2022—2012）、《钢铁工业废水治理及回用工程技术规范》（HJ 2019—2012）、《制糖废水治理工程技术规范》（HJ 2018—2012）、《采油废水治理工程技术规范》（HJ 2041—2014）、《饮料制造废水治理工程技术规范》（HJ 2048—2015）、《石油炼制工业废水治理工程技术规范》（HJ 2045—2014）、《印制电路板废水治理工程技术规范》(HJ 2058—2018)、《磷肥工业废水治理工程技术规范》(HJ 2054—2018)、《铜冶炼废水治理工程技术规范》（HJ 2059—2018）、《纺织染整工业废水治理工程技术规范》（HJ 471—2020）等相应污染源类工程技术规范的规定。另需注意生态环境部公告 2020 年第 68 号对钢铁、铅锌、锡锑汞、硫酸、磷肥等行业增加了总铊水污染因子排放限值要求。

三、废水的物理、化学及物化处理

1．格栅

格栅的主要作用是去除会阻塞或卡住泵、阀及其机械设备的大颗粒物等。格栅的种类有粗格栅、细格栅。粗格栅的间隙为 40～150 mm，细格栅的间隙为 5～40 mm。

2．调节池

为尽可能减小或控制废水水量的波动，在废水处理系统之前，设调节池。根据调节池的功能，可分为均量池、均质池、均化池和事故池。

（1）均量池

主要作用是均化水量，常用的均量池有线内调节式、线外调节式。

（2）均质池（又称水质调节池）

均质池的作用是使不同时间或不同来源的废水进行混合，使出流水质比较均匀。常用的均质池形式有：① 泵回流式；② 机械搅拌式；③ 空气搅拌式；④ 水力混合式。前 3 种形式利用外加的动力，其设备较简单、效果较好，但运行费用高；水力混合式无须搅拌设备，但结构较复杂，容易造成沉淀堵塞等问题。常见的均质池见图 12-1。

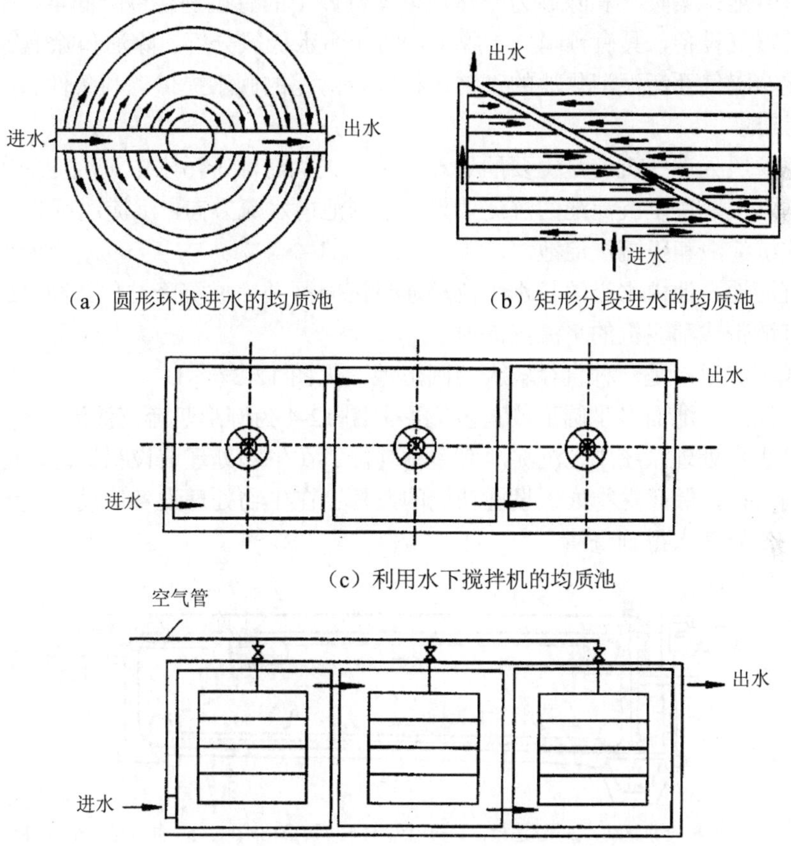

（a）圆形环状进水的均质池　（b）矩形分段进水的均质池

（c）利用水下搅拌机的均质池

（d）利用空气搅拌机的均质池

图 12-1　常用均质池

（3）均化池

均化池兼有均量池和均质池的功能，既能对废水水量进行调节，又能对废水水质进行调节。如采用表面曝气或鼓风曝气，除能避免悬浮物沉淀和出现厌氧情况外，还有预曝气的作用。

（4）事故池

事故池的主要作用是容纳生产事故废水或可能严重影响污水处理厂运行的事故

废水。

3．沉砂池

沉砂池一般设置在泵站和沉淀池之前，用以分离废水中密度较大的砂粒、灰渣等无机固体颗粒。

平流沉砂池：最常用的一种形式，它的截留效果好、工作稳定、构造较简单。

曝气沉砂池：集曝气和除砂为一体，可使沉砂中的有机物含量降低至 5%以下，由于池中设有曝气设备，具有预曝气、脱臭、防止污水厌氧分解、除油和除泡等功能，为后续的沉淀、曝气及污泥消化池的正常运行以及污泥的脱水提供有利条件。

4．沉淀池

在废水一级处理中沉淀是主要的处理工艺，去除悬浮于污水中可沉淀的固体物质。处理效果基本上取决于沉淀池的沉淀效果。根据池内水流方向，沉淀池可分为平流沉淀池、辐流式沉淀池和竖流沉淀池。

平流沉淀池：池内水沿池长水平流动通过沉降区并完成沉降过程。图 12-2 为广泛使用的设有链带式刮泥机的平流沉淀池。

辐流式沉淀池：是一种直径较大的圆形池，见图 12-3。

竖流沉淀池：池面多呈圆形或正多边形。图 12-4 为圆形竖流沉淀池示意图。

在二级废水处理系统中，沉淀池有多种功能。在生物处理前设初沉池，可减轻后续处理设施的负荷，保证生物处理设施功能的发挥；在生物处理设备后设二沉池，可分离生物污泥，使处理水得到澄清。

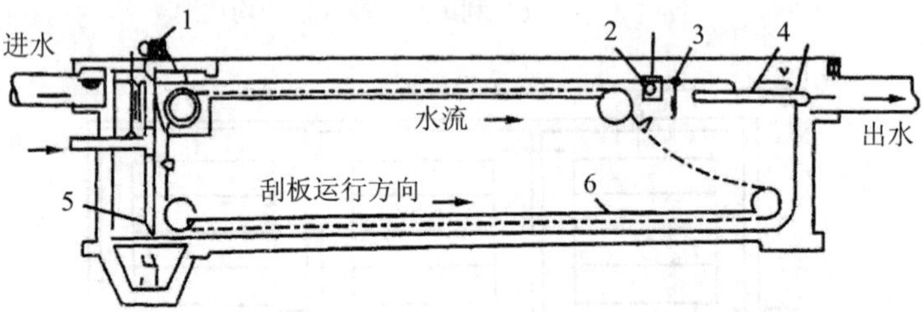

1—集渣器驱动；2—浮渣槽；3—挡板；4—可调节出水堰；5—排泥管；6—刮板

图 12-2 设有链带式刮泥机的平流沉淀池

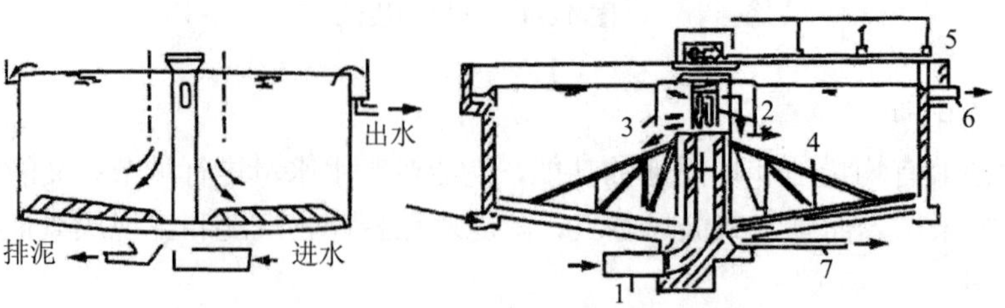

1—进水管；2—中心管；3—穿孔挡板；4—刮泥机；5—出水槽；6—出水管；7—排泥管

图 12-3 中心进入的辐流式沉淀池

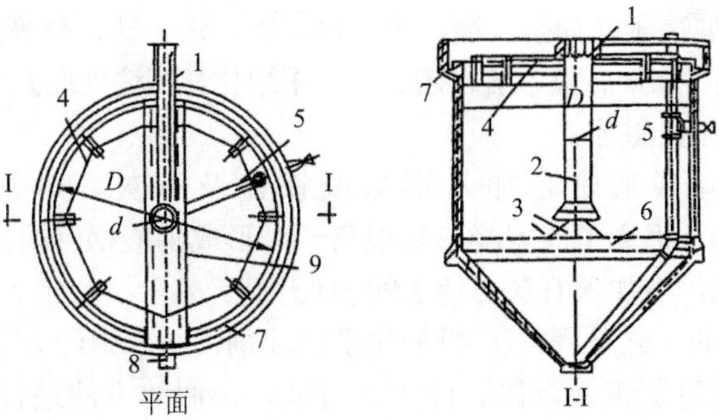

1—进水槽；2—中心管；3—反射板；4—挡板；5—排泥管；6—缓冲层；7—集水槽；8—出水管；9—桥

图 12-4　圆形竖流沉淀池（重力排泥）

5. 隔油池

采用自然上浮法去除可浮油的设施，称为隔油池。常用的隔油池有平流式隔油池和斜板式隔油池两类。平流式隔油池的结构与平流沉淀池基本相同。

6. 中和处理

中和适用于酸性、碱性废水的处理，应遵循以废治废的原则，并考虑资源回收和综合利用。废水中含酸、碱浓度差别很大，一般来说，如果酸、碱浓度在 3%以上，则应考虑综合回收或利用；酸、碱浓度在 3%以下时，因回收利用的经济意义不大，才考虑中和处理。在中和后不平衡时，考虑采用药剂中和。

酸碱废水中和一般是在混合反应池内进行，池内设有搅拌装置。一般在混合反应池前设均质池，以确保两种废水中和时，水量和浓度保持稳定。

酸性废水的中和药剂有石灰（CaO）、石灰石（$CaCO_3$）和氢氧化钠（NaOH）等。酸性废水投药中和处理流程见图 12-5。

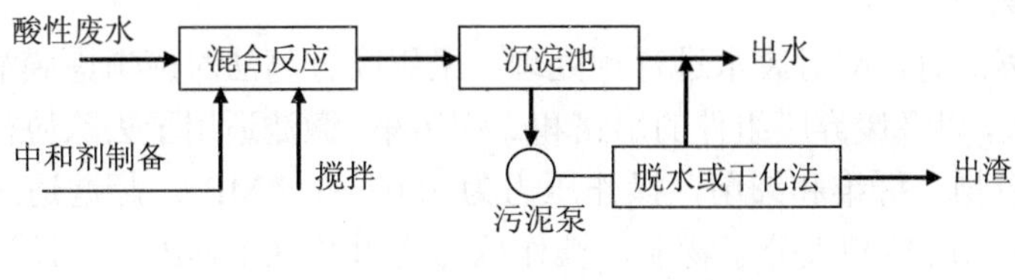

图 12-5　酸性废水投药中和处理流程

碱性废水的投药中和主要是采用工业盐酸，使用盐酸的优点是反应产物的溶解度大，泥渣量小，但出水溶解固体浓度高。中和流程和设备与酸性废水投药中和基本相同。

7. 化学沉淀处理

化学沉淀处理是向废水中投加某些化学药剂（沉淀剂），使其与废水中溶解态的污染物直接发生化学反应，形成难溶的固体生成物，然后进行固液分离，除去水中污染物。

废水中的重金属离子（如汞、镉、铅、锌、镍、铬、铁、铜等）、碱土金属（如钙、镁）、某些非重金属（如砷、氟、硫、硼）均可采用化学沉淀处理去除。沉淀剂可选用石灰、硫化物、钡盐和铁屑等。

化学沉淀法除磷通常是加入铝盐或铁盐及石灰。最常用的铝盐是明矾［$AlK(SO_4)_2 \cdot 12H_2O$］。铝离子能絮凝磷酸根离子，形成磷酸铝沉淀。明矾和氯化铁的加入会降低水质的 pH，而加入石灰会使水的 pH 升高。

化学沉淀处理的工艺过程：① 投加化学沉淀剂，与水中污染物反应，生成难溶的沉淀物析出；② 通过凝聚、沉降、浮上、过滤、离心等方法进行固液分离；③ 泥渣的处理和回收利用。

采用化学沉淀法时，应注意避免沉淀污泥产生二次污染。

8．气浮

气浮适用于去除水中密度小于水的悬浮物、油类和脂肪，可用于污（废）水处理，也可用于污泥浓缩。通过投加混凝剂或絮凝剂使废水中的悬浮颗粒、乳化油脱稳、絮凝，以微小气泡作载体降低悬浮物的视密度，黏附水中的悬浮颗粒，随气泡夹带浮升至水面，通过收集泡沫或浮渣分离污染物。

浮选过程包括气泡产生、气泡与颗粒附着以及上浮分离等连续过程。气浮工艺类型包括加压溶气气浮、机械分散气浮、电解气浮等。

9．混凝

混凝法可用于污（废）水的预处理、中间处理或最终处理，可去除废水中胶体及悬浮污染物，适用于废水的破乳、除油和污泥浓缩。

10．过滤

过滤适用于混凝或生物处理后低浓度悬浮物的去除，多用于废水深度处理，包括中水处理。可采用石英砂、无烟煤和重质矿石等作为滤料。

11．膜分离

采用膜分离法时，应对废水进行预处理。采用膜分离法时应考虑膜清洗、废液和浓液的处理和回收，以及废弃膜组件的出路和二次污染。微滤适用于去除粒径为 0.1～10 μm 的悬浮物、颗粒物、纤维和细菌，操作压力为 0.07～0.2 MPa。超滤适用于去除分子量为 10^3～10^6 Da 的胶体和大分子物质，操作压力为 0.1～0.6 MPa；纳滤适用于分离分子量在 200～1 000 Da，分子尺寸在 1～2 nm 的溶解性物质、二价及高价盐等，操作压力为 0.5～2.5 MPa。反渗透适用于去除水中全部溶质，宜用于脱盐及去除微量残留有机物，操作压力取决于原水含盐量（渗透压）、水温和产水通量，一般为 1～10 MPa。

12．吸附

废水的吸附处理一般用来去除生化处理和物化处理单元难以去除的微量污染物质，不仅可以除臭、脱色，去除微量的元素及放射性污染物质，而且还能吸附诸多类型的有机物质，如高分子烃类、卤代烃、氯化芳烃、多核芳烃、酚类、苯类以及杀虫剂、除莠剂等。可作为离子交换、膜分离等方法的预处理和二级处理后的深度处理，用于脱色、除臭味、去除重金属等。吸附剂可选用活性炭、活化煤、白土、硅藻土、膨润土、蒙脱石黏土、沸石、活性氧化铝、树脂吸附剂、木屑、粉煤灰、腐殖酸等。

13．化学氧化

化学氧化适用于去除废水中的有机物、无机离子及致病微生物等。通常包括氯氧化、碱式氯化、湿式催化氧化、臭氧氧化、空气氧化等。

氯氧化适用于氰化物、硫化物、酚、醇、醛、油类等的去除，氯系氧化剂包括液氯、漂白粉、次氯酸钠等。碱式氯化法主要用于含氰废水处理，调整 pH 后投加液氯或漂白粉，使氰最终氧化成二氧化碳和氮气。湿式催化氧化适用于某些浓度高、毒性大、常规方法难降解的有机废水。臭氧在废水处理中的应用发展很快，近年来，一般公共用水污染日益严重，要求进行深度处理，国际上再次出现了以臭氧作为氧化剂的趋势。臭氧氧化法在水处理中主要是使污染物氧化分解，用于降低 BOD_5、COD，脱色，除臭，除味，杀菌，杀藻，除铁、锰、氰、酚等。空气氧化适用于除铁、除锰及含二价硫废水的处理。

14．离子交换

离子交换适用于原水脱盐净化，回收工业废水中有价金属离子、阴离子化工原料等。常用的离子交换剂包括磺化煤和离子交换树脂。去除水中吸附交换能力较强的阳离子可选用弱酸型树脂；去除水中吸附交换能力较弱的阳离子可选用强酸型树脂；进水中有机物含量较多时，应选用抗氧化性好、机械强度较高的大孔型树脂。处理工业废水时，离子交换系统前应设预处理装置。

15．电渗析

电渗析适用于去除废水中的溶质离子，可用于海水或苦咸水（小于 10 g/L）淡化、自来水脱盐制取初级纯水、与离子交换组合制取高纯水、废液的处理回收等。用于水的初级脱盐，脱盐率在 45%～90%。

16．电吸附

电吸附技术是一种新型的水处理技术，具有运行能耗低、水利用率高、无二次污染、操作维护方便等特点，适用于废水中微量金属离子、部分有机物及部分无机盐等杂质的去除。

四、废水的生物处理

生物处理适用于可以被微生物降解的废水，按微生物的生存环境可分为好氧法和厌氧法。好氧生物处理宜用于进水 $BOD_5/COD \geqslant 0.3$ 的废水。厌氧生物处理宜用于高浓度、难生物降解有机废水和污泥等的处理。

1．好氧处理

好氧处理包括传统活性污泥、氧化沟、序批式活性污泥法（SBR）、生物接触氧化、生物滤池、曝气生物滤池等，其中前 3 种方式属活性污泥法好氧处理，后 3 种属生物膜法好氧处理。

（1）传统活性污泥法

适用于以去除污水中碳源有机物为主要目标，无氮、磷去除要求的情况。自从 1914 年 Ardern 和 Lockett 发明活性污泥法以来，已经出现了许多不同类型的活性污泥处理工艺。按反应器类型划分，有传统（推流式）活性污泥法、阶段曝气法、完全混合法、吸附再生法，以及带有微生物选择池的活性污泥法。按供氧方式以及氧气在曝气池中分布特点，处理工艺分为传统曝气工艺、渐减曝气工艺和纯氧曝气工艺。按负荷类型分为传统负荷法、改进曝气法、高负荷法、延时曝气法。

传统（推流式）活性污泥法：传统（推流式）活性污泥法的曝气池为长方形，经过初沉的废水与回流污泥从曝气池的前端，借助空气扩散管或机械搅拌设备进行混合。一般沿池长方向均匀设置曝气装置。在曝气阶段有机物进行吸附、絮凝和氧化。活性污泥在二沉池进行分离。传统（推流式）活性污泥法工艺流程见图 12-6。

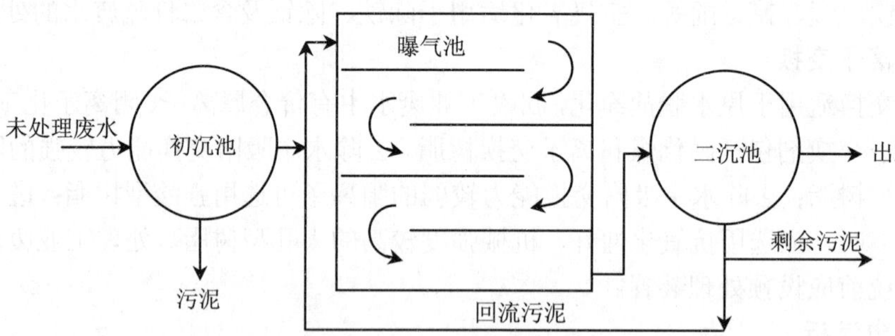

图 12-6 传统（推流式）活性污泥法工艺流程

阶段曝气法：阶段曝气法（又称为阶段进水法）通过阶段分配进水的方式避免曝气池中局部浓度过高的问题。采用阶段曝气后，曝气池沿程污染物浓度分布和溶解氧消耗明显改善。由于废水中常含有抑制微生物产生的物质，以及会出现浓度波动幅度大的现象，因此阶段曝气法得到较广泛地使用（图 12-7）。

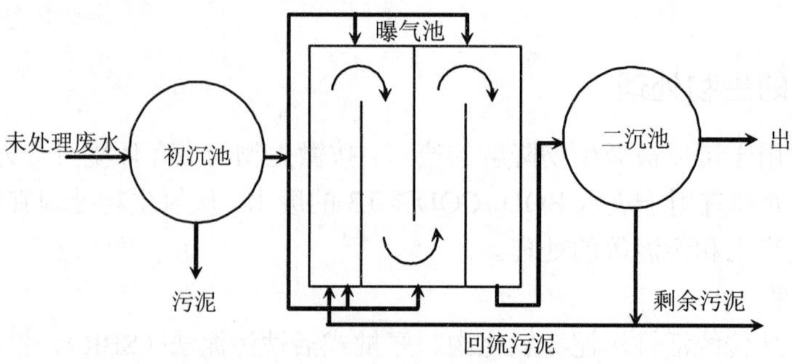

图 12-7 阶段曝气法工艺流程

完全混合法：完全混合法活性污泥处理工艺，又称为带沉淀和回流的完全混合反应器工艺。在完全混合系统中废水的浓度是一致的，污染物的浓度和氧气需求沿反应器长度没有发生变化。在完全混合法工艺中，只要污染物是可被微生物降解的，反应器内的微生物就不会直接暴露于浓度很高的进水污染物中。因此，该工艺适用于含可生物降解污染物及浓度适中的有毒物质的废水。与运行良好的传统（推流式）活性污泥法工艺相比，它的污染物去除率较低。

吸附再生法：吸附再生工艺（又称为接触稳定工艺）由接触池、稳定池和二沉池组成。来自初沉池的废水在接触反应器中与回流污泥进行短暂的接触（一般为 10～60 min），使可生物降解的有机物被氧化或被细胞吸收，颗粒物则被活性污泥絮体吸附，随后混合液流入二沉池进行泥水分离。分离后的废水被排放，沉淀后浓度较高的污泥则进入稳定池继续曝气，进行氧化过程。浓度较高的污泥回流到接触池中继续用于废水处理。吸附再生法适用于运行管理条件较好且无冲击负荷的情况。

带选择池的活性污泥法：该工艺在曝气池前设置一个选择池。回流污泥与污水在选择池中接触 10～30 min，使有机物部分被氧化，改变或调节活性污泥系统的生态环境，从而使微生物具有更好的沉降性能。

传统负荷法经过不断改进，对于普通城市污水，BOD_5和悬浮固体（SS）的去除率都能达到 85%以上。传统负荷类型的经验参数范围是：混合液污泥浓度在 1 200～3 000 mg/L，曝气池的水力停留时间为 6 h 左右，BOD_5负荷约为 0.56 kg/（$m^3 \cdot d$）。

改进曝气类型适用于不需要实现过高去除率（BOD_5去除率＞85%），通过沉淀即可达到去除要求的情况。负荷经验参数范围是：混合液污泥浓度在 300～600 mg/L，曝气时间为 1.5～2 h，BOD_5和 SS 的去除率在 65%～75%。

高负荷类型是通过维持更高的污泥浓度，在不改变污泥龄的情况下，缩短水力停留时间来减小曝气池的体积，同时保持较高的去除率。污泥浓度达到 4 000～10 000 mg/L 时，BOD_5容积负荷可以达到 1.6～3.2 kg/（$m^3 \cdot d$）。在氧气供应充足且不存在污泥沉降问题的条件下，高负荷法可以有效地减小曝气池体积并达到 90%以上的 BOD_5和 SS 去除率。目前，许多高负荷法使用纯氧曝气来提高传氧速率，以避免曝气池紊动度过大引起污泥絮凝性和沉降性变差。如果不能提供充足的氧气，会引起严重的污泥沉降，尤其是污泥膨胀的问题。

延时曝气工艺采用低负荷的活性污泥法以获取良好稳定出水水质。延时曝气法中停留时间一般为 24 h，污泥质量浓度一般为 3 000～6 000 mg/L，BOD_5负荷小于 0.24 kg/($m^3 \cdot d$)。由于污泥负荷低、停留时间长，污泥处于内源呼吸阶段，剩余污泥量少（甚至不产生剩余污泥），因此污泥的矿化程度高，无异臭、易脱水，实际上是废水和污泥好气消化的综合体。典型的问题是污泥膨胀引起的污泥流失、硝化问题导致 pH 降低以及出水悬浮物增多等。

（2）氧化沟

氧化沟属延时曝气活性污泥法（图 12-8），氧化沟的池型，既是推流式，又具备完全混合的功能。氧化沟与其他活性污泥法相比，具有占地面积大、投资高、运行费用也略高的缺点，适用于土地资源较丰富地区；在寒冷地区，低温条件下，反应池表面易结冰，影响表面曝气设备的运行，因此不宜用于寒冷地区。

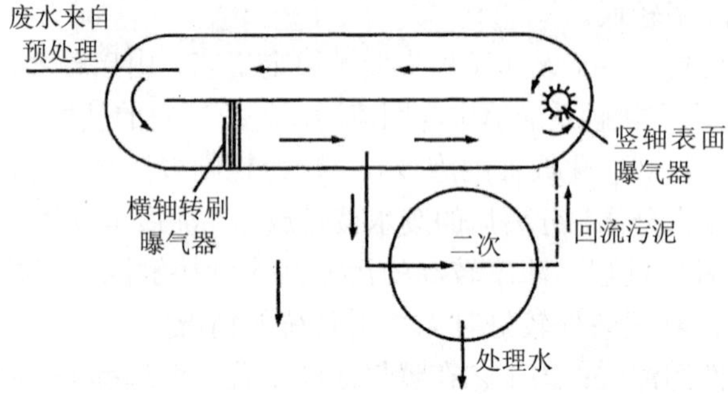

图 12-8　氧化沟及氧化沟系统

（3）序批式活性污泥法（SBR）

适用于建设规模为Ⅲ类、Ⅳ类、Ⅴ类的污水处理厂和中小型废水处理站，适用于间歇排放工业废水的处理。SBR 反应池的数量不应少于两个。SBR 以脱氮为主要目标时，应选用低污泥负荷、低充水比；以除磷为主要目标时，应选用高污泥负荷、高充水比。

（4）生物接触氧化

适用于低浓度的生活污水和具有可生化性的工业废水处理，生物接触氧化池应根据进水水质和处理程度确定采用一段式或多段式。生物接触氧化池的个数不应少于两个。

（5）生物滤池

适用于低浓度的生活污水和具有可生化性的工业废水处理。生物滤池应采用自然通风方式供应空气，应按组修建，每组由 2 座滤池组成，一般为 6～8 组。曝气生物滤池适用于深度处理或生活污水的二级处理。

2．厌氧处理

废水厌氧生物处理是指在缺氧条件下通过厌氧微生物（包括兼氧微生物）的作用，将废水中的各种复杂有机物分解转化成甲烷和二氧化碳等物质的过程，也称厌氧消化。厌氧处理工艺主要包括升流式厌氧污泥床反应器（UASB 反应器）、厌氧滤池（AF）、厌氧流化床（AFB）。厌氧处理产生的气体，应考虑收集、利用和无害化处理。

（1）升流式厌氧污泥床反应器（UASB 反应器）

适用于高浓度有机废水，是目前应用广泛的厌氧反应器之一。该反应器运行的重要前提是反应器内能形成沉降性能良好的颗粒污泥或絮状污泥。

如图 12-9 所示，废水自下而上通过 UASB 反应器。在反应器的底部有一高浓度（污泥浓度可达 60～80 g/L）、高活性的污泥层，大部分的有机物在此转化为 CH_4 和 CO_2。

UASB 反应器的上部为澄清池，设有气、液、固三相分离器。被分离的消化气从上部导出，污泥自动落到下部反应区。

在食品工业、化工、造纸工业废水处理中有许多成功的 UASB。典型的设计负荷是 4～15 kg COD/（m^3 · d）。

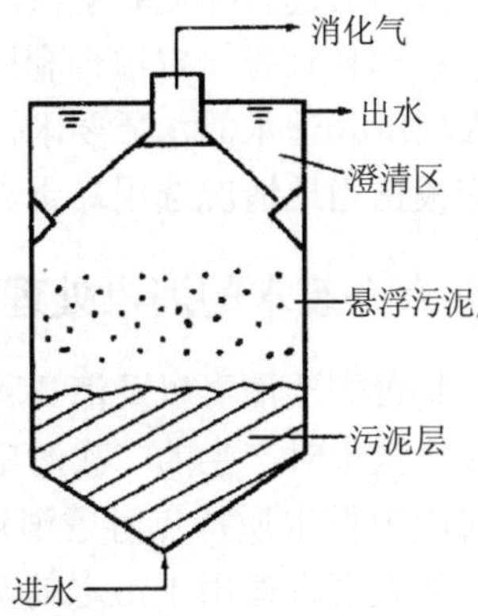

图 12-9　升流式厌氧污泥床反应器

（2）厌氧滤池

适用于处理溶解性有机废水。

（3）厌氧流化床

适用于各种浓度有机废水的处理。典型工艺参数以 COD 去除 80%～90%计，污泥负荷为 0.26～4.3 kg COD/（kg MLVSS·d）。

3．生物脱氮除磷

当采用生物法去除污水中的氮、磷污染物时，原水水质应满足《室外排水设计规范》（GB 50014）的相关规定，即脱氮时，污水中的五日生化需氧量与总凯氏氮之比大于 4；除磷时，污水中的五日生化需氧量与总磷之比大于 17。仅需脱氮时，应采用缺氧/好氧法；仅需除磷时，应采用厌氧/好氧法；当需要同时脱氮除磷时，应采用厌氧/缺氧/好氧法。缺氧/好氧法和厌氧/好氧法工艺单元前不设初沉池时，不应采用曝气沉砂池。厌氧/好氧法的二沉池水力停留时间不宜过长。当出水总磷不能达到排放标准要求时，应采用化学除磷作为辅助手段。

五、废水的生态处理

当水量较小、污染物浓度低、有可利用土地资源、技术经济合理时，可结合当地的自然地理条件审慎地采用污水生态处理。污水生态处理应考虑对周围环境以及水体的影响，不得降低周围环境的质量，应根据区域地理、地质、气候等特点选择适宜的污水生态处理方式。

1．土地处理

用污水土地处理时，应根据土地处理的工艺形式对污水进行预处理。在集中式给水水源卫生防护带，含水层露头地区，裂隙性岩层和熔岩地区，不得使用污水土地处理。地下水埋深小于 1.5 m 地区不应采用污水土地处理工艺。

2．人工湿地

人工湿地适用于水源保护、景观用水、河湖水环境综合治理、生活污水处理的后续除磷脱氮、农村生活污水生态处理等。人工湿地可选用表面流湿地、潜流湿地、垂直流湿地及其组合。人工湿地宜由配水系统、集水系统、防渗层、基质层、湿地植物组成。

人工湿地应选择净化和耐污能力强、有较强抗逆性、生长周期长、生长速度快而稳定、易于管理且具有一定综合利用价值的植物，宜优选当地植物。人工湿地基质层（填料）应根据所处理水的水质要求，选择砾石、炉渣、沸石、钢渣、石英砂等。人工湿地防渗层应根据当地情况选用黏土、高分子材料或湿地底部的沉积污泥层。

六、废水的消毒处理

是否需要消毒以及消毒程度应根据废水性质、排放标准或再生水要求确定。为避免或减少消毒时产生的二次污染物，最好采用紫外线或二氧化氯消毒，也可用液氯消毒。同时应根据水质特点考虑消毒副产物的影响，并采取措施消除有害消毒副产物。

臭氧消毒适用于污水的深度处理（如脱色、除臭等）。在臭氧消毒之前，应增设去除水中 SS 和 COD 的预处理设施（如砂滤、膜滤等）。

七、污泥处理与处置

在污水的一级、二级和三级处理过程中会产生膨化污泥。污泥量及其特性与原污水特点及污水处理过程有关，污水处理的程度越高，产生的污泥量也越大，污泥的主要特性包括：总固态物含量、易挥发固态物含量、pH、营养物、有机物、病原体、重金属、有机化学品、危险性污染物等。

应根据工程规模、地区环境条件和经济条件进行污泥的减量化、稳定化、无害化和资源化处理与处置。污水污泥的减量化处理包括使污泥的体积减小和污泥的质量减少，前者如采用污泥浓缩、脱水、干化等技术，后者如采用污泥消化、污泥焚烧等技术。污水污泥的稳定化处理是使污泥稳定（不易腐败），以利于对污泥做进一步处理和利用，可以达到减少有机组分含量、改善污泥脱水性能、便于污泥的贮存和利用，抑制细菌代谢，降低污泥臭味，产生沼气、回收资源等目的，实现污泥稳定可采用厌氧消化、好氧消化、污泥堆肥、加碱稳定等技术。污水污泥的无害化处理是减少污泥中的致病菌、寄生虫卵数量及多种重金属离子和有毒有害的有机污染物，降低污泥臭味，广义的无害化处理还包括污泥稳定。污泥处置应逐步提高污泥的资源化程度，变废为宝，将污泥广泛用于农业生产、燃料和建材等方面，做到污泥处理和处置的可持续发展。

污泥处理工艺的选择应考虑污泥性质与数量、技术条件、运行管理费用、环境保护要求及有关法律法规、农业发展情况、当地气候条件和污泥最终处置的方式等因素。工业废水处理所产生的污泥应依据危险废物名录及相关鉴别标准进行鉴别，属危险废物的工业废水污泥，应按《危险废物焚烧污染控制标准》（GB 18484）、《危险废物贮存污染控制标准》（GB 18597）、《危险废物填埋污染控制标准》（GB 18598）的要求处理与处置。

1．污泥处理方法

（1）污泥浓缩处理

污泥浓缩应根据污水处理工艺、污泥性质、污泥量和污泥含水率要求进行选择，其目的是减少后续污泥处理单元（泵、消化池、脱水设备）所处理的污泥体积。可采用重力浓缩、气浮浓缩、离心浓缩、带式浓缩机浓缩和转鼓机械浓缩等。当要求浓缩污泥含固率大于6%时，可适量加入絮凝剂。固态物含量为3%～8%的污泥经浓缩后体积可减少50%。

（2）污泥消化处理

污泥可采用厌氧消化或好氧消化工艺处理，污泥消化工艺选择应考虑污泥性质、工程条件、污泥处置方式以及经济适用、管理方便等因素。污泥厌氧消化系统由于投资和运行费用相对较省、工艺条件（污泥温度）稳定、可回收能源（沼气综合利用）、占地面积较小等原因，采用比较广泛，但工艺过程的危险性较大。污泥好氧消化系统由于投资和运行费用相对较高、占地面积较大、工艺条件（污泥温度）随气温变化波动较大、冬季运行效果较差、能耗高等原因，采用较少。但好氧消化工艺具有有机物去除率较高、处理后污泥品质好、处理场地环境状况较好、工艺过程没有危险性等优点。污泥好氧消化后，氮的去除率可达 60%，磷的去除率可达 90%，上清液回流到污水处理系统后，不会增加污水脱氮除磷的负荷。一般在污泥量较少的污水处理厂，或受工业废水的影响，污泥进行厌氧消化有困难时，可考虑采用好氧消化工艺。

（3）污泥脱水处理

污泥脱水的主要目的是减少污泥中的水分。脱水可去除污泥异味，使污泥成为非腐败性物质。污泥产量较大、占地面积有限的污（废）水处理系统应采用污泥机械脱水处理。工业废水处理站的污泥不应采用自然干化脱水方式。污泥脱水设备可采用压滤脱水机和离心脱水机。

（4）污泥好氧发酵

日处理能力在 5 万 m^3 以下的污水处理设施产生的污泥，应采用条垛式好氧发酵处理和综合利用；日处理能力在 5 万 m^3 以上的污水处理设施产生的污泥，应采用发酵槽（池）式发酵工艺。污泥好氧发酵产物可用于城市园林绿化、苗圃、林地、土壤修复及改良等。

（5）污泥干燥处理

污泥干燥处理宜采用直接式干燥器，主要有带式干燥器、转筒式干燥器、急骤干燥器和流化床干燥器。污泥干燥的尾气应处理达标后排放。

（6）污泥焚烧处理

污泥焚烧工艺适用于下列情况：① 污泥不符合卫生要求、有毒物质含量高、不能为农副业利用；② 污泥自身的燃烧热值高，可以自燃并利用燃烧热量发电；③ 可与城镇垃圾混合焚烧并利用燃烧热量发电。污泥焚烧的烟气应处理达标后排放。污泥焚烧的飞灰应妥善处置，避免二次污染。采用污泥焚烧工艺时，所需的热量依靠污泥自身所含有机物的燃烧热值或辅助燃料，故前处理不必用污泥消化或其他稳定处理，以免由于有机物减少而降低污泥的燃烧热值。

2. 污泥处置与利用

污泥的最终处置应优先考虑资源化利用。在符合相应标准后，污泥可用于改良土地或园林绿化和农田利用。污泥的最终处置如用于制造建筑材料时应考虑有毒害物质浸出等安全性问题。污泥卫生填埋时，应严格控制污泥中和土壤中积累的重金属和其他有毒物质的含量，含水率应小于60%，并采取必要的环境保护措施，防止污染地下水。

八、恶臭污染治理

除臭的方法较多，必须结合当地的自然环境条件进行多方案的比较，在技术经济可行，满足环境评价，满足生态环境和社会环境要求的基础上，选择适宜的除臭方法。目前除臭的主要方法有物理法、化学法和生物法三类。常见的物理法有掩蔽法、稀释法、冷凝法和吸附法等；常见的化学法有燃烧法、氧化法和化学吸收法等。在相当长的时期内，脱臭方法的主流是物理、化学方法，主要有酸碱吸收、化学吸附、催化燃烧三种。这些方法各有优点，但都存在着所使用设备繁多且工艺复杂，二次污染后再生困难和后处理过程复杂、能耗大等问题。因此，国外从20世纪50年代开始便致力于用生物法来处理恶臭物质。

恶臭污染治理应进行多方案的技术经济比较后确定，应优先考虑生物除臭方法。无须经常人工维护的设施，如沉砂池、初沉池和污泥浓缩池等，应采用固定式的封闭措施控制臭气；需经常维护和保养的设施，如格栅间、泵房的集水井和污水处理厂的污泥脱水机房等，应采用局部活动式或简易式的臭气隔离措施控制臭气。

九、工艺组合

废水中的污染物质种类很多，不能设想只用一种处理方法就能把所有污染物质去除殆尽，应根据原水水质特性、主要污染物类型及处理出水水质目标，在进行技术经济比较的基础上选择适宜的处理单元或组合工艺。废水处理组合工艺中各处理单元要相互协调，在各处理单元的协同作用下去除废水中的目标污染物质，最终使废水达标排放或回用。

采用厌氧和好氧组合工艺处理废水时，厌氧工艺单元应设置在好氧工艺单元前。当废水中含有生物毒性物质，且废水处理工艺组合中有生物处理单元时，应在废水进入生物处理单元前去除生物毒性物质。在污（废）水达标排放、技术经济合理的前提下应优先选用污泥产量低的处理单元或组合工艺。

城镇污水处理应根据排放和回用要求选用一级处理、二级处理、三级处理、再生处理的工艺组合。一级处理主要去除污水中呈悬浮或漂浮状态的污染物。二级处理主要去除污水中呈胶体和溶解状态的有机污染物及植物性营养盐。三级处理是对经过二级处理后没有得到较好去除的污染物质进行深化处理。当有污水回用需求时，应设置污水再生处理工艺单元。城镇污水脱氮除磷应以生物处理单元为主，生物处理单元不能达到排放标准要求时，应辅以化学处理单元。

工业废水处理系统中应考虑设置事故应急池。工业废水处理站的流程组合与工艺比选应符合《纺织染整工业废水治理工程技术规范》（HJ 471—2020）、《酿造工业废水治理工程技术规范》（HJ 575—2010）、《含油污水处理工程技术规范》（HJ 580—2010）等相应污染源类工程技术规范的规定。

十、污水处理厂（站）总体布置要求

1. 总平面布置

①处理构筑物应尽可能按流程顺序布置，应将管理区和生活区布置在夏季主导风向上风侧，将污泥区和进水区布置在夏季主导风向下风侧。

②处理构筑物的间距应以节约用地、缩短管线长度为原则，同时满足各构筑物的施工、设备安装和各种管道的埋设、养护维修管理的要求，并按远期发展合理规划。

③污泥处理构筑物的布置应保证运行安全、管理方便，宜布置成单独的组合。

④污泥消化池与其他处理构筑物的间距应大于 20 m，储气罐与其他构筑物的间距应根据容量大小按有关规定确定，具体设计要求应符合《城镇燃气设计规范》（GB 50028—2006）的规定。

2. 高程布置

①水污染治理工程不应建在洪水淹没区，当必须在可能受洪水威胁的地区建厂时，应采取必要的防洪措施。

②水污染治理工程场地的竖向布置，应考虑土方平衡，并考虑有利于排水。

③水污染治理工程的出水水位，应高于受纳水体的常水位。

④污染物处理过程中，应尽可能采用重力流，需要提升时应设置相应的提升设备。

⑤处理构筑物之间的水头损失包括沿程损失、局部损失及构筑物本身的水头损失。此外，还应考虑扩建时预留的储备水头。

⑥进行水力计算时，应选择距离最长、损失最大的流程，并按最大设计流量计算。当有两个以上并联运行的构筑物时，应考虑某一构筑物发生故障时，其余构筑物须负担全部流量的情况。

第二节 大气污染控制技术概述[①]

大气污染物的主要来源包括三个方面：一是生产性污染，这是大气污染的主要来源，如煤和石油燃烧过程中排放大量的烟尘、二氧化硫、一氧化碳等有害物质，火力发电厂、钢铁厂、石油化工厂、水泥厂等生产过程排出的烟尘和废气，农业生产过程中喷洒农药而产生的粉尘和雾滴等；二是由生活炉灶和采暖锅炉耗用煤炭产生的烟尘、二氧化硫等

① 环境保护部．《大气污染治理工程技术导则》（HJ 2000—2010）；环境保护部．《袋式除尘工程通用技术规范》（HJ 2020—2012）；环境保护部．《石灰石/石灰—石膏湿法烟气脱硫工程通用技术规范》（HJ 179—2018）；环境保护部．《烟气循环流化床法烟气脱硫工程通用技术规范》（HJ 178—2018）。

有害气体；三是交通运输性污染，汽车、火车、轮船和飞机等排出的尾气，其污染物主要是氮氧化物、碳氢化合物、一氧化碳和铅尘等。本节主要讨论生产性污染控制。

根据污染物在大气中的物理状态，可分为颗粒污染物和气态污染物两大类。颗粒污染物又称气溶胶状态污染物，在大气污染中，是指沉降速度可以忽略的小固体粒子、液体粒子或它们在气体介质中的悬浮体系，主要包括粉尘、烟、飞灰等。气态污染物是以分子状态存在的污染物，气态污染物的种类很多，常见的气体污染物有 CO、SO_2、NO_2、NH_3、H_2S 以及挥发性有机化合物（VOCs）、卤素化合物等。

颗粒污染物净化过程是气溶胶两相分离，由于污染物颗粒与载气分子大小悬殊，作用在二者上的外力（质量力、势差力等）差异很大，利用这些外力差异，可实现气—固或气—液分离。烟（粉）尘净化技术又称为除尘技术，它是将颗粒污染物从废气中分离出来并加以回收的操作过程。

气态污染物与载气呈均相分散，作用在两类分子上的外力差异很小，气态污染物的净化只能利用污染物与载气物理或者化学性质的差异（沸点、溶解度、吸附性、反应性等），实现分离或者转化。常用的方法有吸收法、吸附法、催化法、燃烧法、冷凝法、膜分离法和生物净化法等。

近些年，生态环境部先后发布了一系列大气污染控制工程技术规范，如《大气污染治理工程技术导则》（HJ 2000—2010）、《袋式除尘工程通用技术规范》（HJ 2020—2012）、《垃圾焚烧袋式除尘工程技术规范》（HJ 2012—2012）、《氨法烟气脱硫工程通用技术规范》（HJ 2001—2018）、《蓄热燃烧法工业有机废气治理工程技术规范》（HJ 1093—2020）、《水泥工业除尘工程技术规范》（HJ 434—2008）、《钢铁工业除尘工程技术规范》（HJ 435—2008）、《工业锅炉及炉窑湿法烟气脱硫工程技术规范》（HJ 462—2009）、《火电厂烟气脱硝工程技术规范 选择性非催化还原法》（HJ 563—2010）、《火电厂烟气脱硝工程技术规范 选择性催化还原法》（HJ 562—2010）、《铅冶炼废气治理工程技术规范》（HJ 2049—2015）、《陶瓷工业废气治理工程技术规范》（HJ 1092—2020）等，可作为环境影响评价工作中重要的技术依据。

一、大气污染治理的典型工艺

1．除尘

除尘技术是治理烟（粉）尘的有效措施，实现该技术的设备称为除尘器。除尘器主要有机械除尘器、湿式除尘器、袋式除尘器和静电除尘器。

选择除尘器应主要考虑如下因素：① 烟气及粉尘的物理、化学性质；② 烟气流量、粉尘浓度和粉尘允许排放浓度；③ 除尘器的压力损失以及除尘效率；④ 粉尘回收、利用的价值及形式；⑤ 除尘器的投资以及运行费用；⑥ 除尘器占地面积以及设计使用寿命；⑦ 除尘器的运行维护要求。

对除尘器收集的粉尘或排出的污水，根据生产条件、除尘器类型、粉尘的回收价值、粉尘的特性和便于维护管理等因素，按照国家、行业、地方相关标准，采取妥善的回收和处理措施。

（1）机械除尘器

包括重力沉降室、惯性除尘器和旋风除尘器等。机械除尘器用于处理密度较大、颗粒较粗的粉尘，在多级除尘工艺中作为高效除尘器的预除尘。重力沉降室适用于捕集粒径大于 50 μm 的尘粒，惯性除尘器适用于捕集粒径 10 μm 以上的尘粒，旋风除尘器适用于捕集粒径 5 μm 以上的尘粒。

（2）湿式除尘器

包括喷淋塔、填料塔、筛板塔（又称泡沫洗涤器）、湿式水膜除尘器、自激式湿式除尘器和文氏管除尘器等。

（3）袋式除尘器

包括机械振动袋式除尘器、逆气流反吹袋式除尘器和脉冲喷吹袋式除尘器等。袋式除尘器具有除尘效率高、能够满足极其严格排放标准的特点，广泛应用于冶金、铸造、建材、电力等行业。主要用于处理风量大、浓度范围广和波动较大的含尘气体。当粉尘具有较高的回收价值或烟气排放标准很严格时，优先采用袋式除尘器，焚烧炉除尘装置应选用袋式除尘器。常见的袋式除尘器工艺流程见图 12-10。

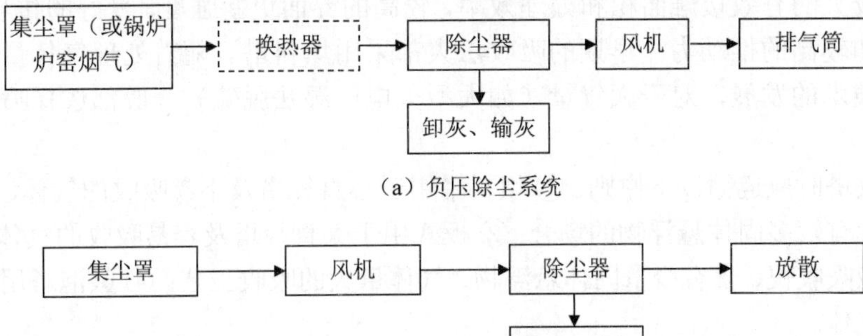

（a）负压除尘系统

（b）正压除尘系统

图 12-10　常见的袋式除尘器工艺流程

（4）静电除尘器

包括板式静电除尘器和管式静电除尘器。静电除尘器属高效除尘设备，用于处理大风量的高温烟气，适用于捕集电阻率在 $1\times10^4\sim5\times10^{10}$ Ω·cm 范围内的粉尘。我国电除尘器技术水平基本赶上国际同期先进水平，已较普遍地应用于火力发电厂、建材水泥厂、钢铁厂、有色冶炼厂、化工厂、轻工造纸厂、电子工业和机械工业等工业部门的各种炉窑。其中，火力发电厂是我国电除尘器的第一大用户。

（5）电袋复合除尘器

这是在一个箱体内安装电场区和滤袋区，有机结合静电除尘和过滤除尘两种机理的一种除尘器。电袋复合除尘器适用于电除尘难以高效收集的高比阻、特殊煤种等烟尘的净化处理；适用于去除 0.1 μm 以上的尘粒以及对运行稳定性要求高和粉尘排放浓度要求严格的烟气净化。

2. 气态污染物吸收

吸收法净化气态污染物是利用气体混合物中各组分在一定液体中溶解度的不同而分离气体混合物的方法，是治理气态污染物的常用方法。主要用于吸收效率和速率较高的有毒有害气体的净化，尤其是对于大气量、低浓度的气体多使用吸收法。吸收法使用最多的吸收剂是水，一是价廉，二是资源丰富。只有在一些特殊场合使用其他类型的吸收剂。

吸收工艺的选择应考虑：废气流量、浓度、温度、压力、组分、性质、吸收剂性质、再生、吸收装置特性以及经济性因素等。高温气体应采取降温措施；对于含尘气体，需回收副产品时应进行预除尘。

（1）吸收装置

常用的吸收装置有填料塔、喷淋塔、板式塔、鼓泡塔、湍球塔和文丘里等。吸收装置应具有较大的有效接触面积和处理效率，较高的界面更新强度，良好的传质条件，较小的阻力和较高的推动力。早期的吸收法大都采用填料塔。随着处理气体量的增大以及喷淋塔技术的发展，对于大气量（如大型火电厂湿法脱硫）一般都选择喷淋塔，即空塔。

选择吸收塔时应遵循以下原则：① 填料塔用于小直径塔及不易吸收的气体，不宜用于气液相中含有较多固体悬浮物的场合；② 板式用于大直径塔及容易吸收的气体；③ 喷淋塔用于反应吸收快、含有少量固体悬浮物、气体量大的吸收工艺；④ 鼓泡塔用于吸收反应较慢的气体。

（2）吸收液后处理

吸收液应循环使用或经过进一步处理后循环使用，不能循环使用的应按照相关标准和规范处理处置，避免二次污染。使用过的吸收液可采用沉淀分离再生、化学置换再生、蒸发结晶回收和蒸馏分离。吸收液再生过程中产生的副产物应回收利用，产生的有毒有害产物应按照有关规定处理处置。

3. 气态污染物吸附

吸附法净化气态污染物是利用固体吸附剂对气体混合物中各组分吸附选择性的不同而分离气体混合物的方法，主要适用于低浓度有毒有害气体净化。吸附法在环境工程中得到广泛的应用，是由于吸附过程能有效地捕集浓度很低的有害物质，因此，当采用常规的吸收法去除液体或气体中的有害物质特别困难时，吸附可能就是比较有效的解决办法。吸附操作也有它的不足之处，首先，由于吸附剂的吸附容量小，因而需耗用大量的吸附剂，使设备体积庞大。其次，由于吸附剂是固体，在工业装置上固相处理较困难，造成设备结构复杂，给大型生产过程的连续化、自动化带来一定的困难。吸附工艺分为变温吸附和变压吸附，目前在大气污染治理工程中广泛采用的是变温吸附法，而且多采用固定床设计。尤其是在挥发性有机物的治理方面大量应用。随着环保要求力度的加大，目前已将变压吸附应用在有毒有害气体（如氯乙烯）的治理回收上。

（1）吸附装置

常用的吸附设备有固定床、移动床和流化床。工业应用采用固定床。

（2）吸附剂的选择

常用吸附剂包括活性炭（包括活性炭纤维）、分子筛、活性氧化铝和硅胶等。选择吸附剂时，应遵循以下原则：① 比表面积大，孔隙率高，吸附容量大；② 吸附选择性强；③ 有足够的机械强度、热稳定性和化学稳定性；④ 易于再生和活化；⑤ 原料来源广泛，价廉易得。

（3）脱附和脱附产物处理

脱附操作可采用升温、降压、置换、吹扫和化学转化等方式或几种方式的组合。有机溶剂的脱附宜选用水蒸气和热空气，对不溶于水的有机溶剂冷凝后直接回收，对溶于水的有机溶剂应进一步分离回收。

4．气态污染物催化燃烧

催化燃烧法净化气态污染物是利用固体催化剂在较低温度下将废气中的污染物通过氧化作用转化为二氧化碳和水等化合物的方法。催化燃烧法适用于由连续、稳定的生产工艺产生的固定源气态及气溶胶态有机化合物的净化，净化效率不应低于95%。

有机废气催化燃烧装置是目前国内外喷涂和涂装作业、汽车制造、制鞋等固定源工业有机废气净化的主要手段，适用于气态及气溶胶态烃类化合物、醇类化合物等挥发性有机化合物（VOCs）的净化。有机废气经过催化净化装置净化后可以被彻底地分解为二氧化碳和水，无二次污染，且操作方便，使用简单。据统计，目前国内外固定源工业有机废气的净化，50%以上是依靠催化净化装置完成的。近年来随着燃烧催化剂性能的不断提高，特别是抗中毒、抗烧结能力的提高，使用寿命的延长，催化燃烧技术的应用范围不断扩大。如在漆包线行业需要高温燃烧（700～800℃）的场合，新型的催化剂的使用寿命可以达到1年以上，又如对某些能够引起催化剂中毒的物质，如氯苯等，目前也可以使用催化法进行净化。

5．气态污染物热力燃烧

热力燃烧法（包括蓄热燃烧法）净化气态污染物是利用辅助燃料燃烧产生的热能、废气本身的燃烧热能，或者利用蓄热装置所贮存的反应热能，将废气加热到着火温度，进行氧化（燃烧）反应。

采用热力燃烧法（有时候被称为“直接燃烧”）净化有机废气是将废气中的有害组分经过充分的燃烧，氧化成CO_2和H_2O。目前的热力燃烧系统通常使用气体或者液体燃料进行辅助燃烧加热，蓄热燃烧系统则使用合适的蓄热材料和工艺，以便使系统达到处理废气所必需的反应温度、停留时间、湍流混合度的要求。该技术的特点是系统运行能够适合多种难处理的有机废气的净化处理要求，工艺技术可靠，处理效率高，没有二次污染，管理方便。

热力燃烧工艺适用于处理连续、稳定生产工艺产生的有机废气。

进入燃烧室的废气应进行预处理，去除废气中的颗粒物（包括漆雾）。颗粒物去除宜采用过滤及喷淋等方法，进入热力燃烧工艺中的颗粒物质量浓度应低于 50 mg/m^3。当有机废气中含有低分子树脂、有机颗粒物、高沸点芳烃和溶剂油等，容易在管道输送过程中形成颗粒物时，应按物质的性质选择合适的喷淋吸收、吸附、静电和过滤等预处理措施。

二、主要气态污染物的治理工艺及选用原则

1. 二氧化硫治理工艺及选用原则

大气污染物中，二氧化硫的量比较大，是酸雨形成的主要成分，对土壤、河流、森林、建筑、农作物等危害较大。二氧化硫治理工艺划分为湿法、干法和半干法，常用工艺包括石灰石/石灰—石膏法、烟气循环流化床法、氨法、镁法、海水法、吸附法、炉内喷钙法、旋转喷雾法、有机胺法、氧化锌法和亚硫酸钠法等。其中石灰石/石灰—石膏法、海水法、烟气循环流化床法、回流式循环流化床法比较成熟，占有脱硫市场的 95%以上，是常用的主流技术。

二氧化硫治理应执行国家或地方相关的技术政策和排放标准，满足总量控制的要求。

（1）石灰石/石灰—石膏法

采用石灰石、生石灰或消石灰［$Ca(OH)_2$］的乳浊液为吸收剂吸收烟气中的 SO_2，吸收生成的 $CaSO_3$ 经空气氧化后可得到石膏。脱硫效率达到 80%以上，因石灰石来源广、价格低，是应用最为广泛的脱硫技术。总化学反应方程式为

$$SO_2 + CaCO_3 + 2H_2O + \frac{1}{2}O_2 \longrightarrow CaSO_4 \cdot 2H_2O + CO_2$$

$$SO_2 + CaO + 2H_2O + \frac{1}{2}O_2 \longrightarrow CaSO_4 \cdot 2H_2O$$

吸收塔内的主要化学反应为：

SO_2 溶解电离：$SO_2 + H_2O \longrightarrow SO_3^{2-} + 2H^+$

中间产物的反应：石灰石在纯水中溶解量很小，$CaCO_3$（s） $\longrightarrow Ca^{2+} + CO_3^{2-}$

碳酸根与水合氢离子（H_3O^+）反应：

$$H_3O^+ + CO_3^{2-} \longrightarrow HCO_3^- + H_2O$$

当 CO_3^{2-} 从水中失去，更多的石灰石溶解，最终产物是 CO_2。

$$HCO_3^- + H_3O^+ \longrightarrow H_2CO_3 + H_2O \longrightarrow H_2CO_3 + CO_2(g) + H_2O$$

$$H_2CO_3 \longrightarrow CO_2(g) + H_2O$$

脱硫中和反应：$SO_2 + CaCO_3(s) \longrightarrow CaSO_3 + CO_2$

$$CaSO_3 + \frac{1}{2}O_2 \longrightarrow CaSO_4$$

典型石灰石/石灰—石膏法脱硫工艺流程见图 12-11。

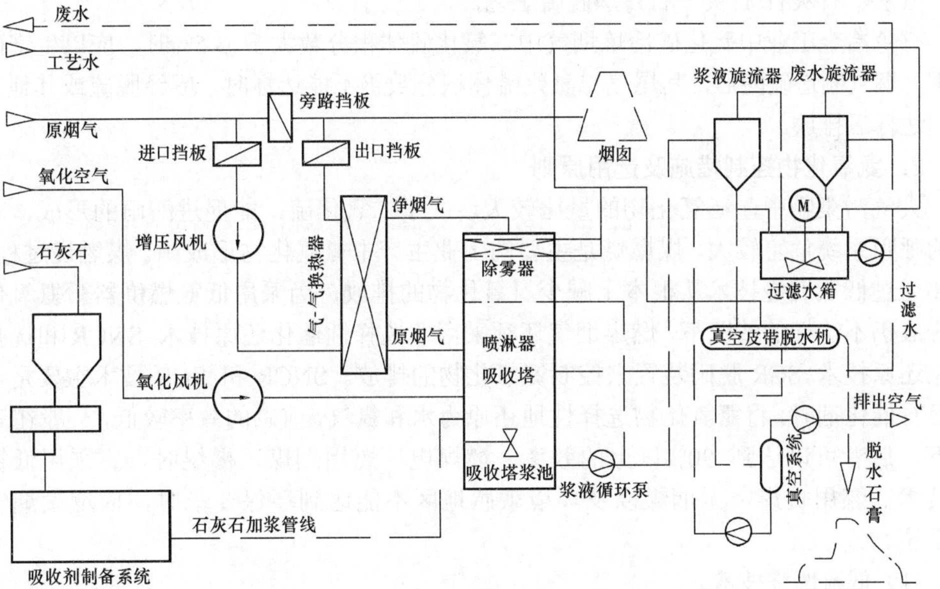

图 12-11　典型石灰石/石灰—石膏法脱硫工艺流程

采用石灰石/石灰—石膏法工艺时应符合《石灰石/石灰—石膏湿法烟气脱硫工程通用技术规范》（HJ 179—2018）的规定。

（2）烟气循环流化床工艺法

烟气循环流化床工艺法与石灰石/石灰—石膏法相比，具有脱硫效率更高（99%）、不产生废水、不受烟气负荷限制、一次性投资低等优点。

采用烟气循环流化床工艺时应符合《烟气循环流化床法烟气脱硫工程通用技术规范》（HJ 178—2018）的规定。

（3）氨法

燃用高硫燃料的锅炉，当周围 80 km 内有可靠的氨源时，经过技术经济和安全比较后，宜使用氨法工艺，并对副产物进行深加工利用。

（4）海水法

燃用低硫燃料的海边电厂，经过技术经济比较和海洋环保论证，可使用海水法脱硫或以海水为工艺水的钙法脱硫。

（5）工艺选用原则

工业锅炉/炉窑应因地制宜、因物制宜、因炉制宜选择适宜的脱硫工艺，采用湿法脱硫工艺应符合相关环境保护产品技术要求的规定。

钢铁行业根据烟气流量和二氧化硫体积分数，结合吸收剂的供应情况，应选用半干法、氨法、石灰石/石灰—石膏法脱硫工艺。

有色冶金工业中硫化矿冶炼烟气中二氧化硫体积分数大于 3.5%时，应以生产硫酸为主。烟气制造硫酸后，其尾气二氧化硫体积分数仍不能达标时，应经脱硫或其他方法处理达标后排放。

2．氮氧化物控制措施及选用原则

大气污染物中，氮氧化物的量比较大，次于二氧化硫，能促进酸雨的形成，对动物的呼吸系统危害较大。煤燃烧是主要的工业生产中氮氧化物形成源。煤燃烧过程中，主要通过低氮燃烧技术从根本上减少氮氧化物的排放，当采用低氮燃烧器后氮氧化物的排放仍不达标的情况下，燃煤烟气还须采用非选择性催化还原技术 SNCR 和选择性催化还原技术 SCR 脱硝装置来控制氮氧化物的排放。SNCR 和 SCR 技术主要是在有或没有催化剂时，将氮氧化物选择性地还原为水和氮气，前者的效率较低，一般在 40%以下，后者可以达到 90%以上的效率。燃煤电厂燃用烟煤、褐煤时，宜采用低氮燃烧技术；燃用贫煤、无烟煤以及环境敏感地区不能达到环保要求时，应增设烟气脱硝系统。

（1）低氮燃烧技术

低氮燃烧技术一直是应用最广泛、经济实用的措施。它是通过改变燃烧设备的燃烧条件来降低 NO_x 的形成，具体来说，是通过调节燃烧温度、烟气中的氧的浓度、烟气在高温区的停留时间等方法来抑制 NO_x 的生成或破坏已生成的 NO_x。低氮燃烧技术的方法很多，这里介绍两种常用的方法。

① 排烟再循环法。使一部分温度较低的烟气返回燃烧区，含氧量较低，从而降低燃烧区的温度和氧浓度，抑制氮氧化物的生成，此法对温度型 NO_x 比较有效，对燃烧型 NO_x 基本上没有效果。

② 二段燃烧法。该法是目前应用最广泛的分段燃烧技术，将燃料的燃烧过程分阶段来完成。第一阶段燃烧中，只将总燃烧空气量的 70%～75%（理论空气量的 80%）供入炉膛，使燃料在缺氧的富燃料条件下燃烧，能抑制 NO_x 的生成；第二阶段通过足量的空气，使剩余燃料燃尽，此段中氧气过量，但温度低，生成的 NO_x 也较少。这种方法可使烟气中的 NO_x 减少 25%～50%。

（2）选择性催化还原技术 SCR

SCR 过程是以氨为还原剂，在催化剂作用下将 NO_x 还原为 N_2 和水。催化剂的活性材料通常由贵金属、碱性金属氧化物、沸石等组成。NO_x 按以下过程被选择性地还原为 N_2 和水：

$$4NH_3+4NO+O_2 \longrightarrow 4N_2+6H_2O$$

$$8NH_3+6NO_2 \longrightarrow 7N_2+12H_2O$$

在脱硝反应过程中温度对其效率有显著的影响。铂、钯等贵金属催化剂的最佳反应温度为 175～290℃；金属氧化物如以二氧化钛为载体的五氧化二钒催化剂，在 260～450℃下效果更好。工业实践表明，SCR 系统对 NO_x 的转化率为 60%～90%。

催化剂失活和烟气中残留的氨是与 SCR 工艺操作相关的两个关键因素。长期操作过程中催化剂中毒是主要失活因素，减低烟气的含尘量可有效延长催化剂寿命。由于三氧化硫的存在，所有未反应的 NH_3 都将转化为硫酸盐。

$$2NH_3(g)+SO_3(g)+H_2O(g) \longrightarrow (NH_4)_2SO_4(s)$$

生成的硫酸铵为亚微米级的微粒，多附着在催化转化器内或者下游的空气预热器以及引风机中。随着 SCR 系统运行时间的增加，催化剂活性逐渐丧失，烟气中残留的氨也将随之增加。

3. 挥发性有机化合物（VOCs）治理工艺及选用原则

挥发性有机化合物废气主要包括低沸点的烃类、卤代烃类、醇类、酮类、醛类、醚类、酸类和胺类等。应当重点控制在石油化工、制药、印刷、造纸、涂料装饰、表面防腐、交通运输、金属电镀和纺织等行业排放废气中的挥发性有机化合物。

国内外，挥发性有机化合物的基本处理技术主要有两类：一是回收类方法，主要有吸附法、吸收法、冷凝法和膜分离法等；二是消除类方法，主要有燃烧法、生物法、低温等离子体法和催化氧化法等。应依据达标排放要求，选择单一方法或联合方法处理挥发性有机化合物废气。

① 吸附法。适用于低浓度挥发性有机化合物废气的有效分离与去除，是目前使用最为广泛的 VOCs 回收法，该法已经在制鞋、喷漆、印刷、电子行业得到广泛应用。颗粒活性炭和活性炭纤维在工业上应用最广泛。由于每单元吸附容量有限，宜与其他方法联合使用。

② 吸收法。适用于废气流量较大、浓度较高、温度较低和压力较高的挥发性有机化合物废气的处理。工艺流程简单，可用于喷漆、绝缘材料、黏接、金属清洗和化工等行业。但对于大多有机废气，其水溶性不太好，应用不太普遍。目前主要用吸收法来处理苯类有机废气。

③ 冷凝法。适用于高浓度的挥发性有机化合物废气回收和处理，属高效处理工

艺，可作为降低废气有机负荷的前处理方法，与吸附法、燃烧法等其他方法联合使用，回收有价值的产品。挥发性有机化合物废气体积分数在 0.5%以上时优先采用冷凝法处理。

④ 膜分离法。适用于较高浓度挥发性有机化合物废气的分离与回收，属高效处理工艺。挥发性有机化合物废气体积分数在 0.1%以上时优先采用膜分离法处理，应采取防止膜堵塞的措施。

⑤ 燃烧法。适用于处理可燃、在高温下可分解和在目前技术条件下还不能回收的挥发性有机化合物废气，燃烧法应回收燃烧反应热量，提高经济效益。采用燃烧法处理挥发性有机化合物废气时应重点避免二次污染。如废气中含有硫、氮和卤素等成分时，燃烧产物应按照相关标准处理处置，如采用催化燃烧后的催化剂。

⑥ 生物法。适用于在常温、处理低浓度、生物降解性好的各类挥发性有机化合物废气，对其他方法难处理的含硫、氮、苯酚和氰等的废气可采用特定微生物氧化分解的生物法。挥发性有机化合物废气体积分数在 0.1%以下时优先采用生物法处理，但含氯较多的挥发性有机化合物废气不应采用生物降解。采用生物法处理时，对于难氧化的恶臭物质后续应采取其他工艺去除，避免二次污染。

◆ 生物过滤法：适用于处理气量大、浓度低和浓度波动较大的挥发性有机化合物废气，可实现对各类挥发性有机化合物的同步去除，工业应用较为广泛。

◆ 生物洗涤法：适用于处理气量小、浓度高、水溶性较好和生物代谢速率较低的挥发性有机化合物废气。

◆ 生物滴滤法：适用于处理气量大、浓度低，降解过程中产酸的挥发性有机化合物废气，不宜处理入口浓度高和气量波动大的废气。

⑦ 低温等离子体法、催化氧化法和变压吸附法等工艺。适用于气体流量大、浓度低的各类挥发性有机化合物废气处理。

4．恶臭治理工艺及选用原则

恶臭气体主要有 5 类：含硫的化合物，如硫化氢、二氧化硫、硫醇、硫醚类等；含氮的化合物，如胺、氨、酸胺、吲哚类等；卤素及衍生物，如卤代烃等；氧的有机物，如醇、酚、醛、酮、酸、酯等；烃类，如烷、烯、炔烃以及芳香烃等。

我国在《恶臭污染物排放标准》（GB 14554—93）中规定了 9 种恶臭污染物的一次最大排放限值，复合恶臭物质的臭气浓度限值及无组织排放源（指没有排气筒或排气筒高度低于 15 m 的排放源）的厂界浓度限值。

恶臭气体的基础及处理技术主要有三类：一是物理学方法，主要有水洗法、物理吸附法、稀释法和掩蔽法；二是化学方法，主要有药液吸收（氧化吸收、酸碱液吸收）法、化学吸附（离子交换树脂、碱性气体吸附剂和酸性气体吸附剂）法和燃烧（直接燃烧和催化氧化燃烧）法；三是生物学方法，主要有生物过滤法、生物吸收法和生物滴滤法。

当难以用单一方法处理以达到恶臭气体排放标准时，应采用联合脱臭法。

① 物理类方法。物理类的处理方法作为化学或生物处理的预处理，在达到排放标准要求的前提下也可作为唯一的处理工艺。

② 化学吸收。此类处理方法用于处理大气量、高中浓度的恶臭气体。在处理大气量气体方面工艺成熟，净化效率相对不高，处理成本相对较低。采用化学吸收类处理方法时应重点控制二次污染，依据不同的恶臭气体组分选择合适的吸收剂。

③ 化学吸附。此类处理方法用于处理低浓度、多组分的恶臭气体，属常用的脱臭方法之一，净化效果好，但吸附剂的再生较困难，处理成本相对较高。采用化学吸附类的处理方法应选择与恶臭气体组分相匹配的吸附剂。

④ 化学燃烧。此类处理方法用于处理连续排气、高浓度的可燃性恶臭气体，净化效率高，处理费用高。采用化学燃烧类的处理方法时应注意控制末端形成的二次污染。

⑤ 化学氧化。此类处理方法用于处理高中浓度的恶臭气体，净化效率高，处理费用高。采用化学氧化类的处理方法，应依据不同的恶臭气体组分选择合适的氧化媒介及工艺条件。

⑥ 生物类方法。此类方法用于气体浓度波动不大、浓度较低或复杂组分的恶臭气体处理，净化效率较高。采用生物类处理方法时应依据实际恶臭气体性质筛选，驯化微生物，实时监测微生物代谢活动的各种信息。

5. 卤化物气体治理工艺及选用原则

在大气污染治理方面，卤化物主要包括无机卤化物气体和有机卤化物气体。有机卤化物（卤代烃类）气体属挥发性有机化合物，为重点关注的气态污染物质。有机卤化物气体治理技术参照挥发性有机化合物（VOCs）和恶臭的要求。重点控制的无机卤化物废气包括：氟化氢、四氟化硅、氯气、溴气、溴化氢和氯化氢（盐酸酸雾）等。重点控制在化工、橡胶、制药、水泥、化肥、印刷、造纸、玻璃和纺织等行业排放废气中的无机卤化物。

卤化物气体的基本处理技术主要有物理化学类方法和生物学方法两类。物理化学类方法有固相（干法）吸附法、液相（湿法）吸收法和化学氧化脱卤法。生物学方法有生物过滤法、生物吸收法和生物滴滤法。

在对无机卤化物废气处理时应首先考虑其回收利用价值。如氯化氢气体可回收制盐酸，含氟废气能生产无机氟化物和白炭黑等。吸收和吸附等物理化学方法在资源回收利用和卤化物深度处理上工艺技术相对成熟，因此，优先使用物理化学类方法处理卤化物气体。吸收法治理含氯或氯化氢（盐酸酸雾）废气时，适合采用碱液吸收法。垃圾焚烧尾气中的含氯废气适合采用碱液或碳酸钠溶液吸收处理。吸收法治理含氟废气，吸收剂应采用水、碱液或硅酸钠。对于低浓度氟化氢废气，适合采用石灰水洗涤。

6. 重金属治理工艺及选用原则

大气中应重点控制的重金属污染物有：汞、铅、砷、镉、铬及其化合物。我国最早在《重有色金属工业污染物排放标准》（GB 4913—1985）中对部分重金属排放限值做了明确规定，后又在《工业炉窑大气污染物排放标准》（GB 9078—1996）、《大气污染物综合排放标准》（GB 16297—1996）及《铅、锌工业污染物排放标准》（GB 25466—2010）、《铜、镍、钴工业污染物排放标准》（GB 25467—2010）、《锡、锑、汞工业污染物排放标准》（GB 30770—2014）、《再生铜、铝、铅、锌工业污染物排放标准》（GB 31574—2015）、《无机化学工业污染物排放标准》（GB 31573—2015）等行业标准中对铅、汞、镉、镍、锡及其化合物的排放限值做出了明确规定。

重金属废气的基本处理方法包括过滤法、吸收法、吸附法、冷凝法和燃烧法。

考虑重金属不能被降解的特性，大气污染物中重金属的治理应重点关注以下 3 方面。

① 物理形态：应从气态转化为液态或固态，达到重金属污染物从气相中脱离的目的。

② 化学形态：应控制重金属元素价态朝利于稳定化、固定化和降低生物毒性的方向进行，如在富含氯离子和氢离子的废气中，Cd（镉）易生成挥发性更强的 CdCl，不利于将废气中的镉去除，应控制反应体系中氯离子和氢离子的浓度。

③ 二次污染：应按照相关标准要求处理重金属废气治理中使用过的洗脱剂、吸附剂和吸收液，避免二次污染。

石油化工、金属冶炼、垃圾焚烧、电镀电解、电池、钢铁、涂料、表面防腐、机械制造和交通运输等行业排放废气中的重金属污染物是控制重点。

（1）汞及其化合物废气处理

汞及其化合物废气一般处理方法是冷凝法、吸收法、吸附法和燃烧法。

1）冷凝法

适用于净化回收高浓度的汞蒸气，可采取常压和加压两种方式，常作为吸收法和吸附法净化汞蒸气的前处理。

2）吸收法

针对不同的工业生产工艺，较为成熟的吸收法处理工艺有：

① 高锰酸钾溶液吸收法适用于处理仪表电器厂的含汞蒸气，循环吸收液宜为 0.3%～0.6%的 $KMnO_4$ 溶液，$KMnO_4$ 利用率较低，应考虑吸收液的及时补充。

② 次氯酸钠溶液吸收法适用于处理水银法氯碱厂含汞氢气，吸收液宜为 NaCl 与 NaClO 的混合水溶液，此吸收液来源广，但此工艺流程复杂，操作条件不易控制。

③ 硫酸-软锰矿吸收法适用于处理炼汞尾气以及含汞蒸气，吸收液为硫酸-软锰矿的悬浊液。

④ 氯化法处理汞蒸气：烟气进入脱汞塔，在塔内与喷淋的 $HgCl_2$ 溶液逆流洗涤，烟气中的汞蒸气被 $HgCl_2$ 溶液氧化生成 Hg_2Cl_2 沉淀，从而将汞去除。Hg_2Cl_2 沉淀有剧毒，

生产过程中需加强管理和操作。

⑤ 氨液吸收法适用于氯化汞生产废气的净化。

3）吸附法

充氯活性炭吸附法适用于含汞废气处理。活性炭层需预先充氯，含汞蒸气需预除尘，汞与活性炭表面的 Cl_2 反应生成 $HgCl_2$，达到除汞目的。

活性炭吸附法适用于氯乙烯合成气中氯化汞的净化。

消化吸附法适用于雷汞的处理。

4）燃烧法

适用于燃煤电厂含汞烟气的处理。采用循环流化床燃煤锅炉，燃烧过程中投加石灰石，烟气采用电除尘器或袋除尘器净化。

（2）铅及其化合物废气处理

铅及其化合物废气适合用吸收法处理。

酸液吸收法适用于净化氧化铅和蓄电池生产中产生的含铅烟气，也可用于净化熔化铅时所产生的含铅烟气。宜采用二级净化工艺：第一级用袋滤器除去较大颗粒，第二级用化学吸收。吸收剂（醋酸）的腐蚀性强，应选用防腐蚀性能高的设备。

碱液吸收法适用于净化化铅锅、冶炼炉产生的含铅烟气。含铅烟气进入冲击式净化器进行除尘及吸收。吸收剂 NaOH 溶液腐蚀性强，应选用防腐蚀性能高的设备。

（3）砷、镉、铬及其化合物废气处理

砷、镉、铬及其化合物废气通常采用吸收法和过滤法处理。

含砷烟气应采用冷凝—除尘—石灰乳吸收法处理工艺。含砷烟气冷却至200℃以下，蒸气状态的氧化砷迅速冷凝为微粒，经袋除尘器净化后，尾气进入喷雾塔，用石灰乳洗涤，净化后，尾气除雾，经引风机排空。含砷烟气亦可在塑料板（或管）制成的吸收器内装入强酸性饱和高锰酸钾溶液，进行多级串联鼓泡吸收。

镉、铬及其化合物废气宜采用袋式除尘器在风速小于 1 m/min 时过滤处理。烟气温度较高需要采取保温措施。

第三节　噪声与振动污染防治

噪声与振动环境影响评价中，噪声与振动防治对策措施主要有规划防治对策、技术防治措施和管理措施。通过评价提出的噪声防治对策和措施，应做到技术先进、经济合理、安全可靠、节能降耗。

环境保护部于 2013 年 9 月 26 日发布了《环境噪声与振动控制工程技术导则》（HJ 2034—2013），2013 年 12 月 1 日实施。该导则与《环境影响评价技术导则　声环境》（HJ 2.4—2021）可作为环评工作的技术依据。

一、噪声与振动控制的一般要求和原则

① 坚持统筹规划、源头防控、分类管理、社会共治、损害担责的原则。加强源头控制，合理规划噪声源与声环境保护目标布局；从噪声源、传播途径、声环境保护目标等方面采取措施；在技术经济可行条件下，优先考虑对噪声源和传播途径采取工程技术措施，实施噪声主动控制。

② 坚持预防为主、防治结合、经济合理、因地制宜的原则。按照"规划—源—传播途径—敏感建筑物"的顺序选择控制措施，优先从建设规划入手，严格做好规划环境影响评价工作，在选址、选线、设备布局、建筑布局等设计过程中，按相关环评导则要求严格执行控制距离等环保要素。科学、合理地进行噪声与振动控制。

③ 坚持以人为本、源强控制、综合治理、达标排放的原则和"三同时"制度，全面考虑经济效益、社会效益、环境效益，正确处理近期与远期的关系，厉行节约和可持续发展，做到技术先进、经济合理、安全可靠、节能降耗。

④ 坚持以管理手段和技术手段相结合的原则。控制噪声和振动污染并不仅仅依靠工程措施来实现，有力有效的环境管理手段同样可以起到很好效果。它包括行政管理和监督、合理规划布局、企业环境管理和对相关人员的宣传教育等。将有效的管理手段和有针对性的工程技术手段有机结合起来，是采取防治对策的一项重要原则。

二、典型的噪声污染源

典型的噪声污染源及其声源特性见表 12-1。

表 12-1 典型的噪声污染源及其声源特性

分类		典型声源	声源特性
交通噪声	道路交通噪声	由各类机动车辆噪声、轮胎与路面噪声及空气动力性噪声构成。在交通干线和高速公路等处较为突出	随车流量、车型、荷载、速度等不同而有很大差异，呈中低频突出的宽频特性
	轨道（包括城市轨道和铁路）交通噪声	牵引机车噪声、轮轨噪声、受电弓及车辆空气动力性噪声，以及桥梁和附属结构受振动产生激励性的结构噪声等	呈低频较为突出的连续谱、宽频带和典型的线声源特性
	航空噪声	由各类航空器起飞、降落及巡航所产生的噪声。机场噪声是其中的典型代表	与机型、起降距离密切相关，频谱差异很大
	航运噪声	船舶轮机噪声、汽笛噪声、流体噪声等	轮机噪声高频较突出
工业噪声	空气动力性噪声	各类风机、空压机、喷气发动机产生的噪声，锅炉等压力气体放空噪声，以及燃烧噪声等	声功率高、传播距离远
	机械设备噪声	冶金、纺织、印刷、建材、电力、化工等行业各类生产加工设备、电动机、球磨机、碎石机、冲压机、电锯、水泵、电气动工具等产生的噪声	噪声产生机理各异，频谱、时域特性复杂

分类		典型声源	声源特性
工业噪声	电磁噪声	变电站、换流站、工业生产和日常生活中常见的各类变压器、变频器、逆变器、电抗器、大型电容器、励磁机、镇流器等产生的噪声	工频电磁噪声主频为 100 Hz；直流逆变、换流站等高频成分丰富
	附属设施噪声	给排水、暖通空调、环卫设施等附属设备（如空调机组、冷却塔、风机、水泵、制冷机组、换热站、电梯、燃机、发电机等）产生的噪声	宽频带，某些含有特定频谱或拍频特征，主观烦恼度高
建筑施工噪声	土方阶段噪声	挖掘机、盾构机、推土机、装载机等施工机具和运输车辆噪声，爆破作业噪声等	声源种类多样（多具有移动属性），作业面大，影响范围广；噪声频谱、时域特性复杂
	基础施工阶段噪声	打桩机、钻孔机、风镐、凿岩机、打夯机、混凝土搅拌机、输送泵、浇筑机械、移动式空压机、发电机等施工机具产生的噪声	
	结构施工阶段噪声	各种运输车辆、施工机具以及各种建筑材料和构件等在运输、切割、安装中产生的噪声	
社会生活噪声	营业性场所噪声	营业性文化娱乐场所和商业经营活动中使用的扩声设备、游乐设施产生的噪声	宽频带
	公共活动场所噪声	广播、音响等噪声	宽频带
	其他常见噪声	装修施工、厨卫设备、生活活动等噪声	宽频带，随机特征

三、噪声与振动控制的防治途径

噪声与振动控制主要从规划控制、源头控制、传播途径控制以及保护目标自身防护等方面入手，降低对环境的影响。

1．规划防治对策

主要指从建设项目的选址（选线）、规划布局、总图布置（跑道方位布设）和设备布局等方面进行调整，提出降低噪声振动影响的建议。如根据“以人为本”“闹静分开”“合理布局”的原则，提出高噪声振动设备尽可能远离环境保护目标、优化建设项目选址（选线）、调整规划用地布局等建议。

2．噪声与振动源控制措施

应根据各种设备噪声、振动的产生机理，合理采用各种针对性的降噪减振技术，以减少或抑制噪声与振动的产生。如选用低噪声设备、工艺和减振材料，对声（振）源采用吸声（振）、消声、隔声（振）、减振等措施，改进工艺、设施结构和操作方法，将声源、振源设置于地下，优先选用低噪声振动车辆、低噪声振动基础设施以及低噪声路面等措施。

3. 传播途径控制措施

当噪声振动源头控制受到很大局限甚至无法实施时，应在传播途径上采取隔声、吸声、消声、隔振、阻尼减振处理等有效技术手段及综合治理措施，抑制噪声与振动的传播。

4. 环境保护目标自身防护措施

在对噪声振动源或传播途径均难以实施有效噪声与振动控制措施的情况下，应对环境保护目标进行防护，采取声环境保护目标自身增设吸声、隔声、隔振等措施；优化调整敏感建筑物平面布局、建筑物功能布局以及保护目标功能置换或拆迁。

5. 管理措施

通过提出噪声振动管理方案（如合理制定施工方案、优化调度方案、优化飞行程序等），制定噪声振动监测方案，提出工程设施、降噪和减振设施的运行使用、维护保养等方面的管理要求，必要时提出跟踪评价要求等。

四、防治噪声与振动污染的工程措施

防治噪声污染的技术措施是以声学原理和声波传播规律为基础提出的。它自然与噪声产生的机理和传播形式有关。一般来说，噪声防治很少有成套或者说成型的供直接选择的设备或设施。原因是噪声源类型繁多、安装使用形式不同，周边环境状况不一，没有或者很难找到某种标准化设计成型的设备或者设施来适用各种不同的情况。因此，大多数治理噪声的技术措施都需要现场调查并根据实际进行现场设计，即非标化设计。这也是从事该项工作的艰难之处。

当然，也有一些发出噪声的设备配有固定的降噪声设施，如机动车排气管消声器、某种大型设备的隔声罩和一些可以振动发声的设备的减振垫等。这些一般是随设备配套安装使用的，属于设备噪声性能的一部分，评价时已经在工程分析的设备噪声源强中给出了。如汽车整车噪声包括发动机噪声、排气噪声和轮胎噪声等。于是，在预测评价时，若对超标需采取环境噪声污染防治措施，则只要针对如何降低噪声源强或者在传播途径上如何降低噪声采取适当的对策。这时，除了必要的行政管理手段，还要采取必要的技术措施。

降低噪声的常用工程措施大致包括隔声、吸声、消声、隔振等，需要针对不同发声对象综合考虑使用。

1. 隔声

应根据污染源的性质、传播形式及其与环境敏感点的位置关系，采用不同的隔声处理方案。

对固定声源进行隔声处理时，应尽可能靠近噪声源设置隔声措施（对于轻型隔声结构应注意共振影响），如各种设备隔声罩、风机隔声箱以及空压机和柴油发电机的隔声机房等建筑隔声结构。隔声设施应充分密闭，避免缝隙孔洞造成的漏声（特别是低频漏声）；其内壁应采用足够量的吸声处理。

对敏感点采取隔声防护措施时，应采用隔声间（室）的结构形式，如隔声值班室、隔声观察窗等；对临街居民建筑可安装隔声窗或通风隔声窗。

对噪声传播途径进行隔声处理时，可采用具有一定高度的隔声墙或隔声屏障，亦可利用路堑、土堤、房屋建筑等形成隔声屏蔽；必要时应同时采用上述几种措施相结合的形式。

2．吸声

吸声技术主要适用于降低因室内表面反射而产生的混响噪声，其降噪量一般不超过 10 dB（A）；故在声源附近，以降低直达声为主的噪声控制工程不能单纯采用吸声处理的方法。

3．消声

消声器设计或选用应满足以下要求：

① 根据噪声源的特点，在所需要消声的频率范围内有足够大的消声量；

② 消声器的附加阻力损失必须控制在设备运行的允许范围内；

③ 良好的消声器结构应设计科学、小型高效、造型美观、坚固耐用、维护方便、使用寿命长；

④ 对于降噪要求较高的管道系统，应通过合理控制管道和消声器截面尺寸及介质流速，使流体再生噪声得到合理控制。

4．隔振

隔振设计既适用于防护机器设备振动或冲击对操作者、其他设备或周围环境的有害影响，也适用于防止外界振动对敏感目标的干扰。当机器设备产生的振动引起固体声传导并引发结构噪声时，也应进行隔振降噪处理。

若布局条件允许，应使对隔振要求较高的敏感点或精密设备尽可能远离振动较强的机器设备或其他振动源（如铁路、城市轨道交通）。

此外，为解决轨道交通的噪声与振动污染，应对轨道或道床系统采取合理有效的隔振措施。隔振措施主要根据减振降噪需求、实施条件、工程费用等要素确定；隔振措施Z振级减振量的选择宜参照下列要求：

① 对于隔振效果需要 3 dB 以下的，可采用“一般减振措施”；

② 对于隔振效果需要 3～8 dB 的，可采用“中等减振措施”；

③ 对于隔振效果需要 8～15 dB 的，可采用“较高减振措施”；

④ 对于隔振效果需要 12～20 dB 的，可采用“特殊减振措施”；

⑤ 对于隔振效果需要 20 dB 以上的，则需采用特殊设计的“复合式减振措施”；

⑥ 应关注隔振产品的有效使用寿命，并严格控制其合理的竖向刚度和横向刚度，以避免“异常波磨”等特殊因素对轨道隔振综合性能的影响。

5．工程措施的选用

① 对于振动、摩擦、撞击等引发的机械噪声，一般采取隔振、隔声措施。如对设备加装减振垫、隔声罩等。有条件进行设备改造或工艺设计时，可以采用先进工艺技术，如将某些设备传动的硬连接改为软连接等，使高噪声设备改变为低噪声设备，将高噪声的工艺改革为低噪声的工艺等。

对于大型工业高噪声生产车间以及高噪声动力站房，如空压机房、风机房、冷冻机房、水泵房、锅炉房、真空泵房等，一般采用吸声、隔声措施。一方面，在其内部墙面以及顶棚采取涂布吸声涂料、吊装吸声板等吸声措施；另一方面，通过在围护结构如墙体、门窗设计上使用隔声效果好的建筑材料（材料隔声效果可以达到 15～40 dB，可以根据不同要求的隔声性能选用），或是减少门窗面积以减低透声量等措施，来降低车间厂房内的噪声对外部的影响。对于各类机器设备的隔声罩、隔声室、集控室、值班室、隔声屏障等，可在内壁安装吸声材料提高其降噪效果。

② 对于空气柱振动引发的空气动力性噪声的治理，一般采用安装消声器的措施。该措施作用是增加声能耗散，当声波通过消声器后减弱能量，达到减低噪声的目的。一般工程需要针对空气动力性噪声的强度、频率，是直接排放还是经过一定长度、直径的通风管道，以及排放出口影响的方位进行消声器设计。这种设计应当既不使正常排气能力受到影响，又能使排气口产生的噪声级满足环境要求。

一般消声器可以实现 10～25 dB（A）的降噪量，若减少通风量还可以提高设计的消声效果。

③ 对于某些用电设备产生的电磁噪声，一般是尽量使设备安装远离人群，一是保障电磁安全，二是利用距离衰减降低噪声。当距离受到限制，则应考虑对设备采取隔声措施，或对设备本身，或对安装设备的房间，做隔声设计，以符合环境要求。

④ 针对环境保护目标采取的环境噪声污染防治技术工程措施，主要是以隔声、吸声为主的屏蔽性措施，以使保护目标免受噪声影响。如对临街居民建筑可安装隔声窗或通风隔声窗，常用的隔声窗的隔声能力在 25～40 dB（A）。同时，可采用具有一定高度的隔声墙或隔声屏障对噪声传播途径进行隔声处理；亦可利用天然地形、地物作为噪声源和保护对象之间的屏障，或是依靠已有的建筑物或构筑物（应是非噪声敏感的）做隔离屏蔽等。这些措施对声波产生了阻隔、屏蔽效应，使声波经过后声级明显降低，敏感目标处的声环境需求得到满足。

一般人工设计的声屏障可以达到 5～12 dB（A）实际降噪效果。这是指在屏障后一定距离内的效果，近距离效果好，远距离效果差，因为声波有绕射作用。

声屏障可以选用的材料有多种，如墙砖、木板、金属板、透明板、水泥混凝土板等是以隔声为主的；或隔声、吸声性能兼顾，采用微穿孔板、吸声材料（如加气砖、泡沫陶瓷、石棉）以及废旧轮胎等增加吸声性能，经过设计都可以达到预期降噪效果。

声屏障外观形式也有多种，它不仅考虑美观实用，更重要的是要保证实际降噪量。如直立型声屏障，可以将其设计成下半部具有良好吸声功能，这样可以达到更好的降噪效果。又如直立声屏障顶部改为半折角式，可以提高屏障有效高度，增加声影区的覆盖面积，扩大声屏障保护的距离和范围。当交通噪声超标较多或敏感点为高层建筑等情况下，可采用半封闭型或全封闭型声屏障。这一类的声屏障隔声降噪效果可达到15～20 dB(A)，但外观应当与周围环境景观协调一致。

⑤ 对于轨道交通地下线路主要以振动和二次结构噪声污染为主，在轨道上采取减振措施对于隧道壁振动源强的减振效果参考数值如下：

- 各类道床减振工程措施的减振效果为7～18 dB；
- 各类轨枕减振工程措施的减振效果为6～12 dB；
- 各类扣件减振工程措施的减振效果为2～8 dB；
- 各类钢轨减振工程措施的减振效果为1～3 dB。

6. 减振降噪效果检测

工程验收前应检测降噪减振设备和元件的降噪技术参数是否达到设计要求。噪声与振动控制工程的性能通常可以采用插入损失、传递损失或声（振）级降低量来检测。

隔振效果的评价，应采用隔振与非隔振状态下相同基础参考点或类比参考点之间的差值；具体检测方法应是比较采取隔振措施前与采取隔振措施后的相同基础参考点（或类比参考点）之间的振动差值，而不应比较采取隔振措施后的振源设备基点至基础参考点之间（即隔振装置两端）的振动差值。

五、典型工程噪声的防治对策和措施

1. 工业噪声的防治对策和措施

工业噪声防治以固定的工业设备噪声源为主。对项目整体来说，可以从工程选址、总图布置、设备选型、操作工艺变更等方面考虑尽量减少声源可能对环境产生的影响。对声源已经产生的噪声，则根据主要声源影响情况，在传播途径上分别采用隔声、隔振、消声、吸声以及增加阻尼等措施降低噪声影响，必要时需采用声屏障等工程措施降低和减轻噪声对周围环境和居民的影响。而直接对敏感建筑物采取隔声窗等噪声防护措施，则是最后的选择。

在考虑降噪措施时，首先应该关注工程项目周围居民区等敏感目标分布情况和项目邻近区域的声环境功能需求。若项目噪声影响范围内无人群生活，按照国家现行法规和标准规定，原则上不要求采取噪声防治措施。但若工程项目所处地区的地方政府或地方生态环境主管部门对项目周边有土地使用规划功能要求或环境质量要求，则应采取必要措施保证达标或者给出相应噪声控制要求，例如，噪声控制距离或者规划土地使用功能等要求。

根据噪声影响特点和环境特点，提出规划布局及功能调整以及噪声监测计划等对策建议。

在此类工程项目报批的环境影响评价文件中，应当将项目选址结果、总图布置、声源降噪措施、需建造的声屏障及必要的敏感点建筑物噪声防治措施等分项给出，并分别说明项目选址的优化方案及其论证原因、总图布置调整的方案情况及其对项目边界和受影响敏感点的降噪效果。分项给出主要声源各部分的降噪措施、效果和投资，声屏障以及敏感建筑物本身防护措施的方案、降噪效果及投资等情况。

2．公路（道路）交通噪声的防治对策和措施

公路（道路）交通噪声影响的主要对象是线路两侧的以人群生活（包括居住、学习等）为主的环境敏感目标。其防治对策和措施主要有：线路优化比选，进行线路和敏感建筑物之间距离的调整；线路路面结构、路面材料改变；道路和敏感建筑物之间的土地利用规划以及临街建筑物使用功能的变更，声屏障和敏感建筑物本身的防护或拆迁安置等；优化运行方式（包括车辆选型、速度控制、鸣笛控制和运行计划变更等）以降低和减轻公路和城市道路交通产生的噪声对周围环境和居民的影响。

根据噪声影响特点和环境特点，提出城镇规划区路段线路与敏感建筑物之间的规划调整建议；给出车辆行驶规定及噪声监测计划等对策建议。

3．铁路、城市轨道交通噪声的防治对策和措施

通过不同选线方案声环境影响预测结果，分析敏感目标受影响的程度，提出优化的选线方案建议；根据工程与环境特征，给出局部线路和站场调整，敏感目标搬迁或功能置换，轨道、列车、路基（桥梁）、轨道的优选，列车运行方式、运行速度、鸣笛方式的调整，设置声屏障和对噪声敏感建筑物进行噪声防护等具体的措施方案及其降噪效果，并进行经济、技术可行性论证；根据噪声影响特点和环境特点，提出城镇规划区段铁路（或城市轨道交通）与敏感建筑物之间的规划调整建议；给出车辆行驶规定及噪声监测计划等对策建议。

4．机场周围飞机噪声的防治对策和措施

机场飞机噪声影响与其他类别工程项目噪声影响形式不同，主要是非连续的单个飞行事件的噪声影响，而且使用的评价量和标准也不同。可通过机场位置选择，跑道方位和位置的调整，飞行程序的变更，机型选择，昼间、夜间飞行架次比例的变化，起降程序的优化，敏感建筑物本身的噪声防护或使用功能更改，拆迁，噪声影响范围内土地利用规划或土地使用功能的变更等措施减少和降低飞机噪声对周围环境和居民的影响。根据噪声影响特点和环境特点，提出机场噪声影响范围内的规划调整建议，给出飞机噪声监测计划等对策建议。

第四节　固体废物污染控制概述

一、固体废物污染控制的主要原则

《中华人民共和国固体废物污染环境防治法》确定了固体废物污染防治的原则为减量化、资源化、无害化。

减量化——清洁生产：通过改善生产工艺和设备设计，以及加强管理，来降低原料、能源的消耗量；通过改变消费和生活方式，减少产品的过度包装和一次性制品的大量使用，最大限度地减少固体废物产生量。

资源化——综合利用：将固体废物视为“放错了地方的资源”，或是“尚未找到利用技术的新材料”，通过综合利用，使有利用价值的固体废物变废为宝，实现资源的再循环利用。

无害化——安全处置：对无利用价值的固体废物的最终处置（焚烧和填埋），应在严格的管理控制下，按照特定要求进行，实现无害于环境的安全处置。

二、固体废物处置常用方法概述

1. 预处理方法

城市固体废物的种类复杂，大小、形状、状态、性质千差万别，一般需要进行预处理。常用的预处理技术有以下 3 种：

① 压实。用物理的手段提高固体废物的聚集程度，减少其容积，以便于运输和后续处理，主要设备为压实机。

② 破碎。用机械方法破坏固体废物内部的聚合力，减少颗粒尺寸，为后续处理提供合适的固相粒度。

③ 分选。根据固体废物不同的物质性质，在进行最终处理之前，分离出有价值的和有害的成分，实现“废物利用”。

2. 生物处理方法

生物处理是通过微生物的作用，使固体废物中可降解有机物转化为稳定产物的处理技术。生物处理分为好氧堆肥和厌氧消化。好氧堆肥是在充分供氧的条件下，利用好氧微生物分解固体废物中有机物质的过程，产生的堆肥是优质的土壤改良剂和农肥。厌氧消化是在无氧或缺氧条件下，利用厌氧微生物的作用使废物中可生物降解的有机物转化为甲烷、二氧化碳和稳定物质的生物化学过程。

3. 卫生填埋方法

区别于传统的填埋法，卫生填埋方法采用严格的污染控制措施，使整个填埋过程的污染和危害减少到最低限度，在填埋场的设计、施工、运行时最关键的问题是控制含大量有机酸、氨氮和重金属等污染物的渗滤液随意流出，做到统一收集后集中处理。

4．一般物化处理方法

工业生产产生的某些含油、含酸、含碱或含重金属的废液，均不宜直接焚烧或填埋，要通过简单的物理化学处理。经处理后，水溶液可以再回收利用，有机溶剂可以做焚烧的辅助燃料，浓缩物或沉淀物则可送去填埋或焚烧。因此，物理化学方法也是综合利用或预处理过程。

5．安全填埋方法

安全填埋是一种把危险废物放置或贮存在环境中，使其与环境隔绝的处置方法，也是对其在经过各种方式的处理之后所采取的最终处置措施。目的是割断废物和环境的联系，使其不再对环境和人体健康造成危害。所以，是否能阻断废物和环境的联系便是填埋处置成功与否的关键。

一个完整的安全填埋场应包括废物接收与贮存系统、分析监测系统、预处理系统、防渗系统、渗滤液集排水系统、雨水及地下水集排水系统、渗滤液处理系统、渗滤液监测系统、管理系统和公用工程等。

6．焚烧处理方法

焚烧法是一种高温热处理技术，即以一定的过剩空气量与被处理的有机废物在焚烧炉内进行氧化分解反应，废物中的有毒有害物质在高温中氧化、热解而被破坏。焚烧处置的特点是可以实现无害化、减量化、资源化。焚烧的主要目的是尽可能焚毁废物，使被焚烧的物质变成无害和最大限度地减容，并尽量减少新的污染物质的产生，避免造成二次污染。焚烧不但可以处置城市垃圾和一般工业废物，而且可以用于处置危险废物。

7．热解法

区别于焚烧，热解技术是在氧分压较低的条件下，利用热能将大分子量的有机物裂解为分子量相对较小的易于处理的化合物或燃料气体、油和炭黑等有机物质。热解处理适用于具有一定热值的有机固体废物。热解应考虑的主要影响因素有热解废物的组分、粒度及均匀性、含水率、反应温度及加热速率等。高温热解温度应在 1 000℃以上，主要热解产物应为燃气。中温热解温度应在 600～700℃，主要热解产物应为类重油物质。低温热解温度应在 600℃以下，主要热解产物应为炭黑。热解产物经净化后进行分馏可获得燃油、燃气等产品。

三、固体废物常用的处理与处置技术

《固体废物处理处置工程技术导则》（HJ 2035—2013）和《固体废物再生利用污染防治技术导则》（HJ 1091—2020），可作为固体废物处理处置、再生利用工程环境影响评价、设计、施工、验收及建成后运行与管理的技术依据。

1．固体废物预处理技术

固体废物的种类多种多样，其形状、大小、结构及性质有很大的不同，为了便于对它们进行合适的处理和处置，往往要经过对废物的预加工处理。

对于要进行填埋的废物，通常要按一定方式压实，这样不仅可以减少运输量和运输费用，而且在填埋时还可以占据较小的空间或体积。

对于要进行焚烧和堆肥的废物，通常要进行破碎处理，破碎成一定粒度的废物颗粒将有利于焚烧的进行，也有利于堆肥处理的反应速度。

在对废物进行资源回收利用时，也需要破碎、分选等处理过程。比如从塑料导线中回收铜材料，首先要把塑料包皮切开，把塑料与铜导线分开，再把分开的塑料破碎，进行再生造粒，这样就实现了铜和塑料分别回收利用的目的。

（1）压实

如想减少固体废物的运输量和处置体积，则对固体废物进行压实处理有明显的经济意义。在对固体废物进行资源化处理的过程中，废物的交换和回收利用均需将原来松散的废物进行压实、打包，然后将其从废物产生地运往废物回收利用地。在城市生活垃圾的收集运输过程中，许多纸张、塑料和包装物，具有很小的密度，占有很大的体积，必须经过压实，才能有效地增大运输量，减少运输费用。

（2）破碎处理

通过人力或机械等外力的作用，破坏物体内部的凝聚力和分子间作用力而使物体破裂变碎的操作过程统称破碎。破碎是固体废物处理技术中最常用的预处理工艺。

破碎不是最终处理的作业，而是运输、焚烧、热分解、熔化、压缩等作业的预处理作业。换言之，破碎的目的是使上述操作能够或容易进行，或更加经济有效。固体废物经过破碎，尺寸减小，粒度均匀，这对于固体废物的焚烧和堆肥处理均有明显的好处。

（3）分选

固体废物的分选有很重要的意义。在固体废物处理、处置与回用之前必须进行分选，将有用的成分分选出来加以利用，并将有害的成分分离出来。根据物料的物理性质或化学性质，这些性质包括粒度、密度、重力、磁性、电性、弹性等。分别采用不同的方法，包括人工手选、风力分选、筛分、跳汰机、浮选、磁选、电选等分选技术。

2．固体废物生物处理技术

生物处理适宜处理有机固体废物，如畜禽粪便、污泥等。生物处理过程中产生的残余物应回收利用，不可回收利用的应焚烧处理或卫生填埋处置。根据生物处理过程中起作用的微生物对氧气要求的不同，生物处理分为好氧堆肥和厌氧消化两类。

（1）好氧堆肥

好氧堆肥是在通风条件下，有游离氧存在时进行的分解发酵过程，由于堆肥堆温高，一般在55～65℃，有时高达80℃，故也称高温堆肥。由于好氧堆肥具有发酵周期短、无害化程度高、卫生条件好、易于机械化操作等特点，故国内外用垃圾、污泥、人畜粪尿等有机废物制造堆肥的工厂，绝大多数都采用好氧堆肥。好氧堆肥工艺流程见图12-12。

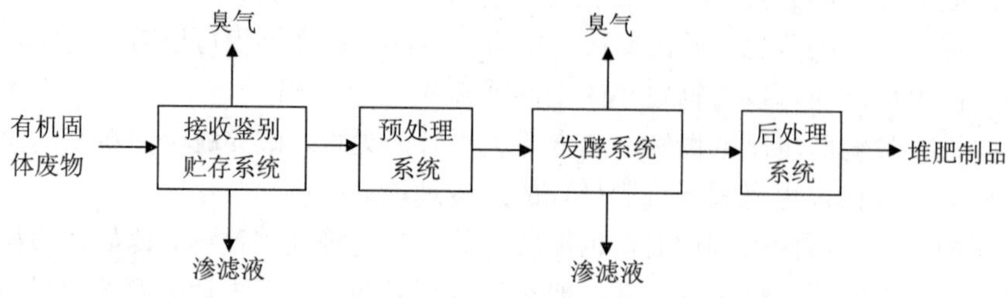

图 12-12　好氧堆肥工艺流程

堆肥场应建设渗滤液导排系统和渗滤液处理设施，将堆肥场在运行期和后期维护管理期内的渗滤液处理后达标排放。

（2）厌氧消化

固体废物厌氧消化技术按厌氧消化温度分为常温消化、中温消化和高温消化。按消化固体废物的浓度可分为低固体厌氧消化和高固体厌氧消化。固体废物厌氧消化技术中，常温消化主要适用于粪便、污泥和中低浓度有机废水等的处理，较适用于气温较高的南方地区；中温消化主要适用于大中型产沼工程、高浓度有机废水等的处理；高温消化主要适用于高浓度有机废水、城市生活垃圾、农作物秸秆等的处理，以及粪便的无害化处理。厌氧消化工艺流程见图 12-13。

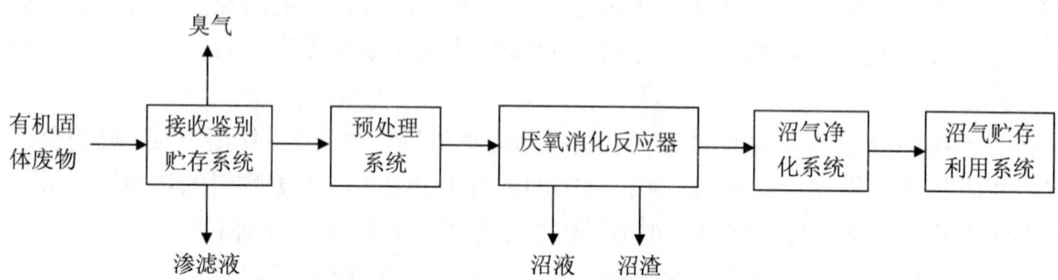

图 12-13　厌氧消化工艺流程

3. 固体废物焚烧处置技术

焚烧法是一种高温热处理技术，即以一定的过剩空气量与被处理的有机废物在焚烧炉内进行氧化燃烧反应，废物中的有害有毒物质在高温下氧化、热解，是一种可同时实现废物无害化、减量化、资源化的处理技术。焚烧适用于处理可燃、有机成分较多、热值较高的固体废物，如城市生活垃圾、农林固体废物等。

（1）一般规定

焚烧处置工程应采用成熟可靠的技术、工艺和设备，并运行稳定、维修方便、经济合理、管理科学、保护环境、安全卫生。焚烧厂建设规模应根据焚烧厂服务范围内的固体废物可焚烧量、分布情况、发展规划以及变化趋势等因素综合考虑确定，并应根据处理规模合理确定生产线数量和单台处理能力，设计时应考虑焚烧处置能力的余量。应采用 2～4 条生产线配置的方式。新建焚烧厂应采用同一种处理能力、同一种型号的焚烧炉。

生活垃圾焚烧厂污染物排放限值及烟囱高度应符合《生活垃圾焚烧污染控制标准》（GB 18485—2014）的相关要求，其他固体废物焚烧应符合国家相关固体废物污染控制标准的规定。

（2）焚烧工艺流程

焚烧工艺流程见图 12-14。

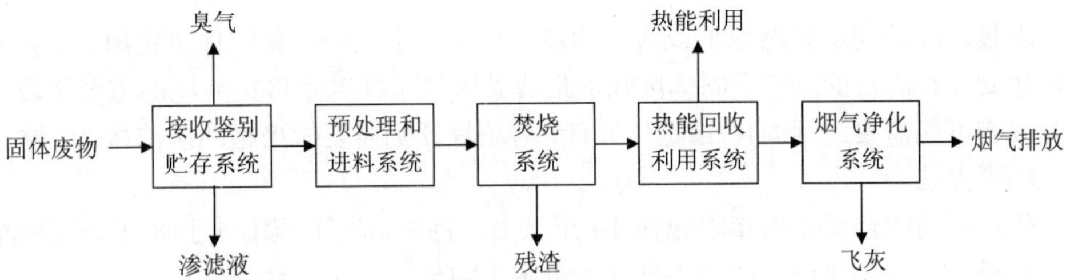

图 12-14　焚烧工艺流程

（3）焚烧炉型及适用范围

焚烧炉型应根据废物种类和特征选择：

① 炉排式焚烧炉适用于生活垃圾焚烧，不适用于处理含水率高的污泥；

② 流化床式焚烧炉对物料的理化特性有较高要求，适用于处理污泥、预处理后的生活垃圾及一般工业固体废物；

③ 回转窑焚烧炉适用于处理成分复杂、热值较高的一般工业固体废物；

④ 固定床等其他类型的焚烧炉适用于一些处理规模较小的固体废物处理工程。

（4）烟气净化

焚烧处置技术对环境的最大影响是尾气造成的污染，常见的焚烧尾气污染物包括烟尘、酸性气体、氮氧化物、重金属、二噁英等。为了防止二次污染，工况控制和烟气净化则是污染控制的关键。

烟气净化系统应包括酸性气体、烟尘、重金属、二噁英等污染物的控制与去除设备，以及引风机、烟囱等相关设备。

脱酸系统主要去除氯化氢、氟化氢和硫氧化物等酸性物质，应采用适宜的碱性物质作为中和剂，可采用半干法、干法或湿法处理工艺。

烟气除尘设备应采用袋式除尘器。

烟气中重金属和二噁英的去除应注意：① 合理匹配物料，控制入炉物料含氯量；

② 固体废物应完全燃烧，并严格控制燃烧室烟气的温度、停留时间与气流扰动工况；③ 应减少烟气在 200～400℃温区的滞留时间。

氮氧化物的去除应注意：① 应优先考虑采用低氮燃烧技术减少氮氧化物的产生量；② 烟气脱硝可采用选择性非催化还原法（SNCR）或选择性催化还原法（SCR）。

（5）灰渣处理

炉渣与焚烧飞灰应分别收集、贮存和运输。其中，生活垃圾焚烧飞灰属于危险废物，应按危险废物进行安全处置；秸秆等农林废物焚烧飞灰和除危险废物外的固体废物焚烧炉渣应按一般固体废物处理。

4．固体废物填埋、处置

（1）卫生填埋

填埋技术即是利用天然地形或人工构造，形成一定空间，将固体废物填充、压实、覆盖以达到贮存的目的。它是固体废物的最终处置技术并且是保护环境的重要手段。对于危险废物可能需要进行固化/稳定化处理，对填埋场则需要做严格的防渗构造。这里介绍卫生填埋方法。

卫生填埋场的合理使用年限应在 10 年以上，特殊情况下应不低于 8 年。填埋库区应一次性设计，分期建设。填埋工艺流程见图 12-15。

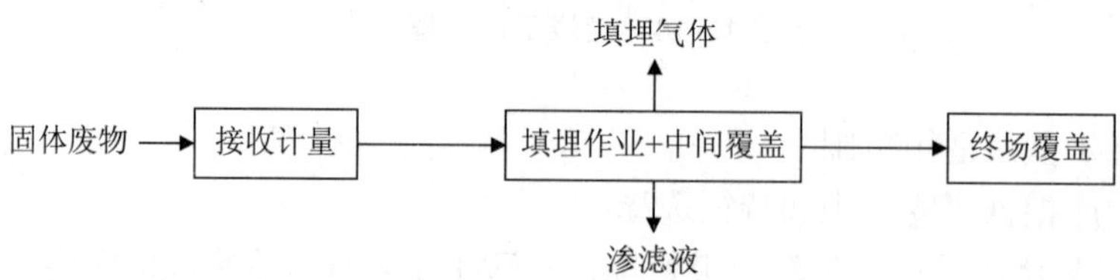

图 12-15　填埋工艺流程

进入卫生填埋场的填埋物应是生活垃圾，或是经处理后符合《生活垃圾填埋场污染控制标准》（GB 16889—2008）相关规定的废物。具有爆炸性、易燃性、浸出毒性、腐蚀性、传染性、放射性等的有毒有害废物不应进入卫生填埋场，不得直接填埋医疗废物和与衬层不相容的废物。卫生填埋场的基础与防渗应符合《城市生活垃圾卫生填埋技术规范》（CJJ 17）中的有关规定。填埋场渗滤液的处理应符合《生活垃圾填埋场渗滤液处理工程技术规范（试行）》（HJ 564—2010）的有关规定，处理达标后排放。填埋气体应进行收集和利用，难以回收和无利用价值时应将其导出处理后排放。

填埋终止后，应进行封场和生态环境恢复。封场后应对渗滤液进行永久的收集和处理，并定期清理渗滤液收集系统。封场后进入后期维护与管理阶段的填埋场，应定期检测其产生的渗滤液和填埋气，直到填埋场产生的渗滤液中水污染物浓度满足 GB 16889—2008 的要求。在填埋场稳定以前，应对地下水、地表水、大气进行定期监测。

（2）一般工业固体废物处置

一般工业固体废物填埋场、处置场适宜处理未被列入《国家危险废物名录》或据《危险废物鉴别标准》（GB 5085.1～GB 5085.7）、《固体废物　浸出毒性浸出方法　翻转法》（GB 5086.1）、《固体废物浸出毒性浸出方法　水平振荡法》（HJ 557）及固体废物浸出毒性测定方法（GB/T 15555.1～GB/T 15555.12）鉴别判定不具有危险特性的工业固体废物。一般工业固体废物填埋场、处置场，不应混入危险废物和生活垃圾。第Ⅰ类和第Ⅱ类一般工业固体废物应分别处置。

处置场应采取防止粉尘污染的措施。含硫量大于1.5%的煤矸石，应采取措施防止自燃。堆放第Ⅱ类一般工业固体废物的处置场：当天然基础层的渗透系数大于 1.0×10^{-7} cm/s 时，应采用天然或人工材料构筑防渗层，防渗层的厚度应相当于渗透系数 1.0×10^{-7} cm/s 和厚度 1.5 m 的黏土层的防渗性能；必要时应设计渗滤液处理设施，对渗滤液进行处理。封场后，渗滤液及其处理后排放水的监测系统应继续维持正常运转，直至水质稳定为止。地下水监测系统应继续维持正常运转。

5．水泥窑协同处置固体废物

（1）基本原则

① 水泥窑协同处置固体废物是指将满足或经过预处理后满足入窑要求的固体废物投入水泥窑，在进行水泥熟料生产的同时实现对固体废物的无害化处置过程。处置固体废物的类型主要包括危险废物、生活垃圾、城市和工业污水处理污泥、动植物加工废物、受污染土壤、应急事件废物等。水泥窑协同处置固体废物是城市固体废物处置的重要补充形式。

② 水泥窑协同处置固体废物污染防治应遵循源头控制、清洁生产与末端治理相结合的全过程污染控制原则，鼓励采用先进可靠、能源利用效率高的生产工艺和装备及成熟有效的污染防治技术，加强技术引导和精细化管理。水泥窑协同处置固体废物应保证固体废物的安全处置，满足污染物达标排放的要求，不影响水泥的产品质量和水泥窑的稳定运行。

（2）总体要求

① 协同处置固体废物应利用现有新型干法水泥窑，并采用窑磨一体化运行方式。处置固体废物应采用单线设计熟料生产规模 2 000 t/d 及以上的水泥窑。2016 年 12 月 8 日以后新建、改建或扩建处置危险废物的水泥企业，应选择单线设计熟料生产规模 4 000 t/d 及以上水泥窑；新建、改建或扩建处置其他固体废物的水泥企业，应选择单线设计熟料生产规模 3 000 t/d 及以上水泥窑。鼓励利用符合《水泥行业规范条件（2015 年本）》的水泥窑协同处置固体废物，拟改造前应符合《水泥窑协同处置固体废物污染控制标准》（GB 30485—2013）的要求。

② 应根据生产工艺与技术装备，合理确定水泥窑协同处置固体废物的种类及处置规模。严禁利用水泥窑协同处置具有放射性、爆炸性和反应性废物，未经拆解的废家用电

器、废电池和电子产品，含汞的温度计、血压计、荧光灯管和开关，铬渣，以及未知特性和未经过检测的不明性质废物。

③ 新建水泥窑协同处置危险废物的企业在试生产期间，应按照《水泥窑协同处置固体废物环境保护技术规范》（HJ 662—2013）要求对水泥窑协同处置设施进行性能测试，以检验和评价水泥窑在协同处置危险废物的过程中对有机化合物的焚毁去除能力以及对污染物排放的控制效果。利用水泥窑协同处置医疗废物，必须满足 HJ 662—2013 的相关要求。处置应急事件废物，应选择具有同类型危险废物经营许可证的水泥窑进行协同处置。如无法满足条件，应按照当地省级生态环境主管部门批准的应急处置方案，选择适宜的水泥窑进行协同处置。

④ 水泥窑协同处置固体废物，其清洁生产水平应按照《水泥行业清洁生产评价指标体系》（国家发展和改革委员会 环境保护部 工业和信息化部公告 2014 年第 3 号）的要求，定期实施清洁生产审核。水泥窑协同处置固体废物，应对进场接收、贮存与输送、预处理和入窑处置等场所或设施采取密闭、负压或其他防漏散、防飞扬、防恶臭的有效措施。固体废物在水泥企业应分类贮存，贮存设施应单独建设，不应与水泥生产原燃料或产品混合贮存。危险废物贮存还应满足《危险废物贮存污染控制标准》（GB 18597—2001）和《危险废物收集贮存 运输技术规范》（HJ 2025 —2012）的要求。对不明性质废物应按危险废物贮存要求设置隔离贮存的暂存区，并设置专门的存取通道。

⑤ 根据协同处置固体废物特性及入窑要求，合理确定预处理工艺。鼓励污水处理厂进行污泥干化，干化后的污泥宜满足直接入窑处置的要求。水泥厂内进行污泥干化时，宜单独设置污泥干化系统，干化热源宜利用水泥窑废气余热。原生生活垃圾不可直接入水泥窑，必须进行预处理后入窑。生活垃圾在预处理过程中严禁混入危险废物。严格控制水泥窑协同处置入窑废物中重金属含量及投加量；水泥熟料中可浸出的重金属含量限值应满足《水泥窑协同处置固体废物技术规范》（GB 30760—2014）的相关要求。水泥窑协同处置重金属类危险废物时，应提高对水泥熟料重金属浸出浓度的检测频次。严格控制入窑废物中氯元素的含量，保证水泥窑能稳定运行和水泥熟料质量，同时遏制二噁英类污染物的产生。

⑥ 固体废物入窑投加位置及投加方式应根据水泥窑运行条件及预处理情况在满足 HJ 662—2013 要求的同时，根据固体废物的成分、热值等参数进行合理配伍，保障固体废物投加后水泥窑能稳定运行。含有机挥发性物质的废物、含恶臭废物及含氰废物不能投入生料制备系统，应从高温段投入水泥窑。水泥窑协同处置固体废物应按照废物特性和水泥生产要求配置相应的投加计量和自动控制进料装置。应逐步提高协同处置固体废物的水泥窑与生料磨的同步运转率。强化生料磨停运期间二氧化硫、汞等挥发性重金属的排放控制措施，不应采用简易氨法脱硫措施（不回收脱硫副产物）。

⑦ 水泥窑协同处置固体废物设施，窑尾烟气除尘应采用高效袋式除尘器；2014 年

3月1日前已建成投产或环境影响评价文件已通过审批的协同处置固体废物设施，如窑尾采用电除尘器应持续提升其运行的稳定性，提高除尘效率，确保污染物连续稳定达标排放，鼓励将电除尘器改造为高效袋式除尘器。加强对协同处置固体废物水泥窑除尘器的运行与维护管理，确保除尘器与水泥窑生产百分之百同步运转。

⑧ 水泥窑协同处置过程中的氮氧化物、二氧化硫等污染物排放控制应执行《水泥工业污染防治技术政策》（环境保护部公告　2013年　第31号）的相关要求。水泥窑协同处置固体废物产生的渗滤液、车辆清洗废水及协同处置废物过程产生的其他废水，可经适当预处理后送入城市污水处理厂处理，或单独设置污水处理装置处理达标后回用，如果废水产生量小可直接喷入水泥窑内焚烧处置。严禁将未经处理的渗滤液及废水以任何形式直接排放。协同处置固体废物水泥窑旁路放风系统排出的废气不能直接排放，窑尾除尘灰宜返回原料系统或按危险废物进行管理。

⑨ 水泥企业应对协同处置固体废物操作过程和环保设施运行情况进行记录。水泥企业应建立监测制度，定期开展自行监测，重点加强对窑尾废气中氯化氢、氟化氢、重金属和二噁英类污染物的监测。

四、固体废物处理厂（场）址选择要求

1. 焚烧厂选址

应具备满足工程建设要求的工程地质条件和水文地质条件。焚烧厂不应建在受洪水、潮水或内涝威胁的地区，必须建在上述地区时，应有可靠的防洪、排涝措施。应有可靠的电力供应和供水水源，并需考虑焚烧产生的炉渣及飞灰的处理处置和污水处理及排放条件。

2. 填埋场选址

生活垃圾填埋场场址应处于相对稳定的区域，并符合相关标准的要求。场址应尽量设在该区域地下水流向的下游地区。填埋场场址的标高应位于重现期不小于50年一遇的洪水位之上，并建设在长远规划中的水库等人工蓄水设施的淹没区和保护区之外，按GB 16889—2008规定选址。

3. 堆肥场选址

应统筹考虑服务区域，结合已建或拟建的固体废物处理设施，充分利用已有基础设施，合理布局。

4. 厌氧消化厂选址

厌氧消化厂应避免建在地质不稳定及易发生坍塌、滑坡、泥石流等自然灾害的区域。选址应尽量靠近发酵原料的产地和沼气利用地区，有较好的供水、供电及交通条件，并便于污水、污泥的处理、排放与利用。厌氧消化厂选址应结合已建或拟建的垃圾处理设施，充分利用已有基础设施，合理布局，利于实现综合处理。

五、固体废物的收集与运输

1．城市垃圾的收运

（1）城市垃圾的收运路线

在城市垃圾收集操作方法、收集车辆类型、收集劳力、收集次数和作业时间确定以后，就可着手设计收运路线，以便有效使用车辆和劳力。收集清运工作安排的科学性、经济性的关键就是合理的收运路线。

（2）城市生活垃圾的转运及中转站设置

在城市垃圾收运系统中，转运是指利用中转站将各分散收集点较小的收集车清运的垃圾转装到大型运输工具并将其远距离运输至垃圾处理利用设施或处置场的过程。转运站（中转站）就是指进行上述转运过程的建筑设施与设备。

中转站选址应注意，尽可能位于：① 垃圾收集中心或垃圾产量多的地方；② 靠近公路干线及交通方便的地方；③ 对居民和环境危害最少的地方；④ 进行建设和作业最经济的地方。

此外，中转站选址应考虑便于废物回收利用及能源生产的可能性。

2．危险废物的收集、贮存及运输

由于危险废物固有的属性包括化学反应性、毒性、腐蚀性、传染性或其他特性，可对人类健康或环境产生危害，因此，在其收、存及转运期间必须注意进行不同于一般废物的特殊管理。

（1）收集与贮存

由产出者将危险废物直接运往场外的收集中心或回收站，也可以通过地方主管部门配备的专用运输车辆按规定路线运往指定的地点贮存或做进一步处理。

典型的收集站由砌筑的防火墙及铺设有混凝土地面的若干库房式构筑物组成，贮存废物的库房，室内应保证空气流通，以防具有毒性和爆炸性的气体积聚而产生危险。收进的废物应翔实登记其类型和数量，并按不同性质分别妥善存放。转运站宜选在交通路网便利的地方，转运站由设有隔离带或埋于地下的液态危险废物贮罐、油分离系统及盛装有废物的桶或罐等库房群组成。

（2）危险废物的运输

通常将公路作为危险废物的主要运输途径，因而载重汽车的装卸作业是造成废物污染环境的重要环节。因此，为了保证安全必须严格执行培训、考核及许可制度。

3．一般工业固体废物的收集和贮存

应根据经济、技术条件对产生的工业固体废物加以回收利用；对暂时不利用或者不能利用的工业固体废物，应按照国务院生态环境主管部门的规定建设贮存设施、场所，安全分类存放，或者采取无害化处置措施。贮存、处置场应采取防止粉尘污染的措施，周边设导流渠，防止雨水径流进入贮存、处置场内，避免渗滤液量增加和发生滑坡。应

构筑堤、坝、挡土墙等设施，防止一般工业固体废物和渗滤液的流失。应设计渗滤液集排水设施，必要时应设计渗滤液处理设施，对渗滤液进行处理。贮存含硫量大于 1.5% 的煤矸石时，应采取防止自燃的措施。

第五节　生态保护措施

建设项目生态影响减缓措施和生态保护措施是整个生态影响评价工作成果的集中体现，也是环境影响报告书中生态评价最精华的部分。开发建设项目生态保护措施应遵循或满足如下一些基本原则与要求。

一、生态保护措施的基本要求

（1）体现法规的严肃性

《中华人民共和国环境保护法》规定："开发利用自然资源，必须采取措施保护生态环境。""建设项目的环境影响报告书，必须对建设项目产生的污染和对环境的影响做出评价，规定防治措施……"由于报告书一经生态环境主管部门批准就具有了法律效力，所以对环保措施的编制应持极其严肃和负责任的态度。环评工作从始至终都须依照法律规定执行，体现法律的严肃性。

（2）体现可持续发展思想与战略

可持续发展已确定为我国的发展战略，这是针对传统发展战略的不可持续性而提出来的。可持续发展战略要求的经济发展不仅是数量增长，更要求提高发展的质量；要求社会发展达到公平、公正，不仅当代人不同群体之间应公平，不造成贫富差距拉大（或使一部分人受益而损害另一部分人的利益），而且要求代际公平，即当代人的发展或谋求福利不应损害后代人的利益；要求自然资源以持续的方式利用，要求生态稳定和具有持续性，能为一代又一代人提供良好的生态服务。为实现上述目的，需要有配套的政策、法规，并需要建立综合决策机制和协调管理体制。总之，可持续发展谋求经济、社会和资源生态的协调，而不是传统的单一经济数量增长的发展；谋求发展的持续性，包括建设项目的持续存在和长期效益，而不是搞"短命"的应景项目。这些思想和战略都应体现到环评提出的环保措施中。

（3）体现产业政策方向与要求

政策包括环境政策、资源政策、产业政策等。预防为主是首要的政策取向。生态保护战略特别注重保护三类地区：一是生态良好的地区，要预防对其破坏；二是生态系统特别重要的地区，要加强对其保护；三是资源强度利用，生态系统十分脆弱，处于高度不稳定或正在发生退行性变化的地区。根据不同的地区，贯彻实施各地生态保护规划，是生态环保措施必须实施的内容。

（4）满足多方面的目的要求

建设项目环境影响评价基本服务于三个目的：一是明确开发建设者的环境责任；二是对建设项目环保工程设计提出具体要求，提供科学依据；三是为各级环保行政管理部门实行对项目的环境管理提供科学依据和具有法律约束力的文件。

从达到第一个目的出发，评价中需阐明所有的直接影响，并针对所产生的影响提出环保措施。为达到第二个目的，需增加评价的科学性和考虑措施的技术可行性。为达到第三个目的，除了上述要求外，还应评价建设项目的间接影响，考查其区域性影响，阐明区域可持续发展的有关问题，将建设项目管理纳入区域和流域的环境管理框架，对所提措施进行替代方案论证、技术经济论证，并提出一系列政策与管理措施。

（5）遵循生态保护科学原理

生态系统的变化与发展有其特定的规律，生态保护措施必须遵循这些规律才能符合实际，才能取得实效。注重保护生态系统的整体性，以保护生物多样性为核心，保护重要的生境，防止干扰脆弱的生态系统，对关系全局的重要生态系统（生态安全区）加强保护，保护具有地方特色的生态目标，注意缓解区域性生态问题和防止自然灾害，合理开发利用自然资源以保持其再生产能力，注重保护耕地和水资源，以及恢复、修复或重建被破坏的生态系统，都是主要的措施取向。

（6）全过程评价与管理

措施应包括勘探期、可行性研究（选址选线）阶段、设计期、施工建设期、营运期及营运后期的措施。从有效保护生态出发，贯彻预防为主的保护政策，加强监控和实施开发建设活动的全过程管理是至关重要的。大型开发建设项目都应编制全过程监控与管理计划，所有项目的施工建设队伍都应接受事前的环境管理培训，同时所有的工程建设委托书与契约中都应包含详细的生态保护内容与条款。

（7）突出针对性与可行性

建设项目的生态保护措施必须针对工程的特点和环境的特点，必须充分体现特殊性问题。生态的地域性特点和保护生态的不同要求，决定了生态保护措施的多样性和各具特色的内容。例如，同是公路路基的土方工程，在平原区主要是取土破坏土地资源问题，在山区则是开挖和弃土造成水土流失问题；同是公路工程在山区的水土流失问题，不同的土质、不同的路段、不同的微地形条件，所采取的措施也不相同。这就要求措施到位，因地制宜，讲求实效。另外，环保措施还应做到技术可行、管理可达和经济可及，即具有可行性。

生态保护措施应包括保护对象和目标，内容、规模及工艺，实施空间和时序，保障措施和预期效果分析，绘制生态保护措施平面布置示意图和典型措施设施工艺图。估算或概算环境保护投资。

二、生态影响的防护、恢复与补偿原则

① 应按照避让、减缓、补偿和重建的次序提出生态影响防护与恢复的措施；所采取措施的效果应有利修复和增强区域生态功能。

② 凡涉及不可替代、极具价值、极敏感、被破坏后很难恢复的敏感生态保护目标（如特殊生态敏感区、珍稀濒危物种）时，必须提出可靠的避让措施或生境替代方案。

③ 涉及采取措施后可恢复或修复的生态目标时，也应尽可能提出避让措施；否则，应制定恢复、修复和补偿措施。各项生态保护措施应按项目实施阶段分别提出，并提出实施时限和估算经费。

三、减少生态影响的工程措施

应从项目的选线、选址，项目的组成和内容，工艺和生产技术，施工和运营方案，生态保护措施等方面，选取合理的替代方案，来减少生态影响。评价应对替代方案进行生态可行性论证，优先选择生态影响最小的替代方案，最终选定的方案至少应该是生态保护可行的方案。

1．合理选址选线

从环境保护出发合理地选址和选线主要是指：

① 选址选线避绕敏感的环境保护目标，不对敏感保护目标造成直接危害。这是“预防为主”的主要措施。

② 选址选线符合地方环境保护规划和环境功能（含生态功能）区划的要求，或者说能够与规划相协调，即不使规划区的主要功能受到影响。

③ 选址选线地区的环境特征和环境问题清楚，不存在“说不清”的科学问题和环境问题，即选址选线不存在潜在的环境风险。

④ 从区域角度或大空间、长时间范围看，建设项目的选址选线不影响区域具有重要科学价值、美学价值、社会文化价值和潜在价值的地区或目标，即保障区域可持续发展的能力不受到损害或威胁。

2．工程方案分析与优化

从以经济为中心转向“以人为本”，实行可持续发展战略，不仅是经济领域的重大战略转变，也是环境保护战略和环评思想与方法的重大转变。许多工程建设方案是按照经济效益最大化进行设计的，这在以经济为中心的战略下具有一定的合理性（符合总战略方针），但从科学发展观来看，就可能不完全合理，因为可持续发展就是追求经济—社会—环境整体效益的最佳化，或者说发展战略以单一经济目标转向经济—社会—环境综合目标。因此，一切建设项目都须按照新的科学发展观审视其合理性。环境影响评价中，也必须进行工程方案环境合理性分析，并在环保措施中提出方案优化建议。从可持续发展的角度出发，工程方案的优化措施主要是：

①选择减少资源消耗的方案。最主要的资源是土地资源、水资源。一切工程措施都需首先从减少土地占用尤其是减少永久占地进行分析。例如，公路的高填方段，采用收缩边坡或“以桥代填”的替代方案，需在每个项目环评中逐段分析用地合理性和采用替代方案的可行性。水电水利工程需从不同坝址、不同坝高等方面分析工程方案的占地类型、占地数量及占地造成的社会经济损失，给出土地资源损失最少、社会经济影响最小的替代方案建议。

②采用环境友好的方案。环境友好是指建设项目设计方案对环境的破坏和影响较少，或者虽有影响也容易恢复。这包括从选址选线、工艺方案到施工建设方案的各个时期。例如，公路铁路建设以隧道方案代替深挖方案；建设项目施工中利用城市、村镇闲空房屋、场地，不建或少建施工营地，或施工营地优化选址，利用废弃土地，少占或不占耕地、园地等。环评中应对整体建设方案结合具体环境认真调查分析，从环境保护角度提出优化方案建议。

③采用循环经济理念，优化建设方案。目前，在建设项目工程方案设计中采用的一些方法，如公路铁路建设中的移挖作填（用挖方的土石作填方用料），港口建设中的航道开挖做成陆填料，水利项目中用洞采废石做混凝土填料，建设项目中弃渣造地复垦等，都是一种简单的符合循环经济理念的做法。循环经济既包括“3R”（Reduce 减少，Recycle 循环，Reuse 再利用）概念，也包括生态工艺概念，还包括节约资源、减少环境影响等多种含义。利用循环经济理念优化建设方案，是环评中需要大力探索的问题，应结合建设项目及其环境特点等具体情况，创造性地发展环保措施。尤其需不断学习和了解新的技术与工艺进步，将其应用于环评实践中，推进建设项目环境保护的进步与深化。

④发展环境保护工程设计方案。环境保护的需求使得工程建设方案不仅应考虑满足工程既定功能和经济目标的要求，而且应满足环境保护需求。这方面的技术发展十分薄弱，需要在建设项目环评和环保管理中逐步推进。例如，高速公路和铁路建设会对野生生物造成阻隔，有必要设计专门的生物通道；水坝阻隔了鱼类的洄游，需要设计专门的过鱼通道；古树名木受到建设项目选址选线的影响，不得不进行整体移植；文物的搬迁和易地重植、水生生物繁殖和放流等，都是新的问题，都需要发展专门的设计方案，而且都需要在实践中检验其是否真有效果。因此，建设项目环评中不仅应提出专门的环境保护工程设计的要求，而且往往需要提出设计方案建议或指导性意见和一些保障性措施，才可能使这些措施真正落实。

3. 施工方案分析与合理化建议

施工建设期是许多建设项目对生态发生实质性影响的时期，因而施工方案、施工方式、施工期环境保护管理都是非常重要的。

施工期的生态影响因建设项目性质不同和项目所处环境特点的不同会有很大的差别。在建设项目环境影响评价时需要根据具体情况做具体分析，提出有针对性的施工期环境保护工作建议。一般而言，下述方面是重要的：

① 建立规范化操作程序和制度。以一定程序和制度的方式规范建设期的行为，是减少生态影响的重要措施。例如，公路、铁路、管线施工中控制作业带宽度，可大大减少对周围地带的破坏和干扰，尤其在草原地带，控制机动车行道范围，防止机动车在草原上任意选路行驶，是减少对草原影响的根本性措施。

② 合理安排施工次序、季节、时间。合理安排施工次序，不仅是环境保护需要的，也是工程施工方案优化的重要内容，程序合理可以省工省时，保证质量；合理安排施工季节，对野生生物保护具有特殊意义，尤其在生物产卵、孵化、育幼阶段，减少对其干扰，可达到有效保护的目的；合理安排时间，也是一样，如学生上课、居民夜眠时，都需要安静，不在这一时段安排高噪声设备的施工，就可大大减少影响。

③ 改变落后的施工组织方式，采用科学的施工组织方法。建设项目的目标是明确的，并且一定可以实现，需要讲究的是项目实施过程的科学化、合理化，以收到省力省钱、高质高效的效果。要做到科学化、合理化，就必须精心研究、精心设计、精心施工，把功夫下在前期准备上。与此相反的做法是“三边”工程，即“边勘探、边设计、边施工”，这种“目标不明干劲大，心中无数点子多”的做法，曾一度盛行，至今仍不时可见。更有甚者至今仍有“会战”式的施工方式，拿打仗的做法来搞建设，混淆了两类不同事物的性质，没有不失败的。因此，从环境保护的角度出发，了解施工组织的科学性、合理性，提出必要的合理化建议，是十分必要的。

4. 加强工程的环境保护管理

加强工程的环境保护管理，包括认真做好选址选线论证，做好环境影响评价工作，做好建设项目竣工环境保护验收工作，做好“三同时”管理工作等。根据建设项目生态影响和生态保护的“过程性”特点，以及建设项目生态影响的渐进性、累积性、复杂性、综合性特点，有两项管理工作特别重要，那就是：

① 施工期环境工程监理与施工队伍管理；

② 营运期生态监测与动态管理。

四、生态监理

明确施工期和运营期管理原则与技术要求。可提出环境保护工程分标与招投标原则，施工期工程环境监理，环境保护阶段验收和总体验收、环境影响后评价等环保管理技术方案。

许多建设项目在施工建设期会发生实质性的生态影响，如公路铁路建设、水利水电工程等，因而进行施工期环境保护监理就成为这类项目环境管理的重要环节，环境影响评价中也因此必须编制施工监理方案。

生态监理应是整个工程监理的一部分，是对工程质量为主监理的补充。监理由第三方承担，受业主委托，依据合同和有关法律法规（包括批准的环境影响报告书），对工程建设承包方的环保工作进行监督、管理、监察。

生态监理目前尚无明确的法律规定，主要依据环境影响报告书执行，对报告书批准的要求进行监理的项目实施监理。施工期环境保护监理范围应包括工程施工区和施工影响区。监理工作方式包括常驻工地实行即时监管，亦有定期巡视辅以仪器监控的。不管采取什么方式，都需建立严格的工作制度，包括记录制度、报告制度、例会制度等，要对每日发生的问题和处理结果记录在案，并将有关情况通报承包商和业主。

生态监理是环境监理中的重点，不同的建设项目确定不同的重点监理内容和重点监理区域。这主要由环境影响报告书规定。一般而言，水源和河流保护、土壤保护、植被保护、野生生物保护、景观保护都是必然要纳入监理的。遇有生态敏感保护目标时，往往需编制更具针对性的监理工作方案。

负责监理工作的总监的权力和环保意识、生态意识对监理工作的成效有很大影响。监理人员的环保培训也是必不可少的。

五、生态监测

生态的复杂性、生态影响的长期性和由量变到质变的特点，决定了生态监测在生态管理中具有特殊而重要的意义，也是重要的生态保护措施。生态监测计划的拟定应结合项目规模、生态影响特点及所在区域的生态敏感性，生态监测计划的类型既包括全生命周期、长期跟踪或常规的生态监测计划，也包括必要的科技支撑方案。对可能具有重大、敏感生态影响的建设项目，区域、流域开发项目，应提出全生命周期或长期的生态监测计划、科技支撑方案，明确监测因子、方法、频次等。

根据 HJ 19—2022，对于三类监测计划的适用范围分别为：大中型水利水电项目、采掘类项目、新建 100 km 以上的高速公路及铁路项目、大型海上机场项目等应开展全生命周期生态监测；新建 50~100 km 的高速公路及铁路项目、新建码头项目、高等级航道项目、围填海项目以及占用或穿（跨）越生态敏感区的其他项目应开展长期跟踪生态监测（施工期并延续至正式投运后 5~10 年），其他项目可根据情况开展常规生态监测。

1．生态监测目的

① 了解背景。即继续对生态的观察和研究，认识其特点和规律。例如，对某些作为保护目标的野生生物及其栖息地的观察和研究，没有长期的过程是不可能完全把握的。

② 验证假说。即验证环境影响评价中所做出的推论、结论是否正确，是否符合实际。这种验证不仅对评价的项目有益，而且对进行类比分析、推进生态环评工作是非常有意义的。

③ 跟踪动态。即跟踪监测实际发生的影响，发现评价中未曾预料到的重要问题，并据此采取相应的补救措施。

2．生态监测方案

长期的生态监测方案，应具备如下主要内容：

① 明确监测目的，或确定要认识或解决的主要问题。一般列入监测的问题都是敏感

的、重要的而又是一时不能完全了解或把握的问题。监测只针对环境影响报告书中确定的问题，而不是做全面的生态监测。

② 确定监测项目或监测对象。针对想要认识或解决的问题，选取最具代表性的或最能反映环境状况变化的生态系统或生态因子作为监测对象。例如，以法定保护的生物、生态导则中规定的重要物种为监测对象，可直接了解保护目标的动态；以对环境变化敏感的生物为监测对象，可判断环境的真实影响与变化程度；以土地利用或植被为监测对象，可了解区域城市化动态或土地利用强度，也可了解植被恢复措施的有效性等。合理选择监测对象是十分重要的。施工期重点监测施工活动干扰下生态保护目标的受影响状况，如植物群落变化、重要物种的活动、分布变化、生境质量变化等，运行期重点监测对生态保护目标的实际影响、生态保护对策措施的有效性以及生态修复效果等。有条件或有必要的，可开展生物多样性监测。

③ 确定监测点位、频次或时间等，明确方案的具体内容。其中监测点位以代表性为原则，在生态敏感区可适当增加调查密度和频次。

④ 规定监测方法和数据统计规范，使监测的数据可进行积累与比较。生态监测方法的规范化是一项严肃、科学、细致的工作，在没有规范化的方法之前，一般可采用资源管理部门通用方法、生态学常规方法以及科研中常用的方法，但一经规定，就要沿用下去。

⑤ 确立保障措施。由于生态监测可能持续几年，有时可能伴随建设项目的始终，因而制定明确而详尽的实施保障措施是十分必要的。这包括：投资估算，如起始费用、维护费用、年度费用等；确定实施单位，如自建还是委托；技术装备、人员组成；监督检查机制、保障措施以及特殊情况出现时的应对措施等。

六、绿化方案

建设项目的绿化具有两层含义：①补偿建设项目造成的植被破坏，即重建植被工程，为项目建设者应当承担的环境责任，其补偿量一般不应少于其破坏量；②建设项目为自身形象建设或根据所在地区环境保护要求进行的生态建设工程，其建设方案应满足水土保持、美化与城市绿化的要求。

建设项目一般都应编制绿化方案，作为一个比较完善的绿化方案，一般应包括编制指导思想（或编制原则）、方案目标、方案措施、方案实施计划及方案管理。

1. 绿化方案一般原则

绿化方案编制中，一般应遵循如下基本原则：

（1）采用乡土物种

无论种树、植草，最好采用乡土物种。采用乡土物种具有以下优点：①容易成活，即植被重建容易成功；②容易形成特色，因为是本土物种，就有本地特色，而有特色就是美的；③可防止外来物种入侵，减少生态风险。

（2）生态绿化

就是讲求生态系统综合环境功能的绿化。换句话说，重建的植被不仅是为了点缀、美化，而是出于注重其实际的环境功能，使其能综合发挥涵养水源、保持土壤、防风固沙、调节气候、制造氧气、净化水汽废物、提供野生生物生境等功能的目的。生物量大小可作为这些综合功能的表征，因而单位面积的绿地上其生物量要尽可能大，一般可按照乔灌草立体结构设计，以保证其最充分地利用太阳能，生产最多的生物质。

（3）因土种植

土壤是植被重建的地质基础。一般而言，土壤肥沃、土层较厚的立地可（应）种植乔木；土壤贫瘠、土层甚薄的地方，则只能（应）种草本植物或灌木。由此可见，土壤条件的准备是绿化成功与否的关键，尤其像西南地区、喀斯特地貌区、水土流失严重的石山区，土层薄、土壤缺乏，成为这些地区植被重建、生态改善的制约因素。因此，在建设项目环保措施中，保存表层土壤是大多数建设项目都应采取的重要措施。

（4）因地制宜

含义有三：一是按照局部地区的生态条件（如降水量、土壤、热量等）设计绿化方案，使得绿化方案与当地生态条件相吻合；二是从环境功能保护和工程自身安全等需求出发进行绿化方案设计，如为稳定陡坡或为防止沙漠前移而增加局部地区绿化面积，而不是四面八方平均用力；三是根据土地利用现状和社会经济条件限制设计绿化方案，如不在基本农田或耕地、园地里搞“一刀切”式的“绿色通道”建设，而是在荒地、废弃地加大绿化力度、增加绿地面积，从而科学合理地实现绿化的根本目的。

2．绿化方案目标

建设项目绿化方案目标主要包括绿化面积指标和绿化覆盖率。

绿化面积指标的规定取决于：① 建设项目破坏的植被量和相应补偿的植被面积。② 建设项目自身绿化美化需求和城市规划应达到的绿化指标。③ 建设项目影响敏感保护目标（如水源林等）应进行的局部地区特殊补偿或植被重建等。④ 水土保持需求的绿化量。⑤ 立地条件所容许的最大绿化量，例如，长江三角洲稻田水网区绿地量不足的限制。

根据绿化率和绿化面积指标，必要时提出单位面积生物量指标，亦可作为一种质量指标。

3．绿化方案实施

绿化实施法包括立地条件分析、植物类型推荐、绿化结构建议以及实施时间要求等。

① 立地条件分析、植物类型推荐都遵循上述原则。根据具体情况确定，由于生态问题有着强烈的地域性特点，这种分析与推荐一般应在征求各地方生物学与生态学专家意见的基础上慎重地做出。

② 绿化结构建议。一般应向自然学习，即按照当地自然生态系统的理想结构进行模仿与重建。换句话说，建立与当地自然地理区相似的植被结构。

③ 实施时间要求。应按照边施工建设边恢复植被的原则进行，并考虑工程竣工环境保护验收的要求，抓紧进行。缩短土地裸露时间也是减缓生态影响十分需要的。

4. 绿化实施的保障措施

成功的植被重建和绿化需要如下保障：① 投资有保障。环评应概算投资额度，明确投资责任人。② 技术培训。根据绿化实施方式与技术要求，进行人员培训。环评应提出培训建议。

5. 绿化管理

绿化管理由建设单位实施、环保管理部门监督。绿化管理措施包括：① 绿化质量控制的检查，建设单位应检查委托绿化的执行情况；② 建立绿化管理制度；③ 建立绿化管理机构或确定专门责任人。

上述绿化管理措施是否落实，由建设项目竣工环境保护验收调查和当地生态环境部门检查监督。

七、生态影响的补偿与建设

补偿是一种重建生态系统以补偿因开发建设活动而损失的环境功能的措施。补偿有就地补偿和异地补偿两种形式。就地补偿类似于恢复，但建立的新生态系统与原生态系统没有一致性；异地补偿则是在开发建设项目发生地无法补偿损失的生态功能时，在项目发生地以外实施补偿措施，如在区域内或流域内的适宜地点或其他规划的生态建设工程中补偿，最常见的补偿是耕地和植被的补偿。植被补偿按生物物质生产等当量的原理确定具体的补偿量。补偿措施的确定应考虑流域或区域生态功能保护的要求和优先次序，考虑建设项目对区域生态功能的最大依赖和需求。补偿措施体现社会群体等使用和保护环境的权利，也体现生态保护的特殊性要求。

在生态已经相当恶劣的地区，为保证建设项目的可持续运营，促进区域的可持续发展，开发建设项目不仅应该保护、恢复、补偿直接受影响的生态系统及其环境功能，而且需要采取改善区域生态、建设具有更高环境功能的生态系统的措施。例如，沙漠和绿洲边缘的开发建设项目、水土流失严重或地质灾害严重山区、受台风影响严重的滨海地带及其他生态脆弱地带实施的开发建设项目，都需要为解决当地最大的生态问题进行有关的生态建设。

八、矿山生态环境保护与恢复治理

为规范矿产资源开发过程中的生态环境保护与恢复治理，环境保护部于 2013 年 7 月 23 日发布了《矿山生态环境保护与恢复治理技术规范（试行）》（HJ 651—2013），对煤矿、金属矿、非金属矿、油气矿、煤层气、砂石矿等陆地矿产资源勘查、采选过程和闭矿后生态环境保护与恢复治理提出了指导性技术要求，可作为环评工作的参考。

1．矿山生态环境保护与恢复治理的一般要求

① 禁止在依法划定的自然保护区、风景名胜区、森林公园、饮用水水源保护区、文物古迹所在地、地质遗迹保护区、基本农田保护区等重要生态保护地以及其他法律法规规定的禁采区域内采矿。禁止在重要道路、航道两侧及重要生态环境敏感目标可视范围内进行对景观破坏明显的露天开采。

② 矿产资源开发活动应符合国家和区域主体功能区规划、生态功能区划、生态环境保护规划的要求，采取有效预防和保护措施，避免或减轻矿产资源开发活动造成的生态破坏和环境污染。

③ 坚持“预防为主、防治结合、过程控制”的原则，将矿山生态环境保护与恢复治理贯穿矿产资源开采的全过程。根据矿山生态环境保护与恢复治理的重点任务，合理确定矿山生态保护与恢复治理分区，优化矿区生产与生活空间格局。采用新技术、新方法、新工艺提高矿山生态环境保护和恢复治理水平。

④ 所有矿山企业均应对照 HJ 651—2013 各项要求，编制实施矿山生态环境保护与恢复治理方案。

⑤ 恢复治理后的各类场地应实现：安全稳定，对人类和动植物不构成威胁；对周边环境不产生污染；与周边自然环境和景观相协调；恢复土地基本功能，因地制宜实现土地可持续利用；区域整体生态功能得到保护和恢复。

2．污染场地恢复治理

① 污染场地的恢复应切断污染源，防止渗漏和扩散，去除污染物，恢复场地生态功能，保证安全再利用。

② 污染场地应采取设置屏障等措施控制污染土壤、污泥、沉积物、非水相液体和固体废物等污染物进一步迁移。

③ 易于积水的污染场地应采用防渗膜、土工膜、土工布、GCL膨润土垫等做好防渗漏措施，根据污染场地天然基础层的地质情况分别采用天然材料衬层、复合衬层或双人工衬层作为其防渗层，必要时设置集排水系统，防止污水渗漏和扩散。

④ 污染场地应因地制宜采用物理、化学、生物、热处理等技术进行场地修复。对于有毒有害污染物和放射性污染物处置，应符合《危险废物焚烧污染控制标准》（GB 18484—2020）、《危险废物贮存污染控制标准》（GB 18597—2011）、《危险废物填埋污染控制标准》（GB 18598—2019）和《放射性废物管理规定》（GB 14500—2002）等标准要求。酸碱污染场地应采用水覆盖法、湿地法、碱性物料回填等方法进行场地修复，使修复后的土壤 pH 达到 5.5～8.5。场地内废矿物油的利用与处置应符合《废矿物油回收利用污染控制技术规范》（HJ 607—2011）标准要求。

⑤ 污染场地恢复治理达到相关标准要求并经生态环境部门组织验收后，可转为农业、林业、牧业、渔业、建设等用地。

第六节　地下水污染防治

地下水环境保护要坚持“保护优先，预防为主”的原则。要建立健全地下水环境保护的政策法规；建立合理的地下水管理和环境保护监督制度；必须进行必要的监测，一旦发现地下水遭受污染，就应及时采取措施，防微杜渐；尽量减少污染物进入地下含水层的机会和数量，选择具有最优的地质、水文地质条件的地点排放废物等；采取必要的工程防渗等污染物阻隔手段，防止污染物下渗含水层。

一、水环境管理措施

1．完善法律法规

我国的《中华人民共和国环境保护法》《中华人民共和国水法》《中华人民共和国水污染防治法》《饮用水水源保护区污染防治管理规定》等有关法律法规明确规定：① 禁止利用渗井、渗坑、裂隙和溶洞排放、倾倒含有毒污染物的废水、含病原体的污水和其他废弃物；② 禁止利用无防渗漏措施的沟渠、坑塘等输送或者存贮含有毒污染物的废水、含病原体的污水和其他废弃物；③ 多层地下水含水层水质差异大的，应当分层开采；对已受污染的潜水和承压水，不得混合开采；④ 兴建地下工程设施或者进行地下勘探、采矿等活动，应当采取保护性措施，防止地下水污染；⑤ 人工回灌补给地下水，不得恶化地下水质。

2．划分饮用水水源保护区

划分饮用水地下水源保护区是保护地下水不受污染的主要和有效途径之一。保护区的划定应充分考虑社会发展与环境保护的相互关系，在考虑社会环境与自然环境的基础上，通过合理划定水源地保护区，控制保护区内的土地利用方式和限制人类活动，保护水源地不受人为污染，实现城镇用水稳定、安全的供水目标。

水源保护区的划定技术方法见《饮用水水源保护区划分技术规范》（HJ/T 338—2018）。

二、地下水污染预防措施

1．源头控制

主要包括提出各类废物循环利用的具体方案，减少污染物的排放量；提出工艺、管道、设备、污水储存及处理构筑物应采取的污染控制措施，将污染物“跑、冒、滴、漏”降到最低限度。

2．分区防渗

结合地下水环境影响评价结果，对工程设计或可行性研究报告提出的地下水污染防控方案提出优化调整的建议，给出不同分区的具体防渗技术要求。

一般情况下，应以水平防渗为主，防控措施应满足以下要求：

① 已颁布污染控制国家标准或防渗技术规范的行业，水平防渗技术要求按照相应标准或规范执行，如 GB 16889、GB 18597、GB 18598、GB 18599、GB/T 50934 等；② 未颁布相关标准的行业，根据预测结果和场地包气带特征及其防污性能，提出防渗技术要求；或根据建设项目场地天然包气带防污性能、污染控制难易程度和污染物特性，参照表 12-2 提出防渗技术要求。其中污染控制难易程度分级和天然包气带防污性能分级分别参照表 12-3 和表 12-4 进行。

表 12-2 地下水污染防渗分区参照

防渗分区	天然包气带防污性能	污染控制难易程度	污染物类型	防渗技术要求
重点防渗区	弱	难	重金属、持久性有机污染物	等效黏土防渗层 M_b≥6.0 m，K≤1×10^{-7}cm/s；或参照 GB 18598 执行
	中—强	难		
一般防渗区	中—强	易	重金属、持久性有机污染物	等效黏土防渗层 M_b≥1.5 m，K≤1×10^{-7}cm/s；或参照 GB 16889 执行
	弱	易—难	其他类型	
	中—强	难		
简单防渗区	中—强	易	其他类型	一般地面硬化

表 12-3 污染控制难易程度分级参照

污染控制难易程度	主要特征
难	对地下水环境有污染的物料或污染物泄漏后，不能及时发现和处理
易	对地下水环境有污染的物料或污染物泄漏后，可及时发现和处理

表 12-4 天然包气带防污性能分级参照

分级	包气带岩土的渗透性能
强	岩（土）层单层厚度 M_b≥1.0 m，渗透系数 K≤1×10^{-6}cm/s，且分布连续、稳定
中	岩（土）层单层厚度 0.5 m≤M_b<1.0 m，渗透系数 K≤1×10^{-6}cm/s，且分布连续、稳定； 岩（土）层单层厚度 M_b≥1.0 m，渗透系数 1×10^{-6}cm/s<K≤1×10^{-4}cm/s，且分布连续、稳定
弱	岩（土）层不满足上述“强”和“中”条件

对难以采取水平防渗的场地，可采用垂向防渗为主、局部水平防渗为辅的防控措施。垂向防渗是利用场区底部的天然相对不透水层作为底部隔水层，在场区四周或地下水下游设置垂向防渗帷幕，垂向防渗帷幕底部深入天然相对不透水层一定深度，阻断场地内填埋污染物与周边土壤和地下水的水力联系，使场区形成一个相对封闭单元。

垂向防渗的设计与其施工工艺水平是紧密相关的，应根据工程的水文地质条件、污染物特性、地形及稳定性情况，结合防渗帷幕需要达到的渗透系数、深度和刚度，选择与之相适应的阻控类型。

垂向防渗一般根据污染特性、范围、水文地质条件及地形地貌，设置在地下水下游或污染场地周围，阻止污染物向外界迁移。对于已有重点污染源的垂向防渗主要应用于：① 由于地形条件限制，无法进行地面防渗的；② 由于已有装置的限制而无法开展地面防渗的；③ 已有大量固废堆存（贮存/填埋）而无法开展地面防渗的；④ 地下水污染范围已超出厂（场）界的，且需切断污染向厂（场）界外传输途径的。

3. 优化装置布局

结合国家产业政策，调整工农业产业结构，合理进行产业布局。严格限制能耗大、污染重的企业上马，按环境容量确定污染物允许排放总量，必须严格控制工业废水和生活污水排放量及排放浓度，在其排入环境之前应进行净化处理。根据水文地质条件，合理确定可能发生污染的建设项目选址及污染物储存或污水排放位置。工业企业应改进生产工艺，加强节水措施，提高污水资源化程度，减少水的消耗量和外排量。

三、地下水污染（应急）控制措施

1. 污染源控制

在进行污染包气带土层及污染地下水恢复工程之前，必须控制污染源。如果污染源得不到控制，污染物仍源源不断地进入包气带土层及其下的地下水，恢复技术就不可能取得成功。污染源的种类很多，但就其工程性质而言可分为两大类：不可清除的污染源和可清除的污染源。

（1）不可清除的污染源的控制

像城市垃圾、工业垃圾及放射性废物，它们是人类活动中产生的固体废物。在目前的科学技术水平下，这些废物还不能完全消除。所以，为了使进入包气带和地下水的污染物减少到最低限度，必须采取控制措施。

（2）可清除的污染源的控制

随便抛撒在地面的废设备，如贮存罐、贮存箱、废油筒等；还有污水渗坑、排污渠道以及现在还使用的但已发现破损渗漏的设备等都属于可清除的污染源。其控制措施一般是停止使用，或迁移到安全的地点。

2. 地下水污染水力控制

水力控制技术包括抽注地下水、设置低渗透性屏障等。这些方法可以单独使用或者联合使用来控制地下水污染蔓延趋势。

（1）抽水（排水）系统

①重力排水。排水沟或者沟渠通常向地下开挖一定深度。二者在一定深度内对于降低地下水位是行之有效的，可以用来将浅层污染区从地下水中隔离出来，但对于较深含

水层无能为力。

②浅井和群井。浅井是一种有效的抽水方式，可以有效地控制污染水流侧向和垂向运动。当收集淋滤液时，浅井可用来降低地表附近的地下水位。同样也可以用来拦截地表附近的污染水流。浅井设置相对经济。而且，浅井使用的抽水设备最少。群井是紧密排列的浅井在空间的简单组合，通常在地表通过真空泵相互连接。

③深井。在含水层中污染水流无法使用浅井系统时，才使用深井。

（2）注水系统

①补给水塘。补给水塘是位于地下水水面或者水面之上的水塘，水可以从补给水塘自然地渗入到含水层中去。使用补给水塘通常局限于潜水含水层。水塘下部的土壤必须有足够的渗透性。

②注水井。供水管头必须至少放到被注水含水层的地下水面以下。补给水应该是洁净的。它有两个优点：根据临近井的抽水速度，补给速度可以控制；可以针对特定深度、特定含水层（包括承压含水层）进行补给。

（3）水动力屏障系统

①重力排水。常规重力排水从河流得到补给，同时得到淋滤液的补给，收集和处理的水量较大。图 12-16 显示了在靠河流一侧使用黏土和塑料的地下排水法，以减少排水水流。

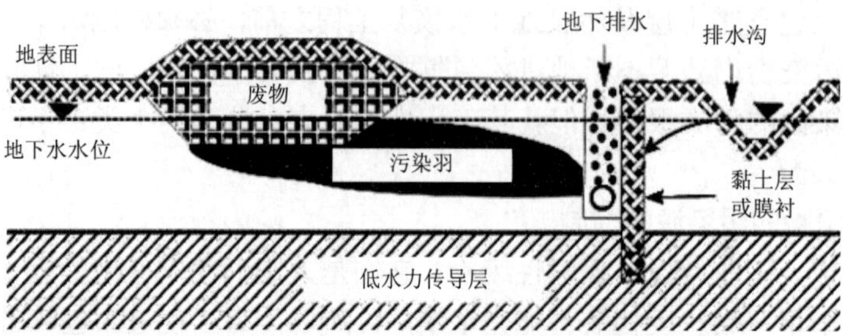

图 12-16　使用黏土和塑料屏障来减少从非污染源来的水流

重力排水可降低地下水位，使之不与污染物羽状流束接触。在地势平坦的地区，可能需要配备水泵的集水坑。图 12-17 是该方法的示意图。

在废物处置场下进行重力排水，可控制污染物羽状流束的运动，且从地下收集污染物（图 12-18）。黏滞性或反应性的化学物质的存在会堵塞排水沟，如形成铁锰化合物或碳酸钙沉淀。

②抽水井。抽水井的主要作用是降低地下水水位和抽出被污染的水，以达到控制污染物迁移和去除污染的目的。

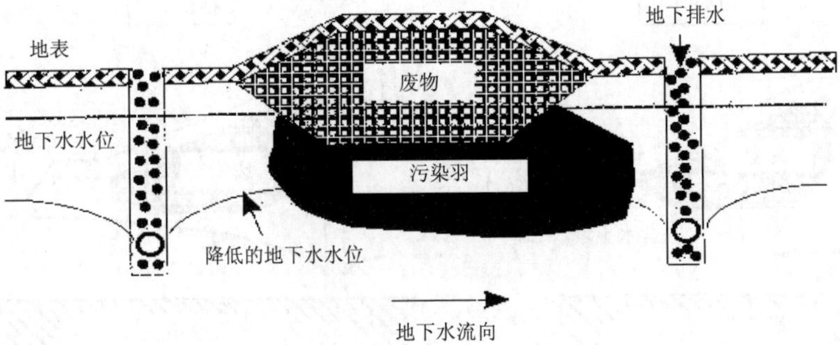

图 12-17　利用地下排水降低水位

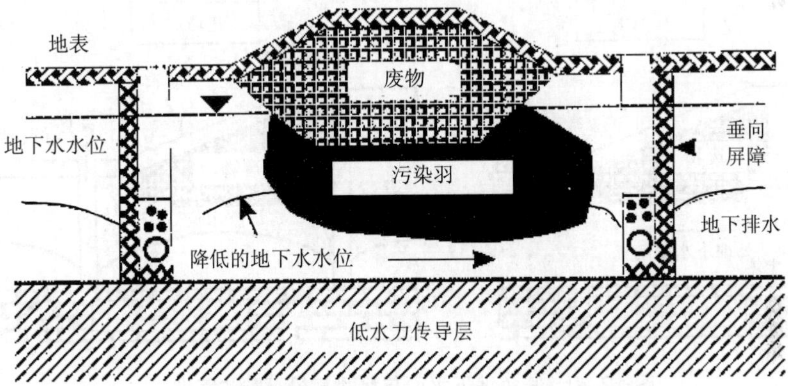

图 12-18　利用地下排水与垂向屏障相结合来完全封闭污染场地

③地表水体的保护。可以通过改变排泄区的位置或将其移到地表水体以外来防止向地表水体排放污染物。图12-19左图显示了未抽水时地下水排泄到邻近地表水体的示意图；抽水后，污染物羽状流束被悬挂，与地下水之间的间隔加大（图12-19右图）。污染物在土壤中的迁移距离也增加了，因此土壤会降解一部分污染物。

④避免直接接触。可以通过降低地下水水位并在污染源和饱水带顶端产生一个隔离带来防止污染物和地下水直接接触。图 12-20 显示了两种状态：一种是安装抽水井之前的，另一种是采取修复措施之后的。抽水井打到基岩，可以使污染源与新建立的水面产生最大的分离。应该注意，为确保已经建立的隔离区长期运行，需要进行监测。

⑤防止含水层污染。可以通过生成一个局部向上的水力梯度，来防止下伏含水层的污染。在污染源周围建造抽水井，可以产生一个局部的向上的水力梯度，来限制污染物的运动。图 12-21 显示了建造抽水井前后的水力状况。为了确保对整个场地产生作用，可设计群井来实现场地尺度的污染控制。

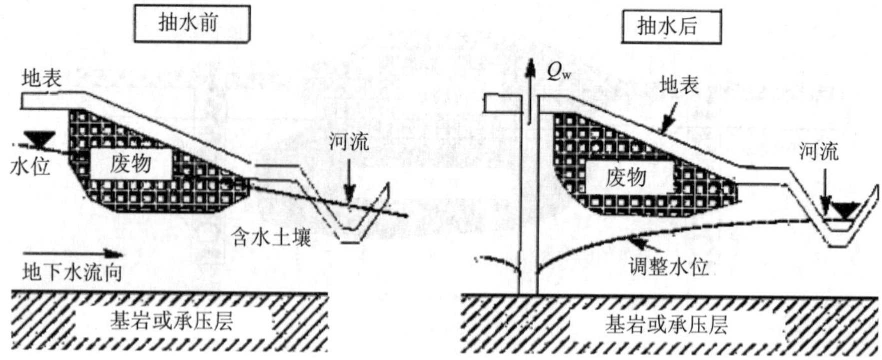

图 12-19　被污染的地表水体的管理

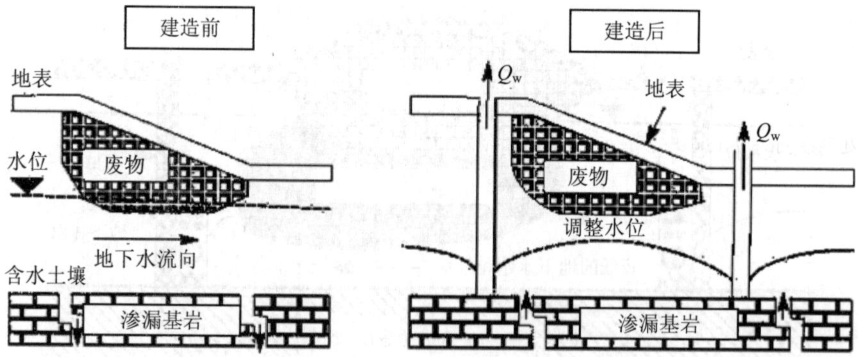

图 12-20　避免地下水面与废物直接接触的管理

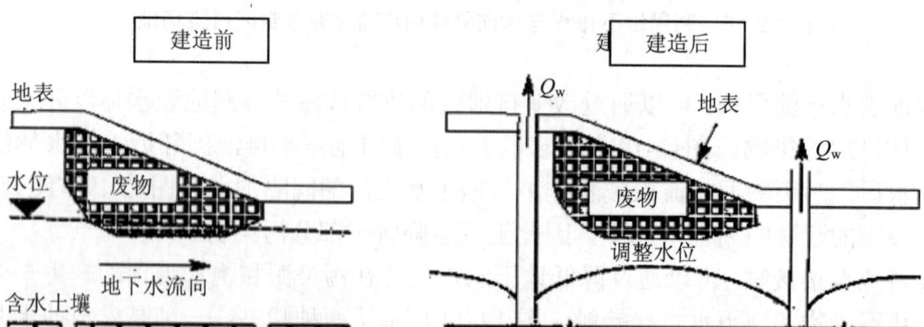

图 12-21　通过生成局部的向上的水力梯度防止污染

⑥水力学方法的不足。与水力学方法有关的材料、技术和工艺流程并不能保证从地下环境中完全、永久地去除污染物。水力学方法并未影响污染物的物理化学特性，由污染物和地下控制系统材料之间的反应引起的系统失灵可能会导致向地下水中释放

原污染物或新污染物。

影响修复效率的污染物和含水介质的主要性质包括：i. 污染物与水的不混溶性。许多污染物在水中的溶解度相当低，极难从地下冲洗出来。ii. 污染物通过扩散进入水流动性有限的微孔和区域以后，由于尺寸很小且不易接近，冲洗十分困难。iii. 含水介质对污染物的吸附。解吸的速度慢，因此将吸附在地下土壤上的污染物冲洗下来是一个相当慢的过程。iv. 含水介质的非均质性。由于含水介质的非均质性，因而不能准确预测污染物和水流的运移规律，而查明这种规律对污染物的冲洗十分重要。

四、地下水污染修复措施

1. 污染地下水的抽出—处理系统

抽出—处理系统的基本运转程序是，通过置于污染羽状体下游的抽水井，把已污染的地下水抽出，然后通过地上的处理设施，将溶解于水中的污染物去除，使其达到设计目标。最终，把净化水排入地表水体，回用或回注地下补给地下水。这个系统实际上由两部分组成，一部分是从地下抽出污染的地下水，另一部分是将抽出污染的地下水在地上设施中进行处理。抽出的最终目标是，合理地设计抽水井，使已污染的地下水完全抽出来。

该方法基于理论上非常简单的概念：从污染场地抽出被污染的水，并用洁净的水置换之；对抽出的水加以处理，污染物最终可以被去除。

图 12-22 显示了一个经典的抽出—处理系统：被污染的地下水被一系列抽水井抽到地表，进入污水处理厂或排入纳污水体。

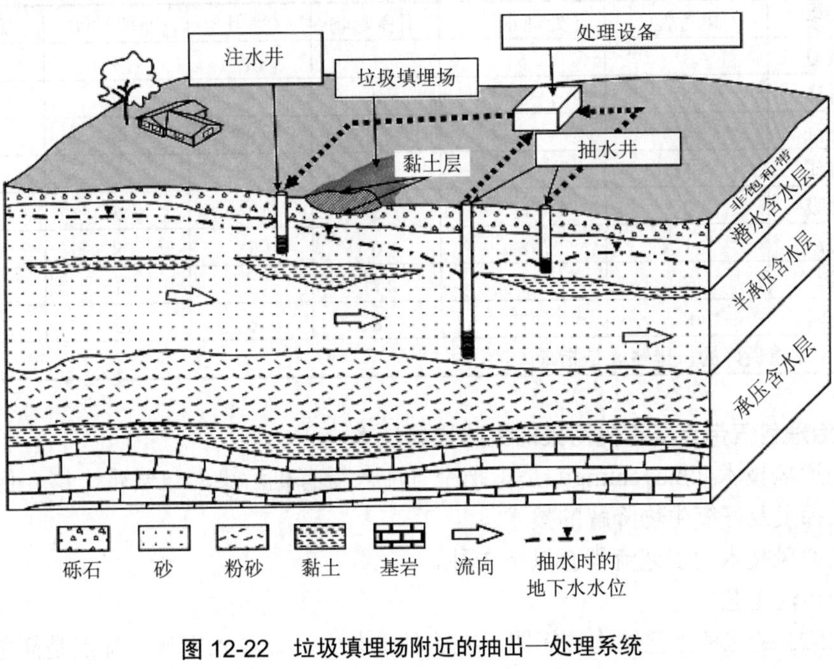

图 12-22　垃圾填埋场附近的抽出—处理系统

必须把对抽出—处理系统的监测作为修复措施整体必不可少的组成部分。处理方法可根据污染物类型和处理费用来选择，大致可分为 3 类：① 物理法，包括吸附法、重力分离法、过滤法、膜处理法、吹脱法等；② 化学法，包括混凝沉淀法、氧化还原法、离子交换法以及中和沉淀法等；③ 生物法，包括生物接触氧化法、生物滤池法等。

处理后地下水的去向有两个，一个是直接使用，另一个则是用于回灌。

2．就地恢复工程技术

近十几年来，在发达国家，包气带土层及地下污染的就地恢复技术有很大的发展。按科学原理来分，有物理、化学和生物处理技术；按其应用方式（如何应用和在何地应用）则可分为就地控制（local control）或就地处理（local treatment）和易地处理（off-site treatment）。

表 12-5 列举了八种受轻油污染土壤的处理技术的评价排序。它是依据可行性、费用、处理水平、处理时间及不良影响等几方面进行评价的。从表中可以看出，生物恢复技术虽然几乎是耗时最长的技术且处理水平也不是很高，但是由于生物降解的最终产物是无毒无害的，因此它的总排序为第一，这种优先选择反映了世界各国的环境排放标准越来越严格。真空抽吸是便宜的，且在一些国家有不少成功的应用实例，但由于污染气体排入大气，可能产生空气污染的危险，所以总排序并不靠前。热分解费用高，且难以保证达到排放标准，所以评价排序靠后。但这种评价可能已经过时，因为较新的增氧安全燃烧器处理速率增加一倍，且费用也降低了。

表 12-5　受轻油污染土壤处理技术排序（Mohammed，et al.，1996）

技术	可行性	处理水平	不良影响	费用	处理时间	总排序
生物恢复	3	5	1	4	7	1
土壤洗涤	6	2	4	5	2	2
土壤冲洗	4	4	3	8	4	3
土地耕作	5	3	2	3	5	4
真空抽吸	2	6	5	2	6	5
自然通汽	1	8	6	1	8	6
热分解	7	1	7	7	1	7
稳定技术	8	7	8	6	3	8

注：排序 1 是指最好的，排序 8 是指最差的。

3．治理包气带土层有机污染的生物通风技术

生物通风技术（bioventing）是指把空气注入受有机污染的包气带土层，促进有机污染物的挥发及好氧生物降解的技术。

生物通风技术的工艺流程有以下 3 种。

（1）单注工艺

图 12-23 是这种工艺结构的简图。在这种工艺中，只注入空气。优点是简单省钱，

但没有考虑注入空气的归宿。含有机污染物气体的空气可能进入附近建筑物的地下室，也可能通过包气带进入大气圈，而使附近空气受污染，因此必须控制这种单注工艺排出气体的去向。美国 Hill 空军基地 1991 年曾使用这种工艺（Hinchee，1994）。

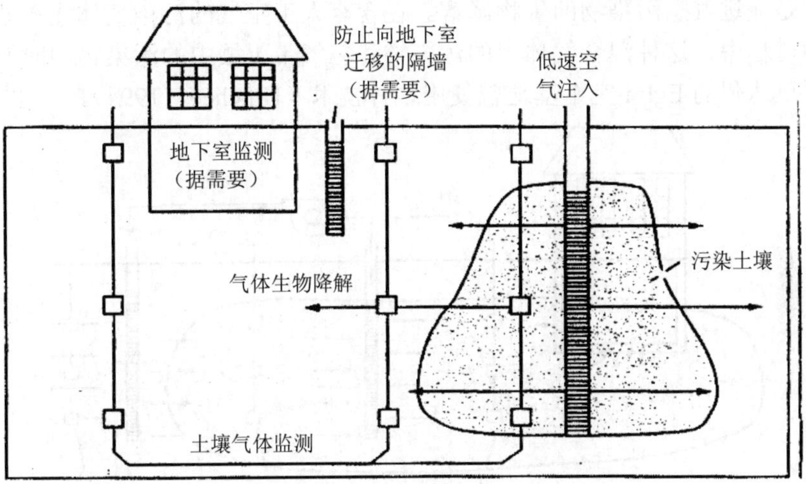

图 12-23　单注空气的生物通风工艺（Hinchee，1994）

（2）注—抽工艺

这种工艺是把空气注入地下包气带的污染土壤，然后在一定距离的非污染带土壤中抽出（图 12-24）。这种工艺的优点是，从污染带排出的含有挥发烃气体的空气从注气井再进入抽气井的过程中，产生好氧生物降解，从而避免了污染气体进入大气，因此无须获得土壤空气排放的许可。但关键的问题是注气和抽气井的距离，在此距离内污染的土壤空气是否得到净化，这是必须认真设计的。

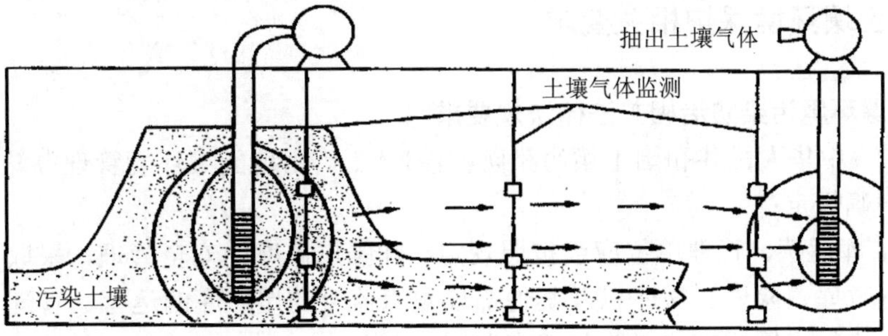

图 12-24　注—抽生物通风工艺（Hinchee，1994）

（3）抽—注工艺

当包气带污染土壤带位于建筑物所在位置的地下时，应采用图 12-25 所示的工艺。在此工艺中，先把污染带土层中的污染气体抽出，然后在一定距离的注气井中注入地下。注气井选择在非污染区。注入前，可将含有营养物的人工空气与污染土壤空气混合，目的是促进气态污染物的生物降解。在含有人工空气的污染气体注入地下运移到抽气井的过程中，这种混合气体中的污染物和包气带土壤中的污染物同时发生降解。美国佛罗里达州的 Eglin 空军基地曾使用这种技术（Hinchee，1994）。

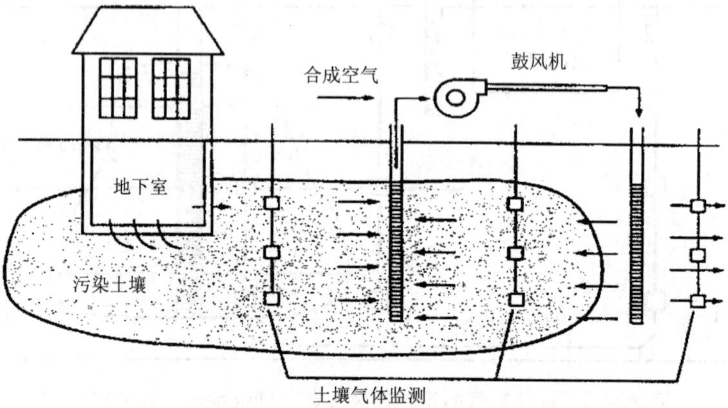

图 12-25 抽—注生物通风工艺（Hinchee，1994）

按国家对污染物排放总量控制指标的要求，在核算污染物排放量的基础上提出工程污染物总量控制建议指标，是建设项目环境影响评价的任务之一，污染物总量控制建议指标应包括国家规定的指标和项目的特征污染物。

第七节 土壤环境保护措施概述

一、土壤环境保护相关要求

1. 土壤环境污染防治相关法律法规要求

我国的《中华人民共和国土壤污染防治法》《工矿用地土壤环境管理办法》等有关法律法规明确规定：

① 尾矿库运营、管理单位应当按照规定，加强尾矿库的安全管理，采取措施防止土壤污染。危库、险库、病库以及其他需要重点监管的尾矿库的运营、管理单位应当按照规定，进行土壤污染状况监测和定期评估。

② 禁止向农用地排放重金属或者其他有毒有害物质含量超标的污水、污泥，以及

可能造成土壤污染的清淤底泥、尾矿、矿渣等。

③ 农田灌溉用水应当符合相应的水质标准，防止土壤、地下水和农产品污染。

④ 对未利用地应当予以保护，不得污染和破坏。

⑤ 对开发建设过程中剥离的表土，应当单独收集和存放，符合条件的应当优先用于土地复垦、土壤改良、造地和绿化等。禁止将重金属或者其他有毒有害物质含量超标的工业固体废物、生活垃圾或者污染土壤用于土地复垦。

⑥ 实施风险管控、修复活动，不得对土壤和周边环境造成新的污染。

⑦ 修复施工单位转运污染土壤的，应当制订转运计划，将运输时间、方式、线路和污染土壤数量、去向、最终处置措施等，提前报所在地和接收地生态环境主管部门。转运的污染土壤属于危险废物的，修复施工单位应当依照法律法规和相关标准的要求进行处置。

⑧ 在永久基本农田集中区域，不得新建可能造成土壤污染的建设项目；已经建成的，应当限期关闭拆除。

⑨ 重点单位建设涉及有毒有害物质的生产装置、储罐和管道，或者建设污水处理池、应急池等存在土壤污染风险的设施，应当按照国家有关标准和规范的要求，设计、建设和安装有关防腐蚀、防泄漏设施和泄漏监测装置，防止有毒有害物质污染土壤和地下水。

⑩ 重点单位应当建立土壤和地下水污染隐患排查治理制度，定期对重点区域（重点区域包括涉及有毒有害物质的生产区，原材料及固体废物的堆存区、储放区和转运区等）、重点设施（重点设施包括涉及有毒有害物质的地下储罐、地下管线，以及污染治理设施等）开展隐患排查。发现污染隐患的，应当制定整改方案，及时采取技术、管理措施消除隐患。

2. 土壤环境保护措施基本要求

① 确定选址合理性，优化厂区布局、平面布置方案。

② 土壤环境保护措施与对策应包括：保护的对象、目标，措施的内容、设施的规模及工艺、实施部位和时间、实施的保证措施、预期效果的分析等。

③ 改、扩建项目应针对现有工程引起的土壤环境影响问题，提出“以新带老”措施，有效减轻影响程度或控制影响范围，防止土壤环境影响加剧。

④ 涉及取土的建设项目，所取土壤应满足占地范围对应的土壤环境相关标准要求，并说明其来源；弃土应按照固体废物相关规定进行处理处置，确保不产生二次污染。

二、土壤环境污染防治措施

1. 土壤污染的主要途径

土壤中污染物质来源主要有三种，一是土壤作为农业生产的基础条件，人们为了提高农作物的产量和质量，大量施用化肥和农药；二是土壤作为垃圾、废渣和废水的重要处理、处置场所，大量有害的无机和有机污染物质等随之进入土壤；三是土壤作为生态系统的组成部分之一，大气圈和水圈中存在的污染物质可经过多种迁移和转化途径而进入土壤，从而导致土壤环境受到污染。

根据影响因素不同，可将影响途径归纳为垂直入渗污染型、大气沉降污染型及地面漫流污染型。

2．土壤污染的特征及后果

土壤污染具有隐蔽性、滞后性、累积性、不可逆转性以及污染后极难治理等特点。土壤污染带来的后果也较严重，一方面是危害人体健康，另一方面会直接导致严重的经济损失，再者还会导致食品品质下降，间接影响食品安全。

3．土壤污染防治措施

建设项目对土壤环境产生的污染，可以按照土壤污染时间顺序从源头防控、过程防控、跟踪监测及污染修复与治理等角度提出土壤环境保护及治理措施，并加强运行监管。

① 源头防控措施。为预防建设项目对土壤环境产生污染，应切断其对土壤环境的影响源头，包括通过提出污染物质减量化方案，控制“废气、废水、固体废物”的排放量和排放浓度；对涉及垂直入渗影响途径的装置、设备及构筑物重点做好防渗措施；对于土壤污染预防应当涉及对废水、废气、固体废物等诸多污染源的源头防控措施。

② 过程防控措施。建设项目应在充分考虑土壤特征的情况下，结合影响源造成不同类型影响的特点，对影响源可能影响的过程采取防控和截断措施，在影响源已经产生的情况下仍可在中途阻断、削减从而得到有效控制。如工业污染建设项目，应考虑土壤渗透性、土层厚度、土层连续性等指标，结合污染源的分布和污染物的毒性、通量特点，采取分区管控措施，以期在经济技术可行的基础上，尽可能阻止污染物进入土壤环境，最大限度地保护土壤环境。

③ 跟踪监测计划。土壤具有极强的非均质性，受地质成因、微地形、人类开发活动等影响较大，不易像流体一样通过断面来进行考核，但其难以流动的特性，又为土壤环境影响的结果鉴定提供了更多便利条件，而解决这种便利的最佳取证方式便是跟踪监测。尤其是土壤环境污染重点监管单位，应制订土壤环境跟踪监测计划。

根据《工矿用地土壤环境管理办法（试行）》规定，土壤环境污染重点监管单位包括：有色金属冶炼、石油加工、化工、焦化、电镀、制革等行业中应当纳入排污许可重点管理的企业；有色金属矿采选、石油开采行业规模以上企业；其他根据有关规定纳入土壤环境污染重点监管单位名录的企事业单位。

4．污染治理与修复措施

根据土壤污染治理方法可分为原位或异位物理/工程措施、化学措施、生物措施、农业措施及改变土地利用方式。物理/工程措施包括客土、换土、翻土、去表土、隔离、固化、玻璃化、热处理、土壤冲洗、电化学方法等；化学措施是指施用改良剂、抑制剂等降低土壤污染物的水溶性、扩散性和生物有效性，从而降低污染物进入食物链的能力，以减轻对土壤生态环境的危害；生物措施是利用特定的动、植物和微生物吸收或降解土壤中的污染物；农业措施则通过增肥有机肥、选种抗污染农作物品种等来治理污染土壤。一般异位物理/化学措施所需时间较短，而且更能确定处理的一致性，但挖掘土壤常导致花费和工程量增大，因而不适宜于大面积的土壤治理。对于已污染的土壤，应根据污染物的来源及污染实际情况进行改良。

（1）重金属污染土壤

物理、化学及农业措施：使用石灰、碱性磷酸盐等，提高土壤 pH，可促使 Cd、Hg、Cu、Zn 等形成碳酸盐或氢氧化物沉淀，降低其活性；水田土壤施用绿肥、稻草等，旱地土壤施用硫化钠、石灰硫黄合剂等有利于重金属生成硫化物沉淀。砷污染的土壤可施加 $Fe_2(SO_4)_3$ 和 $MgCl_2$ 生成 $FeAsO_4$、$Mg(NH_4)AsO_4$ 等难溶物，减少砷的危害。选种抗性植（作）物，如烟草、向日葵、玉米抗镉能力强，马铃薯、甜菜抗镍能力强。对于污染严重的土壤种植不进入食物链的经济作物（棉、麻等）或种树，也可以采用客土或换土法，但耗资大。

植物修复：植物修复/整治技术，即利用自然生长植物或遗传工程培育植物原地修复和消除由有机毒物和无机废弃物造成的土壤环境污染。植物修复土壤重金属污染，是以不少植物忍耐和超量累积某种或某些化学元素的理论为基础，或利用除去生物量的方法机械地将重金属移除土体（回收或填埋），或采用土壤改良剂使其转变成非生物活性形态。植物对重金属污染点位的修复有植物固定、植物挥发和植物吸收三种方式。

（2）有机物污染土壤

物理、化学措施：针对有机物（包括石油、农药、PHAs 等）污染的土壤，可采用物理治理技术，如挖掘填埋法和通风去污法（尤其石油泄漏），以及化学治理方法，如化学焚烧法、化学清洗法（利用表面活性剂、有机溶剂及超临界萃取技术）、光化学降解法和化学栅防治法等。化学治理方法存在费用太高、可能对环境造成二次污染以及可操行差等缺陷。

生物措施：包括微生物、植物和菌根修复。应用微生物治理土壤有机污染的方法可分为原位治理（投菌法、生物培养法、生物通气法和农耕法）、异位治理（预制床法、堆肥法、生物反应器法和厌氧处理法）及原位-异位联合治理方法。对于被污染的土壤，可以通过提高土壤微生物的代谢条件，人为增加有效微生物的生物量和代谢活性或添加针对性的高效微生物来加速土壤中污染物的降解过程。

5．运行管理制度

① 土壤环境污染重点监管单位，应建立土壤污染隐患排查制度，及时发现土壤污染隐患并采取措施消除或者降低污染隐患。

② 加强对矿产资源开发区域土壤污染防治的监督管理，按照相关标准和总量控制的要求，严格控制可能造成土壤污染的重点污染物排放。

③ 制定土壤污染风险应急方案，加强日常监管。

三、土壤环境生态影响保护措施

1. 土壤环境生态影响的成因

土壤盐渍化的形成：土壤盐渍化是指土壤底层或地下水的盐分随毛管水上升到地表，水分蒸发后，盐分积累在表层土壤中的过程，即易溶性盐分在土壤表层积累的现象或过程。通常所说的土壤盐渍化包括土壤盐化过程和土壤碱化过程，土壤盐化是指可溶盐类在土壤中的积累，特别是在土壤表层积累的过程；土壤碱化则是指土壤胶体被钠离子饱和的过程，也常称为钠质化过程。土壤盐渍化是一种渐变性的地质灾害，完全因自然因素而引起的土壤盐渍化过程称原生盐渍化过程，形成的盐渍土成为原生盐渍土；由于人类的不合理灌溉而造成的盐渍化过程，称为次生盐渍化，其形成的盐渍土，即称为次生盐渍土。土壤的次生盐渍化是影响全球农业生产和土壤资源可持续利用的严重问题，灌溉地区的土壤次生盐渍化所引起的土壤退化问题更为突出。

土壤酸化产生的原因主要有酸沉降、不合理施肥、灌溉、雨水淋洗作用和微生物、有机酸作用等。

2. 土壤环境生态影响的产生条件

① 土壤盐渍化形成的条件：一是形成盐渍土的基础条件，即充分的盐类物质来源（包括岩石风化物、含盐地层的风化和再循环、火山活动的产物、深层盐水的外冒、风蚀风积盐类生物累积的盐分等）；二是特殊的地形条件，有了适宜的地形条件盐分才能够富集起来；三是可使盐分通过水分运动带到土壤中的地下水位和矿化度等水文条件；四是干旱的气候条件，蒸发量与降水量比值和土壤盐渍化关系十分密切；五是地表植被等生物条件，地表植被对地面蒸发有很大影响，植被稀疏或光板地因地面蒸发强烈，极易积盐形成盐渍化，而植被密度增大，可减少土壤水分蒸发量，减轻积盐；六是无计划引水、大量漫灌、有灌溉无排、土地不平、有机肥料不足、耕作不善等不科学灌溉的人为因素；七是母质本身是否含盐。

② 土壤酸化形成的条件：一是排水良好的土壤常有不同程度的酸化；二是在氧化还原条件下氧化亚铁氧化成氧化铁时，土壤胶体被交换氢离子占据，可使土壤酸化；三是滨海红树林下的硫酸盐盐土经排水之后，由于硫化物氧化生成硫酸，导致土壤高度酸化；四是茶园土壤由于茶树富集铝而使土壤活性铝增加，引起土壤酸化；五是酸雨携带的酸性物质沉积于土壤；六是植物对盐基离子的吸收，二氧化碳的溶解和有机酸的解离都可导致土壤酸化。

3. 土壤环境生态影响的后果

① 土壤盐渍化影响的后果：土壤盐渍化致使农作物减产或绝收，影响植被生长并间接造成生态环境恶化等；盐渍土还可以侵蚀桥梁、房屋等建筑物基础，引起基础开裂或破坏，另外如果采用盐渍土填筑路基，会导致机床强度降低、膨胀松软或翻浆冒泥，有

的地方还会因盐渍土被溶蚀，形成地下空洞，导致地基下沉等。

② 土壤酸化影响的后果：一是土壤酸化可导致土壤中盐基离子大量流失以及活性铝有毒重金属的活化、溶出等对土壤中化学元素的影响；二是土壤酸化及酸雨可导致土壤变贫瘠，使土壤中铝和重金属被活化从而对树木生长产生毒害，在持续干旱等诱发原因下会导致土壤酸化程度加剧，从而引起树木根系严重枯萎，致使树木死亡，对森林造成危害；三是土壤酸化对农业的危害，不仅对耕地造成影响，还会危害植物根系和茎叶。

4. 土壤盐渍化防治措施

土壤盐渍化的防治应依据土壤盐渍化的原因与水盐运动规律来制定改良措施。

（1）根据水盐运动规律采取的措施

一是控制盐源，充分的盐分来源是形成盐渍化的物质基础，因而通过控制盐分进入土壤的上层，使土壤中不至于有过多盐分，是防止盐渍化产生的有效途径之一；二是转化盐类，通过施用一定的化学物质，将盐分转化为毒害作用较小的盐分；三是调控盐量，采用适宜的灌溉技术（滴灌、喷灌）使土壤保持适宜水分，控制盐分浓度，或者采用生物排水、水旱轮作等改变水盐运动的规律，以达到减少盐分累积的作用；四是消除过多的盐量，对已经发生盐化或者垦殖盐荒地时，通过冲洗、排水、客土等措施消除土壤中过多的盐量，改良盐渍土；五是适应性种植，利用盐生植物、耐盐植物，控制地面蒸发，减少积盐过程。

（2）根据土壤盐化成因采取的措施

人为因素改善措施：要对盐碱地和盐渍化土地进行改良，必须排除土壤中过多的可溶性盐类，降低土壤溶液的浓度，改良土壤性质和空气、水分状况，使有益的微生物活动增强，提高土壤肥力，以减轻土地盐渍化程度，改善农业生态环境。主要措施：一是改变粗放的农业用水方式，改进落后的灌溉技术，有效防止产生盐渍化；二是减少人类不合理的生产和生活活动，降低土壤盐渍化的可能性。

水利工程措施：合理利用水资源，避免不科学的水资源利用方式引起地下水位和水文导致的突然盐渍化。利用排碱渠及排水站等水利工程措施可以有效地防治土地盐渍化情况。灌区排水工程应完整配套，符合防盐排盐的排水标准，有效地控制地下水位，在低洼易涝地区还应满足防涝排水要求。必要时还应修建截留或截渗沟，防止地面径流和地下水的汇入，减少灌区地下水的补给来源，减轻土壤盐分的转移。使地下水深度保持在临界深度以下还需要建立完善的灌溉及排水系统。据研究，可能引起土壤盐渍化的矿化地下水的深度平均为 2.5～3 m。排水主要以明沟、暗管的形式进行，既能降低地下水位，又可以排出土壤中的盐分。

农业技术措施：一是平整土地，做好渠旁取土坑的回填防止积水；二是减少化肥使用量；三是根据土壤特性合理使用有机肥；四是通过深翻土壤打破土层结构，将上层全盐含量较高的表层土壤翻到地层，可降低土壤的盐渍化程度；五是适时合理耕耙，可疏松耕作层，防止底层盐分向上运行导致表层积盐，从而抑制土壤水和地下水的蒸发；六是通过大水漫灌的措施，以水压盐，通过土壤毛细管，把耕作层内的高浓度盐离子“带走”；七是作物秸秆直接还田后，在其腐解的过程中，可吸附、利用土壤的矿质元素，同时作物还田又增加了土壤有机质，促生了土壤的有益微生物，改善了土壤透气性；八是补充菌肥，生物菌肥富含大量土壤有益菌，生物菌肥中有益菌还能起到固氮、解磷、解钾等改土沃土、降低盐害的作用，通过“以菌抑菌”还可以预防土传病害。

种植措施：一是在盐渍化土地上，如果有足够的水源灌溉，又有良好的排水条件，种植水稻是脱盐改土的一项有效措施；二是植树造林，广种绿肥，进行生物改良；三是实行草田轮作、套种，不仅能增加土壤有机质和速效养分，还可以改善土壤物理性状，增加土壤的孔隙度，提高土壤的持水量和透水性，抑制返盐。

化学改良措施：在采取水利和农业技术措施的同时，施用一些化学改良剂，有更好的改良效果。

5. 土壤酸化控制措施

①防治酸雨污染土壤的综合对策（包括完善环境法规，加强监管；调整能源结构，改进燃烧技术；改善交通环境，控制汽车尾气排放；加强植树栽花，扩大绿化面积；控制区域 SO_2 的排放量；划定酸雨控制区，避免或减少酸雨的发生）。②合理、改进并控制氮肥的施用。③对酸性土壤进行改良和管理。

第八节　污染物排放总量控制

项目的特征污染物是指国家规定的污染物排放总量控制指标未包括但又是项目排放的主要污染物，如电解铝、磷化工排放的氟化物，氯碱化工排放的氯气、氯化氢等。这些污染物虽然不属于国家规定的污染物排放总量控制指标，但由于其对环境影响较大，又是项目排放的特有污染物，所以必须作为项目的污染物排放总量控制指标。

在环境影响评价中提出的项目污染物总量控制建议指标必须满足以下要求：① 符合达标排放的要求，排放不达标的污染物不能作为总量控制建议指标。② 符合相关环保要求，比总量控制更严的环境保护要求（如特殊控制的区域与河段）。③ 技术上可行，通过技术改造可以实现达标排放。

第九节　环境管理与环境监测

建设项目的环境管理和环境监测是建设项目环境保护及污染防控的重要内容，通过有效的环境管理与监测，使项目防治污染设施的建设和运行得以落实及监控，是建设项目依法公开环境信息的基础。《中华人民共和国环境保护法》规定：“排放污染物的企业事业单位和其他生产经营者，应当采取措施，防治在生产建设或者其他活动中产生的废气、废水、废渣、医疗废物、粉尘、恶臭气体、放射性物质以及噪声、振动、光辐射、电磁辐射等对环境的污染和危害。排放污染物的企业事业单位，应当建立环境保护责任制度，明确单位负责人和相关人员的责任。重点排污单位应当按照国家有关规定和监测规范安装使用监测设备，保证监测设备正常运行，保存原始监测记录。”

《建设项目环境保护管理条例》规定环境影响报告书应当包括“对建设项目实施环境监测的建议”内容，《建设项目竣工环境保护验收暂行办法》明确“环境保护设施是指防治环境污染和生态破坏以及开展环境监测所需的装置、设备和工程设施等”，《建设项目竣工环境保护验收技术指南　污染影响类》规定验收报告包括“环保组织机构及规章制度、环境监测计划的落实情况”内容。

环境管理是企业管理的重要内容之一，是实现环境、生产、经济协调发展的重要措施。企业的环境监测是工业污染防治的依据和环境管理的耳目，可以了解和掌握建设项目排污特征，研究污染发展趋势，是开展科学技术研究和综合开发的基础。

环境影响评价文件应按建设项目建设阶段、生产运行阶段、服务期满后等不同阶段，根据建设项目的特点，针对不同工况、环境影响途径和环境风险特征，提出环境管理要求。在建设项目污染物排放清单中的各类污染物应有具体的管理要求，需提出环境信息公开的内容要求。

环境影响评价文件提出的日常环境管理制度要求，应明确各项环境保护设施的建设、运行及维护保障计划。环境监测计划应包括污染源监测计划和环境质量监测计划。

一、建设项目环境管理

1. 施工期环境管理

建设项目施工期现场环境管理对建设期环境保护具有重要作用。建设单位应按环境保护基本要求建立施工期环境管理相关规定，预防施工期土石方堆放、施工废水、施工噪声等对周围环境的破坏，监督临时用地的及时恢复。施工单位应针对项目所在地区的环境特点及周围保护目标的情况，制定相应的措施，确保施工作业对周围敏感目标的影响降至最低。

2. 营运期环境管理

企业应建立环境管理机构，负责运行期的环境保护工作。环境管理机构主要职责如下：①认真贯彻国家有关环保法规、规范，健全各项规章制度；②监督环保设施运行状况，监督企业各污染物排放口的排放状况；③建立企业环境保护档案；④加强环境监测仪器、设备的维护保养，确保企业的环境监测工作正常进行；⑤参加本企业环境事件的调查、处理、协调工作。

二、环境监测

《中华人民共和国环境影响评价法》规定，建设项目的环境影响报告书应包括建设项目实施环境监测的建议。《环境监测管理办法》要求，排污者必须按照县级以上生态环境主管部门的要求和国家环境监测技术规范，开展排污状况自我监测。

建设项目环境监测应包括对污染源废气、废水等排放的监测，分为污染源自动监测和手动监测。根据《污染源自动监控管理办法》，新建、改建、扩建和技术改造项目应建设、安装自动监控设备及其配套设施，作为环境保护设施的组成部分，与主体工程同时设计、同时施工、同时投入使用。

企业自主环境监测工作可及时发现项目正常生产运行过程中存在的问题，以尽快采取处理措施，减少或避免污染和损失。同时通过加强管理和环境监测工作，也可为清洁生产工艺改造和污染处理技术进步提供具有实际指导意义的参考。

建设项目在设计阶段应根据企业排放废水和废气的特点以及污染物排放的种类，设计污染物排放监控位置及采样口；有废水和废气处理设施的，应在处理设施后监控，在污染物监控位置须设置永久性排污口标志。

1．废水污染源监测

废水污染源监控，因企业内部排水系统的划分和废水收集相对集中，可以在需要监控的部位设置自动在线监测仪器和手动监测采样口。如《合成氨工业水污染物排放标准》（GB 13458—2013）要求，对企业排放废水的采样，应根据监测污染物的种类，在规定的污染物排放监控位置进行，有废水处理设施的，应在处理设施后监控。在污染物排放监控位置应设置永久性监测排污口标志。

2．废气污染源监测

对废气污染源的监测，采样位置和采样口设置相对复杂。不同排放标准中对废气污染源监测有不同的要求。《锅炉大气污染物排放标准》（GB 13271—2014）、《火电厂大气污染物排放标准》（GB 13223—2011）规定，企业应按照环境监测管理规定和技术规范［《锅炉烟尘测试方法》（GB 5468—1991）、《固定污染源排气中颗粒物测定与气态污染物采样方法》（GB/T 16157—1996）及修改单、《固定污染源废气　低浓度颗粒物的测定　重量法》（HJ 836—2017）、《固定源废气监测技术规范》（HJ/T 397—2007）］的要求，设计、建设、维护永久性采样口、采样测试平台和排污标志。有废气处理设施的，应在该设施后监控。

（1）固定污染源烟气排放连续监测

《固定污染源烟气（SO_2、NO_x、颗粒物）排放连续监测技术规范》（HJ 75—2017）中，固定污染源烟气 CEMS 安装位置要求：① 固定污染源烟气 CEMS 应安装在能准确可靠地连续监测固定污染源烟气排放状况的有代表性的位置上；② 应优先选择在垂直管段和烟道负压区域；③ 测定位置应避开烟道弯头和断面急剧变化的部位；④ 为了便于颗粒物和流速参比方法的校验和比对监测，烟气 CEMS 不宜安装在烟道内烟气流速小于 5 m/s 的位置；⑤ 每台固定污染源排放设备应安装 1 套烟气 CEMS。

（2）固定源废气监测采样口及采样平台设置

《固定源废气监测技术规范》（HJ/T 397—2007）规定了采样口设置及采样平台的设置要求。

① 采样位置应避开对测试人员操作有危险的场所。采样位置应优先选择在垂直管段，应避开烟道弯头和断面急剧变化的部位。

② 采样位置应设置在距弯头、阀门、变径管下游方向不小于 6 倍直径，和距上述部件上游方向不小于 3 倍直径处。对矩形烟道，其当量直径 $D=2AB/(A+B)$，式中 A、B 为边长。采样断面的气流速度最好在 5 m/s 以上。

③ 测试现场空间位置有限，很难满足上述要求时，可选择比较适宜的管段采样，但采样断面与弯头等的距离至少是烟道直径的 1.5 倍，并应适当增加测点的数量和采样频次。

④ 对于气态污染物，由于混合比较均匀，其采样位置可不受上述规定限制，但应避开涡流区。

⑤ 必要时应设置采样平台，采样平台应有足够的工作面积使工作人员安全、方便地操作。平台面积应不小于 1.5 m^2，并设有 1.1 m 高的护栏和不低于 10 cm 的脚部挡板，采样平台的承重应不小于 200 kg/m^2，采样孔距平台面为 1.2～1.3 m。

3．地下水环境监测制度

为了及时准确地掌握建设项目及下游地区地下水环境质量状况和地下水体中污染物的动态变化，应建立覆盖全厂的地下水长期监控系统，包括科学、合理地设置地下水污染监控井，建立完善的监测制度，配备先进的检测仪器和设备，以便及时发现并及时控制。地下水环境监测应参考《地下水环境监测技术规范》（HJ 164—2020），结合含水层系统和地下水径流系统特征，考虑潜在污染源、环境保护目标等因素，依据《环境影响评价技术导则　地下水环境》（HJ 610—2016）相关要求布置地下水监测点。

（1）监测点布设原则

建设单位要建立和完善水环境监测制度，对厂区及周边地下水进行监测。监测点布置应遵循以下原则：

① 对地下水构成影响较大的区域，如化学品生产企业以及工业集聚区在地下水污染源的上游、中心、两侧及下游区分别布设监测点；尾矿库、危险废物处置场和垃圾填埋场等区域在地下水污染源的上游、两侧及下游分别布设监测点。污染源位于地下水水源补给区时，可根据实际情况加密地下水监测点。污染源周边地下水监测以浅层地下水为主，如浅层地下水已被污染且下游存在地下水饮用水水源地，需增加主开采层地下水的监测点。

② 危险废物处置场、生活垃圾填埋场、一般工业固体废物贮存场和填埋场的监测频次应按照 GB 18598、GB 16889、GB 18599 相关要求执行；其他污染源的对照监测点采样频次宜不少于每年 1 次，其他监测点采样频次宜不少于每年 2 次，发现有地下水污染现象时需增加采样频次。

③ 污染源的地下水监测项目以污染源特征项目为主，同时根据污染源特征项目的种类，适当增加或删减有关监测项目（特征项目可根据 HJ 164 附录 F 确定，但不仅限于附录 F 表中所列监测项目）。

（2）监测方案

1）跟踪监测点计划表

地下水环境影响跟踪监测应编制跟踪监测计划表，见表 12-6。

表 12-6 地下水环境影响跟踪监测计划

序号	点位	坐标		井深	井结构	监测层位	监测因子	监测频率	备注
		x	*y*						
1									
2									
3									
4									
…									

2）监测点位布设

监测点可采用井点或泉点，监测点位应明确与场界或装置的位置关系，包括方位和处于地下水主径流方向上或优势通道的位置等，有条件的地区，可明确距离场界或装置的距离。

监测点位的确定需根据不同场地的特征分别确定，应在对区域水文地质条件、场地水文地质概念模型及候选点的条件进行综合分析的基础上，确定主径流带或优势通道，确保能及时发现地下水污染状况；同时，应明确跟踪监测点的基本功能，如背景值监测点、地下水环境影响跟踪监测点、污染扩散监测点等，必要时，明确跟踪监测点兼具的污染控制功能。

3）监测层位

应包括潜水含水层、可能受建设项目影响且具有饮用水开发利用价值的含水层。层位的确定依据以下原则：

① 含水层结构特点是确定监测层位最主要的依据。不同类型的含水层结构决定着地下水径流特征和污染物迁移特点，含水层之间的水力联系决定污染物迁移方向和迁移能力。

② 建设项目特点也是确定监测层位的重要参考依据。污染物由地表入渗污染地下水的建设项目，重点监测潜水含水层；污染物在地下或者在含水层以下的建设项目，监测层位应兼顾污染物直接进入的含水层。

③ 根据不同类型的特征因子的物理、化学性质及在含水层中的迁移转化规律，确定监测层位深度。

4）监测点数量

① 一级、二级评价的建设项目，一般不少于 3 个，应至少在建设项目场地，上、下游各布设 1 个。一级评价的建设项目，应在建设项目总图布置基础之上，结合预测评价结果和应急响应时间要求，在重点污染风险源处增设监测点。

② 三级评价的建设项目，一般不少于 1 个，应至少在建设项目场地下游布置 1 个。

③ 按照 HJ 164 中对不同含水层、不同工业项目的监测布点要求进行优化。

5）监测因子

应根据建设项目环境影响识别结果，选择环境影响大、代表性强的特征组分进行监测。同时，建议测定溶解氧（DO）、氧化还原电位（E_h）、pH、电导率（EC）及地下水位。

6）监测频率

监测频率的确定遵循以下原则：① 监测频率的确定主要根据水文地质概念模型，此外还需考虑满足趋势分析的需要；② 分析监测点位与污染源的关系，对于位于污染源下游的点位需增加监测频率；③ 满足精度需要，能区别污染物随时间的变化；④ 能反映污染物的短期波动，如季节性波动；⑤ 能反映土地利用的变化对水质的影响。

对于地下水系统研究程度高、水质监测网已建立和监测数据较多的区域，应根据已有资料对监测频率进行分析确定。

地下水监测频率与地下水流动情况以及估计的污染物运移范围有关，地下水运移速率（v）可用式（12-1）计算

$$v = KI/n_e \tag{12-1}$$

式中：K——渗透系数，m/d；

I——水力梯度；

n_e——有效孔隙度。

对于大多数场地，这些参数都是未知的，需要根据经验来估算，有些区域可以参考含水层手册和水文地质图。

监测频率取决于污染物运移范围，根据环境影响评价结果确定。一般情况下，污染物运移速率小于 10 m/a 时，监测频率可以低一些，每 1～2 年监测 1 次；在污染物运移速率超过 100 m/a 的区域，采样频率应适当高一些（大于每年 2 次）。监测点位选择时要考虑地下水流速，在渗透性低的区域，监测点要靠近污染源。

上面的计算公式没有考虑含水层介质的影响。流速主要受污染物种类的影响，污染物运移的速率（u）也可以用式（12-2）估算：

$$u = v/(1+K_d \cdot \rho/n_e) \tag{12-2}$$

式中：v——地下水流速，m/d；

K_d——污染物在土—水中的分配系数（partition coefficient），L/kg；

ρ——体积密度，kg/cm^3；

n_e——有效孔隙度。

7）监测井功能

明确跟踪监测点的基本功能，如背景值监测点、地下水环境影响跟踪监测点、污染扩散监测点等，必要时，明确跟踪监测点兼具的污染控制功能。

（3）地下水环境跟踪监测与信息公开计划

地下水环境跟踪监测报告的内容，一般应包括：① 建设项目所在场地及其影响区地下水环境跟踪监测数据，排放污染物的种类、数量、浓度。② 生产设备、管廊或管线、贮存与运输装置、污染物贮存与处理装置、事故应急装置等设施的运行状况、“跑、冒、滴、漏”记录、维护记录。

信息公开计划应至少包括建设项目特征因子的地下水环境监测值。

第十三章　建设项目环境风险评价

对于涉及有毒有害、易燃易爆危险物质的生产、使用、储存（包括使用管线输运）的建设项目，如果存在物质、能量意外释放的可能性，存在引发环境事件的可能性，存在产生环境影响的途径，可能导致环境急性伤害情况，应开展环境风险评价工作。建设项目环境风险评价不包括人为破坏及自然灾害引发的事故。根据建设项目环境影响评价技术导则体系构成，环境风险评价只是建设项目环境影响评价的专题之一，各行业对环境风险具有不同的定义，环境风险评价要针对具体建设项目采用适用的技术方法。《建设项目环境风险评价技术导则》（HJ 169—2018）规定了建设项目环境风险评价专题的一般性原则和工作程序。

按照 HJ 169—2018，环境风险评价的基本内容包括风险调查、环境风险潜势初判、风险识别、风险事故情形分析、风险预测与评价、环境风险管理等，具体如下：

①风险调查包括环境敏感目标的调查和建设项目风险源的调查；

②环境风险潜势需要结合环境敏感程度（E）分级和危险物质及工艺系统危险性（P）分级来综合判断；

③风险识别包括物质危险性识别、生产系统危险性识别，以及危险物质向环境转移的途径识别；

④风险事故情形分析包括事故情形的设定和事故源项的分析，事故情形需要包括危险物质泄漏，以及火灾、爆炸等引发的伴生/次生污染物排放情形；

⑤风险预测与评价包括有毒有害物质在大气、地表水、地下水中的运移扩散；

⑥环境风险管理包括针对大气、水和地下水的风险防范措施，并且编制突发环境事件应急预案原则要求。

本章将根据 HJ 169 提出的技术方法分六节对上述内容进行一一介绍。

第一节　风险调查

建设项目工程情况和周围环境敏感性调查是建设项目环境风险评价专题的基础。建设项目开展环境风险评价专题工作开始，就需要对建设项目及其现有工程的环境风险状况进行必要的调查，以判断建设项目环境风险评价需要开展的工作深度。如有些建设项目所在地环境非常敏感且建设项目本身引发环境事件的可能性非常大，则需要考虑在前期进行必要的调整；有些建设项目周边环境敏感程度很低且本身引发环境事件的可能性很小，则可以对环境风险评价专题予以简化。

一、建设项目风险源调查

风险源调查即针对建设项目涉及的危险物质类型、数量及分布情况开展调查。

风险源调查时主要考虑项目原料、产品、中间产品、辅助材料、生产设施、公用工程设施等的危险性。随着项目评价程序及分析程度的深入，环境风险评价工程资料调查内容应逐步深化。

二、环境敏感目标风险调查

根据建设项目事故状态下危险物质可能影响途径（大气、地表水、地下水等），筛选可能受影响的环境敏感目标。按《建设项目环境影响评价技术导则　总纲》（HJ 2.1—2016），环境保护目标指环境影响评价范围内的环境敏感区及需要特殊保护的对象。在各环境要素和专题评价导则中，环境保护目标的判定方法各有不同，需要在实际工作中区分清环境保护目标、环境环境敏感区、环境敏感点、环境影响预测关心点等的概念。在《建设项目环境影响评价分类管理名录（2021 年版）》中定义了环境敏感区，是指依法设立的各级各类保护区域和对建设项目产生的环境影响特别敏感的区域，主要包括国家公园、自然保护区、风景名胜区、世界文化和自然遗产地、海洋特别保护区、饮用水水源保护区、生态保护红线管控范围，永久基本农田、基本草原、自然公园（森林公园、地质公园、海洋公园等）、重要湿地、天然林，重点保护野生动物栖息地，重点保护野生植物生长繁殖地，重要水生生物的自然产卵场、索饵场、越冬场和洄游通道，天然渔场，水土流失重点预防区和重点治理区、沙化土地封禁保护区、封闭及半封闭海域、以居住、医疗卫生、文化教育、科研、行政办公为主要功能的区域，以及文物保护单位。环境风险评价中的环境敏感目标与环境保护目标的概念基本相当。

环境保护目标的判定的基本原则是环境敏感区和环境功能区划，环境风险评价应当就建设项目对环境危害做出分析，在确定的评价范围内，详细了解环境保护目标和关心点的地理位置、服务功能、四至范围、保护对象和保护要求等。环境风险评价的关心点可能是环境保护目标，也可能不在环境保护目标中但需要关注环境危害后果的对象，以及需要关注其环境风险的防控，如石化园区中建设项目周边的企业员工，需要在事故状况下及时得到疏散，在建设项目突发环境事件应急预案要求中需要提出应急措施要求，可以作为环境风险评价的关心点，导则有毒有害物质在大气扩散中要求对关心点进行环境危害后果的分析。应注意建设项目地表水环境敏感性与项目是否直接排放废水存在一定的差异，有些建设项目尽管无废水直接外排排污口，但是在事故状态下存在废水排入重要水体的通道或途径，在评价过程中应调查需保护的环境敏感目标。尤其是在采取多重防控措施，能达到环境风险防控的目的时，其周边水域的环境敏感性也应予以调查。

HJ 169—2018 中，地表水环境风险评价突出了事故状态下消防水的排放口而不是项目的污水处理排污口。地表水体环境危害后果预测工作是否开展，需根据建设项目的实际情况判断。

风险调查需给出建设项目和敏感目标区位相对位置图，为了便于科学分析和综合管理，考虑以矢量图的形式给出，可结合评价范围内的环境敏感目标给出叠加项目底图后的区位分布图，给出大气风险、地表水风险、地下水风险等的名称、方位、属性、保护类别列表，初步了解周边环境的敏感特征。

三、调查、评价范围的确定

确定调查、评价范围应以建设项目的边界为基础，根据各要素评价等级，分别确定。对于联合企业等特殊情况，应按适用 HJ 169—2018的实际情况确定项目边界。如其中包含非主体行业辅助生产系统，应分析其所属行业类别。对于适用于 HJ 169—2018的部分单元/装置/生产系统，以该单元/装置/生产系统的厂界作为项目边界，确定评价范围。此外，对于评价范围外存在特别重要敏感目标的，评价范围需延伸至所关心的目标。

第二节　环境风险潜势

建设项目潜在的环境风险水平主要受两方面因素影响。一方面是建设项目涉及的危险物质生产、使用、储存中的危险性，这种危险性越高，建设项目潜在的风险水平越高；另一方面是建设项目一旦发生突发事故，对周围环境（包括大气、水体等）可能造成影响后果的严重程度，建设项目所在地的环境敏感程度越高，后果越严重，从而该项目潜在的环境风险水平越高。对于存在极高风险的建设项目可考虑前期进行优化调整，降低其风险潜势。

环境风险潜势初判即从项目涉及的物质及工艺系统危险性、周围环境敏感程度两方面，结合事故情形下的环境影响途径，初步判断建设项目在未采取风险防控措施的情况下固有的、潜在的风险状况。在环境风险评价工作中，对建设项目环境风险潜势进行初步判断，可为环境风险评价工作重点确定、工作等级判断、风险防控措施建议提供依据，亦可为管理部门差别化管理提供技术支持。

一、危险物质及工艺系统危险性（P）的确定

建设项目危险物质及工艺系统危险性（P）的分级可通过定量分析危险物质数量与其临界量的比值（Q）和所属行业及生产工艺（M）进行判断。

（1）危险物质确定

突发事件环境风险的大小与物质的理化性质、危险性和物质数量密切相关。以危险物质清单识别项目环境风险，易于管理操作。国内外根据不同的识别方法与管理目

的，已提出极危险物质清单、危险物质清单、管制物质清单以及危险源辨识清单等。HJ 169—2018 中附录表 B.1 中共推荐重点关注突发环境事件危险物质 385 种，可作为危险物质识别的参考。《建设项目环境风险评价技术导则》附录 B 属于资料性附录，主要来源于《企业突发环境事件风险分级方法》《危险化学品重大危险源辨识》、美国环保局的《化学品事故防范法规》、我国历史环境事件中出现的污染物名录、欧盟的《塞维索指令》等，随着研究和认识的深入，重点关注的突发环境事件危险物质清单不断补充、完善和动态更新。

对于未列入 HJ 169—2018 附录表 B.1，但根据风险调查需要分析计算的危险物质，可根据其危险性，按其附录表 B.2 中的推荐值进行选取。

此外，HJ 169—2018 附录 B 中所列危险物质以危险化学品突发环境事件急性损害防控为主，未将单纯具有火灾爆炸危险性的氢气，以及健康危险慢性毒性物质列入附录 B。

（2）危险物质数量与临界量比值（Q）

调查每种危险物质在厂界内的最大存在总量，并计算其与 HJ 169—2018 附录 B 中对应临界量的比值 Q。

最大存在总量计算包括生产场所及储存场所。在不同厂区的同一种物质，按其在厂界内的最大存在总量分别计算。对于长输管线项目，按照两个截断阀室之间管段危险物质最大存在总量计算。

当只涉及一种危险物质时，计算该物质的总量与其临界量比值，即为 Q；

当存在多种危险物质时，则按式（13-1）计算物质总量与其临界量比值（Q）

$$Q=\frac{q_1}{Q_1}+\frac{q_2}{Q_2}+\cdots+\frac{q_n}{Q_n} \tag{13-1}$$

式中：q_1，q_2，…，q_n——每种危险物质的最大存在总量，t；

Q_1，Q_2，…，Q_n——每种危险物质的临界量，t。

当 $Q<1$ 时，该项目环境风险潜势直接确定为Ⅰ，环境风险评价可开展简单分析。

当 $Q\geqslant1$ 时，将 Q 值划分为 $1\leqslant Q<10$、$10\leqslant Q<100$、$Q\geqslant100$。

（3）工艺系统危险性

考虑到不同行业生产工艺特点差别较大，按照是否使用重点监管危险化工工艺和是否涉及大量危险化学品的原则，将建设项目分为三类，M 按照其生产工艺特点进行选取，详见表 13-1。

HJ 169—2018 中的 M 值，来源于国家安全监管总局公布的《重点监管危险化工工艺目录》（2013 年完整版），其修订内容也适用于建设项目环境风险评价专题工艺危险性判定，如国家安全监管总局《关于公布第二批重点监管危险化工工艺目录和调整首批重点监管危险化工工艺中部分典型工艺的通知》，调整了危险化工工艺目录，在环境风险评价专题也应适时进行调整。

① 涉及重点监管危险化工工艺和大量危险化学品的建设项目，包括石化、化工、医药、轻工、化纤、有色冶炼等行业的建设项目。这类项目通常涉及多种危险工艺和大量易燃易爆、有毒有害危险物质的生产、使用和贮存。凡涉及上述工艺的装置，其 M 分值为 10/套。对于石化、有色金属冶炼等行业常涉及的无机酸制酸工艺、炼焦等工艺，由于也涉及大量危险物质的生产和使用，其 M 分值为 5/套。对于其他高温或高压，且涉及危险物质的工艺装置，其 M 分值为 5/套。对于危险物质的贮存设施，可按照罐区划分取值，每个罐区 M 分值为 5。

② 涉及大量危险化学品运输和储存的建设项目，包括石油天然气开采、储存，以及涉及危险化学品运输的管线类项目、港口/码头项目。这类项目通常涉及大量易燃易爆物质的生产、储存和运输，同时设备压力较高，因此该类建设项目的 M 分值直接设定为 10。

③ 其他涉及危险物质的生产、使用、贮存的项目。这类建设项目的生产工艺分值直接设定为 5。

对于具有多套生产工艺的建设项目，应对每套工艺单元分别评分并加和，最终确定该项目 M 值。将 M 划分为 4 个等级，即 M＞20、10＜M≤20、5＜M≤10、M=5，分别以 M1、M2、M3 和 M4 表示。

表 13-1　行业及生产工艺

行业	评估依据	分值
石化、化工、医药、轻工、化纤、有色冶炼等	涉及光气及光气化工艺、电解工艺（氯碱）、氯化工艺、硝化工艺、合成氨工艺、裂解（裂化）工艺、氟化工艺、加氢工艺、重氮化工艺、氧化工艺、过氧化工艺、胺基化工艺、磺化工艺、聚合工艺、烷基化工艺、新型煤化工工艺、电石生产工艺、偶氮化工艺	10/套
	无机酸制酸工艺、焦化工艺	5/套
	其他高温或高压且涉及危险物质的工艺过程[a]、危险物质贮存罐区	5/套（罐区）
管道、港口/码头等	涉及危险物质管道运输项目、港口/码头等	10
石油天然气	石油、天然气、页岩气开采（含净化），气库（不含加气站的气库），油库（不含加气站的油库）、油气管线[b]（不含城镇燃气管线）	10
其他	涉及危险物质使用、贮存的项目	5

注：[a] 高温指工艺温度≥300℃，高压指压力容器的设计压力（P）≥10.0 MPa；
[b] 长输管道运输项目应按站场、管线分段进行评价。

（4）危险物质及工艺系统危险性（P）的分级

根据危险物质数量与临界量比值（Q）和行业及生产工艺（M），采用矩阵法将危险物质及工艺系统危险性等级（P）划分为 4 个等级，分别以 P1、P2、P3、P4 表示（表 13-2）。

表 13-2 危险物质及工艺系统危险性等级判断

危险物质数量与临界量比值（Q）	行业及生产工艺（M）			
	M1	M2	M3	M4
$Q \geqslant 100$	P1	P1	P2	P3
$10 \leqslant Q < 100$	P1	P2	P3	P4
$1 \leqslant Q < 10$	P2	P3	P4	P4

二、环境敏感程度（E）的确定

分析事故情形下，建设项目涉及的危险物质进入大气、地表水、地下水等环境的途径，对各环境要素风险受体的敏感性进行判断。从保护角度，各要素环境敏感程度分级取相对高值。

（1）大气环境

大气环境敏感程度分级主要量化为企业周边 5 km 范围内的居住区、医疗卫生、文化教育、科研、行政办公等机构人口总数及人群敏感性。油气、化学品输送管线大气环境敏感程度分级依据每千米管段的人口数判定。

依据环境敏感目标环境敏感性及人口密度，大气环境敏感程度共分为三种类型，E1 为环境高度敏感区，E2 为环境中度敏感区，E3 为环境低度敏感区，分级原则见表 13-3。

表 13-3 大气环境敏感程度分级

分级	大气环境敏感性
E1	周边 5 km 范围内居住区，医疗卫生、文化教育、科研、行政办公等机构人口总数大于 5 万人，或其他需要特殊保护区域；或周边 500 m 范围内人口总数大于 1 000 人；油气、化学品输送管线管段周边 200 m 范围内，每千米管段人口数大于 200 人
E2	周边 5 km 范围内居住区，医疗卫生、文化教育、科研、行政办公等机构人口总数大于 1 万人，小于 5 万人；或周边 500 m 范围内人口总数大于 500 人、小于 1 000 人；油气、化学品输送管线管段周边 200 m 范围内，每千米管段人口数大于 100 人、小于 200 人
E3	周边 5 km 范围内居住区，医疗卫生、文化教育、科研、行政办公等机构人口总数小于 1 万人；或周边 500 m 范围内人口总数小于 500 人；油气、化学品输送管线管段周边 200 m 范围内，每千米管段人口数小于 100 人

（2）地表水环境

地表水敏感程度分级依据受纳水体功能敏感性、下游敏感保护目标情况及跨界水体影响情况确定，受影响水体的水环境功能等级越高、下游敏感保护目标的敏感性越强，敏感程度等级就越高，反之等级越低；污染水体经过跨界水体的时间越短，敏感程度等级就越高，反之等级越低。跨界水体考虑了两种类型，一种是跨国界水体，另一种是跨省界水体。

依据事故情况下危险物质泄漏到水体的排放点受纳地表水体功能敏感性，以及下游环境敏感目标情况，地表水环境敏感程度共分为三种类型，E1 为环境高度敏感区，E2 为环境中度敏感区，E3 为环境低度敏感区，分级原则见表 13-4。其中地表水功能敏感性分区和环境敏感目标分级分别见表 13-5 和表 13-6。

表 13-4 地表水环境敏感程度分级

环境敏感目标	地表水功能敏感性		
	F1	F2	F3
S1	E1	E1	E2
S2	E1	E2	E3
S3	E1	E2	E3

表 13-5 地表水功能敏感性分区

敏感性	地表水环境敏感特征
敏感 F1	排放点进入地表水水域环境功能为Ⅱ类及以上，或海水水质分类为第一类；或以发生事故时，危险物质泄漏到水体的排放点算起，排放进入受纳河流最大流速时，24 h 流经范围内涉跨国界的
较敏感 F2	排放点进入地表水水域环境功能为Ⅲ类，或海水水质分类为第二类；或以发生事故时，危险物质泄漏到水体的排放点算起，排放进入受纳河流最大流速时，24 h 流经范围内涉跨省界的
低敏感 F3	上述地区之外的其他地区

表 13-6 环境敏感目标分级

分级	环境敏感目标
S1	发生事故时，危险物质泄漏到内陆水体的排放点下游（顺水流向）10 km 范围内、近岸海域一个潮周期水质点可能达到的最大水平距离的两倍范围内，有如下一类或多类环境风险受体：集中式地表水饮用水水源保护区（包括一级保护区、二级保护区及准保护区）；农村及分散式饮用水水源保护区；自然保护区；重要湿地；珍稀濒危野生动植物天然集中分布区；重要水生生物的自然产卵场及索饵场、越冬场和洄游通道；世界文化和自然遗产地；红树林、珊瑚礁等滨海湿地生态系统；珍稀、濒危海洋生物的天然集中分布区；海洋特别保护区；海上自然保护区；盐场保护区；海水浴场；海洋自然历史遗迹；风景名胜区；或其他特殊重要保护区域
S2	发生事故时，危险物质泄漏到内陆水体的排放点下游（顺水流向）10 km 范围内、近岸海域一个潮周期水质点可能达到的最大水平距离的两倍范围内，有如下一类或多类环境风险受体的：水产养殖区；天然渔场；森林公园；地质公园；海滨风景游览区；具有重要经济价值的海洋生物生存区域
S3	排放点下游（顺水流向）10 km 范围、近岸海域一个潮周期水质点可能达到的最大水平距离的两倍范围内无上述类型 1 和类型 2 包括的敏感保护目标

（3）地下水环境

地下水环境敏感程度取决于两个方面，一方面与建设项目所在场地包气带固有防渗性能有关，另一方面则与地下水的使用功能或下游敏感点有关。其中，包气带固有防渗性能决定一旦发生污染风险，污染物能否快速通过垂向渗透渗入地下水，从而造成地下水环境污染；地下水的使用功能则代表建设项目场地所在区域地下水是否处于地下水源的补给径流区，或者建设项目场地所在区域地下水水质条件好，应优先予以保护。

场地包气带固有防渗性能和地下水环境敏感特征与 HJ 610 相关要求保持一致。

当同一建设项目涉及两个敏感性分区或包气带防污性能分级及以上时，本着尽可能保护地下水资源的原则，取相对高值。

依据地下水功能敏感性与包气带防污性能，地表水环境敏感程度共分为三种类型，E1 为环境高度敏感区，E2 为环境中度敏感区，E3 为环境低度敏感区，分级原则见表 13-7。其中地下水功能敏感性分区和包气带防污性能分级分别见表 13-8 和表 13-9。

表 13-7　地下水环境敏感程度分级

包气带防污性能	地下水功能敏感性		
	G1	G2	G3
D1	E1	E1	E2
D2	E1	E2	E3
D3	E2	E3	E3

表 13-8　地下水功能敏感性分区

敏感性	地下水环境敏感特征
敏感 G1	集中式饮用水水源（包括已建成的在用、备用、应急水源，在建和规划的饮用水水源）准保护区；除集中式饮用水水源以外的国家或地方政府设定的与地下水环境相关的其他保护区，如热水、矿泉水、温泉等特殊地下水资源保护区
较敏感 G2	集中式饮用水水源（包括已建成的在用、备用、应急水源，在建和规划的饮用水水源）准保护区以外的补给径流区；未划定准保护区的集中式饮用水水源，其保护区以外的补给径流区；分散式饮用水水源地；特殊地下水资源（如热水、矿泉水、温泉等）保护区以外的分布区等其他未列入上述敏感分级的环境敏感区[a]
不敏感 G3	上述地区之外的其他地区

注：[a]“环境敏感区”指《建设项目环境影响评价分类管理名录》中所界定的涉及地下水的环境敏感区。

表 13-9　包气带防污性能分级

分级	包气带岩土的渗透性能
D3	$M_b \geqslant 1.0$ m，$K \leqslant 1.0\times10^{-6}$ cm/s，且分布连续、稳定
D2	0.5 m $\leqslant M_b < 1.0$ m，$K \leqslant 1.0\times10^{-6}$ cm/s，且分布连续、稳定 $M_b \geqslant 1.0$ m，1.0×10^{-6} cm/s $< K \leqslant 1.0\times10^{-4}$ cm/s，且分布连续、稳定
D1	岩（土）层不满足上述“D2”和“D3”条件

注：M_b——岩土层单层厚度；
K——渗透系数。

三、环境风险潜势划分

建设项目环境风险潜势划分为Ⅰ、Ⅱ、Ⅲ、Ⅳ/Ⅳ$^+$级。

根据建设项目涉及的物质和工艺系统的危险性及其所在地的环境敏感程度，结合事故情形下环境影响途径，对建设项目潜在环境危害程度进行概化分析，按照表 13-10 确定环境风险潜势。

表 13-10 建设项目环境风险潜势划分

环境敏感程度（E）	危险物质及工艺系统危险性（P）			
	极高危害（P1）	高度危害（P2）	中度危害（P3）	轻度危害（P4）
环境高度敏感区（E1）	Ⅳ$^+$	Ⅳ	Ⅲ	Ⅲ
环境中度敏感区（E2）	Ⅳ	Ⅲ	Ⅲ	Ⅱ
环境低度敏感区（E3）	Ⅲ	Ⅲ	Ⅱ	Ⅰ

注：Ⅳ$^+$为极高环境风险。

第三节 风险识别

在深入开展建设项目环境风险评价阶段，风险识别是环境风险评价的基础，是进行风险分析和控制的首要步骤，识别的全面性和深度直接影响评价结果的优劣和措施的针对性。风险识别不仅要识别建设项目固有的危险性，也要识别危险物质向环境转移的途径。

一、风险识别内容

环境风险识别应包括危险物质和生产系统的识别，危险物质扩散途径的识别，以及可能受影响的环境敏感保护目标的识别。

物质危险性识别，包括主要原辅材料、燃料、中间产品、副产品、最终产品、污染物、火灾和爆炸伴生/次生物等。

生产系统危险性识别，包括主要生产装置、储运设施、公用工程和辅助生产设施，以及环境保护设施等。

危险物质向环境转移的途径识别，包括分析危险物质特性及可能的环境风险类型，识别危险物质影响环境的途径，分析环境敏感目标、关心点等的环境危害后果。

二、风险识别方法

建设项目环境风险评价专题，应根据建设项目可能造成的环境风险类型，调查国内外相关类型环境事件和安全事故情况，收集建设项目工程相关资料、环境资料和国内外同行业事故统计分析及典型事故案例资料；对改建、扩建工程，收集现有工程管理制度、操作和维护手册、培训、应急、历史环境事件及安全事故调查、设备失效统计数据等资料。建设项目涉及的危险物质的辨识，主要依据危险物质的安全技术说明书（MSDS）、建设项目工程资料（平面布置图、工艺流程图、工艺介质数据表、设备台账等）、环境保护目标（地理位置、服务功能、四至范围、保护要求等），以及国内外同行业、同类型事故统计分析及典型事故案例资料、设备失效统计数据，并查询相关法律法规、标准规范。在进行物质危险性识别时，应根据物质的MSDS分析其危险、有害特性，再对照国家有关危险物质（危险化学品）管控的相关法律法规、标准规范等辨识物质的危险性类别。危险物质的理化特性、火灾爆炸特性，以及有毒有害特性应以图表的方式列出。

危险物质和能量的存在是发生事故的基础，在建设项目环境风险评价专题，风险源定义为存在危险物质或能量意外释放，并可能产生环境危害的源。风险源是指一个系统中具有潜在能量和危险物质释放的设备、设施或场所等，它的实质是具有潜在危险的源或部位，是能量和危险物质的载体。

物质危险性识别应以HJ 169—2018附录B中所列突发环境事件危险物质及临界量为基础，并根据物质自身的危险、有害特性及其在系统中的存在方式进行识别。在环境风险评价中，将危险单元定义为由一个或多个风险源构成的具有相对独立功能的单元，事故状况下应可实现与其他功能单元的分隔。建设项目一般是由若干个相对独立、相互联系的部分组成，各部分的功能、含有的危险物质、危险性不尽相同。当各部分之间有明确的分隔界限时，可作为一个独立的“单元”，如装置及设施之间有切断阀时，以切断阀作为分隔界限划分为独立的单元，或者以储罐区防火堤为界限划分为独立的单元。危险单元划分的基础是建设项目的总平面布置图、生产设备布置图、生产工艺流程图、设备表等，根据建设项目的生产特点、装置特征、物质特性和总平面布置情况划分危险单元，绘制危险单元分布图。

在生产系统中，危险单元可能包含多个风险源，也可能只有一个风险源。在划分出的危险单元内分析风险源的危险性、存在条件和转化为事故的触发因素。综合考虑危险物质的存在（在线）量、工艺过程、操作条件等因素，筛选出重点风险源，作为事故情形分析的对象。

在进行生产系统危险性识别时，可按以下步骤进行：

（1）划分危险单元

在划分危险单元时，可按系统的功能进行划分，如炼油项目可按常减压、催化重整、催化裂化、加氢裂化等工艺装置划分为各生产装置危险单元；原料罐区、产品罐区等划分为储罐区危险单元；公用工程及辅助设施区可划分为污水处理、焚烧设施、VOCs治理设施等危险单元。各危险单元都有相对应的总平面布置界区。危险单元也可按储存、处理危险物质的毒性和数量划分，如一个储存区域内（如危险品库）储存不同危险物质，为了能够识别其相对危险性，可作不同单元处理。物料输送管道通常可以作为独立的单元划分出来，根据输送物料的特性分析潜在的风险源。根据以往事故资料、将发生事故波及范围广、造成巨大损失和伤害的关键设备可作为一个单元。

（2）识别危险单元内的风险源

按照每个危险单元的生产工艺流程，分析其工艺危险性、关键控制点、薄弱环节和事故易发部位，识别单元中所有风险源并列出清单，分析每个风险源的危险特征，包括设备类型、操作条件、危险物质的状态及最大存在量等，还需要分析危险物质是否有向环境转移的途径。

常见的风险源包括反应器、泵、压缩机、换热器、精馏塔、搅拌器、储罐、仓库、装卸臂、装卸鹤管、工艺管线等，应根据不同的行业特点进行具体分析。

（3）筛选确定重点风险源

在环境风险评价中，因事故发生的不确定性，无法对所有风险源进行预测分析，应采用定性或定量的评价方法，筛选出危险性较大、风险等级较高的风险源作为评价重点，为风险预测分析提供数据。分析识别重点风险源是一个筛选过程，需要列出比较详细的危险单元、风险源及可能存在的环境危害途径、危害后果等。筛选重点风险源时，可选取定性或定量的分析方法进行。定性方法可采用类比法、作业条件危险性评价法等；定量方法可采用危险度评价法、DOW 火灾爆炸危险指数法等。

三、风险识别结果

在风险识别的基础上，图示危险单元分布。给出建设项目环境风险识别汇总，包括危险单元、风险源、主要危险物质、环境风险类型、环境影响途径、可能受影响的环境敏感目标、关心点等，说明风险源的主要参数。

风险源参数应结合实际情况分别考虑。如罐区的主要参数：罐型、容积、物料、储存系数、温度、压力等。塔、釜、反应器的主要参数：温度、压力、容积、物料量及物质组分、状态、流量等。管道的主要参数：长度、温度、压力、管径、物料、流量等。工艺废水储存池造成的环境危害事件中，主要参数可能是高差（势能）、容积、污染物、废水排放地点的宽度、流速、流量等。

第四节　风险事故情形分析

风险事故情形设定主要为后果预测提供事故场景和源强输入，对建设项目的风险防控和应急管理具有指导意义。

一、风险事故情形设定

建设项目的环境风险危害后果除了可以造成人员的伤害，还可能造成植被的破坏、财产损失、建筑物破坏、水污染事件等。环境风险评价的重点应该是建设项目的环境危害防控，是建设项目的环境风险管控或环境风险防控措施，而不应局限在事故情况下的人员伤害。环境风险评价专题的风险事故情形设定是一个筛选过程，可以采用的方法有清单法、矩阵法等。在实际工作中矩阵法比较简单清晰，以行的方式列出危险单元、风险源、危险物质等，以列的方式列出危害途径和相对环境危害后果初步判断，从矩阵表中筛选风险事故情形，只有人员伤害而对环境危害比较小的安全事故不属于建设项目环境风险评价的范围。在环境风险事故情形设定时需要考虑对大气、地表水体、地下水、土壤等环境要素的危害后果。

（1）风险事故情形设定内容

在风险识别的基础上，选择对环境影响较大并具有代表性的事故类型，设定风险事故情形。风险事故情形设定内容应包括环境风险类型、风险源、危险单元、危险物质和影响途径等。

（2）风险事故情形设定原则

同一种危险物质可能有多种环境风险类型。风险事故情形应包括危险物质泄漏以及火灾、爆炸等引发的伴生/次生污染物排放情形。对不同环境要素产生影响的风险事故情形，应分别进行设定。

对于火灾、爆炸事故，需将事故中未完全燃烧的危险物质在高温下迅速挥发释放至大气，以及燃烧过程中产生的伴生/次生污染物对环境的影响作为风险事故情形设定的内容。

设定的风险事故情形发生可能性应处于合理的区间，并与经济技术发展水平相适应。一般而言，发生频率小于 10^{-6}/a 的事件是极小概率事件，可作为代表性事故情形中最大可信事故设定的参考。在事故情形设定时要避免“朗福德陷阱”（Longford Trap），对发生频率低的事故要找出概率低的真正原因，以预防较严重的环境危害后果（胡月亭著《安全风险预防与控制》）。

（3）风险事故情形发生频率确定

事故发生频率的确定方法可采用统计相关行业事故或项目历年来运行数据获得，亦可根据事件树、失效模式分析法等分析方法确定。HJ 169—2018 附录 E 参考荷兰国家应用科学院（TNO）紫皮书给出了典型泄漏事故类型（如容器、管道、泵体、压缩机、装卸臂和装卸软管的泄漏和破裂等）的泄漏频率推荐值（表 13-11）。

表 13-11　HJ 169—2018 中泄漏频率推荐值

部件类型	泄漏模式	泄漏频率
反应器/工艺储罐/气体储罐/塔器	泄漏孔径为 10 mm 孔径	1.00×10^{-4} /a
	10 min 内储罐泄漏完	5.00×10^{-6} /a
	储罐全破裂	5.00×10^{-6} /a

<table>
<tr><th>部件类型</th><th>泄漏模式</th><th>泄漏频率</th></tr>
<tr><td rowspan="3">常压单包容储罐</td><td>泄漏孔径为 10 mm 孔径</td><td>1.00×10^{-4} /a</td></tr>
<tr><td>10 min 内储罐泄漏完</td><td>5.00×10^{-6} /a</td></tr>
<tr><td>储罐全破裂</td><td>5.00×10^{-6} /a</td></tr>
<tr><td rowspan="3">常压双包容储罐</td><td>泄漏孔径为 10 mm 孔径</td><td>1.00×10^{-4} /a</td></tr>
<tr><td>10 min 内储罐泄漏完</td><td>1.25×10^{-8} /a</td></tr>
<tr><td>储罐全破裂</td><td>1.25×10^{-8} /a</td></tr>
<tr><td>常压全包容储罐</td><td>储罐全破裂</td><td>1.00×10^{-8} /a</td></tr>
<tr><td rowspan="2">内径≤75 mm 的管道</td><td>泄漏孔径为 10%孔径</td><td>5.00×10^{-6} /（m·a）</td></tr>
<tr><td>全管径泄漏</td><td>1.00×10^{-6} /（m·a）</td></tr>
<tr><td rowspan="2">75 mm＜内径≤150 mm 的管道</td><td>泄漏孔径为 10%孔径</td><td>2.00×10^{-6} /（m·a）</td></tr>
<tr><td>全管径泄漏</td><td>3.00×10^{-7} /（m·a）</td></tr>
<tr><td rowspan="2">内径＞150 mm 的管道</td><td>泄漏孔径为 10%孔径（最大 50 mm）</td><td>2.40×10^{-6} /（m·a）*</td></tr>
<tr><td>全管径泄漏</td><td>1.00×10^{-7} /（m·a）</td></tr>
<tr><td rowspan="2">泵体和压缩机</td><td>泵体和压缩机最大连接管泄漏孔径为 10%孔径（最大 50 mm）</td><td>5.00×10^{-4} /a</td></tr>
<tr><td>泵体和压缩机最大连接管全管径泄漏</td><td>1.00×10^{-4} /a</td></tr>
<tr><td rowspan="2">装卸臂</td><td>装卸臂连接管泄漏孔径为 10%孔径（最大 50 mm）</td><td>3.00×10^{-7} /h</td></tr>
<tr><td>装卸臂全管径泄漏</td><td>3.00×10^{-8} /h</td></tr>
<tr><td rowspan="2">装卸软管</td><td>装卸软管连接管泄漏孔径为 10%孔径（最大 50 mm）</td><td>4.00×10^{-5} /h</td></tr>
<tr><td>装卸软管全管径泄漏</td><td>4.00×10^{-6} /h</td></tr>
</table>

注：*来源于国际油气协会（International Association of Oil & Gas Producers）发布的 *Risk Assessment Data Directory*（2010，3）。

以上数据来源于荷兰 TNO 紫皮书（*Guidelines for Quantitative*）以及 *Reference Manual Bevi Risk Assessments*。

二、事故源强确定

事故源强设定可采用计算法和经验估算法。计算法适用于以腐蚀或应力作用等引起的泄漏型为主的事故；经验估算法适用于以火灾、爆炸等突发性事故伴生/次生的污染物释放。

1．物质泄漏量计算

泄漏速率的计算，应区别泄漏相态，分别采用不同的方法计算。

泄漏时间应结合建设项目探测和隔离系统的设计原则确定。一般情况下，设置紧急隔离系统的单元，泄漏时间可设定为 10 min；未设置紧急隔离系统的单元，泄漏时间可设定为 30 min。泄漏液体的蒸发时间应结合物质特性、气象条件、工况等综合考虑，一般情况下可按 15～30 min 计；泄漏物质形成的液池面积以不超过泄漏单元的围堰（或堤）内面积计。

（1）液体泄漏

液体泄漏速率 Q_L 用伯努利方程计算（限制条件为液体在喷口内不应有急骤蒸发）。

$$Q_L = C_d A\rho\sqrt{\frac{2(P-P_0)}{\rho}+2gh} \tag{13-2}$$

式中：Q_L ——液体泄漏速率，kg/s；

P ——容器内介质压力，Pa；

P_0 ——环境压力，Pa；

ρ ——泄漏液体密度，kg/m^3；

g ——重力加速度，9.81 m/s^2；

h ——裂口之上液位高度，m；

C_d ——液体泄漏系数，按表 13-12 选取；

A ——裂口面积，m^2。

表 13-12　液体泄漏系数（C_d）

雷诺数 Re	裂口形状		
	圆形（多边形）	三角形	长方形
＞100	0.65	0.60	0.55
≤100	0.50	0.45	0.40

（2）气体泄漏

当下式成立时，气体流动属音速流动（临界流）。

$$\frac{P_0}{P} \leqslant \left(\frac{2}{\gamma+1}\right)^{\frac{\gamma}{\gamma-1}} \tag{13-3}$$

当下式成立时，气体流动属于亚音速流动（次临界流）。

$$\frac{P_0}{P} > \left(\frac{2}{\gamma+1}\right)^{\frac{\gamma}{\gamma-1}} \tag{13-4}$$

式中：P ——容器压力，Pa；

P_0 ——环境压力，Pa；

γ ——气体的绝热指数（比热容比），即定压比热容 C_p 与定容比热容 C_V 之比；

假定气体特性为理想气体，其泄漏速率 Q_G 按下式计算。

$$Q_{\mathrm{G}} = YC_{\mathrm{d}}AP\sqrt{\frac{M\gamma}{RT_{\mathrm{G}}}\left(\frac{2}{\gamma+1}\right)^{\frac{\gamma+1}{\gamma-1}}} \tag{13-5}$$

式中：Q_G——气体泄漏速率，kg/s；

P——容器压力，Pa；

C_d——气体泄漏系数；当裂口形状为圆形时取 1.00，为三角形时取 0.95，为长方形时取 0.90；

M——物质的摩尔质量，kg/mol；

R——气体常数，J/（mol·K）；

T_G——气体温度，K；

A——裂口面积，m^2；

Y——流出系数，对于临界流 Y=1.0；对于次临界流按式（13-6）计算：

$$Y = \left[\frac{P_0}{P}\right]^{\frac{1}{\gamma}} \times \left\{1-\left[\frac{p_0}{p}\right]^{\frac{(\gamma-1)}{\gamma}}\right\}^{\frac{1}{2}} \times \left\{\left[\frac{2}{\gamma-1}\right]\times\left[\frac{\gamma+1}{2}\right]^{\frac{(\gamma+1)}{(\gamma-1)}}\right\}^{\frac{1}{2}} \tag{13-6}$$

（3）两相流泄漏

假定液相和气相是均匀的，且互相平衡，两相流泄漏速率 Q_{LG} 按式（13-7）～式（13-9）计算：

$$Q_{\mathrm{LG}} = C_{\mathrm{d}}A\sqrt{2\rho_{\mathrm{m}}\left(P-P_{\mathrm{C}}\right)} \tag{13-7}$$

$$\rho_{\mathrm{m}} = \frac{1}{\dfrac{F_{\mathrm{V}}}{\rho_1}+\dfrac{1-F_{\mathrm{V}}}{\rho_2}} \tag{13-8}$$

$$F_{\mathrm{V}} = \frac{C_{\mathrm{p}}(T_{\mathrm{LG}}-T_{\mathrm{C}})}{H} \tag{13-9}$$

式中：Q_{LG}——两相流泄漏速率，kg/s；

C_d——两相流泄漏系数，取 0.8；

P_C——临界压力，Pa，取 0.55 P；

P——操作压力或容器压力，Pa；

A——裂口面积，m^2；

ρ_m——两相混合物的平均密度，kg/m^3；

ρ_1——液体蒸发的蒸气密度，kg/m^3；

ρ_2——液体密度，kg/m^3；

F_V——蒸发的液体占液体总量的比例；

C_p——两相混合物的定压比热容，J/（kg·K）；

T_{LG}——两相混合物的温度，K；

T_C——液体在临界压力下的沸点，K；

H——液体的汽化热，J/kg。

当 F_V＞1 时，表明液体将全部蒸发成气体，此时应按气体泄漏计算；如果 F_V 很小，则可近似地按液体泄漏公式计算。

（4）泄漏液体蒸发速率

泄漏液体的蒸发分为闪蒸蒸发、热量蒸发和质量蒸发 3 种，其蒸发总量为这 3 种蒸发之和。

1）闪蒸蒸发估算

液体中闪蒸部分：

$$F_v = \frac{C_p\left(T_T - T_b\right)}{H_v} \tag{13-10}$$

过热液体闪蒸蒸发速率可按式（13-11）估算：

$$Q_1 = Q_L \times F_v \tag{13-11}$$

式中：F_v——泄漏液体的闪蒸比例；

T_T——储存温度，K；

T_b——泄漏液体的沸点，K；

H_v——泄漏液体的蒸发热，J/kg；

C_p——泄漏液体的定压比热容，J/（kg·K）；

Q_1——过热液体闪蒸蒸发速率，kg/s；

Q_L——物质泄漏速率，kg/s。

2）热量蒸发估算

当液体闪蒸不完全，有一部分液体在地面形成液池，并吸收地面热量而汽化，其蒸发速率按下式计算，并应考虑对流传热系数。

$$Q_2 = \frac{\lambda S\left(T_0 - T_b\right)}{H\sqrt{\pi \alpha t}} \tag{13-12}$$

式中：Q_2——热量蒸发速率，kg/s；

T_0——环境温度，K；

T_b——泄漏液体沸点；K；

H——液体汽化热，J/kg；

t——蒸发时间，s；

λ——表面热导系数（取值见表 13-13），W/（m·K）；

S——液池面积，m^2；

α——表面热扩散系数（取值见表 13-13），m^2/s。

表 13-13　某些地面的热传递性质

地面情况	λ /［W/（m·K）］	α /（m^2/s）
水泥	1.1	1.29×10^{-7}
土地（含水 8%）	0.9	4.3×10^{-7}
干涸土地	0.3	2.3×10^{-7}
湿地	0.6	3.3×10^{-7}
砂砾地	2.5	11.0×10^{-7}

3）质量蒸发估算

当热量蒸发结束后，转由液池表面气流运动使液体蒸发，称之为质量蒸发。其蒸发速率按式（13-13）计算：

$$Q_3=\alpha p\frac{M}{RT_0}u^{\frac{(2-n)}{(2+n)}}r^{\frac{(4+n)}{(2+n)}} \tag{13-13}$$

式中：Q_3—— 质量蒸发速率，kg/s；

p—— 液体表面蒸气压，Pa；

R—— 气体常数，J/（mol·K）；

T_0—— 环境温度，K；

M—— 物质的摩尔质量，kg/mol；

u—— 风速，m/s；

r—— 液池半径，m；

α，n—— 大气稳定度系数，取值见表 13-14。

表 13-14　液池蒸发模式参数

大气稳定度	n	α
不稳定（A，B）	0.2	3.846×10^{-3}
中性（D）	0.25	4.685×10^{-3}
稳定（E，F）	0.3	5.285×10^{-3}

液池最大直径取决于泄漏点附近的地域构型、泄漏的连续性或瞬时性。有围堰时，以围堰最大等效半径为液池半径；无围堰时，设定液体瞬间扩散到最小厚度时，推算液池等效半径。

4）液体蒸发总量的计算

液体蒸发总量按式计（13-14）算：

$$W_p=Q_1t_1+Q_2t_2+Q_3t_3 \tag{13-14}$$

式中：W_p —— 液体蒸发总量，kg；

Q_1 —— 闪蒸液体蒸发速率，kg/s；

Q_2 —— 热量蒸发速率，kg/s；

Q_3 —— 质量蒸发速率，kg/s；

t_1 —— 闪蒸蒸发时间，s；

t_2 —— 热量蒸发时间，s；

t_3 —— 从液体泄漏到全部清理完毕的时间，s。

2．经验法估算物质释放量

火灾、爆炸事故在高温下迅速挥发释放至大气的未完全燃烧的有毒有害物质，以及在燃烧过程中产生的伴生/次生污染物，可参照 HJ 169—2108 附录 F 给出的经验法估算释放量。

（1）火灾爆炸事故有毒有害物质释放比例

火灾爆炸事故中未参与燃烧有毒有害物质的释放比例取值见表 13-15。

表 13-15　火灾爆炸事故有毒有害物质释放比例　　单位：%

Q	LC_{50}					
	＜200	≥200，＜1 000	≥1 000，＜2 000	≥2 000，＜10 000	≥10 000，＜20 000	≥20 000
≤100	5	10				
＞100，≤500	1.5	3	6			
＞500，≤1 000	1	2	4	5	8	
＞1 000，≤5 000		0.5	1	1.5	2	3
＞5 000，≤10 000			0.5	1	1	2
＞10 000，≤20 000				0.5	1	1
＞20 000，≤50 000					0.5	0.5
＞50 000，≤100 000						0.5

注：LC_{50} 为物质半致死浓度，mg/m^3；Q 为有毒有害物质在线量，t。

（2）火灾伴生/次生污染物产生量估算

1）二氧化硫产生量

油品火灾伴生/次生二氧化硫产生量按式（13-15）计算：

$$G_{二氧化硫}=2BS \tag{13-15}$$

式中：$G_{二氧化硫}$——二氧化硫排放速率，kg/h；

B——物质燃烧量，kg/h；

S——物质中硫的含量，%。

2）一氧化碳产生量

油品火灾伴生/次生一氧化碳产生量按式（13-16）计算：

$$G_{一氧化碳}=2\,330qCQ \tag{13-16}$$

式中：$G_{一氧化碳}$——一氧化碳的产生量，kg/s；

C——物质中碳的含量，取 85%；

q——化学不完全燃烧值，取 1.5%～6.0%；

Q——参与燃烧的物质量，t/s。

3．其他估算方法

① 装卸事故，泄漏量依据装卸物质流速和管径及失控时间计算，失控时间一般可按 5～30 min 计。

② 油气长输管线泄漏事故，按管道截面 100%断裂估算泄漏量，应考虑截断阀启动前、后的泄漏量。截断阀启动前，泄漏量按实际工况确定；截断阀启动后，泄漏量以管道泄压至与环境压力平衡所需要的时间计。

③ 水体污染事故源强应结合污染物释放量、消防用水量及雨水量等因素综合确定。

第五节　风险预测与评价

一、有毒有害物质在大气中的扩散

1．预测模型筛选

HJ 169—2018 推荐 SLAB 模型、AFTOX 模型分别作为平坦地形下重质气体、中性/轻质气体后果预测扩散模型。推荐模型的适用情况见表 13-16。

表 13-16　HJ 169—2018 中推荐模型适用情况

模型名称	适用初始扩散状态	适用排放形式	适用排放类型
SLAB	重质气体	连续源、限时源、瞬时源	地面液池蒸发、抬升水平喷射、烟囱或抬升垂直喷射以及瞬时体源
AFTOX	中性/轻质气体	连续源、限时源、瞬时源	地面或具有一定高度的源释放的气体或液体以及浮力烟羽排放

注：生态环境部模型管理部门推荐的其他模型，按相应推荐模型适用情况进行选择。

判定初始烟团/烟羽是否为重质气体，取决于它相对空气的“过剩密度”和环境条件等因素。通常采用理查德森数（R_i）作为标准进行判断。R_i 的概念公式为

$$R_i = \frac{\text{烟团的势能}}{\text{环境的湍流动能}} \tag{13-17}$$

R_i 是个流体动力学参数。根据不同的排放性质，理查德森数的计算公式不同。一般地，依据排放类型，理查德森数的计算分连续排放、瞬时排放两种形式：

连续排放：

$$R_i = \frac{\left[\dfrac{g(Q/\rho_{\text{rel}})}{D_{\text{rel}}} \times \left(\dfrac{\rho_{\text{rel}} - \rho_{\text{a}}}{\rho_{\text{a}}}\right)\right]^{\frac{1}{3}}}{U_r} \tag{13-18}$$

瞬时排放：

$$R_i = \frac{g(Q_{\text{t}}/\rho_{\text{rel}})^{\frac{1}{3}}}{U_{\text{r}}^2} \times \left(\frac{\rho_{\text{rel}} - \rho_{\text{a}}}{\rho_{\text{a}}}\right) \tag{13-19}$$

式中：ρ_{rel} —— 排放物质进入大气的初始密度，kg/m^3；

ρ_{a} —— 环境空气密度，kg/m^3；

Q —— 连续排放烟羽的排放速率，kg/s；

Q_{t} —— 瞬时排放的物质质量，kg；

D_{rel} —— 初始的烟团宽度，即源直径，m；

U_{r} —— 10 m 高处风速，m/s。

判定是连续排放还是瞬时排放，可以通过对比排放时间 T_{d} 和污染物到达最近的受体点（网格点或敏感点）的时间 T 确定：

$$T=2X/U_{\text{r}} \tag{13-20}$$

式中：X —— 事故发生地与计算点的距离，m；

U_{r} —— 10 m 高处风速，m/s，假设风速和风向在 T 时间段内保持不变。

当 $T_{\text{d}} > T$ 时，可被认为是连续排放的；当 $T_{\text{d}} \leqslant T$ 时，可被认为是瞬时排放。

对于连续排放，$R_i \geqslant 1/6$ 为重质气体，$R_i < 1/6$ 为轻质气体；对于瞬时排放，$R_i > 0.04$ 为重质气体，$R_i \leqslant 0.04$ 为轻质气体。当 R_i 处于临界值附近时，说明烟团/烟羽既不是典型的重质气体扩散，也不是典型的轻质气体扩散。可以进行敏感性分析，分别采用重质气体模型和轻质气体模型进行模拟，选取影响范围最大的结果。

当泄漏事故发生在丘陵、山地等时，应考虑地形对扩散的影响，选择适合的大气风险预测模型。当考虑地形对扩散的影响时，所采用的地形原始数据分辨率一般不应低于 30 m。

2．预测范围与计算点设置

预测范围即预测物质浓度达到评价标准时的最大影响范围，通常由预测模型计算获取。预测范围一般不超过 10 km。

计算点分特殊计算点和一般计算点。特殊计算点指大气环境敏感目标等关心点，一般计算点指下风向不同距离点。一般计算点的设置应具有一定分辨率，距离风险源 500 m 范围内可设置 10～50 m 间距，大于 500 m 范围内可设置 50～100 m 间距。

3. 预测结果表述

① 下风向不同距离处有毒有害物质的最大浓度，以及预测浓度达到不同毒性终点浓度的最大影响范围。

② 各关心点的有毒有害物质浓度随时间变化情况，以及关心点的预测浓度超过评价标准时对应的时刻和持续时间。

③ 对于存在极高大气环境风险的建设项目，应开展关心点概率分析，以反映关心点处人员在无防护措施条件下受到伤害的可能性。有毒有害气体大气伤害概率估算参见 HJ 169 附录 I。

二、有毒有害物质在地表水环境中的运移扩散

1. 预测模型及参数选取

地表水数值预测模型计算主要分为水体流场计算和有毒有害物质在水体中的迁移转化计算两部分。根据预测水体的类型参照 HJ 2.3 中的相关要求，选取适用的预测模型。

对河流、湖库水体，如有毒有害物质进入水体后能快速充分混合（横向、垂向、纵向），可采用零维预测模型；如在断面上（横向、垂向）快速均匀混合，可采用纵向一维预测模型；如仅能在垂向快速均匀混合，可采用平面二维预测模型；如仅能在横向快速均匀混合，垂向分层明显，可采用立面二维预测模型；其他情况可采用三维预测模型。

对河口及近岸海域水体，宜采用平面二维非恒定模型。如果评价海域的水流和水质分布在垂向上存在较大的差异，宜采用三维数学模型。

对于溢油漂移扩散过程按 GB/T 19485 中的溢油粒子模型进行溢油轨迹预测。

模型参数确定可采用类比、经验公式、实验室测定、物理模型试验、现场实测及模型率定等方法，可以采用多类方法比对确定模型参数。当采用数值解模型时，宜采用模型率定法核定模型参数。

2. 预测结果表述

① 给出有毒有害物质进入地表水体最远超标距离及时间。

② 给出有毒有害物质经排放通道到达下游（按水流方向）环境敏感目标处的到达时间、超标时间、超标持续时间及最大浓度，对于在水体中漂移类物质，应给出漂移轨迹。

三、有毒有害物质在地下水环境中的运移扩散

1. 预测模型及参数选取

地下水风险预测模型及参数参照 HJ 610。

地下水环境风险不同于大气、地表水环境风险，具有较明显的迟缓性，环境事故发

生后，地下水造成污染风险的表现时间上按照不同水文地质条件差异很大，如岩溶发育地区，连通性较好，环境风险表现较快；卵砾石地层地区的渗透系数较大，水力梯度较大时环境风险表现亦快；黏土或黄土地区，渗透系数较小，地势平缓且水力梯度较小，表现较为迟缓，甚至对周边环境敏感点数十年无影响。致使上述现象发生的关键原因是水文地质条件的不同，即水文地质参数的差异。关键水文地质参数主要包括各含水层（弱透水层）渗透系数、给水度（贮水系数）、有效孔隙度、弥散系数以及与溶质运移相关的其他参数，这些参数的选取需根据含水介质的不同，根据经验值和实测获取。

2．预测结果表述

给出有毒有害物质进入地下水体到达下游厂区边界和环境敏感目标处的到达时间、超标时间、超标持续时间及最大浓度。

第六节　环境风险管理

基于建设项目风险识别及可能的后果分析，提出针对性风险管理对策措施。重点在于建立、明确包括“单元—厂区—园区/区域”的环境风险防控体系，提出事故产生的有毒有害物质进入环境的防范措施和应急处置要求。建设项目采取的环境风险防范措施应与社会经济技术发展水平相适应，在区域防控联动的基础上，对环境风险进行有效的预防、监控、响应。对于存在泄漏/次生有毒有害物质环境风险事故应明确提出应急监测要求。

一、大气环境风险防范措施

结合风险源状况明确环境风险的防范、减缓措施，提出环境风险监控要求，并结合环境风险预测分析结果、区域交通道路和安置场所位置等，提出事故状态下人员的疏散通道及安置等应急建议。

二、事故废水环境风险防范措施

明确“单元—厂区—园区/区域”的环境风险防控体系要求，设置事故废水收集（尽可能以非动力自流方式）和应急储存设施，以满足事故状态下收集泄漏物料、污染消防水和污染雨水的需要，明确并图示防止事故废水进入外环境的控制、封堵系统。

应急储存设施应根据发生事故的设备容量、事故时消防用水量及可能进入应急储存设施的雨水量等因素综合确定。应急储存设施内的事故废水，应及时进行有效处置，做到回用或达标排放。结合环境风险预测分析结果，提出实施监控和启动相应的园区/区域突发环境事件应急预案的建议要求。化工园区新建、改建或扩建的化工园区事故应急设施（池）的容积可以参考《化工园区事故应急设施（池）建设标准》（T/CPCIF 0049—2020）的要求。石化建设项目涉及到事故应急池的规范性文件主要有《建设项目环境风险评价技术导则》(HJ 169—2018)《化工建设项目环境保护设计规范》(GB 50483—2019)《石化企业水体环境风险防控技术要求》(Q/SH 0729—2018)等，应急储存设施的容积可以参考《化工建设项目环境保护设计规范》(GB 50483—2019)《石油化工给水排水系统设计规范》(SH/T 3015—2019)等进行核算。事故应急池宜采取地下式，使事故废水重力流排入。

事故废水应急储存能力核算可以采用式(13-21)：

$$V_{总}=(V_1+V_2-V_3)_{max}+V_4+V_5 \tag{13-21}$$

式中：V_1——收集系统范围内发生事故的储罐或装置的物料量；

V_2——发生事故的储罐或装置的消防水量，m^3；

V_3——发生事故时可以转输到其他储存或处理设施的物料量，m^3；

V_4——发生事故时仍必须进入该收集系统的生产废水量，m^3；

V_5——发生事故时可能进入该收集系统的降水量，m^3。

三、地下水环境风险防范措施

重点采取源头控制和分区防渗措施，加强地下水环境的监控、预警，提出事故应急减缓措施。

四、其他风险防范措施

① 针对主要风险源，提出设立风险监控及应急监测系统，实现事故预警和快速应急监测、跟踪，提出对应急物资、应急人员等的管理要求。

② 对于改建、扩建和技术改造项目，应分析依托企业现有环境风险防范措施的有效性，提出完善意见和建议。

③ 环境风险防范措施应纳入环保投资和建设项目竣工环境保护验收内容。

④ 考虑事故触发具有不确定性，厂内环境风险防控系统应纳入园区/区域环境风险防控体系，明确风险防控设施、管理的衔接要求。极端事故风险防控及应急处置应结合所在园区/区域环境风险防控体系统筹考虑，按分级响应要求及时启动园区/区域环境风险防范措施，实现厂内与园区/区域环境风险防控设施及管理有效联动，有效防控环境风险。

五、应急预案编制原则要求

按照国家、地方和相关部门要求，提出企业突发环境事件应急预案编制或完善的原则要求。应急预案应该包括预案适用范围、环境事件分类与分级、组织机构与职责、监控和预警、应急响应、应急保障、善后处置、预案管理与演练等内容。

明确企业、园区/区域、地方政府环境风险应急体系。企业突发环境事件应急预案应体现分级响应、区域联动的原则，与园区/区域和地方政府突发环境事件应急预案相衔接，明确分级响应程序。

第十四章 环境影响的经济损益分析

第一节 环境影响的经济评价概述

环境影响的经济损益分析，也称为环境影响的经济评价，就是要估算某一项目、规划或政策所引起环境影响的经济价值，并将环境影响的价值纳入到项目、规划或政策的经济分析（费用效益分析）中去，以判断这些环境影响对该项目、规划或政策的可行性会产生多大的影响。这里，对负面的环境影响，估算出的是环境成本；对正面的环境影响，估算出的是环境效益。

一、环境影响经济评价的必要性

1．法律依据

《中华人民共和国环境影响评价法》明确规定，要对建设项目的环境影响进行经济损益分析。

2．政策工具

世界银行、亚洲开发银行等国际金融组织以及美国等较早开展环境影响评价的国家，都要求在其环境评价中进行环境影响的经济评价。如世界银行在其政策指令OP4.01和OP10.04中，明确要求在环境评价中"尽可能地以货币化价值量化环境成本和环境效益，并将环境影响价值纳入项目的经济分析中去"。亚洲开发银行（1996）为此还发行了《环境影响的经济评价工作手册》，指导对环境影响的经济评价。

1997年世界银行在其中国环境报告《碧水蓝天》中，估算出中国环境污染损失每年至少为540亿美元，占1995年GDP的8%，这一评估以及中国研究者所做的相关环境污染损失评估，对中国在第十个五年计划中大幅提高环境投资比例起到了良好的作用。

我国政府开始实行绿色GDP，将环境损益计入国民经济计量体系中，标志着一种新的发展战略的贯彻实施。

二、建设项目"环境影响经济损益分析"

建设项目环境影响的经济评价，是以大气、水、声、生态等环境影响评价为基础的，只有在得到各环境要素影响评价结果以后，才可能在此基础上进行环境影响的经济评价。

建设项目环境影响经济损益评价包括建设项目环境影响经济评价和环境保护措施的经济损益评价两部分。

环境保护措施的经济论证，是要估算环境保护措施的投资费用、运行费用、取得的效益，用于多种环境保护措施的比较，以选择费用比较低的环境保护措施。环境保护措施的经济论证不能代替建设项目的环境影响经济损益分析。

第二节　环境经济评价方法

一、环境价值

环境的总价值包括环境的使用价值（use value）和非使用价值（nonuse value）。

环境的使用价值，是指环境被生产者或消费者使用时所表现出的价值。环境的使用价值通常包含直接使用价值、间接使用价值和选择价值。如森林的旅游价值就是森林的直接使用价值，森林防风固沙的价值就是森林的间接使用价值。选择价值（option value）是人们虽然现在不使用某一环境，但人们希望保留它，这样，将来就有可能使用它，也即保留了人们选择使用它的机会，环境所具有的这种价值就是环境的选择价值。有的研究者将选择价值看作环境的非使用价值的一部分。

环境的非使用价值，是指人们虽然不使用某一环境物品，但该环境物品仍具有的价值。根据不同动机，环境的非使用价值又可分为遗赠价值（bequest value）和存在价值（existence value）。如濒危物种的存在，有些人认为，其本身就是有价值的，这种价值与人们是否利用该物种牟取经济利益无关。

无论使用价值还是非使用价值，价值的恰当量度都是人们的最大支付意愿（WTP），即一个人为获得某件物品（服务）而愿意付出的最大货币量。影响支付意愿的因素有：收入、替代品价格、年龄、教育、个人独特偏好以及对该物品的了解程度等。

市场价格在有些情况下（如对市场物品）可以近似地衡量物品的价值，但它不能准确地度量一个物品的价值。市场价格是由物品的总供给和总需求来决定的，它通常低于消费者的 WTP，二者之差是消费者剩余（CS）。三者关系为

$$\text{价值} = \text{支付意愿} = \text{价格} \times \text{消费量} + \text{消费者剩余}$$

人们在消费许多环境服务或环境物品时，常常没有支付价格，因为这些环境服务没有市场价格，如游览许多户外景观时。那么，这时这些环境服务的价值就等于人们享受这些环境服务时所获得的消费者剩余。有些环境价值评估技术，就是通过测量这一消费者剩余，来评估环境价值的。

环境价值也可以根据人们对某种特定的环境退化而表示的最低补偿意愿（WTA）来度量。

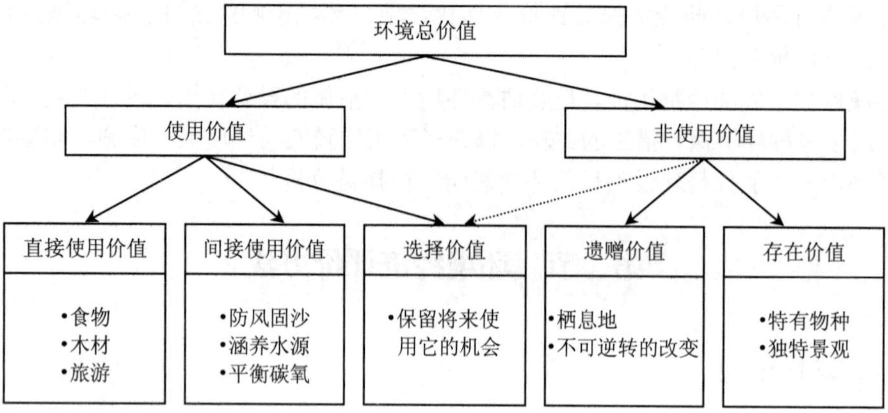

图 14-1　一片森林环境价值的构成

二、环境价值评估方法

面对千差万别的环境对象，人们使用过许多方法来评估环境的价值，同时在不断发明新的环境价值评估技术。目前，全部的环境价值评估技术（方法）可分为三组（见图 14-2）。

第Ⅰ组评估方法
1. 旅行费用法（TCM，travel cost method）
2. 隐含价格法（HPM，hedonic pricing model）
3. 调查评价法（CVM，contingent valuation method）
4. 成果参照法（BT，benefit transfer）

第Ⅱ组评估方法
1. 医疗费用法（medical expenditure approach）
2. 人力资本法（human capital approach）
3. 生产力损失法（loss of productivity approach）
4. 恢复或重置费用法（restoration or replacement cost approach）
5. 影子工程法（shadow project approach）
6. 防护费用法（averting cost approach）

第Ⅲ组评估方法
1. 反向评估（reverse valuation）
2. 机会成本法（opportunity cost approach）

图 14-2　环境价值评估方法

三组评估方法各有特点，我们在环境影响价值评估中可能会用到任何一种价值评估方法。这里简要介绍这几种常用环境价值评估方法。

1. 第Ⅰ组评估方法

（1）Ⅰ-1　旅行费用法

旅行费用法，一般用来评估户外游憩地的环境价值，如评估森林公园、城市公园、自然景观等的游憩价值。旅行费用法的基本思想是到该地旅游要付出代价，这一代价即旅行费用。旅行费用越高，来该地游玩的人越少；旅行费用越低，来该地游玩的人越多。所以，旅行费用成了旅游地环境服务价格的替代物。据此，可以求出人们在消费该旅游地环境服务时获得的消费者剩余。旅游地门票为零时，该消费者剩余，就是这一景观的游憩价值。

（2）Ⅰ-2　隐含价格法

可用于评估大气质量改善的环境价值，也可用于评估大气污染、水污染、环境舒适性和生态系统环境服务功能等的环境价值。

其基本思想是，以上环境因素会影响房地产的价格。市场中形成的房地产价格，包含了人们对其环境因素的评估。通过回归分析，可以分析出人们对环境因素的估价。

隐含价格法对环境质量的估价一般需要以下两个步骤：

第一步，建立隐含价格方程（hedonic equation）。将房产价格与房屋的各种特点联系起来。房屋价格一般受 3 类变量的影响：① 房屋自身的建筑特点，如房屋的面积、房间数、建成时间等；② 房屋所在的社区特点，如距商店远近、当地学校质量、交通状况、犯罪率等；③ 房屋周围环境质量状况，如大气污染程度、水污染状况等。以房产价格为因变量，以上述 3 类变量为自变量，可以建立回归方程：

$$P=P(S,N,Q) \tag{14-1}$$

式中：P —— 房屋市场价格；

S —— 一组建筑特点变量；

N —— 一组社区特点变量；

Q —— 一组环境质量变量。

收集各变量的实际数据，确定恰当的方程形式，可以求出隐含价格方程。根据这一方程可以求出环境质量的隐含价格（对环境质量的边际支付意愿），用 W 表示。

$$W=\frac{\partial P}{\partial Q} \tag{14-2}$$

如果式（14-1）具有线性形式，则 W 是一个常数；否则，W 是环境质量的函数。

$$W=W(Q) \tag{14-3}$$

这时，我们已经求出了环境质量边际变化的价值。假设该房屋市场的所有消费者具有同样的收入和偏好，则环境质量非边际变化（Q_0～Q_1）的价值可通过对式（14-3）积分得到：

$$V=\int_{Q_0}^{Q_1}W(Q)\mathrm{d}Q=\int_{Q_0}^{Q_1}\frac{\partial P}{\partial Q}\mathrm{d}Q \tag{14-4}$$

如果上述假设与现实相差甚远，我们就需要隐含价格法的第二步。

第二步，建立环境质量需求方程（demand equation）。式（14-3）给出的是在固定收入和偏好下对环境质量的边际支付意愿，而消费者的收入、偏好等常常相差很大，这时就需要利用式（14-3）和房屋消费者的社会经济变量，拟合出消费者对环境质量的需求方程：

$$W=W(Q,\ \mathrm{IN},\ S) \tag{14-5}$$

式中：IN —— 消费者收入；

S —— 消费者的其他社会经济变量，如家庭人口数、平均年龄等。

收集消费者的变量数据，确定恰当的方程形式，结合式（14-3）就可以求出式（14-5）。环境质量从 Q_0 提高到 Q_1 的经济价值 V，可通过对式（14-5）积分得到

$$V=\int_{Q_0}^{Q_1} W(Q,\ \mathrm{IN},\ S)\mathrm{d}Q \tag{14-6}$$

隐含价格法应用条件：① 房地产价格在市场中自由形成；② 可获得完整的、大量的市场交易记录以及长期的环境质量记录。

（3）Ⅰ-3 调查评价法

可用于评估几乎所有的环境对象，如大气污染的环境损害、户外景观的游憩价值、环境污染的健康损害、人的生命价值、特有环境的非使用价值。其中环境的非使用价值，只能使用调查评价法来评估。

调查评价法通过构建模拟市场来揭示人们对某种环境物品的支付意愿（WTP），从而评价环境价值。它通过人们在模拟市场中的行为，而不是在现实市场中的行为来进行价值评估，通常不发生实际的货币支付。

如果要求人们对环境质量变化（$\Delta q=q_2-q_1$）的支付意愿，可以通过以下两种方式求得：① 在方法设计中直接调查人们对 Δq 的支付意愿，这种方法直接明了，但难以推及超过 Δq 的支付意愿；② 在方法设计中调查人们对环境质量许多变化的支付意愿，建立支付意愿方程，据方程求出环境质量某种变化的价值。对环境质量变化的支付意愿方程的一般方式是

$$W=W(q,\ \mathrm{IN},\ S) \tag{14-7}$$

式中：W —— 环境质量消费者对环境质量从原水平 q_0 变化到 q 的支付意愿；

q —— 变化后的环境质量水平；

IN —— 消费者收入水平；

S —— 一组代表消费者偏好的其他社会经济变量。

通过调查获得有关数据，确定方程形式（代表消费者的偏好结构），就可以求得任一环境质量变化 Δq 的价值 V：

$$V=\int_{q_1}^{q_2} \frac{\partial W}{\partial q}\mathrm{d}q \tag{14-8}$$

坚实的理论基础为 CVM 准确评估环境价值提供了可能性，要实现这种可能性，很大程度上有赖于在 CVM 实施步骤中努力避免各种偏差。

调查评价法应用的关键在于受到严格检验的实施步骤。从市场设计、问题提问、市

场操作、抽样，一直到结果分析，每一步都需要精心设计，成功的设计要依靠实验经济学、认知心理学、行为科学以及调查研究技术的指导。

1）模拟市场设计

目的是要构建一个合理的环境物品交易机制，包括准确描述环境物品的性质和数量、环境物品的供给机制、购买环境物品的支付手段等，尽量做到模拟市场真实可信，并能被人们理解。如果不能准确描述环境物品的性质和数量，就有可能出现部分—整体偏差（part-whole bias），即所要评估的是一个小的环境物品，而被调查者可能给出的是对一个包括这个小的环境物品和大的环境物品的支付意愿。如果不能准确描述环境物品的供给机制，许多人可能成为“免费乘客”而低估自己的支付意愿，造成策略偏差（strategic bias）。

调查评价法已经能够识别所有这些偏差，并通过精心设计把偏差控制在能被接受的范围内。

2）问题提问方式选择

在模拟市场中，可以用不同方式去揭示人们对环境质量的支付意愿。主要有4种方式：① 直接提问，即直接提问被调查者对所指环境物品的支付意愿。② 投标博弈（bidding game），即首先问被调查者是否愿意为某环境物品支付 X（元）。如果回答愿意，则提高 X 的值，继续提问，直到回答不愿意；如果回答不愿意，则降低 X 的值，继续提问，直到回答愿意。最后得到的 X 值即支付意愿。投标博弈可能带来起点偏差（starting point bias），即 X 的起点值可能会对最后的支付意愿值产生影响。③ 支付卡（payment card），是 Mitchell 和 Carson 为避免起点偏差而设计的提问方式，让被调查者在一个支付卡上打钩。④ 0～1 选择（discrete response），即指定一个对某环境物品的支付值 Y（元），问被调查者是否愿意支付 Y。对回答“是”与“否”的结果，通过一个离散模型求得人们的支付意愿值。以上方式的选择与评估对象、评估要求有关。

3）模拟市场操作

实施这一模拟市场可以有3种方式：① 当面陈述与提问；② 通过电话陈述与提问；③ 通过信函陈述与提问。3种方式各有利弊，当面调查可以更好地把握模拟市场，调动人们参与，但费用较高；电话调查把握市场的能力次之，无法展示视觉材料以准确定义环境物品；信函方式费用最低，但把握市场能力差，不回信者造成抽样偏差。一般根据研究预算决定操作方式。

4）抽样调查

概率抽样技术可以使评价结果能从部分推知全体。必须保证所抽总体是某一环境物品的全部消费者，而总体中的每一个个体都有相同且已知的被抽取概率。正式调查前一般要进行预调查，以改进整个方法的设计。

5）结果分析

调查结果要进行纠正性分析，消除因样本特性与总体不符而带来的偏差。一般通过回归方程进行纠正。

（4）Ⅰ-4 成果参照法

成果参照法是把旅行费用法、隐含价格法、调查评价法的实际评价结果作为参照对象，用于评价一个新的环境物品。该法类似于环评中常用的类比分析法。最大优点是节省时间、费用。做一个完整的旅行费用法、隐含价格法或调查评价法实例研究，通常要花费 6～8 个月、5 万～10 万美元（在发达国家）。因此，环境影响经济评价中最常用的就是成果参照法。成果参照法有以下 3 种类型：

① 直接参照单位价值，如引用某人评估某地的游憩价值［15 美元/（人·d)］。

② 参照已有案例研究的评估函数，代入要评估的项目区变量，得到项目环境影响价值，例如，引用

$$VR = 3.776 - 0.039TC + 0.001IN$$

③ 进行 Meta 分析，以环境价值为因变量，以环境质量特性、人口特性、研究模型等为自变量，进行 Meta 回归分析。得到

$$V = f(E, P, M, \cdots) \tag{14-9}$$

成果参照法的步骤，见图 14-3。

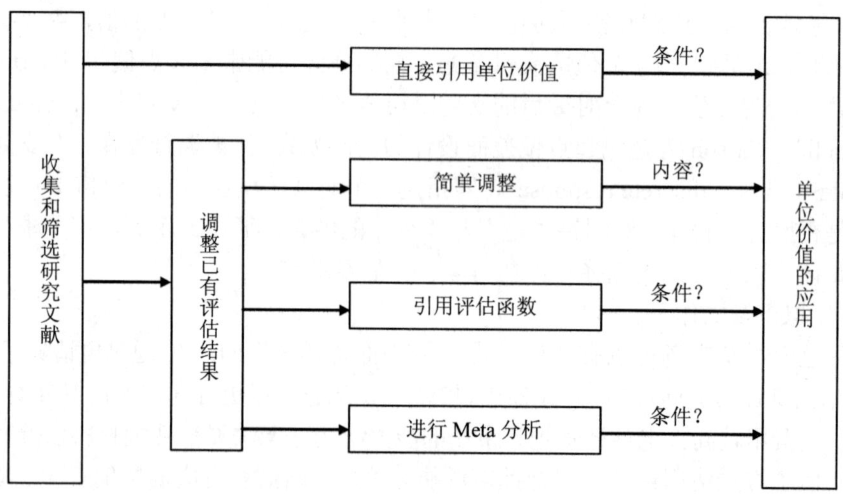

图 14-3 成果参照法的步骤

- **收集和筛选研究文献**

收集文献时会发现，不同研究文献中研究者对相似环境的估值结果常常不一致。环境估值差别产生的可能原因有：

（1）不同人群对环境物品或服务的需求是不同的。这意味着：在理论上，环境价值本应因地、因时、因人而异。

（2）不同地区商品的价格是不同的。如旅行费用影响景观价值，旅行费用变高时，景观价值降低。

（3）对估值对象的界定是不同的。如对环境影响的幅度的界定可能是不同的，环境变化发生的位置可能不同，在高污染环境中降低 0.1 mg/m^3 的 PM_{10} 浓度，与在低污染环境中降低同样的浓度，其环境价值是不同的，因为边际效益递减率在起作用。

（4）使用的评估技术不同。调查评价法与人力资本法对生命价值的评估结果是不同的。

（5）使用的评估模型不同。经济计量模型不同，individual 与 zonal TCM 可能产生不同结果。调查评价法中，提问方式：公决与排队可能产生不同结果。

（6）研究质量的高低。收集大量的案例研究后，需要筛选出适用于某一具体环评项目的参照对象，筛选的标准是：① 案例研究中和环评项目中，环境影响的种类和程度是相似的。例如，都是大气的SO_2的中度污染。② 环境影响发生地是相似的。在人口、地理和环境等方面都相似。③ 研究案例中包含环境影响发生地的社会经济特征，以便在必要时，进行Meta分析。④ 高质量的研究。发表在核心期刊上，高质量报告，最新的研究文献。

- **直接引用单位价值**

在收集已有研究案例的基础上，有时可以直接引用案例研究中的估值结果。在什么情况下可直接引用？要同时具备以下条件：

（1）环境影响类型相同，影响幅度相似。例如，都是大气的 SO_2 污染，污染程度相近。

（2）环境影响发生地相似，在人文、地理和环境等方面属于同一类型。例如，同是黄土高原的水土流失，或同是北京的地表水污染。

（3）最新的研究，含有单位价值。

- **估值结果的简单调整**

在大多数情况下，已有估值结果不能直接被引用，需要调整后才能使用。调整的内容一般包括：

（1）时间。不同年份的物价不同，需要换算方可比较。

（2）收入水平。价值受支付能力、收入水平的影响，价值的简单调整可先调整这一主要影响因素。

不同国家国民收入水平通常用人均 GNI（1993 年之前用 GNP）来衡量。比较不同国家的人均 GNI 涉及货币换算，用官方汇率或是购买力平价（Purchasing Power Parity，PPP）换算。理论上，应比较用 PPP 表示的人均国民收入。

如根据世界银行的《世界发展指标（2003）》，中国 2001 年的人均 GNI 为 890 美元，经 PPP 折算为 3 950 美元。美国 2001 年人均 GNI 为 34 280 美元，中国/美国=12%（经 PPP 折算）。如果引用美国 2001 年环境价值评估结果，用于中国项目评估，则需要将美国环境估值结果乘以 12%才能用于中国。

（3）货币。参照的估值结果可能是用美元等其他货币表示的，需换算成本地货币。

例如，假设一项美国的研究结果为，某国家森林公园提供给游客的环境价值为每人每天 20 美元。假如该结果对你的项目来说是可参照的，先不考虑时间因素。收入水平调整后应为 20 美元×12%＝2.4 美元。再折算为本地货币为 2.4 美元×8.27＝19.8 元人民币（设汇率为 8.27）。

● **引用评估函数**

在什么情况下引用评估函数？除参照文献筛选的一般标准外，还要具备以下条件：

（1）文献中含有评估函数。例如，含有旅游率函数、支付意愿函数、房屋价格函数、剂量反应函数等。

（2）当前项目中有充分的数据用于评估函数。通常需要项目地的环境特征、人口社会经济变量值等。

● **单位价值的应用**

不管是直接引用或是调整后引用，最后都可以得到环境影响的单位价值。把得到的单位价值用于当前项目时，还要注意市场边界（受影响的人群的规模等）。

单位价值乘以受影响的人数、天数、排放量等，得到总价值。而受影响的人数、天数等常常因地而异。所以，必须调查了解当前项目的环境影响边界。

例如，单位价值是：为避免某呼吸道疾病，1个病日人们的支付意愿是50元。在当前项目区，该疾病通常持续7天，该项目在项目期第1年估计影响该区100万人口的1%，则该项目的这一健康影响在项目期第1年的总价值是：

50元/（人·d）×7 d×100万人×1%＝350万元

第Ⅰ组评估方法的特点：

第Ⅰ组评估方法都有完善的理论基础，是对环境价值（以支付意愿衡量）的正确度量，可以称为标准的环境价值评估方法。

该组方法已广泛应用于对非市场物品的价值评估。美国内政部（1986，1994）、商务部（1994）在各自起草的自然资源损害评估原则条例中都把这些方法作为适用的评估方法。世界银行、亚洲开发银行等国际发展机构都在环境评估中应用了这些方法。

2．第Ⅱ组评估方法

（1）Ⅱ-1 医疗费用法

用于评估环境污染引起的健康影响（疾病）的经济价值。

如果环境污染引起某种疾病（发病率）增加，治疗该疾病的费用，可以作为人们为避免该环境影响所具有的支付意愿（WTP）的底线值。

例如，大气SO_2污染会使哮喘发病率增加。一例哮喘发病的治疗费用若是150元/d，每次发病若持续7 d，则避免该疾病一次发病的支付意愿最少为1 050元。这里需要剂量—反应关系才能完成评估。

医疗费用法估价健康影响的缺陷是，它无视疾病给人们带来的痛苦。人们避免疾病，一方面是为了避免医疗费用；另一方面是为了避免疾病带来的痛苦。医疗费用法没有捕捉到健康影响的这一方面。

（2）Ⅱ-2 人力资本法

用于评估环境污染的健康影响（收入损失、死亡）。

环境污染引起误工、收入能力降低、某种疾病死亡率的增加，由此引起的收入减少，可以作为人们为避免该环境影响所具有的支付意愿（WTP）的底线值。

人力资本法把人作为生产财富的资本，用一个人生产财富的多少来定义这个人的价值。由于劳动力的边际产量等于工资，所以用工资表示一个人的边际价值，用一个人工资的总和（经贴现）表示这个人的总价值。

人力资本法计算的是环境污染的健康损害对社会造成的损失价值，这是其价值计量的基本点。基于这一社会角度，标准的人力资本法采取如下做法：① 只计算工资收入，不计算非工资收入，因为劳动力只创造工资；② 无工资收入者，价值取为零，包括退休者（年金收入者）、无工作者、未成年人期间；③ 采用税前工资；④ 工资不反映劳动力边际产量时采用影子工资；⑤ 严格的人力资本法从工资收入中还要减去个人的消费，从早逝造成的工资丧失中还要减去节省的医药费；⑥ 贴现未来工资收入时，采用社会贴现率。

如儿童铅中毒会导致其智商降低，减少预期收入（流行病学、社会学），所减少的预期收入可作为这一环境污染造成健康危害的损害价值。

（3）Ⅱ-3　生产力损失法

用于评估环境污染和生态破坏造成的工农业等生产力的损失。该方法用环境破坏造成的产量损失，乘以该产品的市场价格，来表示该环境破坏的损失价值。这种方法也称市场价值法。

例如，粉尘对作物的影响，酸雨对作物产量的影响，湖泊富营养化对渔业的影响，常用生产力损失法来评估。

应用生产力损失法，需要依据受控实验，或野外调查后进行生物统计分析，来确定污染和损失的剂量—反应关系。

（4）Ⅱ-4　恢复或重置费用法

用于评估水土流失、重金属污染、土地退化等环境破坏造成的损失。

用恢复被破坏的环境（或重置相似环境）的费用来表示该环境的价值。例如，水土流失的小流域治理费用是 50 万元/km^2（MWR，2000），那么，水土流失这一环境影响的损失价值就是 50 万元/km^2。

如果这种恢复或重置行为确定会发生，则该费用一定小于该环境影响的价值，该费用只能作为环境影响价值的最低估计值。如果这种恢复或重置行为可能不会发生，则该费用可能大于或小于环境影响价值。

（5）Ⅱ-5　影子工程法

用于评估水污染造成的损失、森林生态功能价值等。

用复制具有相似环境功能的工程的费用来表示该环境的价值，是重置费用法的特例。

如森林具有涵养水源的生态功能，假如一片森林涵养水源量是 100 万 m^3，在当地建造一个 100 万 m^3 库容的水库的费用是 150 万元，那么，可以用这 150 万元的建库费用，来表示这片森林涵养水源生态功能的价值。

如果这种复制行为确定会发生，则该费用一定小于该生态环境的价值，只能作为该价值的最低估计值。如果这种行为可能不会发生，则该费用可能大于或小于环境价值。

（6）Ⅱ-6 防护费用法

用于评估噪声、危险品和其他污染造成的损失。

用避免某种污染的费用来表示该环境污染造成损失的价值。

如用购买桶装净化水作为应对水污染的防护措施，由此引起的额外费用，可视为水污染的损害价值。同样地，购买空气净化器以防大气污染，安装隔声设施以防噪声，都可用相应的防护费用来表示环境影响的损害价值。

如果这种防护行为确定会发生，则该费用一定小于该损失的价值，只能作为该损失的最低估计值。如果这种行为可能不会发生，则该费用可能大于或小于损失价值。

第Ⅱ组评估方法的特点：

第Ⅱ组评估方法，都是基于费用或价格的。它们虽然不等于价值，但据此得到的评估结果，通常可作为环境影响价值的低限值。

该组方法的优点是，所依据的费用或价格数据比较容易获得、数据变异小、易被管理者理解。缺点是，在理论上，这组方法评估的并不是以支付意愿衡量的环境价值。

3．第Ⅲ组评估方法

（1）Ⅲ-1 反向评估

反向评估不是直接评估环境影响的价值，而是根据项目的内部收益率或净现值反推，推算出项目的环境成本不超过多少时，该项目才是可行的（数据严重不足时，可考虑用）。

例如，根据可研报告，项目成本是 120 万元，收益是 150 万元，则环境成本不超过 30 万元时，该项目才是可行的。要判断的是，识别出的环境影响的价值，将会大于 30 万元还是小于 30 万元？根据已有文献做出判断。

（2）Ⅲ-2 机会成本法

机会成本法是一种反向评估法。它对项目只进行财务分析，先不考虑外部环境影响，计算出该项目的净收益。这时，提出这样一个问题：该项目占用的环境资源的价值，大于还是小于该收益？

例如，20 世纪 70 年代，新西兰有一个水电开发计划，但需提高一个风景湖区的水位。该湖的景观价值和野生生物栖息地价值难以估价。项目财务分析的结果是，该项目的净现值是 2 000 万～2 500 万新西兰元（1973 年），在项目计算期内，新西兰平均每人每年净得益约合 0.62 新西兰元。这就是保护该湖区的机会成本。

问题是该湖区的风景、生态及野生生物栖息地的价值，大到使国民年人均放弃 0.62 新西兰元的程度吗？这可以通过民意调查来了解，“你愿意每年放弃 0.62 新西兰元的收入而保护该湖区的风景和生态及野生生物栖息地吗？”

上述 3 组环境价值评估方法的选择优先序（在可能情况下）应为：首选第Ⅰ组评估

方法，因其理论基础完善，是标准的环境价值评估方法；再选第Ⅱ组评估方法，可作为低限值，但有时具有不确定性；后选第Ⅲ组评估方法，有助于项目决策。

在环境影响评价实践中，最常用的方法是成果参照法。

第三节 费用效益分析

费用效益分析，又称国民经济分析、经济分析，是环境影响的经济评价中使用的另一个重要的经济评价方法。它是从全社会的角度，评价项目、规划或政策对整个社会的净贡献。它是对项目（可行性研究报告中的）财务分析的扩展和补充，是在财务分析的基础上，考虑项目等的外部费用（环境成本等），并对项目中涉及的税收、补贴、利息和价格等的性质重新界定和处理后，评价项目、规划或政策的可行性。

一、费用效益分析与财务分析的差别

费用效益分析和财务分析的主要不同有：

（1）分析的角度不同

财务分析，是从厂商（以营利为目的的生产商品或劳务的经济单位）的角度出发，分析某一项目的赢利能力。费用效益分析则是从全社会的角度出发，分析某一项目对整个国民经济净贡献的大小。

（2）使用的价格不同

财务分析中所使用的价格，是预期的现实中要发生的价格；而费用效益分析中所使用的价格，则是反映整个社会资源供给与需求状况的均衡价格。

（3）对项目的外部影响的处理不同

财务分析只考虑厂商自身对某一项目方案的直接支出和收入；而费用效益分析除了考虑这些直接收支外，还要考虑该项目引起的间接的、未发生实际支付的效益和费用，如环境成本和环境效益。

（4）对税收、补贴等项目的处理不同

在费用效益分析中，补贴和税收不再被列入企业的收支项目。

二、费用效益分析的步骤

费用效益分析有两个步骤：

第一步，基于财务分析中的现金流量表（财务现金流量表），编制用于费用效益分析的现金流量表（经济现金流量表）。实际上是按照费用效益分析和财务分析的以上差别，来调整财务现金流量表，使之成为经济现金流量表。要把估算出的环境成本（环境损害、外部费用）计入现金流出项，并把估算出的环境效益计入现金流入项。表 14-1 是经济现金流量表的一般结构。

表 14-1 经济现金流量（举例） 单位：万元

编号	名称 / 年序号	建设期			投产期		生产期						合计
		1	2	3	4	5	6	7	8	9…23	24	25	
（一）	现金流入												
	1．销售收入				50	60	80	…		80…	80	80	
	2．回收固定资产残值											20	
	3．回收流动资金											20	
	4．项目外部效益				8	8	8	…		8…	8	8	
	流入合计				58	68	88	…		88…	88	128	
（二）	现金流出												
	1．固定资产投资	7	20	5									
	2．流动资金				10	10							
	3．经营成本				20	20	20	…		20…	20	20	
	4．土地费用	1	1	1	1	1	1	…		1…	1	1	
	5．项目外部费用	10	10	10	10	10	10	…		10…	10	10	
	流出合计	18	31	16	41	41	31	…		31…	31	31	
（三）	净现金流量	−18	−31	−16	17	27	57	…		57…	57	97	

计算指标：1．经济内部收益率，%；2．经济净现值（r=12%）。

第二步，计算项目可行性指标。

在费用效益分析中，判断项目的可行性，有两个最重要的判定指标，即经济净现值和经济内部收益率。

（1）经济净现值（ENPV）

$$\mathrm{ENPV}=\sum_{t=i}^{n}(\mathrm{CI}-\mathrm{CO})_t(1+r)^{-t} \tag{14-10}$$

式中：CI —— 现金流入量（cash inflow）；

CO —— 现金流出量（cash outflow）；

$(\mathrm{CI}-\mathrm{CO})_t$ —— 第 t 年的净现金流量；

n —— 项目计算期（寿命期）；

r —— 贴现率。

经济净现值是反映项目对国民经济所作贡献的绝对量指标。它是用社会贴现率将项目计算期内各年的净效益折算到建设起点的现值之和。当经济净现值大于零时，表示该项目的建设能为社会做出净贡献，即项目是可行的。

（2）经济内部收益率（EIRR）

$$\sum_{t=i}^{n}(\mathrm{CI}-\mathrm{CO})_t(1+\mathrm{EIRR})^{-t}=0 \tag{14-11}$$

经济内部收益率，是反映项目对国民经济贡献的相对量指标。它是使项目计算期内的经济净现值等于零时的贴现率。国家公布有各行业的基准内部收益率。当项目的经济内部收益率大于行业基准内部收益率时，表明该项目是可行的。

贴现率（discount rate），是将发生于不同时间的费用或效益折算成同一时点上（现在）可以比较的费用或效益的折算比率，又称折现率。之所以要贴现，是因为现在的资金比一年以后等量的资金更有价值。项目的费用发生在近期，效益发生在若干年后的将来，为使费用与效益能够比较，必须把费用和效益贴现到基年。

$$\mathrm{PV}=\mathrm{FV}/(1+r)^t \tag{14-12}$$

式中：PV —— 现值（present value）；

FV —— 未来值（future value）；

r —— 贴现率；

t —— 项目期第 t 年。

若取贴现率 $r=10\%$，则 10 年后的 100 元钱，只相当于现在的 38.6 元；60 年后的 100 元钱，只相当于现在的 0.33 元。

选择一个高的贴现率时，由上式可见，未来的环境效益对现在来说就变小了；同样，未来的环境成本的重要性也下降了。这样，一个对未来环境造成长期破坏的项目就容易通过可行性分析；一个对未来环境起到长期保护作用的项目就不容易通过可行性分析。高贴现率不利于环境保护。

但是，一个高的贴现率对环境保护的作用是两面的，因为高贴现率的另一个影响是限制了投资总量。任何投资项目都要消耗资源，在一定程度上破坏环境。降低投资总量会在这一方面有利于资源环境的保护。从这方面来看，恰当的贴现率并非越小越好。理论上，合理的贴现率取决于人们的时间偏好率和资本的机会收益率。

进行项目费用效益分析时，只能使用一个贴现率。为考察环境影响对贴现率的敏感性，可在敏感性分析中选取不同的贴现率加以分析。

三、敏感性分析

敏感性分析，是通过分析和预测一个或多个不确定性因素的变化所导致的项目可行性指标的变化幅度，判断该因素变化对项目可行性的影响程度。在项目评价中改变某一指标或参数的大小，分析这一改变对项目可行性（ENPV、EIRR）的影响。

财务分析中进行敏感性分析的指标或参数有：生产成本、产品价格、税费豁免等。

费用效益分析中，考察项目对环境影响的敏感性时，可以考虑分析的指标或参数有：

- 贴现率（10%、8%、5%）；
- 环境影响的价值（上限、下限）；
- 市场边界（受影响人群的规模大小）；
- 环境影响持续的时间（超出项目计算期时）；
- 环境计划执行情况（好、坏）。

例如，在进行费用效益分析时使用 10%的贴现率，计算出项目的一组可行性指标；再分别使用 8%、5%的贴现率，重新计算项目的可行性指标，看看在使用不同的贴现率时，项目的经济净现值和经济内部收益率是否有很大的变化，也就是判断一下项目的可行性对贴现率的选择是否很敏感。

分析项目可行性对环境计划执行情况的敏感性。也许当环境计划执行得好时，计算出项目的可行性指标很高（因为环境影响小，环境成本低）；当环境计划执行得不好时，项目的可行性指标变得很低（因为环境影响大，环境成本高），甚至经济净现值小于零，使项目变得不可行了。这是帮助项目决策和管理的很重要的评价信息。

第四节　环境影响经济损益分析的步骤

理论上，环境影响的经济损益分析分以下 4 个步骤来进行，在实际中有些步骤可以合并操作：第 1 步，筛选环境影响；第 2 步，量化环境影响；第 3 步，评估环境影响的货币化价值；第 4 步，将货币化的环境影响价值纳入项目的经济分析。

一、环境影响的筛选

需要筛选环境影响，因为并不是所有环境影响都需要或可能进行经济评价。一般从以下 4 个方面来筛选环境影响。

筛选 1（S1）：影响是否是内部的或已被控抑？

环境影响的经济评价只考虑项目的外部影响，即未被纳入项目财务核算的影响。内部影响将被排除，内部环境影响是已被纳入项目的财务核算的影响。环境影响的经济评价也只考虑项目未被控抑的影响。按项目设计已被环境保护措施治理掉的影响也将被排除，因为计算已被控抑的环境影响的价值在这里是毫无意义的。

筛选 2（S2）：影响是小的或不重要的？

项目造成的环境影响通常是众多的、方方面面的，其中小的、轻微的环境影响将不再被量化和货币化。损益分析部分只关注大的、重要的环境影响。环境影响的大小轻重，需要评价者做出判断。

筛选 3（S3）：影响是否不确定或过于敏感？

有些影响可能是比较大的，但也许这些环境影响本身是否发生存在很大的不确定性，或人们对该影响的认识存在较大的分歧，这样的影响将被排除。另外，对有些环境影响的评估可能涉及政治、军事禁区，在政治上过于敏感，这些影响也将不再进一步做经济评价。

筛选 4（S4）：影响能否被量化和货币化？

由于认识上的限制、时间限制、数据限制、评估技术上的限制或者预算限制，有些大的环境影响难以定量化，有的环境影响难以货币化，这些影响将被筛选出去，不再对它们进行经济评价。例如，一片森林破坏引起当地社区在文化、心理或精神上的损失很可能是巨大的，但因为太难以量化，所以不再对此进行经济评价。

经过筛选过程后，全部环境影响将被分成三大类：第一类环境影响是被剔除、不再做任何评价分析的影响，如那些内部的环境影响、小的环境影响以及能被控抑的影响等；第二类环境影响是需要做定性说明的影响，如那些大的但可能很不确定的影响、显著但难以量化的影响等；第三类环境影响就是那些需要并且能够量化和货币化的影响。

二、环境影响的量化

环境影响的量化，应该在环评的前面阶段已经完成。但是：

① 环境影响的已有量化方式，不一定适合于进行下一步的价值评估。如对健康的影响，可能被量化为健康风险水平的变化，而不是死亡率、发病率的变化。

② 在许多情况下，前部分环评报告只给出了项目排放污染物（SO_2、TSP、COD）的数量或浓度，而未给出这些污染物对受体影响的大小。

例如，利用剂量—反应关系将污染物的排放数量或浓度与它对受体产生的影响联系起来：

据蔡宏道等（1995）研究，上海大气 SO_2 质量浓度每增加 10 μg/m^3，则因呼吸系统疾病死亡人数将增加 5%。

据徐希平等（1994）研究，北京大气 SO_2 质量浓度每升高 1%，则居民分病因每日死亡数：COPD 升高 0.29%，PHD 升高 0.19%。

据魏复盛等（2001）研究，中国城市大气 PM_{10} 质量浓度每升高 10 μg/m^3，则支气管炎患病率在儿童人群中升高 0.93%，在成人人群中升高 0.51%；感冒时咳嗽的发生率在儿童人群中升高 1.19%，在成人人群中升高 0.48%。

据世界银行（1997）估计，城市大气 PM_{10} 质量浓度每升高 10 μg/m^3，会产生如下健康反应：在每 10 万人中每年增加死亡 6 例、呼吸道疾病门诊 12 例、急救病例 235 例、下呼吸道感染 23 例、气喘病 2 068 例、慢性支气管炎 61 例、上呼吸道疾病症状 183 000 例、受限制活动天数 57 500 天等。

三、环境影响的价值评估

价值评估是对量化的环境影响进行货币化的过程。这是损益分析部分最关键的一步，也是环境影响经济评价的核心。具体的环境价值评估方法，即前述的“环境价值及其评估方法”。

四、将环境影响货币化价值纳入项目经济分析

环境影响经济评价的最后一步，是要将环境影响的货币化价值纳入到项目的整体经济分析（费用效益分析）当中去，以判断项目的这些环境影响将在多大程度上影响项目、规划或政策的可行性。

在这里，需要对项目进行费用效益分析（经济分析），其中关键是将估算出的环境影响价值（环境成本或环境效益）纳入经济现金流量表。

计算出项目的经济净现值和经济内部收益率后，可以做出判断：将环境影响的价值纳入项目经济分析后计算出的经济净现值和经济内部收益率，是否显著改变了项目可行性报告中财务分析得出的项目评价指标？在多大程度上改变了原有的可行性评价指标？将环境成本纳入项目的经济分析后，是否使得项目变得不可行了？以此判断项目的环境影响在多大程度上影响了项目的可行性。

在费用效益分析之后，通常需要做一个敏感性分析，分析项目的可行性对项目环境计划执行情况的敏感性、对环境成本变动幅度的敏感性、对贴现率选择的敏感性等。

第十五章　建设项目竣工环境保护验收监测与调查

建设项目环境影响评价、建设项目环境保护“三同时”、排污许可制度构成了建设项目环境保护管理的基本制度。建设项目环境保护“三同时”制度是建设项目环境影响评价制度实施和环境影响评价文件中各项环境保护措施落实的保证。

为贯彻落实新修改的《建设项目环境保护管理条例》，规范建设项目竣工后建设单位自主开展环境保护验收的程序和标准，环境保护部制定了《建设项目竣工环境保护验收暂行办法》（国环规环评〔2017〕4 号）。建设单位是建设项目竣工环境保护验收的责任主体，建设单位应当按照《建设项目竣工环保验收暂行办法》规定的程序和相关验收标准，组织对配套建设的环境保护设施进行验收，编制验收报告，公开相关信息，接受社会监督，确保建设项目需要配套建设的环境保护设施与主体工程同时投产或者使用，并对验收内容、结论和所公开信息的真实性、准确性和完整性负责，不得在验收过程中弄虚作假。

第一节　验收重点与验收标准的确定

一、验收的分类管理

建设单位是建设项目竣工环境保护验收的责任主体，应公开相关信息，接受社会监督，确保建设项目需要配套建设的环境保护设施与主体工程同时投产或者使用，并对验收内容、结论和所公开信息的真实性、准确性和完整性负责。以排放污染物为主的建设项目，参照《建设项目竣工环境保护验收技术指南　污染影响类》编制验收监测报告；主要对生态造成影响的建设项目，按照《建设项目竣工环境保护验收技术规范　生态影响类》编制验收调查报告。另外，火力发电、石油炼制、水利水电、核与辐射等已发布行业验收技术规范的建设项目，按照行业验收技术规范编制验收监测报告或者验收调查报告。

验收报告包括三部分：验收调查报告或验收监测报告、验收意见、其他需要说明的事项。

二、验收重点的确定依据

确定验收重点的依据主要包括以下几个方面：

① 可行性研究、初步设计文件及批复等确定的项目建设规模、内容、工艺方法及各

项环境保护设施和各项生态保护设施，包括监测手段。

② 环境影响评价文件及其批复规定应采取的各项环境保护措施、污染物排放、敏感区域保护、总量控制及生态保护的有关要求。

③ 各级生态环境主管部门针对建设项目提出的具体环境保护要求文件。

④ 国家法律、法规、行政规章及规划确定的敏感区，如饮用水水源保护区、自然保护区、重要生态功能保护区、珍稀动物栖息地或特殊生态系统、重要湿地和天然渔场等。

⑤ 国家相关的产业政策及清洁生产要求。

三、验收重点

根据《建设项目环境保护管理条例》（国务院令　第 682 号）和《建设项目竣工环境保护验收暂行办法》（国环规环评〔2017〕4 号），竣工环境保护验收主要是对配套建设的环境保护设施的验收。因此，验收的重点应该是：

①工程变更及建设单位针对工程变更采取的环境保护措施及效果。

②环境影响评价报告提出的环境保护措施或设施，特别是审批部门审批决定（批复文件）要求的落实情况。

③污染防治设施稳定运行及主要污染物排放达标情况（包括排放浓度、排放速率、排放总量）、排污许可证执行情况。

④生态保护措施落实情况及效果。

⑤环境风险防范措施及环境风险应急预案与演练情况。

以上重点，应在验收报告中充分利用调查结果、环境监测数据、环境监理报告、档案记录、影像资料、照片等佐证说明。

四、验收报告主要内容

1．核查验收范围

对照原环境影响评价批复文件及设计文件检查核实建设项目工程组成，包括建设内容、规模及产品、生产能力，工程量、占地面积等实际建设与变更情况（明确是否为重大变动）。

核实建设项目环境保护设施建成及环保措施落实情况，确定环境保护验收的主要对象。包括为满足总量控制要求，区域内落后生产设备的淘汰、拆除、关停情况；落实“以新带老”，落后工艺改进及老污染源的治理情况等。

核查建设项目周围是否存在环境敏感区，确定必须进行的环境质量调查与监测。

2．确定验收标准

污染物达标排放、环境质量达标和总量控制满足要求是建设项目竣工环境保护验收达标的主要依据。建设项目竣工环境保护验收原则上采用建设项目环境影响评价阶段经审批部门确认的环境保护标准与环境保护设施工艺指标作为验收标准，对已修订、新颁布的环境保护标准应提出验收后按新标准进行达标考核的建议。

3．核查验收工况

按项目产品及中间产品产量、原料、物料消耗情况，主体工程运行负荷情况等，核查建设项目竣工环境保护验收监测期间的工况条件。

4．核查验收监测（调查）结果

核查建设项目环境保护设施的设计指标，判定建设项目环境保护设施运转效率和企业内部污染控制水平如何。重点核查建设项目外排污染物的达标排放情况，主要污染治理设施运行及设计指标的达标情况，污染物排放总量控制情况，敏感点环境质量达标情况，清洁生产考核指标达标情况，有关生态保护的环境指标（植被覆盖率、水土流失率）的对比评价结果等。

5．核查验收环境管理

环境管理检查涵盖了验收监测（调查）非测试性的全部内容，包括：建设单位在设计期、施工期执行相关的各项环保制度情况；落实环评及环评批复有关噪声防治、生态保护等环保措施的情况；建成相应的环保设施的情况。建成投产后是否建立健全了环保组织机构及环境管理制度，污染治理设施是否正常稳定运行，污染物是否稳定达标排放；建设单位是否规范排污口、安装污染源在线监测仪、实施环境污染日常监测等。

6．现场验收检查

按照建设项目布局特点或工艺特点，安排现场检查。内容主要包括水、气、声（振动）、固体废物污染源及其配套的处理设施、排污口的规范化、环境敏感目标及相应的监测点位，在线监测设备监测结果，生态保护、自然景观恢复措施等的实施效果。

核查建设项目环境管理档案资料，内容包括：环保组织机构、各项环境管理规章制度、施工期环境监理资料、日常监测计划（监测手段、监测人员及实验室配备、监测项目及频次）等。

7．风险事故环境保护应急措施检查

建设项目运行过程中，出现生产或安全事故，有可能造成严重环境污染或损害的，验收工作中应对其风险防范预案和应急措施进行检查，检查内容还应包括应急体系、预警、防范措施、组织机构、人员配置和应急物资准备等。

8．验收结论

依据建设项目竣工环境保护验收监测（调查）结论，结合现场检查情况，对主要监测（调查）结果符合环保要求的，提出给予通过验收的建议；对主要监测结果不符合要求或重大生态保护措施未落实的，提出整改的建议。改正完成后，另行监测或检查满足环境保护要求后给予通过。

五、验收监测与调查标准选用的原则

① 依据国家、地方审批部门对建设项目环境影响评价批复的环境质量标准和排放标准。如环评未做具体要求，应核实污染物排放受纳区域的环境区域类别、环境保护敏感

点所处地区的环境功能区划情况，套用相应的执行标准（包括级别或类别）。环境质量标准仅用于考核环境保护敏感点环境质量达标情况，有害物质限值由建设项目环境保护敏感点所处环境功能区确定。

② 依据地方审批部门有关环境影响评价执行标准的批复以及下达的污染物排放总量控制指标。

③ 依据建设项目初步设计环保篇章中确定的环保设施的设计指标：处理效率，处理能力，环保设施进、出口污染物浓度，排气筒高度等。对既是环保设施又是生产环节的装置，工程设计指标可作为环保设施的设计指标。化工、石化项目多有此类情况，如磷铵工程是硫黄制硫酸工艺转换器和吸收塔既是生产环节又是环保设施，起到降低 SO_2、硫酸雾排放浓度的作用，转换器转换率、吸收塔吸收率两项工程设计指标即是环保设施的设计指标。

④ 环境监测方法应选择与环境质量标准、排放标准相配套的方法。若质量标准、排放标准未做明确规定，应首选国家或行业标准监测分析方法，其次选发达国家的标准方法或权威书籍、杂志登载的分析方法。

⑤ 综合性排放标准与行业排放标准不交叉执行。如国家已经有行业污染物排放标准的，应按行业污染物排放标准执行；有地方环境标准的，优先执行地方标准。

六、标准使用过程中应注意的问题

1. 大气污染物排放口的考核

① 排放高度的考核：应严格对照建设项目环境影响报告书及批复的要求及行业标准和《大气污染物综合排放标准》的要求，核查其排放高度。

② 对有组织排放的点源：应对照行业要求，分别考核最高允许排放浓度及最高允许排放速率。

③对无组织排放的点源：应对照行业要求考核监控点与参照点浓度差值或周界外最高浓度点浓度值。

④ 标准限值的确切含义：最高允许排放浓度及最高允许排放速率均指连续 1 h 采样平均值或 1 h 内等时间间隔采集样品平均值。

⑤ 实测浓度值的换算：燃煤电厂、锅炉、工业炉窑、饮食业油烟等实测烟尘、SO_2、NO_x、油烟等排放浓度应分别按标准要求换算为相应空气过剩系数、出力系数、炉型折算系数、掺风系数的值后再与标准值比较。

⑥ 标准的正确选用：分清工业炉窑标准、锅炉标准与火电标准、焚烧炉标准、危险废物焚烧标准的适用范围，正确选用标准。

2. 污水排放口的考核

① 对第一类污染物，不分行业和污水排放方式，也不分受纳水体的功能类别，一律在车间或车间处理设施排放口考核。

② 对清净下水排放口，原则上应执行污水综合排放标准（其他行业排放标准有要求的除外）。

③ 总排口可能存在稀释排放的污染物，在车间排放口或针对性治理设施排放口以排放标准加以考核（如电厂含油污水），外排口以排放标准进一步考核。

④ 对其他：应重点考核与外环境发生关系的总排污口污染物排放浓度及吨产品最高允许排水量（部分行业）。其中的浓度限值以日均值计，吨产品最高允许排水量以月均值计。

⑤ 废水混合排放口以计算的混合排放浓度限值考核。

⑥ 同一建设单位的不同污水排放口可执行不同的标准。

⑦ 检查排污口的规范化建设。

3. 噪声考核

根据各厂界评价点噪声背景值修正后得出各厂界监测点厂界噪声排放值。

4. 指标考核

① 设计指标的考核：按环境影响报告书和设计文件规定的指标考核环境保护设施处理效率，处理设施进、出口浓度控制指标。

② 内控制指标的考核：按企业内部管理或设计文件确定的考核指标，考核不同装置或设施处理的污水在与其他污水混合前或处理前的浓度及流量等。

5. 监测结果的评价

使用标准对监测结果进行评价时，应严格按照标准指标进行评价。如，污水综合排放标准是按污染物的日均浓度进行评价的，水环境质量标准则按季度、月均值进行评价，大气污染物综合排放标准是按监测期间污染物最高排放浓度进行评价的。

第二节　验收监测与调查的工作内容

建设项目竣工环境保护验收的原则是污染物排放浓度达标验收和排污总量达标验收并重、污染型建设项目和生态影响型建设项目并重、建设项目分类管理和实施验收公告制度。验收监测（调查）报告还应有总量控制、公众意见调查等章节，在环境管理检查章节中应有污染源在线监测仪校比、企业日常监测与管理制度、污染扰民事件核查等内容。

一、验收监测与调查的内容范围

建设项目竣工环境保护验收监测与调查主要包括下述内容：

① 检查建设项目环境管理制度的执行和落实情况，各项环保设施或工程的实际建设、管理、运行状况以及各项环保治理措施的落实情况。

② 监测分析评价治理设施处理效果或治理工程的环境效益。

③ 监测分析建设项目废水、废气、固体废物等排放达标情况和噪声达标情况。

④ 监测必要的环境保护敏感点的环境质量。

⑤ 监测统计国家规定的总量控制污染物排放指标的达标情况。

⑥ 调查分析评价生态保护以及环境敏感目标保护措施情况。

二、验收监测与调查的主要内容

1. 环境保护管理检查

根据《建设项目环境保护管理条例》《建设项目竣工环境保护验收管理办法》，检查内容确定为以下几部分：

① 建设项目从立项到试生产各阶段执行环境保护法律、法规、规章制度的情况；

② 环境保护审批手续及环境保护档案资料；

③ 环保组织机构及规章管理制度；

④ 环境保护设施建成及运行记录；

⑤ 环境保护措施落实情况及实施效果；

⑥ “以新带老”环保要求的落实；

⑦ 环境保护监测计划的落实情况，包括监测机构设置、人员配置、监测计划和仪器设备；

⑧ 排污口规范化、污染源在线监测仪的安装、测试情况检查；

⑨ 事故风险的环保应急计划，包括人员、物资配备、防范措施、应急处置等；

⑩ 施工期、试运行期扰民现象的调查；

⑪ 固体废物种类、产生量、处理处置情况、综合利用情况；

⑫ 按行业特点确定的检查内容，诸如清洁生产、污染物总量控制、拆迁安置影响（包括移民）、海洋生态影响等调查内容。

2. 环境保护设施运行效果测试

主要考查原设计或环境影响评价中要求建设的处理设施的整体处理效率。涉及以下领域的环境保护设施或设备均应进行运行效率监测。

① 各种废水处理设施的处理效率；

② 各种废气处理设施的处理效率；

③ 工业固（液）体废物处理设施的处理效率；

④ 用于处理其他污染的处理设施的处理效率，如噪声、振动、电磁等。

3. 污染物达标排放监测

以下污染物外排口应进行达标排放监测：

① 排放到环境中的废水（包括生产污水、清净下水和生活污水）；

② 排放到环境中的各种废气（包括工艺废气及供暖、食堂等生活设施废气）；

③ 排放到环境中的各种有毒有害工业固（液）体废物及其浸出液；

④ 厂界噪声（必要时测定噪声源及敏感点的噪声），公路、铁路及城市轨道交通噪声，码头、航道噪声，机场周围飞机噪声；

⑤ 建设项目的无组织排放；

⑥ 国家规定总量控制污染物指标的污染物排放总量。

4．环境敏感点环境质量的监测

主要针对环境影响评价及其批复中所涉及的环境敏感目标。监测以建设项目投运后，环境敏感目标能否达到相应环境功能区所确定的环境质量标准为主，主要考虑以下几方面：

① 环境敏感目标的环境地表水、地下水和海水质量；

② 环境敏感目标的环境空气质量；

③ 环境敏感目标的声环境质量；

④ 环境敏感目标的土壤环境质量；

⑤ 环境敏感目标的环境振动；

⑥ 环境敏感目标的电磁环境。

5．生态调查的主要内容

① 建设项目在施工、运行期落实环境影响评价文件、初步设计文件以及行业主管部门、各级审批部门批复文件所提生态保护措施的情况。

② 建设项目已采取的生态保护、水土保持措施实施效果。

③ 开展公众意见调查，了解公众对项目建设期、施工期、运营期环境保护工作的满意度，对当地经济、社会、生活的影响。

④ 针对建设项目已产生的环境影响或潜在的环境影响提出补救措施或应急措施。

6．清洁生产调查

主要调查环境影响评价文件及批复文件所要求的清洁生产指标落实情况，如：

① 单位产品耗新鲜水量及废水回用率；

② 固体废物资源化利用率；

③ 单位产品能耗指标及清洁能源替代要求；

④ 单位产品污染物产生量指标等。

第三节 验收调查报告编制的技术要求

一、验收调查工作程序

验收调查工作程序包括准备、初步调查、编制实施方案、详细调查、编制调查报告（表）5 个阶段，国家审批建设项目实施方案已不是必需审查阶段，但从工作需求角度来说，是必不可少的工作程序。具体程序见图 15-1。

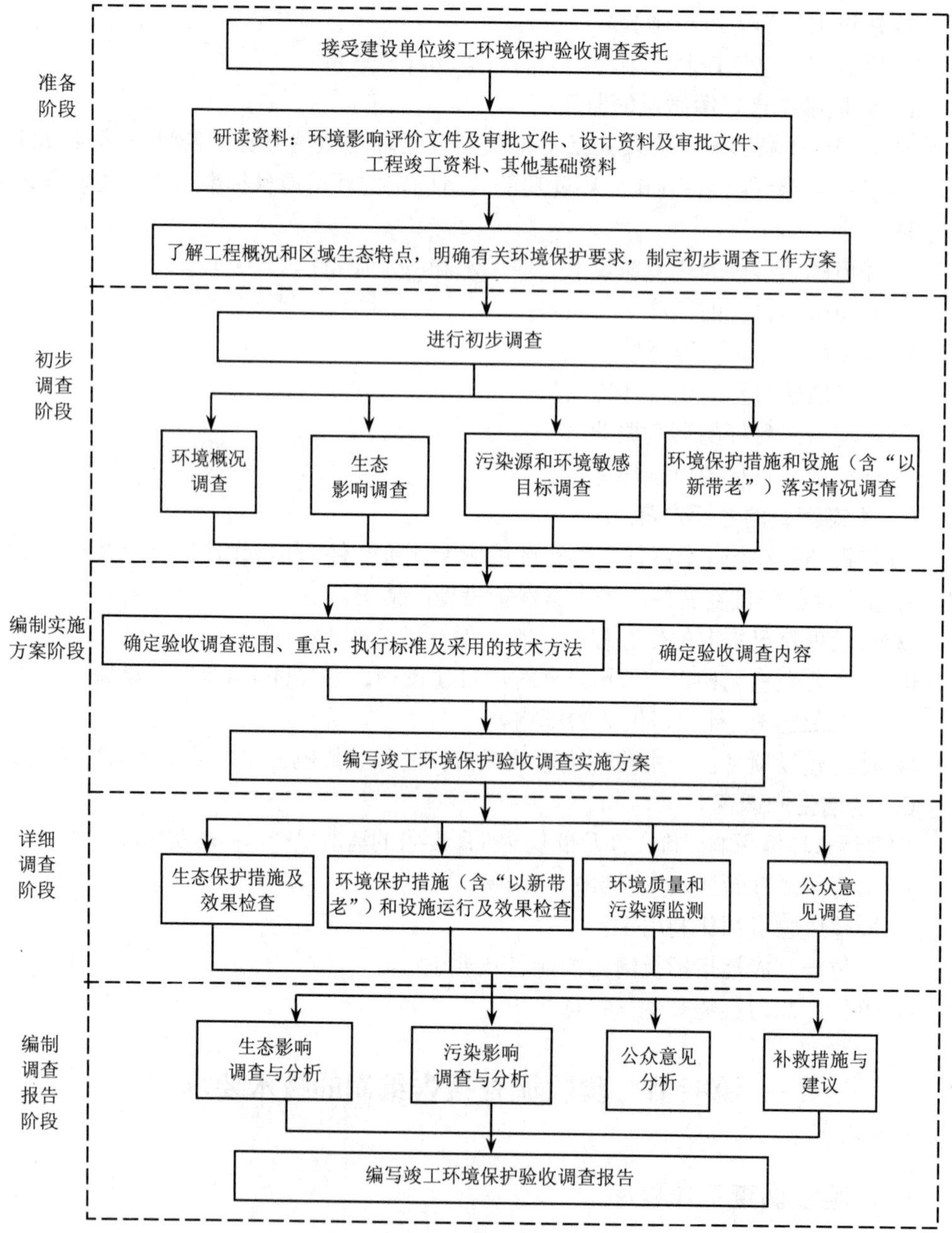

图 15-1　建设项目竣工环境保护验收调查工作程序

二、验收调查报告编制的技术要求

1．正确确定验收调查范围

调查范围一般与建设项目环境影响评价文件一致。如项目建设内容发生变动或环境影响评价文件未能反映出项目建设的实际生态影响，调查范围应根据现场初步调查结果在环境影响评价范围基础上调整确定。

2．明确验收调查重点

在验收调查过程中，应根据前述验收原则，考虑各类项目环境影响特点，确定验收调查的重点。验收调查中主要生态问题关注程度可参照表 15-1 确定。

表 15-1　验收调查中主要生态问题关注程度

生态问题	石油天然气开采	交通运输	水库和水坝建设	矿产开采工程（地表矿/地下矿）	森林开采	海洋和海岸带开发	旅游资源开发
生物多样性损失	●	◎	●	◎/○	●	●	◎
土地资源占用	●	●	●	◎/○	◎	●	○
生态格局破坏	●	○	◎	●/○	●	◎	○
生态功能改变	●	◎	●	●/○	●	●	○
农业生产损失	●	●	●	◎/◎	○	○	○
视觉景观重建	◎	●	◎	●/◎	◎	◎	●
环境化学污染	◎	○	○	●/●	○	●	◎
水土流失危害	◎	●	●	●/◎	●	●	◎

注：① 在表中，●表示严重关注，◎表示正常关注，○表示一般关注。

② 该表仅供参考，在实际调查中还应根据项目所处区域环境特点进行适当调整。

③ 涉及空间区域的其他项目参照土地开发利用项目，涉及线型区域的其他项目参照交通运输项目。

3．选取验收调查因子

调查因子原则上应根据项目所处区域环境特点和项目的环境影响性质来确定。考虑到建设项目的生态影响通常可归纳为资源影响、环境危害、生态影响和景观影响四方面，各类项目生态影响调查因子的确定可参考表 15-2。

4．确定适用调查方法

验收调查方法有文件核实、现场勘察、现场监测、生态监测、公众意见调查、遥感调查等。具体工作时，应针对不同的调查对象，采取相应的调查方法。生态影响调查方法见表 15-3。

表 15-2 生态影响调查因子选择

<table>
<tr><th rowspan="2">项目</th><th colspan="4">调查因子</th></tr>
<tr><th>资源影响</th><th>环境危害</th><th>生态影响</th><th>景观影响</th></tr>
<tr><td>矿产开采</td><td>矿产资源储量、土地资源损失量、资源开采强度、区域土地生产力、经济影响</td><td>废水、废气、噪声污染</td><td rowspan="7">水土流失，地形、地貌、植被、水系、气候、土壤、土壤侵蚀类别、野生动植物种类、植被覆盖率、野生动物栖息地等与生态影响相关的因子，特别是生物多样性、各类湿地、自然保护区、水源地等</td><td rowspan="7">区域景观类型；
项目区景观要素；
景观敏感度；
景观改良措施</td></tr>
<tr><td>交通运输</td><td>土地利用格局、土地资源占用量、农业生产损失</td><td>废水、废气、交通噪声污染</td></tr>
<tr><td>水利水电工程</td><td>土地淹没量、下游湿地损失、农业生产力、经济影响</td><td>水环境变化、水涝、土壤盐渍化</td></tr>
<tr><td>土地利用开发</td><td>区域资源总量、资源损失量、土地生产力、经济影响</td><td>土地资源退化</td></tr>
<tr><td>森林开采</td><td>木材积蓄量、野生生物、资源开采强度、资源再生力、可持续性</td><td>局地气候变化</td></tr>
<tr><td>旅游资源开发</td><td>旅游资源评估、人类活动压力、环境影响方式、可持续性</td><td>“三废”排放</td></tr>
<tr><td>海洋和海岸带开发</td><td>资源储蓄量、资源开采强度、湿地损失、防护林带损失、资源再生力、可持续性</td><td>“三废”排放、海岸带水土流失</td></tr>
<tr><td>其他项目</td><td colspan="4">涉及空间区域的参照土地开发项目，涉及线型区域的参照交通运输项目</td></tr>
</table>

表 15-3 生态影响调查方法

调查对象	前期工作	施工期影响调查	运营期影响调查
自然生态	区域自然环境资料调研 区域自然环境现状勘察 环评报告调研	公众意见调查 工程设计资料核查 环评所提管理制度核实	影响区现状勘察 生物多样性影响分析 格局、功能动态分析
自然资源	经济统计年鉴调研 区域资源统计调查 区域资源分布资料调研	公众意见调查 补偿或补救措施核查 环境管理制度核实	生态承载力分析 资源损失和影响评估
景观影响	区域景观现状勘察 可研报告调研	景观设计文件核实 环评措施核实	影响区景观现状勘察 景观敏感度分析
生态问题	区域自然灾害资料调研 可研报告调研	公众走访咨询 施工现场勘察 环评措施执行情况核查	现场勘察 环境监测 公众意见调查 影响程度评估
环保措施	环评报告调研 生态防护设计资料调研 公众意见调查	公众走访咨询 生态恢复工程核查	生态防治工程现场核查 防护措施有效性分析 公众意见调查

5．分析评价方法

一般采用类比分析法、列表清单法、指数法与综合指数法、生态系统综合评价法等方法分析评价验收调查结果。

6．评价判别标准

生态型建设项目建成后对环境影响的评价分析，主要以环评时确定的标准或环评预测值为标准来判断其是否达到了环评及批复文件的生态保护目标。评价判别标准主要包括：

① 国家、行业和地方规定的标准及规范，如《农田灌溉水质标准》（GB 5084—2005）、《开发建设项目水土保持技术规范》（GB 50433—2008）、《公路环境保护设计规范》（JTG B04—2010）等。

② 背景或本底标准以项目所处区域或环评时生态环境的背景值或本底值作为评价标准。主要指标有植被覆盖率、水土流失率、防风固沙能力、生物量等。

③ 科学研究已判定的生态效应，如在当地或相似条件下科学研究已确定的保证生态安全的绿化率要求、污染物在生物体内的最高允许量等，可作为参考评价标准。

三、验收调查报告章节内容

1．前言

简要阐述建设项目概要和建设项目各建设阶段至试运行期的全过程、建设项目环境影响评价制度执行过程及建设项目验收条件或工况。

2．总论

明确验收调查报告的编制依据、调查目的及原则、调查方法、调查范围、验收标准、环境敏感目标和调查重点等内容。

3．工程概况

说明建设项目的建设过程和实际建设内容，重点明确实际建设内容与环境影响评价阶段的变化情况。

4．环境影响报告及其批复回顾

对建设项目主要环境影响要素、环境敏感目标、环境影响预测结果、采取的环境保护措施和建议、评价结论进行简要回顾；明确环境影响报告完成及审批时间，简述环境影响评价审批文件中提出的要求。

5．环保措施落实情况调查

根据环境影响报告及其批复的环境保护要求，通过现场核查和文件核实等工作，对环境保护措施（设施）落实情况进行总结并分析其有效性，同时明确提出需进一步采取的环境保护补救或补充措施，有针对性地避免或减缓建设项目所造成的实际环境影响。其主要内容包括两个方面：一方面，是对社会环境保护措施、生态防护措施、水气声等污染防治措施或污染处理设施以及环境管理措施进行调查和核实，检查环评及批复所提环保措施（设施）的落实情况；另一方面，是在环境影响和环保措施（设施）调查和分析的基础上，对环境保护措施的有效性进行评估，并据此提出环境保护防治与管理方面的补救或补充措施及建议。

6．施工期环境影响回顾

生态影响型建设项目对环境的影响有些发生在施工期，且多为不可逆的。因此，施工期环境影响回顾是生态型建设项目竣工环境保护验收调查报告中不可缺少的章节。编写时应从施工期污染物的排放入手，从可研、初步设计、施工图、监理报告等资料中了解施工中采取的环境保护措施，并通过公众意见调查及环境管理部门意见征询、施工期间环境质量跟踪监测结果分析等，判别施工期环境影响程度、环境保护措施的落实情况及实施的有效性，得出结论并对存在问题提出补救措施。

7．环境影响调查与分析

环境影响调查与分析是验收调查报告的核心内容。

总体上，现状调查与分析主要包括社会影响、生态影响（非污染型环境影响）、污染影响（水、气、声、固体废物、电磁、振动等污染型环境影响）三方面的内容。

从现状调查和专题调查分析的内容来看，不同类型建设项目因环境影响特点和方式不同，调查因子、调查范围、调查重点和主要保护目标等具体情况差异较大，所以内容上很难统一规范。但不同类型建设项目的不同专题中，均应包括调查情况、调查结果分析和调查结论、存在问题及对策建议四部分内容。编写四部分内容的基本要求如下：

① 对调查情况进行说明时，各专题相应的调查因子、调查范围、调查手段、分析方法、评价标准和评估依据，应严格根据建设项目的实际环境影响进行确定，尤其注意不得存在漏项情况。要求有监测点位图及现场照片。

② 对调查结果进行分析时，应突出调查的重点问题及因子。对于用于分析的基础数据，如主要工程及数量、占用资源的类型和数量、主要污染源种类及源强等必须勘察和核实，并对监测数据进行审查分析，确保后续分析评估结果的正确性。

③ 调查分析结论和建议要具体明确。在调查结论中必须回答：i. 影响方式，即各专题中影响主要集中在哪些方面，影响范围和程度如何；ii. 影响性质，即项目建设所造成的正面或负面影响是永久性还是暂时性的，是否可避免，是否可恢复；iii. 对策建议，即根据影响方式和性质确定何种影响需采取进一步补充或补救措施，并在后续有关环保措施调查与对策的章节中提出相应明确的措施；iv. 验收意见，根据各专题环境影响调查和分析，从专题角度提出工程竣工环保验收调查结论。

8．补救对策措施及投资估算

归纳总结各专题提出的补救措施，列表逐项给出所需的投资估算。

9．结论与建议

调查结论要分别简述各专题的主要调查结果和存在的主要问题。根据环境影响和环境保护措施（设施）落实情况调查及评估分析结果，提出各专题的综合性调查结果和目前遗留的主要问题，包括社会环境影响调查结果、环境质量影响调查结果、生态影响调查结果、施工期环境影响调查结果、公众意见调查结果和其他调查结果及遗留的主要问题。

验收建议是在环境影响调查工作的基础上，结合各专题调查结论和验收意见，综合判断建设项目在环境保护方面是否符合竣工验收条件。当建设项目同时满足以下 5 方面要求时，应明确提出建设项目通过竣工环保验收的建议。

①不存在重大的环境影响问题；

②环评及批复所提环保措施得到了落实；

③有关环保设施已建成并投入正常使用；

④防护工程本身符合设计、施工和使用要求；

⑤目前遗留的环境影响问题能得到有效处理解决。

当建设项目不完全满足以上五条要求时，应提出整改建议。此时，可根据建设项目未满足竣工验收条件的性质和遗留问题的影响程度，提出建设项目整改后环保验收的结论，并明确重点整改内容，为政府部门决策提供参考建议。

10. 附录

① 附图（可多项同图，视具体情况可置于正文相应位置）：包括建设项目所在地行政区划图，建设项目直接影响区域及辐射区域图，项目建设区域生态资源及人文景观等分布图，建设项目平面布置图及调查点位布置图，建设项目区域地形、地势图，土地利用现状图，植被分布图，建设项目区域生态资源调查、监测成果图等。

② 附件：项目委托书、环境影响报告批复、初步设计批复、环境影响报告执行的标准批复、竣工环境保护验收监测报告等。

③ 附表（视具体情况可置于正文相应位置）：建设项目竣工环境保护“三同时”验收登记表等。

四、验收调查表

根据建设项目的性质和规模，按照建设项目环境保护分类管理要求，环评时编制环境影响报告表的生态影响型建设项目验收编制“验收调查表”。国家对验收调查表的格式在《建设项目竣工环境保护验收技术规范　生态影响类》中有明确规定。

第四节　验收监测报告编制的技术要求

建设项目竣工环境保护验收监测针对主要因排放污染物对环境造成污染或危害的建设项目而进行，验收监测报告应充分反映建设项目环境保护设施运行和措施落实的效果；各项污染物达标排放情况；建设项目对周围环境的影响；环境管理的全面检查结果。

一、验收监测工作程序

验收监测工作分为以下几个阶段：

① 准备阶段：资料收集、现场勘察、环保检查。

② 编制验收监测方案阶段：在查阅相关资料、现场勘察的基础上确定验收监测工作的目的、程序、范围、内容。验收监测工作程序见图15-2。

③ 现场监测阶段：依据验收监测方案确定的工作内容进行监测及检查。

④ 验收监测报告编制阶段：汇总监测数据和检查结果，得出结论，以报告书（表）的形式反映建设项目竣工环境保护验收监测的结果。

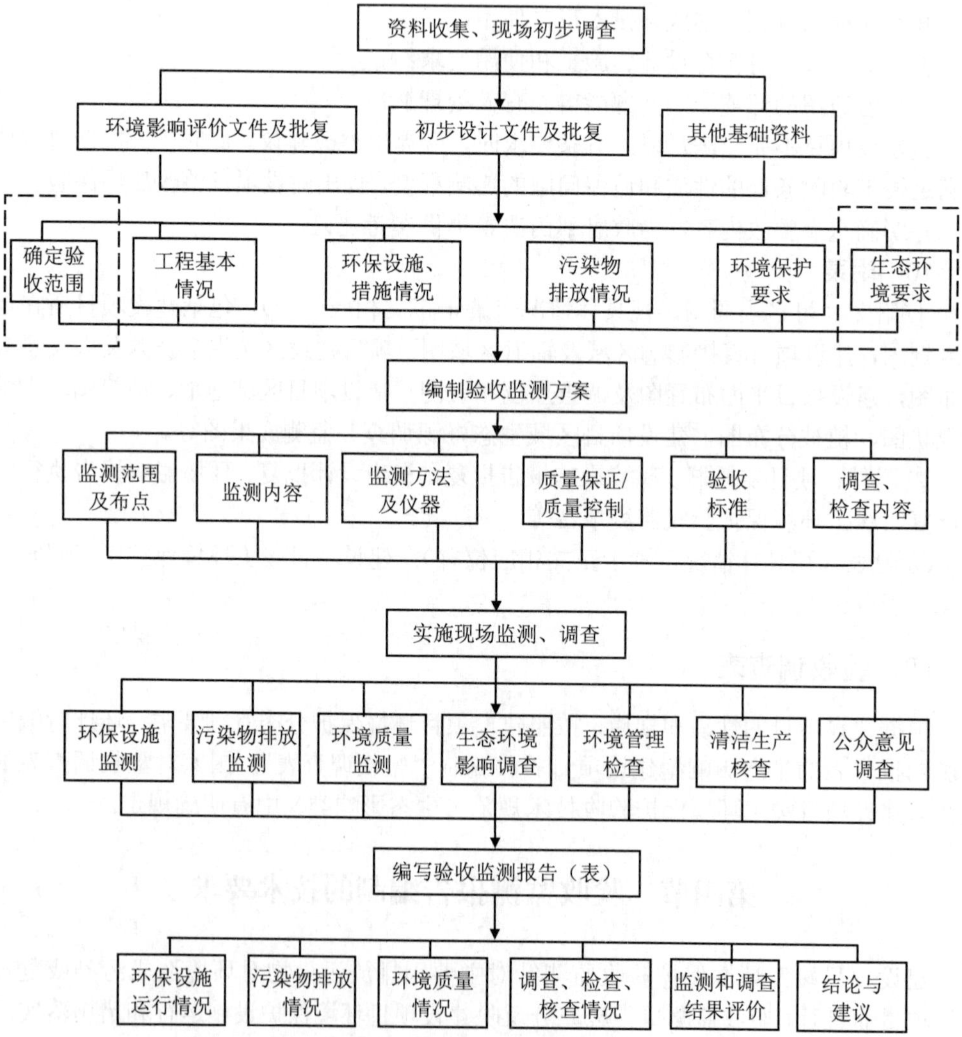

图15-2　建设项目竣工环境保护验收监测工作程序

二、验收监测技术要求

1．验收监测的工况要求

验收监测应在工况稳定、生产负荷达到设计生产能力的 75%以上情况下进行，国家、地方排放标准对生产负荷另有规定的按规定执行。

对于无法整体调整工况达到设计生产能力 75%以上负荷的建设项目，调整工况能达到设计生产能力 75%以上的部分，验收监测应在满足 75%以上负荷或国家及地方标准中所要求的生产负荷的条件下进行；无法调整工况达到设计生产能力 75%以上的部分，验收监测应在主体工程稳定、环境保护设施运行正常，并征得负责验收的生态环境主管部门同意的情况下进行，同时注明实际监测时的工况。

工况应根据建设项目的产品产量、原材料消耗量、主要工程设施的运行负荷以及环境保护处理设施的负荷进行计算。

2．质量保证和质量控制

建设项目竣工环境保护验收监测的质量保证和质量控制按照国家环境保护总局颁发的《环境监测技术规范》《固定污染源排气中颗粒物测定与气态污染物采样方法》（GB/T 16157—1996）及修改单、《环境水质监测质量保证手册》（第四版）、《空气和废气监测分析方法》（第四版增补本）、《建设项目环境保护设施竣工验收监测技术要求（试行）》（环发〔2000〕38 号）中质量控制与质量保证有关章节的要求进行。

①参加竣工验收监测采样和测试的人员，按国家有关规定持证上岗；监测仪器在检定有效期内；监测数据经三级审核。

②水质监测分析过程中的质量保证和质量控制。水样的采集、运输、保存、实验室分析和数据计算的全过程均按照《环境水质监测质量保证手册》（第四版）的要求进行。即做到：采样过程中应采集不少于 10%的平行样；实验室分析过程一般应加不少于 10%的平行样；对可以得到标准样品或质量控制样品的项目，应在分析的同时做 10%的质控样品分析；对无标准样品或质量控制样品的项目，但可进行加标回收测试的，应在分析的同时做 10%加标回收样品分析。

③气体监测分析过程中的质量保证和质量控制。尽量避免被测排放物中共存污染因子对仪器分析的交叉干扰；被测排放物的浓度应在仪器测试量程的有效范围内，即仪器量程的 30%～70%；烟尘采样器在进入现场前应对采样器流量计、流速计等进行校核。烟气监测（分析）仪器在测试前按监测因子分别用标准气体和流量计对其进行校核（标定），在测试时应保证其采样流量。

④噪声监测分析过程中的质量保证和质量控制。监测时使用经计量部门检定并在有效使用期内的声级计；声级计在测试前后用标准发声源进行校准，测量前后仪器的灵敏度相差不大于 0.5 dB，若大于 0.5 dB 则测试数据无效。

⑤固体废物监测分析过程中的质量保证和质量控制。按国家有关规定、监测技术规

范和有关质量控制手册中的要求进行。采样过程中应采集不少于 10%的平行样；实验室样品分析时加测不少于 10%的平行样；对可以得到标准样品或质量控制样品的项目，应在分析的同时做 10%的质控样品分析；对得不到标准样品或质量控制样品的项目，但可进行加标回收测试的，应在分析的同时做 10%的加标回收样品分析。

3．验收监测污染因子的确定原则

建设项目环境影响评价文件和初步设计环境保护篇中确定的污染因子。

原辅材料、燃料、产品、中间产物、废物以及其他涉及的特征污染因子和一般性污染因子。

现行国家或地方污染物排放标准、环境质量标准中规定的有关污染因子。

国家或地方规定总量控制的有关污染因子。

影响环境质量的污染因子，包括环境影响评价文件及其批复意见中有明确规定或要求考虑的影响环境保护敏感目标环境质量的污染因子；试生产中已造成环境污染的污染因子；地方生态环境主管部门根据当前环境保护管理的要求和规定确定的对环境质量有影响的污染因子。

4．废气监测技术要求

（1）有组织排放

① 监测断面：布设于废气处理设施各处理单元的进出口烟道，废气排放烟道。监测点位按《固定污染源排气中颗粒物测定与气态污染物采样方法》（GB/T 16157—1996）修改单及《固定污染源废气　低浓度颗粒物的测定　重量法》（HJ 836—2017）要求布设。

② 监测因子：处理设施进出口的监测因子根据设施主要处理的污染物种类确定，废气排放口监测因子的确定参见相应污染物排放标准。但需根据具体情况按验收标准所述原则进行调整，同时测定烟气参数。

③ 监测频次：对有明显生产周期的建设项目，污染物的采样和测试一般为 2～3 个生产周期，每个周期 3～5 次；对连续生产稳定、污染物排放稳定的建设项目，采样和测试的频次一般不少于 3 次，大型火力发电（热电）厂排气出口颗粒物每个点位采样时间不少于 3 min；对非稳定排放源采用加密监测的方法，一般以每日开工时间或 24 h 为周期，采样和测试不少于 3 个周期，每个周期依据实际排放情况按每 2～4 h 采样和测试一次；标准中如有特殊要求，则按标准中的要求确定监测频次。

（2）无组织排放

① 监测点位：二氧化硫、氮氧化物、颗粒物、氟化物的监控点设在无组织排放源的下风向 2～50 m 范围内的浓度最高点，相对应的参照点设在排放源上风向 2～50 m 范围内；其余污染物的监控点设在单位周界外 10 m 范围内浓度最高点。监控点最多可设 4 个，参照点只设 1 个。工业炉窑、炼焦炉、水泥厂等特殊行业的无组织排放监控点执行相应排放标准中的要求。

② 监测因子：根据具体无组织排放的主要污染物种类确定。

③ 监测频次：监测一般不得少于 2 d，每天 3 次，每次连续 1 h 采样或在 1 h 内等时间间隔采样 4 个；根据污染物浓度及分析方法、灵敏度，可适当延长或缩短采样时间。

④ 对型号、功能相同的多个小型环境保护设施，可采用随机抽样方法进行监测，随机抽测设施比例不小于同样设施总数的 50%。

5．废水监测技术要求

（1）监测点位

污水处理设施各处理单元的进出口，第一类污染物的车间或车间处理设施的排放口，生产性污水、生活污水、清净下水外排口，雨水排口。

（2）监测因子

处理设施进出口的监测因子根据设施主要处理的污染物种类确定；外排口监测因子的确定参见相关污染物排放标准。水温、pH 等能在现场测定的监测项目或分析方法中要求须在现场完成测定的监测项目，应在现场测定。

（3）监测频次

- 对有明显生产周期、污染物稳定排放的建设项目，采样和监测频次一般为 2～3 个周期，每个周期 3 至多次（不应少于执行标准中规定的次数）；生产周期在 8 h 以内的，采样时间间隔应不小于 2 h；生产周期大于 8 h 的，采样时间间隔应不小于 4 h。
- 如无明显生产周期，稳定、连续生产，废水采样和监测频次一般不少于 2 天，每天不少于 4 次，采样时间间隔应不小于 4 h。
- 排污单位间歇排放或排放污水的流量、浓度、污染物种类有明显变化的，应在排放周期内增加采样频次。
- 雨水排放口有明显水流动时，可采集一个或多个瞬时水样。

6．噪声监测技术要求

（1）厂界噪声

① 监测点位：按照《工业企业厂界环境噪声排放标准》（GB 12348—2008）确定。根据工业企业声源、周围噪声敏感建筑物的布局以及毗邻的区域类别，在工业企业法定边界布设多个测点，包括距噪声敏感建筑物较近以及受被测声源影响较大的位置，测点一般设在工业企业单位法定厂界外 1 m、高度 1.2 m 以上，厂界如有围墙，测点应高于围墙 0.5 m。同时设点测背景噪声，必要时设点测源强噪声。工业企业在法定边界外置有声源时，根据需要也应布设监测点。对环境影响评价文件中确定的厂界周围噪声敏感区域内的医院、疗养院、学校、机关、科研单位、住宅等建筑物应分别设点监测。

② 监测因子：等效连续 A 声级。

③ 监测频次：一般不少于连续 2 昼夜。无连续监测条件的测 2 d，昼、夜各 2 次。

（2）高速公路交通噪声

① 监测点位：按照《高速公路交通噪声监测技术规定（试行）》《声屏障声学设计和

测量规范》（HJ/T 90—2004）确定。在公路两侧距路肩小于或等于 200 m 范围内选取至少 5 个有代表性的噪声敏感区域，分别设点进行监测；在公路垂直方向距路肩 20 m、40 m、60 m、80 m、120 m 设点进行噪声衰减测量；声屏障的降噪效果测量，执行《声屏障声学设计和测量规范》，并在声屏障保护的敏感建筑物户外 1 m 处布设观测点位；选择车流量有代表性的路段，在距高速公路路肩 60 m、高度大于 1.2 m 范围内布设 24 h 连续测量点位。

② 监测因子：L_{Aeq}、L_{AMax}、L_{10}、L_{50}、L_{90}，24 h 连续测量还包括 L_d、L_n。

③ 监测频次：噪声敏感区域和噪声衰减测量，连续测量 2 d，每天测量 4 次，昼间、夜间各 2 次，分别在车流量平均时段和高峰时段测量。每次测量 20 min。24 h 连续交通噪声测量，每小时测量 1 次，每次测量不少于 20 min，连续测量 2 d。

（3）机场周围飞机噪声

① 监测点位：按照《机场周围飞机噪声测量方法》（GB 9661—88）确定。在机场周围受飞机通过影响的所有噪声敏感点设点监测，监测点选在户外平坦开阔的地方，传声器高于 1.2 m，距离其他反射壁面 1.0 m 以上。

② 监测因子：每次飞行事件的最大 A 声级及持续时间，最终计算计权等效连续感觉噪声级（L_{WECPN}）。

③ 监测频次：监测 1 周 7 d×24 h 内的所有航班（目前常用的频次为对 1 周内飞行事件最多的 2 个工作日内的所有航班进行监测）。

7．振动监测技术要求

（1）监测点位

按《城市区域环境振动测量方法》（GB 10071—88）确定。测点置于建筑物室外 0.5 m 以内振动敏感处。必要时，测点置于建筑物室内地面中央。

（2）监测因子

铅垂向 Z 振级（VL_z）。

（3）监测频次

① 稳态振源：每个测点测量一次，取 5 s 内的平均示数为评价量。② 冲击振动：取每次冲击过程中的最大示数为评价量。③ 无规振动：每个测点等间隔地读取瞬时示数，采样间隔不大于 5 s，连续测量时间不少于 1 000 s，以测量数据的累计百分 Z 振级 VLz_{10} 值为评价量。④铁路和城市轨道交通振动：读取每次列车通过过程中的最大示数，每个测点连续测量 20 列车，以 20 次读值的算术平均值为评价量。

8．电磁辐射监测技术要求

①监测点位：针对不同的电磁辐射源确定监测点位，具体见《辐射环境监测技术规范》（HJ/T 61—2001）。

②监测因子：射频段（电视与调频广播电视发射塔，中短波广播与通信发射台，微波通信与移动通信基地站、卫星地球站、导航与雷达站）：综合场强（V/m）；工频段（高

压电力线与高压变电站，工业、科学、医疗高频设备)：电场强度（V/m)、磁场强度（T)。

③监测频次：在各种电磁辐射源的正常工作时段，每个监测点位监测 1 次。

9．固体废物监测技术要求

固体废物的监测主要分为检查和测试两个方面。

（1）固体废物的检查

对于可根据《国家危险废物名录》确定其性质，建有相应堆场、处理设施，或委托有关单位按国家要求处理的固体废物，一般以检查为主，检查主要内容包括：

① 按相关技术规范、标准、技术文件及管理文件的要求，调查项目建设及生产过程中产生的固体废物的来源、判定及鉴别其种类、统计分析产生量、检查处理处置方式；

② 若项目建设及生产过程中产生的固体废物委托处理，应核查被委托方的资质、委托合同，并核查合同中处理的固体废物的种类、产生量、处理处置方式是否与其资质相符。必要时对固体废物的去向做相应的追踪调查；

③ 核查建设项目生产过程中使用的固体废物是否符合相关控制标准要求。

（2）鉴别监测

对于按《国家危险废物名录》无法确定其性质的固体废物，应按照《危险废物鉴别标准》（GB 5085.1～5085.7—2007）鉴别其性质，再按（1）进行检查。

（3）二次污染的监测

监测固体废物可能造成的大气环境、地下（地表）水环境、土壤等的二次污染，监测方法分别参见相应的监测技术规范。

① 监测点位：根据《工业固体废物采样制样技术规范》（HJ/T 20—1998）要求，分别采用简单随机采样法、系统采样法、分层采样法、两段采样法、权威采样法等确定监测点位。

② 监测因子：污染因子的选择应根据固体废物产生的主要来源、固体废物的性质成分及浸出毒性试验进行确定。

③ 监测频次：随机监测 1 次，每一类固体废物采样和分析样品数均不应少于 6 个。

10．污染物排放总量核算技术要求

①排放总量核算项目为国家或地方规定实施污染物总量控制的指标。

②依据实际监测情况，确定某一监测点某一时段内污染物排放总量，根据排污单位年工作的实际天数计算污染物年排放总量。

③某污染物监测结果小于规定监测方法检出下限时，不参与总量核算。

11．环境质量监测技术要求

①水环境质量测试一般为 1～3 d，每天 1～2 次，监测点位等要求按《地表水和污水监测技术规范》（HJ/T 91—2002）及《地下水环境监测技术规范》（HJ 164—2020）执行。

②环境空气质量测试一般不少于 3 d，采样时间按《环境空气质量标准》（GB 3095—2012）数据统计的有效性规定执行。

③环境噪声测试一般不少于 2 d，测试频次按《声环境质量标准》（GB 3096—2008）执行。

④城市环境电磁辐射监测，按照《辐射环境保护管理导则　电磁辐射监测仪器和方法》（HJ/T 10.2—1996）执行，一般选择 5:00—9:00、11:00—14:00、18:00—23:00 3 个高峰期进行测试。若 24 h 昼夜测量，其频次不少于 10 次。

⑤城市区域环境振动测量按《城市区域环境振动测量方法》执行。

12．在线自动连续监测仪校比技术要求

由于目前国家没有发布统一的关于在线监测仪器的监测技术规范，在“三同时”环保验收中可以着重从以下两个方面进行校比考核：①是否按照环评批复的要求安装了仪器设备；②是否通过有相应资质的单位的质量检定和校准。

三、验收监测报告主要章节

1．总论

2．建设项目工程概况

3．建设项目污染及治理

4．环评、初设回顾及其批复要求

5．验收监测评价标准

上述五项编写内容及要求与验收监测方案相同。重点应补充完善地理位置图、厂区平面图、工艺流程图、物料平衡图、水平衡图、污染治理工艺流程图、监测点位图。尤其应根据监测时的气象参数确定落实无组织排放的监测点位。

6．验收监测结果及评价

① 监测期间工况分析。给出反应工程或设备运行负荷的数据或参数，以文字配合表格叙述现场监测期间企业生产情况、各装置投料量、实际成品产量、设计产量、负荷率。

② 监测分析质量控制与质量保证。明确质量控制与质量保证要求，给出质控数据，并做相应分析。

③ 废水、废气（含有组织、无组织）排放，厂界噪声，环保设施处理效率监测结果分别从以下几方面进行叙述：给出验收监测项目、频次、监测断面或监测点位、监测采样、分析方法，监测结果；用相应的国家和地方的标准值、设施的设计值和总量控制指标，进行分析评价；出现超标或不符合设计指标的情况，分析具体的原因；附必要的监测结果表。

④ 机场噪声、交通噪声、振动，属于针对性较强的监测内容，结果表述参见③。

⑤ 必要的环境质量监测结果。主要指渣场附近土壤、植被、地下水；厂区周围噪声敏感点，大气、水污染敏感目标等必要的环境质量监测。

主要内容包括：

◆ 简要描述环境敏感点可能受到的影响；

◆ 验收监测项目、频次、监测断面或监测点位、监测采样、分析方法（含使用仪器及检测限）；
◆ 监测结果；
◆ 用相应的国家和地方标准值及环评文件反映的本底值，进行分析评价；
◆ 对出现超标或不符合环评要求情况的原因分析等；
◆ 附必要的监测结果表。

7. 国家规定的总量控制污染物的排放情况

根据各排污口的流量和监测浓度，计算并列表统计国家实施总量控制的污染物年产生量和年排放量。对改扩建项目还应根据环境影响报告书列出改扩建工程原有排放量，并根据监测结果计算改扩建后原有工程现在的污染物产生量和排放量。对主要污染物总量控制实测值与环评值进行比较（按年工作时间计）。附污染物排放总量核算结果表。

8. 公众意见调查结果

以验收监测方案设计的问卷、部分访谈内容为基础，就施工、运行期已经或可能出现的环境问题及环境措施实施情况与效果，对当地居民生活工作的影响情况等征询当地居民意见、建议，并对调查表格按被调查者不同职业构成、不同年龄结构、距建设项目不同距离分类统计，得出调查结论。

9. 环境管理检查结果

目前，在建设项目竣工环境保护验收监测中，水、气、声、渣四大类污染，其中对固体废物开展监测的较少，主要是以检查为主。因此，在环境管理检查中应将固体废物检查列为重点，验收监测报告中应按以下几个方面给出结论：

① 建设项目固（液）体废物来源、种类及性质。

② 固（液）体废物排放量、处理处置量、综合利用量及最终去向。

③ 固体废物处理、综合利用、处置情况是否符合相关技术规范、标准的检查结果。

④ 固体废物委托处理处置单位相应资质的核查结果以及合同中处理的固体废物的种类、产生量、处理处置方式是否与其资质相符的核查结果。必要时对固体废物的去向做相应的追踪调查，并附建设单位与委托方签订的固（液）体废物处理处置合同、意向书或发票等。

⑤ 固（液）体废物污染物含量达标综合评价。

⑥ 固（液）体废物产生二次污染的调查及监测结果。

⑦ 建设项目生产过程中使用的固体废物是否符合相关控制标准要求的检查结果。

环境管理检查另一项重点是，环评结论与建议中提到的各项环保设施建成和措施落实情况，尤其应逐项检查和归纳叙述主管部门环评批复中提到的建设项目在工程设计、建设中应重点注意的问题的落实情况，此外，风险事故环境保护应急措施的落实情况也必须作为环境管理检查的重点。

10．验收监测结论及建议。

（1）结论

◆ 依据监测结果，简明扼要地给出废水、废气排放，厂界噪声达标情况，环境敏感点的环境质量达标情况；

◆ 依据公众调查结果、环境管理检查结果，综合分析评价建设项目的环境管理水平。

（2）建议

可针对以下几个方面提出合理的意见和建议：

◆ 未执行“以新带老、总量削减”“淘汰落后生产设备、总量替换”等要求，未拆除、关停落后设备；

◆ 环保治理设施处理效率或污染物的排放未达到原设计指标和要求；

◆ 污染物的排放未达到国家或地方标准要求；

◆ 环保治理设施、监测设备及排污口未按规范安装和建成；

◆ 环境保护敏感目标的环境质量未达到国家或地方标准或环评预测值；

◆ 国家规定实施总量控制的污染物排放量超过有关环境管理部门规定或核定的总量；

◆ 未按要求建成危险废物填埋场等。

11．附件

◆ 建设项目环境保护“三同时”竣工验收登记表；

◆ 生态环境主管部门对环境影响报告书的批复意见；

◆ 生态环境主管部门对建设项目环境影响评价执行标准的批复意见；

◆ 企业委托验收监测单位进行验收监测的委托函；

◆ 验收监测方案，报告审核意见。

四、验收监测表或登记卡

根据建设项目的性质和规模，按照建设项目环境保护分类管理要求，对环评时编制环境影响报告表的建设项目编制验收监测表。国家对验收监测表的格式有明确规定，填写应言简意赅，并附有必要的简图，同时在最后一页附建设项目环境保护“三同时”竣工验收登记表。

按照建设项目环境保护分类管理要求，对填报环境影响登记表的建设项目，由建设单位填写验收登记卡，此类项目一般可不进行监测，个别项目只需做常规监测或单一项目监测。由有审批权限的生态环境主管部门核查后签署验收意见。

第十六章　公众参与

第一节　公众参与的基本要求

公众参与是建设项目环境影响评价的重要组成部分，公众参与环境保护是维护和实现公民环境权益、加强生态文明建设的重要途径。根据《中华人民共和国环境保护法》（以下简称《环境保护法》），建设项目的建设单位应当在编制环境影响报告书时向可能受影响的公众说明情况，充分征求意见。通过公众参与建立的沟通渠道，可以做到尊重和保障公众的环境知情权、参与权、表达权和监督权，积极构建全民参与环境保护的社会行动体系，推动环境质量的改善。

公众参与是项目建设单位与社会公众之间的一种双向交流，其目的在于加强项目单位同当地公众的联系与沟通，使公众了解项目并有效介入工程的建设和环境影响评价过程，获取项目周边居民、单位、相关团体等对该项目建成前后在区域环境质量方面、项目环保方面的意见、建议和要求。

从《环境保护法》中的规定可以理解，公众参与的范围是“可能受影响的公众”。公众参与调查范围应该不小于建设项目环境影响评价的评价范围。

根据《环境保护法》《环境影响评价公众参与办法》（生态环境部部令第 4 号）等法规，建设项目环境信息公开和公众参与的责任主体是建设单位。专项规划编制机关应当在规划草案报送审批前，举行论证会、听证会，或者采取其他形式，征求有关单位、专家和公众对环境影响报告书草案的意见。专项规划编制机关和建设单位可以委托环境影响报告书编制单位或者其他单位承担环境影响评价公众参与的具体工作。

建设项目环境影响评价公众参与相关信息应当依法公开，涉及国家秘密、商业秘密、个人隐私的，依法不得公开。法律法规另有规定的，从其规定。生态环境主管部门公开建设项目环境影响评价公众参与相关信息，不得危及国家安全、公共安全、经济安全和社会稳定。

建设单位应当在确定环境影响报告书编制单位后 7 个工作日内，通过其网站、建设项目所在地公共媒体网站或者建设项目所在地相关政府网站（以下统称网络平台），公开下列信息：①建设项目名称、选址选线、建设内容等基本情况，改建、扩建、迁建项目应当说明现有工程及其环境保护情况；②建设单位名称和联系方式；③环境影响报告书编制单位的名称；④公众意见表的网络链接；⑤提交公众意见表的方式和途径。

在环境影响报告书征求意见稿编制过程中，公众均可向建设单位提出与环境影响评价相关的意见。

公众意见表的内容和格式，由生态环境部制定。

建设项目环境影响报告书征求意见稿形成后，建设单位应当公开下列信息，征求与该建设项目环境影响有关的意见：①环境影响报告书征求意见稿全文的网络链接及查阅纸质报告书的方式和途径；②征求意见的公众范围；③公众意见表的网络链接；④公众提出意见的方式和途径；⑤公众提出意见的起止时间。

建设单位征求公众意见的期限不得少于 10 个工作日。应当公开的信息，建设单位应当通过下列三种方式同步公开：①通过网络平台公开，且持续公开期限不得少于 10 个工作日；②通过建设项目所在地公众易于接触的报纸公开，且在征求意见的 10 个工作日内公开信息不得少于 2 次；③通过在建设项目所在地公众易于知悉的场所张贴公告的方式公开，且持续公开期限不得少于 10 个工作日。

鼓励建设单位通过广播、电视、微信、微博及其他新媒体等多种形式发布上述信息。

建设单位可以通过发放科普资料、张贴科普海报、举办科普讲座或者通过学校、社区、大众传播媒介等途径，向公众宣传与建设项目环境影响有关的科学知识，加强与公众互动。

公众可以通过信函、传真、电子邮件或者建设单位提供的其他方式，在规定时间内将填写的公众意见表等提交建设单位，反映与建设项目环境影响有关的意见和建议。

公众提交意见时，应当提供有效的联系方式。鼓励公众采用实名方式提交意见并提供常住地址。

对公众提交的相关个人信息，建设单位不得用于环境影响评价公众参与之外的用途，未经个人信息相关权利人允许不得公开。法律法规另有规定的除外。

对环境影响方面公众质疑性意见多的建设项目，建设单位应当按照下列方式组织开展深度公众参与：①公众质疑性意见主要集中在环境影响预测结论、环境保护措施或者环境风险防范措施等方面的，建设单位应当组织召开公众座谈会或者听证会。座谈会或者听证会应当邀请在环境方面可能受建设项目影响的公众代表参加。②公众质疑性意见主要集中在环境影响评价相关专业技术方法、导则、理论等方面的，建设单位应当组织召开专家论证会。专家论证会应当邀请相关领域专家参加，并邀请在环境方面可能受建设项目影响的公众代表列席。

建设单位可以根据实际需要，向建设项目所在地县级以上地方人民政府报告，并请求县级以上地方人民政府加强对公众参与的协调指导。县级以上生态环境主管部门应当在同级人民政府指导下配合做好相关工作。

建设单位决定组织召开公众座谈会、专家论证会的，应当在会议召开的 10 个工作日前，将会议的时间、地点、主题和可以报名的公众范围、报名办法，通过网络平台和在建设项目所在地公众易于知悉的场所张贴公告等方式向社会公告。

建设单位应当综合考虑地域、职业、受教育水平、受建设项目环境影响程度等因素，从报名的公众中选择参加会议或者列席会议的公众代表，并在会议召开的5个工作日前通知拟邀请的相关专家，并书面通知被选定的代表。

建设单位应当在公众座谈会、专家论证会结束后5个工作日内，根据现场记录，整理座谈会纪要或者专家论证结论，并通过网络平台向社会公开座谈会纪要或者专家论证结论。座谈会纪要和专家论证结论应当如实记载各种意见。

建设单位组织召开听证会的，可以参考环境保护行政许可听证的有关规定执行。

建设单位应当对收到的公众意见进行整理，组织环境影响报告书编制单位或者其他有能力的单位进行专业分析后提出采纳或者不采纳的建议。

建设单位应当综合考虑建设项目情况、环境影响报告书编制单位或者其他有能力的单位的建议、技术经济可行性等因素，采纳与建设项目环境影响有关的合理意见，并组织环境影响报告书编制单位根据采纳的意见修改完善环境影响报告书。

对未采纳的意见，建设单位应当说明理由。未采纳的意见由提供有效联系方式的公众提出的，建设单位应当通过该联系方式，向其说明未采纳的理由。

建设单位向生态环境主管部门报批环境影响报告书前，应当组织编写建设项目环境影响评价公众参与说明。公众参与说明应当包括下列主要内容：①公众参与的过程、范围和内容；②公众意见收集整理和归纳分析情况；③公众意见采纳情况，或者未采纳情况、理由及向公众反馈的情况等。

建设单位向生态环境主管部门报批环境影响报告书前，应当通过网络平台，公开拟报批的环境影响报告书全文和公众参与说明。

建设单位向生态环境主管部门报批环境影响报告书时，应当附具公众参与说明。

生态环境主管部门受理建设项目环境影响报告书后，应当通过其网站或者其他方式向社会公开下列信息：①环境影响报告书全文；②公众参与说明；③公众提出意见的方式和途径。

公开期限不得少于10个工作日。

生态环境主管部门对环境影响报告书作出审批决定前，应当通过其网站或者其他方式向社会公开下列信息：①建设项目名称、建设地点；②建设单位名称；③环境影响报告书编制单位名称；④建设项目概况、主要环境影响和环境保护对策与措施；⑤建设单位开展的公众参与情况；⑥公众提出意见的方式和途径。

公开期限不得少于5个工作日。

生态环境主管部门公开信息时，应当通过其网站或者其他方式同步告知建设单位和利害关系人享有要求听证的权利。

生态环境主管部门召开听证会的，依照环境保护行政许可听证的有关规定执行。

在生态环境主管部门受理环境影响报告书后和作出审批决定前的信息公开期间，公民、法人和其他组织可以依照规定的方式、途径和期限，提出对建设项目环境影响报告书审批的意见和建议，举报相关违法行为。

生态环境主管部门对收到的举报，应当依照国家有关规定处理。必要时，生态环境主管部门可以通过适当方式向公众反馈意见采纳情况。

生态环境主管部门应当对公众参与说明内容和格式是否符合要求、公众参与程序是否符合《环境影响评价公众参与办法》的规定进行审查。

经综合考虑收到的公众意见、相关举报及处理情况、公众参与审查结论等，生态环境主管部门发现建设项目未充分征求公众意见的，应当责成建设单位重新征求公众意见，退回环境影响报告书。

生态环境主管部门参考收到的公众意见，依照相关法律法规、标准和技术规范等审批建设项目环境影响报告书。

生态环境主管部门应当自作出建设项目环境影响报告书审批决定之日起 7 个工作日内，通过其网站或者其他方式向社会公告审批决定全文，并依法告知提起行政复议和行政诉讼的权利及期限。

建设单位应当将环境影响报告书编制过程中公众参与的相关原始资料，存档备查。

建设单位违反《环境影响评价公众参与办法》规定，在组织环境影响报告书编制过程的公众参与时弄虚作假，致使公众参与说明内容严重失实的，由负责审批环境影响报告书的生态环境主管部门将该建设单位及其法定代表人或主要负责人失信信息记入环境信用记录，向社会公开。

公众提出的涉及征地拆迁、财产、就业等与建设项目环境影响评价无关的意见或者诉求，不属于建设项目环境影响评价公众参与的内容。公众可以依法另行向其他有关主管部门反映。

对依法批准设立的产业园区内的建设项目，若该产业园区已依法开展了规划环境影响评价公众参与且该建设项目性质、规模等符合经生态环境主管部门组织审查通过的规划环境影响报告书和审查意见，建设单位开展建设项目环境影响评价公众参与时，可以适当简化程序。

第二节　建设项目环境影响评价公众参与说明

建设项目环境影响评价公众参与说明的格式要求如下。

1　概述

建设单位组织的建设项目环境影响评价公众参与整体情况概述。

2　首次环境影响评价信息公开情况

2.1　公开内容及日期

说明公开主要内容及日期，分析是否符合《环境影响评价公众参与办法》（以下简称《办法》）要求（确定环境影响报告书编制单位日期一般以委托函或合同载明日期为准）。

2.2　公开方式

2.2.1　网络

载体选取符合性分析，网络公示时间、网址及截图。

2.2.2　其他

如同时还采用了其他方式，予以说明。

2.3　公众意见情况

公众提出意见情况，包括数量、形式等。

3　征求意见稿公示情况

3.1　公示内容及时限

说明公示主要内容及时限，分析是否符合《办法》要求（征求意见稿应是主要内容基本完成的环境影响报告书）。

3.2　公示方式

3.2.1　网络

载体选取的符合性分析，网络公示时间、网址及截图等。

3.2.2　报纸

载体选取的符合性分析，报纸名称、日期及照片。

3.2.3　张贴

张贴区域选取的符合性分析，张贴的时间、地点及照片。

3.2.4　其他

如同时还采用了其他方式，予以说明。

3.3　查阅情况

说明查阅场所设置情况、查阅情况。

3.4　公众提出意见情况

公众在征求意见期间提出意见情况，包括数量、形式等。

4　其他公众参与情况

说明是否采取了深度公众参与，论证合理性。

4.1　公众座谈会、听证会、专家论证会等情况

若采用公众座谈会方式开展深度公众参与的，应说明公众代表选取原则和过程，会

上相关情况等，附座谈会纪要。

若采用听证会方式开展深度公众参与的，应说明听证会筹备及召开情况，附听证笔录。

若采用专家论证会方式开展深度公众参与的，应说明专家选取原则和过程，列席论证会的公众选取原则和过程，会上相关情况等，附专家论证意见。

4.2 其他公众参与情况

如采取了请求地方人民政府加强协调指导等其他方式的公众参与，说明相关情况。

4.3 宣传科普情况

若采取了科普宣传措施的，说明相关情况。

5 公众意见处理情况

5.1 公众意见概述和分析

说明收到意见的数量、形式，分类列出公众意见等（与项目环评无关的意见或者诉求不纳入）。

5.2 公众意见采纳情况

说明对公众环境影响相关意见的采纳情况，并说明在环境影响报告书中的对应内容。

5.3 公众意见未采纳情况

详细阐述公众意见的未采纳情况，说明理由，并说明反馈情况。

6 报批前公开情况

6.1 公开内容及日期

说明公开主要内容及日期，分析是否符合《办法》要求（此次公开的应是未包含国家秘密、商业秘密、个人隐私等依法不应公开内容的拟报批环境影响报告书全本）。

6.2 公开方式

6.2.1 网络

载体选取符合性分析，网络公开时间、网址及截图。

6.2.2 其他

如同时还采用了其他方式，予以说明。

7 其他

存档备查情况及其他需要说明的内容。

8 诚信承诺

我单位已按照《办法》要求，在×××项目环境影响报告书编制阶段开展了公众参与工作，在环境影响报告书中充分采纳了公众提出的与环境影响相关的合理意见，对未采纳的意见按要求进行了说明，并按照要求编制了公众参与说明。

我单位承诺，本次提交的《×××项目环境影响评价公众参与说明》内容客观、真实，未包含依法不得公开的国家秘密、商业秘密、个人隐私。如存在弄虚作假、隐瞒欺骗等情况及由此导致的一切后果由××（建设单位名称或单位负责人姓名）承担全部责任。

承诺单位：（单位名称及公章，无公章的由单位负责人签字）

承诺时间：××××年××月××日

9　附件